SINO-PIPELINE INTERNATIONAL COMPANY
2017-2019
SCIENCE AND TECHNOLOGY PAPERS

中油国际管道公司（2017—2019年）科技论文集

孟繁春　主编

中国石化出版社
HTTP://WWW.SINOPEC-PRESS.COM

图书在版编目(CIP)数据

中油国际管道公司 2017—2019 年科技论文集／孟繁春主编．—北京：中国石化出版社，2020.9
ISBN 978-7-5114-5950-3

Ⅰ．①中… Ⅱ．①孟… Ⅲ．①石油管道-文集
Ⅳ．①TE973-53

中国版本图书馆 CIP 数据核字(2020)第 173948 号

中国石化出版社出版发行
地址：北京市东城区安定门外大街 58 号
邮编：100011　电话：(010)57512500
发行部电话：(010)57512575
http://www.sinopec-press.com
E-mail：press@sinopec.com
北京艾普海德印刷有限公司印刷
全国各地新华书店经销
*
787×1092 毫米 16 开本 30.75 印张 713 千字
2020 年 10 月第 1 版　2020 年 10 月第 1 次印刷
定价：180.00 元

《中油国际管道公司 2017—2019 年科技论文集》
编　委　会

序

目前，全球正在面临百年未有之大变局，世界格局正加速重塑，中华民族正在以震惊世界的速度迅速复兴，伟大的中国梦正在逐渐成为现实，让我们有幸见证这一伟大的历史新时代。

作为经济发展和运行肌体的“血液”，能源也正在面临前所未有的巨大变革，以低碳化、绿色化、清洁化、多元化为特征的能源转型已经成为发展趋势，能源安全问题变得越来越区域化和综合化，一场涉及能源生产、消费、技术、管理和国际合作领域的能源革命正在全球范围内爆发。作为能源“大动脉”和四通八达的“毛细血管”的油气管道事业，身处当今世界波澜壮阔的能源大变局时代，其地位和作用越来越重要，对于保障国家能源安全具有重要意义。

中亚管道有限公司和中国石油集团东南亚管道有限公司历经十余年的不懈努力，通过海外投资建设和跨国能源合作，成功建成并稳定运营以中哈原油管道和中亚天然气管道为代表的西北能源战略通道和以中缅油气管道为代表的西南能源战略通道，为我国油气安全保障做出了巨大贡献。

习近平总书记高瞻远瞩，以全球战略视野提出了“一带一路”倡议，不仅让陆上古丝绸之路焕发了新的生机与活力，而且有力推动了“21世纪海上丝绸之路”的开拓和建设。2017年，为了适应国家能源国际合作重大战略需求，响应一带一路倡议，同时也是为了加强中石油海外油气业务一体化管理，两公司进行了重整组合，成立中油国际管道公司，成为中国石油海外油气管道运营专业化公司，成为连接一带一路沿线国家海陆并进的重要载体。

面对未来趋势，创新成为决定一个国家能否可持续发展的关键因素，而企业作为创新主体，“其创新能力”，既是企业自身发展的竞争力所在，同时也是国家综合竞争力的表现，已经成为新时代提高社会生产力和综合国力的重要支撑力量。

本人作为一个长期关注和研究油气经济的学者，一个“老石油人”，参与诸多国家油气战略与政策的制定，因此也可以自认为是不断深化国家油气体制改革的“参与者”“推动者”和“践行者”之一，对我国油气管道事业的发展历程多少有些了解和认识。

回首过往，岁月峥嵘，感慨万分，思绪连连，中油国际油气管道人虽然似乎没有诗与远方的浪漫情调，但是却有不畏艰难、敢于创新的家国情怀，粗中有细，细中有精，有的是拳拳报国之心，更有的是牢记初心之魂。

中油国际油气管道人，无愧于时代，无愧于使命，为了国家战略需要，打通了多条国际能源通道，不仅是缓解能源的供求矛盾、保障能源的稳定供应、加速能源多元化改革、推动清洁能源发展的奋斗拼搏之路，更是中油国际管道公司不忘初心、攻坚克难、刻苦钻研、突破创新之路。

随着公司业务重组整合与不断拓展，国际管道人通过执行科技创新机制和动态学习机制，敢于打破思想陈规，敢于突破思维定势，在实践中提炼经验、总结教训，提升工程质量、提高运行效率、节约成本、降低风险。公司勇于创新，大胆创新，强化创新，用知识和智慧，突破资源不足的难题，打破技术瓶颈的制约，取得了丰硕的科技创新成果：目前该公司拥有 59 项科技成果，其中 16 项科技成果获得中油国际科技进步奖，2 项科技课题荣获中国石油和化工自动化应用协会行业部级科技进步奖；拥有了 13 项知识产权，2 项软件著作权。

总结过去不是为了满足现状，而是为了更好地展望未来，企业的灵魂是创新，因此创新绝对没有止境，创新还将一路前行。国家油气体制改革还将持续，油气行业深层次、结构性的矛盾仍然存在，创新实力依然不足，创新作用还需要提升，中油国际管道公司还将面临诸多挑战和机遇，面对未来，竞争加剧，不进则退，因此作为一带一路能源建设“先行者”和“践行者”的国际管道人，定能一如既往地发挥匠人精神，迎难而上，敢于突破，求索奋进，以更加执着的努力、更加严谨的态度、更加饱满的热情、更加丰硕的成果，点燃科技创新的强大引擎，助力推动管道行业科技创新革命。

本书汇编了中油国际管道公司 2017 年以来 50 余篇优秀的科技创新成果，是一本具有学术性与大众性集于一体的论文集。通读本书，可以感觉到浓厚的创新思维，也可以体会到丰硕的创新成果，既有技术创新，也有管理创新，可全书通阅，也可分篇细读，相信定让读者受益匪浅。

感谢好友相邀，全书先睹为快，感慨之余，落笔千言，无生辉之文，更无华丽之句，真情实感，油然而生，是以为序！

对外经济贸易大学一带一路
能源贸易与发展研究中心主任
2020 年 7 月 25 日

前　言

近年来，随着世界政治经济形势发生深刻变化，科技创新对经济社会发展的重要性日益凸显，习近平总书记多次强调科技创新的重要性，实施创新驱动发展战略，大力推动以科技创新为核心的全面创新。

中油国际管道公司(以下简称公司)隶属于中国石油天然气集团有限公司，系按照中国石油深化改革方案，于2017年由原中亚管道有限公司与原中国石油集团东南亚管道公司合并重组成立的海外油气管道运营专业化公司。公司现下辖13个合资合作及独资公司，建设和运行6条天然气管道、3条原油管道和1个原油码头港，管道里程达1.1万千米，年油气输送能力超过9600万吨油当量。公司所辖的中亚、中缅油气管道处于中国“一带一路”倡议的核心区，业务范围覆盖乌兹别克斯坦、哈萨克斯坦、塔吉克斯坦、吉尔吉斯斯坦、缅甸、中国等六国，在拓展海外油气合作、保障国家能源安全供应中具有不可替代的地位和作用。

作为一家跨国油气管道公司，公司提出了“两步走”的发展目标，即在“十三五”末建成“世界先进水平国际化管道公司”，到2030年建成具有全球竞争力的“世界一流水平国际化管道公司”。公司注重科技创新，大力实施创新战略，促进科研与生产经营深度融合，倡导创新文化、加大科技投入、培养人才队伍、提升新技术应用水平，切实增强企业的竞争力、创新力、控制力、影响力和抗风险能力。

本书梳理了公司2017年度至2019年度50篇优秀科技论文，均来自于公司员工立足本职工作开展技术创新、解决生产实际痛点难点问题，涉及管道企业决策与标准化战略、管道运行工艺与方法、管道智能化与信息化等8个业务领域，这些论文是对国际管道多年来科技创新工作的系统总结，也是广大技术人员的心血结晶。

秉承科技为生产服务的理念，这些优秀科技论文成果已经为公司业务发展提供了有力支持，我们希望通过本书进一步促进创新技术的共享和应用，发挥科技对管道行业发展的引领作用，进而为我国油气管道事业发展贡献力量。

本书编写时间紧迫，书中难免存在错误和不妥之处，敬请广大读者对本书提出宝贵意见和建议。

编写组

2020年9月

目　录

乌兹别克斯坦油气工业现状 …… 朱瑞华(1)

中、美、乌压力容器水压测试标准差异对比分析 …… 董　楠　王成祥　王　崇(5)

中亚天然气管道 D 线乌国段干线管道标准选择探讨 …… 倪春江　张　平　朱瑞华　殷起良　孙　涛　何　伟(11)

中亚 D 线塔国段线路工程难点分析及隧道技术应用概述 …… 程梦鹏　刘　涛　于耀国　张海斌　王振宇(17)

中亚天然气 D 线国际贸易计量交接标准化探讨 …… 陈群尧　关新来　王善珂　孟祥海　曹颖伟　卢　明　王　涛　张明臣　周　亮(25)

跨国油气管道合资公司决策权的技术影响策略及实践 …… 蔡丽君　张　鹏　张建坤　郝　郁　尹　航(37)

中哈 C 线创新设计及应用效果分析 …… 郝加前　闫洪旭　达朝炳(43)

浅谈海外油气项目创新管理模式下的采购管理实践 …… 李柏成　尹国梁　闫洪旭　达朝炳(51)

中哈天然气管道 C 线建设用地征地流程及特征 …… 温　锐　马智勋　闫洪旭　达朝炳　程　博(60)

中亚天然气管道 ABC 线乌国段联合运行探索研究 …… 杨金威　周　翔　向奕帆　潘　涛　吴秀亮　苏　进　邓琳纳　武庆国　安振山　刘雪亮(70)

中亚天然气管道运行优化分析 …… 杨金威　姜进田　向奕帆　刘　锐　苏　进　邓琳纳　安振山　武庆国　刘雪亮　周　翔(79)

中哈天然气管道发电机控制系统优化 …… 李　伟　叶建军　周　勇　方　杰　邱昌胜(87)

生产调度综合分析系统研究 …… 王永军　刘　锐　杨金威(101)

基于大数据技术中亚进口气气量预测研究 …… 邓琳纳　丁　祎　周　翔　向奕帆　杨金威(107)

浅谈天然气能量交接计量系统的监督与管理 …… 谢　刚　因别尔根　王华青　李海伟　褚　军(113)

国内外天然气流量计检定流程及水平比较 …… 陈群尧　赵　矛(121)

差压式孔板流量计的流场数值模拟研究 …… 林　棋　陈子鑫　叶尔博　李国斌　魏广锋　张义勇(132)

超声波流量计概述及流场数值模拟研究 …… 林　棋　陈子鑫　张义勇　肖　俏　杨志远　白雪峰(143)

中亚天然气管道站场自控功能提升实践研究 ……………… 赵胜秋 邱昌胜 周 勇(159)
基于物联网和大数据的全生命周期智慧管道实施构想
…………………………… 徐建辉 关新来 王善珂 孟祥海 卢 明 王 涛(168)
利用信息化平台分析与管控跨境天然气长输管道输差…… 巩 孟 宋宁州 刘福志(178)
浅谈中缅管道项目运营期水工保护 ………………………… 郭守德 王 强 王 珀(184)
中缅管道(缅甸段)伊洛瓦底江管道穿越处防护工程探析
……………………………………………………………… 郭守德 王 强 王 珀(193)
中缅管道 G692 滑坡治理案例分析 ………………… 郭守德 才 建 方建新 刘 超(207)
中亚 D 线塔国段 29#隧道山体滑坡性质分析及路由优化方案确定
………………………………………… 何宝锋 刘 涛 孙 强 朱培旺 曲 毅(216)
中塔天然气管道沿线地震和滑坡灾害
……………………………… Ischuk A. R. Ilyasova Z. G. Abduvahobov A. 王振宇(226)
中塔天然气管道山岭隧道施工安全风险评估
………………………………………… 程梦鹏 刘 涛 于耀国 张海斌 王振宇(236)
中亚天然气管道哈国段穿越套管腐蚀防护运行维护研究
…………………………… 王 伟 叶建军 周 勇 钱光辉 赵 亮 王顺昌(245)
中哈天然气管道 C 线 FGS 系统复位分析 ………… 李 伟 叶建军 周 勇 赵 亮(252)
中缅原油管道(缅甸段)生产运营风险分析 ……………………………………… 李正清(259)
中缅油气管道南坎站遭遇爆炸后的应对措施及分析
………………………………………… 夏东仑 黄泳硕 关 宇 刘逸龙 才 建(282)
一种基于 SNMP 协议的综合告警平台研发 ………………… 刘 锐 林 青 王永军(295)
中缅原油管道地泊泵站供电方式优化 …………… 关 宇 李灿荣 刘图征 刘逸龙(303)
长输管道天然气放空的理论研究与实践 ………………………………… 张 勇 李玉相(312)
埋地并行管道磁异常模拟与探测识别
………………………………………… 赵孟卿 张永斌 于 进 温 皓 李本祥(329)
基于两种算法的天然气管网运行优化技术 ………………………………………… 于 进(340)
电脱水器绝缘棒圆柱绕流数值模拟研究 …………………………………………… 于 进(348)
基于 C 语言的输气干线及站场放空作业过程水力计算研究
…………………………… 林 棋 高 斌 张义勇 向奕帆 杨金威 董 军(355)
微粒群进阶算法在天然气管道优化运行中的应用
…………………………… 林 棋 向弈帆 左 栋 张义勇 杨金威 刘宏刚(368)
天然气管道水合物预测计算分析 ………………………………………………… 赵孟卿(382)
LM 2500+燃气发生器 VSV 扭矩轴轴承磨损失效故障分析/LM2500+
…………………………… 刘 岩 杨 放 朱 莉 王伟俭 丁振军 马金鹏(388)
GE 机组矿物油系统控制程序优化与应用 …………………………… 董永卿 肖 俏(397)
并联压缩机组负荷分配系统设计 ………………………… 李朝明 王成祥 徐伟良(408)

基于能耗优化的压气站运行模拟分析
…………………………………… 林　棋　左　栋　张义勇　向弈帆　杨金威　刘宏刚(418)
压缩机厂房通风系统的设计优化 …………………………………… 叶建军　徐鹏庭(428)
中亚管道哈国段压缩机组负荷分配控制应用分析
…………………………………………………… 刘松林　王耀欣　李　涛　郝振东(435)
PGT25+燃气轮机 HPC 空气冷却管故障分析与现场检查方法
…………………………………… 刘　岩　丁振军　王伟俭　朱　莉　刘　伟　陶世政(443)
离心压缩机振动故障分析及处理措施 ……………… 王成祥　李朝明　朱　莉　王海浩(451)
输气站场燃气发电机组发电效率实时监测与分析 ………………………… 宋晓宁　薛　伟(460)
长输天然气管道系统低温运行与评价 …………………………………………………… (465)

乌兹别克斯坦油气工业现状

朱瑞华

(中油国际管道公司　中乌天然气管道项目)

摘　要　乌兹别克斯坦是丝绸之路经济带上重要国家，油气资源储量丰富，据塔什干官方公布数据，乌国油探明储量约1亿吨，天然气探明储量约1.1万亿方。石油天然气主要分布在乌斯迪特、布哈拉-黑瓦、西南格撒尔、苏尔汗河和费尔干纳五个油气区，现已探明油气田246个。油气工业在乌国占PPD的16%，油气工业投资占国内投资预算的20%。乌国石油加工基础薄弱，总设计加工能力约为1800万吨/年，天然气净化及化工较先进，加工能力为1030亿方/年。为保证国内原油及天然气出口需求，大多油气田均采用非科学开采工艺，现原油及天然气产量呈现逐年递减趋势。

关键词　乌兹别克斯坦　石油天然气工业　天然气加工　输油管道　输气管道

在国际上有“第二个中东”之称的中亚地区油气资源丰富，乌兹别克地处亚洲中部偏西，石油、天然气资源丰富，天然气和棉花是该国品牌产业。1991年独立后，该国就积极探索石油、天然气增产开采措施，寻找天然气深加工及多元出口销售渠道。

1　乌兹别克斯坦油气工业发展历史

乌国石油开展起步较早。1880年，乌国费尔干纳地区完成了第一口石油开采井钻井。1885年，在稍尔苏地区已成功完成石油开采、煤油炼制并应用马车和骆驼将煤油运输到塔什干、安集延、高卡特等大城市销售，重油则作为塔什干-高卡特铁路运输燃料。本世纪初，乌国发现奇米奥油气田并在这个地区创建了第一个石油工业基地(现该地区处于土库曼境内)和炼油厂，后该油田和炼油厂被波拉特公司收购，卫国战争前，乌国又陆续开采了其他几个油气田，并于1908年建成了奇米奥-瓦纳佛斯科输油管道。

1.1　独立前乌国石油工业发展

卫国战争后，苏维埃政府对乌国区域的石油工业进行国有化并组建了国有石油企业“乌兹别克石油公司”。1925年，乌兹别克石油公司和阿塞拜疆石油公司组成联合体，来自巴库的大批石油工作者被派往乌国。随后，乌国石油开采量得到了大幅提高，石油勘探在布哈拉-黑瓦和苏尔汗河洲全面开展，陆续开发了涅费及阿巴德、恰恩各塔什、卡卡伊达等7个油气田。1934年，乌国开发了哈乌达格油气田，1944年投运了第一条天然气管道“阿恩基让油气田-阿恩基让(阿恩基让洲首府)”管道。

1953年，布哈拉洲开发了第一个气田——谢达拉恩界别气田，该气田开发对乌国油气田开发起到了巨大的推动作用。在该气田开发后几年乌国陆续开发了卡什库杜科、干美列克、亚恩给卡咋恩及乌什给尔四个气田，形成了布哈拉-黑瓦油气区。1956年，乌国布哈拉洲开发了加兹里气田，该气田储量达5000亿方，气田采气被输送至乌拉尔工业项目和苏联欧洲地区，为此修建了布哈拉-乌拉尔管道。

1985 年，乌国开发了位于土乌边境的最大的凝析油田高克杜马拉克油气田，该油气田储量占乌国石油储量的 70%。1997 年，乌兹别克斯坦与土库曼斯坦签署协议，依据协规定该油气田将免费为土库曼斯坦谢伊季恩炼油厂提供原料至 2021 年。该油气田石油探明储量为 54. 3 万吨，凝析油储量为 67. 4 万吨，天然气储量为 1280 亿方。1972 年，乌国建成了当时世界最大的天然气处理厂——穆巴拉克天然气处理厂，1980 年建成了苏尔坦天然气处理厂。

1. 2 独立后乌国石油工业发展

乌国独立后将石油天然气开采作为经济发展的支柱产业，成功避免解体后油气产量回落。1991 年至 1998 年石油，凝缩油开采量从 280 万吨/年增长到 820 万吨/年，这期间油气产量主要来自高克杜马拉克油气田。为追求油气产量的增长，乌石油采用些非科学的开采方式导致了油气田的快速衰竭。1998 年至 2001 年，石油和凝缩油平均产量仅为 350 万吨/年，而且油气产量每年仍呈递减趋势，2013 年石油产量仅为 290 万吨。乌国石油分布在国内 100 多个油气田，开采工艺复杂、难度较大。乌国石油产量不足以满足国内需求，据统计仅 2013 年乌国石油内需为 390 万吨，需求差额依靠进口，且进口量呈逐年增长趋势。据乌石油公布数据，乌国石油持续可开采时间为 20 年。

乌国天然气储量丰富，2012 年天然气开采量为 630 亿方，2013 年为 552 亿方，2014 年为 573 亿方，居世界 15 位。乌国主要产气区域为加兹里和卡什里气田，乌国天然气可持续可采时间没有官方数据，普遍认为是 25 至 30 年。2000 年至今，乌政府通过加大与国际能源公司合作方式增加石油和天然气开采量，乌石油的主要合作伙伴为中国石油和卢克石油，主要合作方式为“产品分成”。

乌国油页岩矿储量丰富，总储量约为 4700 万吨，矿藏深度均不大于 600m。为了稳定石油产量，乌政府计划开采油页岩。乌国油页岩矿品质较好，每吨页岩油可生产 110 至 250 千克液态烃和 40 千克天然气。乌国油页岩主要分布在肯晋拉库里沙漠和巴依苏山区的 7 个油页岩田。2013 年，乌石油开始在那沃伊洲的撒嗯干卢恩达乌页岩油田启动钻探工作，乌石油计划通过开采页岩油矿将国内石油产量提高 100 万吨/年，现乌政府致力依靠本国技术独自开发页岩油矿。

2 乌兹别克斯坦油气加工企业概况

2. 1 石油加工企业概况

乌国现有阿尔阿尔马雷克、布哈拉、费尔干纳、德让库尔干 4 座炼油厂，以及正处于建设阶段的季扎科炼厂项目，均为乌油气公司控股。4 个炼油厂总设计加工能力约为 1800 万吨/年，季扎科炼厂项目建成投产后乌国炼厂加工能力将达到 2300 万吨。因本国原料不足，已建成炼厂均未满负荷运行。据非官方数字统计，2013 年，费尔干纳炼油厂开工符合率仅为 25. 9%，布哈拉炼油厂开工符合率为 64. 4%。尽管开工符合率较低，乌国炼油厂经济效益较好，2013 年费尔干纳炼油厂实现利润 1. 04 亿美金，布哈拉实现利润 2. 26 亿美金。

阿尔马雷克炼油厂，1906 年在建成投产，现年加工能力为 320 万吨/年，可生产车用汽油、煤油、柴油及润滑油等十几种石油化工产品，现企业已并入费尔干纳炼油厂统一管理。费尔干纳炼油厂，1959 年建成投运，年加工能力为 550 万吨/年，可生产燃料油、润滑油及各种化工产品 60 余种，1992 年该厂开始加工乌国高含硫原油。布哈拉炼油厂，为乌国工艺较为先进的石油加工企业，设计加工能力为250万吨/年。2018年，该厂与阿塞拜疆石油公司合作启动技术改造工作。改造后，炼厂将新建沥青生产、天然气液化等装置，该厂生产能力将达到800万吨/年。德让库尔干炼油厂，设计加工能力为130万吨/年，主要加工高含水、高含硫、高含盐重油，原料油来自苏尔汗河州的几个小油田，可生改性产沥青、柴油及燃料油等产品。

季扎科炼厂建设项目，乌国拟建的石油加工项目，位于苏尔汗河州德让库尔干区，设计加工能力为500万吨/年，计划加工俄罗斯及哈萨克的进口原油，2017年12月开工建设，计划2022年投产。由俄罗斯天然气工业股份公司的子公司"Project Development Central Asia"与乌石油合资建设，项目建成可年生产370万吨燃料油、70万吨航空燃料及30万吨其他石化产品。

2.2 天然气加工企业概况

乌国具有较为先进的天然气净化和化工装置，因资金和技术不足这些厂基本为引进外资改造或合资建设。乌国现有穆巴拉克、坎迪两个天然气净化处理厂和苏尔坦、乌斯久特天然气化工厂，均由乌兹别克油气公司控股，4个处理厂设计加工能力为1030亿方/年。

穆巴拉克天然气处理厂是乌国最早建设的天然气处理厂，该厂1971年建成投产。经过数次改造，现拥有天然气净化脱硫、硫黄回收、凝缩油稳定及天然气液化等装置，现加工能力为300亿方/年，可生产凝缩油57万吨。苏尔坦天然气处理厂及天然气化工厂是乌国现代化程度较高的天然气净化及化工厂，天然气处理厂于1980年建成投产，天然气化工厂于2001年建成投产。现工厂天然气净化能力为200亿方/年，可生产成品天然气、凝缩油、硫黄、聚丙烯颗粒及塑料产品，该厂60%产品用于出口。乌斯久特天然气化工厂是中亚地区最大的天然气化工厂，2016年建成投产。工厂建有气体分离、乙烯生产、丙烯生产、聚乙烯生产及自备电站等五套生产装置。工厂具有450亿万方/年天然气净化能力，每年可生产净化商品气420亿方及聚乙烯、聚丙烯等化工产品。坎迪天然气处理厂为乌国新建天然气处理厂，2018年建成投产，处理厂包括气体净化及硫黄回收装置，主要处理坎迪气田群产气，每年可生产净化商品气81亿方，副产品包括凝析油、硫黄等。

3 乌兹别克斯坦天然气主要出口方向

乌国天然气产量较高，因国内需求较大出口占比较低，据2014年产气量为573亿方，国内消费量为488亿方，天然气基本作为民用燃料利用，利用效率较低。乌政府已启动民用燃料替代计划，减少国内天然气使用量提高天然气出口量。乌国天然气出口国家为俄罗斯、中国、塔吉克斯坦和吉尔吉斯斯坦，俄罗斯和中国为主要出口国家。出口塔吉克斯坦主要利用卡里夫-杜尚和苏尔坦-谢尔巴扎德天然气管道，出口俄罗斯主要依靠中亚中央管道和布哈拉-乌拉尔管道，出口中国主要利用中亚天然气管道。

4 结论

乌国石油工业起步较早但发展缓慢，现开采和加工工艺、设备均比较落后，急待升级改造。乌国石油工业面临的主要问题是石油和天然气产量的逐年递减，这个趋势在近年将一直持续。针对产量递减，乌石油已制定勘探、生产发展规划，规划2020年将天然气探明储量提高至4.8万亿方、石油和凝缩油探明储量提高至4170万吨，计划天然气产量提高至660

亿方/年。石油和凝缩油产量提高至350万吨/年。乌国政府希望将石油天然气生命周期延长至130年。

参 考 文 献

[1] 王一斌．乌兹别克斯坦油气领域发展及与中国的合作[J]. 商业评论，2017，2：10-11.
[2] 党学博，李怀印．中亚天然气管道发展现状与特点分析[J]. 油气储运，2012，32(7)：692-697.
[3]王越，王楠，张静．对中亚三国油气合作现状及分析[J]. 中国矿业，2009(4)：4-7.
[4] 孙晓蕾，何琬．我国海外油气利用的战略选择研究[J]. 中国能源，2011(12)：14-18.
[5] 张延萍．乌兹别克斯坦油气工业的现状与未来[J]. 国际石油经济，2010(1).

中、美、乌压力容器水压测试标准差异对比分析

董　楠　王成祥　王　崇

（中油国际管道公司　中乌天然气管道项目）

摘　要　随着我国在中亚地区油气管道业务的深入发展，我们发现不同国家的标准在油气管道业务领域的设计、施工、运行等环节存在差异性。本文着重介绍了中国、美国、乌兹别克压力容器水压测试标准在校验周期、水压试验参数、水压试验过程等方面的差异性，为在乌兹别克斯坦油气管道相关企业、人员提供一定的参考。

关键词　水压测试　标准差异性　国标 GB/T 150 和 TSG R7001　美标 ASME

作为中亚天然气管道的重要组成部分，中乌天然气管道 2009 年投产至今，各设备的定期检验、校核工作严格遵从乌兹别克斯坦相关法律法规开展。输气站场的压力容器设备，如旋风分离器、过滤分离器、空气储气罐等，在中国国标、美国标准 ASME、乌国国家标准中均有严格的检验周期和检验内容的要求，熟知各国标准在压力容器定期检验标准的差异，对于在中亚地区的输气生产工作十分重要也具有现实的生产指导意义。

1　校验周期对比

1.1　中国标准对压力容器周期检查的技术要求

TSG R7001—2013《压力容器定期检验规则》中提及，压力容器一般于投用后 3 年内进行首次定期检验。以后的检验周期由检验机构根据压力容器的安全状况等级，按照以下要求确定[1]：

1）安全状况等级为 1、2 级的，一般每 6 年检验 1 次；

2）安全状况等级为 3 级的，一般每 3~6 年检验 1 次；

3）安全状况等级为 4 级的，监控使用，其检验周期由检验机构确定，累计监控使用时间不得超过 3 年，在监控使用期间，使用单位应当采取有效的监控措施；

4）安全状况等级为 5 级的，应当对缺陷进行处理，否则不得继续使用。

综合评定安全状况等级为 1~3 级的，检验结论为符合要求，可以继续使用；安全状况等级为 4 级的，检验结论为基本符合要求，有条件的监控使用；安全状况为 5 级的，检验结论为不符合要求，不得继续使用。

有下列情况之一的压力容器，定期检验周期可以适当缩短：

1）介质或环境对压力容器材料的腐蚀情况不明或者腐蚀情况异常的；

2）具有环境开裂倾向或者产生机械损伤现象，并且已经发现开裂的；

3）改变使用介质并且可能造成腐蚀现象恶化的；

4）材质裂化现象比较明显的；

5）使用单位没有按照规定进行年度检查的；

6）检验中对其他影响安全的因素有怀疑的。

有下列情况之一的压力容器，定期检验周期可以适当延长：

1）介质腐蚀速率每年低于0.1mm，有可靠的耐腐蚀金属衬里或者热喷涂金属涂层的压力容器，通过1~2次定期检验，确认腐蚀轻微或者衬里完好的，其检验周期最长可延长至12年；

2）装有催化剂的反应容器以及装有填充物的压力容器，其检验周期根据设计图样和实际使用情况，由使用单位和检验机构协商确定(必要时征求设计单位的意见)，报办理《特种设备使用登记证》的质量技术监督部门备案。

压力容器定期检查项目，以宏观检验、壁厚测定、表面缺陷检测、安全附件检验为主，必要时增加埋藏缺陷检测、材料分析、密封紧固件检验、强度校核、耐压试验、泄漏项目试验等项目。定期检验过程中，使用单位或者检验机构对压力容器的安全状况有怀疑时，应当进行耐压试验。耐压试验的试压参数(试压压力、温度等以本次定期检验确定的允许(监控)使用参数为基础计算)、准备工作、安全防护、试验介质、试验过程、合格要求等按照有关安全技术规范的规定执行。

1.2 美标对压力容器周期检查的技术要求

ASME 规范指出，对于所发现的缺陷程度不能肯定或有怀疑时，为更有把握地确定缺陷的严重性，应根据本规程的规定进行水压试验[2]。

1.3 乌国标准对压力容器周期检查的技术要求

乌国标准《ПРАВИЛА УСТРОЙСТВА И БЕЗОПАСНОЙ ЭКСПЛУАТАЦИИ СОСУДОВ, РАБОТАЮЩИХ ПОД ДАВЛЕНИЕМ》中对压力容器周期检查的技术要求如下：

压力容器在制造完成后必须进行液压测试；压力容器被运输到安装现场并完成安装后，也要在安装现场进行液压测试；在安装后、调试前、运行中定期进行技术检验，必要时进行非常规检验。

运行期间的技术检查要求见表1、表2(只摘录同输气站场相关的受内压的压力容器)[3]：

表1 未在乌国国家机构《Саноатконтехназорат》登记注册使用的压力容器

No.	技术检查	内、外部检查	水压测试
1	腐蚀速度小于0.1mm/a的压力容器	2年	8年
2	腐蚀速度大于0.1mm/a的压力容器	12个月	8年

表2 在乌国国家机构《Саноатконтехназорат》登记注册使用的压力容器

No.	技术检查	内、外部检查	内、外部检查	水压测试
1	腐蚀速度大于0.1mm/a的压力容器	2年	4年	8年
2	腐蚀速度大于0.1mm/a的压力容器	12个月	4年	8年

在以下情况下需要进行非计划性检查：如果罐体停运状态超过12个月；罐体经过拆装并安装至一个新的工作地点；在罐壁喷涂保护层之前；经过维修，如焊接或者修补；罐体或者元件在工作压力下出现过事故；基于观察员或者监管人员的指令。

2 水压试验参数

2.1 水压试验压力

中、美、乌三个标准体系中分别定义了水压试验压力等内容。

2.1.1 液压试验

1）GB/T 150 液压试验压力计算公式

在 GB/T 150 中，当压力容器开展水压试验，试压介质为液体时，采用下列公式计算确定水压试验压力[4]：

$$P_T = 1.25P\frac{[\sigma]}{[\sigma]^t} \tag{1}$$

式中 P——容器的设计压力，MPa；

$[\sigma]$——容器在耐压试验温度下的许用应力，MPa；

$[\sigma]^t$——容器在设计温度下的许用应力，MPa；

注：容器铭牌上规定有最高允许工作压力时，公式中应以最高允许工作压力代替设计压力 P；

容器各主要受压元件，如圆筒、封头、接管、设备法兰(或人手孔法兰)及其紧固件等所用材料不同时，应取各元件材料的$\frac{[\sigma]}{[\sigma]^t}$比值最小者；

$[\sigma]^t$ 不应低于材料受抗拉强度和屈服强度控制的许用应力最小值。

2）ASME 液压试验压力计算公式

ASMEⅧ division1 中，U99 规定了液压水压试验的压力确定公式：

设计用于内部压力的容器应承受静水压试验压力，该容器的每个点至少等于最大允许工作压力的 1.3 倍乘以容器试压温度下的应力值 S 与设计温度下的应力值 S 的比值[2]。

$$P = 1.3\times(\mathrm{MAWP})\times(\mathrm{LSR}) \tag{2}$$

式中 MAWP——最大许用工作压力；

LSR——最低应力比=试验温度下的应力值/设计温度下的应力值。

3）乌国标准中对液压水压试验的压力计算公式：

$$R_{np} = 1.25P\frac{[\sigma]_{20}}{[\sigma]_t} \tag{3}$$

其中 P——容器的设计压力；

$[\sigma]_{20}$，$[\sigma]_t$——在 20℃和设计温度下，容器或其元件所用材料的许用应力。

2.1.2 差异对比及算例

以某压气站旋风分离器为例，该分离器设计压力 10.3MPa，设计温度 60℃，材料 Q370R、16Mn，在 20℃和 60℃下，材料的许用应力相同。

结合上述 3 个水压测试计算公式，得出了三个标准下的水压测试压力值，具体见表 3：

表 3　三种标准体系计算出的水压试验压力对比

标　　准	计 算 公 式	水压测试压力计算值
GB/T 150	$P_T = 1.25P\frac{[\sigma]}{[\sigma]^t}$	12.875MPa
ASME	$P = 1.3 \times (MAWP) \times (LSR)$	13.39MPa
乌国标准	$R_{np} = 1.25P\frac{[\sigma]_{20}}{[\sigma]_t}$	12.875MPa

2.2　水压试验温度及介质

中、美、乌三个标准体系关于水压试验温度和介质的差异详见表 4：

表 4　三种标准体系关于水压试验温度和介质的差异对比

标　　准	水压试压温度相关规定
GB/T 150	Q345R、Q370R、07MnMoVR 制容器进行液压试验时，液体温度不得低于 5℃；其他碳钢和低合金钢制容器进行液压试验时，液体温度不得低于 15℃；低温容器液压试验的液体温度应不低于壳体材料和焊接接头的冲击试验温度(取其高者)加 20℃；如果由于甲板厚度等因素造成材料无塑性转变温度升高，则需相应提高试验温度；当有试验数据支持时，可使用较低温度液体进行试验，但试验时应保证试验温度(容器器壁金属温度)比容器器壁金属无塑性转变温度至少高 30℃。需要时，也可采用不会导致发生危险的其他试验液体，但试验时液体的温度应低于其闪点或沸点，并有可靠的安全措施
ASME	任何非危险性液体可使用任何试验温度，只要在水压测试时的温度低于其沸点。闪点低于 110℉(43℃)的易燃液体，例如石油馏出物，允许在接近环境温度时使用；推荐水压试验期间金属壁温保持高于最小设计金属温度至少 30℉(17℃)，但不超过 120℉(48℃)，以减少脆性破坏的风险。当容器壁温和试压介质温度基本一致后再进行升压。当温度高于 120℉(48℃)时，推荐延期开展压力容器的检查工作，待温度低于 120℉(48℃)时再进行检查
乌国标准	对于容器的液压测试，应使用温度至少 5℃且不高于 40℃的水，以防止脆性破坏，也可按照技术规格书指定允许的试验温度。根据容器设计部门的意见，可以使用另一种液体代替水

3　水压试验过程

3.1　水压试验压力监测

3.1.1　GB/T 150 对测试压力表的规定

耐压试验和泄漏试验时，如果采用压力表测量试压压力，则应使用两个量程相同的、并经检定合格的压力表。压力表的量程应为 1.5~3 倍的试验压力，宜为试压压力的 2 倍。压力表的精度不得低于 1.6 级，表盘直径不得小于 100mm[5]。

试验用压力表应安装在被试压容器安放位置的顶部。

3.1.2　ASME 对测试压力表的规定

ASME Ⅷ division1 UG-102 中对水压试验压力表规定如下：

测试用压力表必须直接与压力容器相连，或者通过没有中间阀门的压力管与容器相连。如果操作人员在控制压力时不便于观察到压力表的示数，需要安装另一块表便于操作人员在水压测试时读取压力表读数。

压力表量程是测试压力的 2 倍，但不得小于测试压力的 1.5 倍，不大于试验压力的 4 倍。数显压力表(digital reading pressure gages)可用的测量范围更广，其提供的测试精度要大于等于表盘式压力表的精度。

所有的压力表必须使用活塞式压力计(dead-weight tester)或检定过的精密压力表进行检定。当有理由确认表读数有误差时必须进行再次检定[6]。

3.1.2 乌国标准对测试压力表的规定

压力控制采用两块压力表：相同的类型、测量范围、精度等级和分度值。

3.2 升压及检查要求

中、美、乌三个标准体系关于水压试验升压及检查要求的差异详见表 5、表 6：

表 5 三种标准体系关于水压试验升压及检查要求差异对比

标　准	升压及检查要求
GB/T 150	试验容器内的气体应当排净并充满液体，试验过程中，应保持容器观察表面的干燥；当容器器壁金属温度与液体金属温度接近时，方可缓慢升压至设计压力，确认无泄漏后继续升压至规定的试验压力，保压时间一般少于 30min；然后降至设计压力，保压足够时间进行检查，检查期间压力应保持不变
ASME	水压测试前，使用不小于测试压力除以 1.3 的压力来检查被测容器所有的接头和连接处的密封性。在容器所有高点设置排气孔，使得容器注水期间，排空所有容器试压位置的气穴；升压前，检查待测容器连接点已经紧固，所有的与试压无关的低压连接管线以及其余的附属部件已经和测试系统断开
乌国标准	当用水灌满容器时，必须将空气完全清除；压力测试时间由项目设计人员确定，若未给出明确的测试时间，则由表 6 确定；在暴露于测试压力之后，将压力降至设计压力，在该压力下对容器的所有可拆卸和焊接接头的外表面进行检查。不允许在测试过程中敲击壳壁，容器的焊接和可拆卸接头

表 6 乌国水压测试保压时间

容器壁厚/mm	持续时间/min	容器壁厚/mm	持续时间/min
至 50	10	大于 100	30
大于 50，至 100	20	铸造、非金属和多层容器与壁厚值无关	60

3.3 水压合格标准

中、美、乌三个标准体系关于水压试验合格标准的差异详见表 7：

表 7 三种标准体系关于水压试验合格要求的差异对比

标　准	水压试验合格标准
GB/T 150	试验过程中，容器壁无渗漏，无可见的变形和异常声响
ASME	未见明确表述
乌国标准	如果未发现下列现象，则可认为该压力容器水压试验合格：泄漏，裂缝，撕裂，焊接接头处和母材上渗漏出水珠，连接处渗漏，可见的变形，压力表出现压降

3.4 水压试验结果的认证及登记

中、美、乌三个标准体系关于水压试验结果的认证及登记的差异详见表 8：

表 8　三种标准体系关于水压试验结果的认证及登记的差异对比

标　　准	水压试验结果的认证及登记
国标 TSG R7001	负责压力容器定期检验的检验机构应当根据合于使用评价报告的结论和其他定期检验项目的结果综合确定压力容器的安全状况等级、允许使用参数和下次检验日期；检验工作结束后，检验机构一般应在 30 个工作日内出具报告，交付使用单位存入压力容器技术档案。压力容器定期检验结论报告应当有编制、审核、批准三级人员签字，批准人员为检验机构的主要负责人或者授权的技术负责人
ASME	每个压力容器需要有钢印或者铭牌，如果钢印打在铭牌上，应按照 ASME Ⅷ division1 Fig. UG118 图样样式(对于输气站场分离器，压力容器代码为 U)标注信息
乌国标准	试验压力值和试验结果应由执行此次试验的人员登记在压力容器的合格证上

4　结论

乌兹别克压力容器标准是在不断地经验总结、科学研究和吸收国外先进标准精髓的基础上发展起来的，这与中国压力容器标准的创立和发展过程具有相似性[7]。通过对比分析，中国、美国、乌国标准中对压力容器水压试验的技术要求存在差异性，主要体现在压力容器校验周期判定、水压试验压力和温度的选择、水压试验过程及结果认定等方面。

鉴于我国的石化装备制造商在国内生产制造，在中亚地区运行使用较普遍的现状，熟知三国技术标准的相关差异性，对我国石化装备的设计、制造、销售、运行、维护均有现实的指导意义。

参　考　文　献

[1] TSG R7001—2013《压力容器定期检验规则》[S].

[2] ASMEⅧdivision1[S].

[3] ПРАВИЛА УСТРОЙСТВА И БЕЗОПАСНОЙ ЭКСПЛУАТАЦИИ СОСУДОВ, РАБОТАЮЩИХ ПОД ДАВЛЕНИЕМ[S].

[4] GB/T 150—2011《压力容器》[S].

[5] 薛洲、周瑾、叶力等．国内外标准中压力容器水压试验要求对比分析[J]．石油化工设备，2016，6(35).

[6] 于秀美、贾振宇．美国 ASME 规范与中国压力容器标准的比较[J]．石油化工设备，2008，7，4(37).

[7] 黄安庭．我国压力容器标准和 ASME 规范的比较分析[J]．化工机械，2003，30(5).

中亚天然气管道D线乌国段干线管道标准选择探讨

倪春江　张　平　朱瑞华　殷起良　孙　涛　何　伟

（中油国际管道公司　中乌天然气管道项目）

摘　要　本文旨在研究中亚天然气管道D线（以下简称中亚D线）在乌兹别克斯坦共和国（以下简称乌国）境内设计标准选择的理由和建议。中亚D线设计压力为12MPa，但是乌国现行的干线管道设计标准仅适用于压力不大于10MPa的天然气管道，因此，乌国规范不适用于中亚D线建设。由于乌国标准编制部门未认可美国标准在乌国合法使用，并且一直受苏联标准的理念影响，建议优先采用俄罗斯标准，拒绝接受使用美国标准，因此本文通过对比美国ASEME标准和俄罗斯GOST标准对干线管道的壁厚计算、应力分析参数和运行维护规定的差别，计算天然气管道的可靠性，从技术层面，提供了ASME标准满足在中亚D线乌国段的使用要求，为推动ASME标准在乌国合法化提供技术支持。

关键词　中亚天然气管道D线　乌兹别克斯坦共和国　GOST标准　ASEME标准　壁厚计算　运行维护规定　可靠性分析

1　概述

中亚D线在乌国境内主要在Surkhandarya地区敷设，属于山间平原绿洲，具有人口密集和农业发达的特点。根据现有的乌国干线管道设计标准KMK 2.05.06-97（该规范基于俄罗斯的SNiP标准2.05.06-85），其最大设计压力为10MPa，不适用于为中亚D线设计压力为12MPa的管道提供设计依据。因此，结合目前乌国优先建议的俄罗斯标准和中亚D线所经过的塔吉克斯坦和吉尔吉斯斯坦两个国家均采用美国标准ASMEB31.8的实际情况，通过标准对比的方式，从技术层面分析ASME B31.8的技术要求，为向乌国相关部委推进ASME B31.8标准在乌国适用于中亚D线建设提供支持。

2　干线管道钢管壁厚

根据管道铺设的地区位置，天然气管道的等级或类别是不同的，以下分析两种规范的钢管壁厚计算的要求。

2.1　ASME标准

在ASME B31.8标准中，管道等级定义如下：输气管道通过的地区，按照沿线居民户数和（或）建筑物的密集程度，划分为四个地区等级，并依据地区等级做出相应的管道设计。位置等级是沿着管道的地理区域，根据用于人类居住的建筑物的密集程度、建设时考虑的其他特征参数、运行压力、维抢修和运行要求的该区域内管道测试方法等，来确定干线管道周边人类居住的建筑物数量，布置一个1/4英里的区域（沿管道中线两侧宽0.4公里），并将管道分成1英里（1.6公里）长的随机区域，使得各个长度将包括建筑物的最大建筑数量，计算每个1英里（1.6公里）区域内的人类居住的建筑物数量。根据划定范围内的人口数量，划分了四个等级，对应于不同的设计参数(表1)：

表1 地区等级划分表

地区等级	设计系数	等级标准	示例
1级	0.72	居住户数<19	荒地，沙漠，山地，牧场，农田和人口稀少的地区
2级	0.6	19≤居住户数<87	城市，工业区，牧场或乡村庄园周围的边缘地区
3级	0.5	居住户数≥87	人类居住的郊区住宅、购物中心、住宅区、工业区
4级	0.4	多层建筑	多层建筑很普遍，交通繁忙或人口密集

在干线管道设计阶段，通过划分地区等级，确定不同地区的设计系数，应用于钢管壁厚的计算公式中：

$$t=\frac{P\cdot D}{2000\cdot S\cdot F\cdot E\cdot T}$$

式中 t——计算壁厚，mm；

D——钢管外径，mm；

E——纵向焊缝系数；

F——设计系数；

P——设计压力，kPa；

S——最小屈服强度；

T——温差系数。

2.2 GOST标准

在标准GOST R 55989—2014中，干线管道的管段等级分为三类：H(正常)；C(中)；B(高)。管段等级取决于管道敷设位置的类型，例如，管道穿越公共铁路网络、Ⅰ，Ⅱ和Ⅲ类公路和两侧50米的路段、河渠等管段，被定义为高级；管道敷设在棉花田和灌溉水田中的管段，被定义为中级；管道敷设在戈壁、沙漠和无人区等位置的管段，被定义为正常。管道的运行条件系数取决于管段级别，确定相应的运行系数(表2)：

表2 管段等级划分表

管段级别	运行条件系数 γ_d	管段级别	运行条件系数 γ_d
H	0.921	B	0.637
C	0.767		

干线管道的钢管壁厚 t_d 计算通过采用管材的抗拉强度 t_u(mm)和屈服强度 t_y(mm)的标准值分别进行计算，采用两个计算值中的较大值，如下：

$$t_d=\max(t_u;\ t_y)$$

由抗拉强度 t_u(mm)和屈服强度 t_y(mm)确定的壁厚根据下式计算：

$$t_u=(\gamma fp\cdot P\cdot D)/(2\cdot R_u);\ t_y=(\gamma fp\cdot P\cdot D)/(2\cdot R_y)$$

式中 P——操作压力；

γfp——负荷可靠性系数(内压)；

D——钢管外径；

R_u——管材的设计抗强度，MPa；

R_y——管材的设计屈服强度，MPa。

结合管材的抗拉和屈服强度，对管材的设计抗拉强度 R_u 和设计屈服强度 R_y 计算，并有下式确定：

$$R_u=\gamma_d/(\gamma_{mu}\cdot\gamma_n)\cdot\sigma u;\ R_y=\gamma_d/(\gamma_{my}\cdot\gamma_n)\cdot\sigma_y$$

式中 γ_d——管道运行条件系数；

γ_{mu}——计算强度时相对于管材的可靠性系数；

γ_{my}——计算时管材的可靠性系数；

γ_n——管道运行可靠性系数；

σ_u——管材的标准抗拉强度；

σ_y——管材的屈服强度。

2.3 干线钢管壁厚计算

为了比较上述标准，针对中亚D线项目，根据两个不同的标准计算干线管道的钢管壁厚(参见表3和表4)：

表3 ASME标准计算壁厚

地区等级	D—钢管外径/mm	E—纵焊缝系数	F—设计系数	P—设计压力/kPa	S—屈服强度/MPa	T—温度系数	t—计算壁厚/mm
1级	1219	1.0	0.72	12000	555	1	18.4
2级	1219	1.0	0.6	12000	555	1	22
3级	1219	1.0	0.5	12000	555	1	26.5

表4 GOST标准计算壁厚

D—钢管外径/mm	P—设计压力/MPa	R_u—设计抗拉强度/MPa	R_y—设计屈服强度/MPa	管段等级	t—计算壁厚/mm
1219	12	408	467	H	19.6
1219	12	356	402	C	22.6
1219	12	246	278	B	32.7

经过计算，我们可以看出使用GOST标准比ASME标准计算的壁厚等级高，造成管材成本增高，并且不利于中亚D线全线钢管壁厚的统一。

应力分析参数

俄罗斯和乌兹别克斯坦目前的干线天然气管道标准，是以苏联的标准为基础发展的。俄罗斯标准GOST和美国标准ASME是相互独立和根本不同的标准体系，ASME和GOST之间的根本区别在于参数选择的细节，差别如下：

压力：在GOST R 55989-2014中，使用术语操作(标准)压力，在进行应力和壁厚计算过程中，GOST的计算压力相当于标准操作压力乘以载荷因子系数。

ASME包含多个内部压力概念(不包括测试压力)：设计压力-本标准允许的最大压力，由设计程序确定，适用于所涉及的材料和位置，用于设计和应力分析计算管道及其系统；最大工作压力(MOP)是在正常操作期间管道系统运行的最高压力(有时称为最大实际工作压力)；最大允许工作压力(MAOP)是指按照本标准的规定操作系统的最大压力。

载荷：ASME基于允许应力的设计概念，并且在不施加载荷因子的情况下使用每个载荷的实际值，针对不同的负载条件和负载组合规定了不同的允许应力。GOST 使用四种类型的负载：静载、活载、短时负载和特殊(间歇)负载。无论是否存在单一载荷或载荷组合，允许应力保持不变，与具有不同允许应力的 ASME 不同。

材料参数：ASME 和 GOST 中钢管规定的极限抗拉强度(SMUS)相同，但测量和解释规定最小屈服强度的方式不同。API5L 中钢管规定的最小屈服强度(SMYS)对应于 0.5%的总应变，在俄罗斯钢管标准中它是残余应变的 0.2%，因此对于给定的钢管，用于 SMYS 的值将在 5%之内不同，取决于它是根据美国或俄罗斯标准测量的。ASME 使用 SMYS 作为其允许应力分析标准的基础，而 GOST 使用钢管的规定最小屈服和极限强度。

壁厚：在 ASME 和 GOST 中，管道、三通和弯头的标称壁厚仅基于内部压力。考虑到壳体的直径等于管道的外径，使用设计压力由巴洛方程确定的薄壁壳体中的环向应力。在 GOST 中，用于壁厚测定的环向应力是根据因式压力和相同的公式(即巴洛公式)计算的，但 GOST 使用管道的内径而不是管道的外径。

3 管道运维

在管道运行阶段，ASME 和 GOST 标准体系对干线管道的要求截然不同，ASME 规范通过设计系数有效的规定巡检要求、结合管道沿线建筑物和人口居住密度程度的变化进一步修正设计系数，并进行有效的干线管道改造；GOST 标准通过安全距离要求，禁止在保护区内有建筑物和人口居住。详细差别如下：

3.1 ASME 标准

检查以及监测管道的沿线状况、泄漏迹象、管道周边的施工活动、危险的自然因素以及影响管道安全的其他现象，应在 1 和 2 级地区的管道进行至少每年一次的检查，应在 3 级地区的管道进行至少每 6 个月一次的检查，应在 4 级地区的管道进行至少每 3 个月一次的检查。

当管道附近的住宅建筑物的数量接近该地区等级的上限，以致可能需要更换钢管壁厚等级时，则在该事实确定后的 6 个月内，对管道进行有效的研究，如果研究表明需要更改地区等级，则需要根据新的地区等级立即调整检查和泄漏监测的频次。在更改地区等级时，需要确认或修订最大允许工作压力。

如果在现有的 1 级或 2 级管道附近建造公共集会或人员集中(教堂，学校等)的建筑，则有必要考虑发生事故造成的可能后果。在这种情况下，最大允许法向应力不应超过规定的最小屈服强度的 50%，按照 3 级地区的标准进行检查和泄漏控制，以加强管道维护等。

3.2 GOST 标准

在干线管道设计阶段，根据管径和压力等参数，规范规定了安全保护距离，比如中亚 D 线管道的保护距离为干线两侧各 330m，保护区范围内禁止建筑物和居民区存在，通过在运行阶段控制距离进行运行和维护，但是安全距离范围的土地既不办理永久征地也不办理临时征地，因缺少对保护区范围内土地的使用权，无法限制社会发展和人为活动。结合乌国已建的管道，在建设阶段对保护区内的建筑进行了拆迁和对居民进行了疏散，但是随着管道运行多年后，社会在不断的发展和进步，在管道保护区内又重新建起了新的居民区，失去了规范要求的保护距离的意义。

4 管道可靠性分析

管道在居民区段敷设，两标准对管道中心线和建筑物的距离要求差异非常大，ASME规范通过管道本质安全的理念，保障对居民区的财产和人身安全，并未严格做安全距离要求；GOST标准通过规定安全距离的方式保障居民区的财产和人身安全，根据规范，管道中线距离建筑物的最小距离不小于330m。为此，由于两标准的差异，造成管道敷设沿线居民房屋拆迁数量的严重差异，大约分别为20户和800户。

为了论证管道的可靠性，采用加拿大标准CZAZ662-2011对ASME标准计算的钢管壁厚，进行可靠性分析，并与国际ISO标准要求进行对比验证。根据规范附件O，条款O.1.4.1，管道的极限状态可分为以下几种：1)极限状态(ULS)：导致严重泄漏和第三方破坏并产生安全隐患的限制条件，该状态包括主孔和爆裂。2)泄漏极限状态(LLS)：导致泄漏，但不会造成严重的安全隐患，孔的直径不小于10毫米。3)服务限制状态(SLS)：违反维护要求，但不会导致泄漏限制状态。以上包括流动性，延伸性，凹坑和过度的塑性变形。根据统计分析，天然气管道故障的原因是腐蚀和第三方的影响，因此极限状态的应用如表5所示：

表5 管道极限状态类型

破坏类型	限制状态类型	时间依赖
管道完整性	服务限制状态	否
腐蚀导致泄漏	泄漏极限状态	是
严重腐蚀泄漏和三方破坏	极限状态	否

我们进行了相关的研究和计算：针对用于敷设于农田区和人口稠密区(图1)的约50公里管道的钢管壁厚类型，使用加拿大C-FER公司开发的PRISM软件估算腐蚀的可能性进行分析和模拟计算。

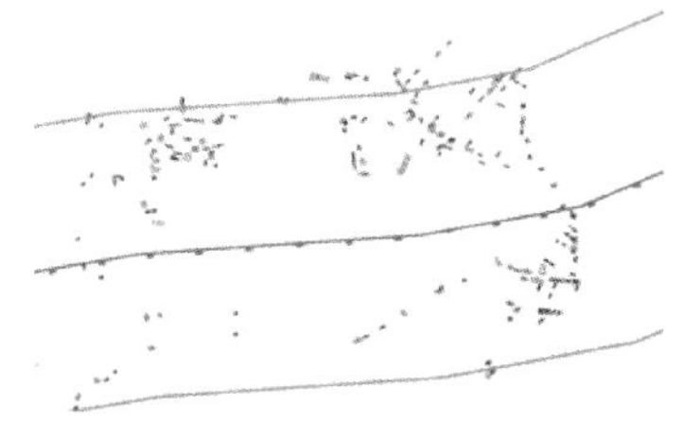

图1 管道在人口密集区敷设走向图

按照ASME规范，在居民区的设计壁厚为27mm，钢管的计算可靠性对应于三个国际标准规定的目标可靠性值：在进行计算分析后，在30年运行期内，干线管道失效的最大概率为4.92×10^{-10}km/年，可靠性水平为0.9999999995081970，均高于DNV、CSA和ISO等国际知名规定的要求(表6)，符合国际组织对天然气管道安全性和可靠性的要求。

表6 管道可靠性分析结论

项目	DNV挪威船级社	CSA加拿大标准协会	ISO国际标准化组织	实际估值
可靠性数值	0.99999	0.99999994148249	0.9999977	0.9999999995081970

5 关于中亚 D 线乌国段标准的选择和结论

管道在乌国段敷设的平原地区，人口稠密、村庄和城市密集，按照 GOST 标准，钢管壁厚等级高和管道与住宅建筑保持足够的距离，从而造成管材成本升高、拆迁量巨大和大量人员搬迁费用，并且目前管道沿线城市和村镇的发展快速，管道的安全距离将限制区域经济发展。从以上考虑，采用 GOST 标准在人口稠密区建设管道，会造成建设和运营成本更高，并且不利于当地社会稳定和经济发展。

ASME 标准在国际上已广泛认可和接受，北美，中东，北非和大多数欧洲国家在设计主干气管道时使用的是 ASME 标准或基于 ASME 的国家标准，大约 80%的干线管道使用 ASME B31.8 标准或参考它来设计，在中亚 D 线所经过的塔国和吉国段已经批准使用 ASME 标准。并且本文通过对 ASME 和 GOST 标准在壁厚、应力分析等核心数据方面的对比，结合对管道的可靠性计算，体现了 ASME B31.8 标准在干线管道的安全性和可靠性，为推动 ASME 规范在乌国 D 线采用提供技术依据。

参 考 文 献

[1] GOST R 55989—2014[S]. 干线天然气管道.

[2] ASME B31.8—2016[S]. 气体输配管道系统.

[3] SNiP 2.05.06-85[S]. 干线天然气管道.

[4] KMK 2.05.06-97[S]. 干线天然气管道.

[5] ANSI/API 5L(API 5L). 干线钢管.

[6] CZAZ662—2011[S]. 石油和天然气管道系统.

中亚D线塔国段线路工程难点分析及隧道技术应用概述

程梦鹏[1]　刘　涛[1]　于耀国[2]　张海斌[1]　王振宇[1]

（1. 中油国际管道公司　中塔天然气管道项目；2. 中油国际管道公司　哈国西北原油项目部）

摘　要　中亚D线塔国段线路工程地形地貌复杂，工程条件恶劣；交通不便，保通难度极大；地震烈度高，破坏后果严重；库区管道受库岸再造大；山区敷设难度大、管道失效风险高。上述问题的存在，使管道建设、施工及运营面临着任何以往工程都未遇到的技术和风险挑战。通过技术研究采用隧道敷设减灾技术方案，不仅降低了高烈度地震灾害，避绕了部分滑坡及泥石流等地质灾害，消除了库区岸坡再造对管道的不利影响，避免了管道顺坡或横坡敷设引发的二次地质灾害；还省去了管道山区施工需要的大量多次实施水工保护工程，减少了施工道路和伴行道路长度；并易于检查、维护及保养，从而提高管道安全运营可靠性。

关键词　中亚D线管道　高烈度地震　地质灾害　山岭隧道　减灾

1　引言

中亚D线起于土库曼斯坦、乌兹别克斯坦边境，途径乌兹别克斯坦、塔吉克斯坦、吉尔吉斯斯坦、中国四国，终于新疆乌恰，全长约966km，干线管径1219mm，设计压力12MPa。具体见图1。

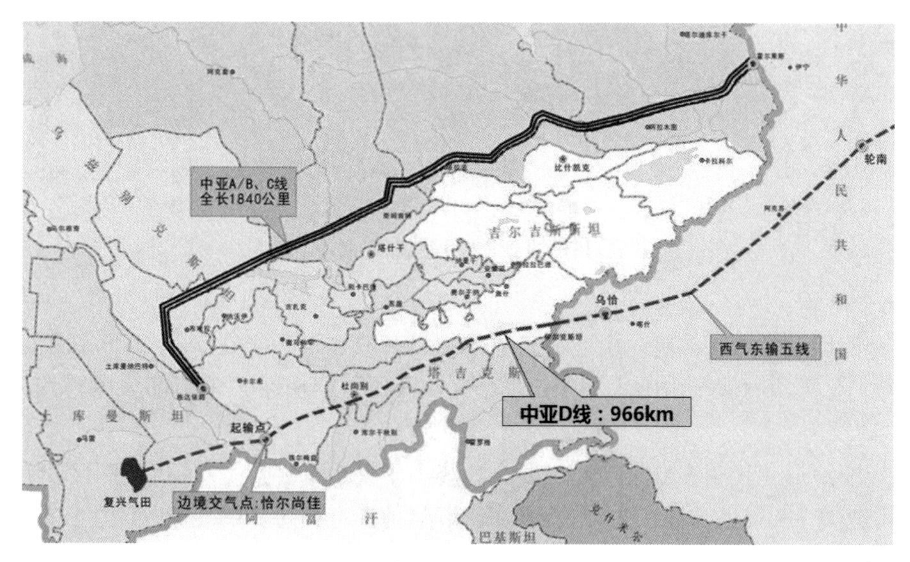

图1　中亚D线走向示意图

这条管道与已建成的连接土库曼斯坦、乌兹别克斯坦、哈萨克斯坦的A/B/C线一道，将形成中国—中亚天然气管道网，南北天然气走廊像张开的双臂拥抱着中国和中亚，把中亚五国与中国紧密相连，进一步加深中国与中亚国家的能源合作，促进经贸往来，增进传统友谊，互利共赢。

2 工程基本条件及重点难点

2.1 工程基本条件

2.1.1 线路走向

塔吉克斯坦段管线起自乌塔边境，沿着古老的丝绸之路向东，经图尔孙扎德、杜尚别南，达瓦赫达特，然后沿着塔吉公路向东进入山区，顺着 Vakhsh River 和 Surkhob River 的沟谷、台地，北边为西天山，南边为帕米尔高原的皮特第一山脉，经法伊扎巴德、奥比加尔姆、努洛巴德、加尔姆、吉尔加塔尔、卡拉梅克，到达塔吉边境，以山区和沟谷地貌为主，总计 391km。具体见图 2。

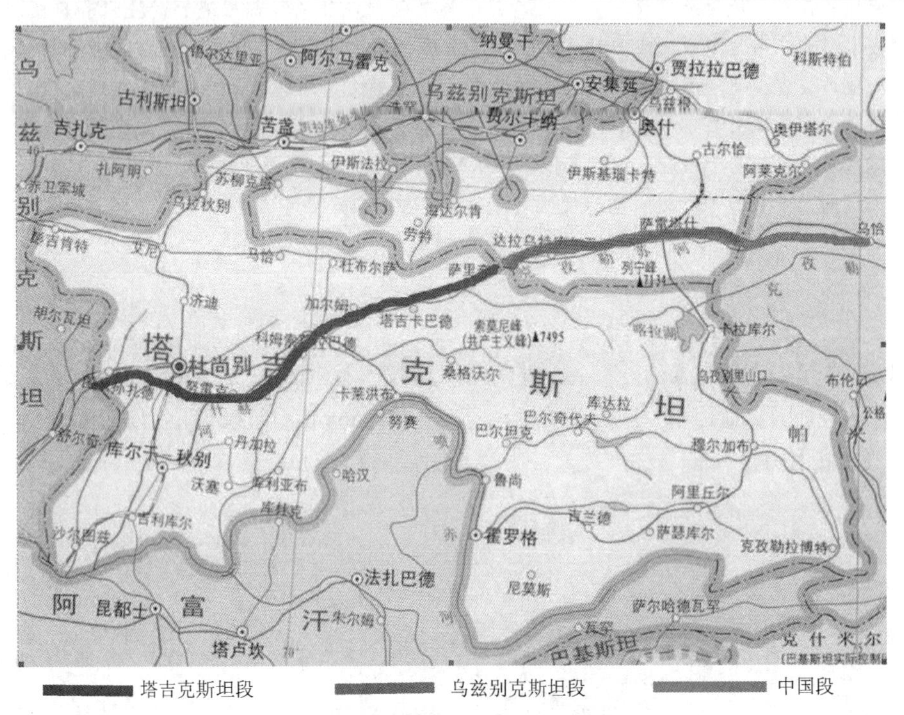

图 2 塔国段管道工程线路走向示意图

2.1.2 地形地貌

塔吉克斯坦地处山区，境内山地和高原占 90%，其中约一半在海拔 3000m 以上，有“高山国”之称。北部山脉属天山山系，中部属吉萨尔-阿尔泰山系，东南部为冰雪覆盖的帕米尔高原。

管道沿线地形貌复杂多变，单元主要有丘陵、中低山沟谷及宽缓河管道沿线地形貌复杂多变。乌塔边境-瓦赫达特段，长度约 90km，以盆地向低山过渡的丘陵貌为主，局部为宽缓河谷/平原；瓦赫达特-塔吉边境段，长度约 301km，以中低山和沟谷地为主，局部宽缓河谷。具体见图 3~图 6。

图3　典型谷地/平原地貌

图4　典型丘陵地貌

图5　典型低山地貌

图6　沟谷地貌

2.1.3　区域地质

塔国段工程沿线区域位于印度板块与欧亚板块碰撞形成的帕米尔构造结附近，是印度板块向欧亚大陆内部楔入最深的一个触角，新生代以来构造变形强烈。区域北部主要为天山，中南部为帕米尔。帕米尔的东侧为塔里木盆地，西侧为塔吉克盆地。第四纪以来尤其是晚第四纪以来，构造活动主要集中在这几个构造单元的边界断裂带上，沿这些构造带地震活动频繁、强烈。表现为：河流呈现多级阶地，褶皱构造发育，岩层产状紊乱，岩浆岩广布，岩层分布受断层和褶皱控制明显。

2.1.4　不良工程地质

（1）管道沿线特殊性土主要为黄土，主要分布在T154桩以西的丘陵、河谷阶地、冲沟两侧及山前坡积地带。管道沿线黄土，其颗粒岩性以黄土状粉质黏土或粉土为主，具有水平断续分布、大孔隙、垂直节理发育、一般具有湿陷性的特点。

（2）管道处于塔吉克斯坦中央直辖区范围内，地震设防烈度均为9度，地质构造活动强烈，褶皱、断裂发育；以中低山及沟谷地貌为主，地形破碎、起伏大；温带大陆性气候，夏季炎热，西部冬季温和，东部冬季寒冷；昼夜温差大；地表岩体的风化严重。以上这些因素导致了管道沿线的不良地质作用和地质灾害发育，主要表现为不稳定斜坡、滑坡、崩塌、泥石流等。

（3）管道从Obigarm到Vakhsh盾构隧道穿越段，都位于水库影响区内，影响长度达到了80km。库区蓄水后会引发大面积的库岸再造现象，特别是在地震发生时，会进一步加重库岸再造及其他地灾的影响，如管道敷设在库区或影响范围内，将危及管道的安全运营。

2.2 工程需要重点解决的重点难点问题

本工程交通不便、地形地貌复杂，地质灾害极度发育，地震烈度高，管道建设、施工及运营面临着任何以往工程都未遇到的技术和风险挑战。应结合以往工程实践经验，优化线路敷设方案，降低工程建设投资和运营成本，并保证管道安全，需要解决系列的工程重点难点问题。

2.2.1 道路保通问题

本项目交通条件和依托条件较差，主要依靠塔吉公路运输。而塔吉公路大量桥梁需要加固后方能满足施工设备及材料运输需求，同时四季面临泥石流、崩塌、滑坡和雪崩等地灾威胁，严重影响施工安全和运营管理，项目道路保通责任重大。

本项目伴行道路主要在平原地段，山岭段除塔吉边境爬山段外其他山区未修伴行路；山区段仅靠数量不多的施工便道，受滑坡、雪崩、泥石流及地震等地灾影响，一旦管道发生泄漏，难以及时到位，可能对管道安全运营造成不良影响，后续应采取技术措施弥补运营道路不足的问题。具体见图7。

图7 塔吉公路路况较差段现状(崩塌地灾点及公路桥梁端开裂)

2.2.2 滑坡、泥石流等地质灾害问题

根据《中国-中亚天然气管道D线工程塔吉克斯坦段地质灾害调查评价专题报告》，中亚D线工程(塔国段)沿线山高谷深、地形陡峻、地震及活动断裂较多，地质灾害非常发育，地质灾害类型主要包括崩塌、滑坡、泥石流、水毁和不稳定斜坡等。根据初步调查，中亚D线(塔国段)沿线主要分布有滑坡6处、不稳定斜坡40处、崩塌(危岩体)54处、泥石流27处。同时山区管道施工也会带来一定数量的滑坡、坍塌等次生地质灾害。这些地质灾害严重威胁着管道建设和运营安全，应高度重视，主动识别、避绕，如无法避绕应采取技术措施降低或消除其对施工和运营的不利影响。

2.2.3 高烈度地震灾害问题

地震灾害对埋地管道主要有三种破坏方式，即地震波的传播效应、永久地面变形次生灾害，高烈度地震，除引发滑坡、崩塌、泥石流及堰塞湖等危及管道安全外，还能由于地表错动、滑移引起管道破坏等[1]。

根据管线近场区地震评价报告，管道沿线50年超概率10%平均场地水平向地震动速度峰值分别为0.3g(约29km，占7.5%)，0.4g(约139km，占35.5%)，0.5g(约148km，占37.8%)和0.6g(约75km，占19.2%)。具体见图8。

按照《中国地震动参数区划图》GB 18306—2015的附录C规定，对于II类场地、0.38g

$\leqslant a_{max}$，$g\leqslant 0.75g$ 的动峰值区域，对应地震烈度为Ⅸ(9度设防)，故而本管道有92.5%的长度需要按9度地震烈度设防。

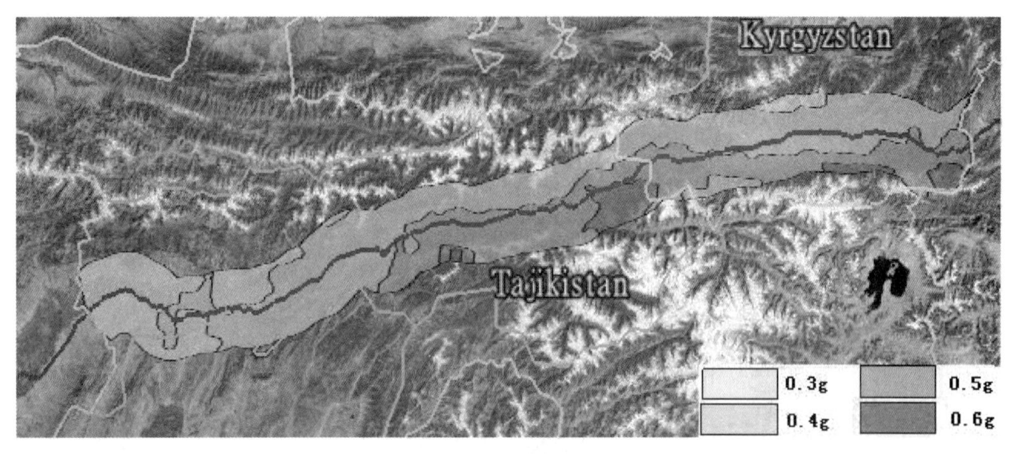

图8　拟建管线沿线地震烈度分布图

2.2.4　罗贡水库库岸再造危害问题

水库边岸在库水水位升降及风浪冲蚀作用下，严重的水库塌岸，不仅蚕食水库周边地带的大片农田，威胁工业及民用建筑物的安全，导致交通设施的破坏，形成水库淤积，而且可能诱发大规模的崩塌、滑坡或地震[2]。

本工程库区地震烈度为9度($P=10\%$)，岩体构造松散，上下游两岸基岩有潜在的滑坡危险。管道约80km通过罗贡水库区，管道最近距蓄水线近，有的还要穿越库区。岸坡再造造成的崩塌、滑坡等地质灾害影响着管道的安全。应查明影响范围并采取必要的避绕措施和工程措施，降低乃至消除库岸再造对管道交通和运营安全的不利影响。具体见图9。

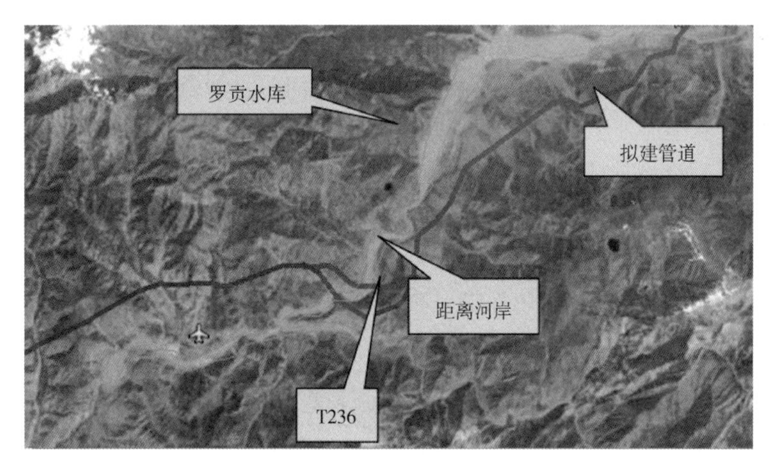

图9　管道穿越罗贡水库走向图

2.2.5　旱寒山区管道爬越敷设难题

管道海拔在西天山和帕米尔高原间丘陵、低山和谷地间，山区，主要穿越Q3、Q4湿陷性黄土、卵砾石土、强、全风化花岗岩，岩土构成以不稳定的细粒土为主，极易引发滑坡、泥石流和崩塌等自然灾害，大量冲沟发育，生态环境脆弱，遭破坏后采用水工保护等常规措施短时难以恢复或无法恢复。管道施工应重点解决顺坡敷设、横坡敷设、顺沟敷设、顺河敷设、冲沟敷设、水工保护与水土保持等技术问题以及管道施工带来的次生灾害问题。

管道敷设作为一项线性工程，带状作业场地、施工便道、伴行路等施工对当地生态的破坏难以避免，特别是对于在山区修建OD1219的大口径管道而言，重型的管道运输及敷设设备对作业场地、道路的要求极高。在山区没有设计修筑伴行公路，仅靠施工便道难以长久维持复杂山区、地灾频发条件下管道运营对道路的硬性需求，应采取技术措施降低施工与运营对道路的硬性需求。

图10　管道顺坡敷设土方段

3　隧道在中亚D线管道工程中的作用

3.1　山岭隧道在复杂山区管道敷设中的应用

在复杂山区敷设管道，泥石流、滑坡、崩塌、冲沟、雪崩及地震等自然地质灾害是共性问题。如何在保证管道施工及安全运营的同时，减小对环境的破坏，实现工程与环境的和谐共荣，是当前油气管道设计应注重解决的重要问题之一。

在复杂山区管道敷设采用隧道方案，能够消减或避绕滑坡、泥石流等天然地质灾害，降低地震灾害；消除管道横坡敷设或顺坡敷设或大量山区道路修筑带来的次生地质灾害，减少山区水工保护和水土保持措施并降低水工保护等失效带来的管道运营隐患，提高管道运营可靠性，降低管道运营费用，具有综合减灾降费作用。爬越方案与隧道方案主要技术对比见表1。

表1　复杂山区爬越敷设与隧道敷设方案技术对比

方案 比较项目	传统山区爬越方案	隧道敷设方案
交通需求	施工、运营需要修筑道路，道路修筑，道路长、山区道路修筑和保养难度大、费用高、破坏植被	仅隧道进出口需要修筑道路，施工和养护难度小
自然地灾	难以有效避开滑坡、泥石流、崩塌及雪崩等对管道施工及运营的不利影响	可以有效避让大部分自然地质灾害，极大地减少管道施工及运营的不利影响

续表

比较项目 \ 方案	传统山区爬越方案	隧道敷设方案
震灾减损	管道埋在地表附近，管体本身受地震面波影响大，同时还要承受地震引起的大规模坍塌、泥石流、地表开裂等次生灾害的不利影响，地表管道总体震害强	隧道主体深埋地下，除两侧洞口受地震影响较大外，隧道洞身随大地一同变形，震害较轻，多以裂纹损伤为主，不影响管道安全，且避开了地震次生灾害的不利损害[3][4]
库区影响	管道大面积在地表通过，不被识别或是别不完全的库岸再造引起的坍塌可能损害管道	管道主要在地下通过，除两侧洞口外，无不被识别或是别不完全的库岸再造引起的坍塌现象不存在
次生灾害	管道横坡敷设和顺坡敷设经常引发不被识别或是别不完全的不定期的危及管道安全的次生地质灾害，如滑坡、坍塌	除基本的施工安全隐患外，隧道施工完毕后，基本无次生火害
水工保护	施工时无论管道还是相关道路，都要依靠大量的水工保护工程量，运营后也需要根据实际情况不断地增加，费用高，不确定性高，运营养护难度大	仅在洞口、渣场或道路施加水工保护，施工时工程量小、后期用量也小
施工和运营管理	无论在施工阶段还是运营管理阶段，都要高度重视，定期整改	注重施工期间的安全管理，运营期间以定期检查、维护为主
全寿命费用	前期施工阶段费用可能降低，但后期运行费用高，管道运营可靠性相对较低，全寿命周期综合费用可能较高	前期隧道施工费用可能高，但能达到有效舰载减灾的目的，后期运行费用低，管道的安全可靠性高，全寿命周期综合费用可能较低

3.2 中亚D线塔国段山岭隧道的应用

针对中亚D线复杂的地形、地貌及工程条件，沿线已初步确定山岭隧道穿越42条，隧道水平总长63.250km，隧道总长度63.415km。比较典型的隧道有：A1隧道全长2778m，A2隧道全长2431m，A3隧道全长3004m，A4隧道全长2594m，A5隧道全长1304m，A6隧道全长2782m，A7隧道全长2448m。这些隧道条件复杂，建设难度大，成为本项目的控制性工程。

隧道内按架空方式布设1根ϕ1219mm输气管道。隧道洞身净断面设计洞宽4.5m、洞高4.5m，直墙圆拱型或曲墙圆拱型。

采用隧道综合减灾敷设技术，有效地降低了震灾损害，消减了部分泥石流、滑坡、崩塌及雪崩等自然灾害，减少了山区管道纵坡和横坡敷设施工引起的次生灾害，减少了伴行路需求，降低了水工保护工程量，并极大地增加管道运行可靠性，从而降低了管道运行成本。这一方法在中亚D线的实施，对工程的设计、施工和运营管理起到了较大的指导作用，对后续复杂山区管道建设也有极大的借鉴意义。

4 结束语

1#隧道的开工标志着中国—中亚天然气管道D线塔国段开工建设，又一条气龙将腾跃在亚欧大陆腹地，为“丝绸之路经济带”建设注入强大动力。塔国段的42处山岭隧道穿越和1处盾构隧道穿越是整个中亚D线管道重点与难点聚集地，工程成败对整个项目影响极大。

面对工程的众多难点及重点，所有工程参与者正在继续发扬“丝路精神”，传承友谊，深化合作，以山岭隧道减灾敷设技术为先导把惠及沿线五国人民的战略性合作项目建成具有国际先进水平的优质绿色、友谊工程，以实际行动落实着集团公司在项目启动阶段向中塔两国元首郑重承诺：要坚持“安全第一、环保至上，坚持科技创新，确保工程建设优质、高效、安全”。

参 考 文 献

[1] 郝建斌，刘建平等．地震灾害对长输油气管道的危害[J]．油气储运，2009，28(11)：27-30.

[2] 范云冲，张友谊，胡卸文．库岸再造预测方法及其评价[J]．四川水利水电，2009，21(4)：69-72.

[3] 陈正勋，王泰典，黄灿辉．山岭隧道受震损害类型与原因之案例研究[J]．岩土力学与工程学报，2011，30(1)：45-57.

[4] 高波等，王峥峥，袁松，申玉生．汶川地震公路隧道震害启示[J]，西南交通大学学报，2009，44(3)：336-341.

中亚天然气 D 线国际贸易计量交接标准化探讨

陈群尧[1] 关新来[2] 王善珂[2] 孟祥海[2] 曹颖伟[2] 卢 明[2] 王 涛[2] 张明臣[2] 周 亮[2]

（1. 中油国际管道公司 新疆分公司；2. 中油国际管道公司 中吉天然气管道项目）

摘 要 通过对管输天然气贸易计量的 ISO 标准、中国 GB/T 标准、俄罗斯 ГОСТ 标准及美国 API 和 AGA 报告等有关贸易交接的气质检测标准、计量标准及计量检定标准的比较，探讨筛选优化针对中亚天然气 D 线国际贸易计量交接的标准系列，为中亚 D 线贸易计量交接标准化建设奠定基础，其目的在于 D 线国际贸易计量公正、公平、准确和简便。

关键词 天然气计量 贸易交接 标准化

中亚天然气管道 D 线管径 1219mm，设计压力 12MPa，输气能力 $300\times10^8m^3/a$，西起土库曼斯坦，穿越乌兹别克斯坦、塔吉克斯坦、吉尔吉斯斯坦，从乌恰进入中国境内与西气东输 5 线相连接，全长 966km，是继已建成的中亚天然气管道 ABC 线之后又一条跨越多个国家的能源通道。根据初步设计，中亚天然气 D 线在土、乌、塔、吉等国都设有流量计对输量进行监控，设立在中吉边境中国境内的乌恰计量站用于天然气接收国际贸易交接计量。

中亚天然气管道 ABC 线的国际贸易计量交接是参照我国第一条跨国能源通道——中哈原油管道国际贸易计量交接基础上建立起来的。由于中哈原油管道是我国第一条陆上能源通道，在跨国计量贸易交接方面，此前没有现成的经验和技术可循，完全是通过管道建设者的智慧加实践一步一步实现的。此后的中缅油气管道、中俄原油管道等都或多或少借鉴了中哈原油管道国际贸易计量交接的经验。因此在中亚管道 D 线建设准备阶段，在中哈原油管道投产运行 10 年后重新审视这些国际贸易计量交接标准的先进性和合理性，笔者认为不论是天然气气质检测方法的选用、计量标准的实施，还是有关技术标准的管道经过国互认等方面都存在一些不可回避的问题；另外，整条管道上下游各项标准的不统一，会给天然气计量带来误差。为避免类似的问题在即将建设的中亚管道 D 线上重复出现，本着公平、公正、严谨、务实的科学态度，对管输天然气品质检测、计量及计量检定的中国标准（GB 或 SY）、俄罗斯标准（ГОСТ）、国际标准（ISO）、美国标准（ASTM）及美国燃气协会报（AGA）进行对比，选择可操作性强，误差小，双方无争议的标准做为 D 线的国际贸易计量交接标准，推动管道途经国之间计量标准互认、互信，从技术和管理层面彻底消除不利因素的影响，维护国家间贸易公平公正执法，更好的落实集团公司“一带一路”油气合作战略，为将来更多的跨国能源通道提供有价值的借鉴材料。

天然气国际贸易计量贸易交接涉及天然气气质检测约 9 个方面的内容及天然气计量和天然气计量检定，现分别探讨如下：

1 天然气气质检测标准的比较

1.1 天然气的取样

天然气的取样标准，中国标准为 GB/T 13609《天然气取样导则》和 GB/T 30490《天然气自动取样方法》，GB/T 13609 等效于 ISO/NP 10715 Natural gas—Sampling guidelines，与俄罗斯 ГОСТ 31370 Газ природный. Руководство по отбору проб 相比较，三方标准取样原理相同，技术内容一致，但在取样口位置的设定上略有不同。

自动取样 GB/T30490 与美国 ASTM D5287 Standard Practice for Automatic Sampling of Gaseous Fuels 一致，在阻流元件的下游至少 5 倍管径之处，取样探头应插到管直径 1/3 处。

表 1 天然气取样标准取样探头比较

标准编号	纵向位置	管内位置	取样形式
GB/T 13609	取样探头在水平管段阻流源下游≥20D	管径 1/3 处	手工取样
GB/T 30490	取样探头在水平管段阻流源下游≥5D	管径 1/3 处	自动取样
ISO/NP10715	取样探头在水平管段阻流源下游≥20D	管径 1/3 处	手工取样
ASTM D5287	取样探头在水平管段阻流源下游≥5D	管径 1/3 处	自动取样
ГОСТ 31370	没有给出取样探头位置	管径 0.3~0.7 处	手工取样

从表 1 可以看出，GB/T 13609 和 GB/T 30490 完全与国际接轨，可与 ISO/NP10715 和 ASTM D5287 等效使用，取样探头的安装位置和深度明确且量化，便于操作，可推荐在 D 线上使用。

1.2 烃类及非烃类组成

按照中国标准 GB/T 17820《天然气》的要求，作为贸易交接的天然气的组成成分，需要检测的物质一般为 $C_1 \sim C_6$ 烷烃及 C_{6+} 的烃类、氢、氦、氧、氮及二氧化碳、硫化氢、总硫、硫醇等微量组分。采用气相色谱分析法对天然气有效成分进行测量的 GB/T 13610《天然气的组成分析——气相色谱法》与 ISO 13686 Natural Gas-Quality Designation 等效，与美国标准 ASTM D1945 Standard Test Method for Analysis of Natural Gas by Gas Chromatography 基本一致。

天然气质量各成分检测，中国采用 GB/T 27894(1~6)《天然气在一定不确定度下用气相色谱法测定组成》能将 $C_1 \sim C_6$ 烷烃及 C_{6+} 的烃类、氢、氦、氧、氮及二氧化碳等气相物质的成分和含量精确测定。国际标准为 ISO 6974(1~6) Natural gas—Determination of composition and associated uncertainty by gas chromatography 系列，俄罗斯标准为 ГОСТ 31371(1~6) Газ природный. Определение состава методом газовой хроматографии с оценкой неопределенности 系列等都能测定 $C_1 \sim C_6$ 烷烃及 C_{6+} 的烃类、氢、氦、氧、氮及二氧化碳等气相物质的精确成分和含量。

表 2 气相色谱法测定天然气必要成分的比较

项　目	GB/T 27894.1-6	ISO 6974.1-6	ГОСТ 31371.1~6	差异比对
应用范围	H、He、O、N、CO_2、$C_1 \sim C_6$烷烃、C+烃类			相同
测定原理	色谱分离，外标法直接定量或相对校正因子间接定量			相同
仪器材料	离线实验室、在线及气体标准物质(CRM 和 WRM)			相同

续表

项　　目	GB/T 27894.1-6	ISO 6974.1-6	ГОСТ 31371.1~6	差异比对
样品要求	不含液态水、烃等流体的单相气体，在工作范围内，高于0.1%组分摩尔含量都应测量，响应呈线性			相同
取样方法	相同		不同	差异
检测设备	TCD或其他检测器	TCD	TCD或其他检测器	差异
载气	H_2或He	He	H_2或He	差异
准确度要求	常规组分摩尔分数不确定度：GB/T 27894.2与ISO 6974-2相同		ГОСТ 31371.7常规组分摩尔分数不确定度应满ГОСТ 31371.2的要求	差异

从上表可看出，中国标准GB/T 27894与ISO 6974基本一致，但与俄罗斯标准ГОСТ 31371还是有一定差异，推荐采用ISO 6974。

1.3　发热量等物性参数

天然气的物性参数是贸易计量交接的参考指标之一，这些物性参数主要包括：发热量、沃泊指数、相对密度、压缩因子、水烃露点等。按照GB/T 11062《天然气发热量、密度、相对密度和沃泊指数的计算方法》，发热量的物性参数具体是指对天然气发热量、密度、相对密度和沃泊指数等参数的测定，这与ISO 6976 Natural gas—Calculation of calorific values, density, relative density and Wobbe indices from composition完全一致，国标GB/T 11062完全等效于ISO 6976。相同的俄罗斯标准为ГОСТ 31369 Газ природный. Вычисление теплоты сгорания, плотности, относительной плотности и числа Воббе на основе компонентного состава。GB/T 11062、ISO 6976及ГОСТ 31369标准的比较见表3。

表3　天然气发热量等物性参数检测比较

项　　目	GB/T 11062	ГОСТ 31369	ISO 6976—2016	差异比对
标准压缩因子	直接参照ISO 6976—1995，$Z=0.9977$		$Z=0.9976590$	相对偏差0.01%
高位发热量	与ISO 6976—1995一致		修正	差异
相对密度	与ISO 6976—1995一致		修正	差异
密度	与ISO 6976—1995一致		修正	差异
沃泊指数	与ISO 6976—1995一致		修正	差异

从比较结果看出，天然气发热量等物性参数，采用ISO 6976—2016能降低偏差，更接近真实结果，推荐采用ISO 6976—2016为D线天然气发热量物性参数检测标准。

1.4　硫化氢

天然气中H_2S的测定可采用分光光度法、光电比色法、碘量法和气相色谱法。其中分光光度法、光电比色法及碘量法测定天然气中H_2S含量一般用于仲裁。在贸易计量交接中，天然气中的H_2S的测定采用气相色谱法快速测定。

测定天然气中H_2S的气相色谱法，中国标准GB/T 11060.10《天然气　含硫化合物的测定　第10部分：用气相色谱法测定硫化合物》是修改采用ISO 19739 Natural gas-Determination of sulfur compounds using gas chromatography，俄罗斯标准ГОСТ Р 53367 НАЦИОНАЛЬНЫЙ СТАНДАРТ

РОССИЙСКОЙ ФЕДЕРАЦИИ ГАЗ ГОРЮЧИЙ ПРИРОДНЫЙ Определение серосодержащих компонентов хроматографическим методом 也是通过 ISO 19739 修改采用，但他们之间存的差异见表 4。

表 4　气相色谱法测定 H_2S 的比较

标准编号	GB/T 11060.10	ISO 19739	ГОСТ Р 53367	差异比对
检测组分	H_2S、COS、C_1~C_4的硫醇、含硫化合物以及 C_4H_8S(THT)的测定		H_2S、C_1~C_4硫醇和羰基硫化物	俄标组分少
测定范围	0.1~600(mg/m³)		1.0~50(mg/m³)	俄标范围窄
色谱分离度	两相邻色谱峰间分离度≥1.5		无分离度指标	差异
检测器	FPD、SCD 和 TCD 等多种检测器			相同
定量方法	外标定量			相同
标准气体	含硫的工作标准物质		含硫的校准气体	基本相同
标准气要求	甲烷或天然气作为底气的含硫气体		N_2、He 或 CH_4 中含 S 气体	基本相同

从表 4 看出，GB/T 11060.10、ГОСТ Р 53367 都是修改采用 ISO 19739，中国、俄罗斯和 ISO 标准没有存着明显差异，只是有些范围和标准气体稍有不同，不影响检测结果。因此，天然气中 H_2S 的测定推荐采用最具权威的 ISO 19739。

1.5　总硫

天然气中总硫的在线快速测定仍然是采用气相色谱法，其检测原理、方法和检测标准与天然气中 H_2S 的测定完全一样，中国标准、俄罗斯标准及 ISO 标准的差异比对也与测定 H_2S 的差异比较结果一致，因此，天然气中总硫的测定推荐采用 ISO 19739。需要指出，离线的库伦滴定法(ISO 16960：2014，GB/T 11060.4)和紫外荧光法(GB/T 11060.8)测定范围与气相色谱法不同，一般用于仲裁或非动态天然气品质检测。

1.6　硫醇

天然气中硫醇的在线快速测定类似于天然气中总硫的测定，仍然是采用气相色谱法，其检测原理、方法和检测标准与天然气中 H_2S 的测定完全一样，中国标准、俄罗斯标准及 ISO 标准的差异比对也与测定 H_2S 的差异比较结果一致，因此，天然气中硫醇的测定推荐采用 ISO 19739。

1.7　水露点

管输天然气中水露点的测定，国标为 GB/T 17283《天然气水露点的测定　冷却镜面凝析湿度计法》基本修改采用 ISO 6327 Gas analysis. Determination of the water dew point of natural gas. Cooled surface condensation hygrometers。俄罗斯相应标准为 ГОСТ 20060 Газы горючие природные. Методы определения содержания водяных паров и точки росы влаги。三方标准的差异比较见表 5。

表 5　天然气中水露点测定标准比较

标 准 编 号	GB/T 17283	ISO 6327	ГОСТ 20060	差异比对
检测原理	镜面致冷原理			相同

续表

标准编号	GB/T 17283	ISO 6327	ГОСТ 20060	差异比对
测定仪器	自动和手动露点仪			相同
致冷方法	溶剂蒸发法、绝热膨胀法、致冷剂非接触间接法和热电(帕尔贴)效应法		溶剂蒸发法、绝热膨胀法	俄标少
准确度	在-25~5℃范围内，自动测定仪的准确度为±1℃，手动测定仪的准确度±2℃			相同
吹扫方式	管输天然气吹扫		干燥天然气吹扫	不同

从上表看出，天然气中水露点的测定标准中国与国际标准相同，俄罗斯标准在致冷方法和吹扫方式上与ISO标准有些差异，就致冷方式而言，俄标致冷方法比ISO标准少，因此，推荐ISO 6327为天然气水露点测定标准。

1.8 烃露点

有关烃露点的测定，中国标准、俄罗斯标准、ISO标准都不尽相同。国标GB/T 27895《天然气烃露点的测定　冷却镜面目测法》、ГОСТ Р 53762 Газы горючие природные. Определение температуры точки росы по углеводородам、ГОСТ 20061 Газы горючие природные. Метод определения температуры точки росы углеводородов及ISO/TR 11150 Natural gas-Hydrocarbon dew point and hydrocarbon content都是采用冷却镜面法，测定原理是一致的。表6给出了这四个标准之间的差异比较。

表6　天然气烃露点标准比较

标准编号	GB/T 27895	ГОСТ Р 53762	ГОСТ 20061	ISO/TR 11150	差异对比
检测原理	冷却镜面法				相同
冷却剂	液态二氧化碳、液氮、液态丙烷等				相同
检测方法	目测	目测、自动检测		目测、计算、自动检测、称量	不同
准确度	±2.0℃	30~0℃，±1.0℃ 0~-20℃，±1.5℃ -20~-40℃，±2.0℃	20~0℃，±1.0℃ 0~-20℃，±1.5℃ -20℃>，±2.0℃	±1.5℃	不同

从表6可以看出，天然气的烃露点标准，中国标准过于简单，ISO标准检测方法较多，但从测量准确度上讲，俄罗斯标准要精确得多，因此推荐采用俄罗斯标准ГОСТ Р 53762。

1.9 标准参比条件

天然气的标准参比条件实际是根据贸易计量交接双方约定的天然气交接温度而定，按照中国标准GB/T 19205《天然气标准参比条件》的规定，采用20℃为交接温度；ISO 13443 Natural gas—Standard reference conditions规定交接温度为15℃，俄罗斯一般采用25℃或0℃为交接温度。三方标准参比条件的差异见表7。

表7　天然气标准参比条件比较

参比条件国别	中国GB/T 19205	ISO 13443	俄罗斯	差异比对
参比压力/kPa	101.325	101.325	101.325	相同
燃烧参比温度/℃	20	15	25	不同

续表

参比条件国别	中国 GB/T 19205	ISO 13443	俄罗斯	差异比对
计量参比温度/℃	20	15	25、0	不同
天然气湿度	干燥/湿度饱和	干燥	未规定	不同

从表7看出，对天然气标准参比条件的规定，中国 GB/T 19205 相对俄罗斯规定和 ISO 13443 标准要全面许多，因此推荐 GB/T 19205。

2 天然气计量标准的比较

作为管输天然气贸易交接的计量设备一般有超声波流量计、压差式孔板流量计以及涡轮流量计。

2.1 超声波流量计

超声波流量计是目前中亚天然气管道采用比较普遍的计量检测流量计，因其稳定的性能，较高的精度，测量范围宽，维护简便等而备受欢迎。但超声波流量计的价格昂贵，使用成本较高。

中国采用的的超声波流量计计量标准为 GB/T 18604《用超声流量计测量天然气流量》，最早版本是2001年结合有关超声流量计的国际标准 ISO/TR12765 measurement of fluid flow in closed conduits-methods using transit-time ultrasonic flowmeters 和美国燃气协会 AGA9 号报告(Measurement of Gas by Multipath Ultrasonic Meters—Transmission Measurement Committee Report No. 9)而制定。后 ISO/TR12765 于2003年废止，目前超声波的国际标准为 ISO 17089 Measurement of fluid flow in closed conduits-Ultrasonic meters for gas 系列。

无论哪国标准，超声波流量计检测和计算原理完全一致，都是利用超声波在流体中传播时其传播速度要受到流体流速的影响，通过测量超声波在流体中传播速度可以检测出流体的流速而换算出流量来。其计算公式为：

$$q_v = \left[\frac{\pi D}{8K}\left(\frac{c}{f_0}\right)^2 \tan\theta\right]\Delta f$$

式中：q_v——体积流量；

D——管径；

K——流量修正系数；

c——静止流体中的声速；

f_0——超声波基准频率；

θ——超声轨迹与管道轴线夹角；

Δf——顺逆流中频率差。

参考中国与俄罗斯双方油气公司关于天然气贸易交接的计量标准约定，在开展天然气贸易合作时计量标准的使用顺序是：国际标准(ISO)，俄罗斯标准或中国标准，美国 AGA 标准，美国 ASTM 标准和欧盟标准(EN)。因此推荐 ISO 17089。

2.2 孔板流量计

孔板流量计是将标准孔板与多参量差压变送器配套组成的高量程比差压流量装置，也是使用历史最早的流量计量装置。其优点是结构简单，性能可靠，价格低廉；缺点是检测精度一般，测量范围窄，并且较长的直管段长度要求，不太适合大管径天然气输送。前苏联及后来的独联体国家采用孔板流量计较多，使用经验和标准更加成熟。

孔板流量计的计算公式为：

$$q_v = \frac{c}{\sqrt{1-\beta^4}} \varepsilon \frac{\pi}{4} d^2 \sqrt{\frac{2\Delta p}{\rho}}$$

式中 q_v——体积流量；

c——流出系数；

β——孔管径比；

ε——可膨胀系数；

d——孔内径；

Δp——孔板前后的差压；

ρ——天然气密度。

孔板流量计的中国标准为GB/T 2624《用安装在圆形截面管道中的差压装置测量满管流体流量 第2部分：孔板》及专门针对天然气计量的GB/T 21446—2008《用标准孔板流量计测量天然气流量》都是采标ISO 5167-2 Measurement of fluid flow by means of pressure differential devices inserted in circular cross-section conduits running full—Part 2：Orifice plates，完全等同于ISO 5167-2。美国标准API ANSI 2530 Manual of Petroleum Measurement Standards Chapter 14-Naturla Gas Fluids Measurement Section 3-Orifice Metering of Natural Gas and Other Related Hydrocarbon Fluids及美国燃气协会AGA No. 3 Orifice Metering of Natural Gas Part 2：Specification and Installation Requirements(2000)也与ISO 5167-2完全等同。俄罗斯标准ГОСТ 8. 586. 1～5 Государственная система обеспечения единства измерений ИЗМЕРЕНИЕ РАСХОДА И КОЛИЧЕСТВА ЖИДКОСТЕЙ И ГАЗОВ С ПОМОЩЬЮ СТАНДАРТНЫХ СУЖАЮЩИХ УСТРОЙСТВ Часть 1～5也基本等同于ISO 5167. 1～4。但ГОСТ 8. 586采用的补充修正系数扩大了标准的使用范围；针对ISO5167没有涉及到的一系列局部阻力，制订了对测量管线直管段的必要补充要求。因此考虑到孔板流量计计量标准的权威性和普遍性，推荐ГОСТ 8. 586。

2.3 涡轮流量计

涡轮流量计由涡轮和装于外部的检脉冲器构成，流体流进涡轮，引起转子旋转，特定的内径使转子转速直接与流量成比例。检脉冲器将探测到的转子叶片转动转化成与流量成比例的脉冲信号，通过脉冲信号，可以计算通过管道内的流体流量。涡轮流量计的优点是：(1)精度高，在所有流量计中，属于最精确的流量计；(2)重复性好；(3)无零点漂移，抗干扰能力好；(4)范围度宽；(5)结构紧凑。它的缺点是：(1)不能长期保持校准特性：(2)流体物性对流量特性有较大影响。

涡轮流量计的理论计算公式为：

$$n = Aq_v + B - \frac{C}{q_v}$$

式中 q_v——体积流量；

n——涡轮转速；

A——涡轮结构参数；

B——流体分布系数;

C——摩擦力矩系数。

以上公式其实就是一个一元二次方程式，经过简化得到实际流量计算公式

$$q_{\mathrm{v}} = 3600\,\frac{f}{K}$$

式中 q_{v}——体积流量;

f——脉冲频率;

K——仪表系数。

涡轮流量计的中国标准是GB/T 21391《用气体涡轮流量计测量天然气流量》，该标准采标于欧盟EN12261 Gas Meters-Turbine gas meters，并参考了ISO 9951 Measurement of gas flow in closed conduits—Turbine meters及AGA No. 7Measurement of Natural Gas by Turbine Meter报告。另外，OIML R137 1&2 Gas Meters也是欧盟成员国对包含涡轮流量计在内的计量遵循的指导性标准。俄罗斯技术规范ПР 50. 02. 019规范了用涡轮流量计、旋转式流量计和旋进旋涡式流量计测定天然气体积和能量的方法。表8对常用的涡轮流量计计量标准做了一个比较。

表8 涡轮流量计计量标准比较

标　准	GB/T 21391	EN12261	OIML R137	AGA No. 7	ISO 9951
基本误差(MPE*)	$q_{\min} \leqslant q < q_{\mathrm{t}}$，±2% $q_{\mathrm{t}} \leqslant q < q_{\max}$，±1%			±1%	$q_{\min} < 0.2q_{\max}$，±2% ±1%
重复性(误差要求)	$\leqslant \frac{1}{3}$MPE	<2%**	<0. 15MPE	<0. 1%	—
线性度(基本误差)	±1%	±1%	±1%	±1%	±1%
耐久性(最大误差)	—	60D(1000h) MPE无变化	120D(2000h) <2MPE	—	—
安装位置	不同位置标定	不同位置标定	任意安装	任意安装	不同位置标定
短时过载(误差要求)	$1.2q_{\max}$(30m) <±0. 1%	达到MPE、重复性	$1.2q_{\max}$(1h) $\leqslant \frac{1}{3}$MPE	$1.5q_{\max}$(短时) <±0. 1%	$1.2q_{\max}$(30m) <±0. 1%
温度要求(介质/环境温度)	-10~-40℃	介质>40K 环境>50K	相同：MPE 不同：<2MPE	注明温度， 无误差要求	无误差要求
安装条件(最大误差)	$\leqslant \frac{1}{3}$MPE	$\leqslant \frac{1}{3}$MPE	$\leqslant \frac{1}{3}$MPE	无射流和旋涡	无要求
最大压损/Pa	低流速<1000 正常流速<1500 高流速<2500	低流速<1500 高流速<2500	无要求	无要求	无要求

注：* MPE，Maximum Permissible Error，最大允许误差。

* *025%、70%、40%、100%四点，每点测量3次，循环3次，共计9个值，误差<2%。

从上表看出，ISO对测量误差和精度要求最为宽泛，而EN12261的要求最为具体和全面，可操作性强，因此推荐EN12261作为涡轮流量计的计量标准。

3 计量检定规范的比较

国外天然气流量计检定规程在20世纪70～80年代就已经建成，形成了完善的标准体系。我国在改革开放后90年代开始建立大口径天然气流量计检定实验室，流量计的计量检定规程在摸索中前行。但与发达国家相比，在检定介质、原次级标准装置及工作级装置、管径和精度等方面都有一定差距，但这种差距在不断缩小。

根据上述讨论的常用天然气计量仪表设备，这里也仅讨论超声波流量计、孔板流量计及涡轮流量计的检定规范。

3.1 超声波流量计

国内超声波流量计的检定采用JJG 1030—2007《超声波流量计检定规程》，此操作规程完全是采用国外操作规程制定，就目前亚洲国家，中国的计量检定水平和计量检定规程是比较先进的。其主要检定性能指标见表9。

表9 超声波流量计检定性能指标

准确度等级	0.2	0.5	1.0	1.5	2.0
流量范围	$q_t \leq q \leq q_{max}$				
最大误差/%	±0.2	±0.5	±1.0	±1.5	±2.0
重复性	0.04	0.1	0.2	0.3	0.4
流量范围	$Q_{min} \leq q \leq q_t$				
最大误差/%	±0.4	±1.0	±2.0	±3.0	±4.0
重复性	0.08	0.2	0.4	0.6	0.8

此检定性能指标完全达到国外流量计相同检定等级指标，因此中亚天然气D线超声波流量计检定规程推荐JJG 1030—2007。

3.2 孔板流量计

孔板流量计中国检定标准为JJG 640—1994《差压式流量计检定规程》，此检定规程的性能指标见表10。

表10 孔板流量计检定性能指标

准确度等级	0.2(0.25)	0.5	1.0	1.5	2.5
基本误差/%	±0.2(0.25)	±0.5	±1.0	±1.5	±2.5
回程误差/%	0.16(0.2)	0.4	0.8	1.2	2.0
重复性上限	0.08(0.1)	0.25(0.2)	0.4	0.6	1.0
下限值和量程变化量	0.1	0.25	0.4	0.6	1.0

此检定性能指标完全达到国外压差式流量计相同检定等级指标，因此中亚天然气D线超声波流量计检定规程推荐JJG 640—1994。

3.3 涡轮流量计

涡轮流量计中国检定规程是JJG 1037—2008《涡轮流量计》，此规程的性能指标见表11。

表 11　涡轮流量计检定性能指标

<table>
<tr><td>准确度等级</td><td colspan="2">0.2</td><td>0.5</td><td>1.0</td><td>1.5</td></tr>
<tr><td>流量范围</td><td colspan="5">$q_t \leqslant q \leqslant q_{max}$</td></tr>
<tr><td>最大误差/%</td><td colspan="2">±0.2</td><td>±0.5</td><td>±1.0</td><td>±1.5</td></tr>
<tr><td>重复性</td><td colspan="2">0.04</td><td>0.1</td><td>0.2</td><td>0.3</td></tr>
<tr><td>流量范围</td><td colspan="5">$Q_{min} \leqslant q \leqslant q_t$</td></tr>
<tr><td>最大误差/%</td><td colspan="2">±0.4</td><td>±1.0</td><td>±2.0</td><td>±3.0</td></tr>
<tr><td>量程比</td><td>5∶1</td><td>10∶1</td><td>20∶1</td><td>30∶1</td><td>≥50∶1</td></tr>
<tr><td>q_t</td><td>—</td><td>$0.20q_{max}$</td><td>$0.20q_{max}$</td><td>$0.15q_{max}$</td><td>$0.10q_{max}$</td></tr>
</table>

此检定性能指标完全达到国外涡轮流量计相同检定等级指标，因此中亚天然气 D 线超声波流量计检定规程推荐 JJG 1037—2008。

4　形成 D 线天然气国际贸易计量交接标准化系列探讨

根据上述国内外天然气气质检测标准和常用流量计计量标准和检定规程的比较结果，作为中亚天然气 D 线建设，本着公平、公正、准确和操作性强的原则，用于国际贸易交接计量的有关标准推荐如下：

4.1　天然气气质检测

国际贸易交接中涉及天然气气质检测的 7 项指标和 2 项与检测有关的内容的推荐标准见表 12。

表 12　天然气气质标准推荐

序号	检测内容	推荐标准	特性	备注
1	烃类及分烃类	ISO 6974.(1-5)	可操作性强	俄标取样方式和检测设备不够明确
2	发热值等物性参数	ISO 6976—2016	偏差小	国标及俄标与 ISO 都有一定差异
3	硫化氢	ISO 19739—2011	国标与其基本一致	范围和标准气与俄标有差别
4	总硫	ISO 19739—2011	国标与其基本一致	范围和标准气与俄标有差别
5	硫醇	ISO 19739—2011	国标与其基本一致	范围和标准气与俄标有差别
6	水露点	ISO 6327—2008	国标与其一致	俄标与 ISO 在吹扫方式和方法上有差异
7	烃露点	ГОСТР 53762—2009	精确度高	国标过于简单，ISO 标准检测方法较多，俄标精确得多
8	手工取样	GB/T 13609—2017	取样位置准确，可操作性强	位置明确
9	自动取样	GB/T 30490—2014		位置明确
10	标准参比条件	GB/T 19205—2008	全面、完善	较国际标准和俄罗斯规范更加完善

4.2　流量计计量

流量计计量，按照目前的初步设计，中亚 D 线选择用超声波流量计，我们也比对经典孔板流量计及常用的精度最高的涡轮流量计进行了标准比较。现将较优的三种流量计的计量标准列于表 13。

表 13　三种流量计计量标准推荐

序号	计量设备	推荐标准	特　　性	备　　注
1	超声波流量计	ISO 17089—2010	权威性	按照中俄协议和国际惯例
2	孔板流量计	ГОСТ 8.586	范围扩大，合理	经验和技术
3	涡轮流量计	EN 12261—2018	具体和全面，可操作性强	全面、细致

4.3　流量计检定

流量计检定按照技术可靠、就近方便的原则，如果流量计在中国南京国家大流量计检定中心检定，推荐采用表 14 所推荐的中国国家检定规程；如果流量计送欧洲荷兰等发达国家检定实验室，采用相应国家实验室检定规程。

表 14　三种流量计检定规程推荐

序号	计量设备	推荐标准	特　　性	备　　注
1	超声波流量计	JJG 1030—2007	不低于国际检定规范标准	国际接轨
2	孔板流量计	JJG 640—1994		
3	涡轮流量计	JJG 10370—2008		

5　讨论

天然气作为一种重要的清洁能源，已广泛应用于国民生产和生活的各个领域。但是天然气是一种多组分混合气体，由于产地来源不同，各组分及含量也存在差异，这使得不同来源的同样体积和质量的天然气，其燃烧产生的能量也不同。

按照天然气能量计算公式：

$$E=H\times Q$$

式中　E——能量；

H——体积发热量；

Q——天然气体积。

因此，从科学公平计量的角度看，天然气计量采用能量计量比体积计量更加合理，有利于准确计量、体现公平、减少结算纠纷和天然气行业的健康发展。当前，天然气计量方式主要包括体积计量、质量计量和能量计量三种。国际天然气贸易和欧美等发达国家多采用能量计量方式，而我国及中亚国家目前仍以体积计量方式为主。2018 年 8 月 3 日，国家发改委就《油气管网设施公平开放监管办法》公开征求意见，首次规定了天然气使用热值的新计量方式即能量计量方式。

国际上能量计量天然气的标准 ISO15112 Natural gas-Energy determination 于 2002 年就发布并实施，到目前已经更新至 2018 版，十分成熟和完善；国内 2009 年 8 月 1 日 GB/T 22723—2008《天然气能量的测定》国家标准正式实施。因此，完全实现国际接轨，采用能量计量贸易交接也是 D 线计量标准化探索的重要组成部分。

6　结语

管输天然气国际贸易计量代表交接国之间计量技术水平，同时也是交接国之间准确、公平、公正贸易的充分体现，无论采取何种计量交接方式，完善、合理、公认的技术标准和技术规范是形成计量交接标准化的关键。

参 考 文 献

[1] 曾文平，罗勤．天然气气质检测方法国内外标准异同点分析[J]．石油与天然气化工，2015，44(3)：104-108，112.

[2] 陈赓良，缪明富，罗勤．俄罗斯天然气的气质指标及其试验方法[J]．石油与天然气化工，2002，31(2)：95-97.

[3] 马伟平，张晓明，刘士超等．中俄油气管道运行标准差异分析[J]．油气储运，2013，33(4)：411-415.

[4] 吴静．国内外气体涡轮流量计的技术标准对比[J]．中国计量，2009(4)：106-108.

[5] 雷凯元，王少杰，成伟山等．天然气长输管道气质检测与管理[J]．价值工程，2016：233-235.

[6] 王保群，王保登，林燕红等．进口天然气管道关键技术和气质参数分析[J]．天然气技术与经济，2017，11(2)：47-50.

[7] 陈群尧，赵矛．国内外天然气流量计检定流程及水平比较[J]．石油工业技术监督，2018，34(11)：37-42.

[8] 钱成文，王惠智．国外天然气的计量与检定技术[J]．油气储运，2005，24(6)：38-42.

[9] 黄河，徐刚，余汉成，陈风．国内外天然气流量计量检定技术现状及进展[J]．天然气与石油，2009，27(2)：42-47.

[10] 唐蒙，罗勤，迟永杰．天然气分析测试技术的研究与应用[J]．石油与天然气工业，2008，37(b11)：42-52.

[11] 潘丕武，庞永庆等．天然气流量计量气质分析标准规程汇编(上)[M]．中石油内部资料，2006.

[12] 潘丕武，庞永庆等．天然气流量计量气质分析标准规程汇编(下)[M]．中石油内部资料，2006.

[13] ASTM D5287-2015，Standard Practice for Automatic Sampling of Gaseous Fuels. 2015.

[14] OIML R137-1 & 2，Gas Meters，Part 1：Metrological and Technical Requirements. & Part 2：Metrological Controls and Performance Tests. 2014.

[15] EN 12261-2018，Gas Meters-Turbine Gas Meters. 2018.

[16] 陈赓良．天然气发热量直接测定及其标准化[J]．石油工业技术监督，2014，(4)：20-23.

[17] 周理，陈赓良，罗勤等．对ISO TC193关于能量计量系列标准及技术发展的认识[J]．石油与天然气工业，2016，45(2)：87-91.

[18] 罗勤，杨果，郑琦等．俄罗斯天然气产品测量、计量保障体系简介[J]．天然气工业，2009，29(4)：86-89.

跨国油气管道合资公司决策权的技术影响策略及实践

蔡丽君　张　鹏　张建坤　郝　郁　尹　航

（中油国际管道公司）

摘　要　中油国际管道公司作为大型跨国公司，其建设和管理的管线横跨五国，在各个过境国由各合资公司独立建设和运营。中亚地区众多合资公司中，除了中缅油气管道公司中方控股50.9%、中吉天然气管道有限公司中方股权占比为100%以外，其余各合资公司股权比例中方与外方均大致相等。跨国合资企业的经营决策权控制是跨国公司实施全球战略的关键，为了对中亚地区各合资公司决策权实施有效掌控，结合中油国际管道公司的实际情况，提出了跨国公司对合资公司决策权的技术影响策略，并详细介绍了中油国际管道公司实施技术影响的实践做法。

关键词　跨国公司　合资企业　决策权　知识影响　实践

国际上，对外直接投资（FDD）是跨国公司开拓国际市场、增强竞争实力与生存能力的基本手段。合资企业是跨国公司海外投资的主要方式，它承担着实现合资双方战略目标的任务，同时也是合资各方经营的重要平台和载体，各方依据拥有的资源分享决策控制权和收益权。由于各合资方在出资时可以用货币出资，也可以用实物、知识产权、土地使用权等，各方对合资企业的控制程度和控制方式是相对复杂的。此外合资公司中决策控制直接决定了合资双方收益多寡以及各自战略目标实现程度，所以合资双方对于决策控制权的争夺就成为各方关注的焦点。跨国公司需要保证投入的资源能够得到有效的利用，而合资企业因东道国国家体制、文化背景、管理理念和远离母公司总部等特点使其经营活动常常偏离母公司的战略目标，因此对合资企业进行有效控制能够促进合资企业的持续发展，是符合合资双方战略利益的。

中油国际管道公司作为大型跨国企业，建设和管理的管线通过乌、哈、塔、吉、缅、中等国，在各个过境国由中油国际管道公司投资成立的合资公司独立建设和运营。在众多的合资公司中，除了中缅油气管道公司中方控股50.9%、中吉天然气管道有限公司中方股权占比为100%以外，中亚其它各合资公司中方与外方股权相等。对于在中亚合资公司无股权优势的我国跨国母公司，如何通过技术实现跨国油气管道公司对合资公司决策权的有效影响，从而保证跨国公司战略目标的实现就显得尤为重要。

1　合资公司的所有权与决策权

合资公司所有权一般意义上指的是“对公司的剩余索取权和剩余控制权”，剩余索取权是公司总体收入扣除固定合同支出后剩余的要求权，剩余控制权主要是指公司契约中没有明确规定或偶然事件出现时做出生产经营活动的决策权。因为企业的契约总是不完备的，当实际状态出现时，必须有人决定如何填补契约中存在的“漏洞”，这就是剩余控制权（决策权），它包括：当某一事件发生时决定选择什么行动和由谁采取行动的权威。显然，因合同的不完备，那些拥有决策权的一方比没有的另一合资方最终会获得更多的收益。

就所有权与决策权的关系来说，所有权是最终索取权，决策权从属于所有权。一般观点认为，物质资本所有者是剩余收益的索取者，应该掌握最终决策权，至少正常状态下应该掌握决策权。

若从资产的专用性方面来探讨决策权配置的问题。在合资公司中，作为股东方可以通过协商谈判以非股权的方式来掌握合资公司的决策权，其原因就是它拥有另一方缺乏的专有性管理技能和技术资源，而正是这些专有技术成为公司保护知识产权和实现利润最大化的重要工具。这样原来认为的决策权只是所有权的一部分，而现在变成了决策权是一个独立的因素。这也是生产技术和管理技术对合资公司决策权配置可以产生影响的科学依据。

2　跨国合资公司决策权的控制关键点

合资公司股权结构是股东各方协商决定合资企业管理组织及利益分配方式的依据，而管理控制则代表母公司对合资企业运营决策的影响。因此，跨国合资企业的经营决策权控制才是跨国公司控制合资企业的关键点。图 1 表明了合资公司决策控制机制框架。

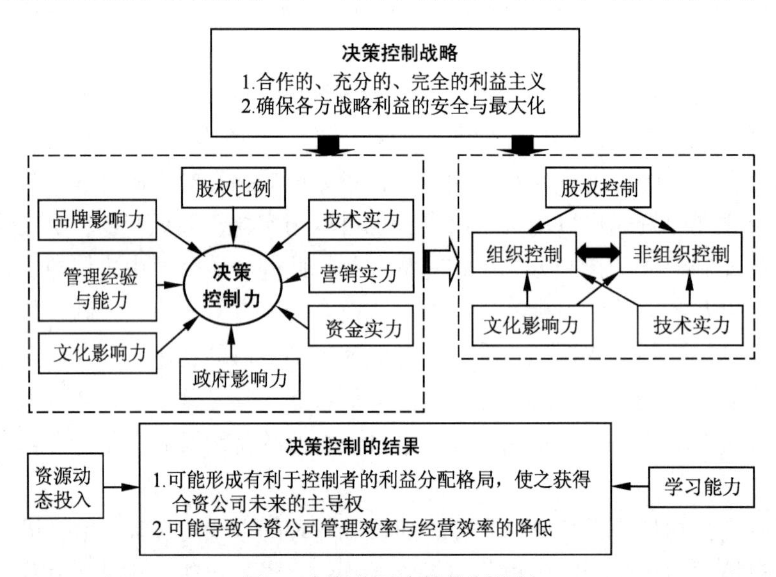

图 1　合资公司决策控制机制

居于合资公司控股地位，并不意味着必然导致实际决策控制权的行使，各方对合资公司的决策控制如果仅仅“以股权参与为基础”，问题就显得过于简单，股权比例本身并不表明决策控制的各种实际形态，从广义上讲，各种非股权安排也会导致决策控制权的发生，即为通常所称的“事实控制”。对于跨国公司而言，非股权方式获取决策权是最能省钱、投资成本最低、又能获得一定决策控制权和经济收益的方式，可以达到三个目的：一是规避常规风险，不参与投资，自然就不会承担资本经营带来的风险；二是非股权式决策参与不涉及股权问题，可以缓和投资各方争夺控制权的矛盾；三是可能在一定时期通过合同关系对东道国企业进行间接控制。对东道国来说，非股权决策参与满足了引进技术的需求，又不用担心失去对公司的控制权。

相应地对中亚地区油气管道合资公司经营决策权的有效控制是中油国际管道公司实施全

球战略的关键。但在远离跨国公司总部、跨越不同体制和文化、东道国政府干预等因素影响下，跨国公司只有深入合资公司内部，掌握管理控制权，才能实现对合资企业的有效决策影响[1]。

中亚地区各油气管道合资公司是具有法人地位的独立企业，公司不可避免地要将内部行政权力分散，通过授权管理方式完成组织既定的目标，实现技术与管理控制权的有效结合。因此，拥有技术优势的专业技术人员成为企业重要的资源，技术优势就转变成母公司对合资公司决策权影响力的主要来源。

3　跨国合资公司决策权的技术影响策略

加里和赫伯特（Geringer & Hebert）研究认为，合资企业的母公司实施有效控制的难度正在增加，不能仅仅依靠所有权地位来决定合资企业的行为和管理，而是需要通过资源和其它影响方式[2]。母公司必须放弃大部分合资公司的活动控制权，降低无效控制活动对跨国母公司资源的浪费，因此，为保证合资企业管理的灵活性，中油国际管道公司应对中亚地区合资公司实施有效的关键点控制，而不是全面控制，采取有效策略通过技术优势对合资公司实施决策权的控制和影响。

3.1　建立专家决策支持机构和公司决策工作机制

通过制定董事会的议事规则来控制董事会的决策，是跨国公司对合资企业董事会实施控制的有效方式之一[3]。中亚管道合资公司从建设阶段逐渐进入稳定生产运营期，公司的管理制度仍处于逐步完善阶段，因此配合中亚地区合资公司纵向的各层管理体系，由中油国际管道公司主导建立专业技术决策支持组织，完善专业技术人员工作机制和平台，让技术人员以集体形式参与到企业管理流程中，发挥专业技术人员对董事会决策的有效影响。

3.2　确定跨国合资公司科技发展战略定位

知识资源是驱动企业分权控制的重要动因，跨国公司拥有的相对技术优势就成为掌握合资企业控制权的先决条件[4]。中亚地区各油气管道合资公司所在的东道国，油气管道建设、管理和生产运营技术相对落后，合资公司是联系我国油气管道跨国公司先进技术和海外合资公司生产需求的纽带。因此，可以根据终端市场的需求变化规律，通过制定符合跨国公司技术实力的科技发展规划，做好跨国公司与海外合资公司科技工作的战略定位和技术分工，这是实施合资公司管理决策权技术影响的有效措施。

3.3　明确人力资源建设目标

通过控制合资企业的人力资源来实现技术控制也是跨国公司常用的一种控制策略。跨国公司海外合资企业中，对合资企业的技术控制起决定性影响的是合资企业关键职位的经理和核心技术人员[5]。因此跨国公司对海外合资公司的人力资源建设目标从三个方面定位，首先是人员输入的控制：直接从国内母公司外派技术经理和技术人员，掌控技术的关键点。其次，在培训方面，强化母公司企业文化及价值观，将员工职业道德和个人素质培训作为对员工的基本要求。第三是人员行为控制：由跨国母公司发挥技术优势，制定技术作业标准和规程，规范工作流程；建立奖励激励机制，激发员工接受母公司管理和生产技术的积极性；重视过程考核和评估，设立与绩效相联系的报酬和奖励制度。引导管理人员和技术人员努力的方向，从而实现跨国公司的技术控制目标。

4 跨国合资公司决策权的技术影响实践

4.1 建立专业技术组织

由中油国际管道公司总部主导建立专业技术专家委员会(主任可进入董事会)，让专家人才以集体形式参与到企业管理流程中，提高专家技术话语权和技术权威地位。由公司总部制定相应的技术专家委员会工作章程，统一规划部署重点工作内容和年度工作计划。在合资公司层面成立相应的专业技术工作组，在跨国公司总部专业技术委员会的统一领导下开展工作，发挥专家人才建言献策、咨询把关、科学论证等作用，保障合资公司科学决策和跨国公司总体发展目标的实现。中亚油气管道跨国合资公司专业技术专家委员会组织架构见图2。

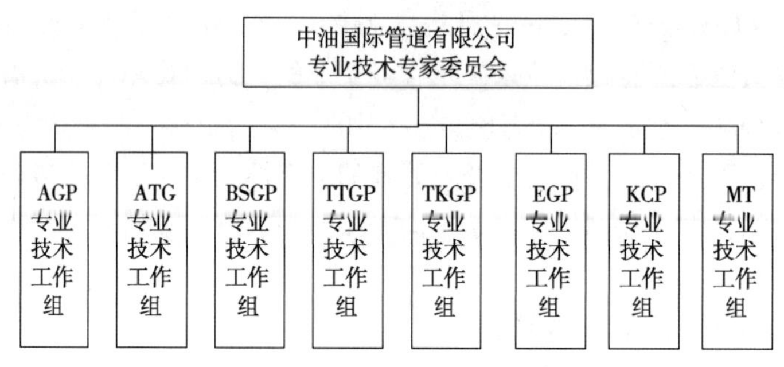

图2 专业技术专家委员会组织架构

专业技术专家委员会(专家决策支持机构)的工作定位是辅助决策支持机构，在跨国公司总部层面主要为管理层科学决策、职能部门科学管理提供技术性咨询参谋，在海外合资公司层面，专业技术专家委员会下设的合资公司专业技术工作组，是合资公司科层管理的辅助组织，是公司科学决策的知识控制者。建议：经过专业技术专家委员会论证的技术议题才能进入董事会议程。

专业技术专家委员会的组成，在跨国公司总部层面主要由行业技术专家、总部公司技术专家、各职能部门管理人员、骨干研发人员等组成；在海外合资公司层面，合资公司专业技术工作组由跨国母公司外派技术专家、技术骨干、职能部门管理人员及合资相对方技术人员组成。

专业技术专家委员会的主要职能，在跨国公司总部层面，其主要职能包括三个方面，一是对公司发展战略、科技战略，科技规划、年度科技计划，重大投资计划等提供咨询建议；二是对公司工程建设、生产运营相关技术问题，组织开展技术分析、诊断提出解决方案或建议；三是组织开展学术技术交流、探讨专业技术发展方向等。在海外合资公司层面，合资公司专业技术工作组在跨国公司总部专业技术专家委员会的统一领导下，对合资公司技术需求的提出、年度科技计划的制定、合资公司重大决策等提供咨询建议；对合资公司工程建设、生产运营、过程管理等工作中存在的问题，组织开展技术分析、诊断提出解决方案或建议。

4.2 对科技工作进行分工定位

我国逐渐由技术输入国转向技术输出国，按照国家“走出去”国际化战略部署，中亚地区油气管道工程的建设，一方面协助中亚地区发展中国家实现生产结构的转型升级，另一方面改善我国与发展中国家贸易伙伴的双边关系。在此国际化战略大背景下，国内跨国母公司的技术优势就是影响合资公司决策的有效抓手。因此在跨国母公司科技战略中，要明确公司总部和合资公司科技工作的分工定位。

在跨国公司总部层面，主要负责基础性和原创性的技术研发以及成熟技术的标准转化；在海外合资公司层面，科技工作重点以技术推广应用、现场试验和技术改造为主，通过科研成果与生产应用的有效结合，解决生产问题，提升管理水平。

这样一种"研发分工"可实现对核心技术的有效管控。同时在合资公司层面加强跨国公司核心技术的保护，降低核心技术的溢出和扩散。通过生产关键环节的技术控制，实现对合资公司决策的有效影响。

4.3 建立人才培养和激励机制

由中油国际管道有限公司主导建立技术专家和骨干人才选聘机制，打造专家人才梯队。在跨国公司总部层面，通过专业技术专家委员会的人才平台，建立公司技术专家和骨干人才库，推荐入库专家参与公司科技项目、科技规划、科技奖励等评审工作，充分发挥专家骨干队伍的技术支持作用。同时对公司技术专家和骨干人才给予相应的奖励津贴和研发费用支持；优先推荐承担国际、国家或行业科技项目；外派参加大型国际学术交流，推荐参评国际、国家或行业知名技术协会高级技术专家的评审。在海外合资公司层面，通过专业技术工作组引导合资公司建立技术专家和骨干人才选聘机制，形成由股东双方技术人员组成的专家人才团队，由合资公司给予技术专家和骨干人才相应的奖励津贴和研发费用支持。

4.4 建立专业技术职称评定与管理制度

职称是专业技术人员的专业技术水平和能力的等级称号，是对专业技术人员(管理人员)的一种任职资格，它不是职务。是从事专业技术和管理岗位的人员达到一定专业水平和年限、取得一定工作业绩后，经过考评授予的资格。职称也是专业技术人员学术、技术水平的标志，代表着一个人的学识水平和工作实绩，表明员工具有从事某一职业所必备的学识和技能的证明，同时也是对自身专业素质的一个被公司接受、认可的评价。职称可以与工资福利挂钩，同时也与职务升迁挂钩，同时也是聘任专业技术职务的依据。这种制度可以在公司内部造就一种尊重技术和崇尚专业水平的文化氛围。

4.5 建立技术型独立董事制度

来自公司外部的独立董事能够为公司提供其特有的专业知识和经验，具有与公司核心业务相关的知识与经验的技术型独立董事是公司不可获取的人才，他们早期接受的学历教育以及后期的研究经验，都能使他们对公司核心业务产生独到的认知和见解。因此，技术型独立董事能够为合资公司的技术优先理念提供更多的知识和经验，使公司的经营方针达到溢价的效果。同时，营造技术确权氛围，在公司运作上去政治化影响。

聘请对公司具有高度认同感和责任感的高端技术人才担任独立董事，他们完全依托于自身的专业知识和社会声誉，不会因为他人胁迫或者个人利益而埋没自己的专业知识或者损害自身的社会声誉，使公司获得市场价值最大化。他们会通过承担责任、树立权威和尽忠尽职来获得股东、同事、员工以及投资者的信赖。

4.6 员工技术培训

为了持续提高员工的技术水平，由中油国际管道有限公司制定培训计划，有针对性的对跨国母公司外派技术人员进行技能培训；综合采用送"培训"到合资公司和邀请外方到跨国公司总部培训两种模式，对外方技术和管理人员开展相关培训。另外由跨国母公司总部专业技术专家委员会定期组织召开由跨国母公司和合资公司共同参加的专业技术交流大会，出版技术文献，强化合资公司对中油国际管道有限公司企业文化及价值观的理解与吸收。

5 结论

跨国合资公司具有独立的法人地位，资金投入形成企业既定的决策权股权控制模式，从而难以就可见资产投入获得相应的管理控制权提升。科技已经成为当今企业发展的源动力，技术作为一种重要的知识资源，投入方式和投入程度是提高合资企业运营效率的关键，也是跨国母公司对合资子公司决策权实施技术影响的关键。本文在分析了技术对中亚油气管道跨国公司决策权的影响基础上，提出了我国跨国油气管道公司对中亚地区合资公司决策权的技术影响策略，并详细介绍了中油国际管道有限公司对中亚地区合资公司实施技术影响的实践做法，为我国企业提升管理能力、实施跨国经营和有效决策控制提供了一种思路和依据。

参 考 文 献

[1] 李翠娟，徐波．跨国合资企业决策权的知识控制系统研究[J]．中国工业经济，2009(6)：126 128.

[2] GERINGER，HEBBERT. Control and Performance of Interna－tional Joint Ventures[J]. Joint of International Business Studies，1989：235－254.

[3] 张聪．跨国公司对在华合资企业的控制机制研究[D]．北京工业大学，2007.

[4] 李翠娟，徐波．跨国合资企业决策权的知识控制机制研究[J]．科学学与科学技术管理，2007(9)：98－101.

[5] 许垚，汪浩．跨国公司对中外合资企业控制关键点的实证研究[J]．南开管理评论，2008(8)：68－74.

中哈 C 线创新设计及应用效果分析

郝加前　闫洪旭　达朝炳

（中油国际管道公司　中哈天然气管道项目）

摘　要　随着中哈项目 C 线 8 座压气站的建成投产，中哈输气管道 ABC 线具备了 550 亿方/年的输气能力，三条管道建设取得了举世瞩目的成就，积累了丰富的经验。中哈 C 线工程在 AB 线工程开展设计经验总结的基础上，做了大量设计优化和创新研究。通过设计创新，在总图布置、阀室工艺、进站管道推力补偿、通信、定向钻穿越技术等方面进行了技术提升和优化。通过对中哈 C 线项目在总图布置、工艺、线路、仪表、通信等专业的创新设计进行总结，并对应用效果进行分析，以期对 AB 线扩容项目及中油国际管道公司今后实施的其他项目提供借鉴。

关键词　创新设计　长输管道　压气站　天然气　跨接

长输天然气管道作为天然气运输的经济高效的运输方式，随着多条国家重点长输管道工程建设的实施、长输管道相关新技术、新工艺的应用，长输天然气管道设计水平得到不断得到提高。尽管每个项目在设计方面相对于以前的项目都有所提高，但仍然存在有待提高的地方。与国内长输管道相比，AB 线尽管在压气站进出站 ESD 阀门、越站管道和清管设施布置的安全性比国内设计要高，清管污物收集系统具有更强的纳污能力，操作更灵活，站场设计还有很多与国内不同的设计特色值得国内借鉴[1]，但还是存在一些需要提高的地方。如在 AB 线的设计中，站控制室机柜间和操作间设置在一起，中间用玻璃隔断隔开，存机柜间噪音对操作人员影响大、电缆用量大等问题；为节约长输管道线路在换管维修时大量放空天然气造成的经济损失，及放空过程中对环境的污染，阀室工艺需要进一步优化；穿越管径和长度的增加导致回拖力增加，增加钻机选型困难和管道回拖的难度，泥浆对管道浮力的增大，导致管道与成型孔的摩擦力增大，增加了回拖过程中孔壁塌孔风险及对管道防腐层严重问题。为提高中哈 C 线设计水平，在站控系统设计、阀室工艺、定向钻回拖技术、并行管道跨接等方面进行了设计创新，经投站几年的运行情况来看，取得了良好的设计效果。

1　自控设计

1.1　机柜间与站控操作间分开设置

针对在 AB 线的设计中，站控制室机柜间和操作间设置在一起，中间用玻璃隔断隔开，存在电缆用量大、做作人员工作环境差的问题，在 C 线站场站控设计方面采取了机柜间与站控操作间分开设置的设计方案。通过机柜间与站控操作间分开设置，将机柜间设置在距离工艺设备区较近的位置，除 ESD 按钮采用硬线连接外，机柜间内 PLC 系统与操作间内上位机系统采用光缆通信，在节省了大量电缆（不少于 20km/站）的同时，也改善了运行人员的工作环境。见图 1。

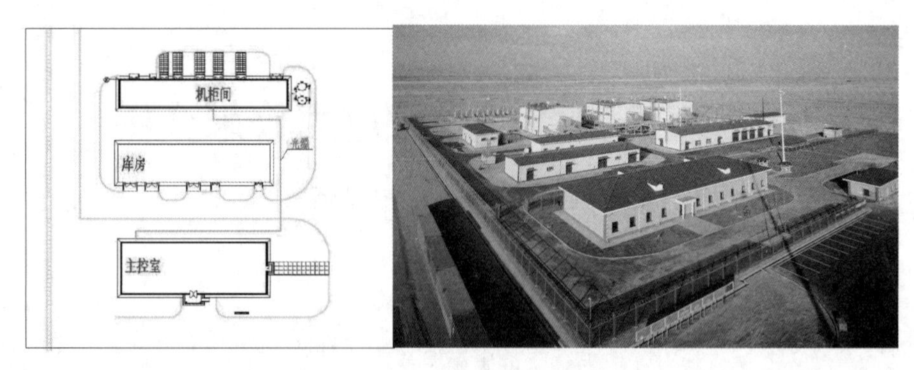

图1　主控室和机柜间分开布置图

1.2　线路阀室自控水平提高

在AB线线路共设置阀室120座，其中RTU阀室36座，为提高C线线路阀室的自控水平，C线设计时将手动阀室改为监控阀室，C线共设置阀室64座，其中RTU阀室42座，mini-RTU阀室22座(监控阀室)，RTU阀室采用CCVT供电，mini-RTU采取太阳能板供电。通过将手动阀室改为监控阀室，实现了对全线阀室状态的实时监视，对42座RTU阀室的实时监控。

在监控阀室设置远程终端单元(RTU)。RTU是以计算机为核心的数据采集和控制小型装置，它具有编程组态灵活、功能齐全、通信能力强、维护方便、自诊断能力强，可适应恶劣的环境条件、可靠性高等特点。

RTU操作方式：

自动远控：所有的阀室操作控制由调度控制中心操作控制，具体由RTU执行完成。

就地控制：单体设备可以由站操作员或工程师人员通过便携式计算机进行操作，具体由RTU执行完成。调度控制中心对站的自动控制进行监视。

RTU完成以下功能：

采集阀室的温度、压力和阴极保护等参数；

监视线路截断阀的状态；

控制线路截断阀的关；

监视阀室电源状态。

Mini-RTU完成以下功能：

采集阀室的温度、压力等参数；

监视线路截断阀的状态；

监视阀室电源状态。

RTU与调控中心的数据通信：

RTU提供2路以太网接口与光端机相连，通过光信道的配置，分别将数据传送到相邻的上、下两座工艺站场的站控制系统的局域网中，再通过这两座站场的SCS将数据上传到布哈拉、阿拉木图调控中心。

1.3　站内自用气计量调压系统配置

站内自用气计量与调压系统按成橇方式进行设计。自用气计量调压系统两路调压按照热备方式设计，既提高了系统的可靠性，又保证了安全连续的为燃气轮机供气。

自用气计量调压系统按照一条压缩机用气支路与一条站场生活用气支路成橇方式设置，每条支路入口设置流量计对站内自耗气进行计量，站场内自用气的计量采用高准确度的气体涡街流量计或气体质量流量计。单独设置流量计算机对流量进行计算，其信号传输至站控制系统进行监视。

由于自用气调压系统进出口的压差较大，为防止压力控制系统下游的天然气温度过低，为避免电加热控制逻辑存在加热温度失控的可能性，首次引入水域加热。自用气系统单独设置一套锅炉加热系统，锅炉加热系统单独成橇，安装于站场安全区，并单独设置锅炉用气计量调压箱，对锅炉的用气进行调压并计量用气量。见图2。

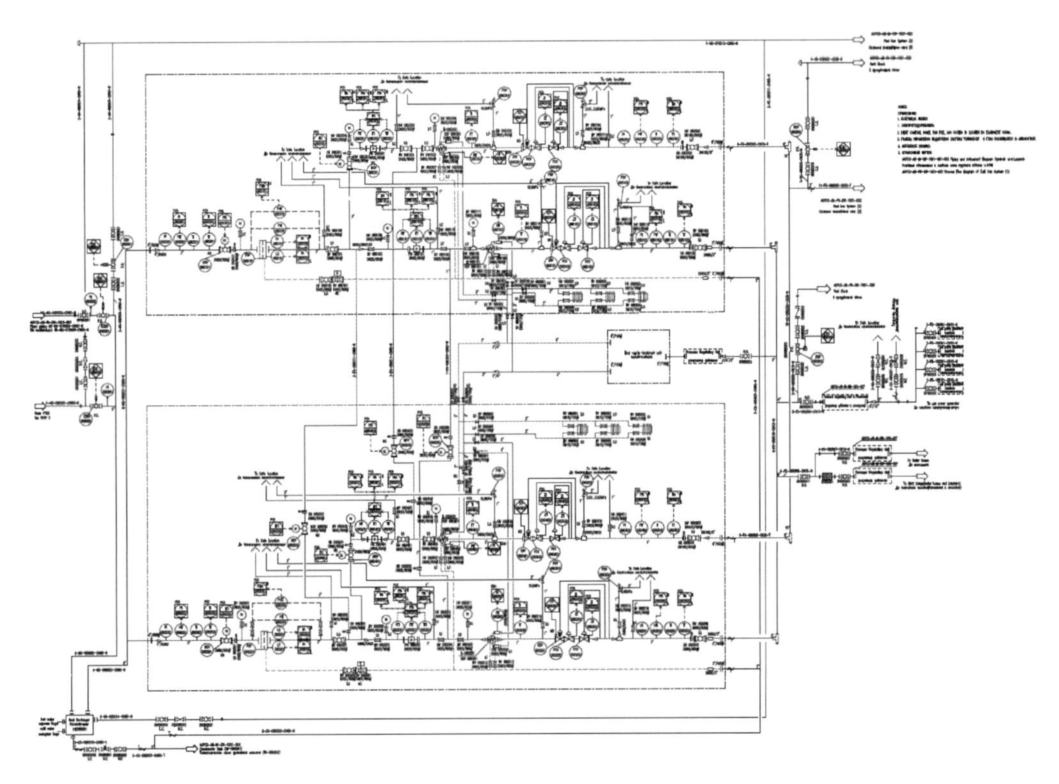

图2 站内自用气计量调压系统流程图

从投入运行以来的运行情况来看，自用气计量调压系统运行平稳可靠，避免了AB线电加热系统干烧风险，提高了站场运行的稳定性和安全性。

1.4 埋地管道温度测量技术

采用埋地插入式检测以及外加保护钢管直埋的地上安装方式，温度检测仪表显示部分在地面以上，温度仪表采用钢管保护，保护管上焊接配对法兰，便于温度仪表的拆卸和维护，此种检测方法避免了仪表井的种种弊端，比以往测量更准确，更安全，更节省投资，本技术已成功申请专有技术(图3)。

1.5 首次引入靶式流量计进行流量检测，实现过滤支路精确判堵

对于过滤分离区卧式分离器的判堵，本次设计采用差压变送器检测过滤器前后差压和卧式分离器后靶式流量计检测过滤支路流量的组合方式，进行报警判断。通过该种设计，有效

的减少了误报警的概率，有利于站控室内操作人员的日常管理和维护。

图3 埋地管道温度测量图

2 通信

通信部分主要是为管道各级管理机构和工艺站场、阀室等提供全方位的通信服务，包括建设光缆线路、光通信、卫星通信、语音交换、工业电视监控、会议电视、办公网络、无线应急通信和站场配套通信设施等多个子系统。根据工程情况和需求，本工程中采用了新的通信手段和方案：

2.1 卫星电视采用 IPTV 技术，丰富站内值班人员文化生活

本工程将数据网、话音网和电视网三网合一，数据、话音和电视系统的中心设备以交换机为核心，依托综合布线系统超五类电缆作为传输通道，用户终端在同一接口不仅可以享受数据、话音服务，还可以享受电视视频服务，用户终端可以是 PC，也可以是 IP 机顶盒+普通电视机。

作为一种新兴的交互式网络电视系统，站场值班人员还可根据个人喜好视频点播，视频下载等。IPTV 系统非常容易的将电视服务、互联网浏览、电子邮件及多种娱乐功能结合在一起，极大的丰富了现场值班人员的业余文化生活。

2.2 管道沿线集群通信 100%覆盖

考虑到哈国地区公共网络设施基础薄弱，站场很多地区无信号覆盖，为保证管道安全运行，突发事故发生时能及时通信，也为全线巡线人员和站内工作人员提供一种有效的通信手段，本工程设置了集群通信系统，并覆盖全线站场和阀室。集群系统与站场话音交换系统互联，不仅能与系统内其他站场手持机通话，还能够呼叫公网电话。

本工程集群通信系统具有频带利用率高、保密性好、功能丰富和全线 100%覆盖等特点，大大提高了集群通信系统在天然气管道行业生产指挥调度作用。

2.3 采用了语音交换、集群通信、公共广播对讲、卫星通信、办公网络等多个系统之间互联的新方案

语音交换系统采用了 IP-PBX 作为电话交换主设备，并利用办公网络系统搭建的网络平台，与集群通信、公共广播系统之间实现了互联，各系统的终端设备之间可进行话音通信。

在各站之间的 IP-PBX 通过光传输系统进行互通的基础上，为避免光传输设备故障导致各站之间无法通信，还在各站内分别设置一部 IP 电话，通过各站的卫星通信设备与调控中

心的主IP-PBX相连，保证了调度话音通信的可靠性。

3 阀室工艺

采取新的阀室节能工艺，节约了长输管道在改线和停输检修事故时大量放空造成的经济损失，及放空过程中对环境的污染。通过在线路截断阀旁通管线上设置移动压缩机预留管线及操作阀门，并设置移动压缩机组，通过多台机组有效组合运行，实现天然气从事故管段向相邻上游或者下游的安全管段转运。实现一般线路段常规检修及事故检修工况下天然气有效回收，具有可观的经济效益及环境效益，同时提升管道整体安全性。

以某计划检修管段为例，其干线管径为1219mm，管段长度为30km，管内天然气起始压力为7MPa。采用4台750kW车载移动压缩机进行作业。经计算，本系统可在30h内将管段压力抽到0.6MPa，节省天然气约150万方。

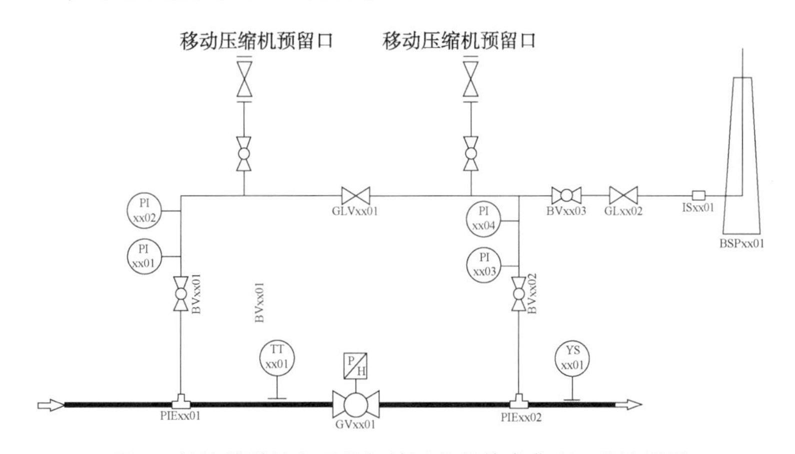

图4 长输管道放空天然气转运节能技术典型工艺流程图

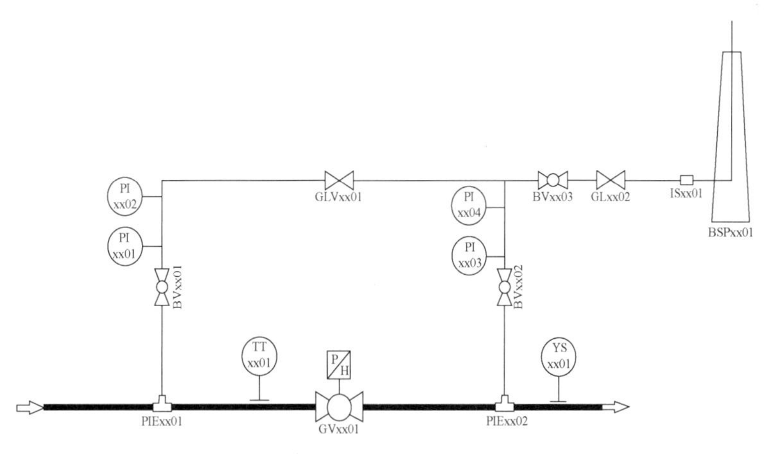

图5 阀室传统工艺流程图

4 定向钻穿越管道回拖浮力平衡技术的应用

水平定向钻穿越技术因其施工对环境破坏小，对河流堤防影响小、尤其是大中型河流穿越还具有施工成本低、施工工期短等优势，水平定向钻穿越技术被广泛的应用于油气管道的河流及其他障碍物的穿越工程中。但随着穿越管径及穿越长度的增加，定向钻施工难度也随之增加，导致管道回拖力增加，不得不选用回拖力更大的钻机，为降低回拖的风险，必要时还必须采用推管机、夯管锤等辅助钻机的回拖作业。管径的增加，导致管道所受泥浆浮力增大，使得管道与定向钻孔壁间的摩擦力增大，也使得回拖过程中对防腐层的破坏问题更为突出。为解决以上问题，中哈C线项目在定向钻穿越伊犁河时，采用了浮力平衡技术，有效解决了大口径管道定向钻穿越回拖过程遇到的以上难题，并取得了成功的应用。

4.1 扩孔器浮力平衡

根据工程勘察地质资料，伊犁河定向钻穿越层为细沙层，较密实，呈黄、褐色及灰色，扩孔时存在塌孔的风险。在伊犁河扩孔时为避免扩孔塌孔的风险，选择了5级扩孔，依次为30″、42″、50″、56″和60″，较好的解决了细沙地质扩孔宜塌孔的问题，扩孔示意见图6。为解决由于泥浆浮力造成钻孔呈现椭圆形问题，在扩孔时，采用浮力平衡措施，向扩孔器内注入水(注水量根据泥浆密度，扩孔器体积、重量计算而定)，使扩孔器在泥浆中处于浮力平衡状态，从而使钻孔更接近圆形。

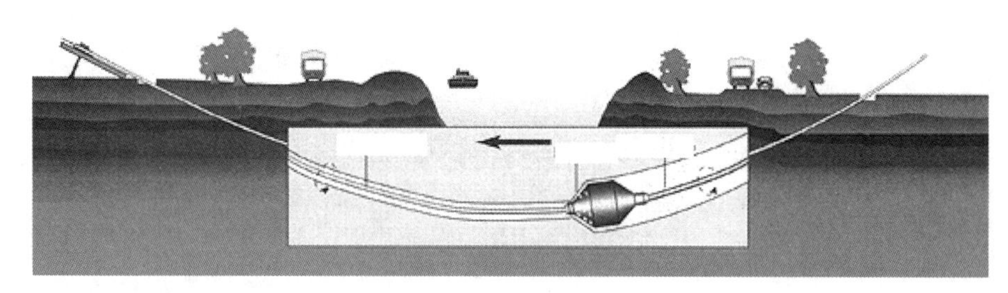

图6　管道扩孔示意图

4.2 回拖管道浮力平衡

管道回拖浮力平衡就是给管道进行配重，使管道自重和配重之和等于泥浆的浮力，使管道在回拖时处于悬浮状态，以减少由于泥浆浮力导致的管壁与孔壁的摩擦力，起到减小管道回拖力及保护管道防腐层的目的。回拖过程的浮力平衡分为回拖管道的浮力平衡和扩孔器的浮力平衡。以下主要论述穿越主管的浮力平衡。

管道回拖时单位长度所需配重 W_f 可由式(1)计算，为使管道处于悬浮状态，所需配重为管道单位长度所受浮力减去管道单位长度自重。

$$\frac{\pi D^2}{4}\gamma_m-\pi\cdot\delta\cdot D\cdot\gamma_s-W_f=0 \tag{1}$$

式中　D——穿越管段的管身外径，m；

γ_m——泥浆密度，一般为10.5~12；

γ_s——钢材密度，78.5；

δ——钢管壁厚，m；

W_f——回拖管道单位长度配重，kN/m。

以伊犁河穿越为例，管道为Φ1219×27，泥浆密度取12，完全浮力平衡单位长度所需配重为5.885kN/m。

由于采用向管内直接注水平衡浮力的方式，在回拖过程中，管道的晃动有可能增加注水在管道内形成柱塞，从而导致管道内产生真空而失稳，造成重大事故[2]，而且水在管道内分布不均匀，造成定向钻穿越水平段配重超重，管道底部与钻孔底部产生摩擦力，管道出土和入土斜向段配重不够或无配重，由于泥浆浮力作用，使得管道与钻孔上壁产生摩擦力，进而增加了回拖力，也起不到保护防腐层的效果，平衡效果很不理想，因此不建议采用直接向主管道注水的方式为回拖管道进行浮力平衡。为达到较理想的浮力平衡效果，伊犁河采用了PE管内注水的方法来平衡泥浆浮力。

4.3 管道回拖

根据GB/T 50423—2013油气输送管道穿越工程设计规范，穿越管段回拖时，钻机最大回拖力可按下式计算值的1.5~3.0倍选取[3]。

$$F_L = L \cdot f \left| \frac{\pi D^2}{4}\gamma_m - \pi \cdot \delta \cdot D \cdot \gamma_s - W_f \right| + K \cdot \pi \cdot D \cdot L \quad (2)$$

式中 F_L——穿越管段回拖力，kN；

L——穿越管段的长度，m；

f——摩擦系数，取0.3；

D——穿越管段的管身外径，m；

γ_m——泥浆密度，一般为10.5~12；

γ_s——钢材密度，78.5；

δ——钢管壁厚，m；

W_f——回拖管道单位长度配重，KN/m；

K——黏滞系数（KN/m^2），取0.18。

以伊犁河穿越为例，管道为Φ1219×27，穿越长度为1050m，泥浆密度取12，取2倍的安全系数，无浮力平衡和有浮力平衡情况下，计算的回拖力分别为不小于5154kN和1447kN，可以看出考虑浮力平衡后，所需回拖力显著减少。

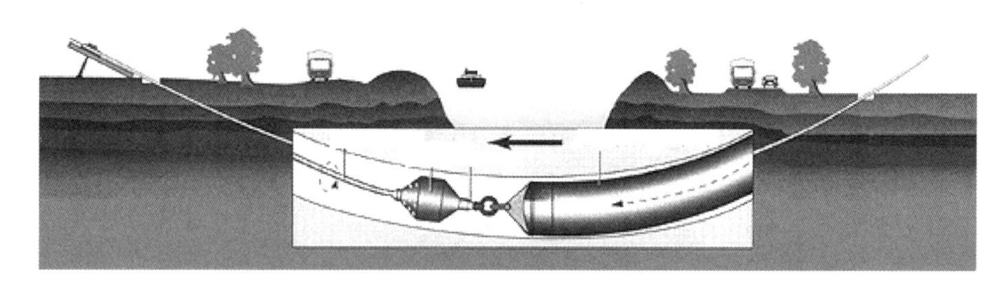

图7 管道回拖示意图

4.4 应用效果

浮力平衡技术在C线伊犁河穿越定向钻穿越工程扩孔阶段及回拖阶段的应用，有效的提高了扩孔质量，并大大减少了管道回拖的回拖力，降低了管道回拖过程中因钻机回拖力不足可能发生的卡管的风险。由于采取了浮力平衡，大大减少了管道与孔壁的摩擦力，进而有效的保护了管道的防腐层，较好的解决了不采用浮力平衡措施防护层破坏严重的问题。

5 清管站进出站管道轴向推力补偿

常规的天然气长输管道站场，为了限制干线管道对站内的影响，保护三通、收发球筒及压气站在管道全寿命周期内的安全运转，一般在进出站管道设置锚固墩，将进出站管道对站内管道和相连设备的影响降到最小。随着长输管道朝着大口径、高压力、大输量的方向发展，在进出站管道上设置锚固墩变得越来越困难，主要表现在：①锚固墩设计困难。由于锚固墩是依靠外力约束管道，使管道尽量不产生相对位移，因此对于锚固墩的设计，其能够抵抗的推力是设计重点，但是，目前长输管道直径达到1200mm，压力达到12MPa，其产生的推力巨大，锚固墩的设计非常困难；②施工难度大。对于1200mm，12MPa的进出站管道，如果设置锚固墩，即使允许锚固墩在管道的作用下产生较小的位移，并考虑土壤给锚固墩提供的凝聚力、摩擦力及土壤反力，按照0.5的系数计算，推力也将达到500多吨，据此设计的锚固墩体量太大，其施工难度成倍增加；③后续对管道的影响较大。对于大口径、高压力进出站管道设置的大体积、大质量的锚固墩，其作用在管道上的力会对管道本身产生一定的影响，同时由于锚固墩太重，其自身产生的沉降会对管道施加巨大的挤压力，形成安全隐患甚至破坏管道[4]。

为设置锚固墩存在的问题，中哈C线在设计上采取了柔性安装方，通过2个90°弯头连接，形成S弯与清管站相连，通过柔性连接进行应力补偿，从而取消进出站锚固墩设置。应力分析采用CAESAR Ⅱ软件进行分析，根据应力分析结果，当采取锚固墩安装方式时，锚固墩受力的X方向最大值11590.01kN(1182.65t)，如此大的推力，将导致锚固墩的设计和施工难度成倍增加。当采用柔性设计安装时，发球筒端部x方向最大位移-43.8mm，与采用锚固墩设计安装时发球筒端部x方向最大位移-44.2mm，最大位移都在允许位移范围内，属于正常位移量[4]。

中哈C线项目自2014年6月投产以来，一直运行良好，再次证明了在清管站进出站采取柔性设计代替锚固墩设计的优越性和可行性，也为以大型长输管道进出站的设计提供了依据。

参 考 文 献

[1] 赵翠玲，王晓红，等．中亚与国内天然气管道站场设计差异分析[J]．油气储运，2015，34(3)：310-315.

[2] 贾伟波，王勇光，刘敏强．大管径水平定向钻穿越的浮力控制[J]．建筑机械化，2008，29(10)：65-67.

[3] GB 50423—2013. 油气输送管道穿越工程设计规范[S]. 北京：中国计划出版社，2013.

[4] 许靖宇，邵国亮，康慧珊，等．清管站进出站管道应力分析与设计优化—以中亚天然气管道为例[J]．油气储运，2016，35(9)：1000-1004.

浅谈海外油气项目创新管理模式下的采购管理实践

李柏成　尹国梁　闫洪旭　达朝炳

（中油国际管道公司　中哈天然气管道项目）

摘　要　业主采办管理部门是统一和规范EPC项目的设备及材料采购及管理工作的部门，负责协调监理团队对工程类物资采购的统一管理。规范项目物资采办行为，明确采办部门在合资公司的责任及工作分工与采购管理、合同管理、采购付款管理、采购进度控制等方面的关系，是保障建设优质国际管道工程，跻身世界一流行列的国际管道公司的重要影响因素。鉴于采办管理对石油工程项目管理的重要作用，要想在国际石油工程项目采办工作中站稳脚跟，就要不断提高自己的项目管理水平。文章以中哈天然气管道项目采办部为背景，简要说明了哈萨克斯坦地区开展国际工程所面临的困难。基于项目“PMT+PMC+EPC+第三方监理”的海外创新管理模式，通过采办部在工程采办期间精细化的进度、索赔、沟通管理，使得工程项目建设得到有效的控制。

关键词　采办职责　PMT+PMC+EPC+第三方监理　工程建设在哈国面临困难　进度管理　索赔管理　沟通管理

通常来说，实现工程项目建设既定目标的三要素包括时间、质量、成本，对于跨国项目存在的特殊性，高质量、快速的进度管理显得更加重要。秉承的“共商、共建、共享”原则，中哈天然气管道项目建设作为“一带一路”倡议下先行示范项目的重要组成部分，作为我国重要的能源战略通道，在保障我国能源进口多元化和能源清洁化方面发挥着重要的作用。管道建设过程中面临着文化差异、征地制约、融资困难、工期紧迫、多边法律、货币贬值等众多问题，协调难度大，对于项目管理团队是个巨大的挑战。PMT采办部确保工程期间采办质量、合同进度控制显得更加重要。本文通过笔者在项目管理的实践，得出了对合同管理的一些体会和认识，重点探讨业主在哈萨克地区复杂贸易环境下，如何做好在“PMT+PMC+EPC+第三方监理”的创新管理模式下的项目采办合同管理工作，尽可能地使大型设备、管材采购工作不影响项目质量、进度影响，减少合同履约期间的索赔诉求，使工程按合同按计划实施。

1　采办职责

采办部主要是归口管理业主自主采办设备、管材的采购及仓储管理工作，还负责监督管理项目建设主要承包商的合同履约，组织解决合同期间纠纷。现主要从合同签署、合同执行、合同收尾三个阶段详细介绍采办部门的主要工作。

1.1　合同签署阶段

根据项目确定的工程进度计划采办部需在签署EPC合同前制定主供设备压缩机、大口径阀门、管材等物资的采购工作说明书（SOW）。采办部需要安排专人负责编制招标文件，主要包含了要邀标函（ITB）、投资采购策略等，股东批复后通过公开发行的报纸和商业期刊等形式发布。随后业主组织召开投标人会议，组织股东及专家团队(ILF)评审投标建议书，分析承包商的优势。业主还需拟定合同草案，与承包商就合同条款中的争议部分条款谈判，确保合同中的条款和合同措施各方达成一致。最终根据投标书评价结果确定承包商，向承包商发送授标函，完成合同签署。在合同授予的决定之后还有一个静止期，各方可以根据合同中的异议提出建议完善合同文本。见图1。

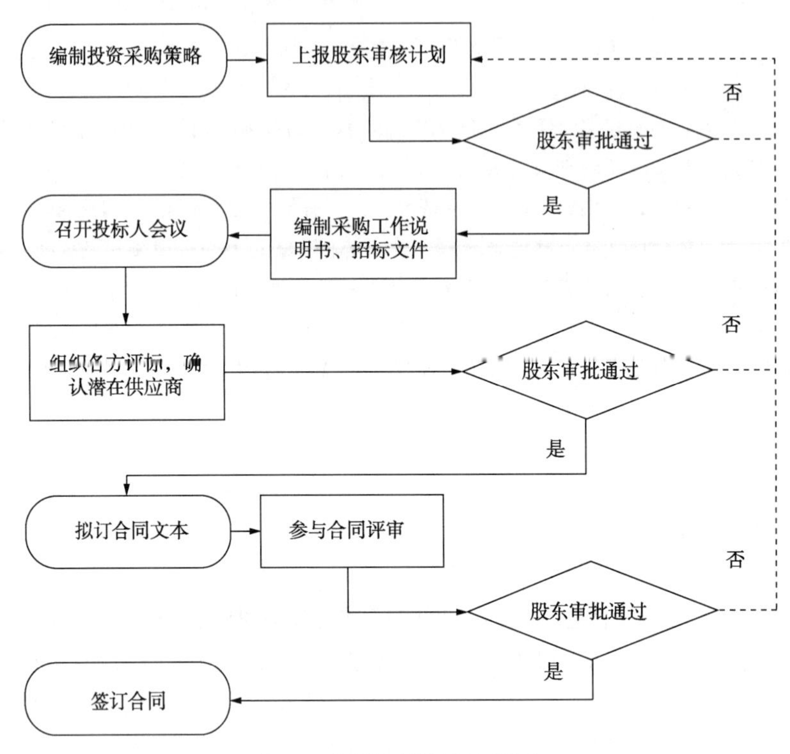

图1　合同签署阶段流程图

1.2　合同执行阶段

采办部作为业主代表主要负责与承包商沟通，监督指导承包商合同管理。首先，对于主供采购的压缩机、管材等进口物资，业主提供清关、运输、仓储支持。协调监理公司(MOODY)按设备质量标准检测到场物资，并将清点、核查物资移交EPC承包商总包按进度计划开展项目施工。协调项目管理团队(ILF)协助做好合同管理和工程风险控制，监督向承包商采购付款，服务人员费用结算，确保支付款项与合同规定的实际工作进度相适应。在供应商提供现场安装、调试期间采办部还需负责组织工程变更程序合规，及时获得设计部门及股东方层批准。项目末期，组织专家开展工程验收，对于不满足合同的争议部分进行索赔、反索赔工作，直至达到验收条件，将管理权移交运行部门，最终关闭合同。合同执行中要对合同执行过程中的往来信函、付款文件、里程碑文件进行记录、整理。见图2。

1.3　合同收尾阶段

确认施工中遗留问题尾项全部得到承包商认可，明确质保期限。组织可交付成果验收文件的整理，将合同文档进行归纳储存。编制经验教训总结、工作体会、过程改进建议。在项目正式投产一年后，组织开展项目后评价，按照严格的程序对项目执行的全过程进行认真的回顾，供下一个新项目实时参考。见图3。

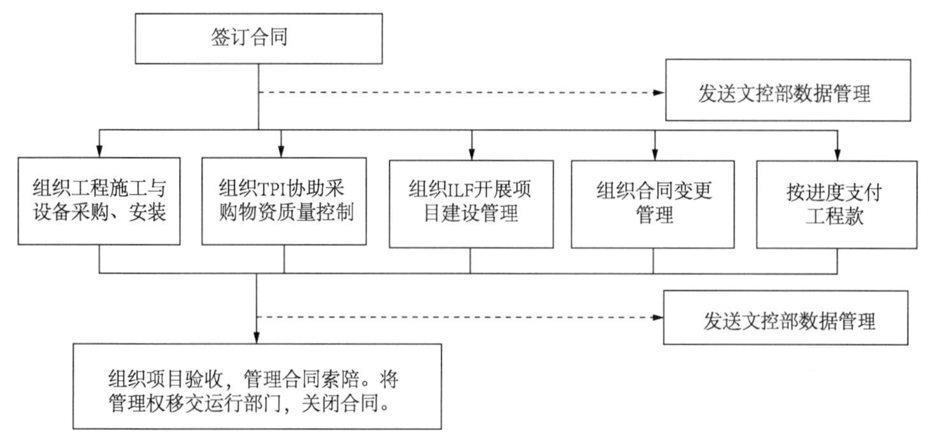

图 2　合同执行阶段流程图

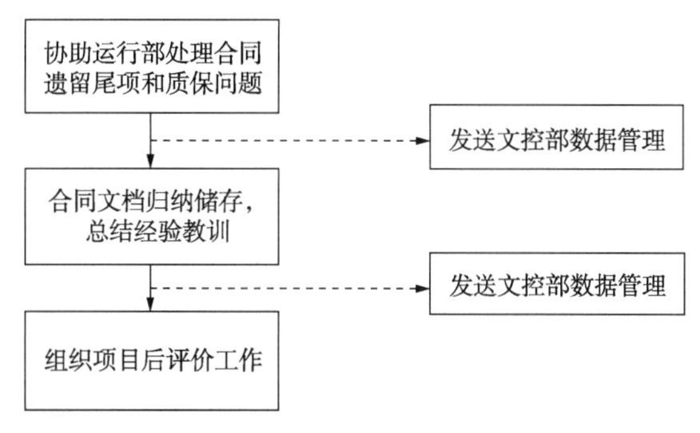

图 3　合同收尾阶段流程图

2　项目建设创新管理模式介绍

中亚管道 C 线项目建设过程延用了 AB 线项目“PMT+PMC+EPC+第三方监理”的创新管理模式。由于承包商较多，工作界面较为复杂，理清各承包商的工作职责对于业主做好项目管理工作起着关键性的作用。

2.1　项目管理团队

项目管理团队(Project Management Team，PMT)是由业主组建的项目管理团队，在合资公司中由少量管理和技术人员组成。PMT 团队主要从宏观上对工程质量、进度、投资、HSE 进行全过程管理。在项目前期，负责项目的投资决策、土地征用、政府文件等的批准工作。项目计划阶段通过招标、评标与承包商签署合同，履行工程设计、质量监督、采购合同、工程施工等管理工作。根据合同施工进度，按照合同规定需向承包商支付一定的费用。在项目收尾工作期间，组织协调各方完成工程项目验收、可交付成果移交、后评价工作等。PMT 团队高效的协调各方工作有序开展，主导工程项目建设完完工。

2.2　PMC

项目管理承包商(Project Management Contracting，PMC)是指由业主通过招标的方式聘请一家有实力的项目管理承包商(公司或公司联营体)，对项目的全过程进行集成化得管理。业主经过层层筛选最终选择了具有丰富经验和较高知名度的德国 ILF 公司作为项目管理承包商。在项目施工前阶段，PMC 介入项目规划计划安排，充分与业主专业设计人员密切合作，估算项目费用，并帮助 PMT 编制招标文件，谈判，评标以及签订施工合同。在施工阶段，PMC 主要对施工承包商进行监督管理和保持项目实施过程中的各类文件记录。业主只需要履行监管 PMC 的职责，此方法实现了少数业主管理人员对整个项目的管理，同时 PMC 作为独立第三方，在项目管理中可提出更具专业和权威性的意见，有助于股东与承包商之间问题和分歧的解决。

2.3 EPC

设计—采购—施工(Engineer-Procure-Construct，EPC)/交钥匙(Turnkey)项目管理模是指承包商向业主提供包括设计、施工、设备采购、安装和调试直至竣工移交的全套服务，有时还包括融资方案的建议。经过招标筛确定了具有丰富经验的 KazStroyService(KSS)、中国石油工程建设公司(CPECC)作为 EPC 合同总包方。总包方主要工作范围包括项辅助工程设施的设计以及编制设计计算书和图纸；施工期的融资，土地购买，及工艺设计中的各类工艺设备、材料的采购等；工期对于施工安全、施工费用、施工进度、设备安装调试的管理。最终将满足合同高要求的可交付成果移交给业主。这种合同模式下业主往往将施工中的大部分核心工作交给 EPC 总承包商自主实施，承包商往往要承担了更大的责任和风险，而业主主要从宏观层面对承包商进行监督管理。

2.4 TPI

第三方监理(Third Party Inspection，TPI)为独立第三方，承担了工程建设实施阶段的质量、安全、进度、环境监督管理。经过招标筛确定了英国 Moody 公司为我们的监理承包商。在项目采购初期 TPI 委派专人驻厂监造，负责压缩机、管材、大口径阀门等甲供物资供物资的生产监督，按要求对生产物资抽检，与设计文件有差错或与现场实际情况不符的缺陷材料应当及时处理。现场接收设备、物资时 TPI 需配合业主完成设备证书类、报告类、记录类资料的审核。第三方监理的加入可大幅度减少合资公司在质量管理方面的人力、精力投入。MOODY 较高的国际化工程质量标准，有利于项目在国际工程建设水平中的质量保障。见图 4。

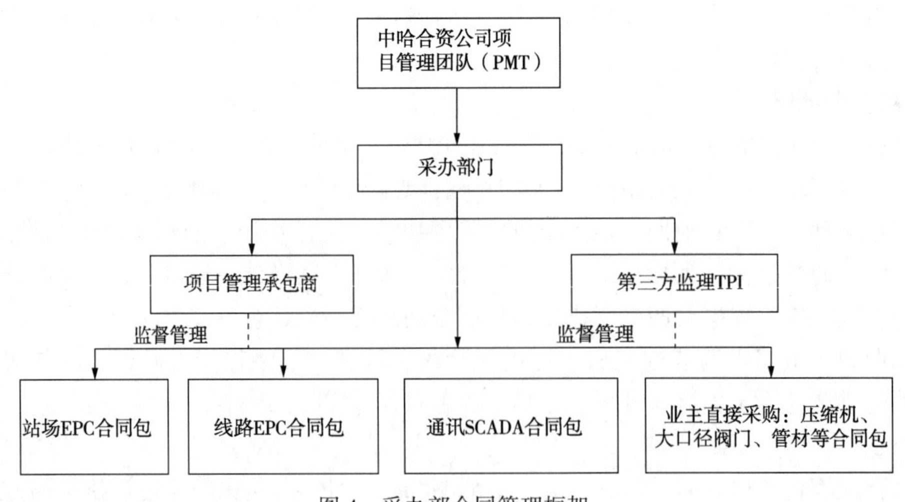

图 4　采办部合同管理框架

2.5 创新管理模式给合同的优势

在“PMT+PMC+EPC+第三方监理”的创新管理模式下，通过严格地承包商管理体系和多边协调机制，实现在C线建设合同管理过程中全过程、全方位监管，有效规避业主在工程监管中的能力不足，也为项目合同管理工作提供了标准化的参考依据。EPC总承包商对工程设计和施工的质量进行全面控制，EPC承包单位将作为项目质量管理第一责任主体，因此降低了业主层面风险。同时业主签订的国际化PMC和TPI监理合同，通过其严格、公正的特点，有效化解中哈方在商务合同谈判过程中的矛盾分歧，大大减少了工程建设的成本投入和施工过程中承包商的索赔诉求，为项目短时间、高质量的完成既定目标提供了体制保障。

3 工程项目建设在哈国面临的困难

3.1 技术因素

哈萨克斯坦独立时间不长，由于当地产业结构过分依赖于国际能源价格，单一的经济结构及企业间的技术壁垒使得当地的工业发展略显捉襟见肘。因此，哈萨克斯坦的工业水平仍处于相对落后的状态，油气工业建设及其配套能力的发展主要依赖于欧美等发达国家的技术支持。对于当地公司能否承接这样一个技术要求高、难度系数大、工期紧张的跨国工程还是个未知，能否承担施工所带来的一切风险仍是未知。除此之外，哈萨克斯坦法律对员工本地化有强制性规定。为带动哈国当地居民的技术能力和生活水平，哈国劳动法出台了新规定，收紧了外籍人员的劳务许可办理难度，同时国际公司在招聘外籍员工时必须招聘一定比例的本地员工带动本地的就业。本地的劳工由于缺乏专业技术能力与丰富经验，往往在国际工程建设的工程师选择中失去了竞争力，过境国的优先权又无法避开所在国企业参与工到程项目建设，这些因素往往使得业主对工程进度、工程质量风险表示忧虑，也给合同采办管理带来巨大的挑战。

3.2 货币因素

哈萨克斯坦是能源出口大国，据统计，哈萨克石油储量约为50亿吨，占世界总探明储量3.2%，天然气储量约2万亿立方米，占世界总储量1.5%，而哈萨克斯坦国家储备资金的90%以上来自能源出口。因此，油气产品在世界市场中的价格将严重制约哈萨克地区经济。由于国际财团及世界经济形势影响，国际能源价格持续低位震荡。自1993年早期，哈萨克坚戈兑美元名义汇率为1：4.7，直到2019年哈萨克坚戈兑美元名义汇率保持1：380左右。虽然哈央行采取了一些经济调控措施，转换了汇率浮动制度，但仍然导致坚戈兑换美金贬值幅度不断扩大。长期的通货膨胀率都高于经济增长速度，使得外国投资者对该国货币丧失信心，因此在国际信用评级中哈萨克斯坦也被评为经济较为脆弱的国家。在签署的大多数工程合同中，合同的计价方式为美元计价，这也给采办工程师处理履约期间与承包商的纠纷带来严峻的挑战。

3.3 文化因素

哈萨克斯坦人员组成复杂，宗教信仰十分多元，其长期受到俄罗斯文化的影响，在社会文化、风俗礼仪等方面与俄罗斯和西方有相似之处，与中国文化也渊源相近，但有不少差异。在哈萨克斯坦已哈萨克语为官方语言，因此绝大部分合资公司的合同、书信往来需要用俄语、英语、哈萨克语发送，语言文化的差异往往导致在信息理解中出现偏差。受到多元宗教文化的熏陶，哈萨克人民的思想略显激进，部分同事还存在极端主义倾向，在商务谈判过程中很容易因为个人思想引起不必要的谈判纠纷，导致谈判失败。在哈国还存在着“官大一级压死人”的说法，无论地方政府还是企业，当地工作对于上下级的关系非常严格。如果不能充分了解当地人文文化，掌握当地人民风土文情，很有可能对未来合资公司中哈双方员工实现“合作+共赢”的工作理念带来巨大的阻碍。

4 业主采购管理的重点内容

结合创新管理模式下国际化的管理团队为高质量工程建设所带来的优势，结合哈萨克斯坦法律政策及工业能力对工程建设带来的影响，结合合同履约期间采办部工作的实际情况，笔者主要从进度管理、索赔管理、沟通管理谈谈采办工作的难点，并就如何进行有效管理给出了具体建议。

4.1 采购进度管理

业主工程师在做好的工程施工期间的进度管理工作时往往面临很多困难。对于跨多国长输管道建设项目，工程建设项具有施工复杂、工程周期长等特点，同时受到所在国政策法律、政治经济、汇率波动的影响，无论是政策因素还是资金问题引起的设备采购进度的延误及施工工期延误都将造成业主巨大的经济损失，甚至还会影响工程质量和施工安全，使得项目建设无法实现合同规定的进度目标。因此，施工期间工程师确保即保证各工程活动按计划及时开工、按时完成，保证总工期不推迟是项目成功的基础。

4.1.1 工作界面的进度控制

在合同管理中工程师明确与各相关方的工作界是做好进度管理的核心。采办部充分发挥业主优势，协调控制和处理好各分包商和合作伙伴单位所负责工作之间的接口和界面。加强对多专业施工、工作面交接、交叉施工等与进度密切相关的施工组织管理工作。从采办部与设计部工作界面考虑，采办部要向设计部提交订货关键设备资料，设计部门要向采办部门提交技术规范书。采办计划明确了合资公司工程项目建设采购进度的监督和控制准则和活动内容，采办部门在工程建设前期参与到采办计划的编制过程中。施工前设计部要对采办部提供的供应商资料、图纸进行审查、确认。从采办部与施工部工作界面考虑，采办部根据采购计划负责自主采买的压缩机、大口径管材、阀门等物资的的订购和验收工作。施工过程中业主或监理工程师发现的设备材料质量问题由采办部处理，控制对施工进度造成影响。除此之外，采办部还要考虑由于设计变更引起的采购变更对施工进度的影响。采办部与承包商工作界面，考虑到采办设备验收试运行工作，采办部要确保承包商的提供的维护备件、质保备件的数量、质量达到设计文件要求。同时也要考虑设备试运行过程中由于质量问题的处理对工程进度的影响。

4.1.2 实施进度动态管理

采办部在合同管理过程中对项目采购采用动态管理的方式，以适应不断变化的施工环境。施工过程中由合同工程师协调采办物资的运输、清关、储存，加强采办过程中的物资的质量和进度监管。利用信息管理系统审批、保存进度文件，实现采办进度管理的动态跟踪。在审核监理的进度报告时，一旦发现实际进度与计划进度之间发生偏差，需及时分析并采取措施来纠正偏差，根据实际施工进度，及时报批修改和调整阶段计划，以确保工程与目标保持一致。此外，考虑到采办计划的实施要以项目建议书获得双方股东批复后才可以实施的现实情况，采办部灵活地调整前期与承包商对接时间点，在项目建议书获批之前合资公司明确了关键物资的采购方式，并开始着手准备压缩机、大口径管材、阀门等采购物资得技术文件准备工作。提前开展询价工作加强了采办进度控制，待项目建议书获批后立即进入商务流程。此方法减少各个环节的时间损耗，节约采办费用，成功规避工期紧迫和进度延误等问题。为合同进度管理提供有力保障。

4.1.3 搭建良好的人员结构

良好的组织结构是项目成功的必要条件，人本管理又是搭建组织的关键要素，因此，要做好项目合同管理工作首先要考虑人的因素。在实际的采办进度管理中中哈双方同事协力配合，要求专业的进度管理工程师必须熟练掌握合同文本内容，对于未按合同施工计划开展工作导致的项目暂停、工程延期、等本体及时记录、分析进度偏差，找出纠偏措施和解决方案。进度控制工作也包含了施工期间大量的组织协调工作，因此双方员工合理分工，由各合同包负责人牵头承包商的会议协调，明确会议范围，会议召开时间，会议的文档整理等工作。为进度管理奠定基础。

4.2 工程中的索赔与反索赔管理

国际工程建设过程中往往存在常见的融资难、工期长、风险大、结构复杂等特点。除此之外，还要考虑复杂的外部投资环境，包括股东层面策略转变，所在国的法律、法规调整，经济形势引起的货币变动，承包商履约能力骤减等因素的影响，承包商在合同履约过程中难免会出现质量问题、工期问题，就不可避免涉及到与业主索赔与反索赔争议。因此，积极地开展索赔管理，对于提高合工程项目管理水平，保障施工过程有序开展，为企业创造良好的经济利益目标有不可替代的作用。

4.2.1 了解索赔原则和索赔条件

索赔是具有法律意义的权利主张，一般情况下承包商对业主或业主对承包商提出自己权利补偿要求时均称为索赔，而基于合资公司管理规定常常把承包商对业主的索赔需求称索赔，把业主对承包商的索赔需求称反索赔。索赔从广义上理解主要包括工程变更、合同价格调整、法律变更引起的合同调整。为最大程度保证合资公司利益，工程师在合同管理过程中应主要考虑、守法原则、时效原则、归责原则。守法原则是指索赔必须以法律和合同为依据。EPC 合同所适应的准据法规定了承包商与业主之间的权利义务关系，只有一方违约或违法，才能构成对另一方法律权利或经济利益的损害，因而受到损害的一方才能向违约方提出索赔申请。索赔的时效原则说明，业主或承包商在规定期限内提出索赔诉求，在合同规定相关内容的指导下，及时合理地应对索赔事件，并根据工程合同内的相关条款，制定适宜的赔偿。根据 FIDIC 条款中规定，无论业主或承包商依据合同文本提出了索赔需求，都需要在第一次申请后的 28 个工作日内予以答复或补充索赔证据，未按时回应则视为索赔事实被认可。索赔责任的归责原则是开展索赔工程的基础，业主提出的反索赔或承包商提出的索赔前必须明确索赔的责任归属，一旦反索赔申请提供的证据不充分，很容易引起承包商反诉，对公司和个人的形象造成不可逆的影响。了解索赔条件对于开展索赔管理同样非常重要，合同工程师要清楚索赔的提出往往要满足以下条件。首先，索赔必须以法律和合同为依据，须建立在违约事实或违约后果都已经客观存在的基础上才可以提出索赔。其次，索赔应采用书面文字的方式，索赔的内容和要求的范围应该是非常明确。当违约事实存在时，由授权的工程师递交索赔建议书：包括索赔的是由、金额、时间、依据等。

4.2.2 索赔中关键点控制

合同工程师在执行合同中的索赔管理要牢牢记住“设计控制、证据收集、明确策略”的整体思路。前期，业主应当有增强前期风险防范意识，有尽量减小或者避免承包商之间的纠纷的决心。提前深入到设计招标环节，认真审查工程项目的设计方案，工程质量标准，当设计图纸和规范编入招标文件后就不宜作大的变动。在招标和评标期间，业主需审阅合同文本，确保资料可靠，能够详细客观的反映业主诉求。针对承包商在合同谈判期间提出的修改合同条款的要求，业主应从索赔角度认真分析，不可轻易采纳。合同履约期，合同工程师要加强责任心，做好合同文件、来往信函、备忘录、会议纪要、施工日志、付款记录和监理日记等文档的保存。确保发生纠纷是可提供确凿的证明和反索赔依据。在与承包商展开商务谈判期间，业主代表需明确工作方向和谈判策略，索赔谈判要做到有理有据、据理力争、抓大放小、目标明确、底线思维。对于组织承包商研讨会过程中承包商提出的变更或者索赔要求，业主方要考虑宜留缓冲，切忌舍本求末，要兼顾长远的利益。对于体量较大的索赔诉求，要将证据材料做扎实，做到据理力争。对于索赔金额较小的、证据不充分的诉求，可以作为取得其他利益的让步条件，表示予以放弃。同时，业主代表参与谈判要明确目标，确定索赔结果的补偿形式。对于承包商超过提出的超过业主接受范围的索赔诉求原则上不予考虑。

4.2.3 增强索赔意识

索赔是国际工程项目合同管理的重要部分，往往在于承包商签署协议后，业主受制于股东层面的影响，不善于提出返索赔主张，担心索赔无法达成最终目标，担心影响企业之间的关系，使得实际项目管理过程中的索赔意识薄弱。通常情况下业主在承包商施工过程中出现工程进度太慢、要求承包商赶工时，所引起工程师的加班费时可提出返索赔。如果施工质量不满足合同要求，包括工程验收不达标，对已识别的风险未做整改业主也可要求工期索赔。因此合同工程师要具备较高的管理素质，要熟练掌握合同条款含义，日常往来信函中要注意用语严谨，经得起推敲。要注意日常信息的收集，资料可靠，能够详细、客观地反映实际情况，一旦发生索赔事项，能及时准确、有理有据地提供索赔依据。要时刻保持清醒的头脑，明确想法，在谈判过程中坚持自己的观点并表达明确的态度，不可听到一些不合理的诉求就打退堂鼓，要有底线思维。只要掌握承包商违约的确凿证据，就要坚决的提出返索赔申请。

4.3 合同沟通管理

项目沟通管理包括为确保项目信息及时恰当的规划、收集、发布、储存、检索及最终处置信息的整个过程。在国际项目合同管理中往往存在文化差异、组织架构、语言能力等诸多因素对项目过程中实现有效的沟通带来很大的困扰。例如：合资公司组织结构庞大，合同管理系统涉及的部门众多，沟通渠道复杂是的承包商无法准确理解信息屡见不鲜。合资工资各承包商管多为国际知名承包商，其工作地点遍及美国、德国、意大利、俄罗斯等地区，相关方存在时间、空间的差异导致会议的协调带来不少问题。当然还包括专业工程师缺乏沟通技巧，因为个人情绪而造成沟通阻断。合资公司加强了合同履约期间的沟通管理，从内部沟通(主要是与股东、项目管理人员、各职能部门、外籍员工)、外部沟通(主要是地方政府、承包商、监理工程师)两个方面着手提高公司的沟通管理能力，提高项目管理效率。

4.3.1 内部沟通

项目工程师在执行内部的项目沟通管理中主要从“自下而上、自上而下、同一层级”三个层面开展。自上而下是指股东层面对项目下达的指令、任务，在此要求合同管理工程师准确理解沟通信息，及时执行任务并将结果反馈。自下而上的沟通是指项目工程师向企业管理层和股东的沟通，主要为重大事项的汇报、批复。此过程要坚持确保信息全面、详细、准确、及时的原则。往往新项目开工缺乏完善的沟通管理计划，因此合同工程师提前需将合同管理工作做细做精，在合同执行关键点及时整理记录并向管理层汇报合同执行情况。同一层级是指合资公司职能部门间的协调及与外籍员工的沟通。实际在于外籍员工沟通管理过程中，实现合同目标必然是一个相互协作解决矛盾的过程，这个过程中合同工程师起着十分重要的协调作用。在此工程师应切忌据理力争，沟通过程中确保态度谦虚、语气柔和，更多的是提倡协作精神。先就项目目标达成一致，后为实现共同目标而为之努力，发挥项目伙伴关系以及团队协作精神来解决合同管理中的难题，实现真正意义的双赢(Win-Win)。这样更容易赢得外籍同事的配合和理解。

4.3.2 外部沟通

在项目合同管理过程中，合同工程师做好与外部资源的沟尤为关键，因为它在很大程度上决定了项目的成败。因此工程师在外部资源沟通中需牢记沟通“5C”原则，注重沟通技巧。总承包商(EPC)作为整个工程中业主最重要的沟通对象应重视对待，涉及到工期费用、进度、合同条款、变更、索赔等重大事项时要注意沟通要形式合规。应先把问题记录下来，等进行分析或评估后再予以答复。而 PMC 和 TPI 监理团队是搭建了业主与承包商、供应商的沟通桥梁，通常情况下设计方案的批复、工程质量的审核、供应物资的审核都需要监理团队的批准，合同执行中的纠纷也需要监理方裁决。因此建立互信关系是项目顺利开展的必要保障。在与监理团队沟通中要注意目标明确，简明扼要将业主的标准、需求落实在承包商的施工过程中。沟通管理中，业主工程师要具备较高的专业技能，善于利用创新管理模式下发达国家企业标准和管理优势，弥补文化差异和技术差距带来的不足。善于运用非语言信号，言谈举止营造良好的沟通氛围，对团队提出相关的商务问题及时做出反馈，促成承包商之间良好的合作关系。

5 小结

总之，国际工程项目中采办部与 EPC 承包商、PMC、监理各方关系不只是简单的互利共赢，其中包含了复杂的工作界面和约束关系。业主工程师只有做好本职工作，挖掘各承包商优势，发挥协调作用，才能合理规避地区因素带来的影响。在今后采办部工作中，我们要严格遵守国家法律、政府规定、行业标准、企业规章，尊重商务环境、工程事实、承包商诉求，继续在工程实践中细心总结，深入探索更优的采办管理方法，为后续工程建设提供可参考的依据。

参 考 文 献

[1] 何伯森．国际工程合同与合同管理[M]．第二版．中国建筑工业出版社，2010.
[2] 范云龙，朱星宇．EPC 工程总承包项目管理手册及实践[M]．清华大学，2018.
[3] (美)Project Management Institute. 项目管理知识体系指南[M]．第五版．电子工业出版社，2013 年．
[4] 陈勇强，孙春风．PMC+EPC 模式在工程建设项目中的应用[J]．石油工程建设．2007，10(33)5.
[5] 孟繁春．中亚天然气管道项目管理模式创新[J]．国际经济合作，2012(8).
[6] 张浩．国际 EPC 合同模式下的采购管理[J]．国际经济合作，2015(3).

中哈天然气管道C线建设用地征地流程及特征

温　锐　马智勋　闫洪旭　达朝炳　程　博

（中油国际管道公司　中哈天然气管道项目）

摘　要　征地工作是管道建设的先行工作和重点工作，征地计划的顺利实施以及后续征地工作的顺利完成，才能保证工程建设工作顺利进行。在目前“一带一路”倡议背景下，有不少中国公司到哈国从事项目投资建设或合作开发，本文可供那些到哈国进行投资开发或合资经营而又需要征地的公司参考使用，同时本文也可作为中亚地区建设中征地工作的参考资料，供中亚地区法律、经济、人文、文化等研究专业人士参考。

关键词　中哈天然气管道　永久征地　临时征地　征地许可

1　引言

中哈天然气管道项目C线工程乌哈边境-霍尔果斯段EPC共分为线路工程(1307.759km线路及附属设施)、站场工程(8个压气站和1个计量站)和通讯&SCADA工程三部分。

中亚天然气管道C线管道(以下简称“C线”)作为惠国惠民的国际工程，其战略意义重大，即可扩大国家西北能源通道，保障国家日益开放下的能源战略安全，又可满足国内用户对天然气增长和环境保护意识增长的需求。C线管道沿线设施和AB线并列而行，管线长度为1307.759km，管径为1219mm，采用X80管材，沿途共有8座压气站、8座清管站、1座计量站、3个维抢修中心和64座线路阀室。长输管道项目一般要经过多个不同的行政区域，项目用地的获取是一个长期过程，需要先获得地方规划、用地预审、环境评价等有效支持文件，因此项目核准的周期通常很长。C线线路征地工作面临着比A、B线线路建设更为复杂的问题，为节省成本，AGP公司对于C线征地采用了不同于AB线征地的策略方式，成立了自己的征地工作小组进行施工征地工作的运作、谈判、合同签署，从事费用申请、合同签署、合同支付等管理工作。2012年11月份，AGP公司分别获得了阿拉木图州、江布尔州和南哈州三个州政府的征地许可命令，为征地工作取得了法律保障。C线的征地工作是从2012年6月份开始，至2013年底，全部解决了全线1307.759km管道线路、8座清管站、64座阀室、8座压气站征地问题，施工过程中基本没有给EPC承包商的施工带来干扰。

2　征地依据、土地使用方式及征地类型划分

中哈天然气管道工程线路长，管道沿线涉及土地主数量多，土地主的情况复杂，都给征地工作带来了较大困难。针对这一现状，中哈天然气管道PMT在施工过程中，通过加强与两个EPC承包商的沟通和协调，及时发现施工中存在的征地问题，并尽快派专人赴施工现场解决征地问题，最大限度地保证了EPC承包商的施工用地，确保了中哈天然气管道工程的顺利实施。

2.1 中亚天然气管道C线的征地依据

C线征地主要依据如下：

(1)《干线管道征地标准》CH PK 3.02-16-2003。

(2)《国家建筑、城市建设和标准、基本条例》СНИП PK 1.01-01-2001。

(3)《哈萨克斯坦共和国国家标准化系统》CT PK 1.5-2000“对标准的制定、阐述、办理和内容的总体要求”。

(4)《干线管道》СНИП 2.05.06-85。

(5)《哈萨克斯坦-中国天然气管道可行性研究报告》。

(6)《中亚天然气管道哈国段初步设计报告》。

在可行性研究报告完成、初设合同获批后，才能向初设设计单位支付预付款，初设设计单位才能启动环评、地震、考古、征地等附件的分包工作，这些附件的编制正常工期3~4个月以上，是初设的关键线路。

2.2 哈国土地使用方式

哈萨克斯坦《土地法典》第4章第34、35条中对于土地使用权的规定如下：

土地使用权分为长期使用权、临时使用权、有偿临时使用权(租赁)、无偿临时使用权；其中长期使用年限为49年以内、短期使用年限为10年以内。

外资合资企业获得哈萨克斯坦土地的依据法律主要是《哈萨克斯坦土地法典》以及《哈萨克斯坦政府关于确定各行政区域(城市)内哈萨克斯坦公民、非国有法人和其从事商品性农业生产的连带责任人用于农业(农场)经营的农用私有土地和外国人、无国籍人士、外国法人用于商品性农业生产的临时使用土地的最高限额的规定》。

国有土地可以有4种使用方式：

(1) 销售或无偿转让给私人或法人。

(2) 作为国有企业的实物出资。

(3) 长期或短期使用。

(4) 法律规定的其他用途。

国有土地可以通过一定法律程序私有化，或无偿、或按政府规定的价格、或按市场估价转让给公民或法人，土地私有化的收入划入国家基金。外国人和外资企业可以在哈国租赁土地，但不得转让和买卖。哈萨克斯坦本国公民可以私人拥有农业用地、工业用地、商业用地和住宅用地，可以进行买卖。

2.3 中哈天然气管道C线征地类型划分

中哈天然气管道C线征地类型可以划分为6大类，他们分别是：

(1) 天然气干线管道临时性征地。

(2) 天然气压缩机站临时性征地。

(3) 通讯光缆临时性征地。

(4) 阀室伴行路永久性征地。

(5) 天然气管道穿越道路、河流、水渠、铁路的临时性征地。

(6) 天然气管道配属地上构建物的永久性征地。

3 中哈天然气管道 C 线征地的主要内容

“征地难”是管线工程项目建设存在的共同问题，因此项目用地管理逐渐成为工程项目管理中的重要内容。天然气长输管道项目用地管理的最终目标是取得管道通过权。国外的管道工程实践也证明了保障管道建设顺利进行的最好方式不是土地的强制使用政策，而是达成“管道通过权协议”，通过协商方式约定管道通过权及其补偿标准是比较可行的政策手段。设立管道通过权对管道建设用地的取得与补偿、土地利用各方权利的平衡、管道的安全保护和管道廊道生态环境的保护等具有重要的现实意义。

哈国征地工作流程和国内征地工作相类似，主要是以取得土地转让权为目的。为此需要有项目公司法律基础文件作为依据进行工作，该文件就是国家审批的项目立项许可文件，也就是被政府批准的可行性研究文件。项目公司得到该文件后着手初设合同的发包工作，由初设单位开始具体的征地谈判工作，与地方政府和土地专营部门进行合作，找到土地所有人，与之谈判达成用地协议之后，通过土地专营机构进行法律转让手续的办理，即土地使用权的转移手续。

3.1 中哈管道项目征地流程

在工程建设准备阶段，中哈天然气管道项目 PMT 安排施工部与征地部门提前介入哈萨克斯坦相关管理部门进行相关手续办理，提前办理了各州征地许可、工程施工许可、穿越施工许可、边境许可等手续，并与海关、边防、环境、国家天然气技术监督局等相关部门接洽，进行土地评估签订合同，办理技术规格证明，确保施工顺利进行；针对国家土地和个人土地有着不同的征地方案和流程。

综合中哈天然气管道 A、B、C 三条线征地工作的步骤，将哈国征地流程大致汇总总结如下：

(1) 获取项目核准的支持文件(可行性研究报告)；

(2) 项目确定线路路由走向，获取各个土地段基本的技术参数(坐标、面积、土地类型等)；

(3) 制定用地需求和计划，制定管道通过权策略；

(4) 与土地局(或者叫土地中心——政府专营土地产权的国家垄断机构)磋商，提交用地申请，办理相关法律文件，得到土地规划方案；与此同时，与土地中心和地方政府等授权机构协商，确定土地段类型，确定土地赔偿标准；

(5) 根据管线路由评估项目土地使用成本；

(6) 向项目预算部门提交征地相关费用预算申请；

(7) 与上级地方政府(州政府)进行磋商，获得各个州征地许可命令文件；

(8) 通过招投标方式，邀请有资质的评估公司，委托其代理项目征地工作，与土地主谈判，达成一致，签订赔偿合同；(没有征地公司)

(9) 与土地主谈判达不成一致，邀请评估公司，对土地段类型进行确定，并根据相关法律文件，评估土地价格；与土地主签订合同，进行赔偿；

(10) 与穿越设施的产权单位协商穿越施工和补偿事宜；

(11) 与下级地方(区、乡镇级别)政府协商，办理相关土地使用权转移文件；

(12) 支付补偿费用，取得相应土地使用权证书；

(13) 关注补偿费用落实情况，处理补偿纠纷事件和土地冲突事件；

(14) 将相关文件提交土地中心和地方政府备案，获得土地使用权；

(15) 保护生态环境，督促施工方节约用地，做好地貌恢复、土地复垦。

3.2 组建征地组织机构—征地小组

为了保证中哈天然气管道建设C线项目顺利实施，公司专门成立了征地小组，一个专门的部门，负责征地具体工作。该部门职责主要包括征地费用申请、与政府机构协商获得各类许可、给土地中心编写申请文件，与土地主谈判并签订赔偿合同，与咨询公司签订服务合同，办理土地使用权利相关手续；进行赔偿支付等工作；该项工作在AB线建设时委托聘请了专门的征地公司来完成该项工作。到C线阶段，因为对该项工作已经较为了解，从节省成本角度出发，由AGP公司专门成立了征地小组，负责完成该项工作。

征地小组现场配备征地服务人员共12人，每州各分配4人，这些人员专门负责C线三个州的征地工作，在AGP公司总部有三名工作人员，主要负责费用支付及征地信息统计及部门日常工作。由于C线征地所面临的土地主人数共有约2072人，因此征地小组成立后立即与相关政府部门、合作机构沟通及与土地主磋商，办理相关手续，形成相应的合同文件和支付文件，为线路建设铺平道路。征地小组的主要工作内容如图1所示。

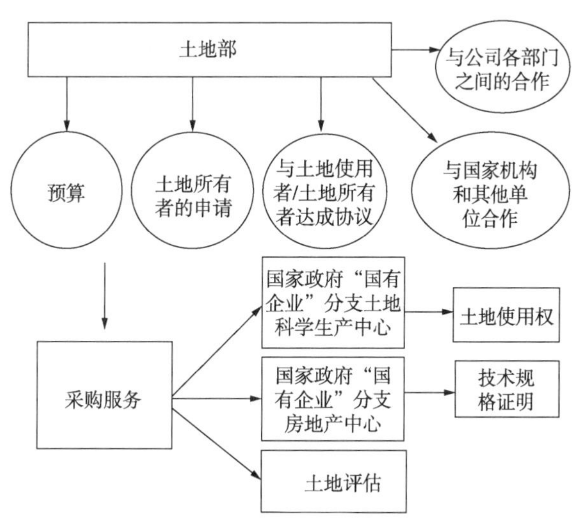

图1 征地小组主要工作内容

3.3 征地前期准备阶段

在线路开始建设施工前，首先要办理线路所经当地州的州政府许可令，我们一般称这个当地政府命令为大许可，办理该许可文件时需要当地州政府提交中哈政府间协议和合资公司章程等法律基础文件。C线关于3个州的征地许可命令，于2012年11月获得，为C线的施工征地工作提供了法律基础。

获取线路各州的征地许可后，在哈国需要与当地负责土地管理部门的土地中心签署合同，该机构属于垄断机构，类似于国内的土地局，合资公司与该土地中心通过唯一来源方式签署合同以便获取沿线土地使用转让手续。C线项目的可研阶段，相关的土地初步信息是由哈萨克天然气设计院KING从土地中心获取的；在初设阶段，哈国设计院KING与中国石油管道设计院CPPE联合工作，负责管道施工的初步设计工作，由于“土地中心”是国家授权机构，通过它将与各级地方政府和土地主进行沟通协调，解决土地使用权转让问题，因此，相关的具体土地信息是由C线初设负责单位与土地中心签署合同后获取，然后根据土地信息编制“土地建设规划方案”并获得批准。土地建设规划方案主要信息是土地号、土地主信息、坐标、征地面积、土地类型等。

征地前还需要与评估咨询公司签订服务合同。其主要目的是，当与土地主就赔偿费用达不成一致后需要使用该合同，采用评估咨询公司对该地段的评估价格。中哈天然气管道C线的评估咨询工作，先是2013年5月，通过哈国国家采办程序进行招投标，与“Brand Audit”公司签订合同，该公司为征地工作提供土地价格评估及相关的咨询服务；之后由于工作业务量的增大，该公司无法满足日益增长的业务需求，又通过招投标程序找到了BG咨询公司，开展相应的服务咨询工作。

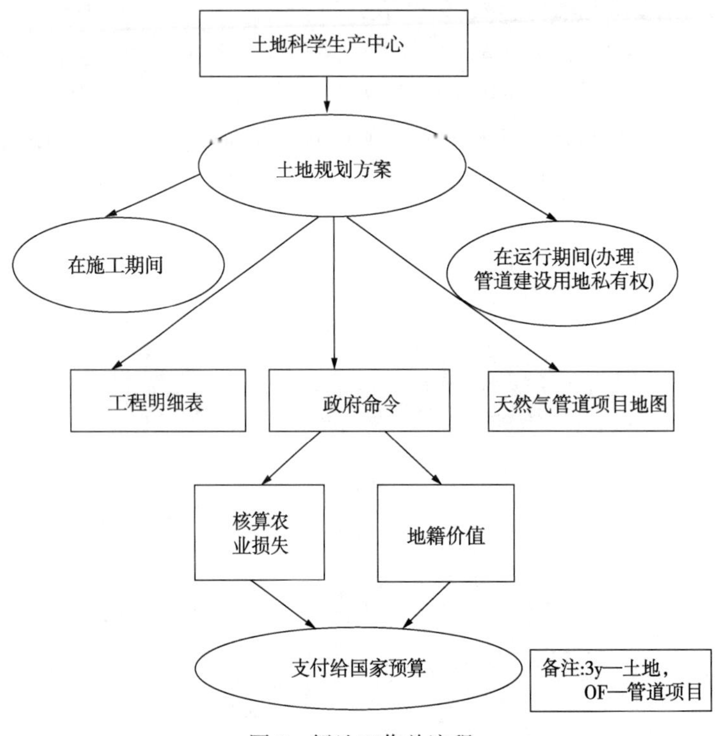

图2　征地工作总流程

3.4　签订征地合同

征地前期准备工作完成之后，主要工作是根据土地规划方案派人沿线与土地主的谈判，开始签订征地合同，其主要程序主要有以下方面及图3所示：

(1) 土地的解释(土地主，地址和联系人的澄清)；

(2) 与土地拥有者或者土地原租赁使用者(本章节以下简称土地主)的互动(谈判，哈萨克斯坦共和国立法的澄清，哈萨克斯坦-中国C线项目的介绍，文件的收集)；

(3) 根据计算补偿金的方法计算补偿金额，如果土地主不同意根据方法计算的补偿金额，则进行个人评估；

(4) 起草合同；

(5) 与土地主会面，协调和审议合同草案；

（6）签订合同；

（7）根据2013年9月2日第23号命令对合同进行审阅和验证；

（8）制定土地委员会的议定书；

（9）与土地委员会审议和批准议定书（合同）；

（10）转交付款合同给财务部门。

图3　征地工作主要步骤

在这个程序中主要关键点之一是与土地主进行谈判工作。主要原因是：个别土地主要价过高，谈判异常艰难；甚至还有土地主持有武器，在施工现场威胁工作人员的事例；其次有些土地主失踪、死亡，以及土地地契手续变更、手续资料丢失，土地主身份证件不全或者失效，导致无法进行土地所有权转让；个别土地主出差、旅游，无法找见等一系列问题使得征地相关工作变得更为复杂、繁琐。

3.5　征地费用计算及支付

哈国征地费用的具体标准与各个层面相互关联，具体表现为下列两个方面：

（1）征地类型：中哈气管道在哈国征地的类型分为临时性征地和永久性征地两种。临时性征地，是针对线路部分的土地使用进行，征地的时间长度为3.5年；永久性征地，是针对永久性地上设施的征地，如线路阀室、清管站、压气站及道路等的征地，永久性征地的期限为30年。

（2）土地所有权分类：分为私有、公有（比如森林、河流、道路）、国有（比如沙漠、戈壁、荒地）。

实际土地赔偿的费用是根据不同的土地类型，赔偿金额有所不同。对于私有土地类型大类分为了灌溉地和非灌溉地、草场和牧场。每个州、每个区的赔偿标准都有所区别。如根据

BG评估公司提供的2004年基础资料，阿拉木图州的耕地赔偿额平均大致为110万坚戈/公顷，草场为20万坚戈/公顷，牧场为7万坚戈/公顷。当时美元兑换坚戈的汇率计算为为1∶150。在完成建设任务后，要对地面以上的建设及设备进行30年永久性征地工作，其费用标准也是根据不同的土地类型，属于灌溉地、非灌溉地、草场还是牧场，赔偿额度不一样，并且对于不同的地区赔偿额度也有差别。对于国有土地，比如沙漠、荒地的赔偿，是和当地区政府签订ACT协议，由土地中心(相当于国内土地局)根据赔偿标准制定赔偿额度，合资公司一次性支付给地方政府，再办理土地30年转让手续。

3.6 针对取得土地使用权的两种情况不同的征地程序

在哈国土地分私有与国有，因此在实际征地过程中有两种情况存在，一是土地主持有土地证；二是土地主不持有土地证但租赁了该土地。在进行永性征地时因为要获得30年的使用权，在实际进行征地时存在不同的程序，具体描述如下：

(1) 针对土地证持有者的征地程序

a. 首先取得土地证持有者的授权书，并提交当地土地中心，办理土地权转移文件(与土地性质划分有关)；

b. 然后进行土地范围的精确分割，确定土地类型和赔偿标准；

c. 与土地证持有者谈判达成一致，签订土地转让合同；

d. 公司财务部门支付签订的合同款项；

e. 通过公民服务中心在司法机构登记文件进行备案，改变土地用途；

f. 通过地区专营机构土地中心(土地局)办理土地转让手续，获得土地使用权；

g. 通过地方土地部门支付给国家(适当的地方预算)支付土地的购买(包括核算农业损失)；

h. 获取土地的性质证明文件(根据国家土地法案)；

i. 通过公民服务中心的司法机构登记文件进行备案；

j. 从公民服务中心得到土地技术规格证明文件；

(2) 针对土地实际使用者的征地程序

a. 和实际使用者签署关于同意减少和终止部分土地的临时土地使用权(租赁)的补偿条件的协议；

b. 和实际使用者签订支付合同；

c. 签订土地使用者同意减少部分区域和终止临时土地使用权(租赁)部分土地的声明；

d. 取得土地使用者授权书，向主管当局重新发放土地的证明文件(与划分和减少部分地块有关)；

e. 去地方公民服务中心交付相关文件；

f. 准备土地建设施工的设计图纸文件；

g. 进行土地范围的准确分割；

h. 遵守地区政府关于接收土地为国家资产的一些章程；

i. 进行区域建筑和城市规划部门文件的协调和核算；

j. 地区政府通过关于授予土地产权的决定；

k. 通过土地关系部门支付给国家(适当的地方预算)购买土地的款项(包括核算的农业损失)；

l. 分配新的地籍号码，制作土地的证明文件(根据国家土地法案)；
m. 根据国家规定获取土地的身份证明文件；
n. 由地区土地部门签订土地出让合同；
o. 通过公民服务中心的司法机关登记备案；
p. 从公民服务中心得到土地技术规格证明文件；

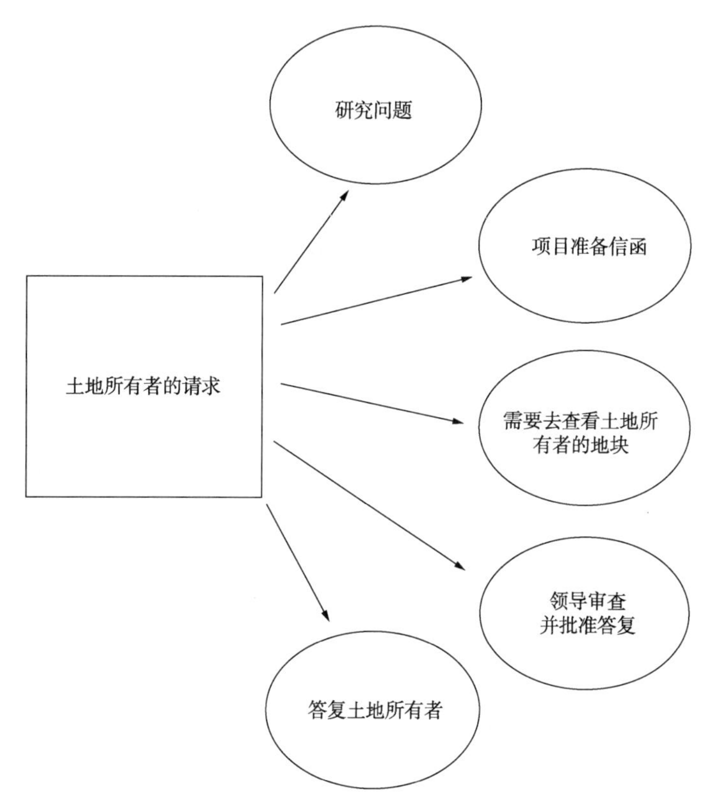

图4　土地所有者请求的解决方式

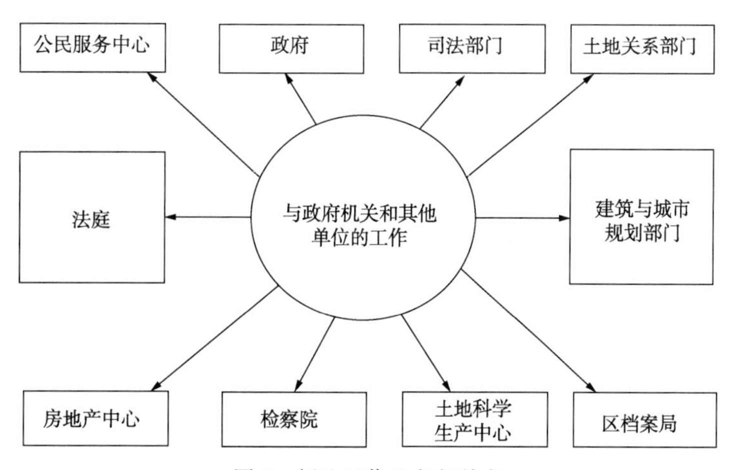

图5　征地工作业务相关方

4　征地存在的主要问题及相应的策略

4.1　征地过程中实际存在的问题及解决方案

长输天然气管道项目遭遇的“征地”问题主要为：征地补偿标准、安全区域内建筑拆迁补偿、项目沿线水土保持和生态环境保护问题等。征地补偿在设计干线管道沿线选择和使用土地时，必须遵守哈萨克斯坦共和国关于土地和自然资源使用时用地的法律文件、以及哈萨克斯坦共和国职能机构批准的相应标准文件。一般各项征地补偿费用的具体标准、金额依据哈国当地的政府征地指导价格，技术规格书的征地合同规定，发放。但由于被“征地”的土地权利人对这种补偿标准的认可程度并不高，他们并不关心用地的方式和补偿标准是否合法，而是期望得到更高的补偿数额，更在乎补偿的公平性。因此，补偿标准常常成为用地冲突的直接诱因，在实际施工中也遇到了土地主因不满意补偿而阻止施工队伍工作，所以部分有争议的土地只能通过土地评估机构估价或者管道企业与地方政府的谈判来确定。

第二个问题要求在建设或运营管道时，尽量减少土地占用。从根本上减少对土地的占用，一方面要使用技术手段优化管线路由(减少耕地占用和穿越次数)、同一项目中不同管径管线同沟敷设、合并建站等方式减少土地占用。另外，要求建设承包商在管道建设过程中必须严格按设计的作业宽度施工，杜绝超占地作业，减少土地冲突事件的发生。

第三个问题是对沿线生态环境保护及恢复问题。为了避免在施工后由于环境问题遗留下来影响管道运行及后续建设问题，中哈天然气管道站场项目抓好现场文明施工，监督施工单位不任意扩大、扩宽作业带；车辆或设备在已有道路内行驶，尽量避免碾压作业带以外的地表植被等，管沟开挖时，将地表土进行剥离和生熟土分离堆放，并按顺序进行回填，在遇到水渠等灌溉设备后要及时恢复。同时要求征地小组在解决 C 线征地问题时，解决 AB 线遗留的地貌恢复问题，要求地貌恢复整改后各方(包括业主代表、承包商代表、地方政府代表以及土地主代表)必须在 ACT 证明文件上签字。

4.2　在哈国征地工作的征地策略

根据中哈天然气管道施工建设的特点，结合哈国各个地区经济发展情况和地理位置分布情况，主要采用了以下的谈判和应对策略：

(1) 根据项目情况，优先选择地势平坦且是国有或者已经达成协议无问题的地段进行开工作业；

(2) 按照先易后难的顺序，选择土地主和地方政府进行征地工作谈判；

(3) 挑选有相关工作经验的员工进行与土地主的谈判，选择与地方政府和居民关系良好、信用度高的代表进行谈判；

(4) 以法律为准绳，以《土地法》、《开工许可文件》等法规基础文件作为合作依据，有理有据、有礼有节的与土地主谈判；

(5) 寻找报纸电视等新闻媒体对公司的宣传报道，报道公司运作以后产生的社会效益，达到的技术经济指标，能够解决当地就业问题，解决当地气源等与民生切切相关的问题为切入点，与居民和民众进行积极有效的沟通，达到谈判目的；

(6) 利用当地居民而不是以外国人的身份进行沟通谈判，这样更容易从心理上接近土地主，了解土地主的诉求，谈判找到共同话题并进行积极有效沟通；

(7) 对于一些在施工现场出来阻工的钉子户，要积极采取应对措施进行谈判，据理力争，但不冲突，晓之以理，从国家战略大局出发灌输对当地老百姓带来的利益观念。另外展示其他地区施工完成的图片，或展示赔付合同等具体的有说服力的证明文件，让其明白，该项工作是政府为了发展经济制定的策略，为国家经济发展所服务，使其懂得从大局出发，考虑整个国家的发展战略和经济政策策略。

5 结束语

中油国际管道公司日益壮大，肩负西北和西南两大战略能源通道，在国家“一带一路”倡议中扮演着非常重要的角色，中哈天然气管道项目作为光荣的一份子，始终遵循“环保优先，安全第一，质量至上，以人为本”的HSSE管理理念，按照哈国新的《生态保护法典》要求，守法合规，在哈境内专业高效的完成了C线三个州临时征地共计4852.3公顷，永久征地共计117.1218公顷的艰巨任务，共签订2300份征地合同，为中哈天然气管道C线工程的顺利建成投产奠定了坚实的基础。

参 考 文 献

[1] 哈国土地法(俄文版)，2011.
[2] GB 50201—2015 输油管道工程设计规范.
[3] ST PK 3.02-16—2003 干线管道征地标准.
[4] SNIP PK 1.01-01—2001 国家建筑、城市建设和标准、基本条例.
[5] ST PK 1.5—2000 对标准的制定、阐述、办理和内容的总体要求”哈萨克斯坦共和国国家标准化系统.
[6] SNIP 2.05.06-85 干线管道.

中亚天然气管道ABC线乌国段联合运行探索研究

杨金威[1]　周　翔[1]　向奕帆[1]　潘　涛[2]　吴秀亮[1]　苏　进[1]
邓琳纳[1]　武庆国[1]　安振山[1]　刘雪亮[1]

（1. 中油国际管道公司生产运行部；2. 中油国际管道公司 哈国南线天然气管道项目）

摘　要　中亚天然气管道AB线和C线在设计期定义为相互独立的水力系统，但在实际施工中，哈国段设置了8处跨接线，实现了AB、C线的互联互通，同时C线在乌国段建设了8处预留；在实际运行中，AB线和C线通过哈国段的8处跨接实现了正常工况下优化运行、异常工况下能力保障的作用；借鉴哈国段联合运行的经验，若在乌国段合适的位置增设跨接，可进一步提高全系统的综合能力。为开展研究，建立了中亚管道ABC线联合运行的仿真模型，测算确定了不同总输量下AB线和C线的最优输量分配原则，并分别测算在乌国段8处预留增设跨接线后，对优化运行的效果，为全系统优化运行提供支撑；同时假设中亚管道进气的土气和乌气分别失效的情况下，针对增设跨接线对系统增输能力的方案进行比选，最终给出在乌国段4处预留位置增设跨接线的建议结论。为实际工程改造和后续的生产运行提供了借鉴。

关键词　天然气管道　联合运行　输量分配原则　能耗

中亚天然气管道项目是我国第一条境外跨多国进口天然气管道项目，也是规模最大的陆上天然气进口通道。A/B/C三条管道单线长度为1837公里，设计年输气量550亿方。已累计向国内输送天然气超过2000亿方，惠及25个省、市、自治区近5亿人口。

中亚天然气管道系统AB线和C线各气源按合同分别进入AB/C线，在设计时期，AB线和C线是按照相互独立的水力系统进行设计，但在C线建设时，在哈国段建设有8处跨接线将AB线和C线进行了互联，在乌国段留有了8处预留；在实际运行中，在不同工况下通过哈国段8处跨接线的开启，实现了AB线和C线的互联运行，保障了管道在正常工况下AB/C线输量的最优化分配，实现了管道全线能耗最优，同时在异常工况下，通过跨接线打破了系统的局部瓶颈，提高了异常工况管输最大能力，有效保障了维检修、抢修作业期间输气计划未受影响；根据哈国段联合运行的实施经验及效果，有必要对乌国段的联合运行模式进行研究，确定增设跨接线的位置，实现全系统的灵活联通。

本文借助模拟仿真软件搭建中亚管道ABC线联合运行的仿真模型，计算不同总输量下能耗最低的AB线和C线的最优输量分配方案；研究不同气源失效事故工况下，比较在乌国段不同预留位置增设跨接线对管道整体增输能力的效果；根据研究成果给出乌国段增设跨接线的可行建议方案。

1　模拟仿真计算基础参数

1.1　水力计算软件

本次研究水力和热力计算采用SPS 9.7.2软件。SPS软件是美国STONER公司开发的长输管道水力、热力计算软件。该软件自1997年引入中国后，被用于西气东输、兰成渝、涩宁兰、中亚A/B/C线等多条大中型长输管道的工程设计。该软件是在国际上被广泛认同的长输管道水力、热力计算软件。

1.2 计算内核

1.2.1 水力计算公式

$$\frac{\mathrm{d}P}{\mathrm{d}x}=\frac{-\lambda G|G|}{2g_c D\rho} \tag{1}$$

式中 P——压力，barg；

x——沿流量正方向的管线长度，km；

G——单位面积的质量流量，kg/(m^2·h)；

D——管线内径，mm；

ρ——气体密度，kg/m^3；

g_c——单位量纲常数(质量×长度)/(力×时间)；

λ——水力摩阻系数。

水力摩阻系数采用科尔布鲁克(Colebrook)计算公式：

$$\frac{1}{\sqrt{\lambda}}=1.74+2\left\{\log_{10}(Re)-\log_{10}\left(2Re\frac{e}{D}+\frac{18.7}{\sqrt{\lambda}}\right)\right\} \tag{2}$$

式中 e——管内壁绝对粗糙度，m；

D——管内径，m；

Re——雷诺数。

1.2.2 沿线温度计算公式

$$K(rT_r)_r/r=C_p\rho T_t \tag{3}$$

式中 r——管道半径，m；

K——输气管道环境传热系数，W/(m^2·℃)；

C_p——气体的定压比热容，J/(kg·℃)。

ρ——气体的相对密度；

T_r——环境温度，K；

T_t——介质温度，K。

1.2.3 压缩机功率计算公式

离心式压缩机轴功率计算公式：

$$N=9.807\times10^{-3}q_g\frac{K}{K-1}RZT_1\left[\varepsilon^{\frac{K-1}{K}}-1\right]\frac{1}{\eta} \tag{4}$$

式中 N——压缩机轴功率，kW；

T_1——压缩机进口气体温度，K；

R——气体常数；

Z——气体平均压缩系数；

ε——压比；

η——压缩机效率,%；

q_g——天然气流量，kg/s；

K——气体多变指数。

1.3 基础参数

1.3.1 气质组分和物性要求

本次研究气源气质组分及条件具体见表1、表2和表3。

表1 天然气组分

组份	C_1	C_2	C_3	i-C_4	i-C_5	nC_6	CO_2	N_2	H_2O	nC_{7+}
mol%	96.8344	1.3598	0.1549	0.0664	0.0330	0.0969	1.090	0.3321	0.0023	0.0302

表2 天然气性质

物性 名称	7.35MPa压力下 烃露点/℃	7.35MPa压力下 水露点/℃	H_2S含量/ mg/m^3
数值	≤-5	≤-8	5

表3 气源供气压力、供气温度

供气压力/MPa	供气温度/℃	交接管道设计压力和管径
≥7.0	≤45	设计压力10MPa，管径1420mm

2 ABC线系统最优输量原则

管道能耗的最大影响因素为管道输量，因此在不同输量下如何有效利用AB/C线的最优管输负荷率，是实现全系统能耗最优的重点。本文的通过测算研究找出了A/B线与C线最优的输量分配原则，为后续的输量联合分配确定基础原则，保证联合运行的目标明确。

本文通过测算AB/C线总输量在9000~16000万方/日时，按照每500万方/日为一个输量台阶，以AB线和C线最大、最小设计输量为边界，计算AB线和C线不同输量组合下的总能耗，找出不同总输量台阶下，总体能耗最低的输量分配方案。以管道总输量11000万方/日为例，分别测算AB线4000~8900万方/日和C线4000~7400万方/日的设计输量范围内、每500万方/日为一个输量台阶的17组工况，确定11000万方/日工况下最优的输量分配原则为AB线6500万方/日、C线4500万方/日，测算结果见图1、图2，表4、表5。

表4 AB线6500万方/日工况计算结果表

站场机组		功率/MW	通过流量/($10^4Nm^3/d$)	进口压力/MPa	出口压力/MPa	进口温度/℃	出口温度/℃	自耗气/($10^4Nm^3/d$)	转速
WKC1	KC1_ 04	15.83	3311	6.65	9.30	41.1	70.8	22.9	5465
	KC1_ 05	15.83	3311	6.65	9.30	41.1	70.8		5465
WKC3	KC3_ 01	20.15	3349	5.90	9.30	28.0	65.6	30.0	5848
	KC3_ 03	21.02	3245	5.90	9.29	28.0	68.5		6101
CS1	CS1_ 01	7.91	3295	7.65	9.21	31.2	46.6	14.659	4073
	CS1_ 03	8.48	3284	7.65	9.21	31.2	47.7		4100
CS4	CS4_ 02	18.54	3296	5.95	9.20	21.6	57.1	28.035	5825
	CS4_ 04	20.65	3255	5.95	9.20	21.6	61.7		5922

续表

站场机组		功率/MW	通过流量/($10^4Nm^3/d$)	进口压力/MPa	出口压力/MPa	进口温度/℃	出口温度/℃	自耗气/($10^4Nm^3/d$)	转速
CS7	CS7_ 01	15.80	3249	5.79	8.35	17.7	48.6	26.175	4496
	CS7_ 03	16.66	3252	5.79	8.35	17.7	50.2		4490
合计		160.86	121.8						

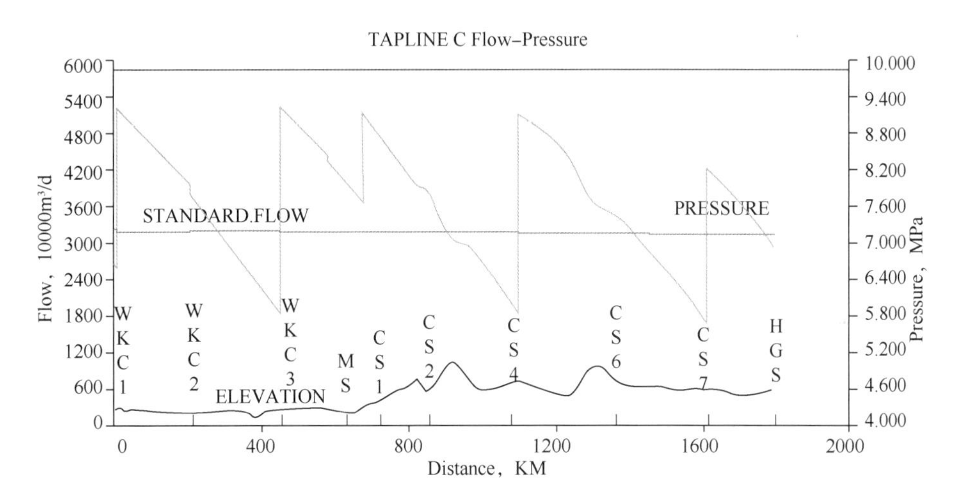

图 1　AB 线 6500 万方/日工况流量及压力分布图

表 5　C 线 4500 万方/日工况计算结果表

站场机组		功率/MW	通过流量/($10^4Nm^3/d$)	进口压力/MPa	出口压力/MPa	进口温度/℃	出口温度/℃	自耗气/($10^4Nm^3/d$)	转速
UCS1	KC1	6.41	1524	6.60	9.20	21.1	48.1	6.6	6240.61
	KC2	6.41	1524	6.60	9.20	21.1	48.1	6.6	6240.61
UCS3	KC1	24.69	4531	6.72	9.64	32.2	66.5	16.1	5019.65
CCS2	KC1	20.42	4516	6.82	9.65	27.5	56.3	15.1	5644.73
CCS6	KC1	22.27	4500	6.37	9.36	22.7	54.1	16.1	5893.21
合计		80.20	—				60.6	—	

根据上述计算方法，分别确定 AB/C 线总输量在 9000~16000 万方/日时，按照每 500 万方/日为一个输量台阶下的 C 线的最优输量，由总输量减去 C 线最优输量可得到 AB 线最优输量，由此确定 AB/C 线最优输量分配原则，结论见图 3。

各总输量台阶下 C 线最优分配方案输量 y 与总输量 x 的数值拟合关系式如下：

$$y=9E-19x6-6E-14x5+1E-09x4-2E-05x3+0.1069x2-257.68x+10$$

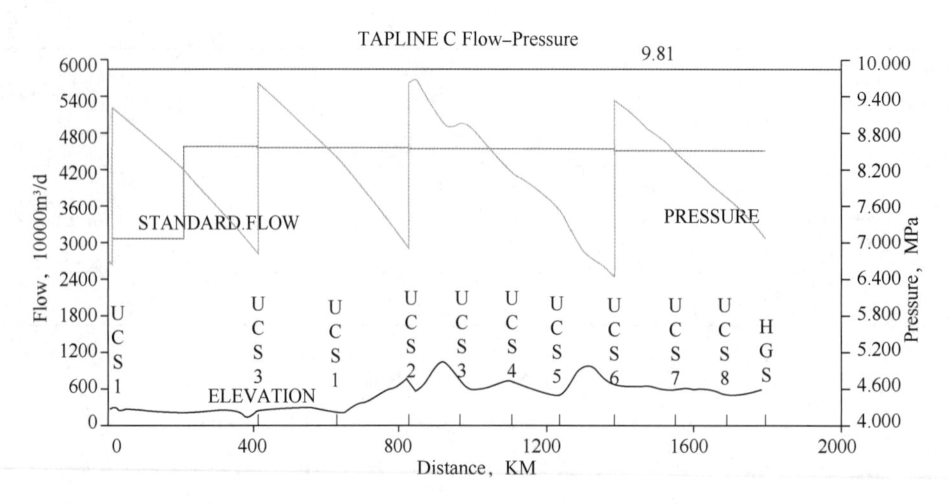

图 2　C 线 4500 万方/日工况流量及压力分布图

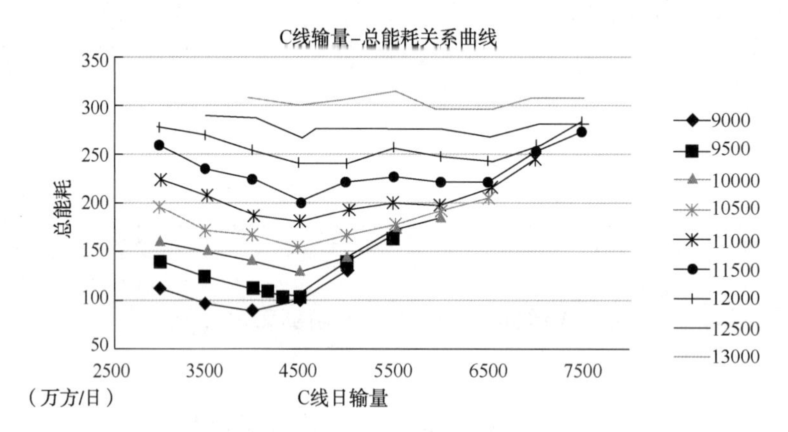

图 3　不同 AB/C 线总输量下 C 线最优输量

从拟合公式图 4 可以看出总输量 9000 万方/日时，C 线输量约 4000 万方/日(AB 线对应 5000 万方/日)，总能耗最低；总输量 9500～12500 万方/日时，C 线输量约 4500 万方/日，总能耗最低；总 13000 万方/日时，C 线输量约 6000 万方/日，总能耗最低；总输量大于 13000 万方/日时，C 线输量约 6500 万方/日，总能耗最优。

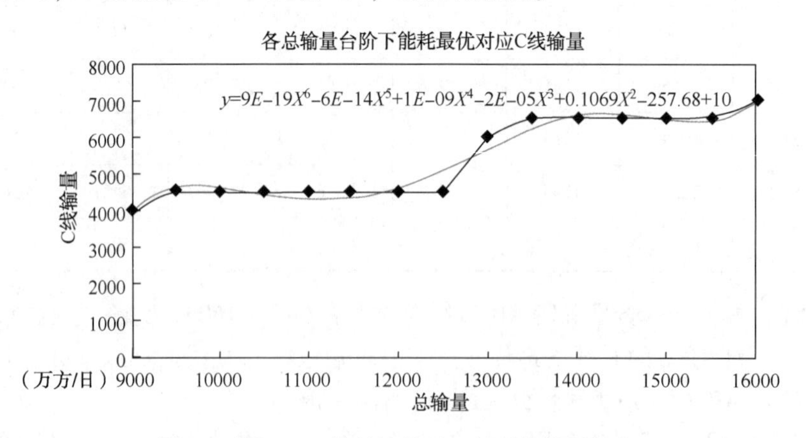

图 4　不同 AB/C 线总输量下 C 线最优输量拟合

表 6　不同 AB/C 线总输量下 AB/C 线最优输量分配结果

输量范围 /(万方/日)	A/B 输量 /(万方/日)	C 输量 /(万方/日)
≥9000	5000	4000
9500~12500	5000~8000	4500
12500~13500	6500~7500	6000
≤13500	7000	6500

本部分结合中亚管道的实际运行情况，通过对不同总输量情况下，利用仿真模拟计算 A/B 线与 C 线的不同输量分配组合，找出总能耗最低的输量分配方案，并拟合出各总输量台阶下 C 线最优分配方案输量 y 与总输量 x 的数值拟合关系式。对比 2016 年 9 月—2017 年 6 月实际数据，计算结果在实际总输量区间内(9000~12000 万方/日)比选出的 C 线最优分配输量与实际运行中 C 线分配的输量基本吻合。

3　中亚管道乌国段新增跨接线研究

根据设计，乌国段 C 线实际预留的跨接阀门有 8 处。结合实际情况，具体位置及连接点编号见图 5、表 7。

表 7　乌国段连接点位置分布表

名称	AB 线连接位置	C 线连接位置	管径
CL01	2#阀室下游	4#阀室	711
CL02	4#阀室下游	6#阀室	711
CL03	6#阀室上游	8#阀室	711
CL04	8#阀室上游	13#阀室	914
CL05	10#阀室上游	15#阀室	914
CL06	12#阀室上游	17#阀室	914
CL07	15#阀室上游	22#阀室	914
CL08	WKC2 和 GCS 站出口汇管	PTS2 进口汇管	500

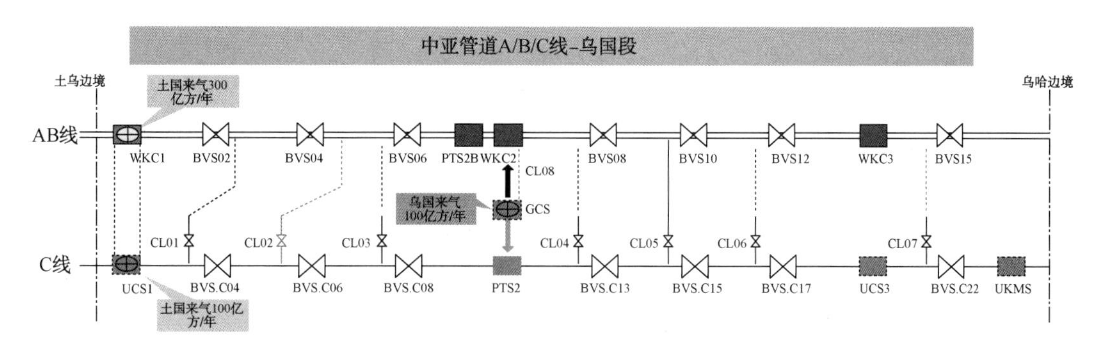

图 5　中亚 AB 线和 C 线输气管道系统跨接简图

针对中亚天然气管道土气、乌气气源，在不同气源故障工况下，如何通过跨接线实现其他气源增输，保障管输量最大化进行模拟测算分析，CL01~CL03 位于 WKC1 和 WKC2 之间，CL01 为 WKC1 站内出站跨接，将在首站跨接优化中考虑，气源故障时，通过计算得出 CL02

位置相对于 CL03 调气效果更好，故开启 CL02 号连接线；CL04~CL06 位于 WKC2 与 WKC3 之间，且经计算调气效果和位置相近，考虑到 CL05 位置相对于 CL04、CL06 更便于施工改造，故开启 CL05 号连接线；CL08 号连接线位于邻建的两座压气站之间，开启 CL08 号连接线；CL07 号连接线在 WKC3 压气站之后，开启 CL07 号连接线。根据上述对跨接线作用的初步筛选，确定选取 CL02、CL04、CL07 和 CL08 四条跨接线进行水力计算分析，分别计算开启不同跨接线后，比较 AB 线和 C 线总输送能力。

3.1 乌国气源失效分析

乌气气源事故工况下，当不开启跨任何接管线时，AB/C 线总输送能力为 13300 万方/日，其中 C 线管线输送能力约为 4400 万方/日；AB 线管线输送能力为 8900 万方/日；下面针对开启不同跨接线后，管道整体能力提升进行测算分析。

(1)开 CL02 跨接线

AB/C 线总输量 13300 万方/日，其中 AB 线输量 8900 万方/日(至管道末端)，C 线输量 4400 万方/日，开启 CL02 后该条跨接管线通过流量可以忽略不计；

(2)开 CL07 跨接线

AB/C 线总输量 13700 万方/日，其中 AB 线输量 8900 万方/日(至管道末端)，C 线输量 4800 万方/日，开启 CL07 后该条跨接管线通过流量 400 万方/日；

(3)开 CL05 跨接线

AB/C 线总输量 14000 万方/日，其中 AB 线输量 8000 万方/日(至管道末端)，C 线输量 6000 万方/日，开启 CL05 后该条跨接管线通过流量 1600 万方/日；

(4)开 CL08 跨接线

A/B/C 线总输量 14400 万方/日，其中 AB 线输量(至管道末端)8900 万方/日，C 线输量 5500 万方/日，开启 CL08 后该条跨接管线通过流量 1100 万方/日。

3.2 土国气源失效分析

C 线土国气源失效工况下，C 线只有乌国一个气源，当不开启跨任何接管线时，AB/C 线总输送能力为 10400 万方/日，其中 C 线管线输送能力约为 1500 万方/日；AB 线管线输送能力为 8900 万方/日；下面针对开启不同跨接线后，管道整体能力提升进行测算分析。

(1)开 CL02 跨接线

AB/C 线总输量 13000 万方/日，其中 AB 线输量 8900 万方/日(至管道末端)，C 线输量为 4100 万方/日(至管道末端)，通过开启跨接管线 CL02 由 AB 线调入 C 线气量为 2600 万方/日；

(2)开 CL07 跨接线

AB/C 线总输量 11100 万方/日，其中 AB 线输量 6600 万方/日(至管道末端)，C 线输量为 4500 万方/日(至管道末端)，通过开启跨接管线 CL07 由 AB 线调入 C 线气量为 3000 万方/日；

(3)开 CL05 跨接线

AB/C 线总输量 12300 万方/日，其中 AB 线输量 6900 万方/日(至管道末端)，C 线输量为 5400 万方/日(至管道末端)，通过开启跨接管线 CL05 由 AB 线调入 C 线气量为 3900 万方/日；

(4)开 CL08 跨接线

AB/C 线总输量 12300 万方/日，其中 AB 线输量 7400 万方/日(至管道末端)，C 线输量为 4900 万方/日(至管道末端)，通过开启跨接管线 CL08 由 AB 线调入 C 线气量为 3400 万方/日。

3.3 不同气源失效工况下跨接线比选分析

根据“正常工况保能耗，异常情况保输量”的优化目标，对开启 4 条跨接线的情况下从输量的增加情况进行比对，比选结论见表 8。

表 8 事故工况下开跨接阀室优化分析结果

跨接阀	有跨接线/(万方/日)			无跨接线/(万方/日)			能力增加/(万方/日)	失效气源
	总能力	AB 输量	C 输量	总能力	AB 输量	C 输量		
CL02	13300	8900	4400	13300	8900	4400	0	乌气气源失效
CL07	13700	8900	4400	13300	8900	4400	400	
CL05	14000	8000	6000	13300	8900	4400	700	
CL08	14400	8900	5500	13300	8900	4400	1100	
CL02	13000	8900	4100	10400	8900	1500	2600	土气气源失效
CL07	11100	6600	4500	10400	8900	1500	700	
CL05	12300	6900	5400	10400	8900	1500	1900	
CL08	12300	7400	4900	10400	8900	1500	1900	

根据上述结果，开启跨接管线 CL05、CL07 和 CL08 号跨接线能明显提高中亚管道土气、乌气气源故障工况下的 AB 和 C 线输气总能力。CL02 跨接阀室对乌气气源失效后优化效果不明显，但对于土气气源增输效果较明显。在上述 4 处增设跨接线满足联合运行中全系统灵活调配的需求。

4 结论与展望

随着中亚管道各站场的相继建成投产以及气源进气合同的逐渐签署，中亚管道 ABC 线的输量逐年递增，冬季保供期间已经接近满输；对于长输天然气管道，满负荷运行状态下的优化空间较小。但是中亚天然气管道跨国管道，上游资源国较多且供气形势复杂，气源停供情况时有发生，且国内天然气消费市场冬夏差异较大的状况使中亚天然气管道存在冬季满负荷、夏季负荷低的情况；为应对各种运行工况，制定了“正常工况保能耗，异常工况保输量”的优化运行思路。在夏季低负荷期间可以通过合理匹配 AB/C 线的输量，实现能耗的优化，冬季保供满负荷期间，遇到气源失效情况可通过合理开启跨接管线实现增输效果。

根据本文的研究结论，可在适合的窗口期实现中亚天然气管道 AB 线和 C 线在乌国段的跨接互联，打通西北能源战略通道的局部瓶颈，真正实现全水力系统的统一调配、统一优化，形成中亚天然气管道优化运行一体化管理机制，同时不断探索中亚天然气管道优化运行、降本增效的新途径、新方法，为长输天然气管道运行水平的提升建立基础。

参 考 文 献

[1] 杨金威. 提高天然气长输管道输气效率的有效途径研究[J]. 中国石油石化，2016，10：15-16.
[2] 胡冬，蒲明，于达. 天然气管道干线并行跨接方案研究. 石油规划设计. 2013，11.

[3] 左丽丽．输气管网调峰方案仿真与优化研究[D]．中国石油大学(北京)，2008：17-32.

[4] Oleg M. Ivantsov. Historical Look：Soviet Union Pipeline Construction. Pipeline Industry. January 1992.

[5] OHTΠ 51-1-85 干线管道设计规范．全苏天然气工业部．前苏联，1986.

[6] 焦金改，马燕，王乐莲，等．天然气管道生产运行中管存的合理控制[J]．中国石油和化工标准与质量，2014(10)：236-237.

[7] 张鹏，中外天然气管道运行管理差距及对策，管道保护，2016，3(28)：4-11.

[8] Wong P J，Larson R E. Optimization of natural-gas pipeline systems via dynamic programming. IEEE Transactions on Automatic Control. 1968，13(5)：475-481.

[9] Percell P B，Ryan M J. Steady state optimization of gas pipeline network operation. PSIG Annual Meeting，Tulsa，Oklahoma，1987：1-29.

[10] R. G Carter，D. W Shroeder，TD Harbick. Some Causes and Effects of Discontinuities in Modeling and Optimizing Gas Transmission Networks. PSIG Annual Meeting，Pittsburgh，Pennsylvania，1993：1-24.

中亚天然气管道运行优化分析

杨金威[1]　姜进田[2]　向奕帆[1]　刘　锐[1]　苏　进[1]　邓琳纳[1]
安振山[1]　武庆国[1]　刘雪亮[1]　周　翔[1]

（1. 中油国际管道公司生产运行部；2. 中油国际管道公司　哈国南线天然气管道项目）

摘　要　为了保证天然气管道经济、高效地完成输送任务，中亚管道公司通过仿真优化、机组控制优化等方面对管道优化运行进行整体把控。利用 TGNET 建立 ABC 线仿真模型，并定期利用实际生产数据校正管道模型，保证仿真模拟结果与实际运行工况误差在合理范围内。利用仿真手段对 ABC 线联合运行输量分配进行优化分析，统一协调全线运行；制定管存控制原则，并对管存值进行有效监管控制；根据仿真计算的压力结果进行机组控制。对机组性能进行监测分析，同时通过对国内外机组先进的控制方式调研，提高机组的调控效率与运行效率。经过一年多的探索实践，已确定了中亚管道优化运行的方法论，全线节能降耗效果显著。

关键词　天然气管道　优化运行　输量分配　管存控制　机组控制

中亚天然气管道是我国能源战略发展的四大国际通道之一。截至 2015 年底，中亚管道累计向国内输气 1305 亿方，占全国进口量 47.52%，占全国表观消费量 14.05%，对推进我国经济增长、改善能源结构、治理大气污染起到了重要作用。然而，进入 2014 年以来，国内经济下行压力对天然气销售影响凸显，国内天然气需求增速由两位数放缓至个位数[1]，十三五期间天然气资源供应会更加多元和宽松，市场竞争将会更加激烈。预计中亚天然气管道会在一定时间内面临低输量、低效益的局面，因此降本增效、优化运行已成为中亚天然气管道运行未来重点工作目标之一。

中亚天然气管道优化运行[2]，在于通过一系列的管理和技术手段，对管道系统的运行参数进行优化，有效地进行调度管理，做到既满足气源条件和用户需求，又使管道的运行能耗降到最低，达到经济、安全、平稳输气的目的。本文借助模拟仿真软件 TGNET 搭建中亚管道 ABC 线联合运行的仿真模型，计算了 ABC 线联合运行气量分配、管存控制、压力控制等多种条件下的仿真计算，并对机组控制方式等进行优化，达到了优化运行、节能降耗的目的。

1　运行方案优化方法介绍

1.1　建立仿真模型

利用 TGNET 搭建中亚管道 ABC 线联合运行的仿真模型，模型中给定压缩机、燃机、管道元件等的数据；在完成模型的搭建后，运用实际稳态运行数据对模型进行校正以提高仿真结果的准确性[3]。建模过程分以下步骤实施：

STEP1：输入压缩机、燃机的参数：输入压缩机压头－效率－流量－转速特性参数、燃机的热耗率－功率－转速特性参数；对燃机的最大可用功率－环境温度－转速特性参数、排气温度－功率－环境温度－转速特性参数等进行拟合并外延，将结果输入模型。

STEP2：输入管段、冷却器、气源、分输、跨接线等仿真必要的元件参数。输入地温、环境温度、土壤导热系数、摩阻系数、管段效率[4]、冷却器负荷等重要影响仿真效果的参数。

STEP3：运行数据拟合算法校正压缩机压头曲线及效率曲线，同时运用历史实际数据校正各管段摩阻系数、传热系数、管段效率等参数，保证压力的仿真结果与实际数据偏差控制在3%~5%以内。

1.2 运行方案制定

运行方案主要包括年度方案、月度方案、日运行方案，运用校正后的仿真模型对年、月、日及特殊工况的运行方案进行仿真测算，并以能耗最优原则确定全线开机方案及各站压力控制值。为确定能耗原则能耗较优值，调研了国际先进水平管道公司的指标管理体系，最终梳理确定了管道负荷率、管存控制量、气单耗、压气站能源利用率4项运行指标，为优化运行工作搭建了良好框架并对各个指标提出合理目标值。

1)年度方案

根据年度输气计划，利用模拟仿真模型制定管道分月运行方案，并预测年度总耗气指标。

方法为：利用搭建好的仿真模型，对分月输气量进行模拟计算，对测算出的多组方案进行对比，选择安全性较好、耗气较优的方案进行存档备案。

2)月度方案

利用模拟仿真模型，并结合中亚管道各站场实际情况，确定月度运行方案。

方法为：根据月度输气量，利用当月仿真模型，模拟多组可行的运行方案，从中选取选择安全性较好、耗气较优的方案下达现场。

3)每日运行方案

根据当日输气量、各站运行情况、当日的调整计划进行模拟仿真，制定合理的运行工况指导，确定全线各站的压力控制值。通过每日调度令的形式与项目充分结合，明确各站当日的运行调整方案。

方法为：根据最近一天稳态的运行情况对当天的模型进行校正，保证模型与实际误差在3%以内；运行校准后的模型对当日工况进行多组模拟计算，选取安全性较好、耗气较优的方案，指导现场执行。

2 仿真计算分析

2.1 ABC线联合运行输量分配分析

中亚天然气管道具备AB线300亿方/年、C线210亿方/年的输气能力。然而，由于中国国内天然气市场需求不旺，近几年中亚天然气管道处于不满输状态，管道能力富余较大，在夏季尤为明显。针对中亚管道AB线和C线管输能力的最优配置，按照自耗气最优原则，以稳态运行历史数据为基础，利用模型仿真技术，确定了不同总输气量下C线的最优输气量，如图1所示：

根据2015年冬季供气期间分月供气计划安排，通过模拟仿真确定了不同输气量计划下C线的最优输气量分配。然而，在一定的总输气量时，因C线上游的最大进气能力限制，C线的输气量无法达到最优输气量分配值。因此，如何通过中亚管道哈国段跨接线，增加C线输量对于全线节能降耗至关重要。经过全线水力测算，开启了AB线与C线之间的某跨接

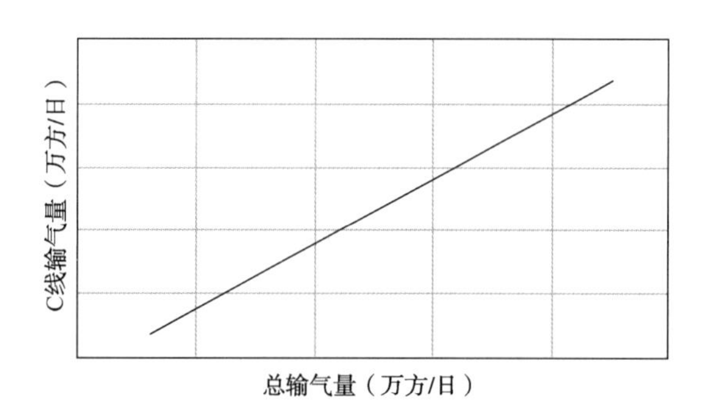

图 1　不同输气量下 C 线最优输气量

线，将 400~500 万方/日的气量由 A 线通过跨接线转入 C 线；同时 AB 线部分站场由双机运行调整为单机运行，开启 C 线部分站场的压缩机组。表 1、表 2 分别为 AB 线和 C 线之间跨接线关闭时和打开时，全线机组的运行参数。由表 1、表 2 可以看出，跨接线开启前全线机组自耗气 286.48 万方/日，跨接线开启后全线机组自耗气 269.26 万方/日；相比而言，跨接线开启使得全线共节省自耗气约 16 万方/日。

表 1　AB 线和 C 线之间的跨接线关闭，全线机组运行参数

机组		通过量/（WSm³/d）	进口压力/MPag	出口压力/MPag	进口温度/℃	出口温度/℃	自耗气/（WSm³/d）	转速/rpm
站场 1	1#机组	3515	6.20	7.91	36.0	57.2	9.89	5159
	2#机组	3515	6.20	7.91	36.0	57.2	9.82	5159
站场 2	1#机组	4200	6.23	8.99	38.8	68.6	15.57	6280
	2#机组	4200	6.23	8.99	38.8	68.6	15.57	6280
站场 3	1#机组	4185	6.15	8.95	26.4	56.2	15.00	5595
	2#机组	4185	6.15	8.95	26.4	56.2	15.00	5595
站场 4	1#机组	4171	6.17	8.57	25.0	50.6	13.46	5571
	2#机组	4171	6.17	8.57	25.0	50.6	13.46	5571
站场 5	1#机组	4155	6.42	8.99	21.8	47.6	16.44	4449
	2#机组	4155	6.42	8.99	21.8	47.6	16.44	4449
站场 6	1#机组	4141	6.37	9.17	17.6	46.8	13.38	5719
	2#机组	4141	6.37	9.17	17.6	46.8	13.38	5719
站场 7	1#机组	3989	6.11	8.31	22.4	50.4	13.85	4647
	2#机组	3989	6.11	8.31	22.4	50.4	13.85	4647
站场 8	1#机组	3866	6.11	8.35	19.1	45.5	12.88	4519
	2#机组	3866	6.11	8.35	19.1	45.5	12.88	4519
站场 9	1#机组	1400	4.10	6.6	46.0	83.6	7.61	8440
站场 10	1#机组	1954	6.15	8.89	36.0	64.4	7.41	7224
	2#机组	1954	6.15	8.89	36.0	64.4	7.41	7224
站场 11	1#机组	1880	6.05	8.5	29.2	56.0	8.19	3802
	2#机组	1998	6.05	8.5	29.2	56.0	8.55	3834

表 2　AB 线和 C 线之间的跨接线打开，全线机组的运行参数

		通过量/(WSm³/d)	进口压力/MPag	出口压力/MPag	进口温度/℃	出口温度/℃	自耗气/(WSm³/d)	转速/rpm
站场 1	1#机组	3415	6.20	7.91	36.0	57.1	9.61	5086
	2#机组	3415	6.20	7.91	36.0	57.1	9.54	5086
站场 2	1#机组	4100	6.33	8.99	39.1	67.4	14.70	6101
	2#机组	4100	6.33	8.99	39.1	67.4	14.70	6101
站场 3	1#机组	4086	6.31	8.95	26.6	54.4	13.92	5376
	2#机组	4086	6.31	8.95	26.6	54.4	13.92	5376
站场 4	1#机组	4073	6.32	8.80	25.3	51.0	13.34	5527
	2#机组	4073	6.32	8.80	25.3	51.0	13.34	5527
站场 5	1#机组	7677	6.86	8.25	22.2	40.8	19.56	4782
站场 6	1#机组	3824	5.82	9.02	15.9	50.5	14.44	6100
	2#机组	3824	5.82	9.02	15.9	50.5	14.44	6100
站场 7	1#机组	3812	6.32	8.31	22.6	47.3	12.24	4331
	2#机组	3812	6.32	8.31	22.6	47.3	12.24	4331
站场 8	1#机组	3710	6.23	8.35	23.8	48.6	12.09	4387
	2#机组	3710	6.23	8.35	23.8	48.6	12.09	4387
站场 9	1#机组	1400	4.10	6.60	46.0	83.6	7.61	8440
站场 10	1#机组	2048	6.15	9.60	35.9	70.5	8.70	7836
	2#机组	2048	6.15	9.60	35.9	70.5	8.70	7836
站场 11	1#机组	1968	6.70	9.40	33.0	60.2	8.61	3794
	2#机组	2092	6.70	9.40	33.0	60.2	8.95	3821
站场 12	1#机组	4495	7.08	9.20	22.3	43.0	12.69	5394
站场 13	1#机组	4480	6.03	9.20	11.8	44.0	13.86	6473

2.2　管存控制优化分析

管存是指管道中储存的气体量，是反映管道运行时的气体流速、管道压力、运行站场配置以及运行效率的综合指标[5,6]，亦是控制管道进出气体平衡的一个重要指标。

1)管存控制原则制定

中亚管道根据实际运行情况，借助模拟仿真技术，在不同输量范围(最低设计输量~最高设计输量)，每间隔 100 万方/日为一个台阶对最高管存、最低管存进行仿真测算，以冬夏季环境温度、地温、进出站安全边界压力为测算边界条件，并与实际历史数据分析对比，确定了 AB 线不同输量下的管存控制目标。

2)管存控制实施

所谓管存控制是指对管存量和管存位置的控制，以全线压气站和计量站为节点将管段分为若干段，实现每段最优管存量的控制，进而实现全线管存量和管存位置的控制。2015 年中亚管道根据管存控制原则，结合每日模拟仿真结果，确定当日管道进气、出气调整原则，通过分段管存模拟测算并结合 SCADA 动态监控的方式实时跟踪管存变化，并以每日调度令的形式与项目充分结合，下达管存最优目标，同时应用生产管理系统每日定时计算管道的分段管存，再累加得出管道系统总管存，计入管存管理台账，实现管存最优控制，降低能耗。

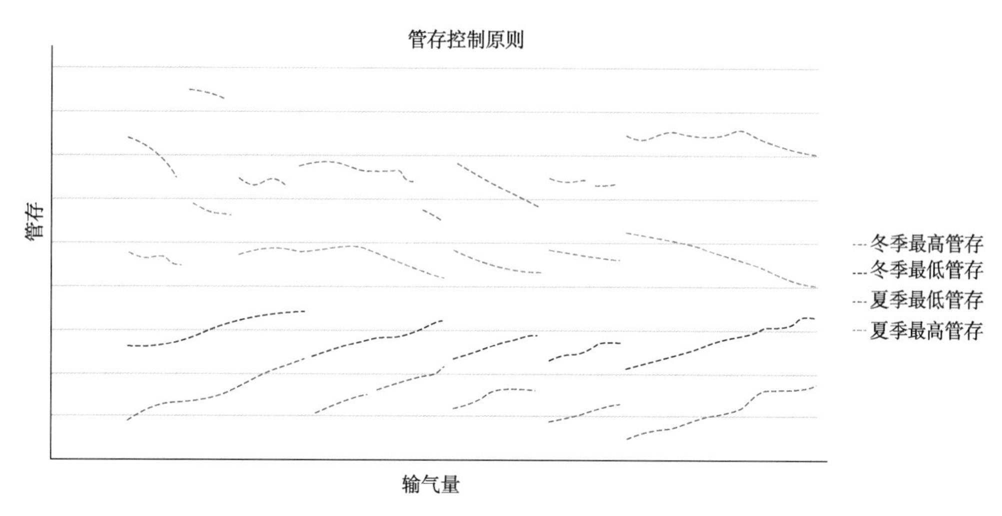

图 2 中亚天然气管道稳态管存控制原则

2.3 压力控制值优化分析及实现

压力控制是指利用压缩机组负荷分配系统实现站场压力控制，进而实现管存量和管存位置的控制。每日优化运行小组通过模拟仿真，计算出在当日工况下各站最优压力控制值，并通过调度令下达各合资公司执行。

中亚管道从投产至今，各站使用机组转速控制。转速控制无法实现全管道系统在稳态运行下的各节点控制，也就无法保证管道处于长期稳定状态及能耗最优，同时管道不稳定工况也会一定程度的造成设备金属疲劳[7]，降低设备寿命。对国际先进的管道公司进行调研发现，他们已采取压力控制的调控方式。

为验证压力控制在中亚管道的适用性，经过理论分析后，在冬季运行期间进行了实践验证。对乌国某站和哈国某站的出口压力进行设定，根据压力值两个站场采用不同的方式进行机组转速调节：乌国站场采用机组出口压力自动控制，哈国站场采用机组转速控制。结果如图 3、图 4 所示，乌国站机组出口压力自动控制，出口压力值相对稳定，利于站场及管道的稳定运行；哈国站人为进行了多次转速调节，时常出现过调节或欠调节。通过上述对比可以发现自动压力控制在调控效率上有较大优势。

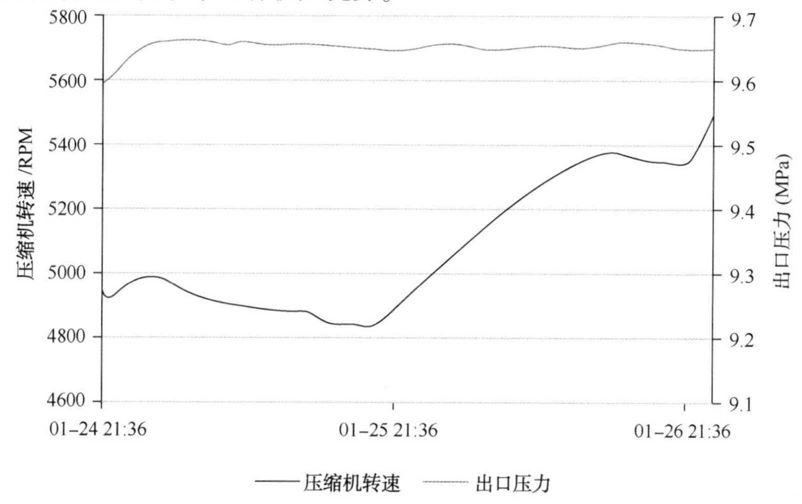

图 3 乌国站压力控制下出口压力和机组转速的变化趋势

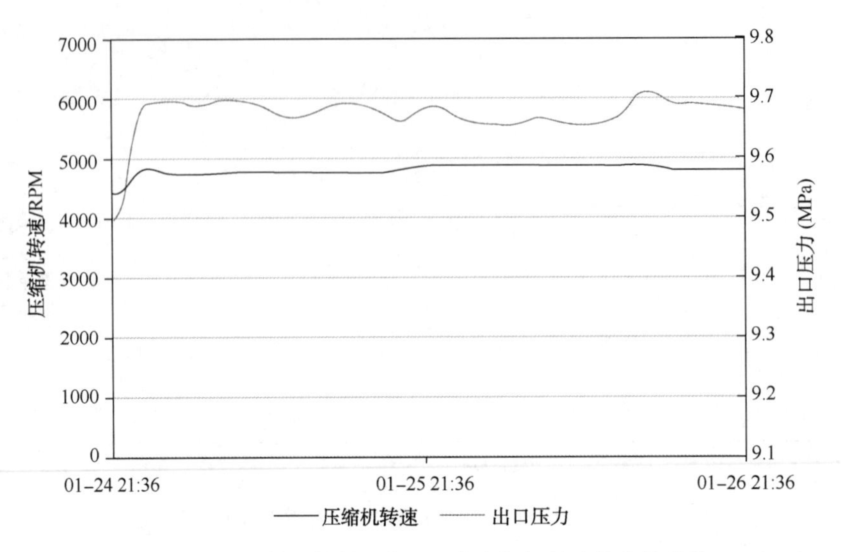

图 4　哈国站转速控制下出口压力和机组转速的变化趋势

目前中亚协调调度中心已将压力控制的理念和技术要点向各站技术人员进行普及，并在乌哈两国部分站场实现压力控制可用。每日优化运行小组通过模拟仿真，计算出在当日工况下各站最优压力控制值，并通过调度令下达各合资公司执行，保证了管道的稳定、低耗运行。

3　机组性能监测分析及控制

3.1　DLE 机组控制

中亚管道哈国段采用 DLE 机型压缩机(干式低排放机组)，为保证较低的燃烧温度(控制温度)使氮氧化物和碳氧化物排放最适中，对环境的影响最小，DLE 机型燃烧室在运行过程中存在空气泄放的过程，(有一部分空气用来降温)，所以对机组运行效率存在一定影响[8]。

根据现场运行数据分析，当燃烧室在 AB 模式运行且 CDP 阀开度大于 70%时，可适当降低机组负荷；通过调整使得燃烧室运行模式切换回 BC 运行，再逐步提高负荷，将运行模式控制在 BC 运行模式且 CDP 阀处于近似全关状态，此时燃机输出功率与 AB 模式运行且 CDP 阀开度大于 70%的运行状态输出效果基本一致，而且耗气量会有所降低。如图 5 所示，若燃烧室处于 AB 模式并且在蓝色区域，可通过上述方法调整至 BC 模式的蓝色区域运行，使能耗降低。2015 年度通过在哈国各站的 DLE 机组进行上述控制，同时总结燃烧室各工作模式下的运行特点，通过合理控制燃烧室工作模式的方式降低了能耗，效果良好。

3.2　机组性能测算分析

针对管道及设备性能问题，建立管道及设备的性能测算模型[9,10]，定期测算全线压缩机效率、燃机效率、压气站能源利用率等数据并进行对比分析，实时跟踪并分析设备运行情况，保证全线节能高效运行。

表 3 是 2014 年、2015 年 AB 线压缩机效率分布。由表 3 可知，相比 2014 年，2015 年 AB 线压缩机处于低效区间，尤其是站场 1、站场 6、站场 7、站场 8。AB 线部分效率下降是

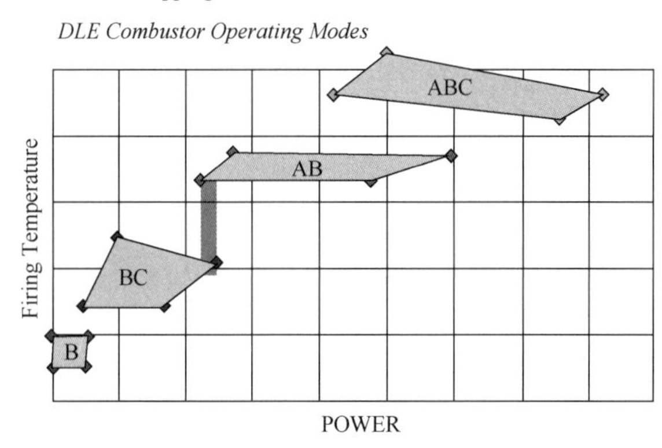

图 5　哈国 DLE 机组燃烧室工作模式

因为采取 ABC 线优化匹配运行的方式，牺牲了 AB 线部分压气站压缩机的效率。在低输量现状下，AB 线通过跨接线向 C 线转入气体，导致 AB 线输量有所下降，AB 线管道负荷率降低。部分站场由双机运行调整为单机运行，造成机组工况点在滞止线附近，偏离高效的运行工况区间。

表 3　2014 年与 2015 年压缩机实际效率对比

	全线压缩机实际效率分布/%											
	<75%		75%~80%		80%~85%		85%~87%		87%~90%		>90%	
	2015	2014	2015	2014	2015	2014	2015	2014	2015	2014	2015	2014
站场 1	19.33	3.57	14.00	8.93	37.33	55.36	20.67	25.00	6.67	5.36	2.00	1.79
站场 2	0.00	0.00	0.00	0.00	29.63	20.93	41.98	52.91	28.40	24.42	0.00	1.74
站场 3	0.00	0.00	0.00	0.58	0.79	0.00	12.60	21.05	83.46	77.78	3.15	0.58
站场 4	0.79	0.00	4.72	0.00	9.45	0.58	22.83	12.79	60.63	86.05	1.57	0.58
站场 5	4.55	33.11	10.61	0.00	13.64	9.27	18.18	11.92	33.33	38.41	19.70	7.28
站场 6	26.81	2.38	3.62	1.19	55.07	77.38	14.49	13.69	0.00	5.36	0.00	0.00
站场 7	47.83	15.20	43.48	47.95	5.80	30.99	2.90	4.09	0.00	0.58	0.00	1.17
站场 8	37.60	28.46	26.40	63.08	34.40	8.46	1.60	0.00	0.00	0.00	0.00	0.00

4　实施效果

4.1　管道能耗下降

相比 2014 年，2015 年 ABC 线总耗气量降低 1.96 亿方，全线耗气占比(耗气量除以输气量)降低 26.7%。ABC 线 2015 年气单耗比 2014 年气单耗降低 38.6 个单位[$Nm^3/(10^7Nm^3 \cdot km)$]。

4.2　关键设备运行时间减少

通过优化运行方案，实现了机组运行方式的优化，大大降低了全线压缩机组运行的总时间。2015 年中亚天然气管道 ABC 线压缩机组累计运行 115013 小时，比 2014 年同期运行时间降低了 24834 小时。一台压缩机运行满 25000 小时后，需要进行中修。通过优化运行方案，减少了机组维护费用，大大提高了资金利用率。

5 结论与展望

中亚管道从宏观层面整体把控、统一协调，组建了一个整体把控管道运行的专业团队，利用模拟仿真手段对管道运行进行统一优化。建立 ABC 线仿真模型，对 ABC 线联合运行输量分配、管存控制、压力控制等进行优化分析，指导全线及各站场节能高效运行；同时，对机组性能进行监测分析，对机组控制方式进行优化，提高机组调控效率。中亚管道形成了优化运行方法论，固化了优化运行的工作程序，对管道整体运行进行把控，为中亚管道安全、平稳、高效运行提供有力保障。

随着中亚管道 ABC 线运行的累积，SCADA 系统目前积累的数据已经接近 3000 余万条。在 2014 年底，中亚管道 AB 线 SCADA 系统产生的生产实时数据采集并引入实时数据库，目前已通过实时数据库接口实现了管道生产系统 95%以上报表数据的自动填写。此外还存在大量的设备管理、优化运行等结构化或非结构化的信息。但绝大部分数据仅仅是被储存下来，因此需要唤醒大量“沉睡”的运行数据，使其发挥最大的价值，为生产运行服务，将对优化运行整体水平提高起到重大作用。目前，中亚管道确立中间数据库应用开发项目，涵盖压力、温度、管存、设备效率、能耗、燃机负荷率等运行数据及指标，旨在快速发现数据间的关联关系，挖掘数据价值，更及时有效地对运行进行指导。

未来应结合中亚天然气管道自身实际情况，应用国际先进的理论，进一步夯实现有的工作基础，并结合当今的大数据、物联网、云计算等先进技术，形成中亚天然气管道优化运行的信息化管理机制，同时不断探索中亚天然气管道优化运行、降本增效的新途径、新方法，为长输天然气管道运行水平的提升建立基础。

参 考 文 献

[1] 杨金威．提高天然气长输管道输气效率的有效途径研究[J]．中国石油石化，2016，10：15-16.

[2] 贺三，邹永莉，王欣，等．天然气管道的运行优化[J]．油气储运，2009，28(6)：1-7.

[3] 左丽丽．输气管网调峰方案仿真与优化研究[D]．中国石油大学(北京)，2008：17-32.

[4] 李青青，董平省，陆美彤，等．天然气管道工程设计中输气效率系数的取值[J]．油气储运，2015，34(8)：863-868.

[5] 刘振方，唐善华，魏凯，等．天然气管道合理管存方法的应用[J]．油气储运，2009，28(9)：69-72.

[6] 焦金改，马燕，王乐莲，等．天然气管道生产运行中管存的合理控制[J]．中国石油和化工标准与质量，2014(10)：236-237.

[7]张鹏，中外天然气管道运行管理差距及对策，管道保护，2016，3(28)：4-11.

[8]常海军，吴长春．配置燃驱压缩机组的输气管道高温运行工况模拟[J]．油气储运，2016，35(7)：747-753.

[9]李云杰，赵堂玉，王春荣，等．天然气压缩机组运行效率的测试与分析[J]．油气储运，2009，28(7)：55-57.

[10] 李晓平，李天成，吕勃蓬，等．天然气管道离心压缩机的运行特性研究[J]．压缩机技术，2013(3)：33-37.

中哈天然气管道发电机控制系统优化

李　伟　叶建军　周　勇　方　杰　邱昌胜

（中油国际管道公司　中哈天然气管道项目）

摘　要　中哈天然气管道采用燃气发电机组和备用柴油发电组对压气站及倒班村生产生活供电，发电机的自动控制模式包含了自动投切假负载，自动投切机组，自动黑启动，自动甩载控制，发电机功率预判。我们在文章中详细介绍了中哈天然气管道发电机控制系统设计要求和目前现状，并且根据中哈天然气管道发电机自动控制模式的现状与设计的差异，提出了控制系统程序逻辑的系统优化方案，优化了自动控制模式和自动甩载的控制，并且通过站场试验达到了预期的效果。

关键词　天然气　管道　发电机　自动控制　优化

为了响应总部关于世先管道公司的目标的号召，达到远程集中调控的目的。中哈天然气管道项目ABC线各站正在全力推动压缩机、发电机、锅炉、过滤分离器、空冷风机、阀门等各类设备的远程控制和自动控制。目前燃气发电机组和柴油发电机组自动模式投用现状差异较大，其中C线2/6两个站基本类似，4/8两个站基本类似，1/3/5/7四个站基本类似；AB线又和C线存在一定的差异。我们根据C线各站在投用自动模式的过程中，存在的一些问题，从程序上、ECS上提出了一些解决办法。

1　概述

中哈天然气管道采用燃气发电机组和备用柴油发电组对压气站及倒班村生产生活供电，一般设置有四台发电机组和一台柴油发电机组。燃气发电机有康明斯和卡特彼勒发电机型，柴油发电机也多为康明斯、卡特彼勒机型。中哈天然气管道ABC线发电机控制模式类似，燃气发电机设计为2用2备的运行方式，燃气发电机和柴油发电机由发电机控制系统进行控制，发电机控制系统与站控系统由Modbus串口通信。中哈天然气管道C线2468站采用四台1160KW的康明斯燃气机组和一台400KW的康明斯柴油发电机组。发电机的操作控制如下：

1.1　第一次启动

启动柴油发电机组DGS；

启动任一台天然气发电机组GG1，GG2，GG3，GG4（仅启动一台）；

检测天然气发电机组与柴油发电机组同步，允许并网。

停止柴油发电机组DGS，由燃气发电机组带全站负荷。

1.2　当一台天然气发电机组工作

天然气机组的正常切换：首先启动备用的天然气发电机组，后停主用天然气发电机组。

事故停机时：按照第一次启动的操作程序进行。

1.3　当两台天然气发电机组工作

天然气机组正常工作时切换：先启动备用天然气发电机组，后停主用天然气发电机组。

一台天然气发电机组事故(停机)时：首先判断负载是否在合理范围内 85%，负载超过百分比要求则甩假负载，依然超过百分比要求则甩不重要负荷，将非生产性负荷甩掉，保证一台机组容量负荷，其次，按照设定的优先级启动备用天然气机组，备用机组起来后功率恢复到正常范围，复位甩载命令，然后对载荷进行恢复。

发电机甩负荷分为 3~4 级，目前只采用 1 级。当 2 台机组运行时，单台机组负载超过发电机组容量的 95%和机组出现重大故障时，则触发甩负荷动作。

中哈天然气管道选用 1160KW 的康明斯燃气机组，当有两台压缩机组运行时功率依然较低，依然需要开启假负载保证发电机在稳定区间内运行。甩载主要判断条件是负载百分比是否在合理范围，因此功率百分比一直在正常范围内的话，程序也可以简化为当有发电机在正常工作，不发出甩载指令。

两台天燃气发电机组同时事故(停机)，按照第一次启动的操作程序进行。

1.4 发电机假负载及自动投切控制逻辑

发电机控制系统包括 ECS 控制模式，主控柜控制模式，自动模式三种控制模式。站内的发电机组可在就地手动控制以及远控模式切换；在 ECS 模式下和发电机现场控制开关在远控位置时，站控室可通过 ECS 进行远程启停发电机；在主控柜控制模式下和发电机现场控制开关在远控位置时，现场主控柜和分控柜能够对发电机进行启停操作；当主控柜分控柜都在自动模式下和发电机现场控制开关在远控位置时，一旦运行的发电机发生故障停机或跳闸时，备用发电机按照流程立即启动，在该模式下，发电机负荷高于设定值时，第二台发电机将启动，并机运行。

无论有几台发电机组在运行，当主控柜分控柜都在自动模式下和发电机现场控制开关在远控位置时，当系统所带负载小于设定值延时 5 秒，投入一级假负载；如果达到负载设定值，系统将不再投入假负载；如果系统所带负载依然低于设定值，延时 5 秒，投入下一级假负载，依此类推，直到负载值大于负荷设定值。当系统负荷值大于系统设定负载最高值时，系统将逐级甩掉假负载，直到系统所带负载小于负载设定最大值。

1.5 发电机功率预判控制逻辑

发电机控制系统预判断功能，需要启动的负载发出请求启动的信号，预判断功能将在发电机控制系统中进行判断，启动负荷如可以满足发电机一步带载的要求，反馈可以启动的信号，设备正常启动；如判断启动负荷不可以满足发电机一步带载的要求，则启动第二台发电机，进行并机，待第二台发电机正常运行后，反馈发电机正常运行信息，继续进行设备启动的信号，设备正常启动。

在预判断功能下，燃气发电机组的负载超过单台机组容量的 85%时(此状态下必须维持 1 分钟后)启动第二台燃气发电机组，进行并机运行(大概 1 分钟，根据环境温度和机组的特性来决定启动成功的时间)；当多台(两台或者更多)发电机运行时，单台发电机的负载率小于 40%时(此状态下须维持 2 分钟后)，一台机组需要停止运行。

1.6 发电机自动模式的投用

由于早期哈国油气管道自动化程度不高，更相信人对设备的运行操作维护，因此虽然中亚管道发电机组具备自动启停、切换的功能，但是前期一直没有进行投用。在中亚管道总部打造世界先进管道公司的号召和大力推动下，中哈气管道项目积极响应协调中哈方，宣贯发电机自动控制的优势，得到了中哈方共同相应；运行部积极协调发电机和自动化厂家，全力发挥运行人员的技术力量，进行了自动化程序升级改造和测试工作，期间中哈方很多员工都付出了大量努力，目前发电机自动模式运行情况良好，给压气站运行带来了不少影响：

发电机投用自动模式后，具备了自动投切假负载的功能，保证了发电机效率在较优的区间内运行，利于机组自身稳定性，降低了能耗，减少了压气站人员工作量。

发电机投用自动模式后，具备了自动切换发电机组的功能，增加了压缩机组在发电机故障停机后继续运行概率，保证了站场的持续供电，维持了压气站稳定运行，减少了压气站人员工作量。

发电机投用自动模式，使得中哈方电气及相关专业的员工对自动发电机逻辑更为主动的去接触学习了解，增强了大家对发电机控制原理的主动学习和主动了解，提高了大家相关的专业知识和学习积极性。

发电机投用自动模式，辅助系统存在故障的时候可能存在无法自动启机的问题，使得站场中哈方电气及相关专业工程师更为积极的检查机组运行参数，排除机组辅助系统的隐患，保持机组的备用状态，维持机组的稳定运行。

发电机投用自动模式，是在中亚管道总部提出的自控升级改造的基础上进行的，为中亚管道总部提出的集中调控，有人值守少人操作甚至无人操作，踏出了前进的一步，为把中亚管道建设成高程度自动化管道、数字化管道积累技术经验和运行经验。

2 设计介绍

在发电机组长期的运行及自动模式投用的过程中，我们发现了两项控制逻辑上的问题，由于各站都是根据相似的设计文件进行的，所以C线各站情况类似。

（1）当一台天然气发电机组事故停机信号存在2S，控制系统不判断其他条件，直接发出甩载指令，将除压缩机MCC柜的其他负载基本都甩掉了，包含了空压机这个重要的为压缩机干气密封提供仪表气的设备供电电源。这样就存在两个问题，第一个问题是当一台以上发电机在正常运行，停运的或一台运行的发电机出现故障停机指令会导致甩载，此时还有正常的发电机在运行，压缩机也在正常运行，但是空压机等重要载荷出现断电，然而故障停机指令一直触发短时间无法复位，导致压缩机组停机，而发电机工作正常。

因此将这个逻辑修改为首先判断负载是否在合理范围内85%，负载超过百分比要求则甩假负载，依然超过百分比要求则甩不重要负荷，将非生产性负荷甩掉，保证一台机组容量负荷，其次，按照功率百分比要求且按照设定的机组优先级启动备用天然气机组，备用机组起来后功率恢复到正常范围，复位甩载命令，对载荷及假负载进行恢复。

（2）当投用自动模式后，现场HMI控制屏和ECS控制系统设定的假负载投入延时S不一致时，会导致延时投入假负载时间跳变为零的情况，假负载无延时同时全部投用，于是导致发电机组停机。

因此需要对这个问题进行处理，可以采用两种方式，一个通过上位机修改数据库组态来达到目的，另一个时通过修改程序达到目的，由于修改上位机简洁方便，于是通过上位机修改完成。

3 自动模式切换

3.1 发电机自动模式介绍

分控柜和主控柜的模式选择开关打到自动位置：顺序为先将所有分控柜的模式开关打到

“AUTO”，然后再将主控柜的模式开关打到“AUTO”，此时 ECS 系统的模式已经转换为自动模式运行。切勿将分控柜和主控柜的模式开关顺序弄反，否则将引起运行机组的停机。

若自动模式结束，想要从自动模式打到手动模式运行：先将主控柜的模式开关打到“MAN”，然后再将分控柜的模式开关打到“MAN”，此时 ECS 系统的模式已经转换为手动模式运行。

自动模式下的主要功能有三个：①假负载的自动投切②自动加减机组③自动黑启动。

之前②③功能多次测试正常。下面先对②③功能进行介绍。

3.1.1　自动模式

(1) ECS 系统控制柜模式选择开关必须都在 AUTO 模式下，母联 6 断路器开关一直闭合，其余所有发电机组断路器开关和母联 7 断路器开关均处于断开状态；

(2) 全场断电情况下，主控柜会自动发出起动柴油发电机组(10s 机组起来)，当机组达到额定转速和电压稳定后，柴油机进线柜开关自动合闸(SW5 闭合)，同时给重要负载供电。

(3) 通过主控柜人机设置的优选顺序，主控柜会自动起动优选为 1 的燃气发电机组，当机组达到额定转速和电压稳定后，自动闭合优 1 机组的对应断路器开关，使断路器开关合闸，同时给Ⅰ、Ⅱ断母联负载供电。如果优 1 的燃气发电机组没有起来，主控柜会自动启动优选为 2 的燃气机组，当优 2 机组达到额定转速后会自动合上进线柜断路器开关，如果优 2 机组也没有起来，以此类推，启动优 3、优 4 的机组，假如 4 台燃气机组都没有起来，主控柜会发出一个全部燃气机组启动失败信号给 ABB 站控。

(4) 有一台燃气机组合闸后，I、II 断母联负载供电正常，母联开关 7 会根据同步功能反馈自动合闸(SW7 闭合)，两端母联负载转移。

(5) 当母联负载转移 20S 后，柴油发电机断路器开关会分闸(SW5 断开)，之后经过 5 分钟柴油机会冷却停车。

3.1.2　手动模式

(1) ECS 系统控制柜模式选择开关必须选择 Manual 模式下，母联 6 断路器开关一直闭合，其余所有发电机组断路器开关和母联 7 断路器开关均处于断开状态；

(2) 通过柴油机分控柜面板，手动起动柴油发电机组，当机组达到额定转速和电压稳定后，手动操作面板的合闸开关，使柴油机进线柜开关合闸(SW5 闭合)，同时给重要负载供电。

(3) 通过燃气发电机组分控柜面板，手动起动任意一台燃气发电机组(G1)(G2)(G3)(G4)，当机组达到额定转速和电压稳定后，手动闭合该机组对应的合闸按钮，使断路器开关合闸，同时给 I、II 断母联负载供电。

(4) 通过主控柜面板的母联 7 控制开关，手动操作母联 7 开关合闸命令，使母联开关 7 合闸(SW7 闭合)，两段母联进行负载转移。

(5) 当柴油发电机负载小于 10kW，手动操作柴油机分控柜面板的分闸开关，使 SW5 开关断开，然后按下柴油机分控柜的停车按钮，使柴油发电机冷却停车。

在切换自动模式之前，烦请对功能①和功能②的几个参数进行设置，若之前已设定这些参数，可省略。

功能②的几个参数：Ⅰ：投入备用机组 kW%>(发电机增机百分比%)

Ⅱ：投入备用发电机组延时(发电机增机延时 S)

Ⅲ：退出备用机组 kW%<(发电机退机百分比%)

Ⅳ：退出备用发电机组延时(发电机增机延时 S)

Ⅴ：退出备用机组(可选择 1#、2#、3#或者 4#发电机组)

Ⅵ：设定增机(启机)优先级—(显示优先级为 1 的为最优先启动，显示优先级为 2 的为第二优先启动，3、4 优先级同理)，图 1 为自动投切发电机优先级界面。

图 1　自动投切发电机优先级

3.1.3　自动投切假负载情况介绍

经过测试我们发现：

(1) 当现场 HMI 控制屏和 ECS 控制系统设定的假负载投入延时 S 不一致时，会导致延时投入假负载时间跳变为零的情况，假负载无延时同时全部投用，于是导致发电机组停机。

(2) 即使把两台 ECS 与 HMI 的假负载投入延时设置成一致，当 ECS 运行时间比较久服务器死机重启后，同样会导致假负载投入延时不一致的问题。

以下对测试情况进行详细说明：

先对上一章的功能①进行重点说明。

功能①的 3 个参数设定：

Ⅰ：假负载投入设定值 P%<；

Ⅱ：假负载切除设定值 P%>；

Ⅲ：假负载投入延时 S。

具体见图 2。

切换到自动模式之前，请先对站场功率进行计算(不包含假负载功率)

若现在站场功率(不包含假负载功率)= 220kW，则现在站场功率百分比为 20%(单台机

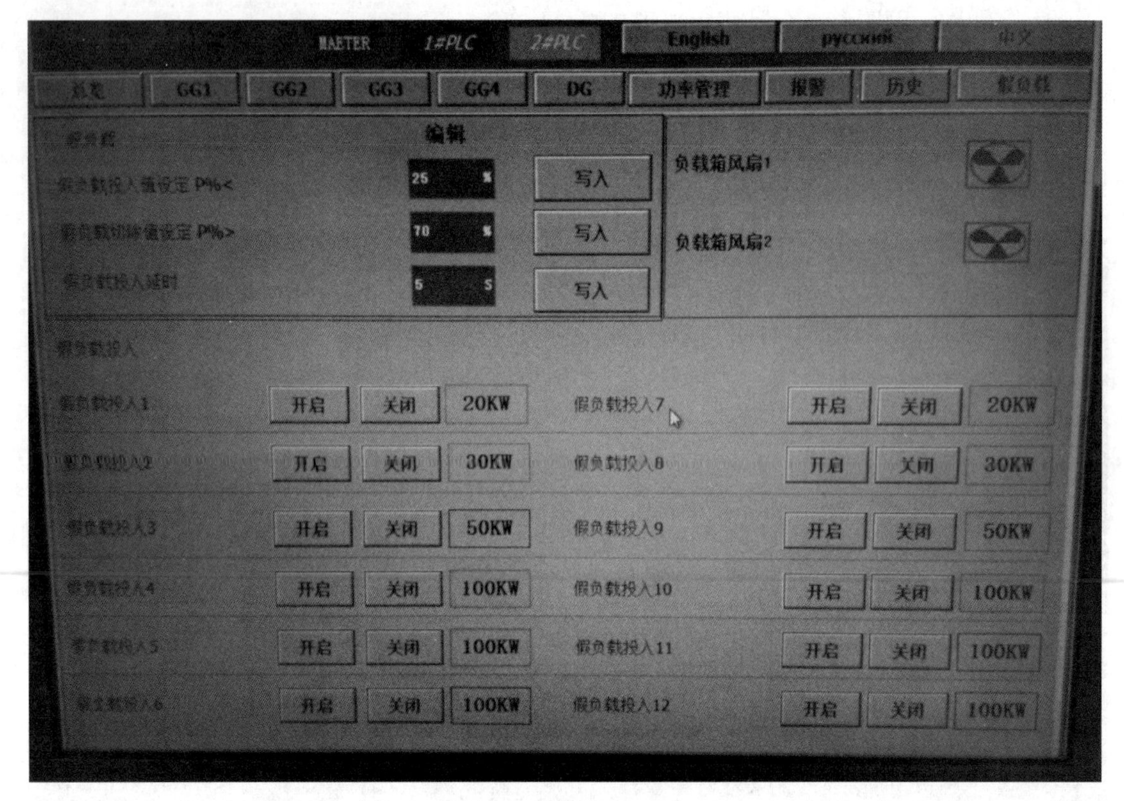

图 2　假负载自动投切界面

组投入容量为 1100kW)，

此时若设定参数Ⅰ：假负载投入设定值为 15%，若设定参数Ⅱ：假负载切除设定值为 75%，若设定参数Ⅲ：假负载投入延时为 10 秒，

现进行切换自动模式，请先在手动模式时候将现在运行的假负载(共 12 路假负载)逐个手动切除，因为若不先手动逐个切除运行的假负载回路，切换到自动模式后将全部一起切除 12 路假负载回路。

切换到自动模式后，则将按照逻辑此时站场功率百分比为 20%，符合大于 15%投入设定值和小于 75%的切除设定值，此时 PLC 将不会输出让 12 路假负载运行。

若条件允许，请一定通过已安装了软件 RSLogixV20 (或者 V20 以上版本)电脑连接主控柜 PLC 进行通信，将程序上传同步查看各个参数数值，观察 PLC 程序行 loadlogic 里面的第 42 行的投入设定值是否为 15%，第 56 行的切除设定值是否为 75%，

后请着重观察第 44、45、46、47、48、49 行的 MOV 移位指令的原地址数值是否恒定为 10000(代表 10S)，若同步后观察到这些行的 MOV 移位指令中 SOURCE 地址(HMI_ LoadbankOn)数值不恒定，请将两台 ECS 电脑与主控柜屏幕上的参数Ⅲ：假负载投入延时进行统一设定(例如 10 秒)，此时再观察(HMI_ LoadbankOn)数值是否恒定。请确定该数值恒定无变化后，再进行后续操作。

此时可以调整通过参数Ⅰ：假负载投入设定值 P%< 来投用假负载，此时若将参数Ⅰ：假负载投入设定值改为 40%，此时每间隔 10 秒，将依次投用 20kW，30kW，50kW，100kW，100kW，一共五路假负载此时站场功率百分比为 47%(220+20+30+50+100+100=

520kW/1100kW)。

此时功率百分比已大于40%，后停止投用假负载。

观察PLC程序可见，假负载的投用逻辑顺序为：20kW-30kW-50kW-100kW-100kW-100kW-20kW-30kW-50kW-100kW- 100kW-100kW

观察PLC程序可见，假负载的切除逻辑顺序同样为：20kW-30kW-50kW-100kW-100kW-100kW-20kW-30kW-50kW-100kW- 100kW-100kW

对参数Ⅰ：假负载投入设定值P%<(例如设定55%)，参数Ⅱ：假负载切除设定值P%>(例如设定70%)进行调整完成后，发电机组将自动投用和切除假负载，并将站场功率百分比维持在55%和70%之间。

3.2 解决措施

为了解决ECS与HMI的假负载投入延时不一致的问题，经过与厂家沟通，鉴于目前站内没有工程师在站控室ECS对发电机进行操作，大家对发电机进行操作时都是通过现场HMI进行操作。所以最方便有效的办法就是先删除ECS的数据库，只使用HMI对这个延时时间进行设定。从而解决ECS与HMI的假负载投入延时不一致导致冲突的问题。

方法如下：

首先将软件程序保存一分，以防后续更改错误导致通讯不上，打开程序，找到

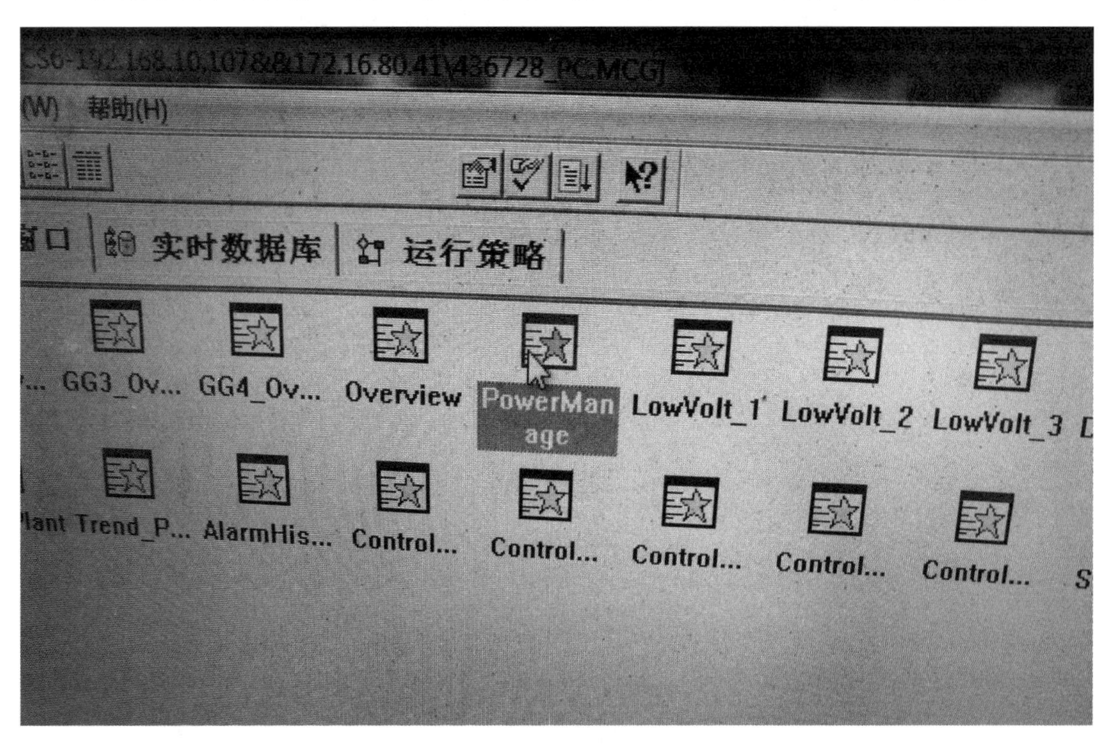

图3 功率管理

功率管理界面(图3)，打开以后显示如下(图4)：

找到负载时间设定值，将该行删掉，退出界面，然后打开设备窗口(图5)，

打开device(见图6)，

找到device10双击打开(图7)，

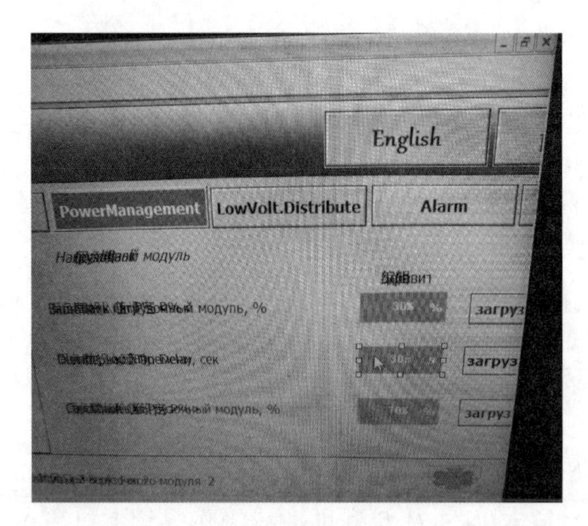

图 4　功率管理画面

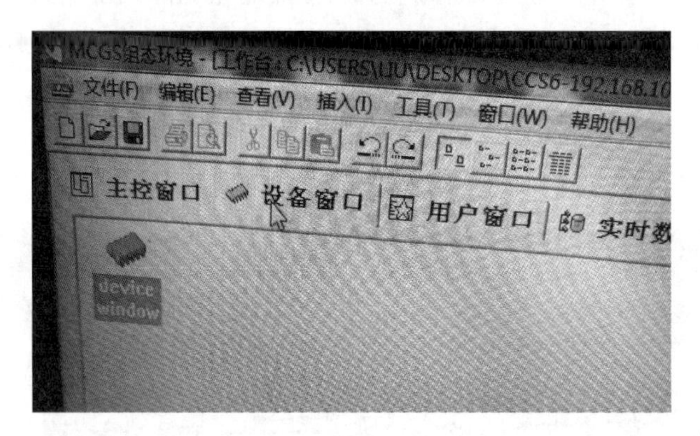

图 5　设备按钮位置

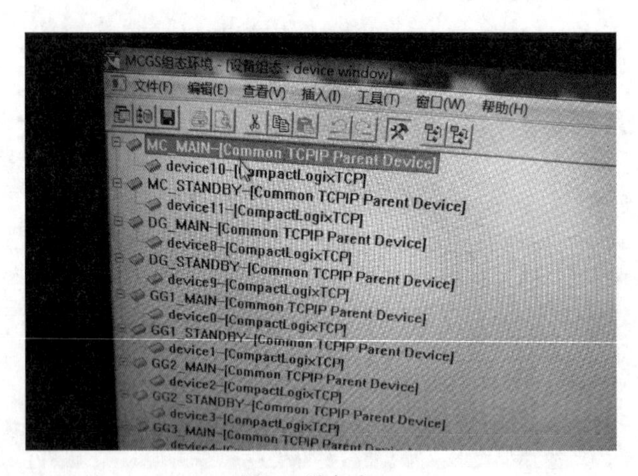

图 6　设备窗口

点击通道连接，找到 MC1_ HMI_ loadbank on(图 8)，

点击右边删除 然后点击确认(图 9，图 10)，

然后打开 device11 以同样的方法将 MC2_ LOADBANK ON 删掉即可。

图 7　Device 参数属性

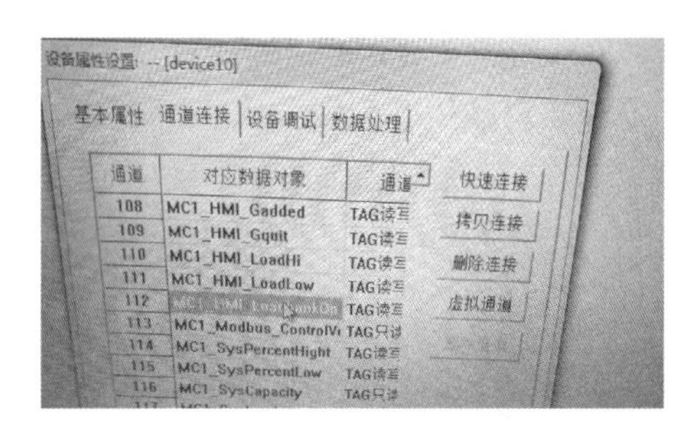

图 8　通道连接选项

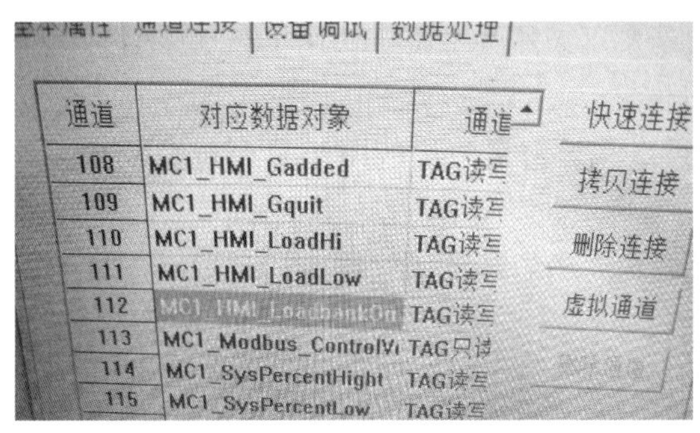

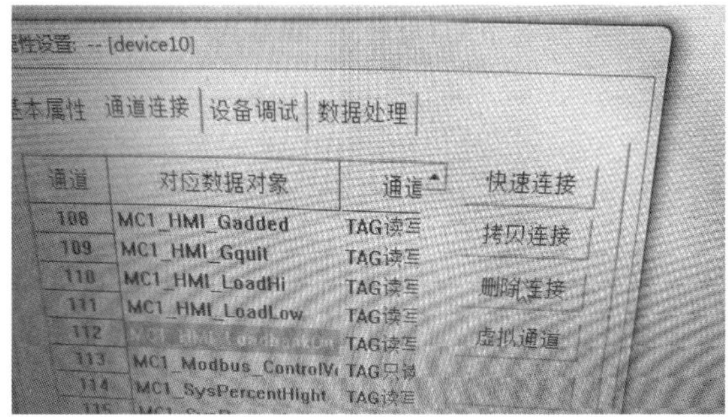

图 9　通道连接选项的删除与重建

图 10　通道连接选项的删除与重建

3.3　总结

（1）当现场 HMI 控制屏和 ECS 控制系统设定的假负载投入延时 S 不一致时，会导致延时跳变消失，假负载无延时同时全部投用，于是导致机组停机。

（2）即使把两台 ECS 与 HMI 的假负载投入延时设置成一致，当 ECS 运行时间比较久服务器死机重启后，同样会导致假负载投入延时不一致的问题。修改后发电机组 ECS 系统在自动模式下运行，运行稳定正常。

（3）通过删除 ECS 的数据库，只使用 HMI 对这个延时时间进行设定，解决假负载投切的问题。

4 自动甩载

4.1 发电机自动甩载介绍

一台天然气发电机组事故(停机)时，首先减载甩负荷，将非生产性负荷甩掉，保证一台机组容量负荷，其次，启动备用天然气机组。发电机甩负荷分为3级，目前只采用1级。当2台机组运行时，单台机组负载超过发电机组容量的95%或机组出现重故障时，则触发甩负荷动作。

4.2 合理甩载建议

一台天然气发电机组事故(停机)时，首先判断负载是否在合理范围内85%，负载超过百分比要求则甩假负载，依然超过百分比要求则甩不重要负荷，将非生产性负荷甩掉，保证一台机组容量负荷，其次，按照设定的优先级启动备用天然气机组，备用机组起来后功率恢复到正常范围，复位甩载命令，然后对载荷进行恢复。

发电机甩负荷分为3~4级，目前只采用1级。当2台机组运行时，单台机组负载超过发电机组容量的95%和机组出现重大故障时，则触发甩负荷动作。

中哈天然气管道选用1160kW的康明斯燃气机组，当有两台压缩机组运行时功率依然较低，依然需要开启假负载保证发电机在稳定区间内运行。甩载主要判断条件是负载百分比是否在合理范围，因此功率百分比一直在正常范围内的话，程序也可以简化为当有发电机在正常工作，不发出甩载指令。

为了满足合理的甩载，暂行方案为一台以上发电机正常运行时，其他发电机发公共故障停机信号，不会发出甩载指令，这样测试起来非常直观方便。后期再加入负载百分比在合理范围条件。由于甩载都是同样的程序位置发出，因此经过这个测试后，后续加入功率百分比条件后只需要修改程序软测试，不需要再进行带载荷测试。

4.3 测试方案及目的

根据故障工况模拟，分为两大项测试目的：

4.3.1 不修改程序模拟故障工况

(1) 判断一台发电机机组运行时，另一台机组公共故障报警并出现故障停机，是否会出现甩载？如果出现甩载哪些载荷会甩掉？如果载荷切换到就地手动模式，是否会甩载？

(2) 判断一台发电机机组运行时，另一台机组公共故障报警并出现故障停机，是否会出现甩假负载？

(3) 判断一台发电机机组运行时，另一台机组公共故障报警并出现故障停机，复位公共故障报警时需要对现场发电机旁控制柜断电或者是对现场发电机旁控制柜进行复位就可以？

(4) 判断一台发电机机组运行时，另一台公共机组故障报警并出现故障停机，甩载荷的时候。载荷如何才能合闸。载荷从远控打到就地就可以合闸？还是需要对故障停机的机组消除公共故障才能合闸？图11为重要负载空压机的就地远控旋钮。

(5) 判断一台发电机机组运行时，另一台公共机组故障报警并出现故障停机，SW6是否会断开？SW7是否会断开？

(6) 判断发电机主控柜在AUTO模式下，分控柜在Manual模式下是否能启机？启机后会否停机？图12为控制柜手自动切换旋钮。

图 11　就地远控旋钮　　　　图 12　手自动切换旋钮

4.3.2　修改程序当有一台以上发电机正常运行，不发出甩载荷和甩假负载指令，再次模拟故障工况

（1）判断一台发电机机组运行时，另一台机组公共故障报警并出现故障停机，是否会出现甩载荷和甩假负载？如果出现再次对程序进行在线验证修改。

（2）当完成修改程序，并达到当有一台以上发电机正常运行，不发出甩载荷和甩假负载指令。程序修改完成。

4.4　测试方法步骤

首先需在停站期间进行，然后将讨论好的方法步骤对中哈方进行宣贯，最后按照站场工作流程跟调度进行逐级汇报，开展测试。分为两次故障工况，可能两个工况需要多次启停，理想情况是各一次就可以了。

4.4.1　不修改程序模拟故障工况

（1）将燃料气截止阀前的手阀不完全打开，具体开度中哈方工程师一起商定，暂定5%~10%。

（2）模拟工况一台发电机机组运行时，另一台机组公共故障报警并出现故障停机。

（3）对上面提到的5点内容进行逐条验证，最后验证复位公共故障报警的条目，避免需要多次模拟该工况。

（4）做好记录工作，对每一条验证及其意外情况进行记录分析并处理。

4.4.2　修改程序模拟故障工况

（1）在线使用RSlogix5000连接程序，之前完成RSlinx的通讯配置。图13为Rslinx配置通讯连接正常的界面。

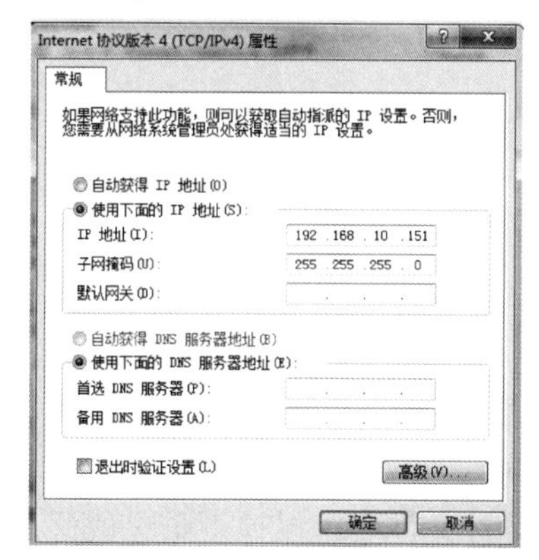

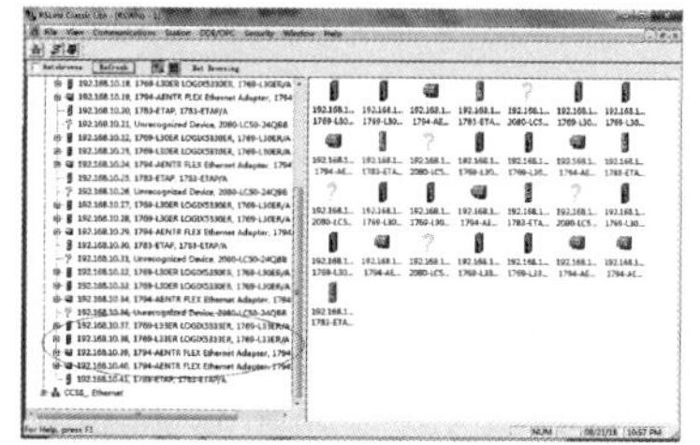

图 13　Rslinx 配置通讯及界面显示

(2) 备份程序(图 14)。

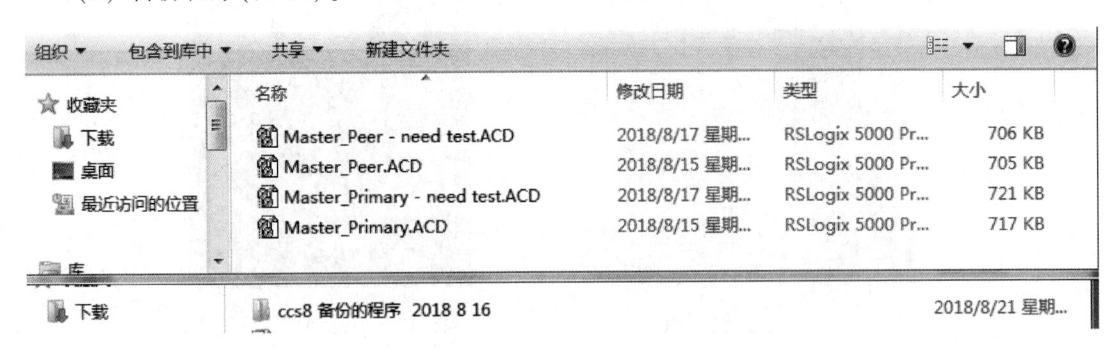

图 14　程序备份

(3) 在线修改程序，避免整个程序的 download 操作(图 15)。

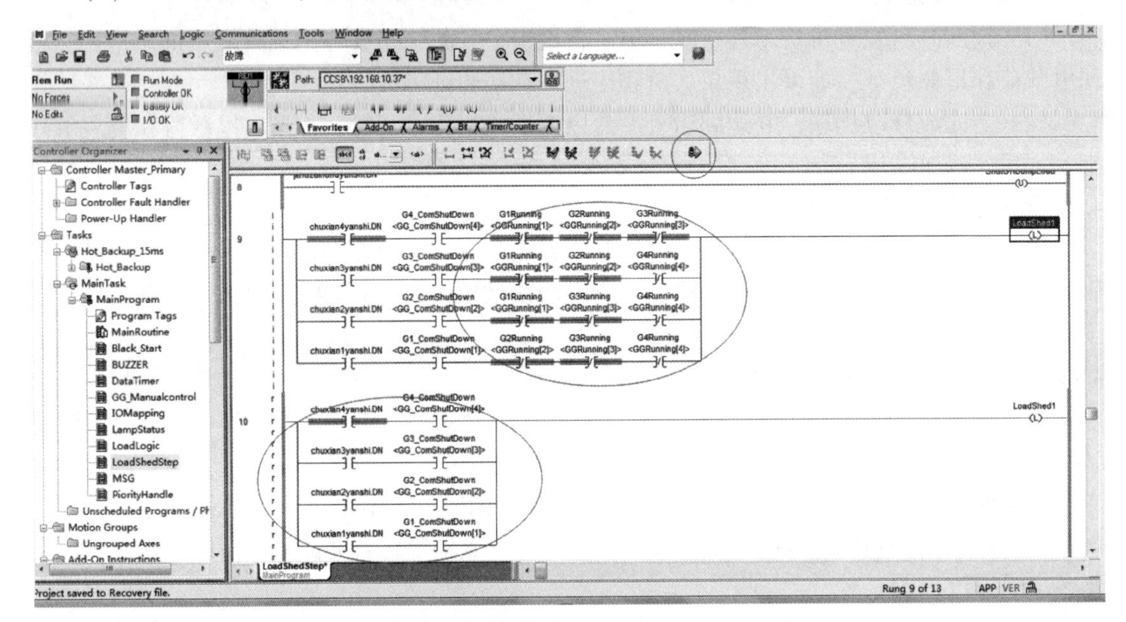

图 15　程序的修改界面

(4) 经过检查程序，暂定修改内容三处，分别是 LoadShedStep 子程序的第 6、9 行，Loadlogic 子程序的 63 行，如图 16 所示：

(5) 修改如下，以 LoadShedStep 子程序第 9 行为例，其他是一样的，如图 17 加入红圈中的内容：

(6) 模拟工况运行，对上节提到的内容进行了验证。

(7) 进行记录工作，对验证进行记录分析并处理。

4.5　测试结果

(1) 一台以上发电机正常运行时，其他发电机发公共故障停机信号，不会发出甩载指令。

(2) 由于甩载都是同样的程序位置发出，因此经过这个测试后，后续加入功率百分比条件后只需要修改程序软测试，不需要再进行带载荷测试。

(3) 自动甩载甩掉的载荷包含了空压机，设计文件要求甩掉不重要载荷，因此建议把空压机、燃料气撬、锅炉等不包括在甩载范围内。

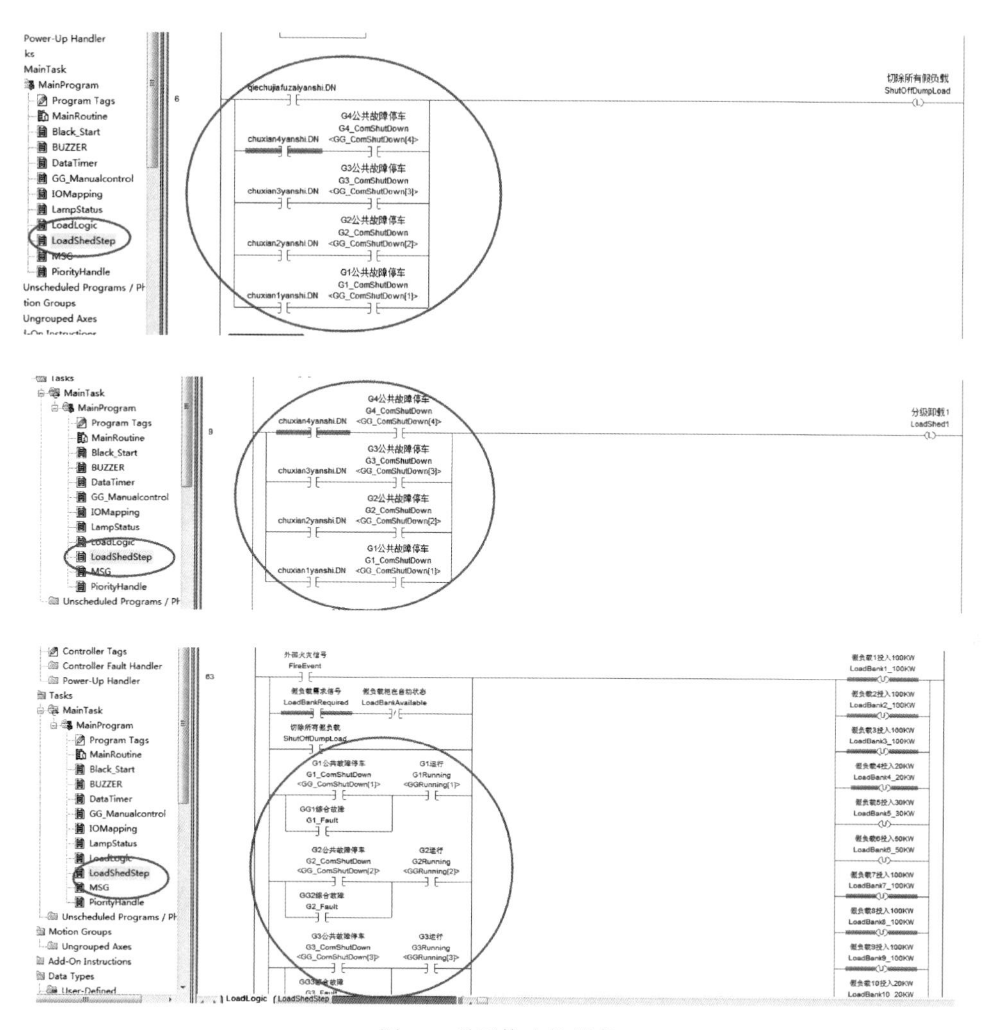

图 16　需要修改的程序

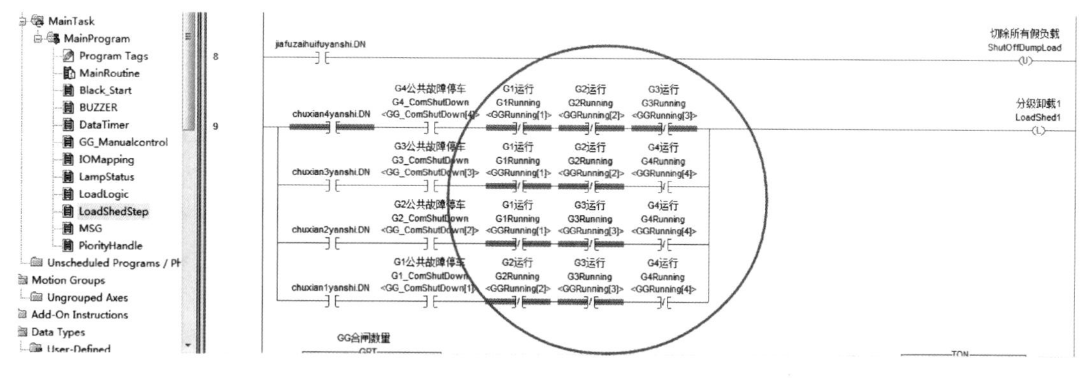

图 17　修改后的程序

5　结论

（1）自动模式下的主要功能有三个：①假负载的自动投切②自动加减机组③自动黑启动。这三个功能现有程序都应该按照设计的要求正常运行。各站在运行过程中都发现了各类问题进行了处理，处理的原则应该依据设计功能要求。

(2) 甩载功能建议如下：一台天然气发电机组事故(停机)时，首先判断负载是否在合理范围内(例如85%以内)，负载超过百分比要求则甩假负载，依然超过百分比要求则甩不重要负荷，将非生产性负荷甩掉，保证一台机组容量负荷，其次，按照设定的优先级启动备用天然气机组，备用机组起来后功率恢复到正常范围，复位甩载命令，然后对载荷进行恢复。

中哈天然气管道大部分站场选用1160kW的康明斯和卡特彼勒燃气机组，当有两台压缩机组运行时功率依然较低，依然需要开启假负载保证发电机在稳定区间内运行。建议甩载主要判断条件是负载百分比是否在合理范围，因此功率百分比一直在正常范围内的话，程序也可以简化为当有发电机在正常工作，不发出甩载指令。

(3) 对于发电机功率预判控制逻辑。总部提供的设计操作原理已经有相应的规定，目前中哈气管道项目正在推行站场的试点工作，完成后将全线推广实行。

参 考 文 献

[1] 孙长生，章素华．燃气轮机发电机组控制系统[M]．中国电力出版社．2013.

[2] 望亭发电厂．燃气轮机发电机组运行人员现场规范操作指导书[M]．中国电力出版社．2015.

[3] 国家能源局．内燃燃气发电机组．中国电力出版社[M]．2014.

[4] 钱晓龙．ControlLogix 系统组态与编程—现代控制工程设计[M]．机械工业出版社．2011.

[5] 邓李．ControlLogix 系统实用手册[M]．机械工业出版社．2012.

[6] 塞兹(德)，ABB 有限公司．可编程序控制器应用教程[M]．机械工业出版社．2009.

生产调度综合分析系统研究

王永军　刘　锐　杨金威

（中油国际管道公司生产运行部）

摘　要　本文基于中油国际管道SCADA系统实时数据，利用信息化、数据挖掘等技术，开发建设了一套集天然气管道中间数据库应用分析平台，实现生产运行分析、报警分析、设备监测、能效分析与管理等数据分析、应用一体化，为精细化管理与决策提供支持。

关键词　天然气管道　SCADA系统　实时数据　数据分析

中油国际天然气管道自2009年12月A线建成投产以来，陆续建成BC线和哈南线三条管线，共计6951公里和19座压气站。ABC线单线长度1833公里，设计输量300亿方/年，其中AB线有8座压气站，C线有11座压气站；哈南线全长1452公里，设计输量100亿方/年。截止2015年底，中油国际管道累计向国内输气1305亿方，占全国进口量47.52%，占全国表观消费量14.05%，对推进我国经济增长、改善能源结构、治理大气污染起到了重要作用。中油国际天然气管道采用技术先进、高可靠的SCADA系统和设备（压缩机）状态监测系统对现场设备的运行和状态进行监视和控制，实现了数据采集、运行控制、测量、参数调节和各类信号报警等功能，在中油国际管道自动化和数字化建设中起了相当重要的作用。

随着中油国际管道ABC线运行的累积，SCADA系统目前积累的数据已经接近3000余万条。在2014年底，中油国际管道AB线SCADA系统产生的生产实时数据采集并引入PI数据库，目前已通过PI数据库接口实现了管道生产系统（PPS）95%以上报表数据的自动采集。面对庞大繁杂且不断增长的生产数据，如何快速获取有效数据解决生产问题，如何高效建立数据与设备、数据与空间的关系，如何发现数据间的关联关系，如何挖掘数据价值，保障天然气管道安全、可靠、高效、节能运行成为中油国际管道公司面临巨大的问题和挑战。

1　天然气管道生产调度运行

1.1　调度运行优化

2014年1月起，中亚天然气管道成立优化运行小组，通过一系列管理和技术手段，对管道运行进行优化。选取管道负荷率、管存控制量、单位周转量综合能耗、压气站能源利用率等多项运行指标，利用仿真软件建立仿真模型进行多工况模拟计算，对管网用气规律，压力变化规律，流速情况进行深入的分析，对未来生产情况进行预测，为调度运行提供决策支撑。同时，研究输气量、管存、机组效率变化、季节等因素对能耗的影响，对机组控制方式进行优化，达到优化运行、节能降耗的目的。

1.1.1　运行工况仿真

利用仿真软件对每日、月、季度等工况进行模拟，将模拟结果与值班调度沟通，优化当日运行模式；

每月对本月的机组重要指标进行计算，并与上月及去年同期的情况进行对比，总结本月运行的优缺性，并根据月度运行方案统筹考虑下月运行模式。

1.1.2 仿真模型调优

每日进行仿真模拟前需根据当日工况对模型进行调整，并将结果输出存档，建立仿真参数数据库，找出各时期管道参数的变化规律，进一步校准模型。筛选稳态工况对现有的压缩机性能曲线、燃气轮机性能曲线进行校正，使校正后的曲线和系数与实际数据吻合度较高，能够满足目前的运行需求。

1.1.3 优化运行分析

通过对天然气管道历年各种典型工况的案例进行分析，总结出一套标准的调度运行操作步骤，结合天然气调度操作手册，进一步完善和细化相关管理文件的操作程序和应急预案，有针对性的提出优化建议，并形成季度、年度优化运行报告，指导实际运行。

1.2 SCADA 实时数据分析

建设长输管道中间数据库应用分析平台，实现对长输管道运行过程的全程信息化管理和精准数据分析，利用现有的 SCADA 实时数据、手工报表填报数据、机组运维测试数据，人工填报数据，结合能耗管理、机组管理以及管道运行管理，提供数据分析方法和图形化展示工具，为总结调控运行管理规律，发现生产管理问题提出改进意见，进一步规范和指导现有的管理过程，为中油国际管道运行管理提供一个科学、精细化管理平台。

实时数据分析需求如下：

1）通过建立管道能耗分析模型，将生产数据处理为管道能耗数据；

2）基于管道能耗数据结合图形化呈现方式，图表结合，研究和发现业务规律；

3）通过机组监测数据构造机组效率曲线，实现图形化显示；

4）通过生产数据在效率曲线上投射分析机组运行情况；

5）稳态工况的有效识别程序；

6）通过计划编制、实时监测、生产运行分析、KPI 指标分析和计划进度监测等全面掌握运行管理全过程。

2 中间数据库应用分析平台

2.1 系统架构

在生产数据实时采集和 PI 数据库的基础上，充分利用 PI 数据库可存储与处理大量时序性数据的特点，结合大数据分析技术，建设生产运行分析、报警管理、设备动态评价、能效分析和运行管理等应用一体化平台，为中油国际管道生产运行提供决策支持，实现管理精细化和信息化，提高管理水平。

总体架构如图 1 所示：

2.2 主要功能模块

系统主要包括运行管理、监视报警、能源管理、机组管理、工具管理、模型管理及系统管理 7 大模块。

2.2.1 运行管理

随时掌握上下游用户的动态变化，集中控制关键和主要环节，协调平衡上、中、下游资源，达到衔接一致，保证管道安全平稳运行，满足下游用户的用气需求。为了达到调度的组织、指挥、控制、协调作用，支持天然气调度全面地、动态地、及时地掌握生产运行各方面

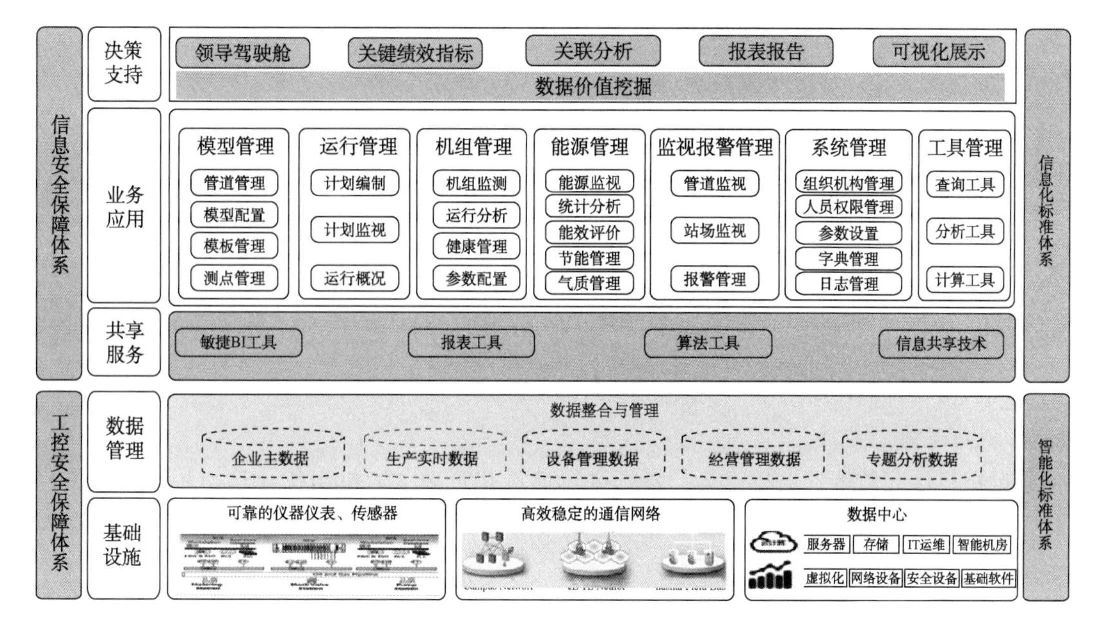

图1　总体架构图

情况，系统地、合理地、动态地控制和协调生产运行的各环节，达到统一组织、统一指挥的生产目的，确保安全、高效、低耗的完成各项生产目标和任务。

2.2.2　监视报警

提供对整个管线各节点实时运行的操作、状态数据的可视化集中展示，包括监视点定义、运行数据浏览、信息关联查询展示、趋势分析关联应用等，为快速了解管线运行情况、分析运行状态提供一览式可视化展示。管理运行参数和指标数据的情况，设置触发预警提醒的条件，并对其进行分级管理；每一报警形成报警记录，并对报警进行统计分析，为优化和改进提供支撑。

2.2.3　能源管理

了解管道线路、站场、管段、机组的能耗情况，分析能耗变化的影响因素，为优化操作和控制，降低能耗决策提供帮助。进行气质跟踪，了解气质波动情况；计算含水量，为管理决策提供支持。能源流向及能效评价如图2、图3所示：

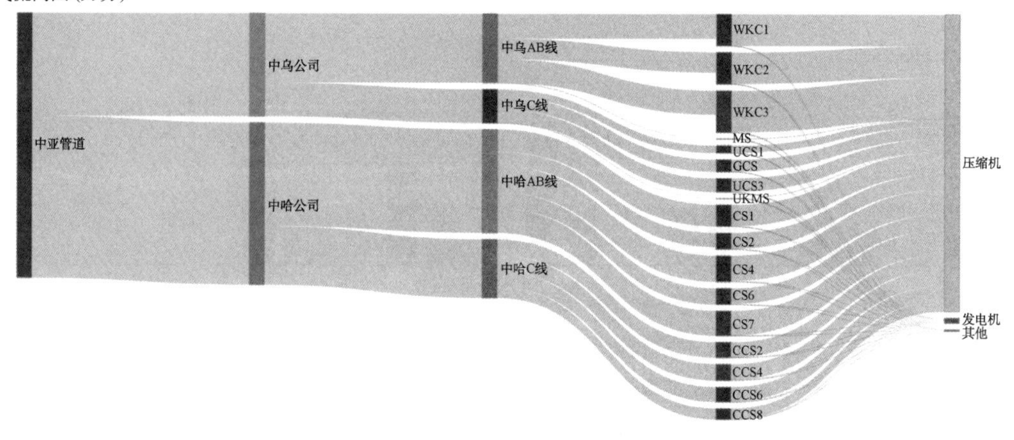

图2　能源流向分析

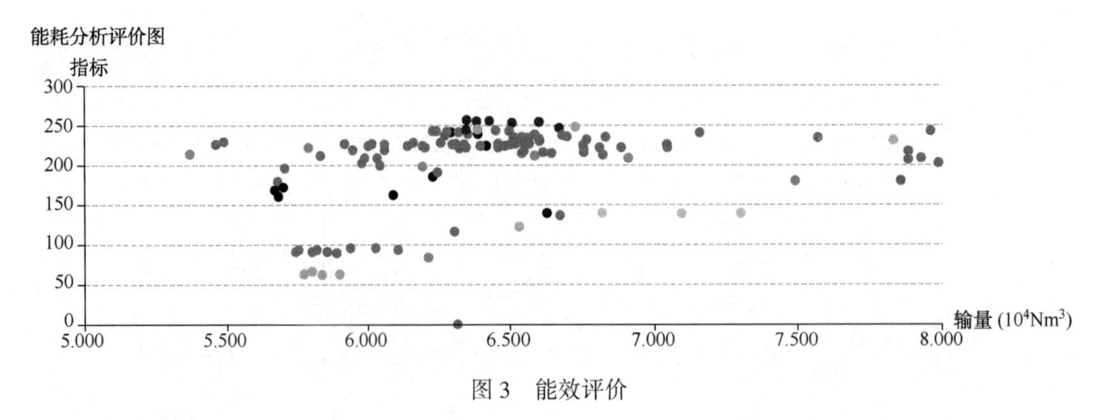

图 3　能效评价

2.2.4　机组管理

通过机组性能监测，对机组运行指标进行计算和管理，为机组优化运行提供数据支持，提高管道系统的运行效率进而提升企业经营效益。机组工况、效率及曲线校正如图 4~图 6 所示：

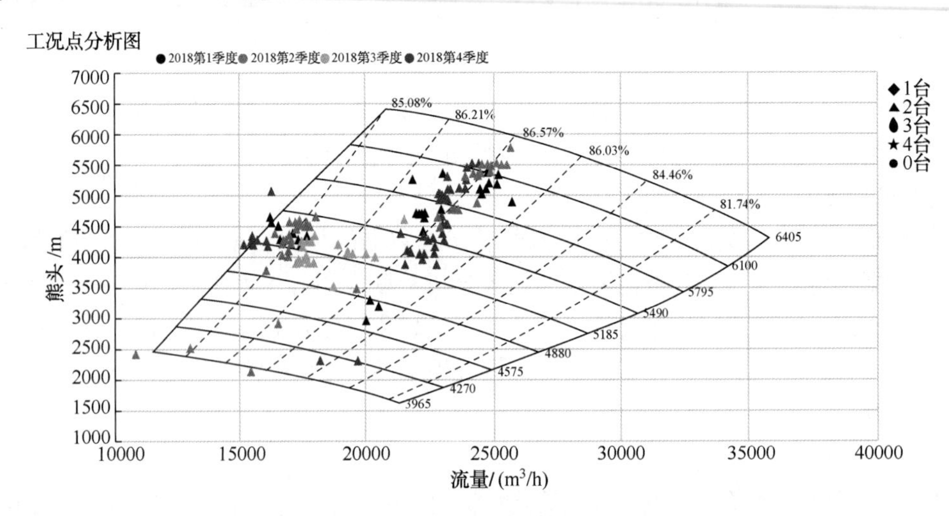

图 4　工况分析

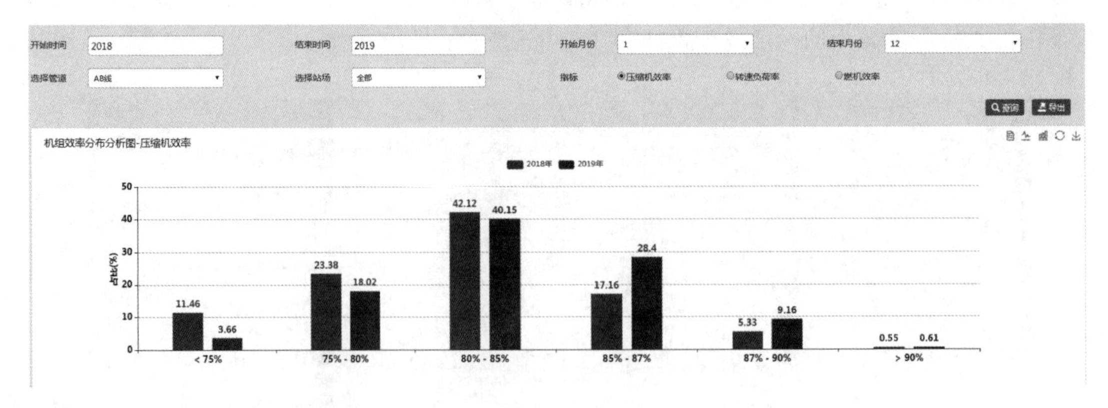

图 5　机组效率分析

2.2.5　工具管理

完成查询工具，实现灵活的数据查询，以及配置管理工具等的实现。按企业报表目标定

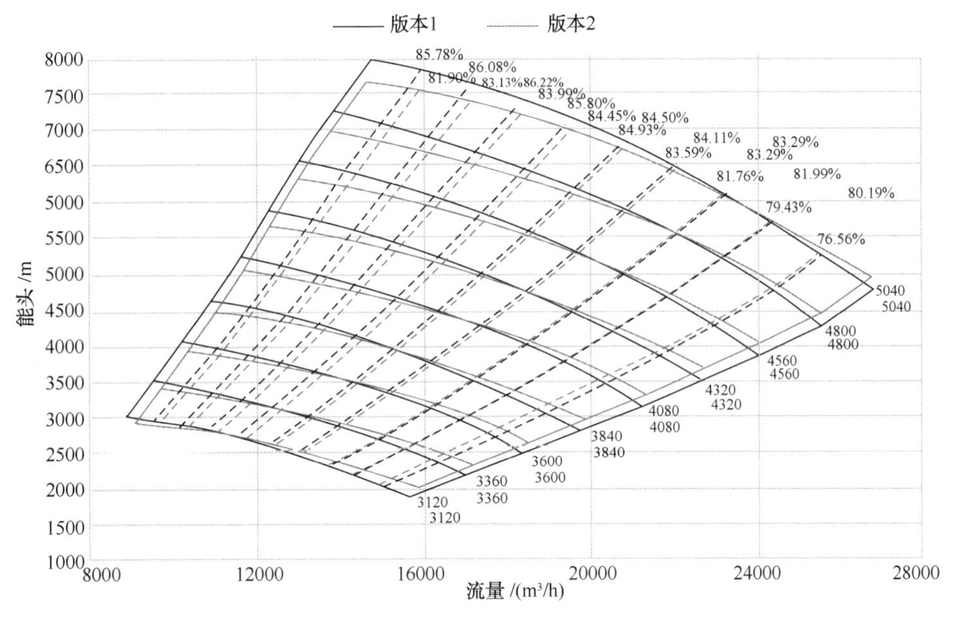

图6 机组性能曲线校正

制报表，实现数据自动收集和报表自动生成。

2.2.6 模型管理

提供对长输管道基础信息的维护和管理功能，包括线路、管段、区域、站场、设备等进行定义，以及建立其相互之间的从属管理、位置关系、逻辑关系等，提供一套灵活的、可维护的、可量化的、合理的管线基础信息管理机制。

2.2.7 系统管理

管理用户、用户组、权限、日志和数据字典等相关信息和配置。

3 数据采集与处理

3.1 数据质量管理

油气管道实际生产数据不完整，不一致，存在较多数据，无法直接进行数据挖掘，或挖掘结果误差较大。为了提高数据挖掘质量，需对数据进行预处理。数据预处理有多种方法：数据清理，数据集成，数据变换，数据归一化等。通过前期的数据处理技术，可大大提高数据挖掘模式的质量，降低实际挖掘所需要的时间。其中数据归一化后让不同维度之间的特征在数值上有一定的比较性，加快了梯度下降求最优解的速度，并有可能提高模型预测精度。归一化算法有线性、Sigmod、Z-score、min-max 等方法，尺度范围包括[-1, 1]，[0, 1]等，神经网络、支持向量机(SVM)等算法必须进行归一化处置。

3.2 稳态工况筛选

为保证用于校正离心压缩机特性曲线数据的准确性，需要对历史大量的生产运行数据进行稳态运行点筛选、站内流量分配、错误数据剔除等预处理，稳态数据筛选流程如图7所示。

以每天15点开始到第二天15点为一计算单位，15点开始，每小时获取计算4小时内压力，状态及转速值，判断是否为稳态时刻，具体计算方式如下：

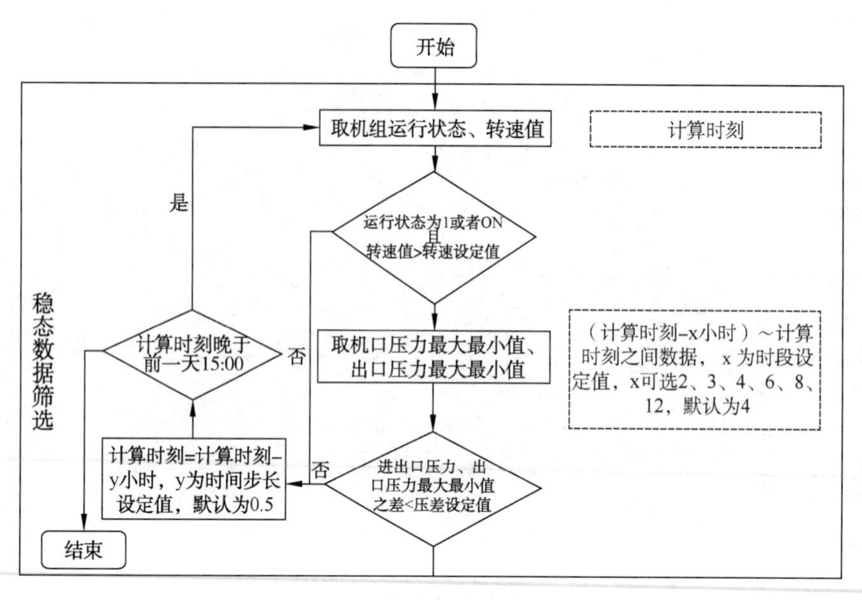

图 7　机组性能曲线校正

1）获取每小时根据机组当前运行状态；

2）获取机组进口压力及出口压力 4 小时内最大值及最小值，并计算最大值及最小值之差；

3）获取该机组的实时转速、额定转速；

如果最大值及最小值之差小于 0.04MPa 及实时转速大于额定转速则为稳态并记录当天稳态时间点。

4　结论及建议

1）动态追踪和展示管道运行工况，实时掌握关键运行参数变化，提高运行平稳性；

2）集中管理异常事件报警，快速获取和分析异常原因，及时响应和处理，全程追踪异常事件处理过程；

3）实时评估压缩机运行状态，优化机组模型，实时展示压缩机运行工况点及各项运行指标，为维修和管理决策提供支撑；

4）实现从数据到信息、从信息到生产力的转换，提高业务决策能力。

参　考　文　献

[1] 崔海福，何贞铭，王宁．大数据在石油行业中的应用[J]．石油化工自动化，2016，52(2)：43-45.

[2] 董绍华，安宇．基于大数据的管道系统数据分析模型及应用[J]．油气储运，2015，34(10)：1027-1032.

[3] 杨金威，陈玉霞等 中亚天然气管道能耗控制与优化分析[J]．油气储运，2018.

[4] 张巍，张鹏，王华青，等．天然气管道压气站燃气轮机的性能测定与分析[J]．油气储运，2016，35(3)：311-314.

基于大数据技术中亚进口气气量预测研究

邓琳纳　丁　祎　周　翔　向奕帆　杨金威

（中油国际管道公司生产运行部）

摘　要　中亚地处欧、亚和中东的交汇点，是未来新兴的能源市场和特殊的重要战略地区，也是世界上最后进行地质勘探开发的区域之一，被称为世界“21世纪的能源基地”。目前我国已于中亚土、乌、哈三国签署了550亿方/年的天然气购销合同，西北能源战略通道“中亚天然气管道”也如期建成550亿方/年的管输能力，为保障我国能源供应、优化能源消费结构夯实了基础。但根据近几年来中亚进口气合同的执行情况，由于气源国的开采能力及各自内需情况，在冬季保供期间，各气源供气能力与本国气温变化相关性较强，这直接影响了履行合同的执行，进而影响冬季保供期间我国资源保障能力，因此，本文基于大数据计算分析技术，对中亚管道管输量、沿线各国的气温、沿线需求量、出口中国气量等历史数据进行综合分析与评价，建立各因素间的相关性联系，从而建立中亚进口气气温-气量预测模型，及时通过未来的天气预测获取中亚进口气气量变化趋势，为国内能够及时筹措应急资源提供支持，同时有效把控运行调整最优窗口期，避免工况调整滞后造成的能耗损失。

关键词　大数据　相关性　气温　预测

引言

中亚天然气管道是我国第一条跨多国进口天然气管道项目，也是规模最大的陆上天然气进口通道。AB/C三条管道单线长度为1837公里，设计年输气量550亿方。已累计向国内输送天然气超过2500亿方，惠及25个省、市、自治区近5亿人口。管道横跨土乌哈三国，目前中石油已于土、乌、哈三国签署了550亿方/年的购销气合同，其中土气100亿方/年，乌气100亿方/年，哈气50亿方/年，全部合同均已执行。

在实际运行中，各气源国均由于资源开采能力、本国需求变化以及其他政治因素而影响向中国出口天然气的能力。此情况在冬季期间尤为突出，经对历史数据分析，由于各气源国气温变化而造成短供的情况最为突出，因此通过中亚管道沿线各地区气温变化可相对准确的预测沿线各国的需求变化，进而获取气源供气量变化信息，为我国冬季保供的资源协调、管道运行的及时调整提供支撑。

本文通过研究3种预测思路，经对历史数据的质和量进行对比分析，最终确定按照管道沿线各国历史气温、各气源供气量、沿途下载量作为模型变量，选取了大数据神经网络技术的混沌算法来预测中亚管道转供国内气量，并开发了中亚进口气气温-气量预测模型，建立预测机制，坚持每日预测，及时通过未来的天气预测获取中亚进口气气量变化趋势，为国内能够及时筹措应急资源提供支持，同时有效把控运行调整最优窗口期，避免工况调整滞后造成的能耗损失。也为其他公司的冬季保供预测工作提供借鉴。

1 技术现状与研究进展

在管道运行过程中，可利用用气量模型来预测日、周、月的用气量，调整供气量以匹配供气需求。常见的模型有强逻辑特征物理模型、神经网络模型、灰色模型和多元函数拟合法，等等。其中神经网络模型可以有效解决预测用气量时的非线性问题。保障供气的关键在于准确预测用气量，但气量需求实际是一种随机变量，点预测的方式无法客观体现其随机性。目前，国内尚未有能够表达气量需求随机性的模型。

所谓气量需求预测就是根据用气量的历史数据，结合气象资料，如气温、降水等数据和信息，对未来的天然气负荷进行预估的一种方法。目前燃气公司主要采用传统的人工预报法：例如，工业用户每天按本单位实际情况预约用气量，民用及商用气量则由有经验的专业人员在调查采样等工作的基础上，结合当时的实际情况预测气量需求。这种方法根据经验由人工灵活考虑不同因素对负荷的影响，因此实用可行，但缺点是该方法只能由经验丰富的燃气输配工程师执行，不易掌握且精度不高，难以适应日益增长的天然气用气需求。

2 确定预测思路

中亚天然气管道共有土、乌、哈三个气源，根据气源供气特点及历史供气数据，建立了中亚管道输气总平衡关系图，见图 1，考虑从 3 个思路入手建立中亚进口气气量预测模型。

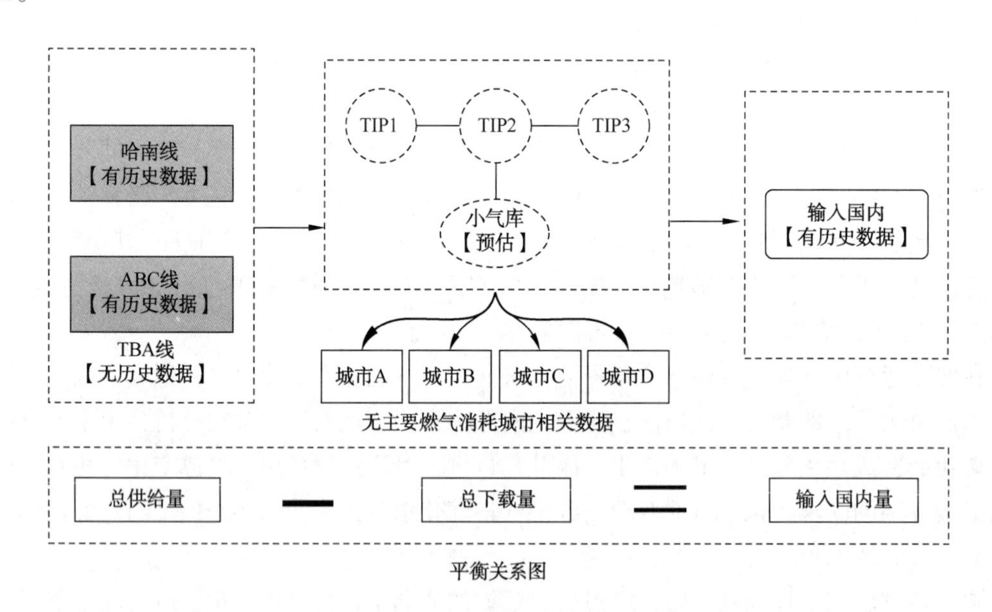

图 1 中亚管道输气总平衡关系图

思路 1：预测哈国南部主要城市的未来消耗，进而预测出哈国各下载点在未来的总下载量，根据总平衡关系，得出输入国内的燃气量。

思路 2：预估哈国 TBA 管道的量以及小气库的量，补全总平衡关系的数据，建立综合模型。通过输入和中间消耗的相关因素，建立直接对输入国内数据进行预测的综合模型。

思路 3：根据历史的总供给和输入国内量反推总下载量(广义的总下载量)，从而建立对总下载的预测。

经分析，由于土、乌、哈国主要消耗城市的具体消耗数据匮乏，相关管网输量数据无法获取，各国需求预测的准确性受“管道沿途下载点多、沿线各地区历史需求数据匮乏、管存变化影响转供国内气量以及政治、产能等其他因素”影响，准确预测沿线需求存在一定困难，按照思路 1 和思路 2 无法建立预测模型，本文按照思路 3 搭建预测模型，即通过管道沿线各国历史气温、各气源供气量、沿途下载量作为模型变量，为了准确预测用气量，提出了一种大数据神经网络技术的混沌算法来预测中亚管道转供国内气量，并开发了中亚进口气气温-气量预测模型，通过对比分析模型预测结果与实际转供气量的误差，确定模型的可信度。

3 预测模型搭建及误差分析

对中亚天然气管道供给平衡数据进行分析后，发现通过中亚管道供给到国内的气量和温度、下载、各管线供给、时间、管存等多维度数据并不存在明显的线性关系。此外，中亚管道的天然气供给和土国、哈国等主要供气国的政治因素、国内经济状况、产能配置等也有着非常强的关系，在这种多源非可控因素耦合影响下，单纯用线性算法建立预测模型的难度非常大。因此，本文在研究中，避开政治变动、产能配置等不可量化的因素，主要以现有可量化基础较好的数据入手进行建模。

为了从大量的历史天气数据、历史管道运行数据中学习到管网供气的隐式规律，本文主要进行了如下特征工程，通过构建若干个较为明显的特征变量，从而将管网运行工程师的工程经验体现在预测模型中。

- 日期数据：通过对月、周、天进行切分，形成映射多维周期的特征。
- 节假日数据：通过设置供气国的节假日数据，形成映射非常规信号的特征。
- 气温数据：通过输入管线沿线城市的气温数据，形成映射管线沿线下载量的特征。
- 历史下载量：通过对平衡关系的字段进行计算，形成新的反映管道宏观下载的特征。

经过数据挖掘、初步特征筛选和特征工程搭建之后，对随机森林、支持向量机、GBDT 等多种非线性模型的基线精度进行对比，选择表现较优的 BP 神经网络作为模型搭建和持续优化的模型算法。最后进行多次特征筛选和特征工程，并对神经网络进行超参优化，构建出含有三个隐含层的神经网络模型。如下是对 BP 神经网络算法原理的概述。

3.1 BP 神经网络概述

BP 神经网络是一种以信号正向传递、误差反向回馈为特征的多层前反馈网络，利用梯度下降学习规则，根据反向回馈的误差值不断校正网络中的连接权重值，不断减小网络误差直至逼近期望输出，以达到训练的目的。BP 神经网络模型是各领域中应用最为广泛的神经网络模型。如图 2 所示为一个典型的 L 层神经网络结构：

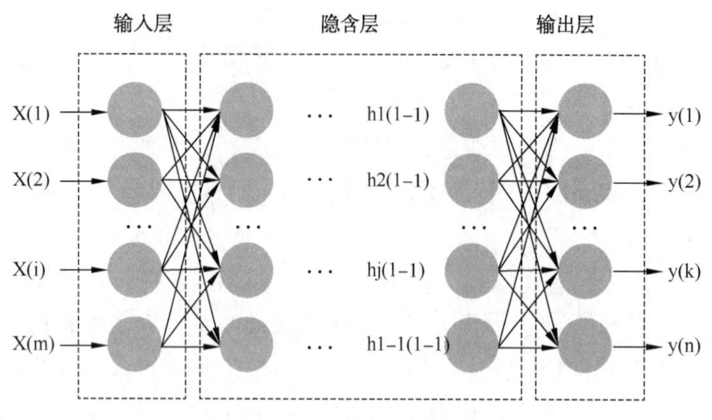

图 2　神经网络预测图

其中：第 1 层为输入层，最后一层即第 L 层被为输出层，中间的各层即第 2 层~第 L-1 层为隐含层。如下是关于神经网络各层对数据作用过程的简述：

令输入信号为 m 维向量：

$$\vec{x}=[x_1x_2\cdots x_i\cdots x_m],\ i=1,\ 2,\ \cdots,\ m \tag{1}$$

输出信号为 n 维向量：

$$\vec{y}=[y_1y_2\cdots y_k\cdots y_n],\ k=1,\ 2,\ \cdots,\ n \tag{2}$$

第 l 隐含层各神经元的输出信号为：

$$h^{(l)}=[h_1^{(l)}h_2^{(l)}\cdots h_j^{(l)}\cdots h_{s_l}^{(l)}],\ j=1,\ 2,\ \cdots,\ s_l \tag{3}$$

其中，s_l为第 l 层的神经元个数。

设$W_{ij}^{(l)}$为 l-1 层的第 j 个神经元与 l 层的第 i 个神经元之间的权重值；$b_i^{(l)}$为第 l 层第 i 个神经元的偏置值，那么可得：

$$h_i^{(l)}=f(net_i^{(l)}) \tag{4}$$

$$net_i^{(l)}=\sum_{j=1}^{s_{l1}}1W_{ij}^{(l)}h_j^{(l1)}+b_i^{(l)} \tag{5}$$

其中，$net_i^{(l)}$为 l 层第 i 个神经元的输入信号，$f(\cdot)$为神经元的激活函数。多层神经网络通常采用 sigmoid 函数，tanh 函数，ReLU 函数等非线性激活函数。通过加深神经网络层数，设置不同的激活函数等方法可以构造丰富的模型特征，最大化挖掘数据的潜力，并通过不断校正各个网络节点的连接权重值，不断降低模型误差。因此，神经网络模型被广泛应用于求解多参数、非线性回归问题，是目前机器学习和深度学习领域最为常用的算法。在本研究中经过对多个模型的运算精度进行对比，确定神经网络模型是适用于天然气供给量预测问题的最优模型。

利用神经网络的混沌算法研究历史数据，确定了预测模型的拓扑图，如图 3 所示。以气源供气量的历史数据、中亚管道输量的历史数据、历史温度、历史沿途下载气量为变量数据，进而预测出中亚进口天然气转供国内气量的数据。对平均绝对误差和平均相对误差进行分析，结果显示平均绝对误差(MAE)为 735.2，平均相对误差小于 10%，误差大小满足预测要求，如图 4 所示。

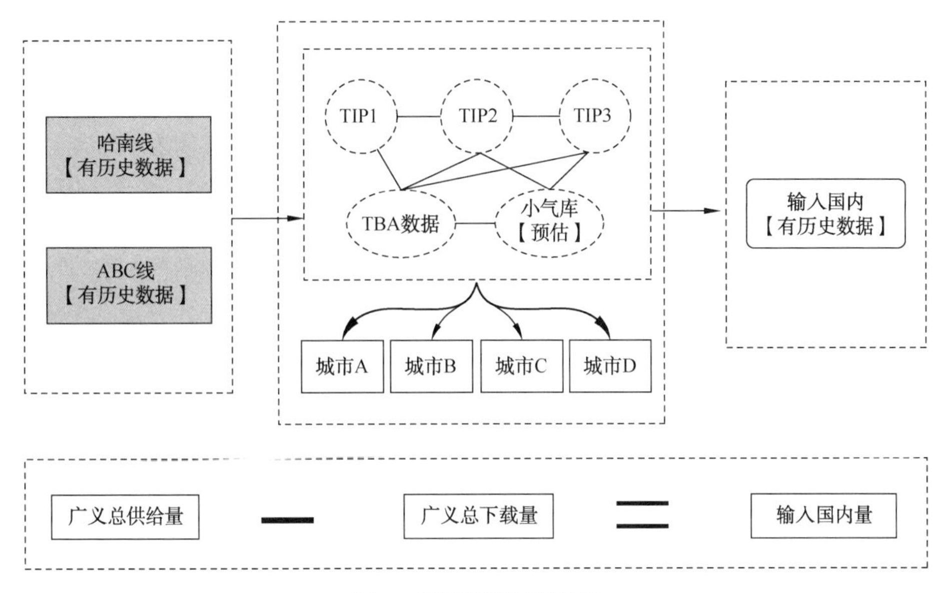

图 3　预测模型的拓扑图

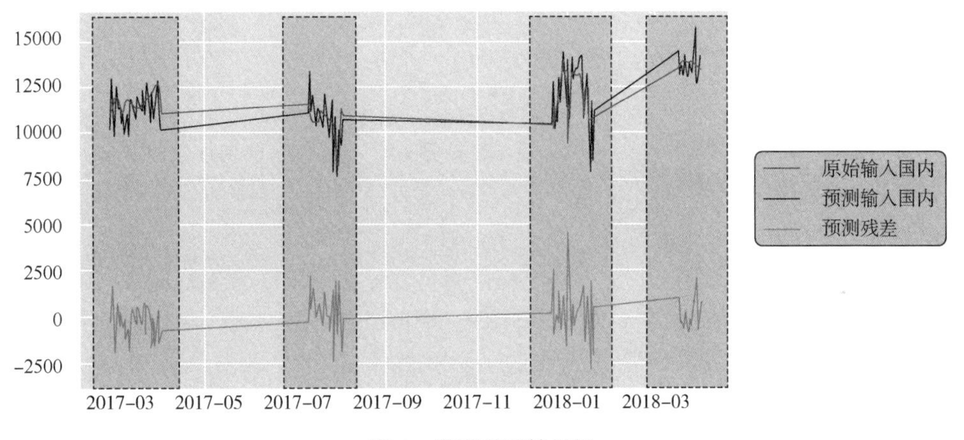

图 4　模型预测结果图

4　结论

1）提出了一种针对用气量的不确定性的可靠性评价方法，从用气量预测模型出发，通过分析预测误差来以概率表达预测用气量。

2）通过气源历史供气气量得出广义供给量，并结合沿线下载气、输量、气温等数据预测得出广义总下载量，按照管道进出平衡管理得出中亚进口气气量预测值，此思路消弱了变量数据不足带来的影响，通过足量的变量数据获得部分大变量数据(广义供给量、广义下载量)，在通过管网进出平衡关系，建立目标函数，预测得出目标值。

3）相比传统的 BP 神经网络，本文的 BP 神经网络在预测气量时可以快速得到全局最优值，减少变量数据不足的影响，并且可以同时训练新样本和记忆旧样本，可以很好的预测中亚进口气量。但是改进后的 BP 神经网络自存在动量参数获取繁琐、学习速度难以满足实时工作需求、内存消耗大的问题等。因此，如何进一步改进 BP 神经网络算法和优化网络结构，仍需进一步研究。

参 考 文 献

[1] 杨金威. 提高天然气长输管道输气效率的有效途径研究[J]. 中国石油石化，2016，10：15-16.
[2] 黄燕菲，吴长春基于不确定性用气量的输气管网供气可靠度计算方法，天然气工业，2018 年 08 期. ISSN：1000-0976.
[3] 张鹏，中外天然气管道运行管理差距及对策，管道保护，2016，3(28)：4-11.
[4] 花亚梅，赵贤林. 基于改进 BP 神经网络的厌氧发酵产气量预测模型[J]环境工程学报，2016，10(10)10.
[5] 李建，汪伟，基于小波神经网络的城市燃气用气量预测模型的研究[J]信息系统工程，技术应用，2016，6，(20).

浅谈天然气能量交接计量系统的监督与管理

谢 刚[1] 因别尔根[1] 王华青[2] 李海伟[1] 褚 军[1]

(1. 中油国际管道公司 中哈天然气管道项目；2. 中油国际管道公司生产运行部)

摘 要 2018年8月3日，国家发改委下发《油气管网设施公平开放监管办法(征求意见稿)》，要求天然气管网设施运营企业接收和代天然气生产、销售企业向用户交付天然气时，应以热值和体积为计量标准，以热量作为贸易结算依据，并接收政府计量行政部门的计量检查。暂不具备热值计量条件的，应于本办法施行之日起【24】个月内实现热值计量。为了迎合此次天然气贸易交接的重大调整，在天然气计量管理监督体系也需相应的进行改进，本文就此问题进行了浅析并给出初步探索性意见。

关键词 天然气贸易交接 能量计量 色谱分析仪 计量系统监督与管理体系

天然气作为清洁能源的核心价值在于其供出的发热量。1980年美国天然气加工者协会提出天然气交接计量和结算的供出能量原则。1998年ISO/TC 193开始制定ISO 15112《天然气能量的测定》，于2008年12月1日发布实施。欧美等成熟市场均采用天然气能量计量和实施能量结算，确保了用户使用不同天然气在价格上的公平性，体现了天然气作为燃料的核心价值，减少了天然气交易中的供需矛盾，促进了天然气的勘探开发和利用。在我国大力推广天然气能量计量不仅是与国际惯例接轨和进口贸易的必然要求，也有利于保护天然气生产或供应商和消费者的利益，提升天然气的市场价值及其与其他能源的竞争力。

1 国际形势

天然气能量计量与计价已成为目前国际上最流行的天然气贸易和消费计量与结算方式。除前苏联、东欧国家和中国等外，北美、南美、西欧、中东和亚洲的大多数国家的天然气交易合同虽在计量单位上有所差异，但均以天然气能量来结算。天然气输送和终端消费也同样以能量计价。美国在合同谈判过程中，尽管习惯口头上仍沿用以立方英尺作为单位，但在记录和财务结算中都是能量单位。

能量计量以其科学，公平和公正性得到越来越多的国家和地区采用并广泛用于国际天然气贸易交接计量中。计量单位主要是英热单位(Btu)和千瓦小时(kW/h). 天然气交接能量主要通过测量天然气的体积流量和单位体积发热量的方式获取。国际上测量天然气发热量的方法主要采用间接法，尤其是西欧地区。国际标准化组织(ISO)为能量计量的实施制定了指导性原则，实行能量交接的国家也颁布相关的标准和规范。全球LNG国际贸易交接全部采用能量计量计价的方式。单位普遍采用美元/MMBtu. 挪威和俄罗斯出口到欧洲的管道气也直接或间接的采用能量计价方式。加拿大出口到美国的管道气采用能量计价方式。其价格完全参照Henry Hub-(亨利港天然气期货)价格。

2 国内现状

我国于2001年发布国标“天然气计量系统技术要求”(GB/T 18603)，作为通用性的基础标准，对能量计量作出了原则性规定。全国天然气标准化技术委员会(下称天然气专标委)于2003年成立能量计量工作组，对国际标准草案“天然气—能量的测定”(ISO/DIS 15112)开展跟踪研究，同时准备制定符合国情的天然气能量计量国家标准，并就实施后者时必须建立的配套标准提出建议。2008年12月，天然气专标委在参考GB/T 18603《天然气计量系统技术要求》的基础上，修改采用ISO 15112：2007《天然气能量测定》制定并发布GB/T 22723—2008《天然气的能量测定》国家标准，并于2009年8月1日正式实施。然而到目前为止，我国目前天然气交接以体积计量方式为主。据不完全统计，目前国内仅有中海油输香港地区部分计量站及广东LNG/福建LNG、广东管道公司采用能量计量，其余管输天然气基本采用体积计量。

3 新的需求

2018年8月3日，国家发改委下发《油气管网设施公平开放监管办法(征求意见稿)》，再次强调管网设施开放的同时，重点强调了管网运营企业要采用天然气热值计量，并给出了日期要求，其原文第十五条：天然气管网设施运营企业接收和代天然气生产、销售企业向用户交付天然气时，应以热值和体积为计量标准，以热量作为贸易结算依据，并接收政府计量行政部门的计量检查。暂不具备热值计量条件的，应于本办法施行之日起【24】个月内实现热值计量。第三十九条：油气管网设施运营企业违反本办法第十五条规定，不按照要求进行商品计量的，或者计量监督检查结果不合格的，由政府计量行政主管部门责令限期整改，没收违法所得，并按照规定处以罚款。尽管该办法尚在征求意见期，但纵观国际国内的天然气计量发展现状，推行热值计量已经是大势所趋。在此背景下，中联油作为中亚管道跨国天然气贸易交接主体之一，当国内的贸易交接转变为能量交接时，对于中亚天然气管道来说，由于上游为原苏联国家，仍然进行体积式交接。如果中联油确认采用能量交接方式，那么如何实行能量计量还存在哪些问题、能否在相关文件正式下达之前做好充足的准备工作，已经成为了迫在眉睫的问题。

4 相关国际、国内标准

天然气贸易计量有量和质的计量，它们的计量标准可分为：

4.1 物性参数测定标准

工作条件下的物性参数有压缩因子和密度，目前只有计算方法标准。国内外，工作条件下然气物性参数计算标准有：AGA Report No.8，Compressibility Factor of Natural Gas and Related Hydrocarbon Gases（天然气及相关烃类气体压缩因子）、ISO 12213 Natural Gas－Calculation of compression Factor(天然气-压缩因子的计算)和GB/T 17747《天然气压缩因子的计算 》。AGA 8和，ISO 12213的计算方程、使用参数都相同，只是适用范围、不确定度和某些输入参数不同。GB/T 17747—2011与ISO 12213：2006在技术上完全等同。

4.2 流量测量标准(表1)

表1 体积流量测量标准

序号	标准号	标 准 名 称	采用程度	采用的国际或国外标准
1	GB/T 2624.1—2006	用安装在圆形截面管道中的差压装置测量满管流体流量 第1部分：一般原理和要求	IDT	ISO：5167-1：2003

续表

序号	标准号	标 准 名 称	采用程度	采用的国际或国外标准
2	GB/T 2624.2—2006	用安装在圆形截面管道中的差压装置测量满管流体流量　第2部分：孔板	IDT	ISO：5167-2：2003
3	GB/T 2624.3—2006	用安装在圆形截面管道中的差压装置测量满管流体流量　第3部分：喷嘴和文丘里喷嘴	IDT	ISO：5167-3：2003
4	GB/T 2624.4—2006	用安装在圆形截面管道中的差压装置测量满管流体流量　第4部分：文丘里管	IDT	ISO：5167-4：2003
5	GB/T 18603—2001	天然气计量系统技术要求	参考	EN1776
6	GB/T 18604—2001	用气体超声流量计测量天然气流量	NEQ	A. G. A. Report No. 9, ISO/TR 12765
7	GB/T 18940—2003	封闭管道中气体流量的测量 涡轮流量计	IDT	ISO 9951：1993
8	GB/T 21391—2008	用气体涡轮流量计测量天然气流量	NEQ	EN 12261：2002
9	GB/T 21446—2008	用标准孔板流量计测量天然气流量	参考	ISO 5167，ANSI/API2530/AGA Report No. 3
10	SY/T 6658—2006	用旋进旋涡流量计测量天然气流量	NEQ	ISO/TR 12764：1997
11	SY/T 6659—2006	用科里奥利质量流量计测量天然气流量	NEQ	AGA Report No. 11，API MPMS GHAPTER 14.9—2003，ISO 10790—1999，ISO 10790 AMD. 1—2003
12	SY/T 6660—2006	用旋转容积式气体流量计测量天然气流量	NEQ	EN 21480：2002

4.3 能量计量标准

天然气能量计量是最合理和科学的计量方式，欧美等发达国家都使用此方式。

能量计量是在体积或质量计量的基础上进行，关键是发热量的测定，以及体积或质量和发热量测量准确度的提高。

目前国外的标准有 ISO 15112：2011Natural gas-Energy determination(天然气-能量的测定)和 AGA Report No. 5—2009 Natural Gas Energy Measurement(天然气能量测量)。

我国参照 ISO 15112：2007 标准制定了 GB/T 22723—2008《天然气能量的测定》。

4.4 气质监测标准

天然气组成分析和气质测定是用于计量和质量，质量测定参数有二氧化碳、水含量(露点)、烃露点、硫化物、汞和颗粒物含量等。

在国外，制定天然气分析和气质测定标准的机构有美国材料测试协会(ASTM)、气体处理协会(GPA)和国际标准化组织(ISO)。

我国天然气分析和气质测定国家标准都是参照 ASTM 或 ISO 标准制定的，主要由全国天然气标准化技术委员会归口管理。

4.5 系统通用标准

目前，天然气计量系统的标准有：国际法制计量组织 OIML R140：2007 Measuring System for gaseous Fuel(气体燃料计量系统)、欧共体 EN1776：1998 Gas supply systems-Natural gas measuring stations-Functional requirements (供气系统 · 天然气计量站-功能要求)和我国标准 GB/T 18603—2014《天然气计量系统技术要求》。上述三个标准都适用于天然气计量系统从设计、试运、投产到运行各个阶段，对各个阶段的测量和管理都提出了原则性要求，不但可用于体积计量方式，同时也可用于能量计量方式。不同的是它们对计量系统等级的划分和相应参数的要求有所差异。

4.6 液化天然气计量标准

液化天然气(LNG)气化前计量有储罐和槽车计量，少量流量计计量是用于控制；气化后的计量采用管输天然气的计量方法。就计量标准而言，目前只有储罐计量的标准，主要是ISO标准。我国LNG标准由全国石油天然气标准化技术委员会液化天然气分技术委员会归口管理。

5 天然气能量计量监督管理体系建设

天然气能量计量体系涉及到流量测量、组成分析、物性参数计算设备及标准方法，以及流量测量和发热量测定溯源链等诸多关键技术。根据我国目前能量计量两个核心标准GB/T 18603—2001《天然气计量系统技术要求》和GB/T 22723—2008《天然气能量的测定》，为保障天然气能量计量的可靠性和准确性，需要构建适应能量计量的中油国际的天然气计量体系。

5.1 天然气计量监督体系建设

天然气能量计量体系涉及到流量测量、组成分析、物性参数计算设备及标准方法，以及流量测量和发热量测定溯源链等诸多关键技术。对于中国境内计量场站应根据我国目前能量计量两个核心标准GB/T 18603—2001《天然气计量系统技术要求》和GB/T 22723—2008《天然气能量的测定》进行评价与监督，对于境外计量场站应根据上下游均认可的国际通用标准进行评价与监督，为保障天然气能量计量的可靠性和准确性，需要构建适应能量计量的中油国际的天然气计量体系；

计量监督内容主要包括以下五方面：一是“人”-人员配备技能、相关资质是否满足岗位要求，职责范围是否明晰；二是“机”-计量器具的合规、准确、可靠；三是“料”-计量相关信息管理，进而延展到计量完整性管理；四是“法”-在用标准是否得到交接双方认可，是否是最新版本。各程序性文件是否齐备，相关应急预案是否制定并演练；五是“环”-计量设备环境条件是否满足计量要求。

通过以下五方面内容的监督来有效保障能量计量的实施：

5.1.1 “人”-人员

5.1.1.1 人员的职责

公司规定测量管理体系中所有人员的职责，并形成文件。管理者代表统筹规划，提出计量人员配置计划，报营运部总经理批准后，由人力资源及行政部按照公司人力资源管理的相关规定配置合适的计量人员；

5.1.1.2 能力

公司确保测量管理体系有关人员具有可证明的能力，以执行分配的任务；

计量人员技术等级可分为：

操作级：操作级主要集中在场站操作人员，应熟知计量设备工作原理，具备识别报警等级的能力，可以对设备进行简单操作；

管理级：管理级主要集中在场站计量管理人员，应了解相关计量标准，熟悉设备的使用和操作，有一定的设备故障分析和处理能力；

专家级：专家级应具备至少10年以上的相关领域的工作经验，熟知国内国际标准，熟悉设备的使用和操作，有很强的设备故障分析和处理能力；对现场工艺非常了解；可根据相关标准和体系对整个计量系统进行定性和定量判断，进而提出不足和改进意见和建议。

5.1.1.3 培训

公司规定所要求的专门技能，提供必要的培训以满足已识别的需要，并保存培训记录。培训记录包括培训计划、培训教材、培训签到记录及考核记录等。通过教育培训，计量人员必须认识到他们所承担的职责，清楚他们的活动对测量管理体系有效性和产品质量的影响。当使用正在培训中的计量人员时，负责培训的计量人员必须进行充分和适宜的监督；

5.1.2 “机”-计量器具

5.1.2.1 对所有在用计量器具建档管理，梳理并核实流量计、压力测量仪表、差压测量仪表、温度测量仪表、流量计算机、气相色谱分析仪在我天然气管网的分布现状，收集其位置、型号、使用年限、精度等级重要计量信息，完善相应计量器具的配备，标识管理，为天然气能量计量及计量器具的全生命周期管理提供数据支撑；

5.1.2.2 根据相关标准制定合规检定计划，确定计量器具日常维护和维修的内容和相关程序，以保证所有计量器具都能准确、合规、有效的使用，确保日常计量工作的正常开展；

5.1.2.3 参考国内外经验，对重要计量器具进行富裕配置和布点，邀请权威专家参与制定关键计量器具突发性故障应急预案，有效降低因计量器具故障导致的供气失效风险；

5.1.2.4 联合集团内计量技术部门和外协计量单位，根据我国天然气测量系列标准开展计量器具的性能评价(选型、安装、使用中巡查、维护维修、周期检定等)，对于生产工作的风险，从被动应对转为主动预防，提高中油国际能量计量数据公信力；

5.1.3 “料”-计量相关信息的监测和管理

5.1.3.1 温度和压力测量

温度和压力仪表的测量结果应在上位机系统中形成历史趋势，为故障分析以及输差分析提供素材。设备的标定、维护、部件更换或整体更换的信息应详细记录并存档，为设备的全生命周期管理提供依据；

5.1.3.2 流量测量

流量测量结果应在上位机系统中形成历史趋势，设备的标定、维护、部件更换或整体更换的信息应详细记录并存档，流量计的各个关键运行参数以及诊断参数应实时监测并形成电子记录，为设备的全生命周期管理及故障或输差分析提供依据；

5.1.3.3 物性参数测定

色谱分析仪测量结果应在上位机系统中形成历史趋势，设备的标定、维护、部件更换或整体更换的信息应详细记录并存档，色谱分析仪的各个关键运行参数以及诊断参数应实时监测，同时将定期重复性测试报告均形成电子记录，为设备的全生命周期管理及故障或输差分析提供依据；

5.1.3.4 计量操作信息

计量回路的任何操作信息都应及时记录并形成电子文档，以备后续交接及故障分析；

5.1.3.5 计量设备的配置文件

计量设备的配置文件应及时保存，更新至与设备同步，以备在更换部件或者意外丢失后对配置数据进行恢复；

5.1.4 “法”-标准，程序性文件，应急预案等管理

5.1.4.1 在用计量标准应为上下游共同认可的国内、国际标准，且应为最新版本；

5.1.4.2 程序文件应包括设备操作指导书，日常操作流程，贸易交接程序，计量完整性管理，输差管理程序，海关开施封、检查程序，越站管理程序，内审，外审程序等；

5.1.4.3 应根据安全风险，计量风险需求，制定相关应对预案，实施并演练；

5.1.5 “环”-计量设备环境是否安全并满足要求

5.1.5.1 室外设备应注意防潮，防腐，防雷

5.1.5.2 某些计量设备应防止阳光直射

5.1.5.3 控制室内设备应根据相关标准做好温湿度控制，以利于设备正常运行

5.1.5.4 计量系统接地是否满足相关要求

5.2 实行能量交接后，计量管理人员应注意的问题

5.2.1 对于计量相关设备，尤其是色谱分析仪的性能应定期核查，根据相关国家标准及厂家的内部标准对分析仪进行性能评测，从被动应对设备故障转为主动预防潜在风险。

5.2.2 对于上下游双方，在色谱分析仪及标气均合规的情况下，每小时应增加以下内容：

a) 天然气组分数据

b) 天然气的单位热值

5.2.3 对于能量计量结果，应保留其数据溯源，即工况流量，温度，压力以及组分数据，在相关上位机或者远程诊断系统中形成历史存档，随时可以调看，核对。

5.2.4 由于中亚管道上游为多气源混合输气，气体的物性参数在一定时间内会产生波动，如图1~图2所示：

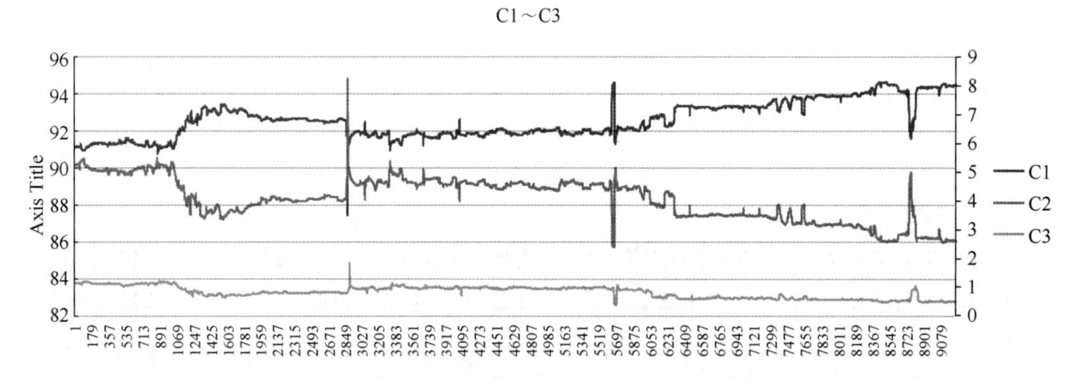

图1 在一个月时间内甲烷，乙烷，丙烷组分变化趋势

在上述情况下，这就更加要求充分保证色谱分析仪的测量稳定性和准确性。在天然气计量过程中，天然气物性参数尤其组分在标准体积计算时表现为一阶影响-工况体积转换为标况体积时，采用AGA8号报告和温度、压力、组分值来计算压缩因子。而采用能量交接后，则为二阶影响-在标况体积计算的基础上，多了一步根据ISO6976和组分来进行热值的计算，所以天然气组分测量的准确与否在能量计量准确性上会体现的更加突出。

中哈天然气管道霍尔果斯计量站目前在役三条管线，AB线和C线，AB线采用了一个共同的超声波计量橇座系统，C线则由于是后期建设，采用了单独的计量系统。目前对于每一个计量系统都改用了双色谱的设计，一用一备。当某台色谱发生故障时，可实现自动切换，规避了由于色谱故障造成计量损失的风险。

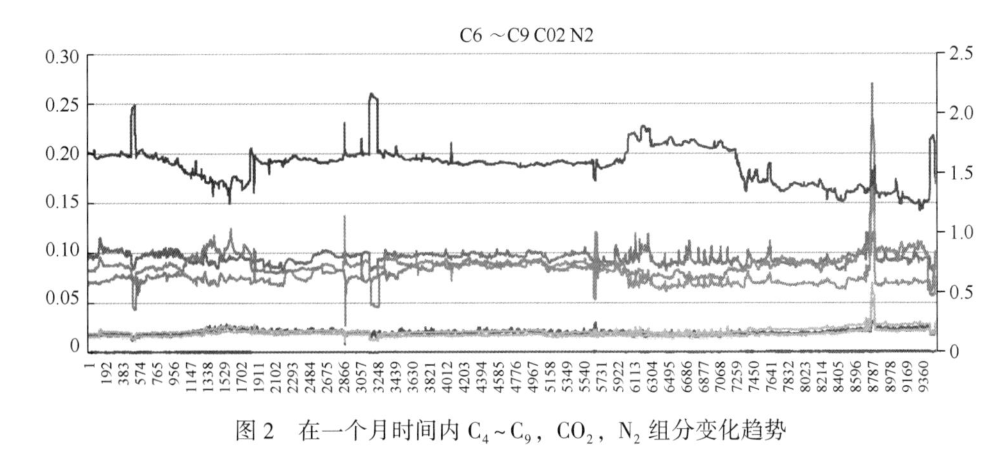

图 2　在一个月时间内 $C_4\sim C_9$，CO_2，N_2 组分变化趋势

5.2.5　对于混气的工况，在日常运行管理中还发现此时在对气体超声波流量计进行声速核查测试不通过的情况，如图 3、图 4 所示：

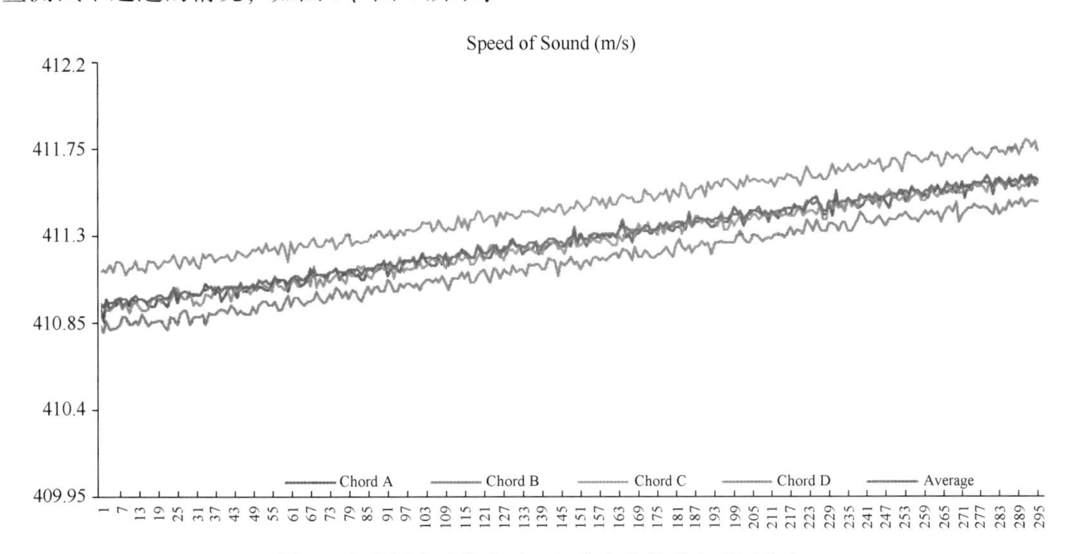

图 3　在进行声速核查时，组分变化导致声速不稳定

Ferquency 2	Averaqe Performance	100	%
12742.6 m³/hr	Meter Average SOS	411.28	m/s
5000Hz	Computed SOS	410.33	m/s
1412.59 pulses/m³	Difference	0.23	%
.000707921 m3/pulse	Specnnc Glavlty	0.5877	
	Heating Value	38.6	kJ/dm³
	Fow Direction	Fonward	
m/s	Profile Factor	1.161	
2016/5/3 10:59:27	Swirl	0	degree

图 4　混气条件下声速核查结果

根据 GB/T 30500—2014 对气体超声波流量计进行声速核查时，在组分稳定时方可进行，原因是在管输介质为混气且不稳定的时候，由于在线色谱分析仪的分析周期所限-每 4 分钟一次测量周期，分析仪的分析结果无法及时反映实际变化较快的气质组分，而快速变化的气体组分则会造成在进行声速核查过程中流量计测量声速不稳定，最后导致其与理论声速之间偏差超过允许范围。基于目前尚未有更先进的组分测量技术的现状，只能对现场操作提出更

高要求，技术人员应具备判断组分是否稳定的能力，以及确定现场温度、压力、流量测量，组分测量仪表均满足 GB/T 30500—2014 相关要求的能力，方可进行声速核查，做出正确的判断。

5.2.6　将混气中甲烷测量结果趋势图与上下游输差综合在一起后，可发现当组分发生明显变化时，输差也发生了相应的变化，但是基本在约定的输差范围(+/-0.2%)内。

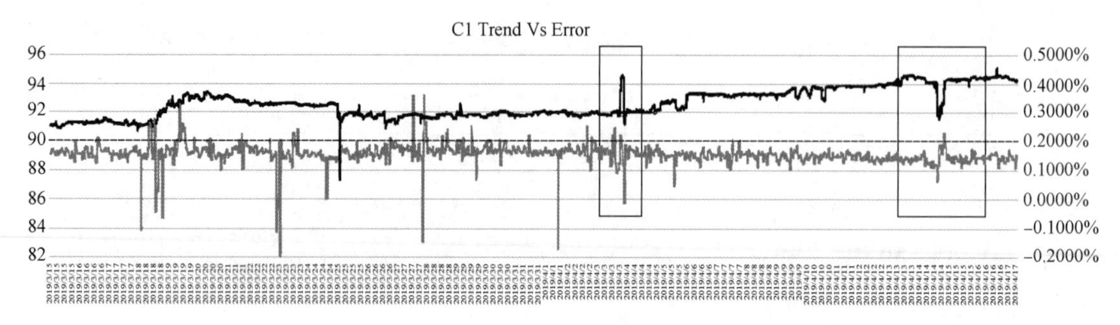

图 5　在一个月内混气中代表性气体-甲烷变化趋势与上下游输差关系图

5.2.7　综上所述，对于混气介质，目前尚未有更好的测量手段及时跟踪变化较快的天然气介质，这就不仅要求计量场站的技术人员具备一定的技能和相关专业知识，合规、合理进行在线声速核查；同时也要求上游输气单位，在进行混气作业前，应及时通知下游单位，做好迎接混气准备，从而为天然气准确计量创造更有利的作业条件。

5.2.8　对于实施年度计量审计的企业，应在计量审计内容上增加能量计量审计相关内容，如实施计量审计人员具备相关资质、能力和技术，推荐对整个计量系统的能量计量结果进行不确定度评估并形成书面报告。

5.2.9　根据德国目前的超声波流量计计量及校准规范“Mess und Eichverordnug”，对于天然气贸易交接计量口，应设置两台同精度一致，不同工作原理的流量计，可以是超声-涡轮的组合，也可以是对射式超声-折射式超声的组合，如果两台流量计测量偏差超过 0.5%，则说明流量计测量有问题，需要送检。而对于跨国贸易交接口，由于其管理的特殊性，在平时运行期间，所有计量器具均为海关施封管理，无法轻易对流量计量设备进行操作，同时考虑到跨国贸易交接口年交易量极其巨大，如果发生较小的偏差都可能会造成巨额绝对数量的损失。建议在后续场站建设时，考虑设计双计量系统，通过在线比对方式判断计量系统的准确性与稳定性，从而为跨国贸易交接精确计量提供有力保障，从而大大提升计量数据的公信力。

6　结论

随着国家发改委 2018 年 8 月发布《油气管网设施公平开放监管办法(征求意见稿)》，要求国内天然气管输企业在 24 个月内完成从体积交接到能量交接，国内管网公司实行能量计量已经势在必行，这对于各个管输企业来说是一个极其重要的调整，企业应积极进行技术和硬件储备，熟悉相关标准，梳理管理体系，优化管理流程，从而为迎接能量计量交接做好充分的准备。

国内外天然气流量计检定流程及水平比较

陈群尧[1]　赵　矛[2]

(1. 中油国际管道公司新疆分公司；2. 中油国际管道公司　中吉天然气管道项目)

摘　要　本文通过国内外大口径天然气流量计检定实验室流程介绍和水平比较，看到了国内天然气流量计检定实验室的差距，讨论了国内天然气流量计检定水平提高的方面和途径。

关键词　天然气　流量计　检定流程

随着世界经济的不断发展，保护环境，减少二氧化碳及二氧化硫的排放越来越得到各国的重视。在当今仍然倚重化石燃料时代，天然气作为清洁能源，广泛被全世界采用。国与国之间，国家内行业与行业之间的天然气交易十分频繁，因此，天然气的计量就凸显重要，天然气的计量及检定水平体现了国家工业化实力和现代化水平。根据 IEA(国际能源署)的2018 报告[1]，在未来 5~10 年内，中国的天然气进口量将占到世界第一位。迅速提高我国的天然气计量检定水平，进入世界先进水平行列就十分重要和必要。

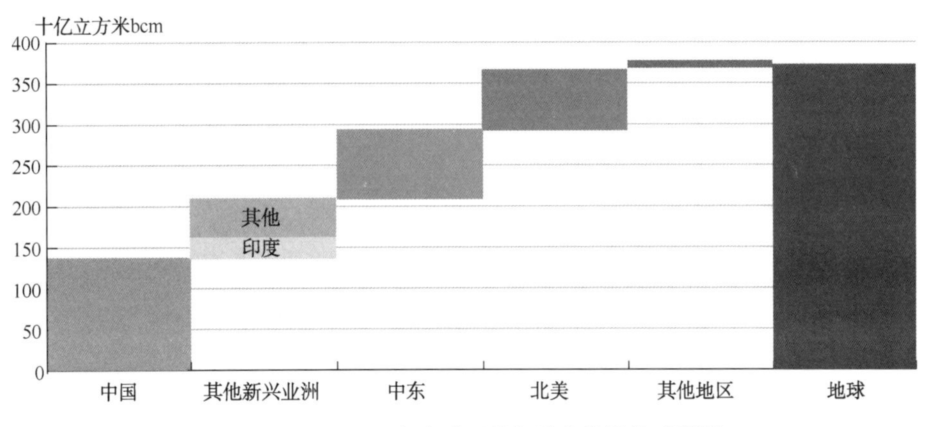

图 1　2017—2023 年全球天然气消费增量构成预测

1　国外大口径天然气流量计检定实验室流程

纵观国外工业发达国家的天然气计量检定实验室，一般都具备大口径、高压力，高精度流量计的检定能力。国外主要大口径天然气流量计检定实验室装置水平大致如下[2~9,15]：

1.1　荷兰国家计量研究院 Groningen 检定装置

Groningen 检定装置压力范围：0. 9~4. 1MPa；流量计管径范围：~Φ200mm；流量范围：45~2. 5×10³m³/h；不确定度：≤0. 30%，检定装置示意流程见图 2。

原级标准装置为钟罩式，次级标准和工作标准装置分为两路，一路次级标准为 10 台平行布局，最大流量 400m³/h 容积式流量计，用于高精度流量计检定；另一路工作标准为 1 台400m³/h 容积式流量计，4 台最大流量分别为 650m³/h、1600m³/h、4000m³/h(2 台)的涡轮流量计，用于日常检定。次级标准可直接检定工作标准。

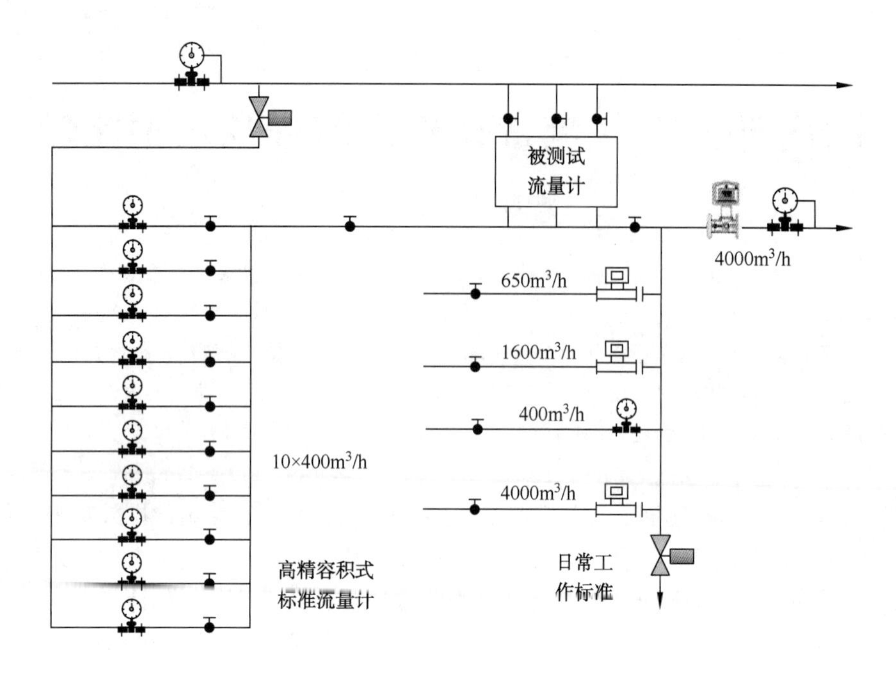

图 2　Groningen 检定装置示意流程

1.2　荷兰国家计量研究院 Bergum 检定装置

Bergum 检定装置压力范围：0.9～5.0MPa；流量计管径范围：Φ50～Φ150mm；流量范围：～$1.2×10^3m^3/h$；不确定度：≤0.25%，检定装置示意流程见图 3。

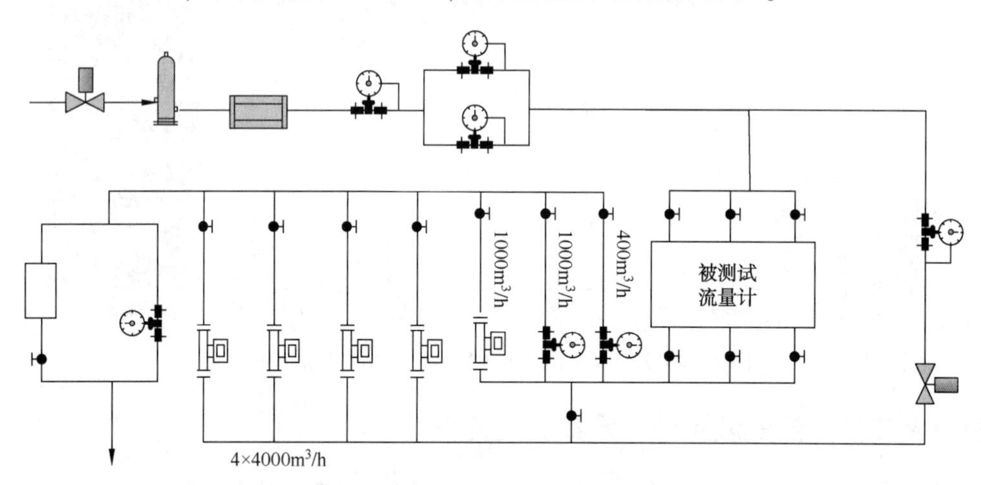

图 3　Bergum 检定装置示意流程

原级标准装置为钟罩式，次级标准装置为 2 台流量分别为 $400m^3/h$ 和 $1000m^3/h$ 的容积式流量计，工作级为 4 台最大流量 $4000m^3/h$ 的涡轮流量计。该装置可通过次级标准溯源至 Groningen 检定站的主标准，也可内部进行溯源。

1.3　荷兰国家计量研究院 Westerbork 检定装置

Westerbork 检定装置压力范围：4.1～6.3MPa；流量计管径范围：～Φ750mm；流量范围：～$6.5×10^3m^3/h$；不确定度：≤0.25%，检定装置示意流程见图 4。

原级标准装置为钟罩式，次级标准装置可采用 2 只 900mm 的文丘里临界喷嘴，工作级

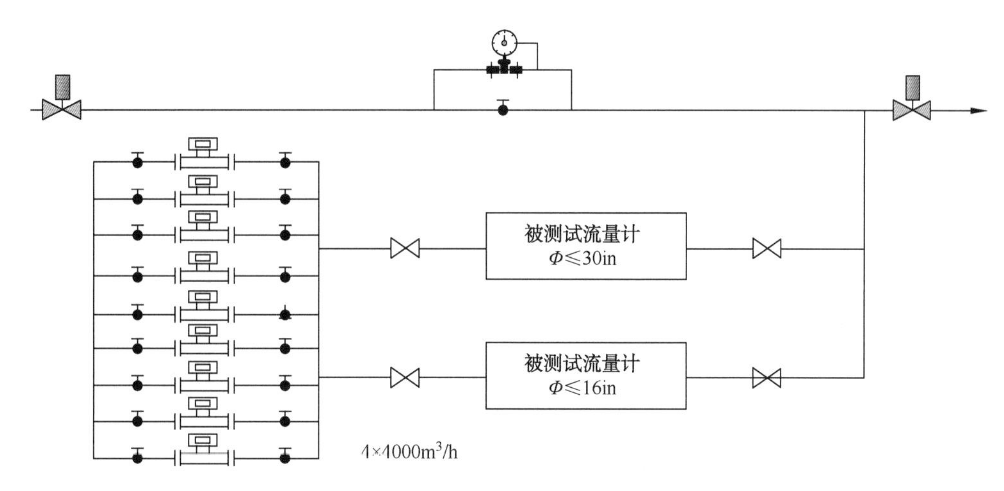

图 4　Westerbork 检定装置示意流程

为 10 台最大流量 4000m³/h 的涡轮流量计。该装置有两条检定管路与工作级串联。

1.4　加拿大输气校准公司(TCC)

TCC 检定装置压力范围：~7.0MPa；流量计管径范围：Φ200~Φ750mm；流量范围：50~6×10⁴m³/h；不确定度：≤0.2%。检定装置示意流程见图 5。

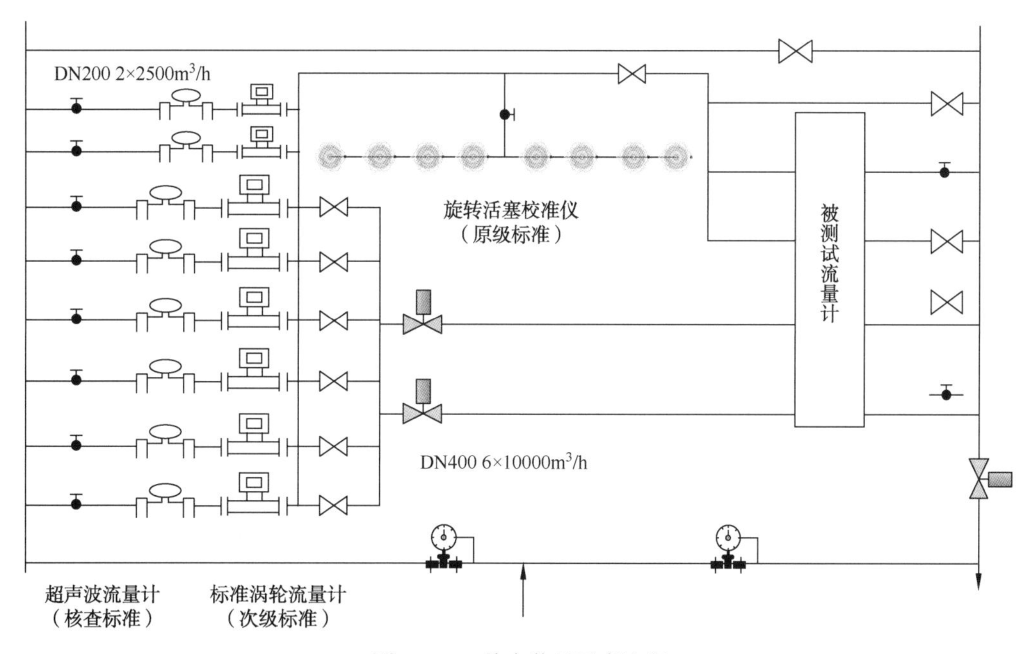

图 5　TCC 检定装置示意流程

原级标准装置为旋转活塞校准仪，核查标准由 10 台腰轮流量计构成，次级标准装置为 2 台最大流量 2500m³/h 和 6 台最大流量 10000m³/h 的涡轮流量计。核查标准定期对标准表进行检测，以确保标准表可靠稳定。TCC 检定装置是目前世界上天然气流量计仪表检定压力最高，管径最大，检定能力最强的检定实验室。该装置可通过荷兰 NMI 提供的 1 台 DN400 涡轮流量计和 1 台 DN400 超声波流量计将装置溯源至 NMI 标准。

1.5　德国国家物理技术研究院 Pigsar 检测站[12~13,17]

Pigsar 检定装置压力范围：1.4~5.0MPa；流量计管径范围：Φ80~Φ500mm；流量范围：

$4.8\times10^2\sim2.0\times10^4m^3/h$；不确定度：≤0.16%。检定装置示意流程见图6。

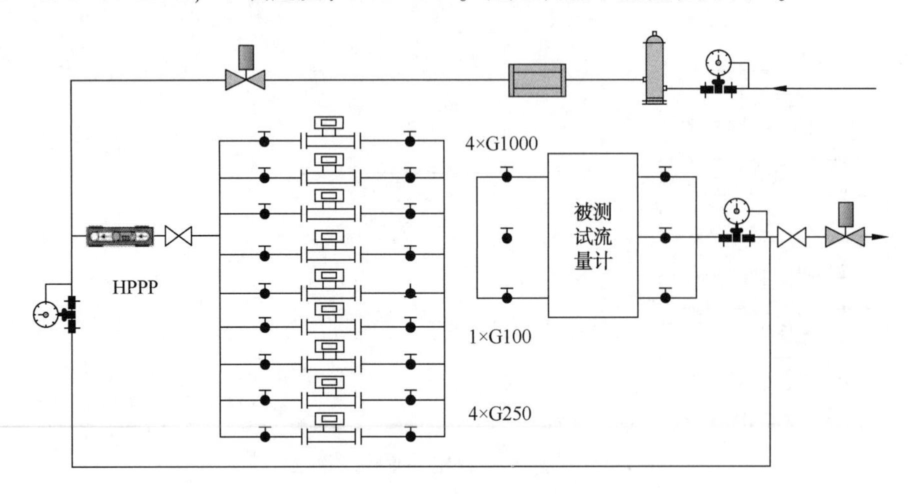

图6　Pigsar检定装置示意流程

原级标准装置为高压体积管(HPPP)，次级标准装置为4台G250的涡轮流量计，工作标准装置为1台G100和4台G1000涡轮流量计。HPPP是不确定度最小的原级，其不确定度不超过0.01%。

1.6　美国气体研究所(GRI)

(1)高压环道

GRI高压环道装置压力范围：1.0~8.3MPa；流量计管径范围：Φ50~Φ600mm；流量范围：~$2.3\times103m^3/h$；不确定度：≤0.25%。

(2)低压环道

GRI低压环道装置压力范围：0.14~1.45MPa；流量计管径范围：Φ25~Φ200mm；流量范围：~$0.9\times103m^3/h$；不确定度：≤0.25%。

GRI检定装置的原级标准采用mt法，工作级标准装置为临界流文丘里喷嘴。其溯源的方法简单，可通过原级装置的量值直接溯源至NIST(美国国家标准与技术研究院National Institute of Standards and Technology)。检定装置示意流程见图7。

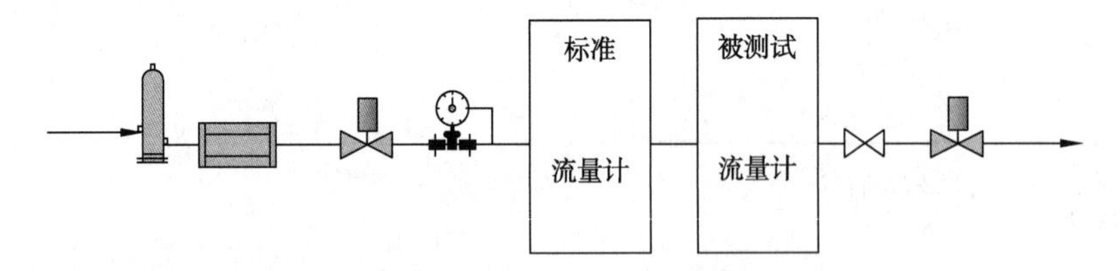

图7　GRI环道检定流程简图

1.7　美国科罗拉多工程实验室(CEESI)

CEESI检定装置压力范围：~7.0MPa；流量计管径范围：~Φ750mm；流量范围：~$4.9\times10^4m^3/h$；不确定度：≤0.25%。

CEESI检定装置原级标准装置采用pVTt法，次级标准装置为文丘里临界喷嘴，工作标准装置为涡轮流量计。CEESI也是目前世界上能检定Φ750mm口径流量计不多的实验室之一。

1.8 法国 Alfortville 检测中心(GdF)

GdF 检定装置压力范围：1.0～6.0MPa；流量计管径范围：～Φ300mm；流量范围：～$6.5\times10^3 m^3/h$；不确定度：≤0.25%。

GdF 检定装置原级标准采用 pVTt 法，工作级标准装置为文丘里临界流喷嘴。

另外，俄罗斯、挪威及日本的流量计检定实验室[2]也颇具一定规模，这里就不在一一介绍。

2 国内天然气流量计检定检测站流程

国内从 90 年代后期就开始建立天然气流量计检定实验室，到第一条大口径天然气管道——陕京天然气管道建成后，国内流量计检定实验室已经初具规模，具备了对大管径、高压力及高精度管输天然气流量计的检定能力[5,9-13]。随着国内西气东输天然气管道工程、中亚及中俄等跨国天然气管道工程的建设，国内的天然气流量计检定工作不断与国际接轨，水平也不断提高。现将国内主要的流量计检定实验室分述如下：

2.1 大庆国家大流量计站

大庆站是国家一级标准站，检定装置压力范围：0.4～2.0MPa；流量计管径范围：～Φ300mm；流量范围：10～$1.5\times10^3 m^3/h$；不确定度：≤0.5%。

大庆站原级标准装置采用 $10m^3$ 钟罩，这也国内目前准确度等级最高的钟罩式气体流量标准装置。这套检定装置以空气为介质，次级标准为文丘里临界喷嘴，工作级标准为涡轮流量计。另外，大庆站还有一套以天然气为介质，采用 CEESI 生产检定的 16 只不同管径的文丘里临界喷嘴并联组成的移动式检定装置，流量范围：10～$1.5\times10^3 m^3/h$，不确定度：≤0.25%。

2.2 南京天然气实流计量测试中心

检定装置压力范围：2.5～10.0MPa；流量计管径范围：Φ50～Φ400mm；流量范围：10～$1.2\times104m^3/h$；不确定度：≤0.32%。检定装置示意流程见图 8。

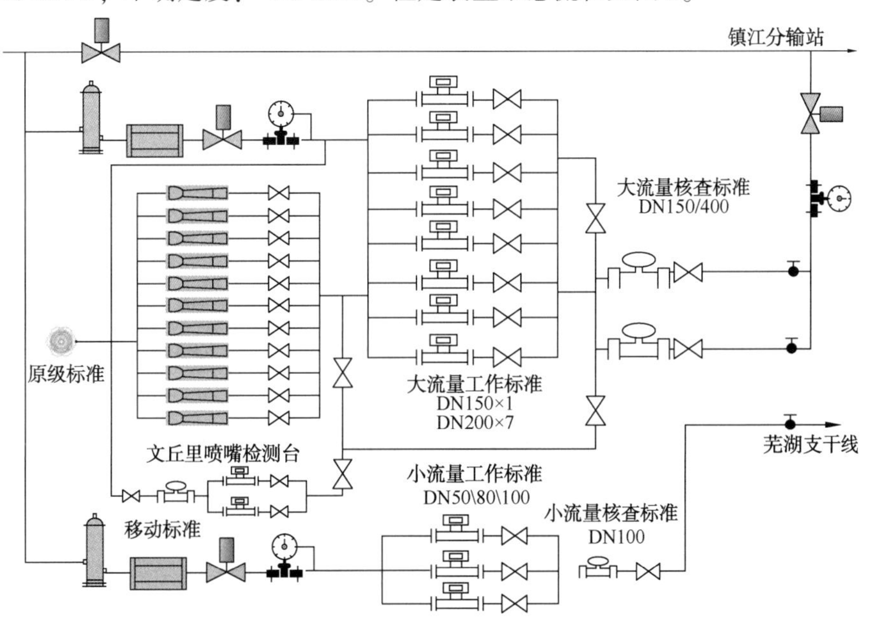

图 8 南京天然气实流计量测试中心流程示意

原级标准采用 mt 法，次级采用 12 只按照 ISO 9300 标准设计、制造和安装的文丘里临界喷嘴并联安装。检定线路分为二路，大口径线路工作标准由 1 台 DN150 和 7 台 DN200 涡轮流量计并联安装组成，流量范围：50 ~ 12000m³/h，核查标准为 2 台超声波流量计(DN150、DN400)；小口径线路工作标准由 1 台 DN50、1 台 DN80 及 1 台 DN100 涡轮流量计并联安装组成，流量范围：10~750m³/h，核查标准为 1 台 DN100 超声波流量计。另外，南京站还有一套移动式天然气流量检定标准，该移动标准由 2 台并联涡轮流量计工作标准及 1 台超声波流量计核查标准构成，其工作压力：1.6~10.0MPa，流量范围：10~8000m³/h。

2.3 成都天然气流量分站

检定装置压力范围：0.3~4.0MPa；流量计管径范围：Φ50~Φ400mm；流量范围：16~8.0×10³m³/h；不确定度：≤0.33%。检定装置示意流程见图 9。

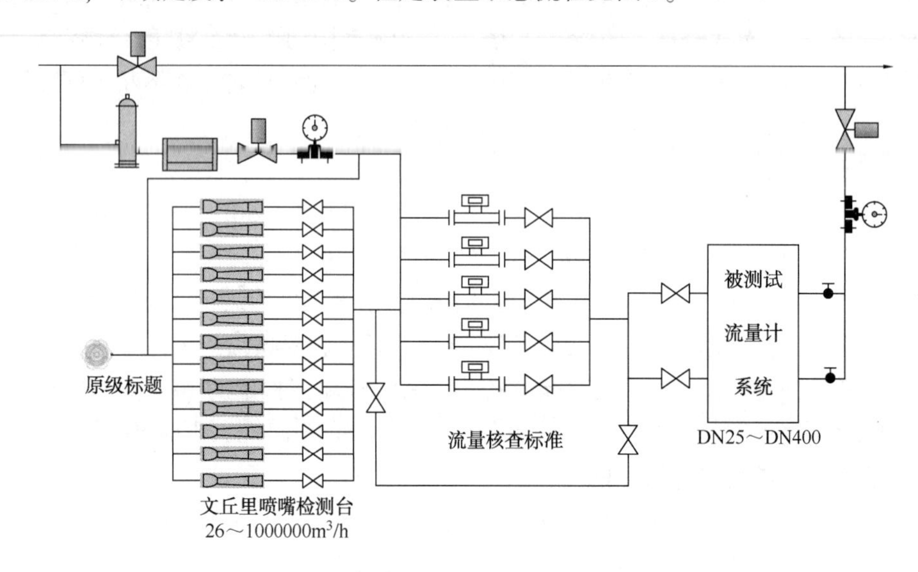

图 9 成都天然气流量计检定流程示意

原级标准采用 mt 法，次级采用 13 只美国 CEESI 检定通过的文丘里临界喷嘴并联安装构成，流量范围：26~100000m³/h，不确定度为 0.25%，工作标准为五组并联涡轮流量计，可对口径 DN25~400 的多种流量计进行检定，核查装置采用超声波流量计，流量范围：20~8000m³/h。另外，成都站还有一套移动式天然气流量检定标准，该移动标准为超声波流量计，其工作压力：0.3~4.0MPa，流量范围：40~8000m³/h。

2.4 武汉天然气流量分站[11]

检定装置压力范围：2.5~10.0MPa；流量计管径范围：~Φ300mm；流量范围：20~8.0×10⁴m³/h；不确定度：≤0.33%。检定装置示意流程见图 10。

武汉站是国内第一个使用 HPPP 原级标准装置的检定站，选用由 2 台 G250 涡轮流量计的平均值传递，流量范围：20~400m³/h，配备两组限流喷嘴，实现 16~400m³/h 八个工况流量点的设定；工作标准装置由并联的 11 条标准管路构成，每条管路由标准涡轮流量计和核查超声波流量计串联而成。另外，武汉站还有一套移动式标准，由 3 台并联的标准涡轮流量计(口径分别为 DN80\150\400)与 1 台口径为 DN300 的核查超声波流量计串联组成，设计压力为 10MPa，流量范围：20~8000m³/h，被检测流量计口径 DN50~300。鉴于 HPPP 原

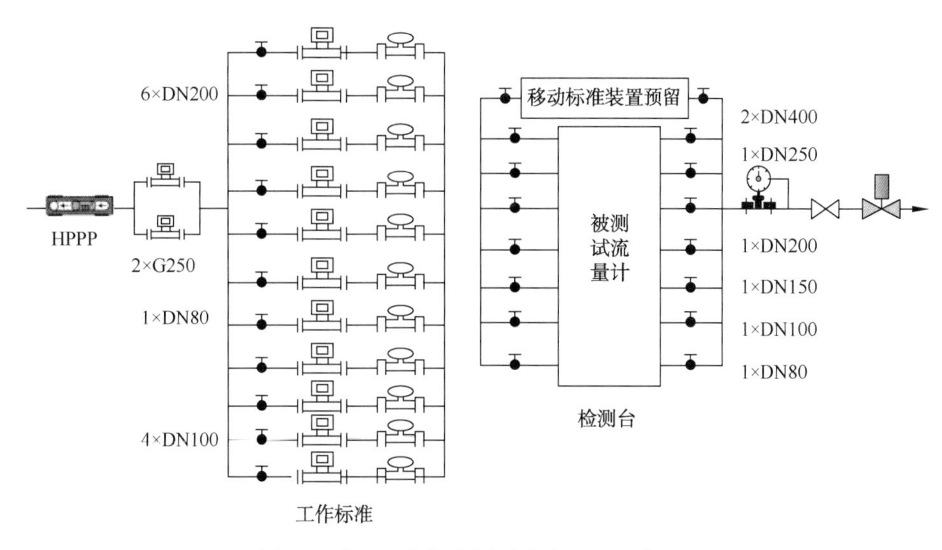

图 10　武汉天然气流量计检定流程示意

级装置检定系统不确定度的影响因素，减少管容是必要的办法。

2.5　重庆天然气流量分站

检定装置压力范围：0～1.2MPa；流量计管径范围：Φ25～Φ250mm；流量范围：1～6.0×10^3m^3/h；不确定度：≤0.2%

重庆站的原级标准装置采用 pVTt 法，次级标准采用文丘里临界流喷嘴，工作级标准为涡轮流量计。

2.6　乌鲁木齐站

新建的乌鲁木齐站检定装置压力范围：2.5～10MPa；流量计管径范围：Φ50～Φ400mm；流量范围：7～8.0×10^3m^3/h；不确定度：≤0.1%。检定装置流程见图 11。

乌鲁木齐站无原级标准装置，原级在南京站或成都站校准，次级标准为文丘里临界喷嘴，工作级标准为涡轮流量计。

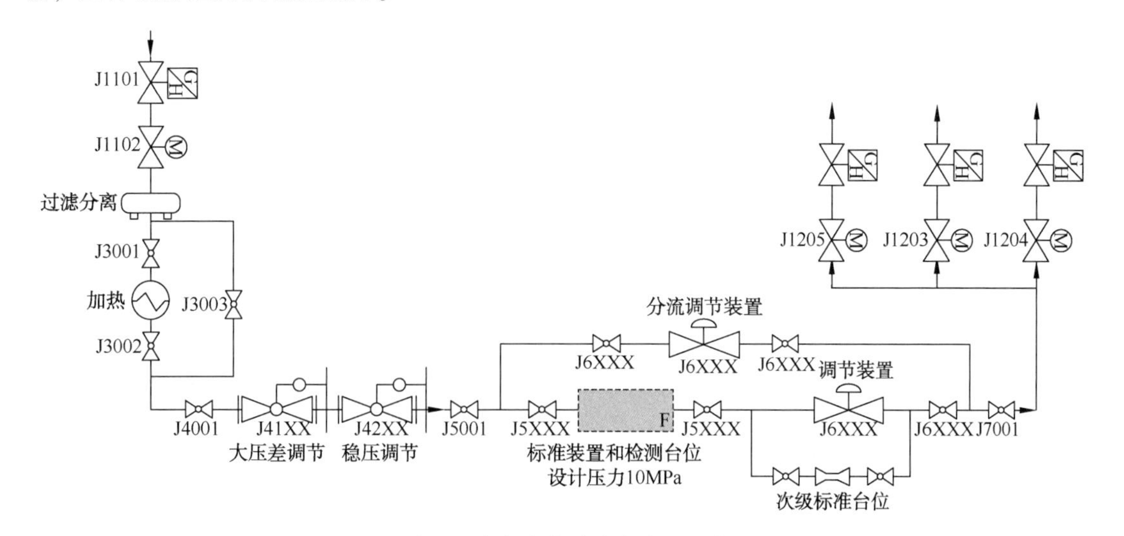

图 11　乌鲁木齐站检定流程示意

2.7 广州站

新建的广州站检定装置压力范围：4.5~10MPa；流量计管径范围：Φ50~Φ400mm；流量范围：(8~1.2)×$10^4m^3/h$；不确定度：≤0.1%。

与上述乌鲁木齐站类似，广州检定站无原级标准装置，仅含次级和工作级，原级在南京站或成都站校准，次级标准仍然为文丘里临界喷嘴，工作级标准为涡轮流量计。

另外，国内最近又在北京、塔里木、榆林、东北等地建立了工作级标准的计检定站[11]，其检定方式和原理大同小异，这里就不再赘述。

3 国内外天然气流量计检定水平比对

3.1 起步时间有差距

国外天然气流量计检定起步较早，随着工业化革命发展和天然气作为主要能源的普及，欧美国家的流量计检定实验室在20世纪70~80年代就建成[2~9]，并投用多年，并形成了完善的标准体系；我国在改革开放后于90年代开始建立大口径天然气流量计检定实验室[10~11]，随着陕京输气管道、涩宁兰天然气管道、西气东输管道及出川天然气管道的投用，国内在成都、大庆、南京、武汉、重庆等地都建立了大口径天然气流量计检定实验站；随着中亚天然气管道、中俄天然气管道及海上LNG等国际通道的开通，国内又在乌鲁木齐、广州及塔里木等地建成了新的一批流量计检定实验站，这些实验站的检定水平与欧美老牌实验室相比，在流量计管径，压力和精度方面都在不断缩小差距。

3.2 检定介质发生转变

通常流量计检定的介质一般选用空气、氮气和天然气。为了提高检定的准确度，采用天然气进行流程检定是检定流量计的最好介质，欧美工业发达国家的流量计检定实验室都从过去的空气或氮气介质转变为天然气介质，最大限度的消除介质重量和流动性差异引起的误差；国内后建或扩建的南京、成都及新建的乌鲁木齐、广州、塔里木等检定站也采用管输天然气作为检定介质，达到与国际水平同步。

3.3 原级标准装置在不断更新

原级标准装置在不断更新，流量计检定的原级装置过去一般采用的是钟罩式方法；后来逐步过度到mt法或pVTt法；目前，德国的Pigsar检测站和中国的武汉计量检测站采用HPPP法[12~13,17]。这些原级标准装置的更新，使原级的检定压力有很大变化，检定的不确定度方面得到提高。

3.4 次级标准装置以临界喷嘴居多

次级标准装置的形式主要包括旋转活塞流量计、容积流量计、涡轮流量计和文丘里临界流喷嘴等，文丘里临界流喷嘴作为次级流量标准装置不确定度达到0.15%~0.25%的范围，目前国际上先进的流量计检定实验室次级标准装置大多采用文丘里临界流喷嘴，国内的南京、成都、乌鲁木齐及广州等计量检定中心也都采用了文丘里临界流喷嘴作为次级流量标准装置。

3.5 工作级标准装置趋于固定

被直接用于流量计量值传递的工作级标准装置也趋于固定，通常工作级标准采用的涡轮流量计一般不确定度在0.25%~0.40%之间，涡轮流量计技术成熟，具有良好的流量特性被广泛采用，国内所有的流量计检定站都采用涡轮流量计作为工作标准器，临界流文丘里喷嘴由于其压力损失较大，容积流量计对介质的清洁程度要求较高，这两种流量计作为工作级标准器一般仅限用于低压检定站。

3.6 检定规范和方式与国际接轨

天然气流量计的检定原理一般采用容积值比较法，即在相同时间和工况条件下天然气通过标准装置和被检测流量计，比较两者流量值误差，从而确定流量计的性能。国际通行的流量计检定程序十分成熟，国内开展的流量计检定流程无一例外都是参照国外流程；检定装置的设计、制造和安装都是直接采用国际标准，因此检定方式与国际完全接轨。

3.7 计量标准采标欧美

中国天然气流量计量工作虽然起步较晚，但从一开始就以欧美标准为参考，国内的天然气流量计量标准都是参照欧美标准，通过采标的形式转化为国家标准（GB）或行业标准（SY）。表1列出了现行中国天然气流量计量标准与欧美天然气流量计量标准的对比[5,15~16]。

表1 国内外天然气流量计量标准比较

序号	内容	美国	欧洲	中国
1	孔板	通用	ISO 5167-1	GB/T 2624
		天然气	API ANSI2530/AGA No3	GB/T 21446—2008
2	涡轮流量计	AGA No7—2007	ISO 9951，EN12261：2002	GB/T 21391—2008
3	超声流量计	AGA No9—2007	ISO17089—2009	GB/T 18604—2014
4	涡街流量计	—	ISO T/R12764	SY/T 6658—2006
5	容积流量计	AGA No6 ANSI B109.3	EN12480：2002	SY/T 6660—2006
6	Coriolis 质量流量计	AGA No11—2013	ISO-19790	SY/T 6659—2016
7	临界流流量计	ASME/ANSI MFC-7 1987	ISO9300	GB/T21188—2007
8	能量测量	AGA No5—2005	ISO15112：2007	GB/T 22723—2008
9	计量系统	—	EN1776，OIML R140 2007	GB/T18603—2014

通过表1可以看出，中国目前采用的天然气流量计量标准都等效或等同于欧美国家的相应标准。从另一方面看出，中国天然气流量计量标准与国际标准基本是一致的。

3.8 检定管径和精度不断提高

随着流量计检定技术的不断发展，天然气流量计的检定管径和精度不断提高。表2列出国内外流量计检定实验室原级检定装置的最大流量、最大压力及不确定度比对数值。

表2 国内外流量计检定实验室原级不确定值

机构名称	最大流量/(m^3/h)	设计压力/MPa	不确定度/%
美国 SwRI（高压）	1020	10.0	0.1
美国 SwRI（低压）	2380	1.6	0.1
荷兰欧洲环道	120	6.1	0.07
荷兰 Westerbork	4	0.9	0.01
荷兰 Groningen	4	0.9	0.01

续表

机构名称	最大流量/(m^3/h)	设计压力/MPa	不确定度/%
荷兰 Bergum	4	0.9	0.01
德国 PTB-Pigsar	480	5.0	0.1~0.064
大庆站	1500	0.4	0.1
成都站	320	4.0	0.1
南京站	440	10.0	0.1
重庆站	400	1.0	0.2
乌鲁木齐站	—	—	0.05
广州站	—	—	0.05

表 3 列出工作级检定装置的最大流量、最大压力、检定最大管径及不确定度比对数值。从表 3 所列数据可以看出，目前国外流量计检定装置的最大管径已经达到 750mm，国内最大检定流量计管径不超过 400mm，不过最大流量和最大压力国内外没有明显的差别，不确定度的差距也在逐渐缩小。

表 3　国内外流量计检定实验室工作级不确定值

机构名称	最大流量/(m^3/h)	设计压力/MPa	最大管径/mm	不确定度/%
美国 SwRI(高压)	2400	8.0	500	0.25
美国 CEESI	34000	7.0	600	0.23
荷兰欧洲环道	30000	6.5	760	0.15
荷兰 Westerbork	40000	6.0	750	0.25
荷兰 Groningen	900	4.0	200	0.18
荷兰 Bergum	4000	6.1	150	0.17
德国 PTB-Pigsar	6500	5.0	300	0.13
加拿大 TCC	49000	6.5	750	0.25
法国 Alfortville	1200	6.0	150	0.25
大庆站	1500	2.0	300	0.50
成都站	8000	5.5	400	0.33
南京站	12000	10.0	400	0.32
乌鲁木齐站	8000	10.0	400	0.20
广州站	12000	10.0	400	0.20

从表 2 和表 3 的不确定度可以看出，虽然国内外检定实验室的不确定度的差距在逐渐缩小；但不难看出，欧美特别是德国和荷兰的检定机构，其原级检定不确定值在 0.064%~0.07%范围，工作级水平在 0.13%~0.15%范围；国内检定机构的原级不确定值在 0.1%左右，工作级不确定值在 0.25%左右。从精度上看，国内检定水平与国际水平仍存在一定的追赶距离。

参　考　文　献

[1] IEA(国际能源署). Analysis and Forecasts to 2023[J]. 天然气市场报告 2018(IEA Market Report Series:

Gas 2018), 2018.

[2] 王劲松. 大口径天然气流量计检定工艺流程研究[D]. 成都：西南石油大学，2010.

[3] 张云田. 高压天然气计量器具实标装置[J]. 城市公用事业，2002，16(5)：23-26.

[4] 丁建林，国明昌，邱惠，周雷. 高压天然气流量标准装置[J]. 计量学报，2008，29(5)：479-483.

[5] 段继芹，任佳，陈荟宇. 国内外天然气计量技术比较与分析[J]. 计测技术，2013，33 增刊：20-23.

[6] 黄河，徐刚，余汉成，陈风. 国内外天然气流量计量检定技术现状及进展[J]. 天然气与石油，2009，27(2)：42-47.

[7] 编译：陈福庆，安树民. 国外高压大容量气体流量仪表检定站[J]. 国外油田工程，2002，18(8)：42-43，45.

[8] 钱成文，王惠智. 国外天然气的计量与检定技术[J]. 油气储运，2005，24(6)：38-42.

[9] 赵士海，刘博韬. 天然气计量检定现状及进展[J]. 当代化工，2015，44(5)：1123-1125.

[10] 史昊，王敷智. 国家石油天然气大流量计量站检定工艺的优化[J]. 油气储运，2015，34(1)：96-99.

[11] 崔建华. 国家天然气计量检定能力规划和设计[J]. 油气地面工程，2018，37(5)：1-3，7.

[12] 王勇，王晓霖，张松伟. 基于 HPPP 法的 Pigsar 天然气流量计检定站工艺[J]. 油气储运，2015，34(9)：988-992.

[13] 万翠蓉，杨宁. 基于 HPPP 法的天然气流量计量原级检定技术的不确定度研究[J]. 化工自动化及仪表，2012，(4)：545-549.

[14] 徐英华. 流量标准装置的类型(三)[J]. 中国计量，2014，9：114-116.

[15] 杨文川，余汉成，黄 和，申 琳，陈彰兵. 天然气流量计量环道检测技术[J]. 天然气与石油，2011，29(3)：72-75.

[15] American Gas Association. AGA Report No. 11 Measurement of Natural Gas by Coriolis Meter[S]. Second Edition. Washington: Transmission Measurement Committee, 2013.

[16] Dr. Henk J. Riezebos. Best Metering and Calibration Practices in Gas Transmission[R]. Beijing: The reports of the conference between China and Europe, 2008.

[17] Peters R J B, Elbers I J W, Klijnstra M D, et al. Practical estimation of the uncertainty of analytical measurement standards[J]. Accreditation and Quality Assurance, 2011, 16(11): 567-574.

差压式孔板流量计的流场数值模拟研究

林 棋 陈子鑫 叶尔博 李国斌 魏广锋 张义勇

(中油国际管道公司 中乌天然气管道项目)

摘 要 基于ANSYS-CFX商业模拟软件，对差压式孔板流量计的内部流场进行数值模拟研究。详细计算研究了关于孔板流量计流出系数的四个主要影响因素：流量、粘度、缩径孔厚度及截面比，得到了不同模拟工况下的内部流场变化规律，同时借助数值模拟探讨了孔板流量计的冲蚀问题。将数值模拟流出系数计算值与基本经验公式编程计算值进行对比验证，结果显示两者吻合度高，误差基本控制在5%以内。研究表明数值模拟可作为一种孔板流量计设计及标定的辅助方法。

关键词 标准孔板流量计 缩径管段 流场 ANSYS-CFX 数值模拟 C语言

差压式流量计(Differential Pressure Flowmeter，简称DPF)是根据安装于管道中流量检测件产生的差压、已知的流体条件和检测件与管道的几何尺寸来测量流量的仪表。DPF是基于流体流动的节流原理，利用流体流经节流装置时产生的压力差而实现流量测量，是目前生产中测量流量最成熟、最常用的方法之一[1]。DPF的发展历史已逾百年，至今已开发出来的差压式流量计超过30多种，其中应用最普遍、最具代表性的差压式流量计有四种：孔板流量计、经典文丘里管流量计、环形孔板流量计和V锥流量计(见图1)。关于差压式流量计的数值模拟研究已有数十年，但至今很少有将数值模拟与理论经验公式相结合，系统分析其内部流场[2-3]。本文针对差压式孔板流量计，利用ANSYS-CFX软件，结合ISO经验计算公式，进行缩径管段的流场数值研究，通过分析影响内部流场的主要因素，探讨设计参数的变化规律及可能存在的问题(沉积、冲蚀等)，从而为工程实际提供实质性的建议与指导。

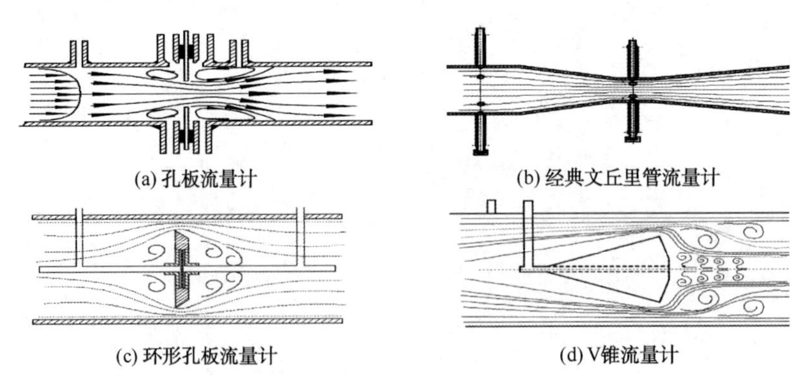

图1 代表性差压式流量计结构示意图

1 差压式流量计流动水力特性

1.1 基本方程推导

对于定常流动，在压力取值孔所在的两个截面截面A和B处满足质量守恒及能量守恒方程[4]。在充分紊流的理想情况下，流体流动连续性方程和伯努利方程分别为：

$$\rho \frac{\pi}{4} D^2 \bar{v}_A = \rho \frac{\pi}{4} d'^2 \bar{v}_B \tag{1}$$

$$\frac{p_A}{\rho} + \frac{1}{2} C_A \bar{v}_A^2 = \frac{p_B}{\rho} + \frac{1}{2} C_B \bar{v}_B^2 + \frac{1}{2} \xi \bar{v}_B^2 \tag{2}$$

式中 ρ——密度，kg/m^3；

$\bar{v}_A$、$\bar{v}_B$——截面 A、B 处的流速，m/s；

C_A、C_B——修正系数常数项；

p_A、p_B——截面 A、B 处的压力，Pa；

ξ——局部损失阻力系数；

D——截面 A 处的管内径，m；

d'——缩径孔倒角处内径，m。

由式(1)、式(2)基本方程可得：

$$\bar{v}_B = \frac{1}{\sqrt{C_B - C_A \left(\frac{d'^2}{D^2}\right)^2 + \xi}} \sqrt{\frac{2}{\rho}(p_A - p_B)} \tag{3}$$

定义参数变量方程组：

$$\text{收缩系数：} \mu = \frac{d'}{d}\text{；截面比：} \beta = \frac{d}{D}\text{；取压系数：} \psi = \frac{p_A - p_B}{p_1 - p_2} \tag{4}$$

式中 d——缩径管段内径，m；

取压系数——实际值与测量值的一个偏差修正。

将参数变量方程组代入式(3)可得：

$$\bar{v}_B = \frac{\sqrt{\psi}}{\sqrt{C_B - C_A \mu^4 \beta^4 + \xi}} \sqrt{\frac{2}{\rho}(p_1 - p_2)} \tag{5}$$

由此可得质量流量基本计算方程式：

$$q_m = \rho \frac{\pi}{4} d'^2 \bar{v}_B = \frac{\mu \sqrt{\psi}}{\sqrt{C_B - C_A \mu^4 \beta^4}} \frac{\pi}{4} d^2 \sqrt{2\rho (p_1 - p_2)} \tag{6}$$

定义流量系数 α 及流出系数 C，可将方程式(6)改写为方程式(8)：

$$\begin{cases} \text{流量系数：} \alpha = \dfrac{\mu \sqrt{\psi}}{\sqrt{C_B - C_A \mu^4 \beta^4}} \\ \text{流出系数：} C = \alpha \sqrt{1 - \beta^4} \end{cases} \tag{7}$$

$$q_m = \frac{C}{\sqrt{1 - \beta^4}} \varepsilon \frac{\pi}{4} d^2 \sqrt{2\rho \Delta p} = \frac{C}{\sqrt{1 - \beta^4}} \varepsilon \frac{\pi}{4} \beta^2 D^2 \sqrt{2\rho \Delta p} \tag{8}$$

式中 q_m——质量流量，kg/s；

Δp——差压，Pa；

ε——流体膨胀系数。

D 和 D/2 取压方式的标准孔板流出系数主要由截面比 β 及雷诺数 Re 决定，经验计算式如下：

$$C=0.5959+0.0321\beta^{2.1}-0.1840\beta^{8}+0.0029\beta^{2.5}\left(\frac{10^{6}}{\mathrm{Re}_{D}}\right)^{0.75} \tag{9}$$

式中　Re_D——管段雷诺数。

1.2　孔板流量计

孔板流量计是最普遍、最具代表性的差压式流量计之一。作为标准节流装置的孔板流量计，因其测量的标准性而得到广泛的应用，主要应用领域有：石油、化工、电力、冶金、轻工等。

计量功能的实现是以质量、能量守恒定律为基础。其内部流场流动特性如图 2 所示：输送介质充满管道后，当流经缩径管段时，流束将受节流作用局部收缩，压能部分转变为动能同时形成流体加速带，从而缩径孔前后便产生了明显的压降值。初始流速越大，节流所产生的压降值也越大，故可以通过压降值的监测，结合式(8)来测定流体流量的大小。孔板流量计的取压方式有三种：D 和 D/2 取压、法兰取压及角接取压。本文选取 D 和 D/2 取压的孔板流量计(见图 3)展开其内部流场的数值模拟与理论编程计算研究。

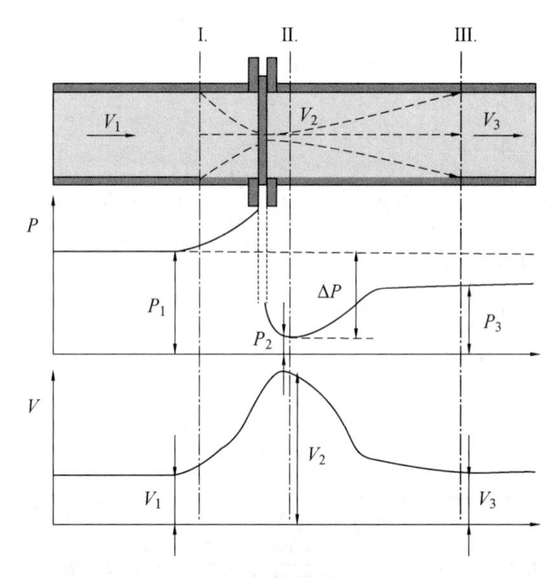

图 2　孔板流量计流场特性示意图

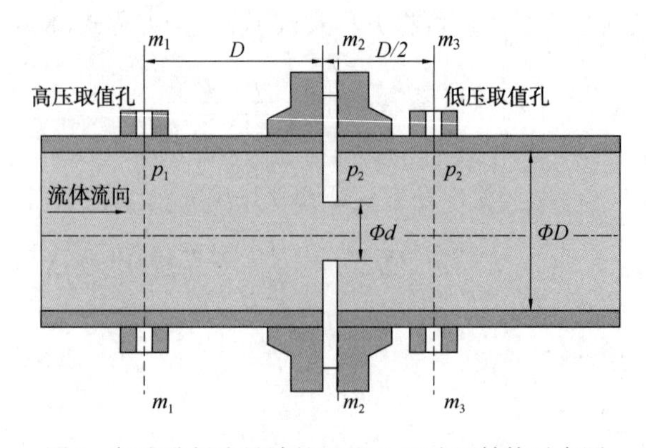

图 3　标准孔板流量计的 D 和 D/2 取压结构示意图

2 基于 ANSYS-CFX 的标准孔板流量计数值模拟

2.1 建模算例

2.1.1 几何建模

如图 3 标准孔板流量计的 D 和 D/2 取压结构，选取 Solidworks 软件进行建模[5]，建立如下模型：管内径 100mm，缩径孔直径为 40mm(截面比为 0.4)，缩径孔厚度为 3mm，所建模型如图 4 所示。

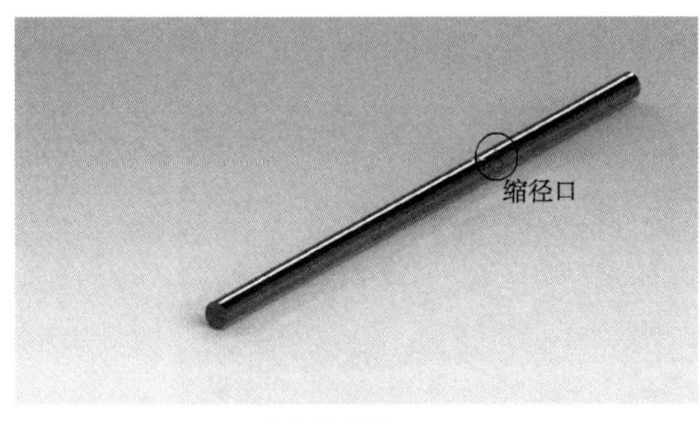

(a) 几何模型图

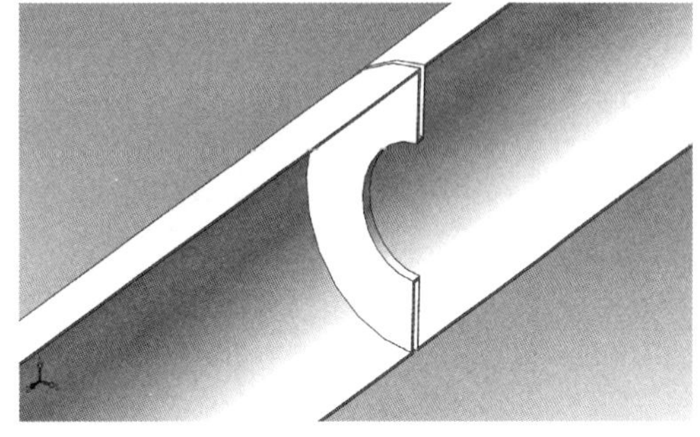

(b) 缩径段内部放大图

图 4 Solidworks 几何建模示意图

2.1.2 网格划分

选取 ICEM CFD 软件对所建立的几何模型进行网格划分[6]，为了提高计算精度在缩径孔部位及管内壁边界层网格进行局部加密及网格质量处理，在固液交界管壁处，进行边界层网格处理(从面第一层单元开始的扩大率为 1.2；从面开始增长的层数为 5)，同时对于管段角点处未生成理想边界层网格，通过 Curve Node Spacing 和 Curve Element Spacing 进行网格节点数划分，从而生成较为理想网格。结果如图 5 所示。

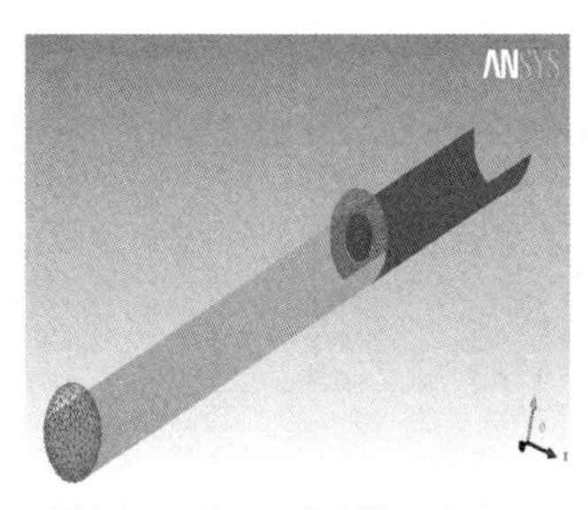

(a) 整体模型网格划分

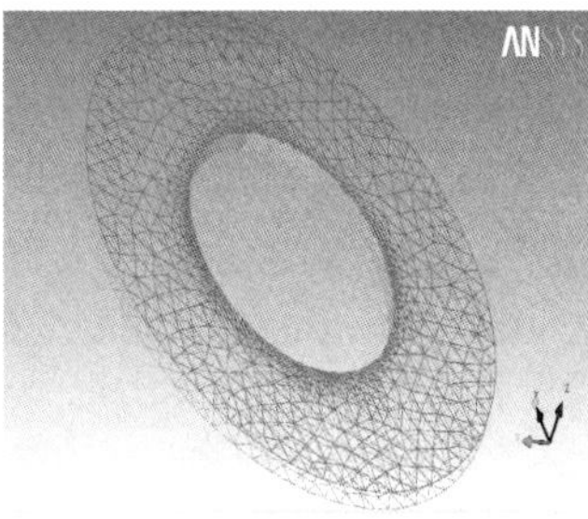

(b) 缩径段网格划分

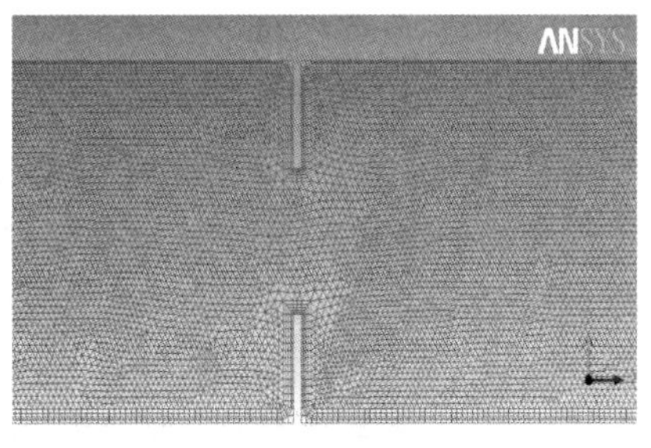

(c) 边界层网格化及局部加密

图 5 计算区域及网格划分示意图

2.1.3 前处理及求解计算

选取全球第一个通过 ISO9001 质量认证的 CFD 商用软件 CFX 进行缩径管段流场数值模拟研究[7]。在其前处理模块(CFX-Pre)中定义流体介质为水，流量为 $0.5m^3/h$(此工况条件下的雷诺数为 1804)，采用入口定流、出口定压的定义模式。近壁面湍流采用标准壁面函数法。CFX 求解器(CFX-Solver)主要使用有限体积法，本模拟计算残差设定为 10^{-6}，计算后达到稳定的收敛状态。

2.1.4　结果分析

经 CFX 后处理模块(CFX-Post)处理，计算结果显示：流体流经缩径孔时，经节流加速作用，在缩径孔下游形成一个沿轴向对称的峰值速度带，在靠近管段内壁出现两个反向流动的涡流区(见图 6)；湍流动能较强区域出现在缩径孔下游，并呈现出两个对称的椭圆型峰值带(见图 7)。缩径孔上游及缩径孔处的雷诺数分别为 1830、4790(即此时两者的流态分别处于层流区、湍流区)。数值模拟的高低压取值孔压差为 13.56Pa，利用方程组(9)可计算求得流出系数为 0.6461，由经验公式编程计算可得流出系数为 0.6254，两者计算误差为 3.31%。由此说明两种研究方法的吻合度较好，可利用 ANSYS-CFX 数值模拟方法展开相应的研究工作。

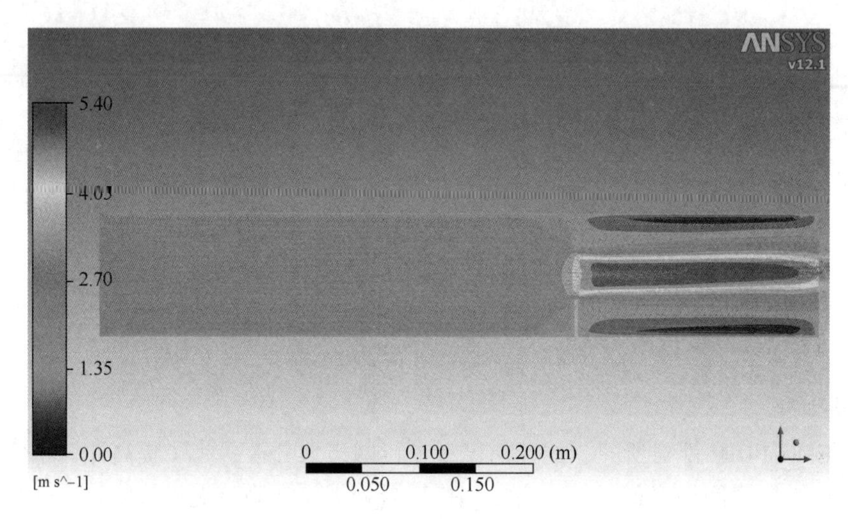

图 6　流体(水)速度分布云图

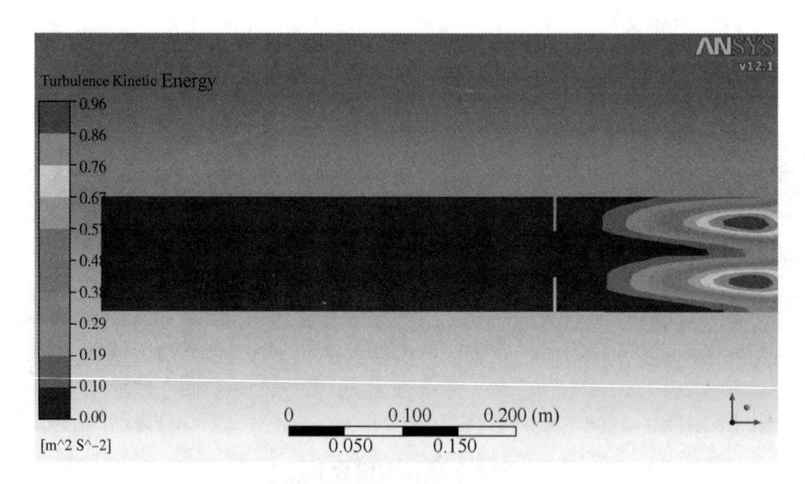

图 7　流体(水)湍流动能分布云图

2.2　标准孔板流量计流场影响因素探讨

利用 ANSYS-CFX 数值模拟软件，以上述所建模型为基础，对标准孔板流量计缩径管段的介质流动情况展开进一步的探讨。对流体流速、流体粘度、缩径孔板厚度及截面比四个主要影响因素进行数值模拟分析，针对流出系数计算变量，将模拟结果与理论公式编程计算结果进行对比。其中，理论编程计算依据遵循上述基本方程式(1)~式(9)。

2.2.1　不同流体流量(流速)

为研究流量(流速)对缩径管段流场分布的影响，建立如下模型：管内径为100mm，缩径孔直径为50mm(截面比为0.5)，选取水作为流动介质。考虑到流体可能处于不同流态的情况，在层流区、过渡区及紊流区分别选取三个流量值进行模拟与理论计算。

数值模拟可求得各流量下的雷诺数、高低压取压孔压降值及流出系数(见表1)。计算结果表明，数值模拟所求得的流出系数与理论公式编程计算值吻合度较高(特别是在层流区)，误差基本控制在5%以内(层流区时误差仅为1.5%左右)，数值模拟流出系数值始终略大于编程计算值(见图8)。编程计算显示随着流量的增大，流出系数逐渐减小，在层流区递减速度较快；模拟结果显示在层流区及紊流区，流出系数随流量增大而降低，在过渡区，流出系数随流量的增大而升高，由于过渡区流态的不确定性，摩阻系数同时受到粗糙度及雷诺数的作用，在本模拟工况条件下呈现出此变化规律，对于其它模拟工况还需展开相关的研究论证。层流区流动系数的变化规律主要取决于在该流态下，雷诺数变化幅度大(跨越一个数量级)，由方程(9)可得，雷诺数的急剧变化会引起流出系数的大幅度波动。研究表明：流量的变化会引起流出系数的显著变化。

表1　不同流量(流速)条件下数值模拟与理论公式计算结果

	主要参数	层流区			过渡区			紊流区		
ANSYS-CFX	流量(m^3/h)	0.2	0.35	0.5	0.8	0.9	1	4	8	10
	雷诺数 Re	814	1293	1804	2794	3173	3498	13897	28078	35201
	ΔP/Pa	0.81	2.95	5.72	14.58	18.34	22.30	362.71	1471.42	2298.65
	流出系数	0.7077	0.6650	0.6437	0.6411	0.6442	0.6489	0.6521	0.6403	0.6378
ISO 公式	流出系数	0.7051	0.6608	0.6529	0.6375	0.6362	0.6329	0.6152	0.6113	0.6104

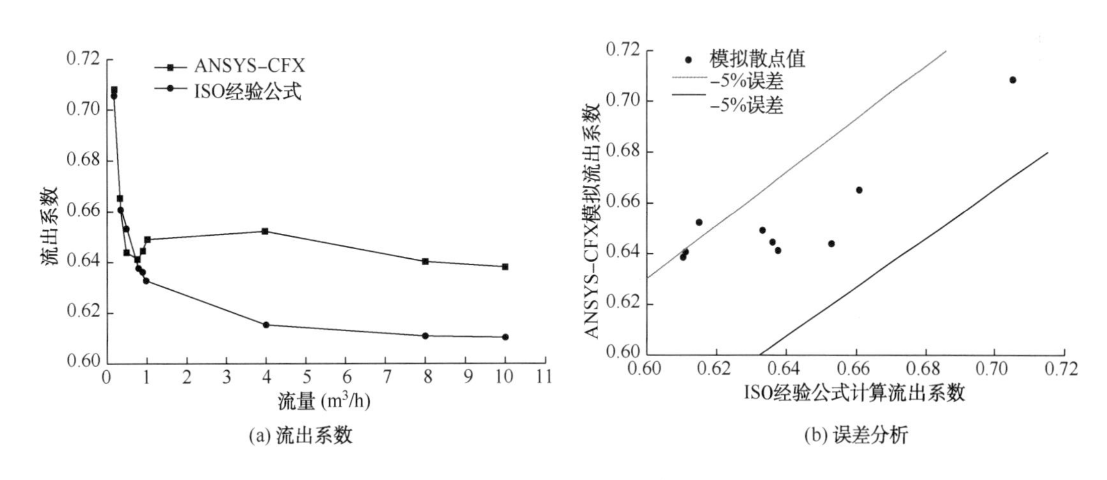

图8　不同流量(流速)研究对比

2.2.2　不同介质粘度(流体介质)

为研究介质粘度对缩径管段流场分布的影响，建立如下模型：管内径为100mm，缩径孔直径为50mm(截面比为0.5)，流量为$10m^3/h$，如表2所示选取一系列不同粘度值的典型管输流体，进行数值模拟与编程计算分析。计算结果表明，随着粘度的增大，数值模拟与编程计算结果呈现相同的变化规律，随着粘度的增大，流出系数较为规律的逐步上升(见图

9)。数值模拟流出系数值始终略大于编程计算值，由于理论计算式(ISO 里德哈里斯/加拉赫公式)是基于大量实验回归出的一个经验公式，实验过程中在缩径孔存在污物沉积及冲蚀影响，而本文数值模拟未涉及到此类问题，故模拟值将略大于理论计算值。两者的计算误差在5%以内，在低粘度区的计算误差较小(在3%以内)。研究表明：流出系数与输送介质的黏度紧密相关。

表 2 不同流体介质条件下数值模拟与理论公式计算结果

	流体介质	C_5H_{12}	C_6H_{14}	C_7H_{16}	C_8H_{18}	水	煤油	柴油
ANSYS-CFX	黏度×10^4(N·s/m^2)	2.30	3.25	4.11	5.42	10.03	24.2	33.34
	密度(kg/m^3)	626	660	684	720	1000	782	835
	Δp/Pa	1457	1538	1602	1673	2307	1698	1811
	流出系数 C	0.6339	0.6337	0.6339	0.6355	0.6378	0.6571	0.6569
ISO 公式	流出系数 C′	0.6161	0.6171	0.6177	0.6184	0.6195	0.6264	0.6312
结果对比：相对误差/%		2.84	2.69	2.62	2.77	3.01	4.90	4.07

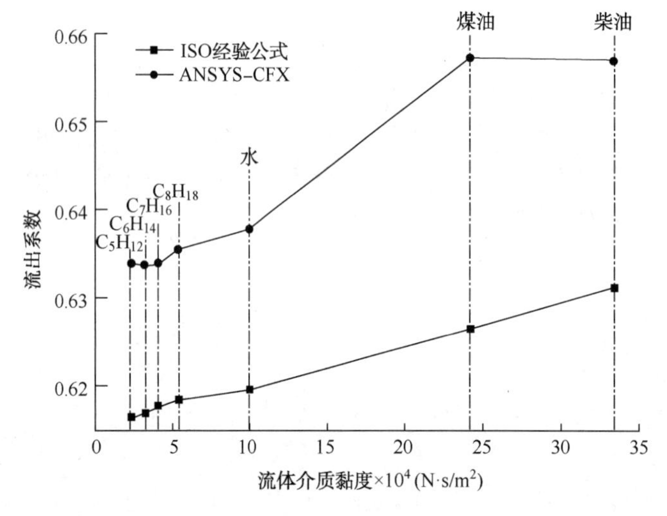

图 9 不同流体介质研究对比

2.2.3 不同缩径孔厚度

为研究缩径孔厚度对缩径管段流场分布的影响，建立如下模型：管内径为 100mm，缩径孔直径为 50mm(截面比为 0.5)，流量为 10m^3/h，选取水作为流动介质。按标准孔板流量计的设计要求，此时缩径孔的厚度范围为 0~6mm。以 1mm 为增量台阶，选取 7 个缩径孔厚度进行数值模拟与编程计算研究(见表 3)。

计算结果表明：随着缩径孔厚度的增大，编程计算的流出系数基本不变，这是由于对于给定的孔板流量计结构，在计算流出系数时其只考虑了截面比及雷诺数，不考虑缩径孔厚度的影响。而数值模拟结果显示，流出系数随缩径孔厚度的增大而增大(见图 10)。这是由于当缩径孔厚度增大时，流体流经缩径孔的节流加速聚集作用越强，在孔口下游所形成的峰值速度带将越长，由能量守恒可知，此时低压取值孔的压力值将进一步下降，从而使得计算压差变大，故流出系数呈现出随缩径孔厚度的增大而增大的变化规律。

表 3　不同孔板厚度条件下数值模拟与理论公式计算结果

计算方法	孔板厚度/mm	0	1	2	3	4	5	6
ANSYS-CFX	流出系数 C	0.6003	0.6234	0.6296	0.6325	0.6354	0.6382	0.6427
ISO 公式	流出系数 C'	0.6092	0.6092	0.6092	0.6092	0.6092	0.6092	0.6092

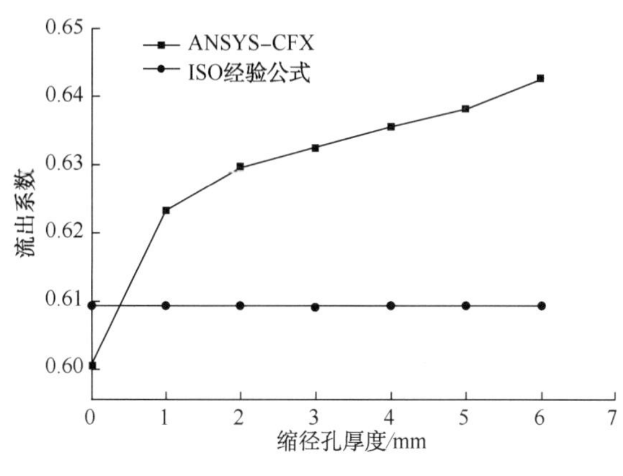

图 10　不同孔板厚度研究对比

2.2.4　不同截面比(直径比)

为研究缩径孔厚度对缩径管段流场分布的影响，建立如下模型：管内径为 100mm，流量为 $10m^3/h$，选取水作为流动介质。为涵盖一般标准孔板流量计的截面比选取范围，如表 4 所示选取了 0.15~0.75 范围内的 13 中截面比进行数值模拟以编程计算对比分析。

计算结果表明：在编程计算中，流出系数随截面比的增大而增大，上升幅度较为均匀；在数值模拟中，当截面比小于 0.3 时，流出系数随截面比的增大而减小，当截面比大于 0.3 时，流出系数随截面比的增大而增大(见图 11)。数值模拟流出系数值始终略大于编程计算值，计算误差基本控制在 10%以内，随着截面比的增大，两者误差逐渐减小。在低截面比节流过程中，由于缩径孔较小，流体流经缩径孔时，其径向分速度及紊流强度将增强，为了验证这一现象，如图 12 所示，在管流中添加了一定浓度的固相颗粒，追踪固相颗粒流经不同缩径孔时的运动轨迹，图中显示当截面比减小到一定值时，部分固相颗粒在缩径孔下游处沿径向进行较大强度的紊流运动。此现象的存在使得下游的速度带、涡流带及压力分布不再那么规律，从而影响流出系数的变化规律及两种研究方法的计算误差。

表 4　不同截面比(直径比)条件下数值模拟与理论公式计算结果

截面比/β	ANSYS-CFX 流出系数 C	ISO 公式流出系数 C'	相对误差/%
0.15	0.66432	0.59773	11.14
0.20	0.65250	0.59841	9.04
0.25	0.64250	0.59932	7.20
0.30	0.64091	0.60068	6.70

续表

截面比/β	ANSYS-CFX 流出系数 C	ISO 公式流出系数 C'	相对误差/%
0.35	0.64114	0.60205	6.49
0.40	0.64250	0.60364	6.44
0.45	0.64705	0.60636	6.71
0.50	0.65068	0.60955	6.75
0.55	0.65091	0.61273	6.23
0.60	0.65318	0.61659	5.93
0.65	0.65636	0.62046	5.79
0.70	0.66068	0.62455	5.78
0.75	0.66409	0.62909	5.56

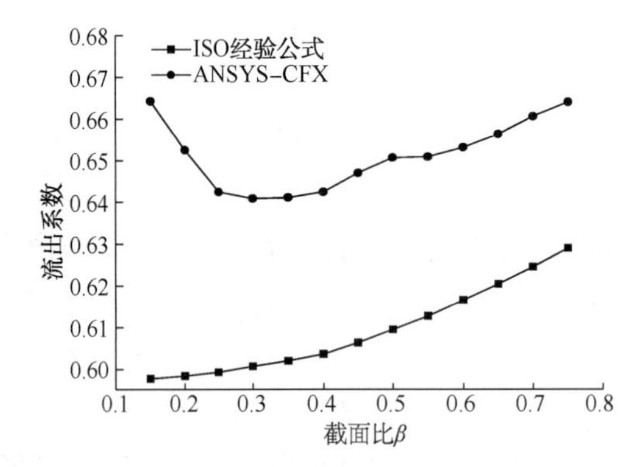

图 11　不同截面比(直径比)研究对比

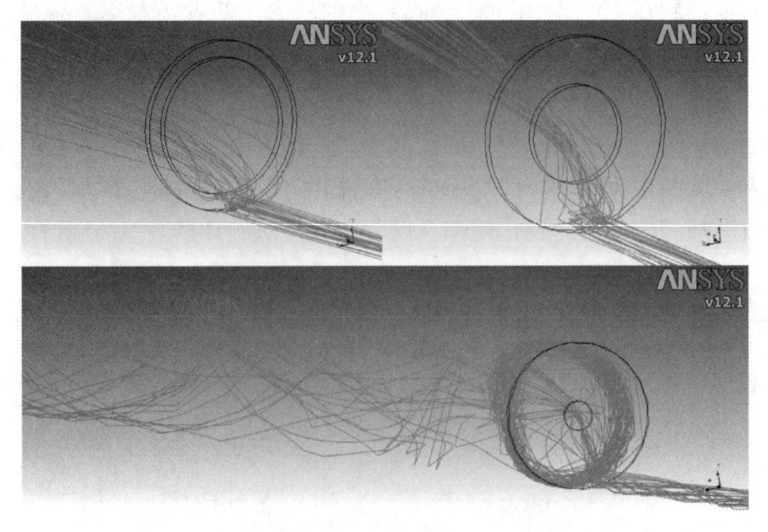

图 12　不同截面比固相颗粒运动轨迹追踪

2.3 缩径管段冲蚀分析探讨

为研究标准孔板流量计运用于多相流领域中所存在的管段冲蚀问题，建立如下模型进行探讨[8-10]：模拟示例以稀相气固两相流为基础，气相选取天然气，气速为10m/s，球形固相颗粒直径为50 μm，密度为2500kg/m^3，固相流量为4kg/h，所建管长5m，管内径50mm，截面比0.5。模拟结果显示：图13所示固相颗粒在缩径孔上游较为均匀的沉积于管段底部，流经缩径孔受节流加速作用，形成一个峰值速度带，如图14所示固相颗粒对管段的最大冲蚀量不是发生在孔板截面上，而是在缩径孔下游的峰值速度带与管段内顶部接触部分。

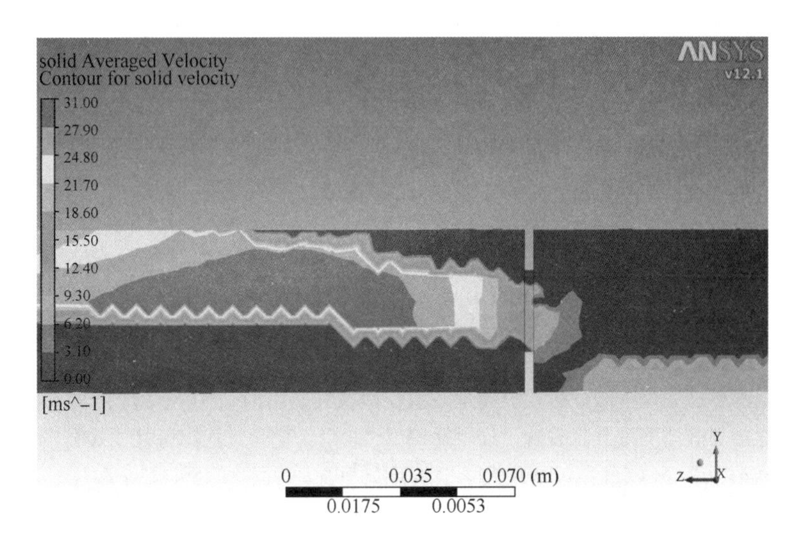

图13　缩径管段颗粒速度分布云图

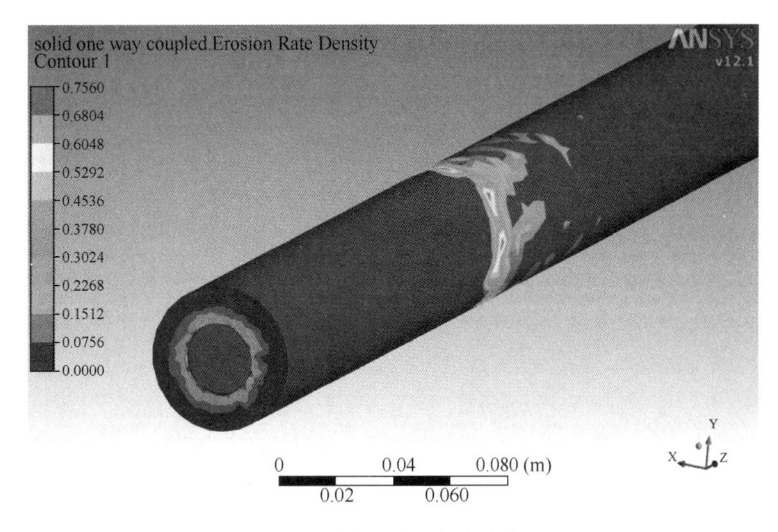

图14　缩径管段冲蚀密度分布云图

3　结论

(1)基于ANSYS-CFX的差压式孔板流量计数值模拟，可清晰直观的得到缩径管段内部流场分布。数值模拟的流出系数值与基于理论公式编程计算值误差小、吻合度高，可结合具体场合应用于工程实际。

(2)通过数值模拟，详细计算研究了关于孔板流量计流出系数的四个主要影响因素：流量(流速)、粘度(流体种类)、缩径孔厚度及截面比(直径比)。结果表明：随着流量的增大，流出系数逐渐减小，在层流区域减小速度快；流体粘度、缩径孔厚度的增大均会使得流出系数增大；当截面比较小时，流出系数随其增大而减小，当截面比较大时，流出系数随其增大而增大。

(3)借助 ANSYS-CFX 数值模拟手段，可以辅助发现理论公式计算所无法得到的一些现象。如：当截面比小到一定程度时，流体在缩径孔下游的径向速度场及湍流强度将显著增强，进而影响计算精度；在气固两相流的缩径管段冲蚀模拟中可以发现管段的最大冲蚀区域不是发生在缩径孔板上，而是在其下游管段的某一管内壁顶部。从而针对发现的现象可展开相应的理论技术研究。

(4)数值模拟计算流出系数值始终大于理论编程计算值，可结合相关实验进一步深入研究，通过模型优化或计算值修正，使得理论、数值模拟及实验三者相互验证、相互统一。

参 考 文 献

[1] 程耕，程平，李受人. 节流管孔流动参数与雷诺数关系的数值研究[J]. 计算机工程与设计，2005，26(3)：575-607.

[2] 程勇，汪军，蔡小舒. 低雷诺数的孔板流量数值模拟及其应用[J]. 计量学报，2005，26(1)：57-59.

[3] 孙淮清，王建中. 流量测量节流装置设计手册[M]. 北京：化学工业出版社，2005.

[4] 周雪漪. 计算水力学[M]. 北京：清华大学出版社，1995.

[5] 胡仁喜，刘昌丽. SolidWorks 2013 中文版从入门到精通[M]. 北京：机械工业出版社，2013.

[6] 纪兵兵，陈金瓶. ANSYS ICEM CFD 网格划分技术实例详解[M]. 北京：中国水利水电出版社，2012.

[7] 谢龙汉，赵新宇，张炯明. ANSYS CFX 流体分析及仿真[M]. 北京：电子工业出版社，2012.

[8] 郭烈锦. 两相与多相流动力学[M]. 西安：西安交通大学出版社，2002.

[9] Hong J, Zhu J X. Effect of pipe orientation on dense-phase transportI：Critical angle in inclined upflow[J]. Powder Technology, 1997, 91(5)：115-122.

[10] Hirota M, Sogo Y, Marutani T, et al. Effect of mechanical properties of powder on pneumatic conveying in inclined pipe[J]. Powder Technology, 2002, 122(1)：150-155.

超声波流量计概述及流场数值模拟研究

林 棋 陈子鑫 张义勇 肖 俏 杨志远 白雪峰

（中油国际管道公司 中乌天然气管道项目）

摘 要 本文针对速度式流量计主要工业应用类型之一的超声波流量计，详细介绍了其测量原理、系统组成及其计量功能特性，并对比分析了不同声道形式及组合方式的优缺点。同时，基于CFX数值模拟，针对影响超声波流量计计量精度的流场分布畸变误差因素，开展超声波计量管段流场数值模拟研究，分析了某分输站计量橇整流器在不同管道安装位置时的气体流场状态及分布，可视化求解了气流在模型区域中的变量云图、速度矢量图、湍流动能及耗散率等，结果表明：整流器下游5D管段内存在一定程度不稳定流动，在10D以上安装位置时可保证流体流经整流器到达下游流量计时已发展成理想紊流流场。本文数值模拟研究方法，可实现有效判断计量橇管段内部是否存在流场畸变、涡流及其它横向流，由此为辅助指导现场计量系统的工艺设计及改造提供参考依据。

关键词 超声波流量计 计量管段 整流器 流场分布畸变 数值模拟

测量流体流量的仪表统称为流量计/表，是工业测量中重要仪表之一。随着工业生产发展，对流量测量准确度及范围的要求越来越高，相关测量技术也日新月异，为适应不同用途，各种类型的流量计相继问世。根据当前流量计的测量方法，大致可分为以下四类：差压式流量计、速度式流量计、容积式流量计、质量式流量计。其中速度式流量计工业应用中主要有：涡轮流量计、涡街流量计、旋进旋涡流量计以及时差式超声波流量计[1-2]。中乌天然气管道A/B、C线共计安装使用30台超声波流量计进行天然气贸易交接计量，其中WKC1站配有9台Daniel 3400/DN400、MS站配有8台Daniel 3400/DN400、UCS1站配有6台RMG USZ08-6P/DN400、UKMS站配有7台RMG USZ08-6P/DN400。

1 气体超声波流量计概述

1.1 测量原理

超声波流量计是采用超声波检测技术测定气体流量，通过测量超声波沿气流顺向和逆向传播的声速差、检测的压力/温度，计算气体流速及标准状态下气体的流量（见图1）。通过对现场连续测量得到的瞬时流量进行累计，即可求得管道内气体的累积流量，具体相关计算方程组见式（1）~式（6）。

$$t_{ud}=\frac{L}{C+V_i\cos\theta} \tag{1}$$

$$t_{du}=\frac{L}{C-V_i\cos\theta} \tag{2}$$

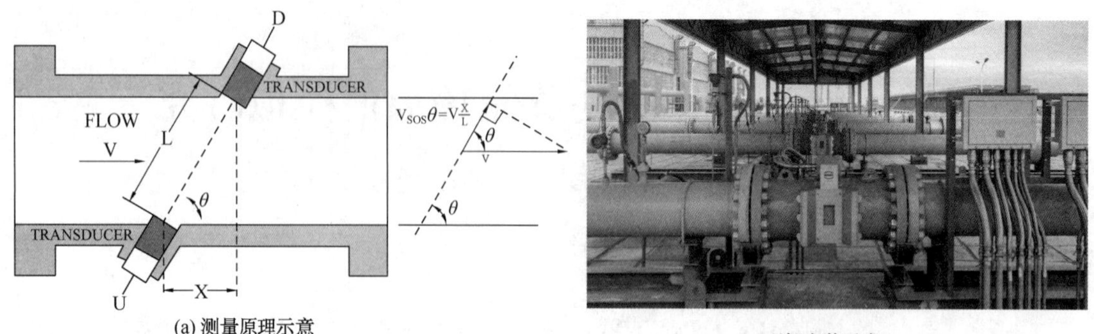

(a) 测量原理示意

(b) 现场安装示意

图 1　超声波流量计

$$V_i=\frac{L}{2\cos\theta}\cdot\frac{t_{du}-t_{ud}}{(t_{ud})(t_{du})}=\frac{L^2}{2x}\cdot\frac{t_{du}-t_{ud}}{(t_{ud})(t_{du})} \tag{3}$$

$$C=\frac{L}{2}\cdot\frac{t_{du}+t_{ud}}{(t_{ud})(t_{du})} \tag{4}$$

$$Q=\frac{\pi D^2}{4}\cdot\frac{L}{2}\cdot\frac{t_{du}+t_{ud}}{(t_{ud})(t_{du})} \tag{5}$$

$$Q_0=\frac{\pi D^2}{4}\cdot\frac{L}{2}\cdot\frac{t_{du}+t_{ud}}{(t_{ud})(t_{du})}\cdot\frac{P}{T}\cdot\frac{T_0}{P_0}\cdot\frac{Z_0}{Z} \tag{6}$$

从式(4)可知：速差法测量的流速 V_i与媒质的声速 C 无关。这对于生产现场实际测量是十分有利的。由测得的管道中的气体流速，可以得到工况条件下气体的瞬时流量 Q，及转换成标准工况下气体的瞬时流量 Q_0。

上述 6 个基本算式即为速差法流量测量的基本原理表达式。

式中　t_{ud}——从传感器 U 到 D 的传输时间；

t_{du}——从传感器 D 到 U 的传输时间；

L——传感器 U 到 D 的声程；

x——传关器面之间的截距；

C——工况条件下气体中的声速；

V_i—— 声道间的流体速度；

θ—— 声道与管道轴线的夹角；

D —— 管道直径；

Q—— 工况条件下气体的瞬时流量；

Q_0——标准工况下气体的瞬时流量；P、T、Z 分别为管道中工况条件下气体的压力、温度和压缩因子，P_0、T_0、Z_0分别为标准工况下气体的压力、温度和压缩因子[3-4]。

1.2　系统组成

图 2 所示，气体超声波流量计系统主要包括：①标准表体；②换能器；③智能转换器；④流量计前后直管段(一般为前 10D、后 5D)；⑤温度变送器；⑥压力变送器；⑦流动调整器(根据实际情况选配安装)。

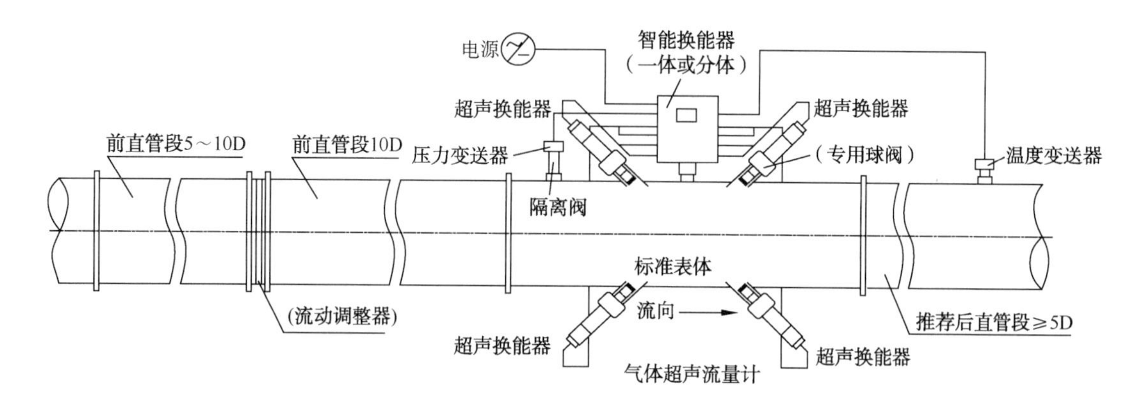

图 2　气体超声流量计系统组成

1.3　声道的形式及组合

声道是换能器声波所通过的路径，它的长短是由换能器的信号、仪器所需准确度等级、以及转换器中的计时精度决定的。声道的形式及数量是由现场工艺管道中的阻力件位置、前后直管段的长度以及用户对仪器可靠性来决定的。国内外常见的超声波通道形式有：直射式、单反射式、双反射式(见图 3)，声道形式的优缺点对比见表 1；常见的多声道组合形式见图 4，声道数量的应用对比见表 2。

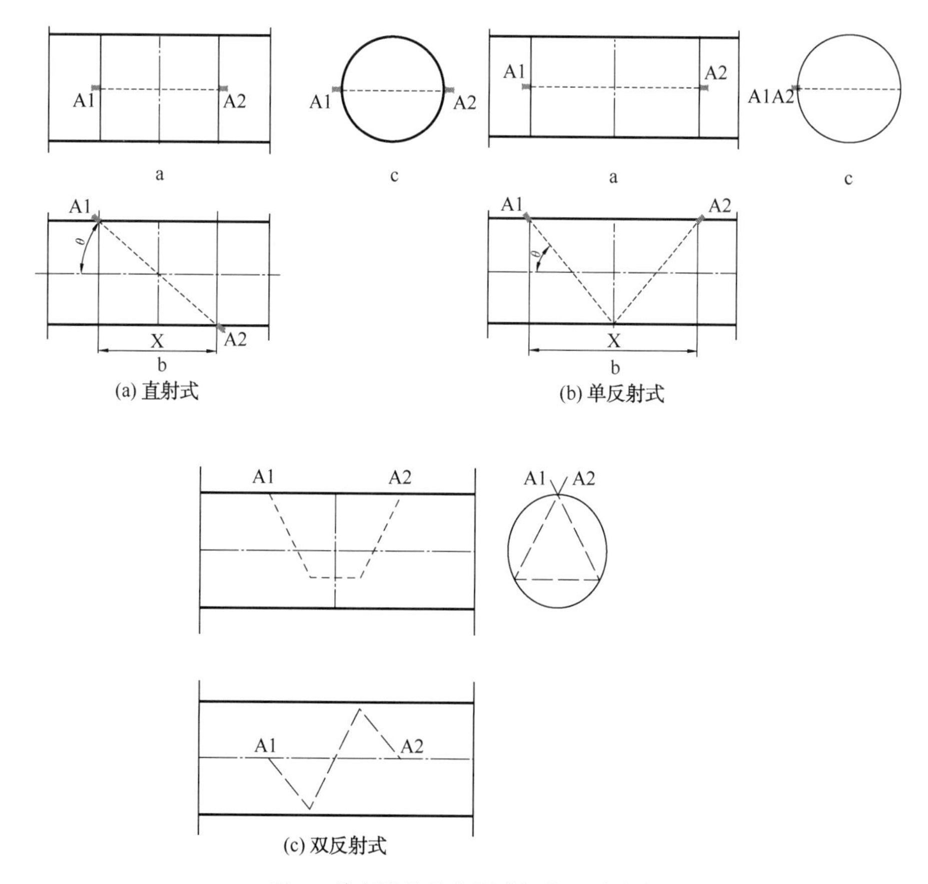

图 3　单声道的基本形式组合(三视图)

表 1　声道形式的优缺点对比

声道形式	优　点	缺　点	备　注
直射式	声程最短，对换能器灵敏度要求低。抗干扰能力强，对测量管段内的附着物没有要求	量程比小，抗旋涡流和流场分布不均的能力最弱，对前后直管段要求高，需要加装稳流器	不装稳流器，可测量程比只有 1∶20
单反射式	声程是直射式的二倍，测量准确度高，介于直射式和双反射式之间	在横截面上轴向速度分布不均或涡流产生时，对测量的准确度会有影响，要确保测量精度需要加装稳流器	对前后直管段的要求及量程比介于直射式和双反射式之间
双反射式	声程最长，准确度等级最高，能适应各种流场，对前后直管段的要求低，量程比大	短截加工制作工艺要求高，其对换能器安装的角度、位置要求准确度很高。抗干扰能力弱，测量管段内应保持清洁	前直管段在加装稳流器后可减少到 7D

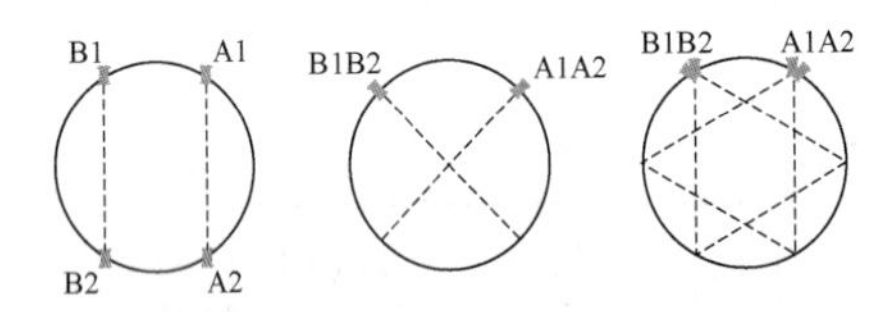

(a) 双声道的三种形式

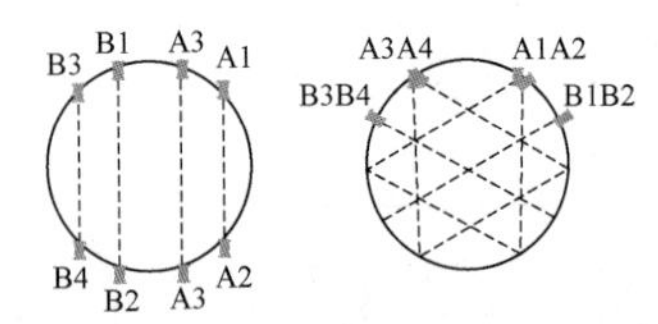

(b) 四声道的三种形式

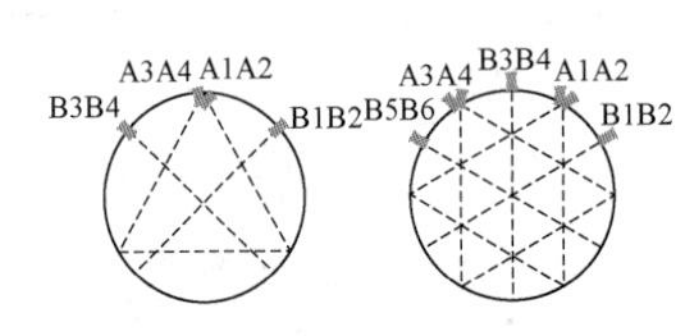

(c) 五声道的一种形式

图 4　多声道的组合形式

表 2　声道数量的应用对比

声道数量	特点及应用
单声道	实际情况流速很少对称管轴分布，流体经常受到管道特性的影响。因此单声道流量计的测量精度只能做到±1.5%~2.0%，通常此种形式流量计被用于工业过程控制。
双声道	其优点是在大小流量的分界点(拐点)以上的测量准确度等级等够保证±0.5%以内。但当一个声道出现故障时，往往对测量精度和量程比产生比较大的影响。
四和五声道	为了保证实际测量的可靠性，目前国内主要气体超声流量计的用户如中石油、中石化和中海油等，在天然气贸易交接结算时均采用四声道以上的气体超声流量计产品。

1.4 功能特点

超声波流量计与其它流量计相比具备以下6点特性：

(1)可测量气体双向流量，测量精度高、测量范围宽、量程比大(一般在1∶30~1∶100范围)；

(2)可测量稳态及低频脉动气流流量，在气体介质较恶劣的情况下也可实现正常使用；

(3)基于声速差原理直接测量气体流速/流量，故不受介质成份变化的影响，适用于各种不同气体及管径；

(4)无流阻部件，压力损失较小；

(5)多声道的测量，能有效地减小不稳定发展流场对测量结果的影响，并能在一个声道出现故障时继续用其它正常声道进行有效测量，由此提高仪器的准确度及可靠性；

(6)转换器内部的电路和系统软件能对管道中气体温度/压力变化进行有效修正。

2 超声波计量管段数值建模

由于超声流量计的自身特点使其在使用中对现场应用条件有一定要求，否则将影响计量精度，这一点对设计、安装和使用尤为重要。影响气体超声流量计精度的因素包括：基于流态的管段流速选择、测量短截的几何尺寸误差、声时测量误差、温度/压力测量误差、管道粗糙度变化引起的测量误差、信号衰减或受到外界噪声干扰时造成的误触发误差、气流脉动引起的测量误差、流场分布畸变误差[5]。

关于流场分布畸变，主要原因为管道中的流量调节阀、弯管、旁通、管道法兰连接处的错位等引起流场变化或产生涡流及其它横向流，从而引起测量误差。为了提高流量测量精度，可采用多通道超声测量方法来克服流场畸变产生的影响(图5)。另外，在测量段的上下游保证安装一定长度的直管段或整流段，防止产生涡流，也是提高计量可靠性的有效方法。

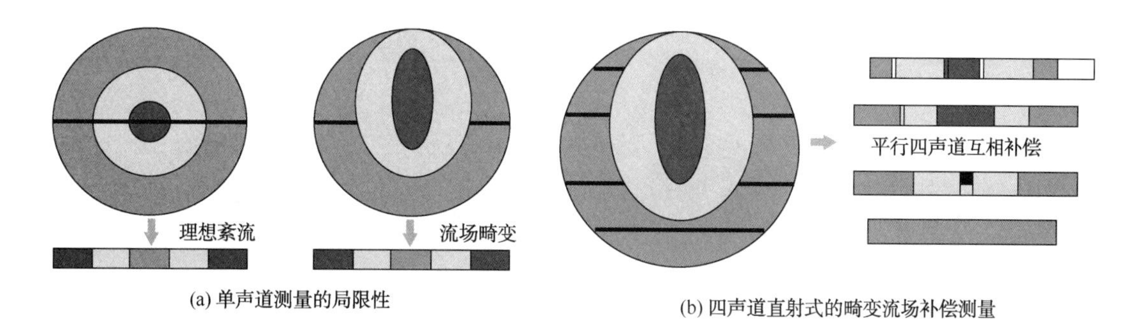

图5 基于克服流场畸变的多通道超声测量方法示意

为了探究现场计量橇中超声波流量计测量区域及上下游管段的内部流场分布，选取某输气管道某分输计量站为研究对象，利用数值模拟软件ANSYS-CFX，针对该站站内的计量支路管段展开内部流场数值模拟研究，同时进一步论证流量计上游整流器安装位置的合理性。该分输站使用两台流量计，成橇安装，一用一备，口径DN150，流量范围66~1900m^3/h，工作压力0.8~5.0MPa，介质温度0~30℃。上游直管段30D，前10D处加有流动调整器，下游直管段10D(见图6)。

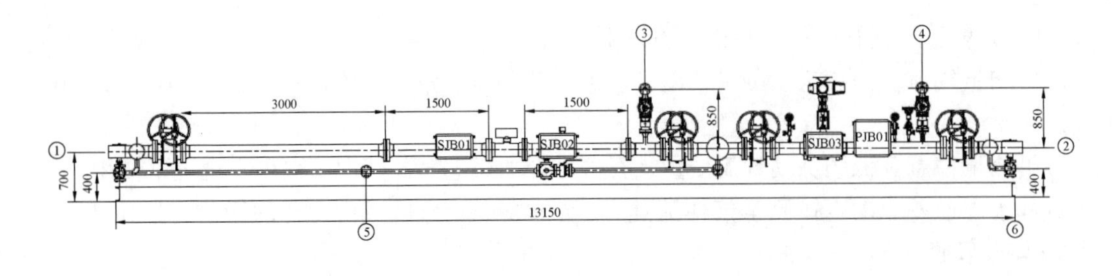

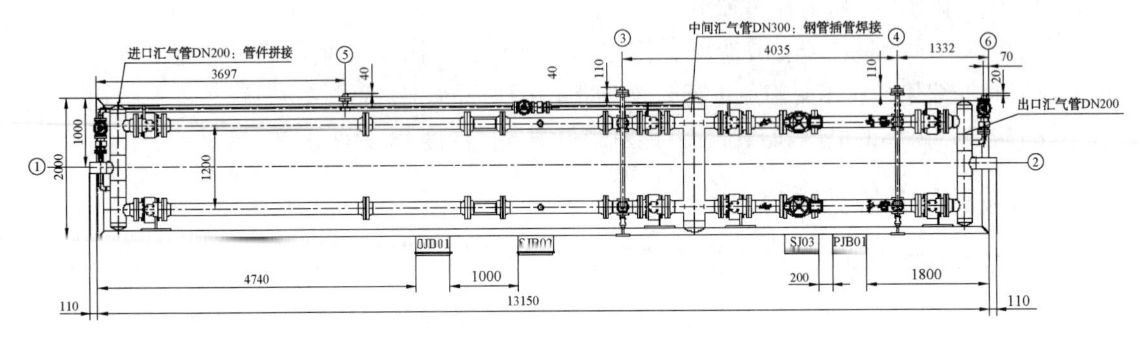

图 6　某分输站计量—流量调节橇

2.1　几何建模

采用 Solidworks 三维绘制软件对计量橇管段进行 1：1 几何建模[图 7(a)][6]。主要几何体包括：进气管段、集气汇管、计量管路支线、整流器、流量计检测管段、出气管段。其中，整流器几何模型严格按照资料数据进行绘制[图 7(b)]。

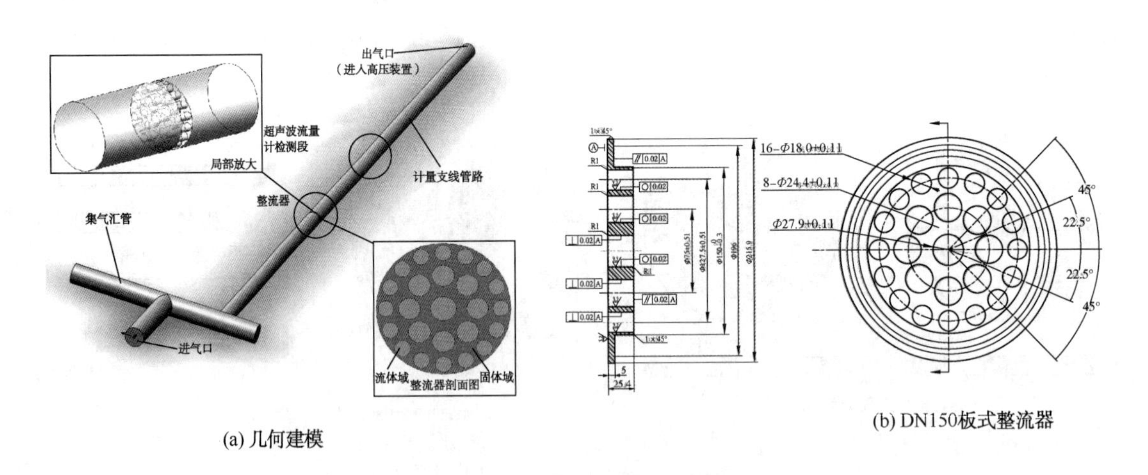

(a) 几何建模

(b) DN150板式整流器

图 7　计量橇管段几何建模

2.2　网格划分

采用 Gambit 网格划分软件对 2.1 的几何模型进行网格划分。为提高后期数值模拟计算的准确性，对计量橇管段进行分割划块(图 8)，在整流器及其前后 0.25m 管段计算区域进行网格加密处理(整流器网格初始大小为 2mm，以 1.1 增长比率向两侧扩张，上限值为 10mm)。模型总网格数量约为 200 万，网格质量为 0.7982。

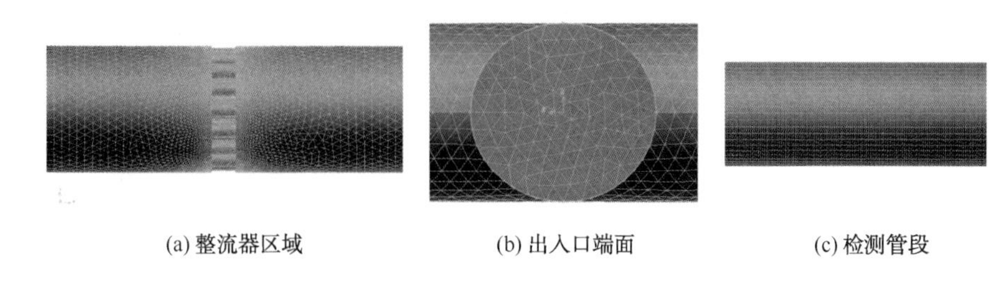

图 8　计算区域网格划分

2.3　CFX 数值模拟

将网格导入 CFX 数值模拟软件。在 CFX-Pre 前处理器中，进行初始条件的设定：介质选取 25℃空气，入口定压 3.5MPa，出口定流 20m/s；在 CFX-Solver 求解器中，定义其求解计算方法，计算时步(最大计算时步 2000)，监测数据以及计算残差(残差设定为 10^{-5})，经求解达到稳定收敛状态；最后在 CFD-Post 后处理器中，可以处理得到计算区域中任何线、面、体上的变量云图(如速度、压力、温度等)、流线、速度矢量图、湍流动能及耗散率等等[7]，同时可以绘制管段沿线的变量变化曲线。本数值模型的部分计算结果如下所示：

3　基于 CFX 的超声波计量管段流场分析

3.1　现场实际模型

现场初始模型为：流量计检测管段的上游直管长度 30D(即：4.5m)，前 10D(即：1.5m)处加有流动调整器，下游直管段 10D(即：1.5m)，为了尽量避免出口回流对流场造成的影响，模型中的下游直管段长度选取 2.5m。计算工况如 2.3 节所述，计算结果见图 9~图 17。

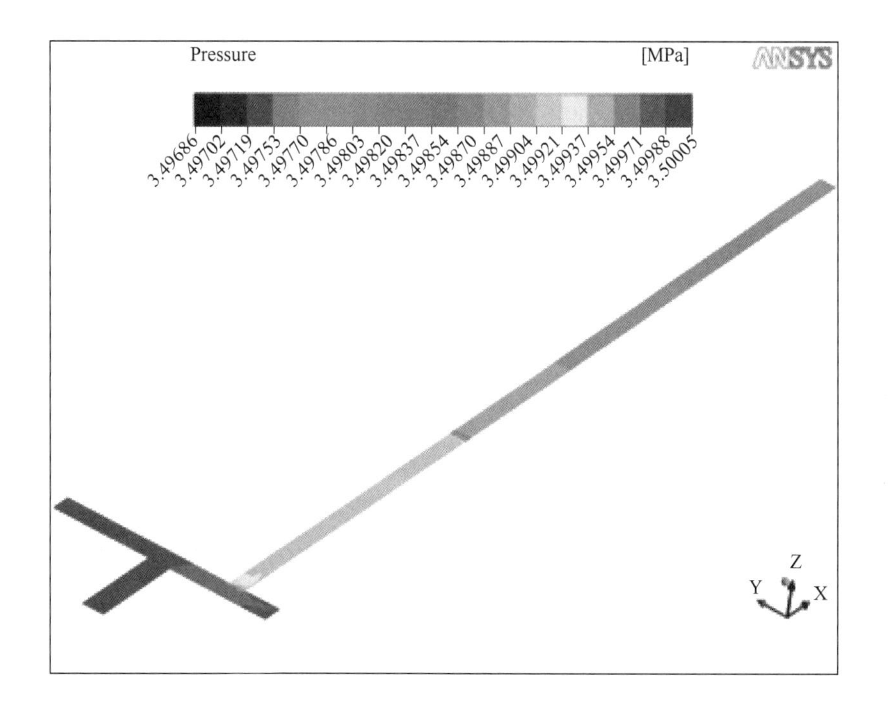

图 9　横向剖面压力云图

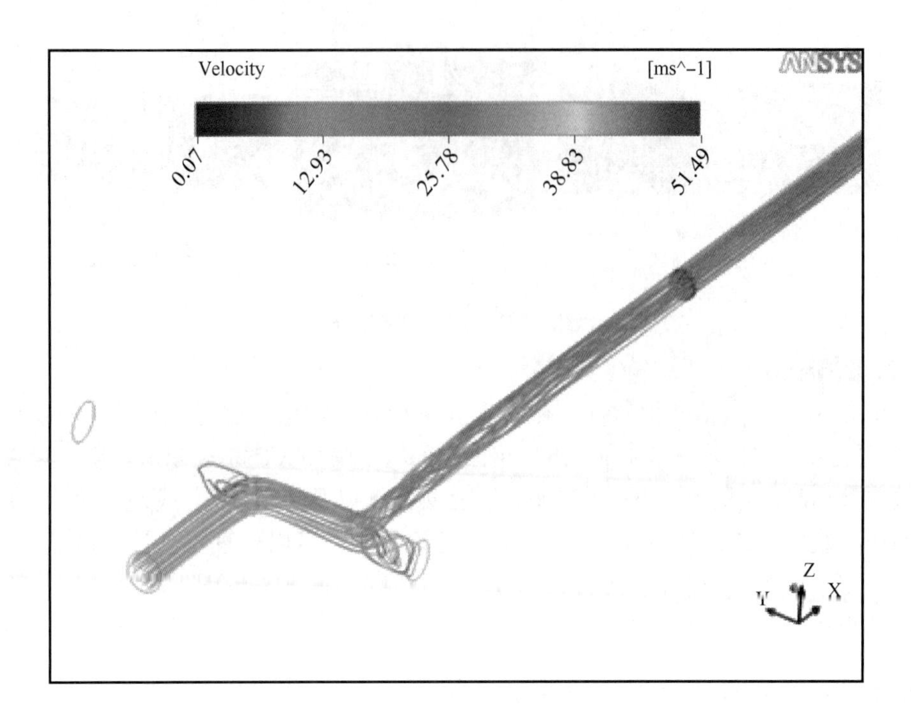

图 10　流线云图

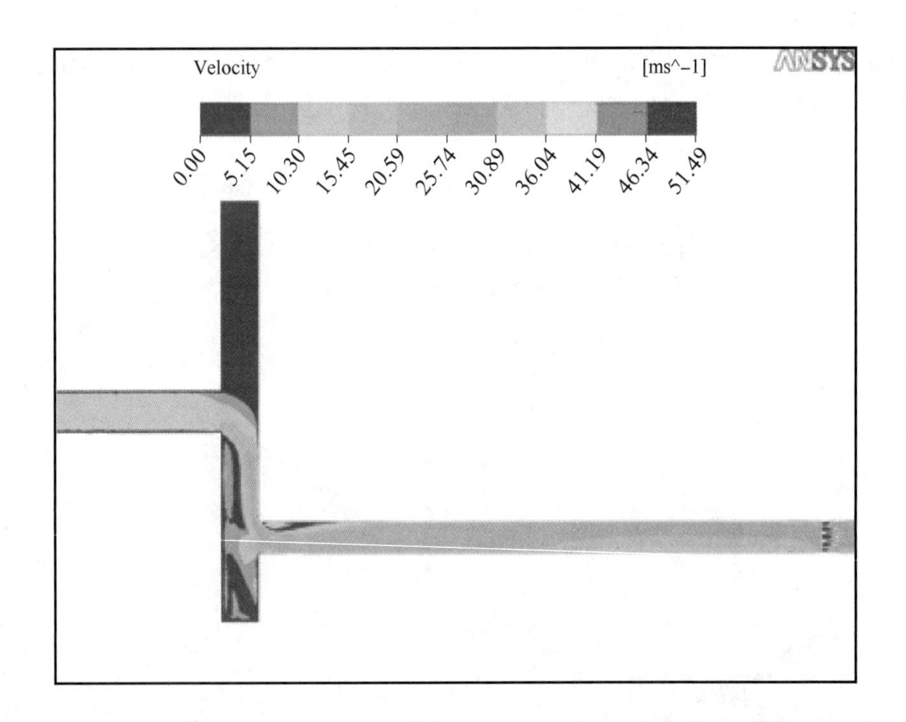

图 11　横向剖面速度云图(整流器前)

由图 9~图 14 可知：气体流经集气管段时，形成强烈的涡流，故在进入支线管路时存在严重的偏流现象，当此股偏流流经整流器后，流场基本恢复轴对称稳定流动。由此可定性判定，流体流经整流器后，在检测管段的流场便基本稳定。

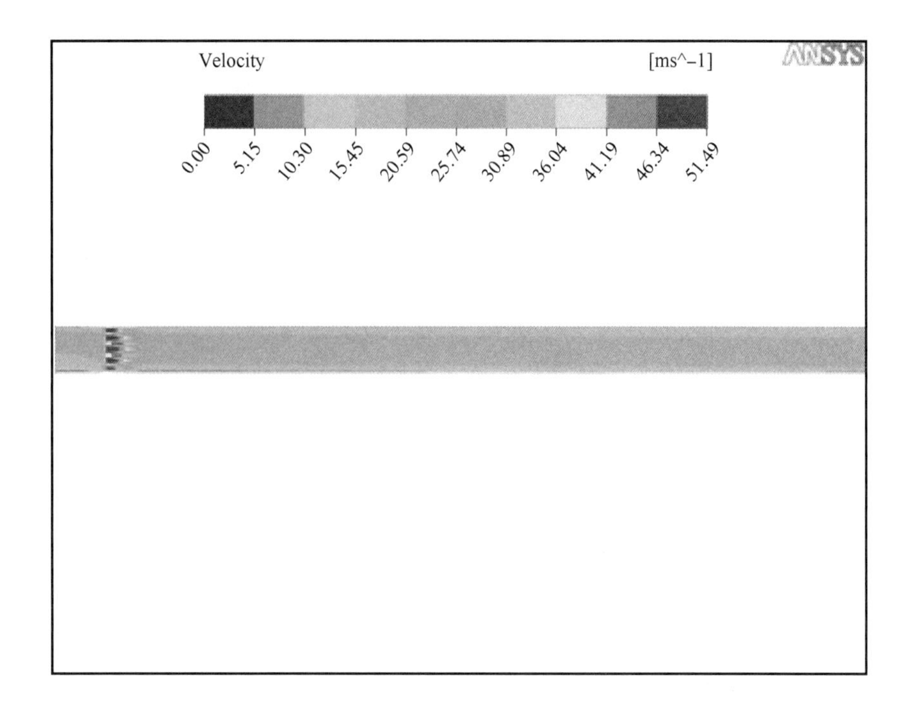

图 12　横向剖面速度云图(整流器后)

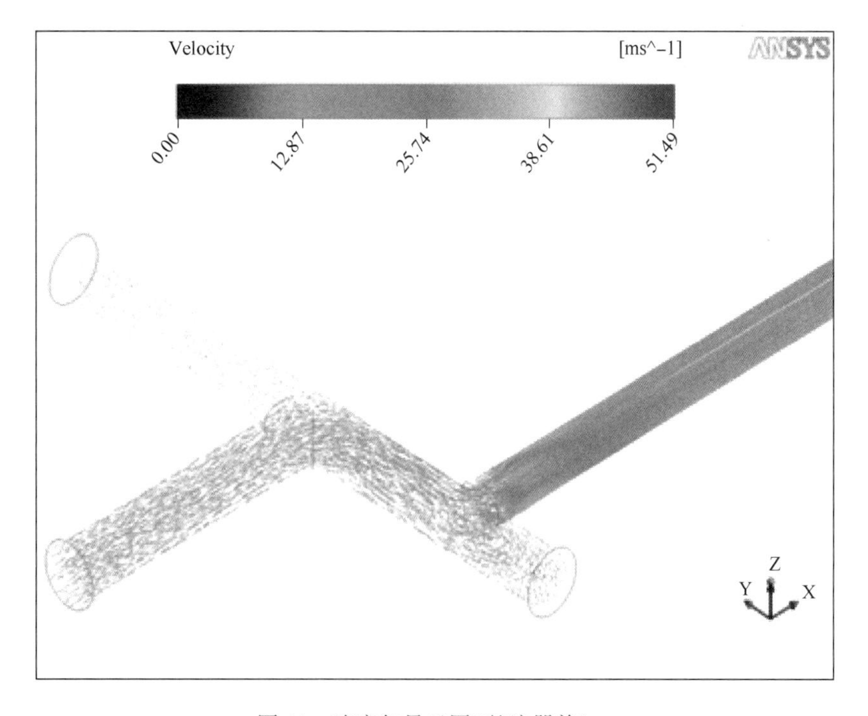

图 13　速度矢量云图(整流器前)

为了进一步分析，如图 15 选取了两个整流器的剖面图，近距离观察其速度云图。结果显示整流器前确实存在偏流现象，但整流器后速度分布均匀，仅因孔口的影响，在孔板后局

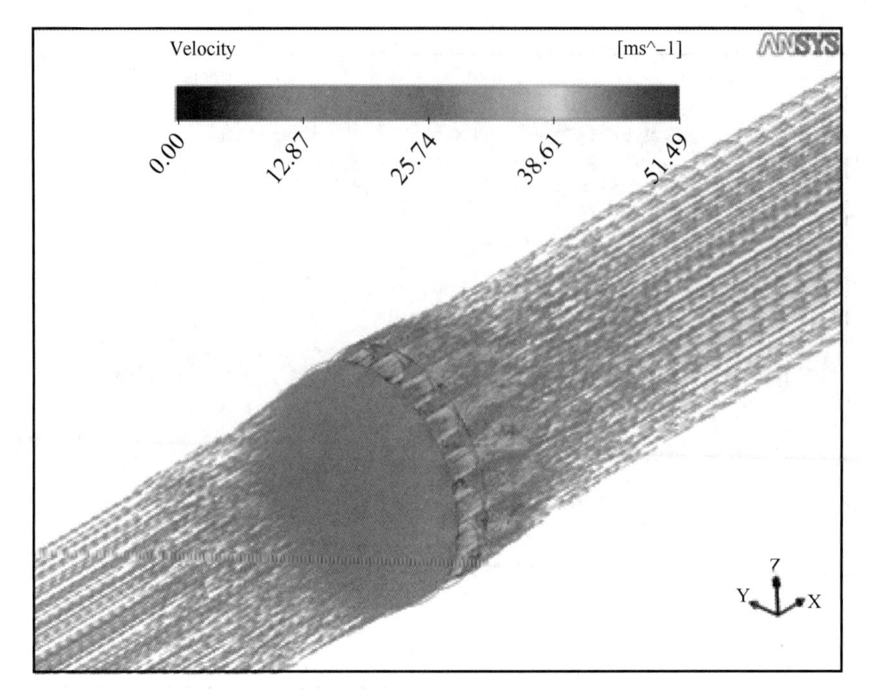

图 14　速度矢量云图(整流器)

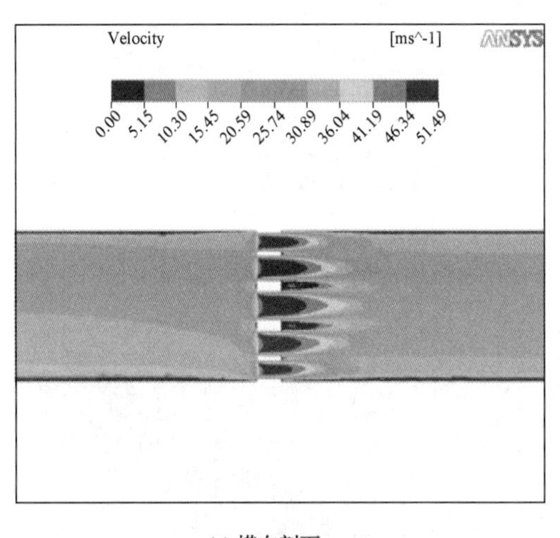

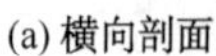
(a) 横向剖面

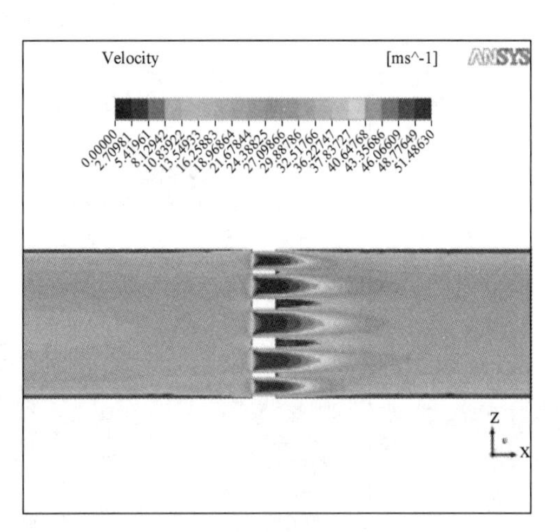

(b) 纵向剖面

图 15　整流器剖面速度云图

部形成 5 个高流速驼峰及 2 个低流速涡流。同时结合图 16、图 17 速度及湍流动能变化曲线可知：检测管段的速度场基本稳定，在整流器后 5D 管段内存在较小的不稳定流动外，其他均不存在偏流现象，故现场整流器的安装位置(10D)是比较合理的。

3.2　整流器位置变化模型

为了判别增大间距(整流器与检测管段的距离)对检测管段流场的影响，对计量橇管段模型进行整流器位置调整。整流器与检测管段的间距由 10D 增大到 15D，其他模型及运行工况与初始模型一致。计算结果表明：其流场特性与初始模型基本一致(见图 18~图

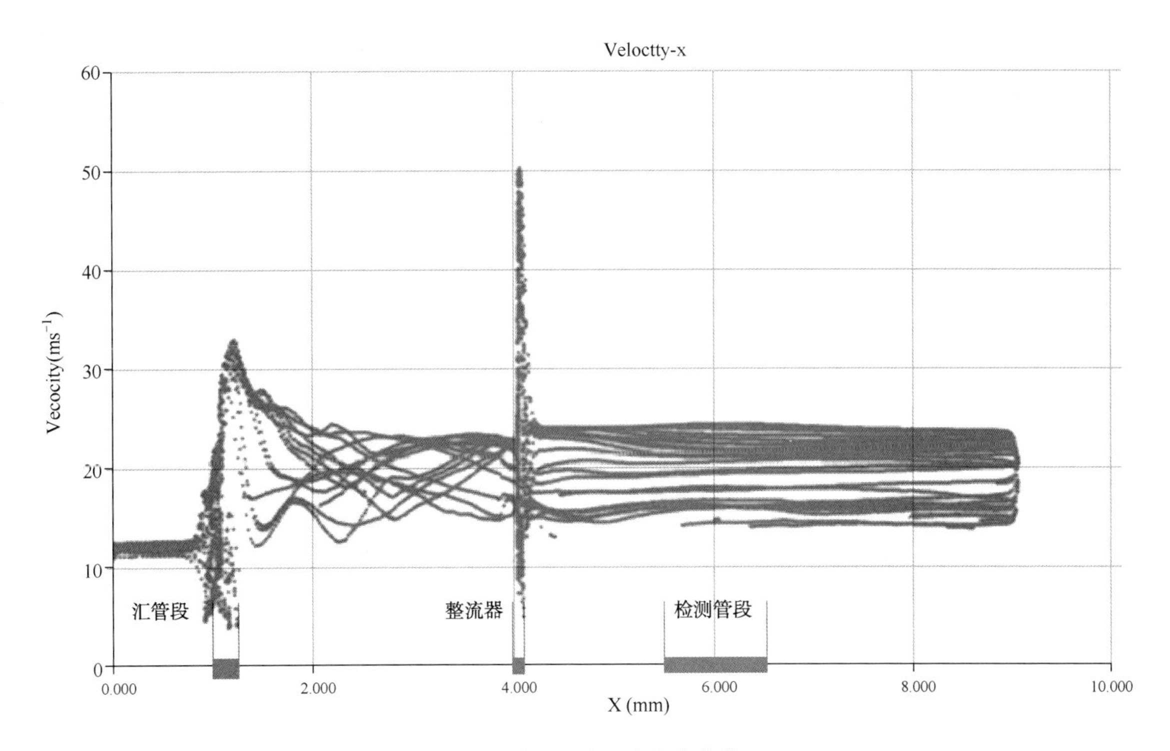

图 16　管段沿线速度变化曲线

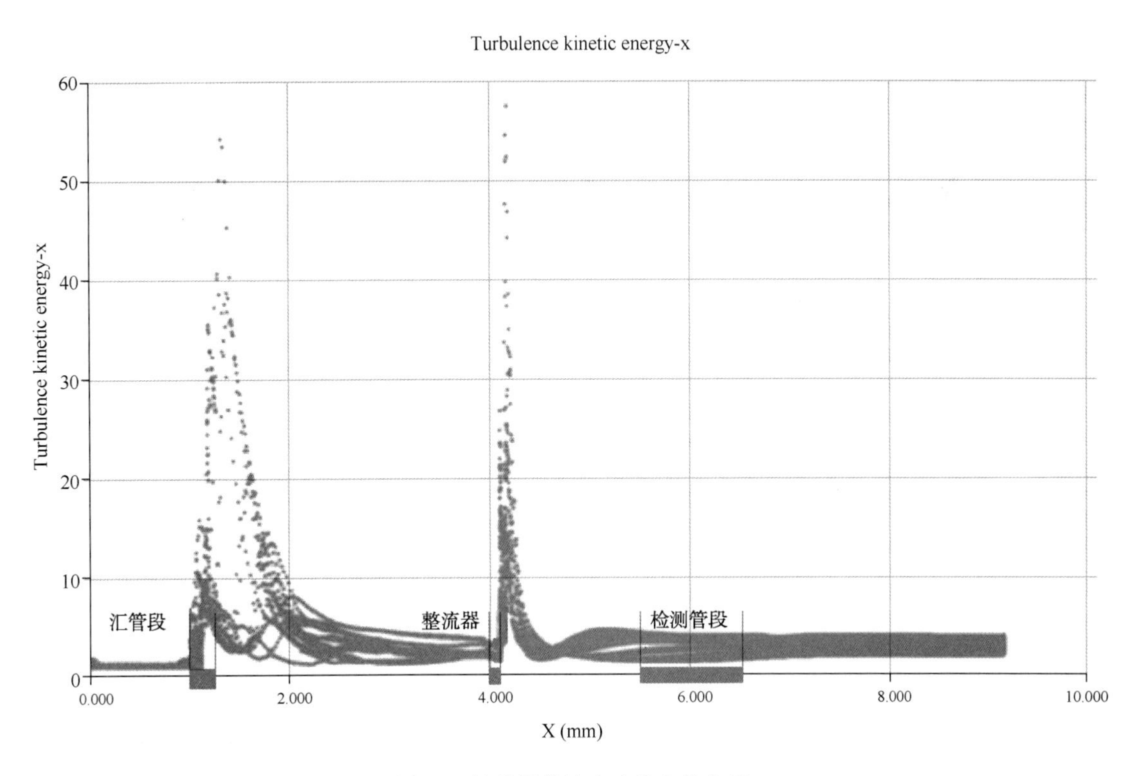

图 17　管段沿线湍流动能变化曲线

21）。

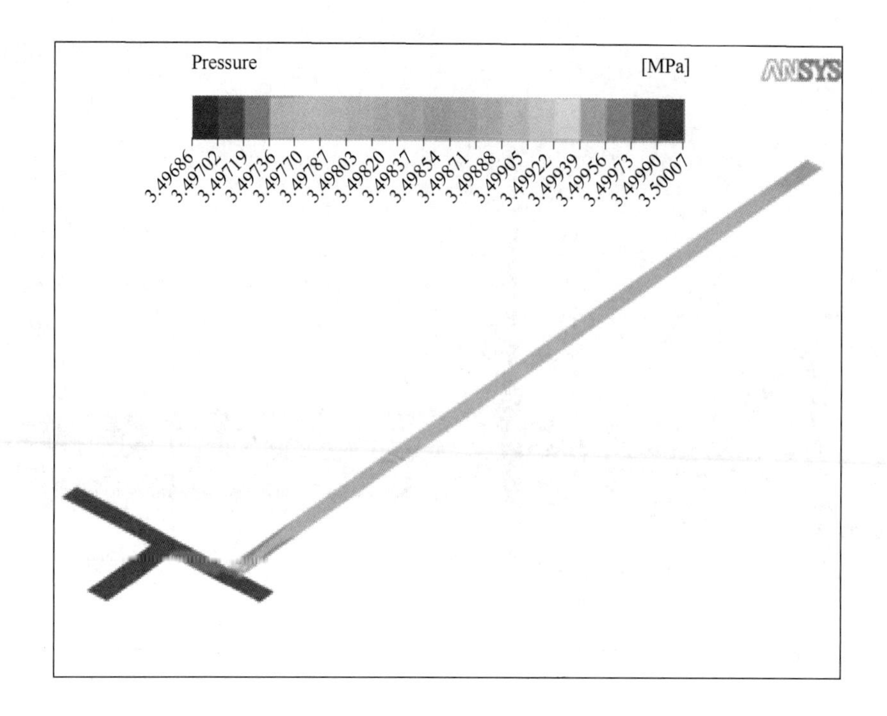

图 18 横向剖面压力云图

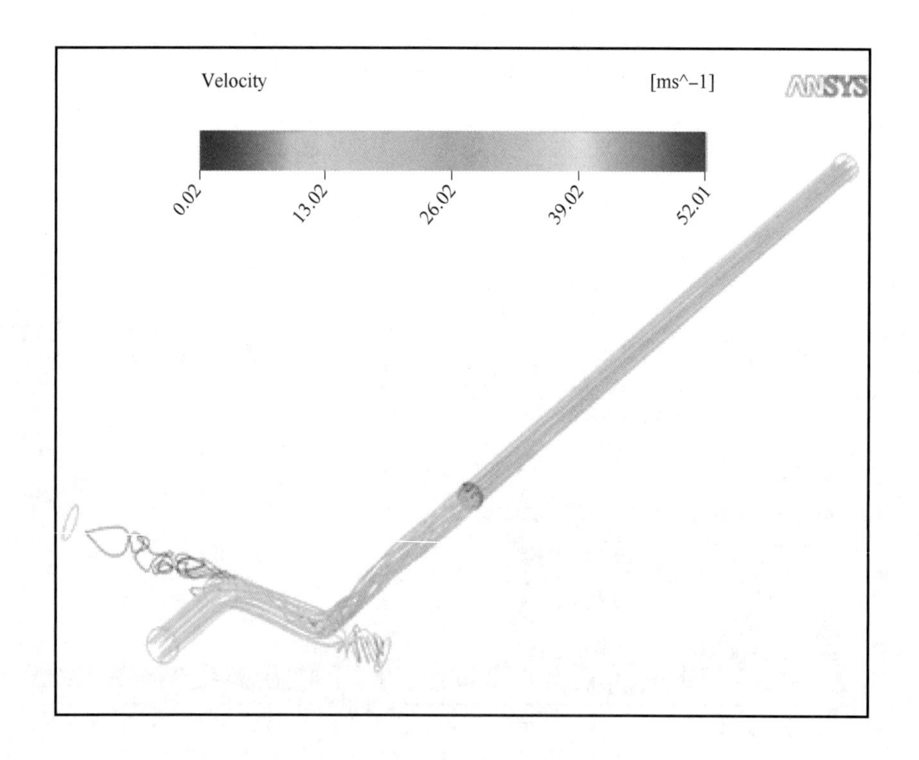

图 19 流线云图

为了更为准确的观测两种模型的流场特性，绘制了部分变量的沿线变化曲线。结果显示：由图 22、图 23 可知，流体在汇管段及整流器前管段的流速，在 X、Y、Z 方向

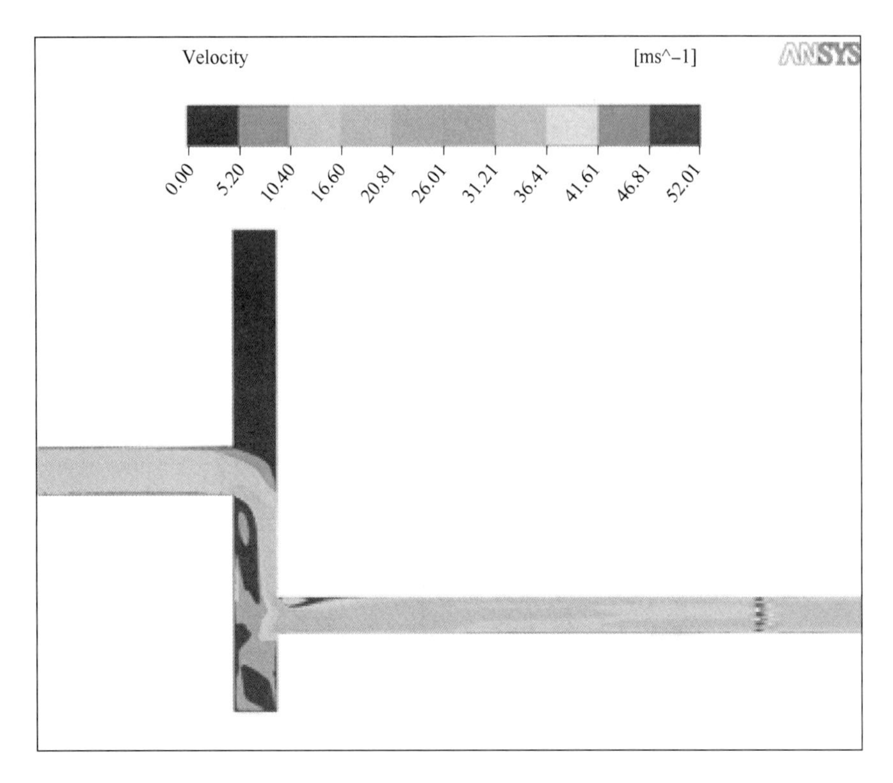

图 20　横向剖面速度云图(整流器前)

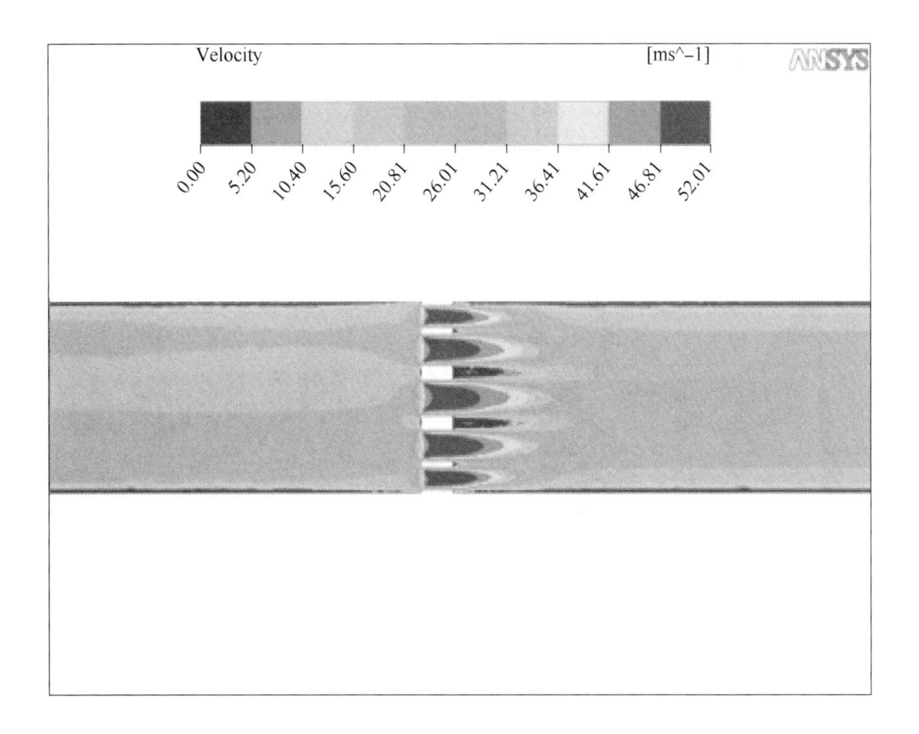

图 21　整流器剖面速度云图

均存在较大的波动，其中沿轴向的振幅最大，径向 Y 方向的振幅次之，径向 Z 方向振幅最弱。而在整流器后管段，径向(Y、Z)的分速度变为零，轴向速度也基本趋于稳定(在前 5D 管段内存在微弱的波动)，由此也说明了此时流场已基本发展为稳定流动。由图 24 可知，增大整流器与检测管段的间距后，检测管段内的流场更为稳定，但由于初始模型检测管段的流场已基本稳定，故增大间距对提高本模型检测管段流场稳定性的作用不大。

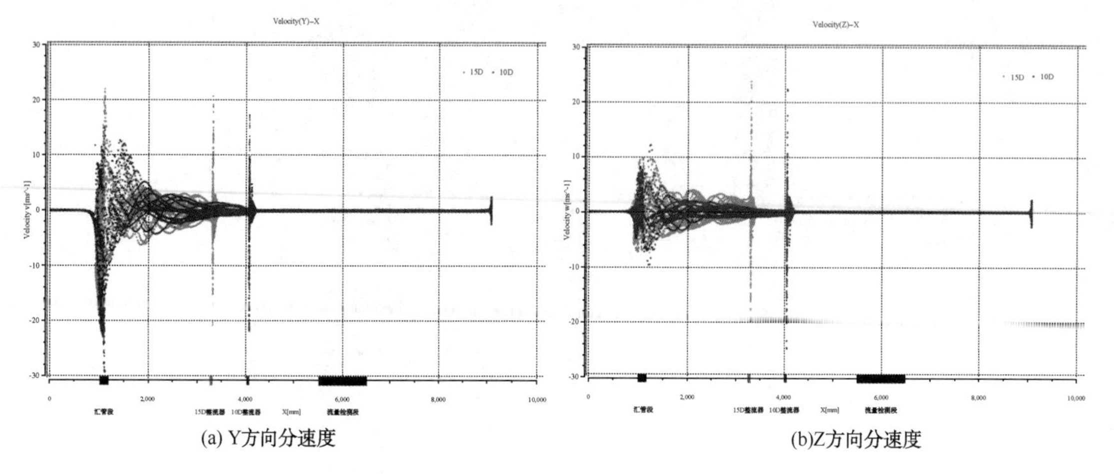

(a) Y方向分速度　　　　(b)Z方向分速度

图 22　径向速度变化曲线

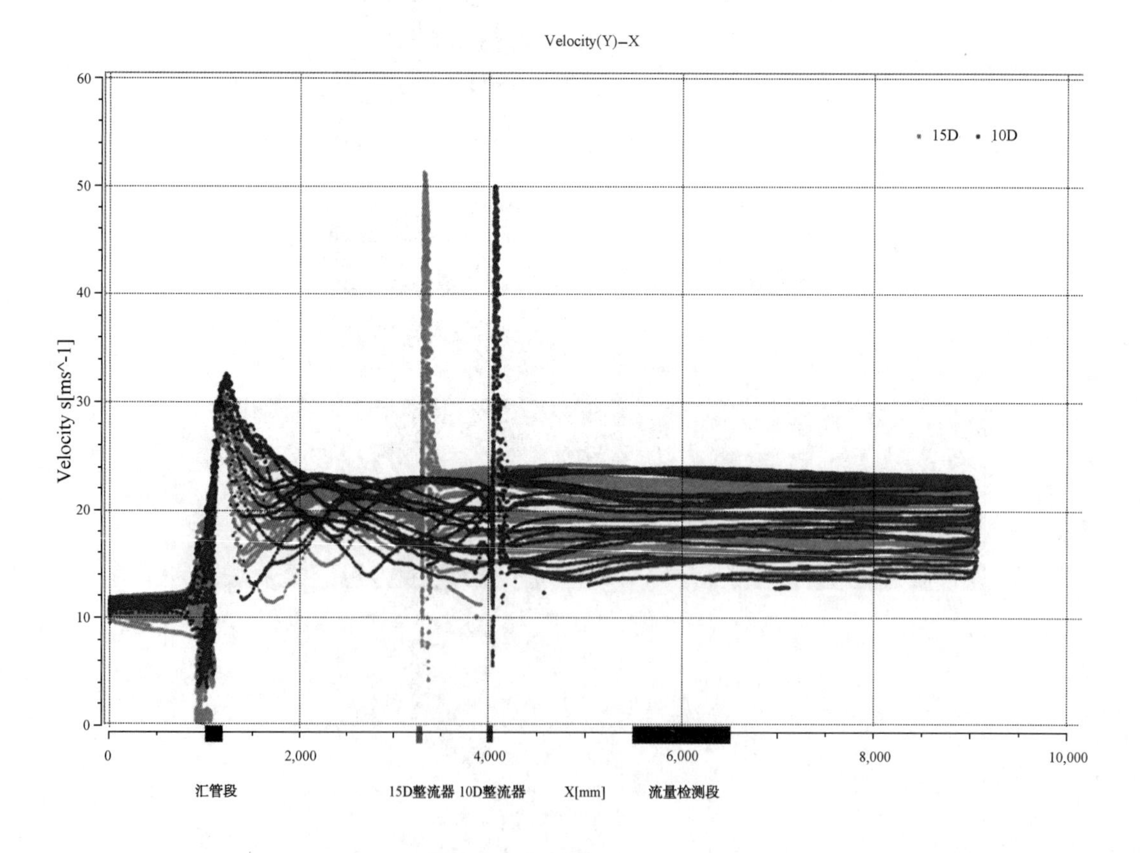

图 23　沿线速度变化曲线

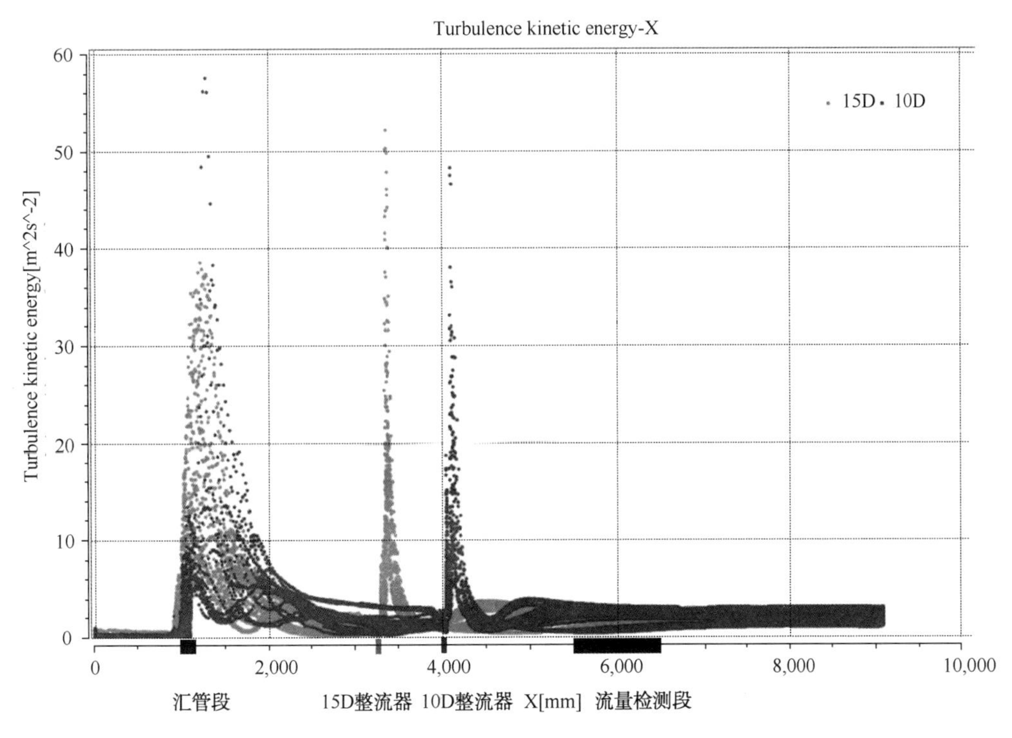

图 24　沿线湍流动能变化曲线

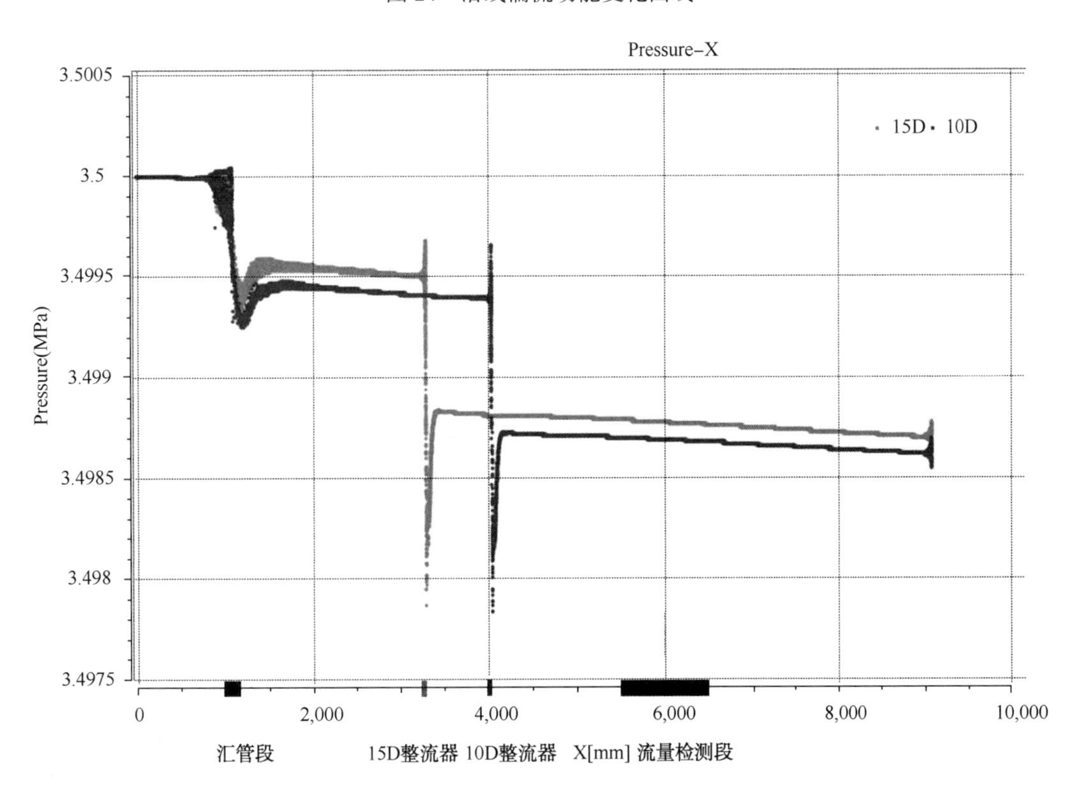

图 25　沿线压力变化曲线

4 结论

(1)超声波流量计作为速度式流量计主要工业应用类型之一，测量不受介质成份变化影响、无流阻部件、适用于各种不同气体及管径，具有测量精度高、范围宽、量程比大等特点。同时，声道形式及组合的多样性可进一步提高仪器的准确度及可靠性。

(2)基于 CFX 的超声波计量管段流场数值模拟，可求解气流在模型区域中任何线、面、体上的变量云图(速度/压力/温度等)、流线、速度矢量图、湍流动能及耗散率等，实现对计量管段内部的流场分析。

(3)由模拟工况中的湍流流动变化分析可知：整流器下游 5D 管段内存在一定程度不稳定流动，在 10D 以上安装位置时可保证流体流经整流器到达下游检测管段时已发展成理想紊流流场。

(4)借助数值模拟方法，可有效判断计量橇管段内部是否存在流场畸变、涡流及其它横向流，由此为辅助指导现场计量系统工艺设计及改造提供一定参考依据，以尽可能消除流场分布畸变造成的超声波计量误差。

参 考 文 献

[1] 李晓平，林棋，宫敬 . CFD 在油气储运工程领域的应用[J]. 油气储运，2014，33 (3)：233-237.
[2] 林棋，娄晨 . 基于 CFX 的典型差压式流量计流场数值模拟研究[J]. 石油工业技术监督，2014，30(4)：29-33.
[3] 林棋，娄晨 . 基于 ANSYS-CFX 的文丘里管水力特性数值研究[J]. 石油工业技术监督，2014，30 (6)：41-45.
[4] 林棋，娄晨 . 基于差压式孔板流量计的缩径管段流场数值研究[J]. 压力容器，2014，31(2)：29-37.
[5] 周雪漪 . 计算水力学[M]. 北京：清华大学出版社，1995.
[6] 胡仁喜，刘昌丽 . SolidWorks 2013 中文版从入门到精通[M]. 北京：机械工业出版社，2013.
[7] 谢龙汉，赵新宇，张炯明 . ANSYS CFX 流体分析及仿真[M]. 北京：电子工业出版社，2012.

中亚天然气管道站场自控功能提升实践研究

赵胜秋　邱昌胜　周　勇

（中油国际管道公司　中哈天然气管道项目）

摘　要　中亚天然气管道站场自投产以来，已经过近十年的运行时间，部分站场的自动控制水平还处于单体设备运行状态，不能满足目前世界先进管道对压缩机站场的自动化水平，此外，随着后续新建站场的控制水平不断提升，各站之间也存在一定差异。因此，需要对站场的自动化水平进行提升和统一。本文以CCS6站为例，结合现场实际生产需求，通过启停站、过滤分离器、空冷器、压缩机厂房风机、火气及ESD系统等一系列的程序逻辑修改，进一步完善和提升了站场自动化控制水平。

关键词　自动控制　功能提升　先进管道

近年来，随着国内天然气的需求量不断增大，天然气管道行业的急速发展，中亚天然气管道先后建成了AB线及C线，总的年输气量达到550亿方。其中中哈天然气管道项目涉及3900公里管道，13座压气站，2座计量站，183座干线截断阀室等，设备种类和数量不断增多，加之建设时间跨度较大，不同站场之间的控制水平、自动化程度产生了较大差异，因此，对站场的自动化水平进行提升和统一成为中亚天然气管道实现安全可靠高效运行的保障。

1　改造背景

1.1　SCADA系统现状

中哈天然气管道项目AB/C线SCADA系统由ABB公司提供，下位机采用ABB公司AC 800M系列PLC控制器，上位机采用SCADAVantage软件实现现场设备的实时监控和数据存储。其中AB线自2009年投产以来，已运行将近10年时间，而C线的建设时间跨度较大，加之当今世界科技水平的快速发展，AB/C线SCADA系统的控制观念和控制水平发生了较大变化，造成AB线与C线，甚至C线各站场之间控制方式的差异。随着中亚管道关于建设世界一流水平的国际化管道公司概念的提出，现有的SCADA系统控制水平以及各站场之间的差异不利于公司的统一管理和工作效率的提升。

1.2　改造目标

通过对AB线及C线各站场运行原则的研究，确定了改造目标主要分为以下两类：

1）统一各站场控制水平和控制方式。控制水平和控制方式的差异，主要产生于时间的跨度和承包商的差异上，其中AB线与C线建设时间跨度较大，在此期间，科技水平快速发展，C线站场的控制水平相较于AB线有了较大提升，因此需要对AB线的控制水平进行升级；而C线由于1/3/5/7站（KSS承建）和2/4/6/8站（CPECC承建）的承包商不同，站场之间的控制逻辑也有所不同，也需要进行统一。

2）补充完善部分控制逻辑。通过对比和现场调研发现，AB线站场由于建设时间较久，部分区域控制逻辑落后或无相应控制逻辑；C线也存在部分控制逻辑不符合现场生产需要的问题，需要进行补充和完善。

2　改造内容及效果

根据以上分析，并结合中亚管道运行控制原则标准以及现场生产运行实际需求，确定了以下几项改造内容。

2.1　过滤分离系统

过滤分离系统主要功能是为进入站场的天然气进行净化，因此，各支路是否被杂质堵塞成为站场运行控制需要重点关注的内容。过滤分离系统原控制逻辑为通过进口流量总和判断自动开启过滤分离路数。由于中亚管道各站场全年基本处于大负荷流量下，因此将原控制逻辑修改为5用1备的总体控制要求，各支路设定优先级，并根据各支路过滤分离器差压变送器的差压来判断本支路是否堵塞，并开启备用支路。

部分相关控制程序见图1。

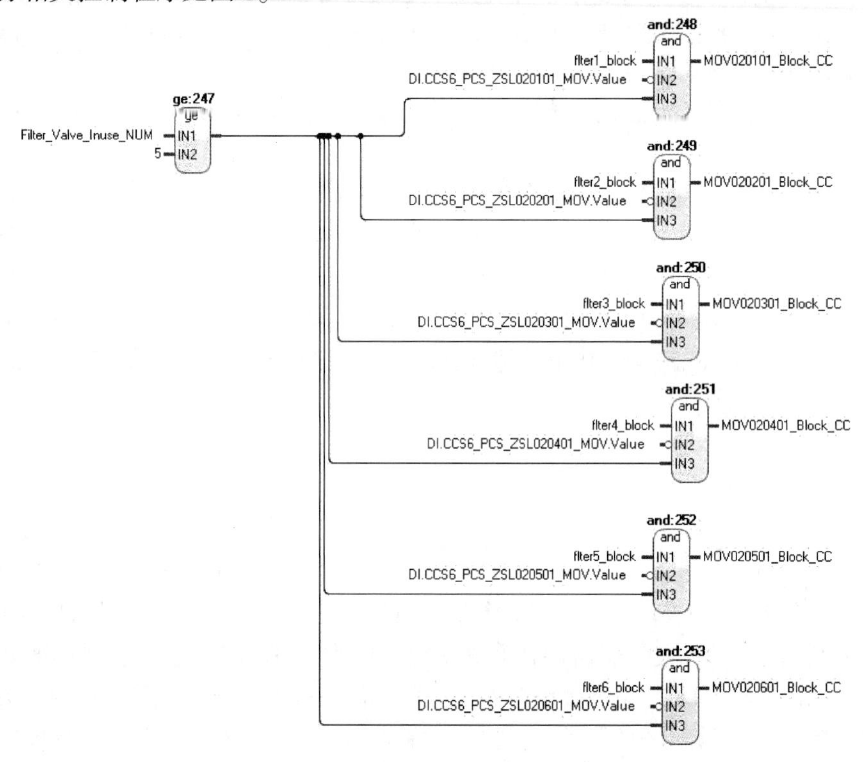

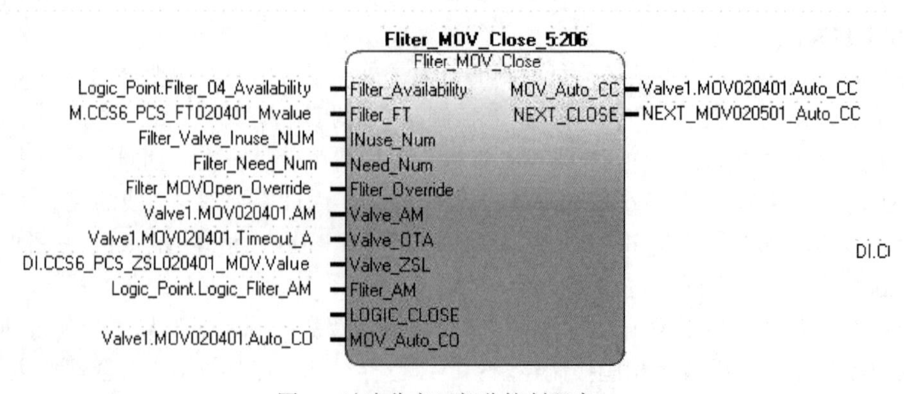

图1　过滤分离区部分控制程序

过滤分离区控制界面显示见图2。

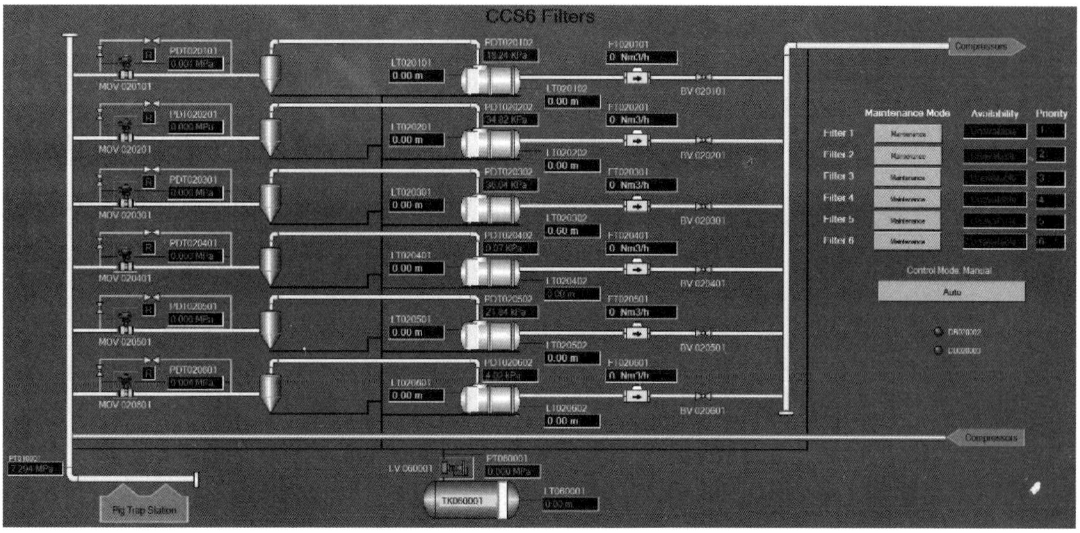

图2 过滤分离区HMI画面

2.2 后空冷系统

后空冷系统主要功能是为压缩后的天然气进行降温，避免高温天然气进入主干线对内壁防腐层造成破坏。统一修改后的控制逻辑如下：

1)空冷区出口温度变送器TT010004&010005同时高于设定值50℃(此值可调)时，自动启动累计运行时间最短的2台空冷电机，2台空冷电机间隔30秒打开。5分钟后，若温度依然高于设定值，则继续启动累计运行时间最短的2台电机，直至出口温度变送器TT010004&010005同时不高于设定值为止。

2)空冷区出口温度变送器TT010004&010005同时低于设定值10℃(此值可调)时，自动关闭累计运行时间最长的2台空冷电机，若温度依然低于设定值，则继续关闭2台电机，直至全部空冷电机都关闭。当空冷电机全部关闭后，且温度低于5℃(此值可调)时，则打开旁通阀门MOV010001，旁通阀门打开后便顺序关闭(间隔30秒)空冷支路的入口电动阀门。

3)空冷区出口温度变送器TT010004&010005同时高于设定值40℃(此值可调)时，顺序打开(间隔30秒)空冷支路的入口电动阀门，当可用电动阀门全部打开时，关闭旁通阀门MOV010001。

4)当空冷器在运行过程中发生震动开关报警，自动关闭空冷器，并产生报警提示操作员进行处理和检查；当空冷器运行时间到达设定的维护时间时(此值可调)，产生报警，提示操作员去进行维护保养。

部分相关控制程序见图3。

后空冷区控制界面见图4。

2.3 压缩机厂房通风系统

压缩机厂房通风系统主要用于厂房内空气流通，并参与部分ESD和FGS逻辑。在站控逻辑中，将4台轴流风机、8台屋顶风机分为两组(G1/G2)。统一修改后的控制逻辑为：

1)正常通风：设置4台轴流风机、8台屋顶风机联合运行，正常情况下，轴流风机2用2备，屋顶风机4用4备。

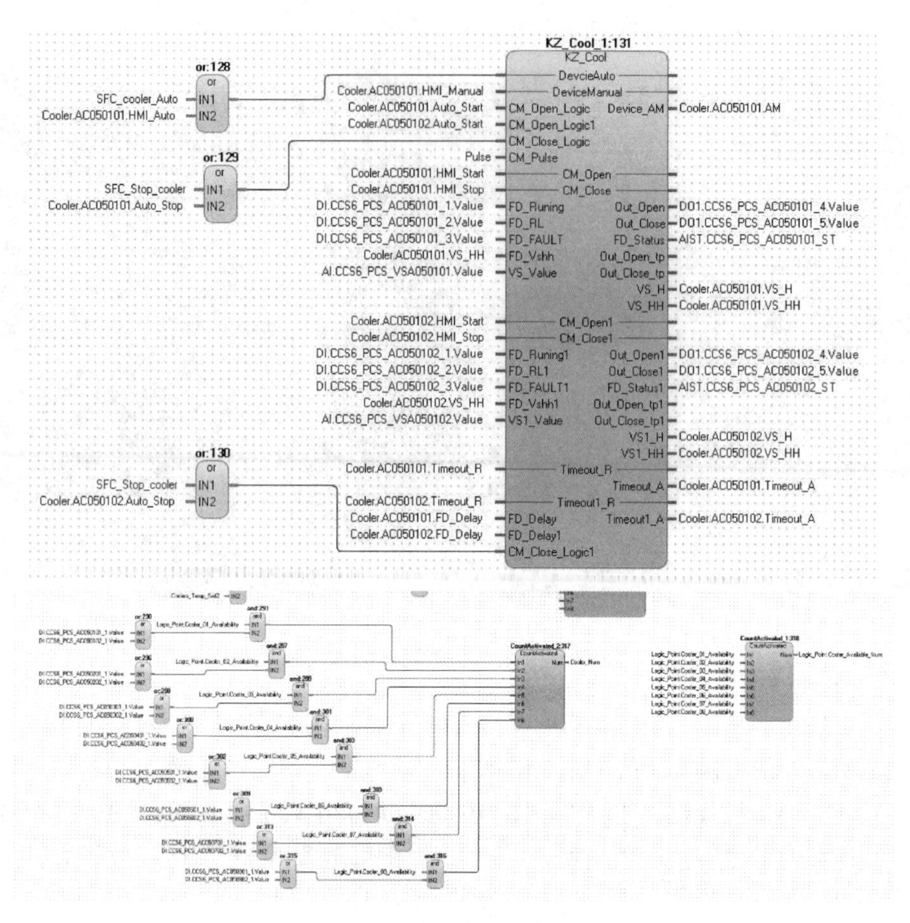

图 3　后空冷区部分控制程序

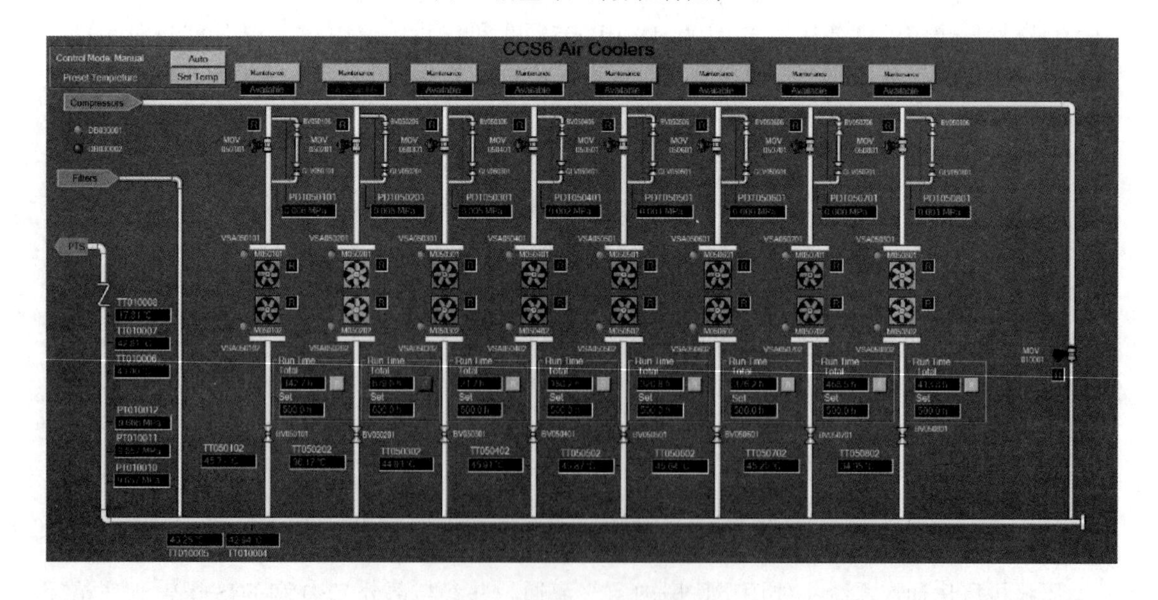

图 4　后空冷区 HMI 画面

2）故障切换：当轴流风机或屋顶风机运行一组中的任意一台风机故障时，自动切换至另外一组运行。

3)运行时间切换：当轴流风机或屋顶风机其中一组的运行时间达到设定值时(此值可调，以最先达到累计时间的风机为切换条件)，则自动切换到另外一组运行。

4)与 FGS 系统联锁控制：当厂房内 2 个或以上可燃气体探测器同时出现高报警时，厂房屋顶风机全部打开进行强制通风；当厂房内 2 个或以上火焰探测器同时出现报警时，厂房风机全部关闭，以减少空气流通。

部分相关控制程序见图 5。

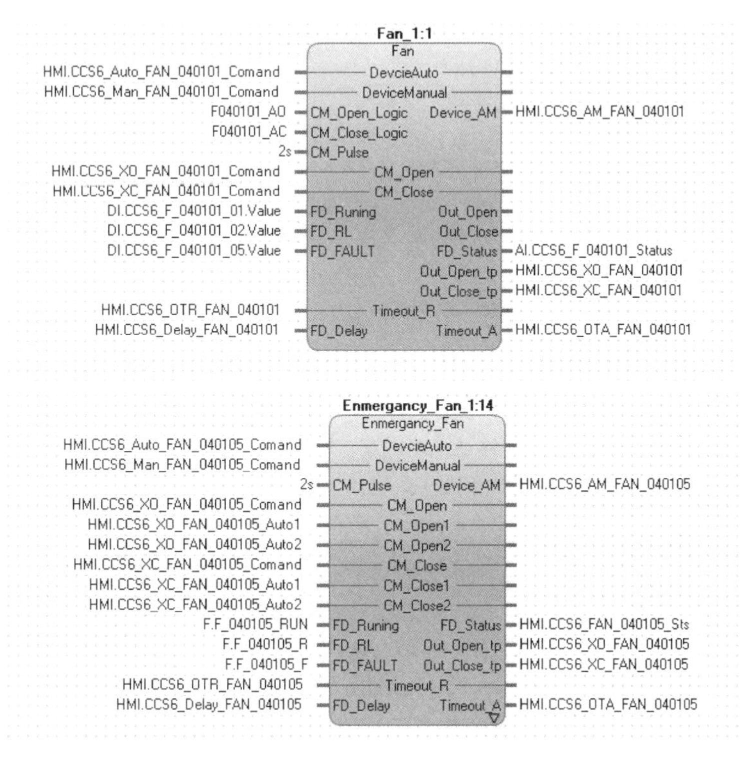

图 5　压缩机厂房风机控制程序

压缩机厂房控制界面见图 6。

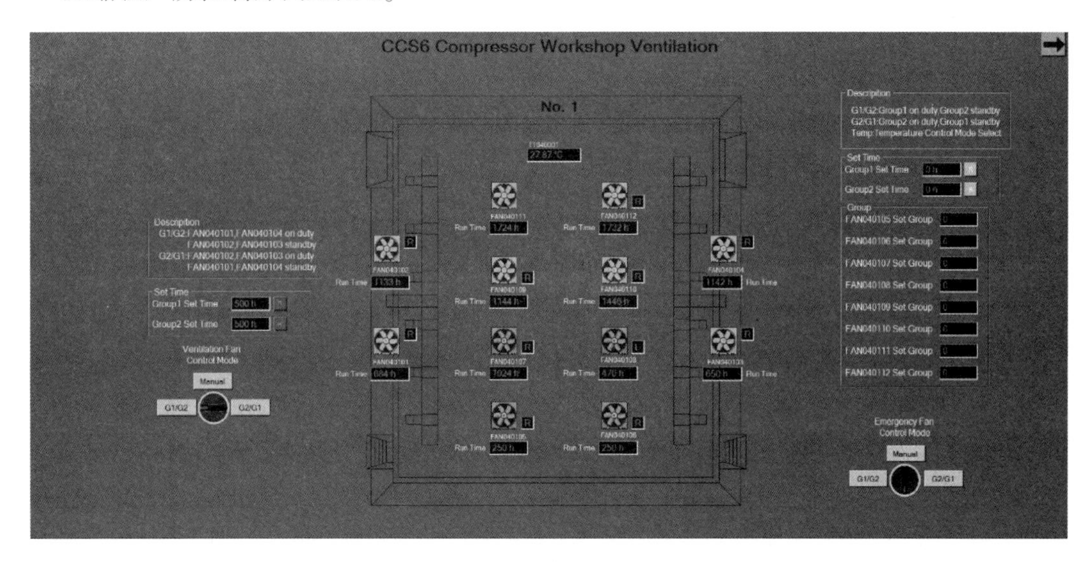

图 6　压缩机厂房通风 HMI 画面

2.4 一键启站功能

一键启站功能包括两个方面：站启动前提条件确认和启动程序。

2.4.1 前提条件确认：

1）BDV010001，BDV010002，BDV080001，BDV080002，BDV080003，BDV080004，BDV080005，BDV080006 全关。

2）GHV311101，GHV311201 全开；GHV311102，GHV311103，GHV311202，GHV311203 全关。

3)过滤分离区可用支路在自动全开状态。

4)燃料气撬 ESDV080002 开到位。

5)FGS 系统没有报警，ESD 系统没有报警。

6)空压机出口压力正常。

相关控制程序见图 7。

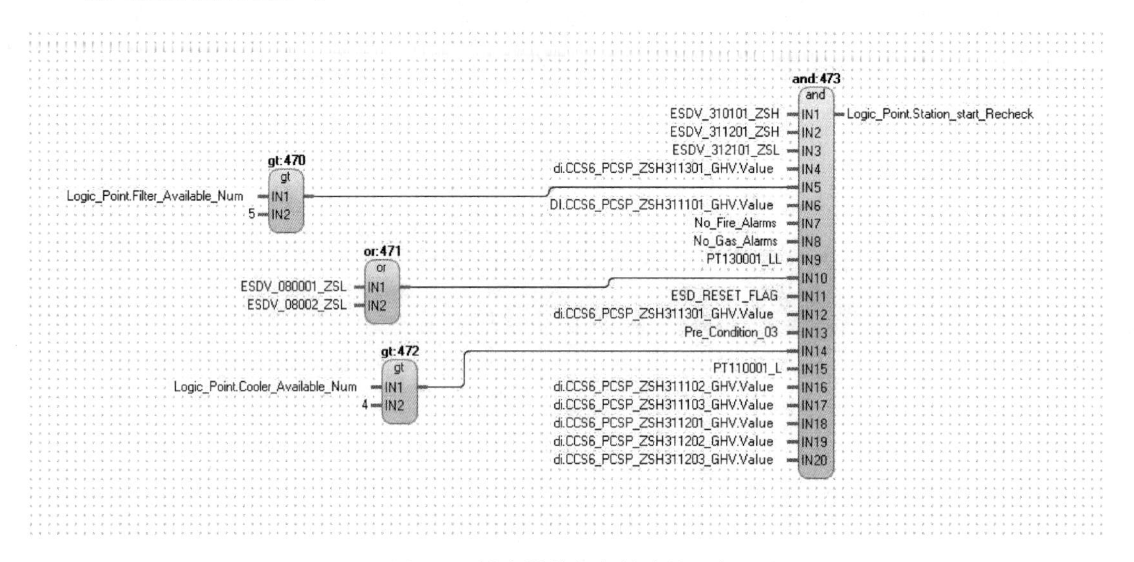

图 7 一键启站前提条件确认程序

2.4.2 启动程序

1)打开压力越站管线上的 MOV010002。

2)当越站阀门开到位后，检测 ESDV311101 阀门差压，大于 0.2MPa，自动打开 ESDV312101 和 MOV312101，进行压力平衡。

3)压力平衡完成后，打开进出站阀门 ESDV311101 和 ESDV311201。

4)ESDV311101 开到位后，关闭旁通阀 ESDV312101 和 MOV312101。

5)ESDV311101，ESDV311201 全部开到位后，自动关闭越站阀 GHV311301。

6)GHV311301 关闭后，启站逻辑完成。

启站控制程序及 HMI 画面见图 8 和图 9。

2.5 一键停站功能

一键停站功能包括以下几个步骤：

1)给压缩机发送正常停机命令。

2)开启 MOV010002，关闭 MOV010003 和 MOV010004，导通压力越站流程。

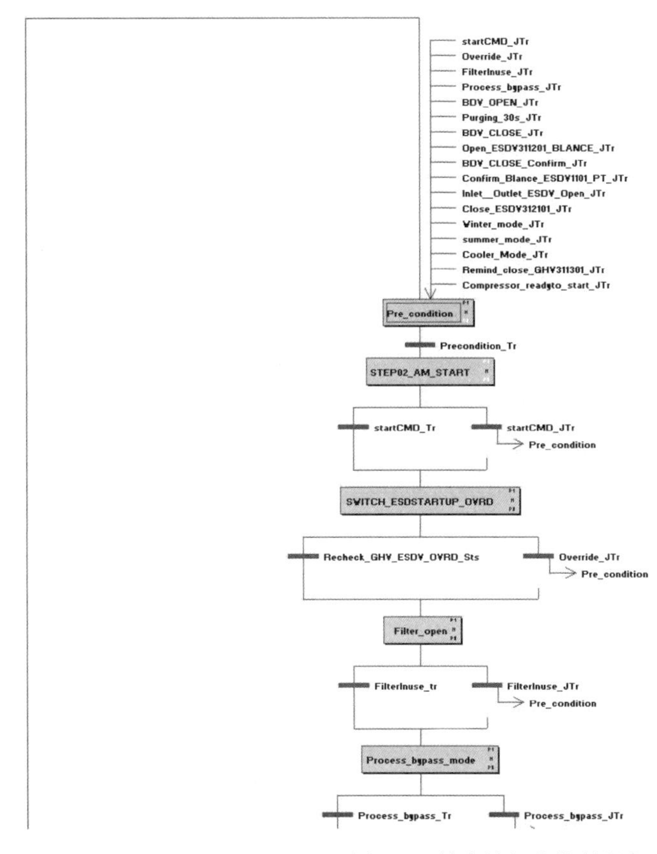

图 8　一键启站部分控制程序

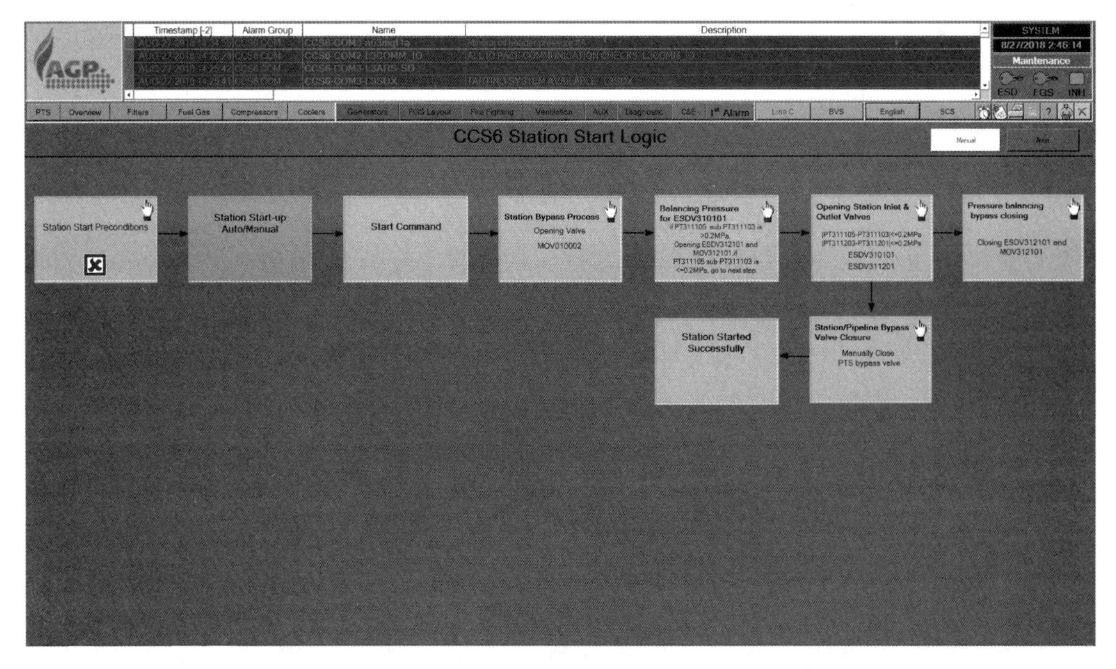

图 9　一键启站 HMI 画面

3）检测越站阀门 GHV311301，两端差压不大于 0.5MPa 后，打开越站阀门。

4）越站阀门打开后，关闭进出站阀门 ESDV311101 和 ESDV311201。

5)进出站阀门 ESDV311101 和 ESDV311201 全部关到位后，停站逻辑完成。

一键停站控制程序及 HMI 画面见图 10 和图 11。

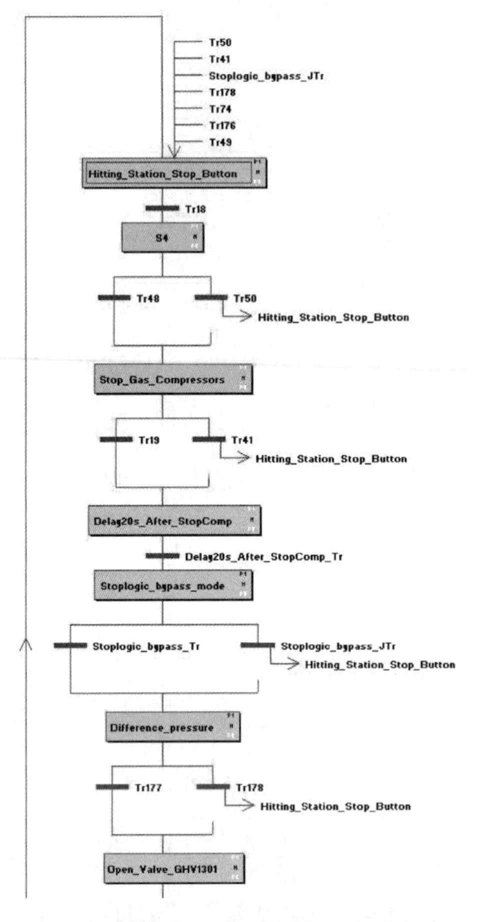

图 10　一键停站部分控制程序

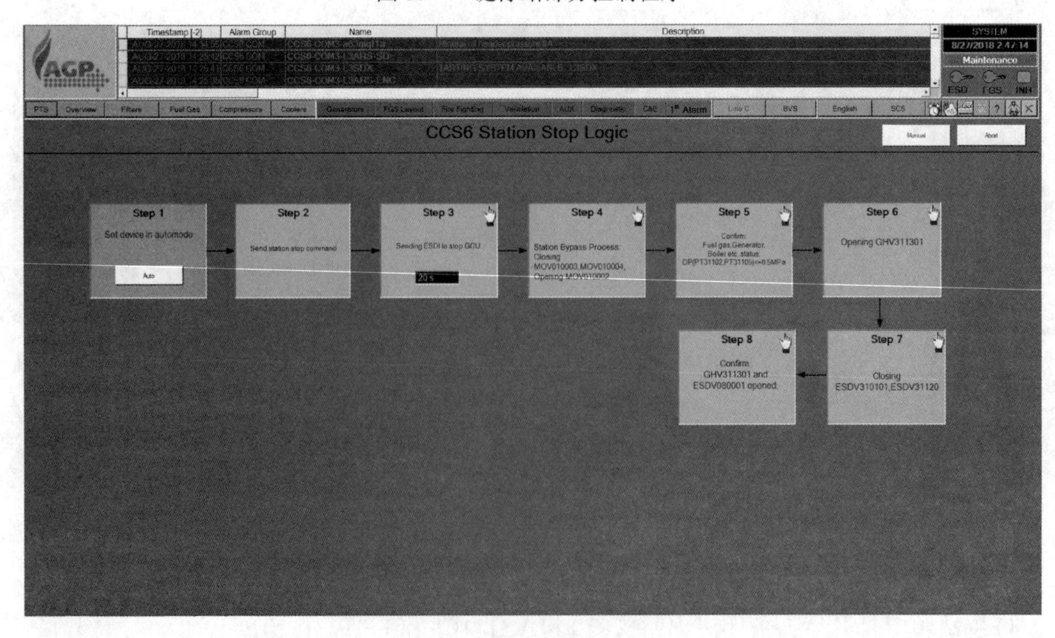

图 11　一键停站 HMI 画面

2.6 改造效果

通过一系列的控制程序修改和完善，并经过专业工程师与现场的严格测试，各项改造措施符合现场实际生产运行需求，使现场控制功能得到了优化，站场自动化控制水平得到了提升，管道运行更加安全、可靠、高效。在完成CCS6站的控制功能提升后，中哈天然气管道项目又先后自主完成了CCS2/4/8站的控制逻辑修改和完善，使全线各站场的控制逻辑更加统一，有效提高了对于各站场SCADA系统的管理效率。

3 结论

中亚天然气管道站场自控功能提升的实施，是现场生产运行对于实现自动化控制的需求，也是中亚管道公司实现世界先进水平国际化管道公司的重要一环。目前，中哈天然气管道项目已实现C线2/4/6/8站自控功能的提升和统一。本文通过对自控功能提升工作的总结，将逐步实现对AB线站场自控功能的提升工作，并为中亚管道D线及未来管道SCADA系统建设提供一定的指导意见。

参 考 文 献

[1] 陈启安．人机界面的优化设计[M]．软件世界．2005.12
[2] ABB公司官方网站．SCADA applications. http：//www.abb.com.cn/support，2011-03-30.
[3] 王华忠 陈冬青．工业控制系统及应用SCADA系统篇．电子工业出版社2017.

基于物联网和大数据的全生命周期智慧管道实施构想

徐建辉　关新来　王善珂　孟祥海　卢　明　王　涛

（中油国际管道公司　中吉天然气管道项目）

摘　要　目前油气管道行业已实现基本的数字化和信息技术应用，但由于传统发展模式及历史方面原因，管道企业仍然存在诸如管理效率低下、人工成本高昂、技术决策风险偏高等问题，随着"互联网+"信息技术革命及油气管道行业的蓬勃发展，智慧管道将不可避免地成为管道行业的未来发展方向。本文基于物联网、大数据等技术，以中亚天然气管道D线工程为例在全生命周期内提出智慧管道的实施构想，即：建立一套统一的数据标准、构建一个统一的数据平台、打造一个基于物联网的信息感知系统、加快部署一个智能物资供应链体系、逐步实现一个智能高效的管道系统、确保管道预测预警可控。智慧管道的建设是一项系统性工程，不可能一蹴而就。在智慧管道实施过程中，建议加强顶层设计，重点解决跨国数据互联问题，继续开展信息交换、协同调控、网络数据平台整合、数据挖掘、物联网应用等关键技术的研究工作。

关键词　物联网　大数据　智慧管道　全生命周期　实施构想

1　引言

2016年2月国家下发了《关于推进"互联网+"智慧能源发展的指导意见》，意见中提出未来十年内将着力推进智能化能源基础设施建设，内容主要包括建设国际领先的能源互联网标准体系，推动能源互联网的关键技术攻关，建立基于能源大数据的行业管理与监管体系等重要任务。2017年7月国家发改委在《中长期油气管网规划》提出到2025年油气管道里程将由目前的12万公里增加到24万公里，同时要重点加强"互联网+"、物联网、大数据、云计算等先进技术与油气管网的创新融合，完善信息共享平台，推动互联互通、统筹调度。2017年和2018年中油国际管道公司在工作会议中提出建设"世界先进水平国际化管道公司"的战略目标，其中提到要利用先进信息化技术提升管道运营和管理水平。目前中油国际公司已建成了中亚天然气管道ABC线、中哈天然气南线、中哈原油管道、中缅油气管道，目前正在筹备建设中亚天然气管道D线(简称"中亚D线")。

中亚D线横跨乌兹别克斯坦、塔吉克斯坦、吉尔吉斯斯坦，最后到达中国。管线长度约1000公里，设计输量300×108立方米每年，设计压力12兆帕，管径1219毫米，一期工程计划2022年6月投产。中亚D线项目建成以后，中油国际管道公司管辖的管道里程将达12000公里，油气当量达近1亿吨，将成为规模最大、战略意义最重要的西北和西南能源通道。随着"互联网+"信息技术的发展，国家、中石油以及中油国际公司对智慧管道的建设越来越重视。因此，结合国内外管道企业应用的最佳实践，针对即将开工建设的中亚D线开展基于物联网和大数据的全生命周期智慧管道研究具有重要意义。

2 智慧管道是管道发展的必然趋势

2.1 油气管道的特点和发展瓶颈[1][2]

由于油气管道传统的发展模式和历史原因，目前油气管道存在管理效率低、人工成本高、技术决策风险大的发展瓶颈。

首先，关于管理效率低问题。传统管理方式通常采用先制定总目标、总任务，然后逐级分解直线推进方式组织建设和运营。每项任务以单链条单方向自上而下一直贯穿到基层。由于设置众多管理层级和职能部门，形成了错综复杂的业务关系和工作流程，因此常常存在管理盲区和职责模糊不清的情况。尤其对于跨国管道来说，比如中油国际管道公司，由于公司下属的项目公司大多是合资公司，常常缺乏有效的沟通交流和相互协作，导致组织协调任务相当繁重，管理和决策效率变得低下。

其次，关于人力成本高问题。油气管道作业场所主要位于荒郊野外，具有点多面广、地理位置复杂、社会依托条件差、加上管道介质高温高压、易燃易爆等特点，致使管道管理范围很广、管控难度加大。近年来，虽然油气管道整体自动化和信息化程度有所提高，但在压气站场，其运行和维护依然以人工为主，管线的维护和巡检也主要依靠人力。用工总量和人力成本居高不下。

再次，关于技术决策风险问题。油气管道行业为技术密集型产业，涉及工艺、配管、勘察、测量、地质、线路、穿跨越、仪表、自控、SCADA、电气、通讯、机械、压缩机、暖通、给排水、消防、建筑、结构、道路、安全等多个专业。过去各个部门在建设及运行环节共享的信息时效性差，形成大量沉睡的数据和信息孤岛。由于缺乏有效的技术力量和智力资源统一平台，领导对油气管道的预测和判断只能根据有限数据进行决策，致使技术决策风险加大，效率降低。

2.2 智慧管道是管道发展的必然趋势[3][4]

随着"互联网+"时代的到来和中国智慧能源战略的提出，油气管道行业应当顺势而为，打破固有思维和传统管理方式，充分利用"互联网+"的开放性、互联性和创造特性，进行跨地域、跨行业、跨部门、跨专业的连接、融合和创新，实现信息的实时共享和集成，全面提升油气管道的自动化、信息化和智慧化管理水平。积极探索智慧管道的新方法、新技术、新应用，有利于进一步提高管理效率、优化人力资源、降低技术决策风险。可以预测智慧管道将成为管道行业的未来发展方向，它将为企业客户创造新的价值，促进油气管道的安全、高效和可持续发展。

2.3 智慧管道的概念及其内涵

2.3.1 智慧管道的概念

2017年中石油管道设计院提出智慧管道的定义，即：智慧管道是在标准统一和管道数字化的基础上，以数据全面统一、感知交互可视、系统融合互联、供应精准匹配、运行智能高效、预测预警可控为目标，通过"端+云+大数据"的体系架构集成管道全生命周期数据，提供智能分析和决策支持，用信息化手段大幅提升质量、进度、安全管控能力，实现管道的可视化、网络化、智能化管理，最终形成具有全面感知、自动预判、智能优化、自我调整能力，且安全高效运行的智慧油气管网。

2.3.2 智慧管道的内涵

要深刻理解智慧化的内涵首先要先了解什么是信息化，信息化有两层意思：信息的数字化和自动化处理。一方面信息化要以数字化形式存储、展示和传输，另一方面要按一定规则进行自动化处理，信息化的结果可作为人们的决策依据。而智慧化是以信息化为奠基，是信息化的进一步升华，智慧化不仅意味着机器能感知、收集并处理数据，同时也可以根据人的思维模式按照给定的知识和规则自行做出决策并执行。

基于智慧管道的概念和内涵，智慧管道有六个方面特征：一是数据全面统一。即数据标准和数据模型要统一。二是感知交互可视。即管道数据的交互和可视化展示。三是系统融合互联。即基于全生命周期数据库的管道各业务系统有机融合，打破信息孤岛，实现互通互联。四是供应精准匹配。即打造智慧、安全、高效的物资供应链。五是运行智能高效。即利用大数据进行在线模拟仿真，实现管网运行参数自动优化，提高运行效率降低成本。六是预测预警可控。即通过风险提前预测、隐患提前预警、应急自动触发、应急方案自动生成、应急资源主要推送、事故案例充分利用等功能，实现管道安全可控[5]。

3 智慧管道的关键技术

3.1 物联网技术[6][7][8]

物联网技术作为智能信息感知末梢，将是智慧管道未来发展的技术支撑平台，它将为实现智慧管道全面精准的感知提供丰富准确的技术手段。物联网在技术架构上分为三层：感知层、网络层和应用层。感知层就是采集现场各类仪器仪表设备的数据，网络层就是通过各类传输介质和通信技术实现数据传输，应用层就是进行数据集成和分析应用。基于物联网的管道技术架构见图1：

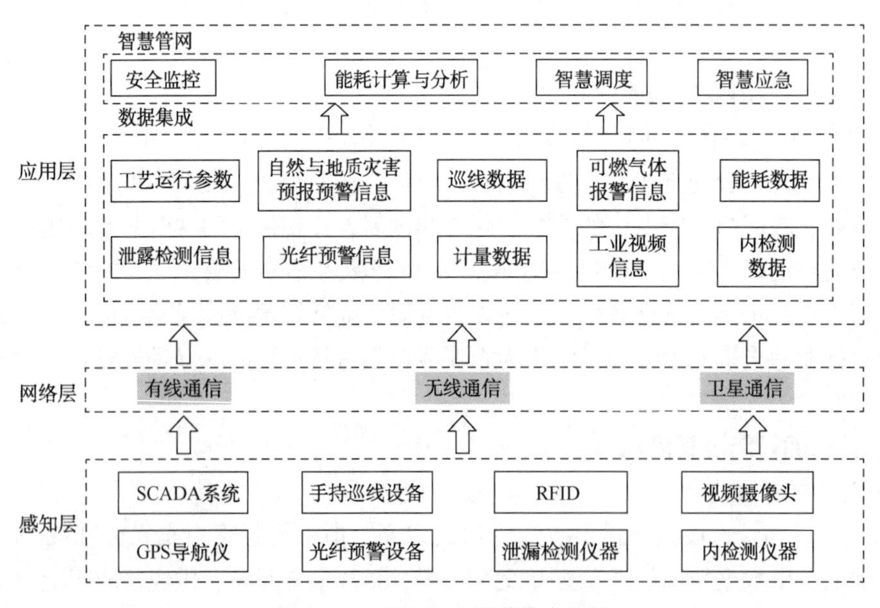

图1 基于物联网的管道技术架构

3.2 大数据技术[9][10][11]

人类社会正在发生一场数字化大迁徙，在互联网这条高速公路上，海量数据快速发送、接收、存储、挖掘和分析，大数据已成为未来发展的新能源、新技术和新组织，将引领人类社会的发展。大数据的发展一般历经四个阶段：一是数据资料阶段，这个阶段只是进行纪录和保存。二是数据资源阶段，当用数据产生服务时就可以称为资源，比如腾讯、百度、谷歌、亚马逊、苹果、京东的一系列产品和服务。三是数据资产阶段，这个阶段人们意识到将海量大数据进行融合会产生巨大的价值，逐渐开始关注数据的所有权问题，这时数据将变成企业的一种资产。四是数据资本阶段，这个阶段通过交易数据资产产生价值，最终变为资本。采用机器学习算法和大数据计算框架，建立相关大数据模型，打破业务界线，多维度分析、挖掘以往常规手段无法发现的价值。中油国际管道公司经过十几年的数据积累，目前正处于数据发展的第二阶段，下一步的目标是要将数据尽快转化成数据资产和资本。管道的大数据技术架构见图 2：

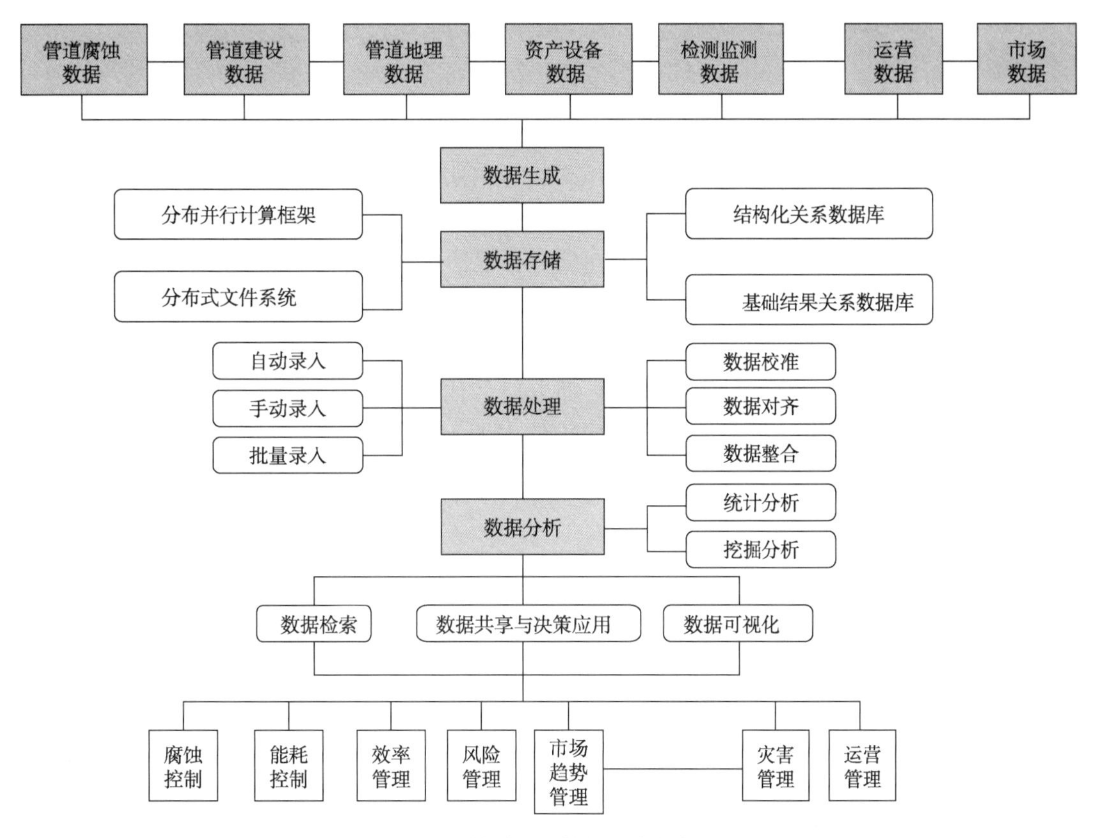

图 2　管道的大数据技术架构

4　中亚 D 线智慧管道实施构想

4.1　中亚 D 线项目背景

中亚 D 线管道途径地区地貌复杂、气候恶劣、地震地灾频发。根据统计，中亚 D 线大中型河流穿越 40 多处、隧道 40 多处约 70 公里。塔国段 60%管道穿越九级地震带，吉国段平均海拔 2500 米，最高达 3600 米。管道途径地区经济落后，社会依托差，道路交通条件差，这些都对工程的建设和运营管理面临极大的挑战。中亚 D 线管道示意图见图 3：

中油国际管道公司(以下简称“公司”)一直秉承“安全、高效、和谐”的经营管理理念，在管道建设和运营过程中面临诸多挑战：一是商务环境复杂亟需建立服务于领导决策的信息

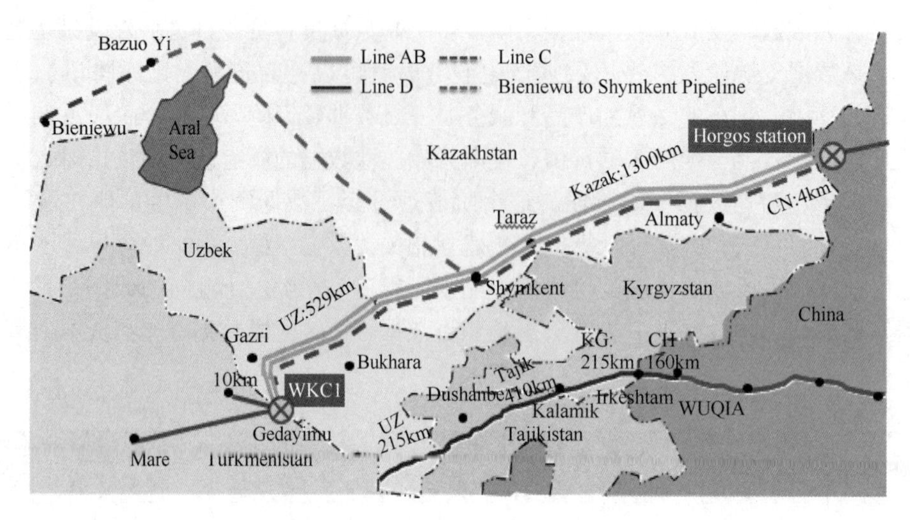

图3　中亚D线管道路由示意图

系统。由于公司所属管道跨越多个国家，相关利益方众多，在法律法规、标准规范、股权管理、地缘政治、社会安全方面面临较大的挑战，公司亟需建立一个服务于领导决策的信息系统。二是信息管理系统种类繁多。目前公司建立了包括工程建设、运营管理、经营管理等多个信息系统，但存在数据标准不统一和信息孤岛等问题，导致了各项目之间的数据无法进行深度融合，形成了信息孤岛。三是数据价值有待挖掘。公司在建设和运营期间，积累了大量数据和资料，但没有经过系统的数据整合，加上缺乏有效的数据挖掘技术手段，导致公司数据价值无法体现。基于此，针对即将开工建设的中亚D线开展智慧管道研究具有重要的现实意义。

4.2　整体思路

本着公司“安全、高效、和谐”的核心经营理念，着眼于智慧管道发展的趋势，提出智慧管道建设整体思路是：建设期内全数字化移交、运行期内全智慧化运行、未来实现全生命周期管理。要完成数字管道向智慧管道的迈进，首先要实现“五个转变”，即分散的管道资料向统一共享方向转变，孤立分散的管道信息系统向集中方向转变，人为主导的运行管理向智慧化转变，被动的风险管控模式向主动模式转变，局部优化的资源调配向整体优化转变。面对中亚D线极大的工程建设挑战和严峻的外部环境，公司制定了“四个一”基本原则：一套标准(主要指参照国际标准结合工程和运行实际，建立统一的数据采集标准)；一个体系(主要是指按照“PMT+PMC+TPI+EPC”管理模式建立设计、采办、施工全方位的数据采集管理体系)；一个平台(主要是指建立统一的数据采集平台)；一个数据库(主要是指建立统一的工程建设和运行数据库)。

4.3　智慧管道实施构想

根据制定的一个思路、五个转变、四个原则，针对中亚D线智慧管道建设提出如下实施构想：

4.3.1　建立统一的数据标准

国际上比较成熟的管道数据标准和模型是PODS(Pipeline Open Data Standard)和APDM(ArcGIS Pipeline Data Model)，中国石油管道科技中心基于PODS和APDM数据模型构建了PIDM(Pipeline Integrity Data Model)和CPDM(China Pipeline Data Model)模型，其中PIDM应

用最为广泛，至今 PIDM 已存储约 6 万公里管道的数据，总容量达 7TB，已为目前国内最大的管道完整性数据库。参照国内外数据标准使用现状，结合公司项目特点和实际需求，中亚 D 线拟采用 PODS 标准和 PIDM 数据模型，在此基础上规范数据的格式、编码、结构，最终实现数据的全面统一和集成共享。数据标准及模型实施构建思路见图 4：

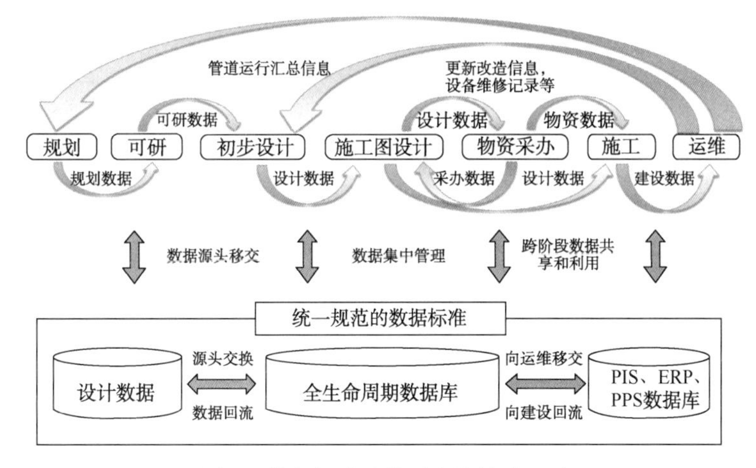

图 4　数据标准及模型实施构建思路

4.3.2　构建统一的数据平台

构建完整统一的中油国际管道数据中心，集成 PCM、ERP、PIS、PPS 等各个信息系统，打通各个项目间的信息壁垒，实现各信息系统的互联互通，提高信息传递效率。数据平台实施构建思路见图 5：

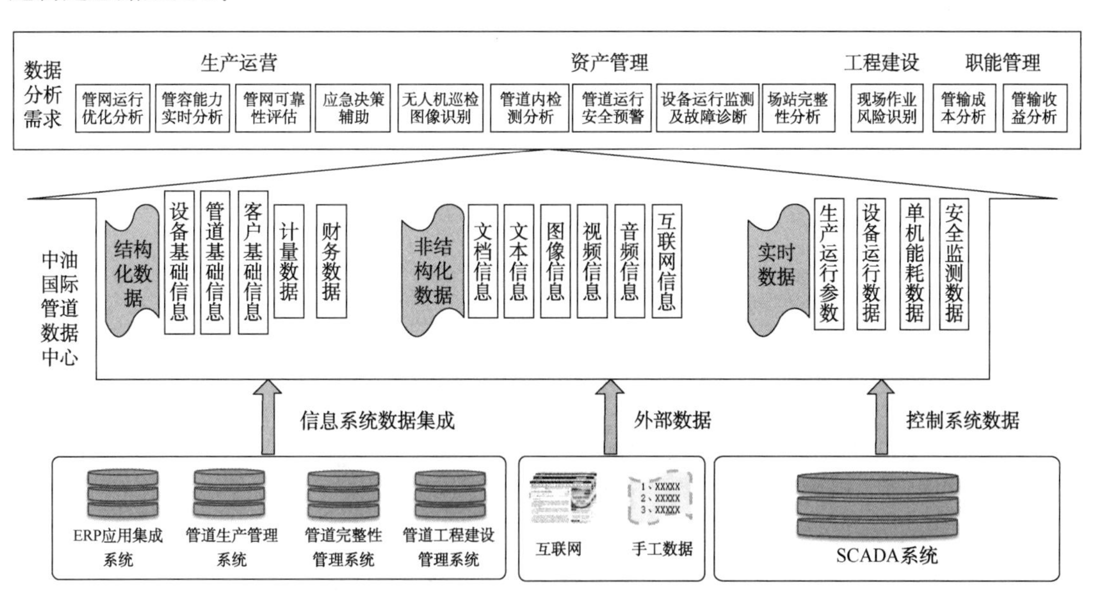

图 5　数据平台实施构建思路

4.3.3　打造基于物联网的信息感知系统

应用物联网、移动互联等新技术，通过“端+云”的数据采集方式，实现管道系统各类数据在 PC 及移动设备端等多种形式交互和共享。通过现场基于物联网的智能设备进行数据的采集和分析处理，全面提升管道本体感知交互可视水平。物联网实施构建思路见图 6：

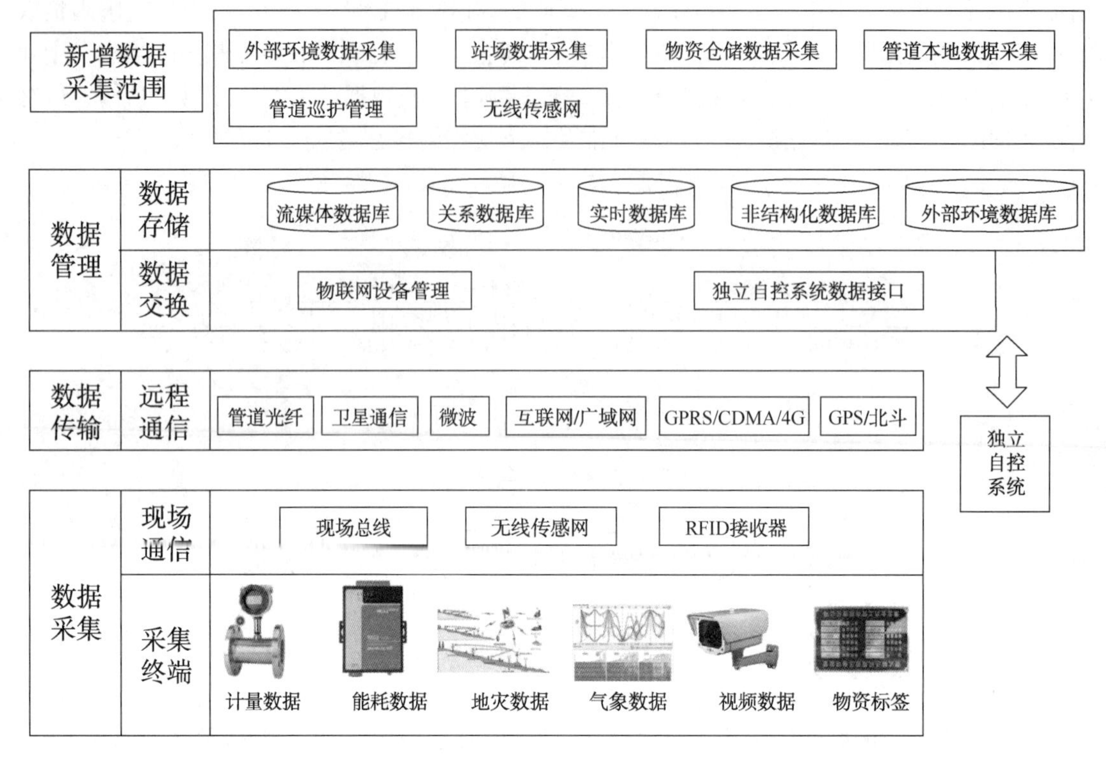

图 6　物联网实施构建思路

特别是针对移动智能终端来说，在管道建设和运营管理方面具有广阔的应用前景，各相关人员可以使用移动智能终端，不受空间、时间的限时，随时随地获取管道资料和上报信息，大大提高了工作效率，未来还可以结合云计算和物联网，为各级管理人员提供决策支持。智能终端实施构建思路见图 7：

图 7　智能终端实施构建思路

4.3.4　部署智能物资供应链体系

依托全生命周期数据库，部署一个以采办管理、物资调配、运行维护为核心的智能物资供应链体系。在设计、采办、施工和运行期内通过使用电子标签、GPS 等技术，进行全生命周期内物资数据采集、跟踪和实时定位，建立智慧、安全、高效的物资供应链体系，实现物资全生命周期维护、保养和管理。智能物资供应链体系实施构建思路见图 8：

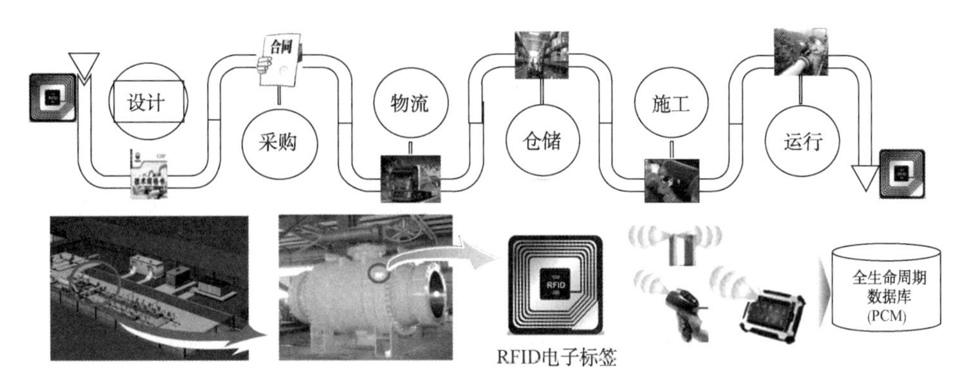

图 8　智能物资供应链体系实施构建思路

4.3.5　实现智能高效的管道系统

通过信息化系统的建设与应用，逐步实现管道生产运行、经营分析、财务预算等各项业务的信息融合，有效提高生产经营管理智能化水平。通过管道工艺、自控及决策支持系统功能的完善和优化，建设世界一流先进水平的运行决策支持平台，为中油国际管道跨国集中调控业务提供有效支撑。利用 PPS 和 PIS 平台完善线路和站场运行信息，健全线路和站场设备基础信息库，构建工艺流程与关键设备可视化应用，优化设备维检修工作计划，进一步提高线路和站场管理智能化水平。智能高效的管道系统实施构建思路见图 9：

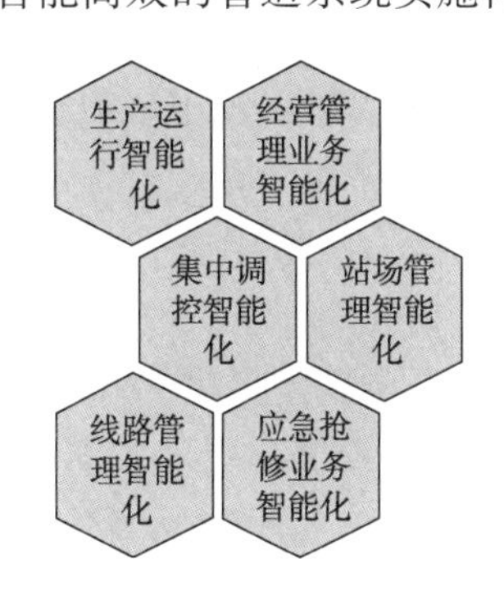

图 9　智能高效的管道系统实施构建思路

4.3.6　确保管道预测预警可控[12]

在全面采集管道建设期和运行期数据的基础上，智能识别管道安全运行风险，实时推送管道风险预测预警信息。基于大数据技术智能生成应急响应方案，提高应急抢修业务智能化水平，实现风险可控。管道预测预警实施构建思路见图 10：

4.4　问题与建议

智慧管道是一项复杂的系统工程，不可能一蹴而就，面对可能出现的问题提出建议如下：

一是加强智慧管道的顶层设计。建设智慧管道的确需要借鉴国外先进的理论和经验，但也不能完全照搬，需要管道企业结合我国油气管道行业发展特点，统筹规划加强顶层设计，明确整体发展思路和框架，建立适用中国国情的智慧管道，从而实现“互联网+”智慧管道的协调和可持续发展。

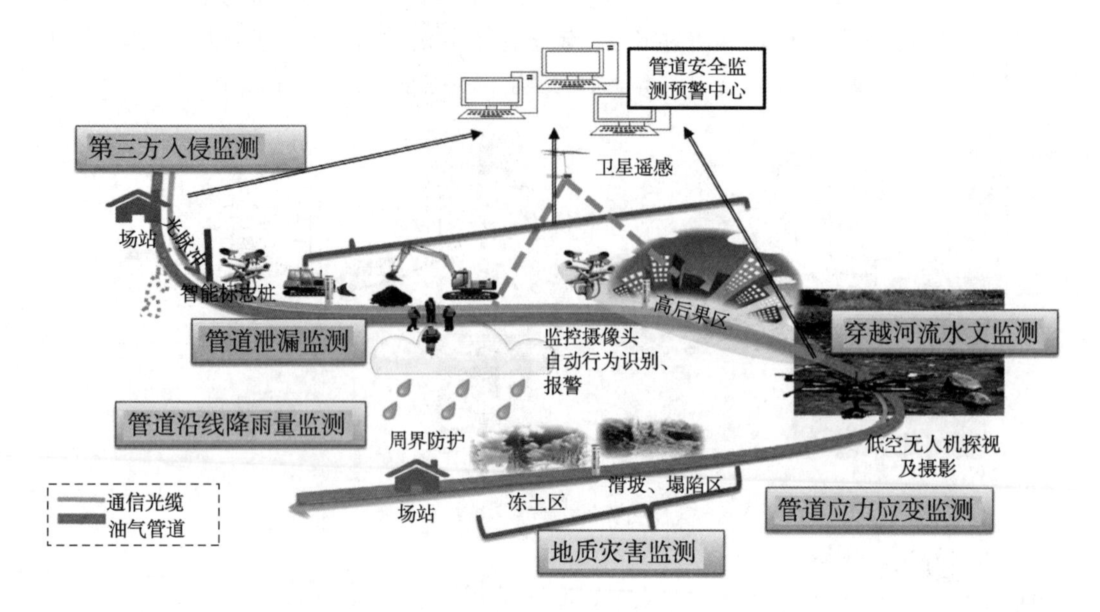

图10　管道预测预警实施构建思路

二是重点关注智慧管道数据的互通互联问题。一个项目内部完全实现全方位数字化尚且不易，对于涉及多个国家或多个合资公司的管道来说，数据融通难度更大，建议在顶层设计时提前考虑建立数据共享机制和多国沟通协调机制，为智慧管道建设和应用扫除最大的障碍。

三是集中研究智慧管道的关键技术问题。进一步下大力气研究以下五种关键技术：信息交换技术、协调调度控制技术、网络集成平台技术、数据深度挖掘技术、物联网应用技术，从而为智慧管道的快速发展提供技术支撑和保障。

5　结束语

“互联网+”时代的到来为管道行业的转型提供了难得的机遇，智慧管道将不可避免的成为管道行业未来发展的趋势。中油国际管道公司对智慧管道的建设进行了积极的探索和尝试，取得了初步的成果，积累了一些经验，未来公司将继续利用“互联网+”信息技术加快智慧管道的建设步伐，进一步提升公司管理水平，降低运营成本，最终将公司打造成为世界先进水平国际化管道公司。

参　考　文　献

[1] 谢军．“互联网+”时代智慧油气田建设的思考与实践[J]．安全与管理，2016，36(1)：137-145.

[2] 郭永伟，程傲南．“互联网+”智慧能源：未来能源发展方向[J]．经济问题，2015，(11)：61-64.

[3] 周利剑，贾韶辉．管道完整性管理信息化研究进展与发展方向[J]．油气储运，2014，33(6)：571-576.

[4] 薛光，袁献忠，张继亮．基于完整性管理的川气东送数字化管道系统[J]．油气储运，2011，30(4)：266-268.

[5] 关中原，高辉，贾秋菊．油气管道安全管理及相关技术现状[J]．油气储运，2015，34(5)：457-463.

[6] 刘锐，张利波，陈玉霞．物联网技术在输气站场建设中的应用展望[J]．完整性与可靠性，2017，36(6)：61-73.

[7] 崔红升，魏政．物联网技术在油气管道中的应用展望[J]．油气储运，2011，30(8)：603-607.
[8] 杨宝龙，周利剑，刘军等．长输管道完整性管理物联网应用架构初探[J]．完整性与可靠性，2016，35(11)：1164-1168.
[9] 董绍华，安宇．基于大数据的管道系统数据分析模型及应用[J]．油气储运，2015，34(10)：1027-1032.
[10] 王维斌．长输油气管道大数据管理架构及应用[J]．油气储运，2015，34(3)：229-232.
[11] 董绍华，张河苇．基于大数据的全生命周期智能管网解决方案[J]．完整性与可靠性，2017，36(1)：28-36.
[12] 连鹏国．油气管道安全预警技术性能评估与分析[J]．油气田地面工程，2017，36（10）：44-46.

利用信息化平台分析与管控跨境天然气长输管道输差

巩　孟　宋宁州　刘福志

（中油国际管道公司　中哈天然气管道项目）

摘　要　分析了中哈天然气管道输差产生的原因；列举了目前中哈天然气管道输差管理面临的形势，如哈国境内上下载诉求愈发迫切、乌哈边境计量站的整改及投产以及自耗气计量系统投入运行；系统地介绍了目前中哈天然气管道进行输差管理的各项措施，通过应用示例和具体案例，重点介绍了信息化平台在输差管理中起到的作用；提出了推动实现已建上下载气点全部计量数据上传、优化自耗气计量系统管理，推动超声流量计远程诊断系统建设等进一步对输差进行有效管控的措施和方法。

关键词　输差　信息化平台　分析　管控　自耗气

中哈天然气管道起始于乌哈边境，向东延伸到达中哈边境，最后前行 4km 到达霍尔果斯末站。中哈天然气管道 AB 线管道全长 1310 公里，其中哈国境内 1306 公里，中国境内 4 公里。C 线管道全长 1303 公里，其中哈国境内 1299 公里，中国境内 4 公里，AB 线与 C 线之间有多处跨接线相连。AB/C 线设计年输量 550 亿方。中哈天然气管道 ABC 线在中国境内的霍尔果斯建有霍尔果斯计量站 1 座（AB 线和 C 线分别独立计量），在乌哈边境，AB 线建有 KUMS 计量站 1 座，C 线计量站一座与首站 CCS1 压气站合建。中哈天然气管道应用管道生产管理系统（以下简称 PPS）这一信息化平台对管道生产数据、信息进行统一管理。

输差是管输企业控制成本的重要指标，它不仅反映了公司计量工作的好坏，同时也直接关系到公司的经济效益。[1]货主与管输公司签订的输气协议中对输差有明确的规定，中哈天然气管道的损耗法则中要求将相对输差控制在 0.18%以内。近年来，中哈天然气管道输量逐年增长，2018 年输气量已经突破 500 亿方，而 2018 年系统相对输差控制在万分之十以内，输差管理取得了较好效果。PPS 系统为计量管理提供了准确、及时、完整的数据，在确保输差受控中起到了关键作用。

1　输差成因分析

天然气输差是指天然气在长输管道输送过程中的量值减量。将中哈天然气管道 AB/C 线视作整体系统，不考虑人为操作失误、管理不善因素及管道泄漏等极端情况，输差计算采用以下公式[2]：

$$Q=(Q_1+V_1)-(Q_2+Q_3+Q_4+V_2) \tag{1}$$

式中　Q——某一时间输气管道的输差；

Q_1——某一时间段内管道进气量；

V_1——计算开始时管存；

Q_2——某一时间段内管道出气量；

Q_3——某一时间段内放空气量；

Q_4——某一时间段内管道自耗气；

V_2——计算结束时管存。

由式(1)可知，中哈天然气管道输差由以下几方面引起：进气量及下载气量的计量误差、管存的计算误差、自耗气及放空气的计量误差。其中，气量由计量设备测量得出，管存通过计算得出，而管存计算受温度、压力取值的影响。输差计算式中的几个叠加项取值，都来源于计量设备，因此，计量设备是否处于良好状态是决定输差值的关键因素，计量设备运行不稳定、数据上传故障等状况会都会对输差产生重要影响。计量设备的计量数据最终都会呈现在 PPS 系统中，所以 PPS 系统是进行输差分析的关键工具。

2 输差管理面临的形势

2.1 哈国境内上载、下载诉求愈发迫切

目前，哈国已实现在满足其国内南部地区市场需求的同时，向中国出口天然气。目前中哈天然气管道有三处气源，从乌哈边境注入 ABC 线的土乌气源、从阿克布拉克地区 CCS2 站注入 C 线的哈国气源、从阿克尔掩别地区 TIP02 计量站注入 C 线的哈国气源。此外，有多处分输点已经建成或计划新建，这些分输点中，下游存在较大工业用户，年设计输量达到 10 亿方以上的就有 2 家。同时，TIP02 气源压气站仍在扩容，哈国计划利用阿克布拉克及 TIP02 气源每年向中国出口天然气 50 亿方至 100 亿方。这些由他方公司运营的哈国境内上载、下载气计量站，给中哈天然气管道输差管理带来挑战。

2.2 乌哈边境计量站的整改及投产

根据预期，中哈天然气管道 KUMS、CCS1 计量站将逐步通过验收，即将正式成为具有商业计量功能的边境计量站。这将给中哈管道输差带来决定性变化。如何确保 KUMS、CCS1 站顺利成为国际间计量站，实现计量准确、流程清晰、制度完善、保障全面，使中哈天然气管道运销输差整体受控，成为中哈天然气管道面临的重大问题。

2.3 自耗气计量系统的运行

中哈天然气管道 AB/C 线共设 13 座压气站，各压气站均采用燃气轮机驱动的离心压缩机组，燃气轮机耗气及站场发电、生活等自用气均取自管道气。自耗气计量系统的运行稳定情况，包括流量计检定质量、色谱参数的更新、质量流量计的零点偏移、计量系统组态等均可能对计量结果，并进一步对输差产生较大影响。

3 输差管控措施

3.1 细化管理，实时监测、分析输差

3.1.1 结合公司内部落地以及已制定的多项管理文件，并进一步分管理文件、标准、操作规程三个层次建立计量标准体系，全面提升计量管理工作及计量系统本质安全；严格执行计量管理工作程序，健全自上而下的计量管理主线，严把计量器具管理关口；注重收集可能产生输差的生产信息，对前期计量数据和输差情况及时归档，保障相关资料全面、准确[3]。

目前中哈天然气管道 PPS 系统已具备较全面的数据采集和分析功能：每日更新各类计量相关信息统计，包括全线各站场和阀室的温度、压力汇总，上下载气点气量、气质汇总，燃料气、放空气量汇总等实时报表，按日、月、年分别生成系统输差、气单耗、周转量等关

键数据。如图1~图3所示。

序号	单位	时间/周期	报表名称	排序
1	ACC	2019/01/22	Ежедневный акт по рабочим параметрам МГ Казахстан-Китай	
2	计量组	2019/01/22	Daily Report forms of CCS1	
3	ACC	2019/01/22	MS及UKMS关键气质参数日报表	
4	ACC	2019/01/22	中哈气管道运行日参数汇总	
5	ACC	2019/01/22	Quantity and quality report of KTG export gas	
6	计量组	2019/01/22	Daily Report Forms of KUMS	
7	ACC	2019/01/22	AGP Daily Quantity Report for Month	
8	ACC	2019/01/22	ЦДД КазТрансГаз октябрь eng（英俄双语）	

图1　中哈天然气管道PPS日报表

序号	单位	时间/周期	报表名称	排序
1	计量组	2019/01/01-2019/01/31	计量组_AGP天然气质量报表	
2	计量组	2019/01/01-2019/01/31	AGP天然气质量报表(Ежемесячный отчет о качестве)	
3	中哈合资公司	2019/01/01-2019/01/31	哈国分输自动计算理论与实测温度压力差值表	
4	计量组	2019/01/01-2019/01/31	AGP管存计算参数表	
5	HMS(line AB)	2019/01/01-2019/01/31	霍尔果斯站交接输差	
6	计量组	2019/01/01-2019/01/31	CTH自用气月单	
7	计量组	2019/01/01-2019/01/31	AGP自用气、放空量、线路排污对账单（月）	
8	计量组	2019/01/01-2019/01/31	AGP气量管存量对账单（月）	

图2　中哈天然气管道PPS月报表

序号	单位	时间/周期	报表名称	排序
1	计量组	2019/01/01-2019/12/31	环境温度年报表	
2	中哈合资公司	2019/01/01-2019/12/31	AGP分年输气总表	
3	中哈合资公司	2019/01/01-2019/12/31	中哈管道进销气量统计表	
4	计量组	2019/01/01-2019/12/31	AGP自用气放空对账单（年）	
5	计量组	2019/01/01-2019/12/31	AGP气量对账单（年）	

图3　中哈天然气管道PPS年报表

3.1.2　缩短输差计算周期，及时根据短时间输差变化趋势分析输差原因，找准问题根源，探讨整改措施，一般情况短时间输差变化受管存影响较大，但稍长期间内输差应正、负基本平衡。

例如2018年某月，中哈天然气管道AB/C线系统输差异常，通过与SCADA上传至中哈天然气管道调控中心的数据进行对比分析，发现该月25日至31日，阿克布拉克气源流量计算机采集到的压力数值不符合正常工况条件，随后根据SCADA系统的压力数据重新计算输气量，根据计算结果该月输差从+700余万方降为-800余万方，共挽回了1500余万立方米天然气损失。

3.1.3　对于存在对比计量站的，例如位于KUMS、CCS1上游的乌国境内MS、UKMS计量站，应及时分析对比计量站间的量差变化。目前中哈天然气管道PPS系统已实现对比计量站间的计量数据采集和分析，每天更新月度上下游计量站间量差曲线。如图4、图5所示：

KUMS和CCS1计量站暂未投入商业运行，现场仍在全面试运行及调试阶段，应根据目

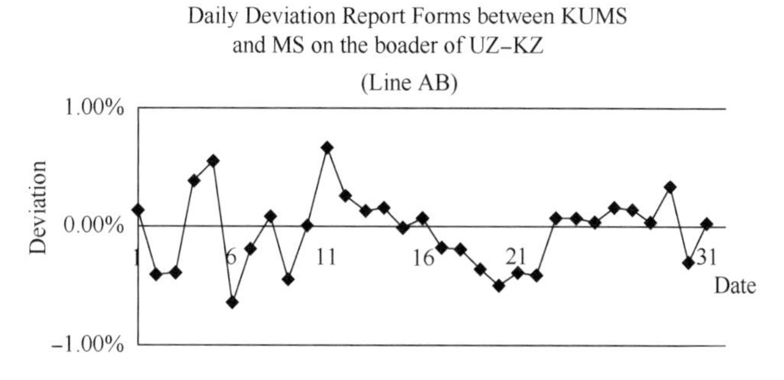

图 4　2018 年某月 KUMS 计量站与上游输差对比

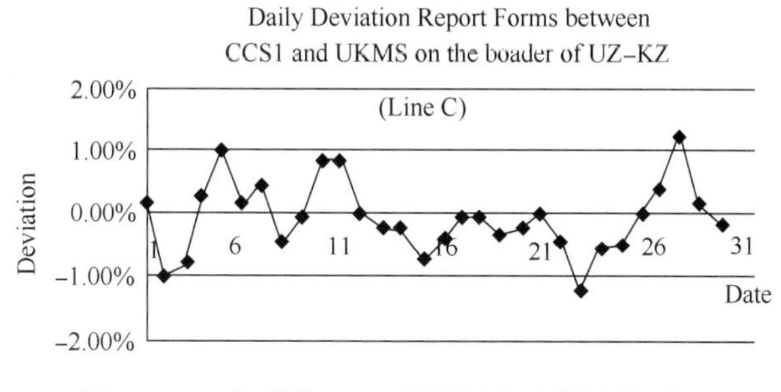

图 5　2018 年某月 CCS1 计量站与上游输差对比

前上下游输差情况进一步加强部分计量设备问题的整改，确保今后上下游计量站间输差受控。

3.1.4　在大量的计量数据采集后，可以将系统输差、某条线输差及某单点输差曲线进行比对，若某一输差曲线走势与系统输差曲线趋近，则该线或该点可能存在输差问题[3]。

3.1.5　中哈天然气管道 PPS 系统内植有公式，可以根据 SCADA 系统上传的管线运行参数进行管存计算。同时，以压气站运行情况及管道输量为基础数据，通过水力计算，对各上下载气点、阀室等关键控制点的温度、压力进行测算，与实测压力、温度进行比对分析，验证管存计算的准确，降低因管存计算误差引起的输差。

3.2　他方上载、分输计量站管理

3.2.1　现场管理

为确保上载、分输计量站计量准确可靠，应依照公司间协议，约束、规范、监督现场人员开展各站计量系统管控工作。他方上载、分输计量站的现场管理包括：检查阀门开关状态，检查阀门泄露状态，检查计量设备铅封状态，下载流量计算机历史档案，检查流量计算机表底数，查看流量计算机报警，检查气质组分数据正确性，获取超声波流量计诊断数据，检查气质分析设备工作状态，检查超声波流量计配置信息，核查并获取计量设备、标准气体证书，掌握所辖计量站检定及维检修计划等。当交接质量、数量、工艺或其他原因存在争议时，应本着务实原则，有效沟通，及时给出处置方法。

3.2.2　数据上传

目前部分已建成的与中哈天然气管道干线相连接的他方计量站已实现流量、历史累积、温度、压力、密度、气质分析参数以及超声波流量计声速的数据的上传，如图 6 所示：

推动实现已建上下载气点全部计量数据上传，争取相关方承诺实现新建上下载气点计量数据上传至中哈天然气管道调控中心，确保对他方计量站远程监督，这是保障输差受控的重

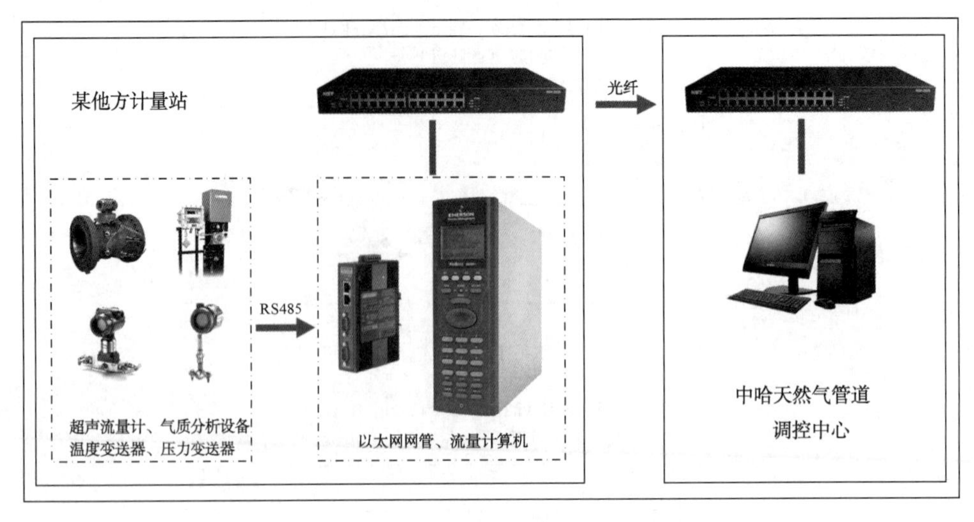

图6 他方计量站数据上传网络拓扑图

要措施，也为计量系统远程诊断夯实基础。

3.3 自耗气计量系统管理

推动已检定自耗气流量计送高压实流检定装置再检定试验工作，积极开展燃料气撬计量系统第三方验证、组态检查及维护工作，进一步验证并消除自耗气流量计形成输差的可能因素。

根据哈国标准《ST-90625-计算压气站燃料气消耗率》，利用压气站实际工作参数，对燃料气消耗量进行较准确的测算，其计算式为：

$$Q_{FG.CS}=H_{FG.CS}\cdot L_{PC.CS}\cdot\frac{Q_{fe}^{l}}{Q_{fg}^{l}}\cdot 10^{-3} \tag{2}$$

其中，$Q_{FG.CS}$是某压气站燃料气消耗量，m^3；$H_{FG.CS}$是标准燃机效率,%，该值与压气站燃气轮机转速、余热利用率、环境温度等参数相关；$L_{PC.CS}$是多变压缩功，kWh，该数值与压气站输量、压气站入口工艺气压缩因子、压气站入口温度、压气站压比等参数相关；Q_{fe}^{l}是参考燃料气净热值，等于7000 kcal/m^3；Q_{fg}^{l}是燃料气低位发热量，kcal/m^3。以此与计量值进行比对，可快速筛查、定位出较大的燃料气计量误差，从而对有较大燃料气计量误差的压气站作进一步检查。

此外，利用方针软件，针对管道流程、设备实际配置及操作要求，建立、完善能够满足自耗气计算需求的方针模型，较准确地模拟管道在各种运行条件下的自耗气量。

3.4 建设超声流量计远程诊断系统

超声流量计远程诊断系统(CBM)可以通过远程诊断获取场站的各种数据和动态趋势信息，方便维护人员采取预防性维护，减少昂贵的停车和非正常工作时间，有效计划维护和再标定周期，节约运行成本，有效监控各种设备的动态变化，能够发挥现有计量设备的巨大潜能。建成安全可靠、技术先进、性能稳定、功能强、操作方便、易于扩展及开发的流量计远程诊断系统，将计量管理与输差管理有效结合，有利于及时发现并处理现场故障，降低计量系统因素引起较大输差风险。

参 考 文 献

[1] 邢晓凯，陈锐，杨柳，田晓翠．输气干线管输损耗率指标[J]．油气储运，2015，34(06)：627-631.
[2] 王彬，樊禹，许道振，邓辉．中外两种天然气管道输损计算标准对比分析[J]．石油规划设计，2017，28(02)：4-7+54.
[3] 贾宗贤．天然气管道输送计量输差的控制[J]．油气田地面工程，2008(06)：29-30.

浅谈中缅管道项目运营期水工保护

郭守德　王　强　王　珀

（中油国际管道公司　中缅油气管道项目）

摘　要　中缅管道（缅甸段）于2010年开工建设，2013年全线贯通输气，正式投入生产运营。运行以来，由于复杂的地质条件、气象条件等，受汛期强降雨和洪水的影响，管道沿线出现了大量的河沟道水毁、坡面水毁、已建水工保护工程破坏或失效等，导致管道多处露管、悬管，严重威胁了管道安全运行。

关键词　水工保护　草袋木桩　钢管桩　浆砌石

1　前言

中缅油气管道工程（缅甸段）是我国实施能源战略的重点项目之一，西南起自缅甸西海岸的皎漂海岸带，途经缅甸的若开邦、马圭省、曼德勒省、掸邦，从云南瑞丽进入中国（图1）。

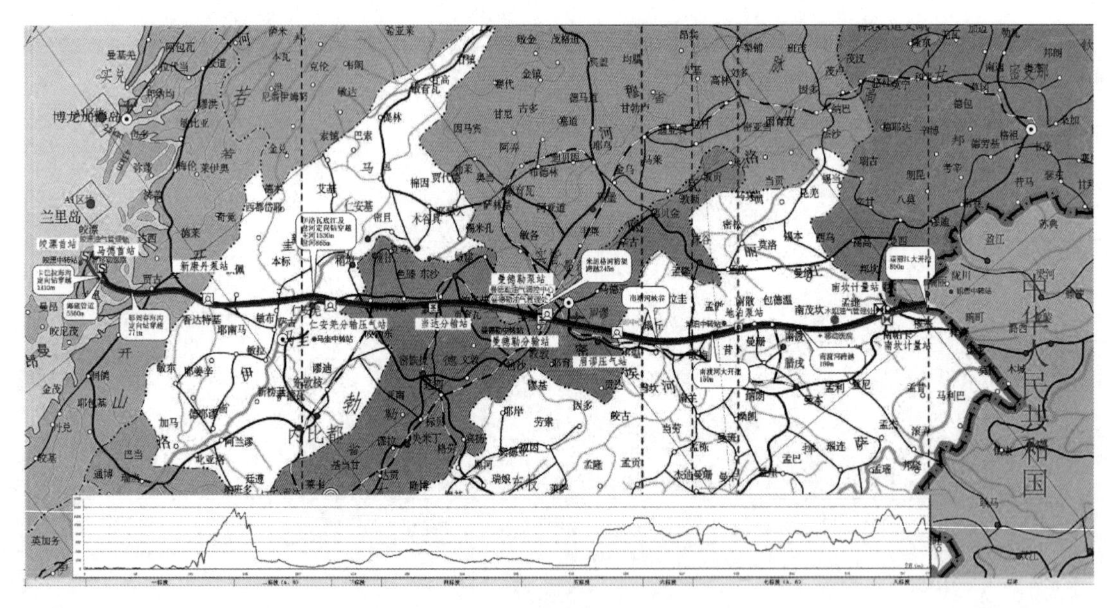

图1　中缅油气管道线路走向图

原油和天然气管道总体上采取相同的路由，仅在西南端的缅甸西海岸一带，原油和天然气管道走向不同。

（1）输油管道工程概况

中缅输油管道工程（缅甸段）西南起自缅甸西海岸的皎漂马德岛，途经缅甸的若开邦、马圭省、曼德勒省、掸邦，从云南瑞丽入境，缅甸境内干线全长约740.5km，管道沿线共设有5座工艺站场。管道采用管径Φ813mm钢管，设计压力8~14.5MPa。输油管道采用埋地敷设方式，管道通过大江大河时，一般采用穿越方式，少量采用跨越。

(2) 输气管道工程概况

中缅输气管道工程(缅甸段)西南起自缅甸西海岸的皎漂海岸带，途经缅甸的若开邦、马圭省、曼德勒省、掸邦，从云南瑞丽入境。缅甸境内线路全长762.5km，管道沿线共设有6座工艺站场。管道采用管径Φ1016mm钢管，设计压力10MPa，埋地敷设，通过大江大河时，一般采用穿越方式，少量采用跨越方式。

2 地质灾害分析

2013年至2015年管道线路地质灾害的总体规模、危害程度均有不断降低，但全线地质灾害情况仍不容乐观。主要是由地质灾害的内在影响因素和外在诱发因素共同决定的，内在影响因素如地形地貌和地层岩性(若开山区强风化松散岩层和缅北山区全风化花岗岩)，外在诱发因素如降雨量(若开山年降雨量4000mm以上，缅北山区2000mm左右)、地表水活动等。

2014年全线共发生地质灾害156处，对其中80处进行了工程治理；2015年全线发生地质灾害121处，对其中82处进行了工程治理。灾害总体上表现为水利类灾害，如坡面水毁、河沟道水毁，但也存在少量岩土类灾害，如小型滑坡、滑垮塌等。工程治理方案本着经济适用、因地制宜的原则，并结合当地环境的特点，大多采用草袋+木桩结构、浆砌石结构、石笼结构、钢管桩结构等，取得了很好的效果。

(1)地质灾害类型及比例(表1)

表1　地质灾害汛后统计表

年份	地质灾害总数	坡面水毁比例	河沟道水毁比例	滑垮塌比例	其他比例
2014	156处	55%(85处)	41%(64处)	1%(2处)	3%(5处)
2015	121处	60%(72处)	33%(40处)	7%(9处)	0
对比	总数减少	比例增大	比例减少	比例增大	消除

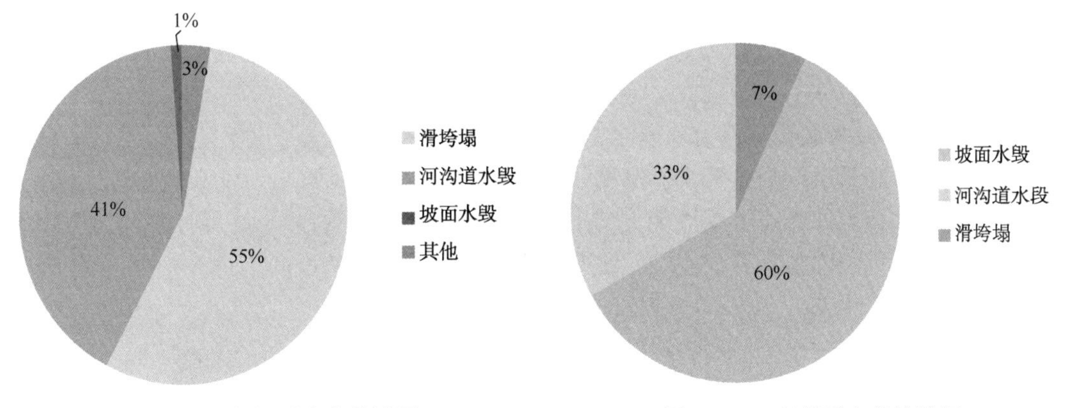

图2　2014年汛后灾害统计图　　图3　2015年汛后灾害统计图

(2)地质灾害风险分析(表2，图4，图5)

表2　地质灾害风险分析统计表

年份	地质灾害总数	高风险	中风险	低风险
2014	156处	41%(64处)	45%	14%(22)
2015	121处	21%(25处)	52%	27%(33)

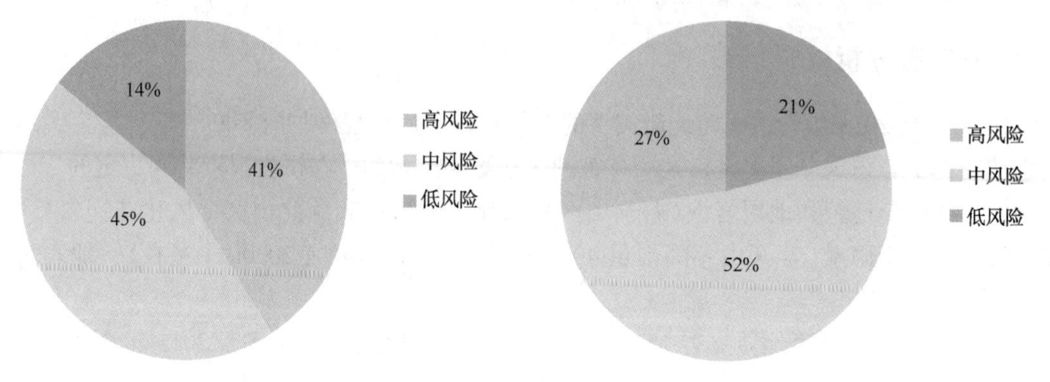

图4　2014年汛后灾害风险统计图　　图5　2015年汛后灾害风险统计图

(3)地质灾害对比分析

通过2014年汛后和2015年汛后地质灾害现场调查数据，分类统计地灾总量、规模、类型、风险，并结合工程治理等现场情况，综合分析中缅油气管道(缅甸段)地质灾害呈现以下特点：

① 水利类灾害为主，伴随少量的岩土类灾害

缅甸全年降雨集中在雨季，且多为大到暴雨，瞬时降雨量大，在山区等地形地貌、岩土性质不利区域，易形成坡面水毁和滑垮塌等灾害。如若开山西麓年降雨量达到4000mm以上，坡体切割强烈，坡度陡峭地段易发生坡面水毁和滑垮塌；缅北山区部分段为全强风化花岗岩，厚度大、结构疏松、渗透性好、砂粒间结合能力差、遇水易解体，极易形成较大规模的坡面冲刷破坏。

② 坡面水毁体量大，治理周期长

高原山区地段作业带建设期地表植被破坏，虽进行了有效的植被恢复，但部分山区段坡面地段由于土质因素造成植被恢复缓慢，雨季降雨集中导致水土流失发展为坡面水毁，规模大小、风险不一，总体上体量较大，治理周期较长。

③ 河沟道水毁严重，工程治理能够有效控制

河沟道旱季雨季水位变化较大，汛期暴雨后洪水侵蚀河床河岸，可能导致露管或露光缆等高风险灾害。运营期作业带周边无大型土方工程，地表汇水路径单一，河沟道水毁数量固定，通过工程治理能够得到有效控制，将管道光缆损伤风险降至最低。

④ 岩土类灾害风险较大，需重点治理

岩土类灾害数量较少，但严重威胁管道安全运行，特别是山区横坡铺设管道，滑垮塌可能造成长距离露管悬空等高风险灾害，需要加强岩土类灾害风险识别，及时制定有效的风险控制措施。

3 工程治理原则

通过全线地质灾害现场调查，并对灾害点进行风险分析，2014 年和 2015 年汛后共对 162 处灾害点进行了工程治理，工程治理制定的主要原则如下：

(1)兼顾安全性与经济性，保证管道安全的前提下结合实际情况制定切实可行的方案；

(2)灾害风险识别分级治理，有效控制管道总体风险至可接受水平；

(3)坡面治理多采用柔性结构和生态措施，保证坡面稳定的前提下利于植被恢复。

4 典型水工保护设计分析

水毁灾害防治设计应依据水毁灾害现状、发展趋势及对管道的危害程度的分析评价结果，针对性地开展防治工程设计工作，选取适宜的水工保护措施。

(1)工程总体设计

中缅管道(缅甸段)灾害点的平面分布主要集中于两大区域，即缅北高原区及若开山区。曼德勒平原丘陵区及皎漂海岸也有部分灾害点分布，但相对点数较少，规模也较小，工程地质条件也相对简单，在此不作专门论述。

① 缅北高原区灾害成因及设计思路

缅北高原工程区灾害点基本分布于 26 号阀室至南坎计量站之间，灾害类型以坡面水毁及河沟道水毁为主，经现场调查发现，现有灾害点形成及发展的原因主要有以下几个方面：

a. 区内地层以全强风化花岗岩及泥页岩为主，岩性分界大致在管道桩号 719+300 附近(以南为泥页岩)，在花岗岩区发育坡面水毁及河沟道水毁，在泥页岩区主要发育河沟道水毁；

b. 区内降雨量在 2000mm 左右，雨季多瞬时阵性暴雨，降雨强大；且区内坡谷陡峻，降雨汇流时间短，洪水强度大；

c. 在花岗岩区域，由于全强风化的花岗岩以砂粒结构为主(沙粒含量大于 90%)，结构疏松，抗冲刷能力弱，植被恢复能力极差；

d. 在管道前期建设中，由于管沟、作业带开挖，破坏了花岗岩区域顶部的约 50~100cm 厚的抗冲刷的风化残积土，及地表植被，因此造成了现状条件下的坡面水毁发育；

e. 在管道前期建设中，由于花岗岩区局部线路纵向坡度较大(现场实测最大达 34°)，而管沟、作业带回填所采用的松砂土，自然休止角仅为 26°~28°，因此坡面自身稳定性较差，在降雨等外界条件下扰动下，极易发生坡面冲刷及坡面失稳；

f. 在花岗岩区，由于全风化的花岗岩、管沟、作业带回填所采用的松砂土，渗透性大(一般可达 10~20m/d)，在降雨作用下，极易形成潜蚀、潜流，因此对坡面易形成深切冲沟，对支挡结构易形成基础冲蚀，对排水系统易造成基底潜蚀破坏；

g. 由于管沟、作业带回填所采用的松砂土沙粒含量高，土体含养分极少，保水能力极差，加之坡面存在冲蚀，在没有外加手段的条件下，植被恢复极其困难；

根据工程区的上述特点，经综合分析及比较，确定以下工程总体设计思想：

a. 对于花岗岩区坡面治理，采用截排水+稳固坡面+坡面植被恢复的总体设计思想；

b. 对于沟河道的防护措施，要根据沟河道的下切及冲刷深度，洪水的冲击强度，确定合理的工程平面布置、工程结构及结构组合方式；

c. 加强对水工及支挡结构防水和排水结构，以及对结构地基的分析，选择合理的结构、结构基础形式及埋置深度。

d. 鉴于该区域复杂的社会环境条件，工程治理措施及标准考虑宜尽量一次性根治，以避免后期重复治理，产生不必要的二次花费。

② 若开山区灾害成因及设计思路

若开山工程区灾害类型以河沟道水毁及坡面水毁为主，相对于缅北地区，其坡面水毁发育程度要轻微，经现场调查发现，现有灾害点形成及发展的原因主要有以下几个方面：

a. 区内坡谷陡峻，受地形影响，管道管沟、作业带坡度陡、坡长长，沿坡面的汇水流速、流量大，对坡面的冲蚀能力强；

b. 区内降雨量约在4000mm左右，雨季多瞬时阵性暴雨，降雨雨强、雨量大，降雨汇流洪水强度大；

c. 管道管沟、作业带回填土体为碎石土，在坡度陡、坡长长的条件下，相对抗冲刷能力不足；

d. 区内沟谷地带以冲蚀、下切为主，局部地带堆积物较厚，水工结构基础未能埋置于稳定地层中；

根据工程区的上述特点，经综合分析及比较，确定以下工程总体设计思想：

a. 鉴于区内降雨量大、坡度陡，宜加强坡面截排水工程、坡面支挡工程、沟道水工保护工程的设计；

b. 对于沟河道的防护措施，要根据沟河道的下切及冲刷深度，洪水的冲击强度，确定合理的工程平面布置、工程结构及结构组合方式；

c. 加强对水工结构地基的分析，选择合理的结构、结构基础形式及埋置深度。

(2)典型水毁设计规定

水工保护工程设计时，应符合下列规定。

① 坡面水毁灾害防治设计规定

a. 坡面水毁防治措施的选择应根据坡面形态、坡面工程地质条件、水文气象条件和管道敷设方式和管道及其附属设施在斜坡的空间位置综合确定；

b. 坡面水毁防治应与截排水措施相结合，可采用护坡工程、挡土墙、截水墙、截排水沟等措施。坡面工程科采取浆砌石护坡、干砌石护坡、喷锚护坡、格构护坡、浆砌块石护面墙等结构形式；

c. 挡土墙工程可设计为重力式挡土墙、悬臂式和扶壁式挡土墙或加筋挡土墙等形式；

d. 水土保持生态工程建设区、原始森林区、自然保护区等绿化美化防护的区域，宜采用种树、植草、植生带、鱼鳞坑、水平沟整地等水土保持措施；

e. 防治工程设计时宜进行水力计算，根据汇水流量、冲刷力等因素合理设计工程形式及规模。

② 河沟道水毁灾害防治设计规定

a. 河沟道水毁防治措施应根据河流特性、水流性质、河道地貌、地质等因素，结合防护位置综合治理。宜采用护岸与护底工程相结合的综合防治。护岸工程可采用石笼护岸、浆砌石护岸、抛石护岸、丁坝护岸和挡墙护岸等形式，护底工程可采用过水面、浆砌石地下防冲墙、钢筋混凝土地下防冲墙等结构形式；

b. 大型河道、规模大、风险高的特殊灾害点，可依据现场工程地质条件选取多级防护措施，必要时可采用改线、沉管、穿跨越等措施；在河岸侵蚀严重、河流摆动区应采取稳管措施；在河床冲刷严重区应采取护管措施，可采用混凝土连续浇筑护管；在平原水网的鱼塘、沼泽地带漂管区域可采取混凝土配重稳管、袋装土稳管、打桩护管等措施；

c. 应对最大水流量、河床冲刷深度及河床摆动等河沟道水利参数进行计算，并合理设计工程形式及规模。

③ 台田地水毁灾害防治设计规定

a. 台田地水毁防治宜以恢复工程为主，不宜破坏台田地原地形地貌、地质条件及农田水利设施；

b. 台田地水毁防治可采取堡坎、整地等工程措施。

(3)主要工程结构设计

① 挡墙结构设计

挡墙工程主要集中于缅北高原区及若开山区，根据前述两大区域的环境及地质特点，挡墙结构设计如下：

a. 挡墙形式采用普通的重力式挡墙；

b. 结构基础的稳定是工程成败的关键，根据调查及规范要求，对于土质地基，埋深视地质条件，为1.0~1.5m；对于岩质地基，结构基础埋深一般不小于1.0m；

c. 对于缅北花岗岩区域的挡墙，增加墙后土工布防水措施，以防基础渗流淘刷；墙前增设防冲墙趾及排水沟，防止墙前基础冲刷；加密墙体排水孔，以利墙后排水；鉴于区内墙后回填土体只能采用砂土，回填夯实性能较差，在结构尺寸计算中墙后填土综合内摩擦角按30°进行计算，抗震验算按Ⅶ度区进行验算；

d. 若开山区域的挡墙，按常规挡墙结构进行设计，但由于区域地震烈度对应国内分区为Ⅸ度区，因此抗震验算按Ⅸ度区进行验算，设计地震加速度0.35g。

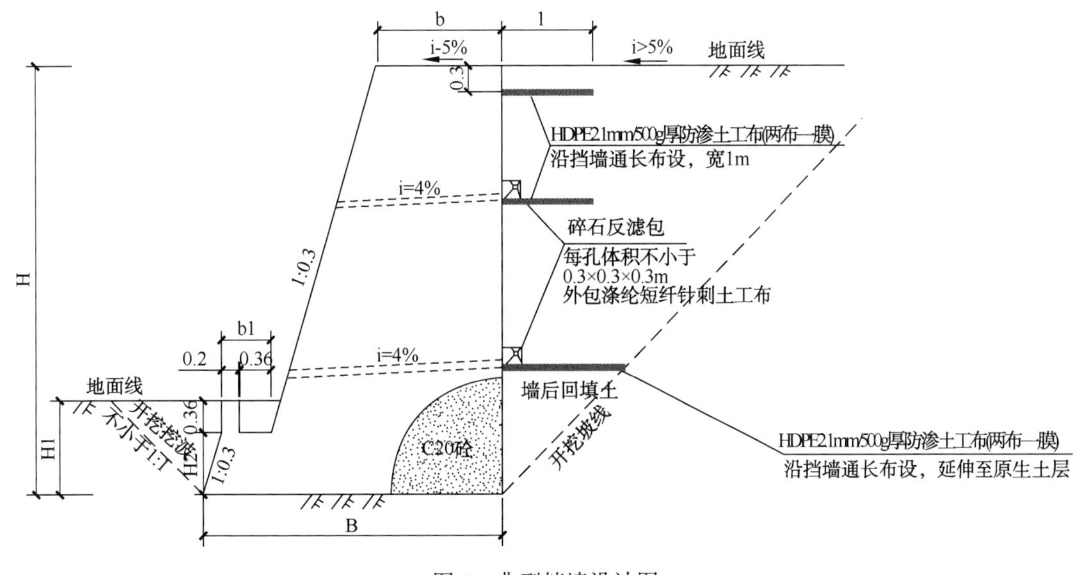

图6　典型挡墙设计图

② 坡面防护结构设计

缅北花岗岩区域管道作业带坡度不一，根据现场调查，并结合作业带回填的松砂土特性，对坡度进行分级，共分为三个级别：

a. 坡度≤20°，该坡度条件下，坡体属于自稳状态，在辅助截排水措施的条件下，可直接进行坡面植被恢复，即能稳固坡体。对于含有少量粉粘土的坡体，采用含草籽六层秸秆植生毯覆盖恢复植被；对于作业带回填料基本为砂砾粒的坡体，采用坡面覆土 5~10cm 后，再撒播草籽，表层覆盖三层防冲植生毯恢复植被；

b. 坡度 $20° < \alpha \leq 26°$，该坡度条件下，表层坡体属于欠稳定状态，需对浅表层坡面进行加固，再辅助截排水措施、坡面植被恢复，才能稳固坡体。根据区内常用方式及材料来源，坡面采用 1~1. 5m 木桩，按间距 0. 5m，排距 1. 0m 进行浅表层加固，然后辅助截排水措施后，坡面再进行植被恢复，植被恢复方式同前；

c. 坡度>26°，该坡度条件下，表层坡体属于不稳定状态，需对坡面进行加固，再辅助截排水措施、坡面植被恢复，才能稳固坡体。设计采用 φ89×4，长 10m 的钢管桩对坡面进行加固，按间距 0. 6m，排距 8~12m 进行加固，然后辅助截排水措施后，坡面再进行植被恢复，植被恢复方式同前；

d. 草种采用当地适宜草种，缅北区适宜草种可采用狗牙根、黑麦草、紫羊茅、三叶草、雀稗中的 2 至 3 种混播；

e. 若开山地区部分坡面由于降雨量大、坡度陡，造成坡面损毁，设计主要采用截排水措施进行防治，部分较陡坡面采用矮挡墙逐级进行支护。

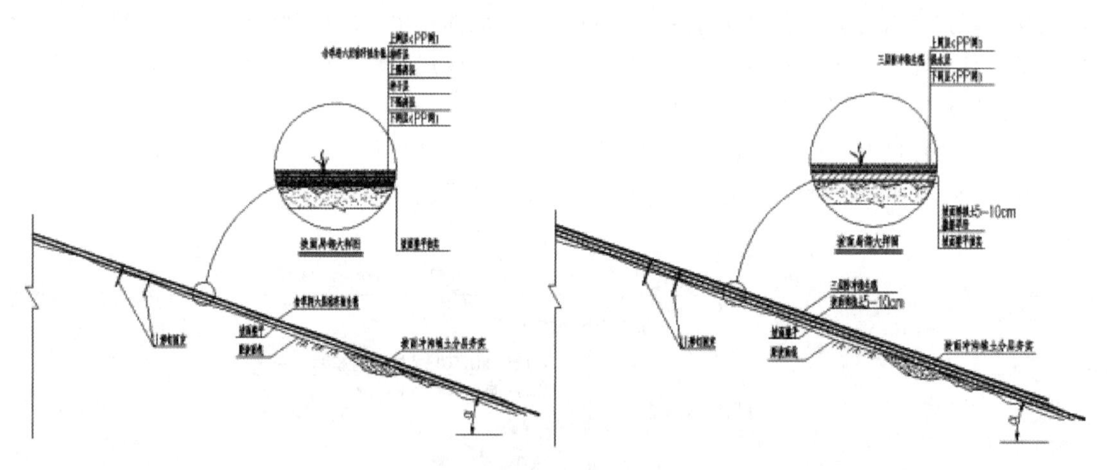

图 7　坡面植被恢复典型设计

③ 截排水及防冲设计

缅北花岗岩区域由于松砂土结构松散、渗透性大，采用常规排水结构极易破坏，因此设计对该区域的截排水工程进行重点考虑。

a. 对于圬工类截排水沟，在沟底采用防渗土工布进行铺底，以防止一旦沟体出现裂缝，而造成沟底渗流，对整个截排水沟、以及其他结构造成破坏；

b. 对于坡面上的截排水沟，由于坡面结构松散，采用圬工类的截排水沟极易发生沉降破坏，因此采用导水埂+排水渗沟形式进行坡面截排水；

c. 线路其他区域截排水设计按常规进行，采用截排水沟、跌水、消能池、护岸挡墙、下截墙、护坦、过水路面等形式，根据具体工点特征组合选用。

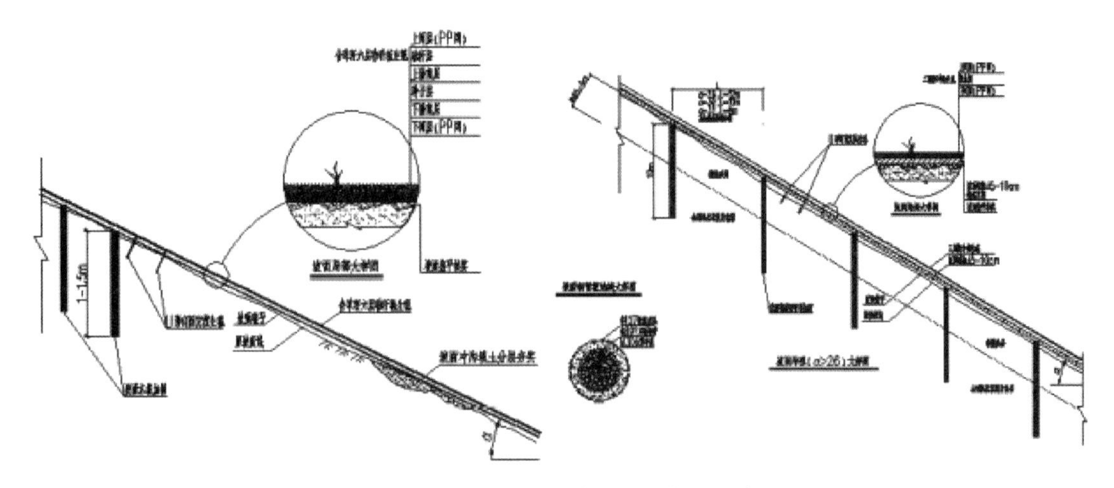

图 8　坡面木桩、钢管桩加固典型设计

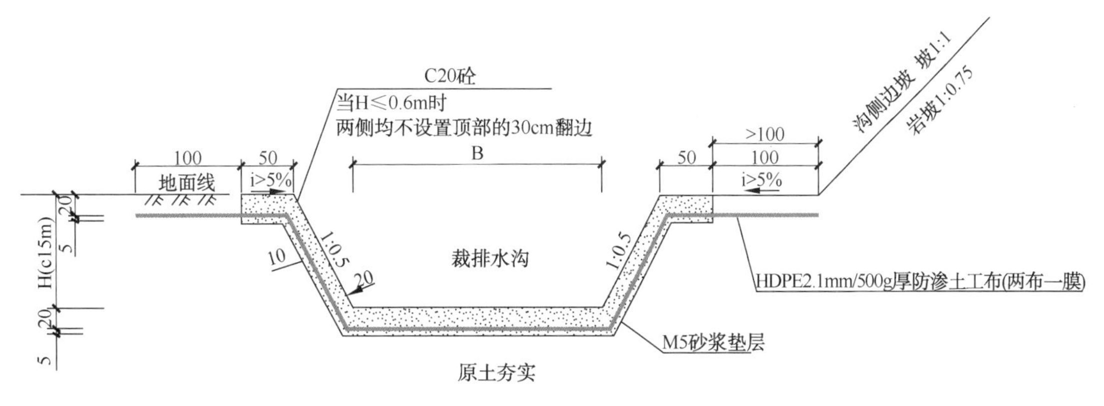

图 9　典型圬工排水沟设计

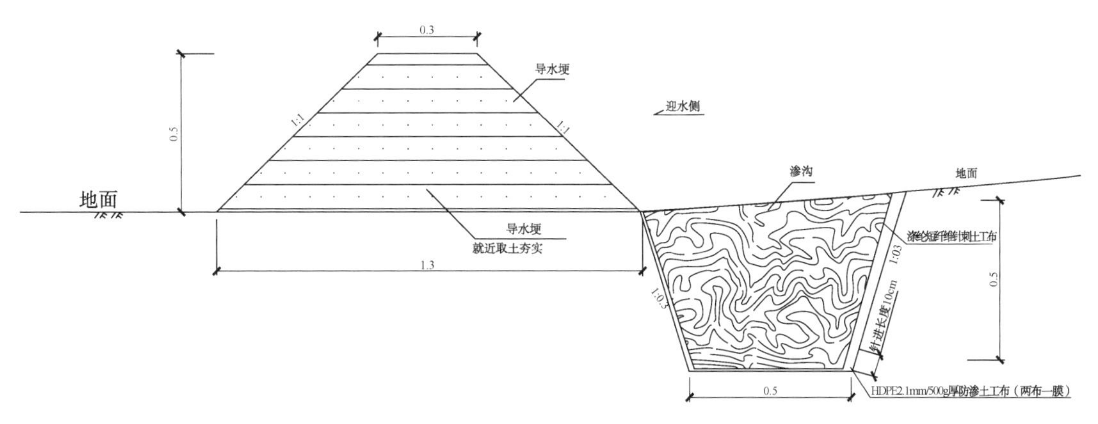

图 10　典型坡面排水沟设计

5　工程治理效果

对比 2014 年和 2015 年汛后地灾统计分析结果，通过 2014 年地质灾害防治工程，灾害总体数量、高风险灾害、河沟道水毁灾害均得到有效控制。坡面水毁由于总体数量多、部分风险较低、治理项目有限等因素未能得到有效控制，岩土类灾害由于 2015 年汛期降雨量原因较为突出。

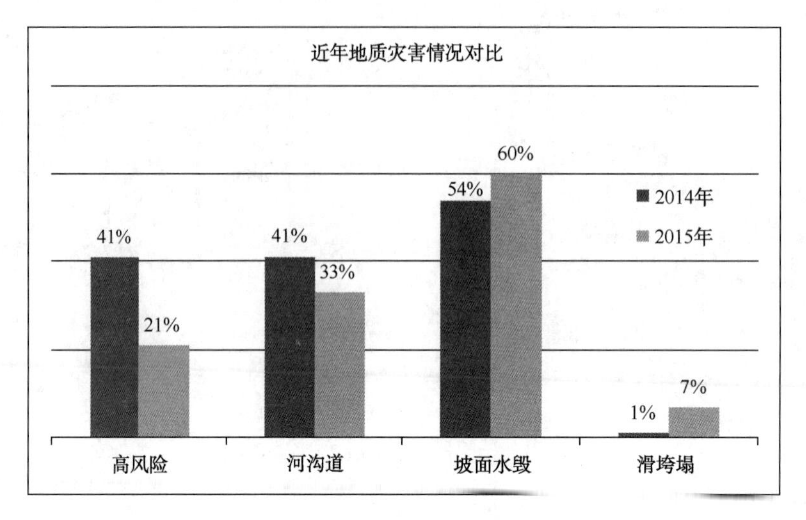

图 11　2014 年与 2015 年地质灾害对比

参　考　文　献

[1] Q/SY GD 1086—2015 管道防汛、地质灾害防治管理手册 .
[2] SY/T 6793—2010 油气输送管道线路工程水工保护设计规范 . 国家能源局发布 .
[3] 王鸿 . 长输管道水工保护工程施工技术手册 . 北京：中国计量出版社，2005.
[4] SYT 6828—2011 油气管道地质灾害风险管理技术规范 .

中缅管道(缅甸段)伊洛瓦底江管道穿越处防护工程探析

郭守德　王　强　王　珀

(中油国际管道公司　中缅油气管道项目)

摘　要　伊洛瓦底江是缅甸的第一大河，纵贯缅甸南北，全部在缅甸境内，河流全长2714公里，流域面积43万平方公里，年均径流量约4860亿立方米。根据历年的水文资料，伊江水位每年从最低4m多涨到汛期最高17米多，落差达13m。伊洛瓦底江穿越是建设期中缅油气管道工程控制性工程之一，采用定向钻方式穿越。原油管道和天然气管道定向钻穿越在同一位置，两者间距20m，备用管线与主用管线间距25m。建设期在管道穿越处修建了混凝土膜袋工程保护管道。2015年缅甸境内遭受了40年不遇的洪水，降雨量大且集中，伊江洪水水位持续居高不下，穿越处主河道混凝土膜袋护坡在多次洪峰侵袭下，局部出现裂缝、垮塌(垮塌长度上下游共约104m)，垮塌部位河岸后退约60m。2016年汛后剩余的72m膜袋在洪峰侵袭下，全部坍塌，河岸后退约20m，原油管道露管，风险进一步加大，严重威胁了管道运行安全。在险情发生后，东南亚管道公司立即启动应急抢险程序，组成抢险项目组，邀请国内多名水利专家和地质灾害专家赴现场考察，给出治理建议。先后委托国内有丰富治理黄河经验的设计院和缅甸水利部门进行方案设计，本着因地制宜、经济适用的原则，分别于2016年汛前和2017年汛前对伊洛瓦底江主河和岔河进行分期综合治理，工程治理效果明显，目前已将风险控制到最小。防护工程的实施，避免了因管道断裂漏油事件的发生，为天然气和原油管道的安全平稳运行提供了保障。

关键词　透水丁坝　混凝土格构　木桩石笼　膜袋

1　前言

(1)建设期情况

伊洛瓦底江穿越是建设期中缅油气管道工程控制性工程之一，穿越位置位于缅甸马圭省仁安羌市吉吉村与达斡村之间，采用定向钻方式穿越。其中原油管道设计压力15MPa，管道规格为Φ813×20.3 mm；天然气管道设计压力10MPa，管道规格为Φ1016×26.2mm，穿越水平长1736.8m。原油管道和天然气管道定向钻穿越在同一位置，两者间距20m。油气备用管线分别在油气主用管线外侧25m，主用油气管线中间为光缆。

2011年雨季过后，西岸受到较大侧蚀，整个低漫滩被冲掉。定向钻出土点距岸边由130m变成52m，水平方向直接冲刷掉78m，同时纵向下切深度约4m，河床底部距管道顶部垂直距离只有3.2m，侧向侵蚀速度之快已经严重威胁到油气管道今后的运营安全。2012年1月8日公司成立伊洛瓦底江抗洪抢险工作组，4月10日完成现场膜袋工程的验收。

(2)险情发生

2015年缅甸境内遭受了40年不遇的洪水，降雨量大且集中。伊江洪水水位持续居高不

图1 管道穿越位置图

图2 完工的膜袋工程

下，穿越处主河道混凝土膜袋护坡在多次洪峰侵袭下，局部出现裂缝、垮塌(垮塌长度上下游共约104m)，垮塌部位河岸后退约60m，严重威胁管道安全。

(3)险情加剧

2016年汛期洪峰再次侵袭老旧膜袋，膜袋下面的沙土被掏空，导致剩余的72米膜袋全部发生坍塌，原护岸被侵蚀后退约13米，岸堤边缘距离管道出土点不足5米。河水下降后

图 3　主河垮塌部位河岸后退

发现冲坑处主用油管线发生露管，河床处主用油管线埋深不足 2 米，如不紧急治理，容易引起漂管、断管，从而中断生产，甚至引发国际环保事件。

图 4　主河膜袋垮塌前后对比图

2 风险识别与评价

(1)风险识别

根据《防汛、地质灾害防治手册》，按水毁灾害的规模，分为大型水毁灾害和一般水毁灾害，划分标准参见表1。

表1 水毁灾害的规模分类

分类	描 述
一般水毁	对管道连续影响长度不大于100m，或影响距离较长但不会造成管道失效的灾害点
大型水毁	对管道连续影响长度大于100m，若不进行处理很可能造成管道失效的灾害点

伊洛瓦底江管道穿越处如不进行治理，很可能会造成漂管、断管的风险，因此为大型水毁，需要紧急治理。

(2)风险评价

地质灾害风险评价应在管道地质灾害调查的基础上进行，完成管道地质灾害识别工作后应立即进行风险评价、分级，并将风险评价结果上报。管道地质灾害风险评价应分为区域管道地质灾害和单体管道地质灾害风险评价两个层次实施。

伊洛瓦底江管道穿越处地质灾害属于单体管道地质灾害。单体地质灾害风险评价可采用定性评价法、半定量评价法和定量评价法。在地质灾害防治规划阶段，宜采用定性评价法、半定量评价法实施单体地质灾害风险评价。对列入近期治理规划的规模较大的滑坡、崩塌灾害点，宜采用定量风险评价法进行评价。定性评价法和半定量评价法应将单体地质灾害风险分为五级：高、较高、中、较低、低。分级原则可参照表2：

表2 地质灾害风险分级原则

风 险 等 级	风 险 描 述
高	该等级风险为不可接受风险
较高	该等级风险为不希望有的风险
中	该等级风险为有条件接受风险
较低	该等级风险为可接受风险
低	该等级风险处于可忽略程度

伊洛瓦底江管道穿越处灾害采用定性评价法。定性评价内容应包括地质灾害易发性、管道易损性和后果的评价、分级，根据灾害易发性、管道易损性和后果分级结果综合确定灾害风险等级。灾害易发性、管道易损性和后果评价分级时可只划分为高、中、低三个等级，在风险分级时再划分为五个等级，灾害易发性、管道易损性和后果分级标准和风险分级方法可参考表3：

表 3　单体管道地质灾害风险定性评价分级

级别	地质灾害易发性	管道易损性	后　　果
高	滑坡不稳定，正在变形中，或 2 年内有过明显变形(如滑坡出现拉裂、沉降、前缘鼓胀或剪出)；危岩(崩塌)主控裂隙拉开明显，后缘拉张裂隙与基脚软弱、发育岩腔构成不利的危岩体机构，有小规模崩塌事件或预计近期要发生灾害，崩塌岩块破坏程度大；泥石流形成条件充分，泥石流沟的发育阶段处于发展期或旺盛期，近年来有过泥石流发生事件；沟道或坡面侵蚀严重，2 年内地貌改变明显，发生过坍塌、岸堤后退等水毁现象且具备一定规模，河沟槽摆动明显，河床掏空或下切深度达 1m 以上；岩穴发育，形成串珠状的失陷坑和潜蚀洞穴；采空区地面出现沉降，错位大于 10cm，地面建筑物发生明显变形。	危害性大，如管道破裂或断裂，将发生泄漏，或严重扭曲变形造成输油气中断；管道处在以下情况时可判定为此级：管道在滑坡内部；崩塌落石块体可能的直接冲击区域；管道在泥石流流通区；管道发生悬管、漂浮、流水冲击管道；管道位于塌陷区或潜在塌陷区内	影响大，灾害点附近有城镇、重要交通干线、河流、自然保护区等。
中	滑坡潜在不稳定，目前变形迹象不明显或局部有轻微变形，但从地形地貌及地质结构判断，有发展为滑坡的趋势；危岩主控裂隙拉开较明显，或有基脚软弱、发育岩腔，具有崩塌的趋势，崩塌岩块破坏强度较大；泥石流形成条件较充分，泥石流沟的发育阶段处于较旺盛期，泥石流堆积；沟道或坡面发生侵蚀，近年来地貌有改变，有坍塌、堤岸后退等水毁现象；黄土有湿陷性，陷穴有发育但规模小；地下有采空区，地表有零星塌陷坑，地裂缝发育特征不甚明显。	危害性较大，如管道裸露、悬管、漂浮、变形及损伤等，可能引起介质少量泄漏，可以在线补焊和处理的事故；管道处在以下情况时可判定为此级：管道处于滑坡、崩塌影响区，泥石流堆积区，管道发生露管和埋深严重不足，管道处于塌陷区边缘。	影响较大，附近有村镇、居民点、溪流等。
低	基本稳定，一般条件下不会发生地质灾害，但在地震或特大暴雨、长时间持续降雨条件下可能出现崩塌、滑坡或泥石流；有发生水毁、黄土湿陷、采空塌陷的可能性，但表现不明显。	不构成明显危害，各种灾害影响到管道安全的可能性小	有少数零星居民。

根据灾害易发性评价分级、管道易损性分级和后果评价分级综合确定风险分级，风险分级划分为 5 个等级，分级标准见表 4。

表 4　定性评价风险等级分级

风险等级	各评价内容组合
高	(高，高，高)、(高，高，中)、(高，高，低)、(高，中，高)、(中，高，高)
较高	(高，中，中)、(高，中，低)、(中，高，中)、(中，高，低)、(高，低，高)、(高，低，中)、(中，中，高)、(中，中，中)、(低，高，高)、(低，高，中)
中	(高，低，低)、(中，中，低)、(低，高，低)、(中，低，高)、(中，低，中)、(低，中，高)、(低，中，中)、(低，低，高)
较低	(低，中，低)、(中，低，低)、(低，低，中)
低	(低，低，低)

注：括弧里自左至右依次表示地质灾害易发性、管道易损性、环境影响评价的等级。

根据单体管道地质灾害风险定性评价分级，伊洛瓦底江管道穿越处灾害易发性评价分级、管道易损性分级和后果评价分级均为高，再根据分级标准表，确定此处灾害风险等级为高。

3 确定工程治理方案

伊江险情出现后，公司立即启动了应急抢险程序，积极联系国内多名水利专家及地质灾害专家赴现场进行考察，给出治理建议，并联系国内外业内治河有经验的设计院提供帮助，寻求一种因地制宜的解决方案。

(1)伊江主河道演变分析

通过历年卫片对比、管道埋深检测和现场测量，伊江主河道变化情况如下：

① 根据地质和地貌资料分析，江心滩可能原为西岸一条支流的冲积扇，两岸两支流的携带泥沙的持续淤积导致伊江发生“几”字形拐弯；

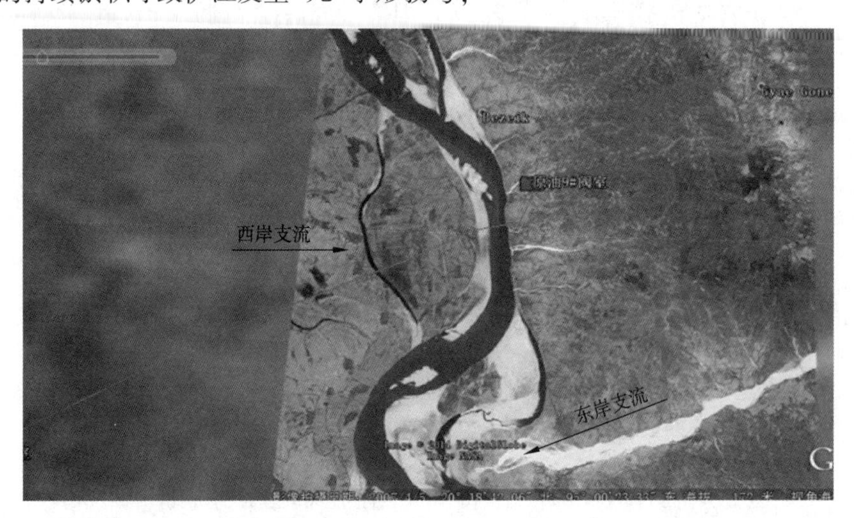

图5 2007.4.5(旱季)卫片

② 西岸支流修建水库后(早于2007年)，该支流携带的冲积物显著变少，无法维持冲积扇形态，伊江开始“裁弯取直”，某场洪水将冲积扇切割开，形成目前的“心滩”；

③ 下游东岸支流持续携带泥沙堆积，压迫主河道，加速主河道退化、促使岔河扩展，“江心滩”将持续向下游推移(上游后退，下游淤积，2007.4.5—2014.1.12后退约660m)；

④ 伊江主河道西岸穿越处上游河岸显著后退，后退部位逐渐向下游方向发展，目前已经达到管道穿越处；伊江主河道东岸稳定，未发现明显变化；主河道过流横断面面积在缩小，深泓线向西岸转移。

(2)治理方案的选择

根据前期咨询及河道演变的分析，结合专家建议和公司管道内检测结果，公司委托国内有长期治理黄河经验的设计院进行防护工程设计。设计院设计的总体思路是：采取“截支强干与束水冲沙”相结合的治理方案。在伊洛瓦底江西岸布设3道透水性钢板桩丁坝，减缓流速，加快落淤，并使凹岸变成凸岸，促使在治理段河道形成横向环流，使主河床(干流

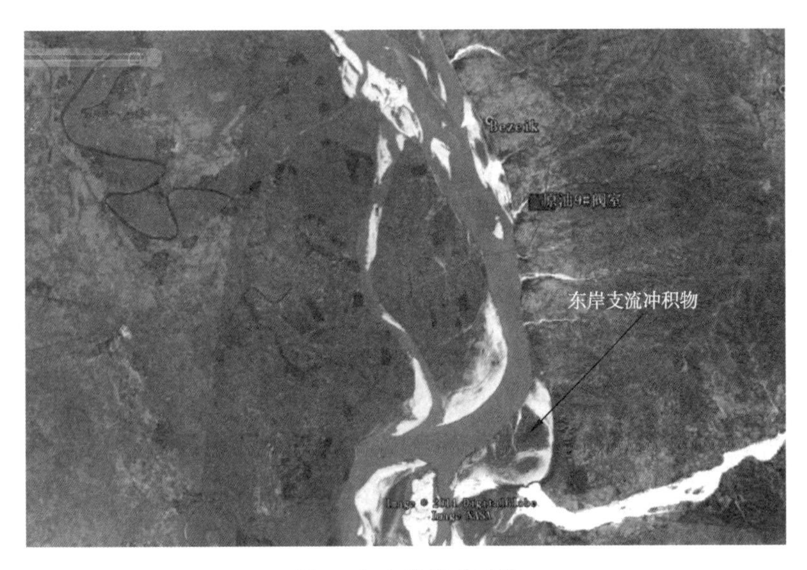

图6　江心滩移动卫片

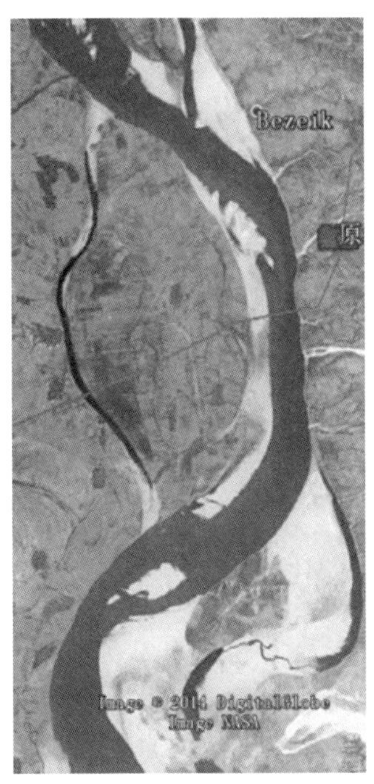

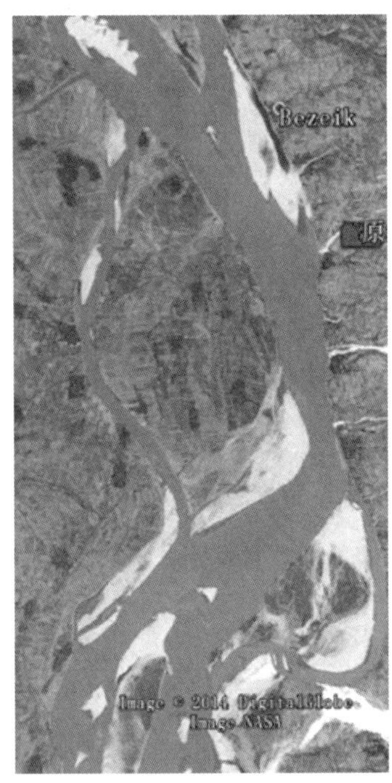

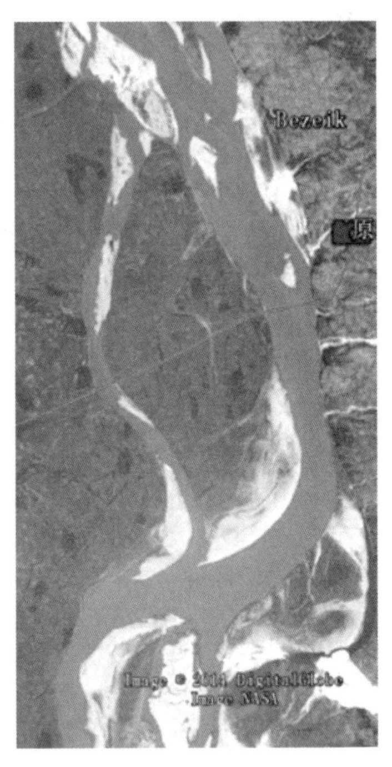

图7　历年卫片对比

850m)形成深泓线，限制河道游荡摆动，护岸固滩，稳定河势，束水冲沙，形成稳定的主河道。

在工期非常紧迫的前提下，为了寻求一种因地制宜、更加快捷的解决方案，我公司扩宽思路积极与伊江河道管理部门取得联系并委托进行方案设计，针对灾害的特点，河道管理部门推荐了他们在伊江治理上广泛应用的、比较成熟的治理方案。在管道上游设置木桩+石笼透水丁坝群，设置5道丁坝(分两期实施)，丁坝位置对岸坡进行防护，对管道穿越处护岸进行木桩+石笼防护，材料主要以木桩和石头为主，可就地取材，方案工期短(施工期2~3个月)、造价低、后期维护量小。

图8　国内设计院钢板桩透水丁坝与缅甸河道管理部门木桩+石笼透水丁坝实例图

对于两种方案各有优缺点，我们进行了技术经济对比如下：

表5　经济技术对比表

设计单位	国内设计院	缅甸河道管理部门
方案类型	钢板桩透水丁坝群	木桩石笼透水丁坝群+木桩石笼护岸
工程属性	长期	3~5年(根据损毁情况，每年简单修复)
结构材料	U型钢板桩+工字钢	木桩+石笼
施工方式	机械为主，人工为辅	人工为主，机械为辅
是否需要专用设备	是(打桩机及作业船)	否
材料采购	中国	缅甸
设备调遣	中国	缅甸
施工周期	较长，2016年雨季前不能完成	相对较短，2016年雨季前能完成
方案审批	难通过(影响航运)	已通过(水利局负责审批)
费用投资	约1000万美金	约100万美金

鉴于上述两个方案治理原理是一样的，都是通过丁坝群进行对下游管道的保护。国内设计院的方案钢板桩材料需要国内采购、加工，施工需专业设备，材料、设备通关时间较长，方案确定后需经缅甸河道管理部门审批，审批不确定因素较多(有可能阻航)，总体实施周期较长，16年汛前无法完成，且投资额度较大；缅甸河道管理部门提出方案中的钢筋、木桩、毛石、土工布袋等材料当地可采购，施工需要渡船易租赁，方案审批流程快，总体实施周期较短，16年汛前可完成。为消除风险，确保管道安全运行，公司决定采用缅甸河道管

理部门的设计方案，并交由其实施。

(3)施工图设计

由于膜袋垮塌，严重威胁了管道安全。为保证管道安全度汛，2016 年汛前必须要完成紧急治理，因此设计只能分二个阶段进行，第一阶段为 2016 年汛前能完成的紧急治理，第二阶段根据 2016 年汛后损毁情况进行综合治理。

① 2016 年施工图设计

优化调整后的施工图设计主要包括 300m 长护岸和 750m 长丁坝，总体思路是利用木桩+石笼护岸保护管道，利用丁坝进行挑流和落淤。

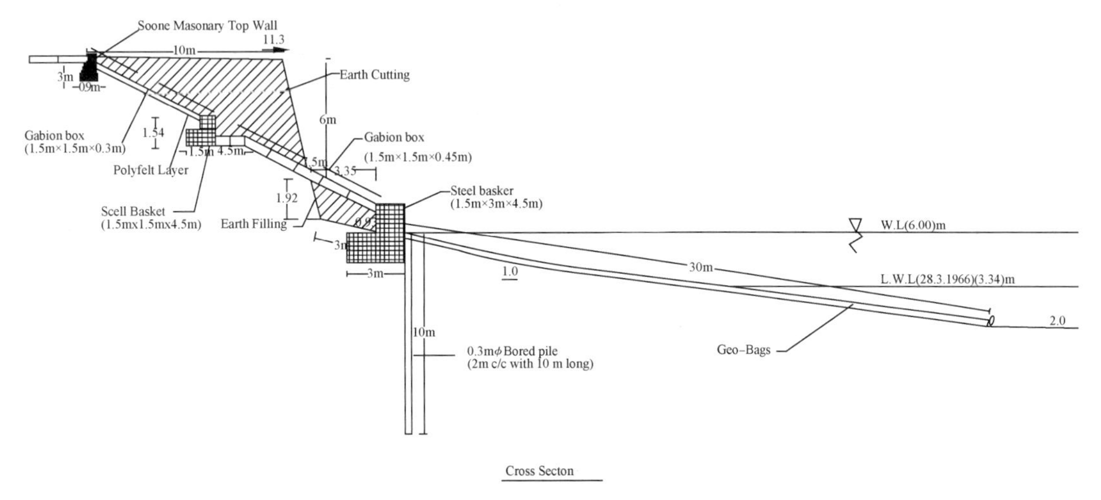

图 9　伊江主河护岸剖面图

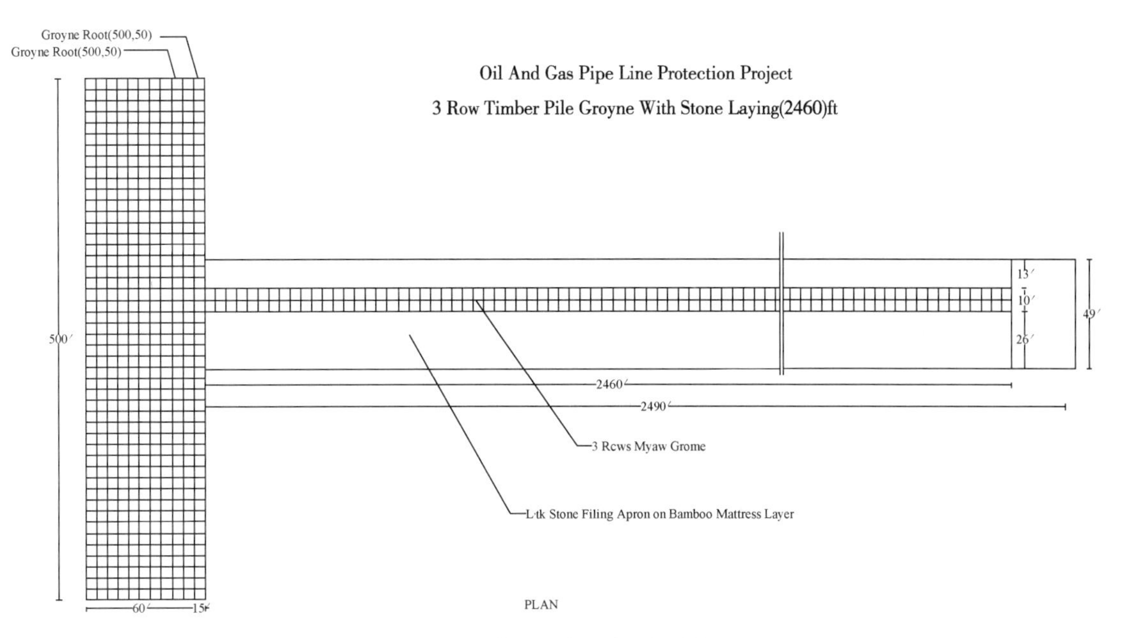

图 10　伊江主河丁坝平面图

② 2017 年施工图设计

本次伊江主河治理工程主要采取“加固护岸、束水淤沙、避免顶冲”的治理思路。

设计采取了钢筋混凝土格构内部填充石笼方案对管道穿越处110m岸堤进行防护(1∶2放坡)，达到加固护岸的效果；

利用上游4道丁坝组成丁坝群，控制水流，加速落淤，达到束水淤沙的效果；

通过丁坝群淤积沙滩将顶冲位置向东向下游推移，使主流外移，保护西岸岸线，另对东岸淤积的河道进行清理，使通航航道东移，限制河道游荡摆动对西岸的顶冲，达到避免顶冲的效果。

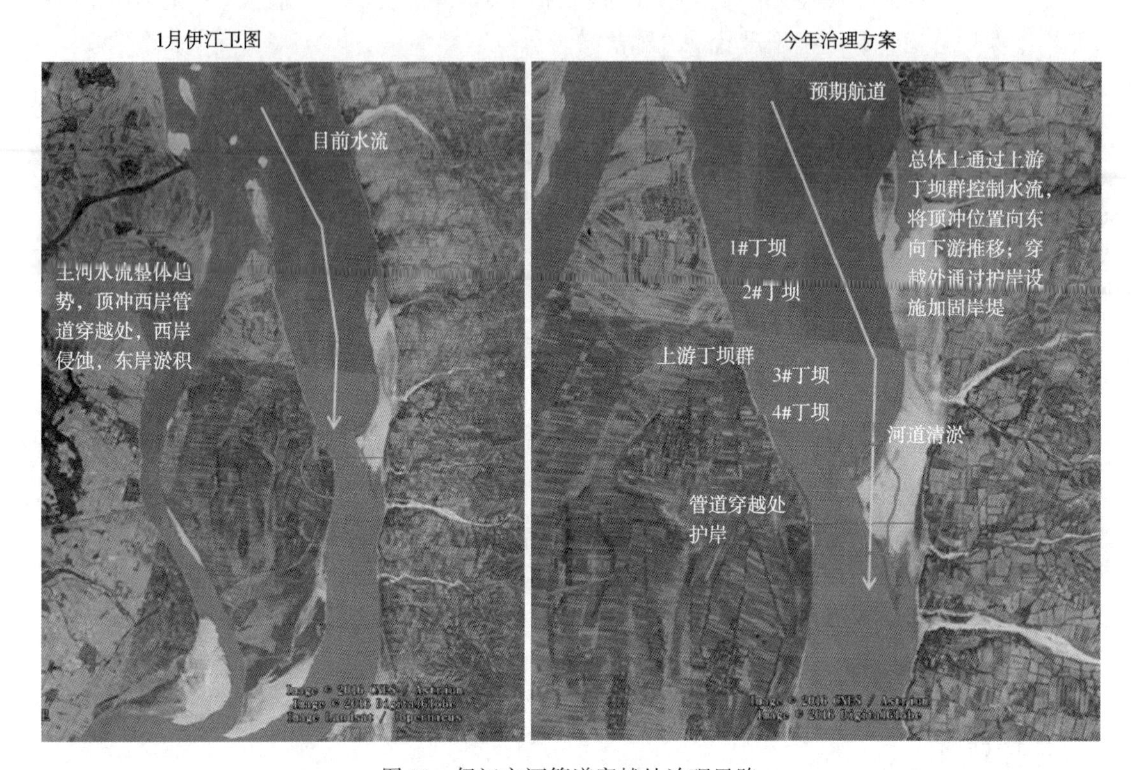

图11　伊江主河管道穿越处治理思路

4　工程治理实施

(1)2016年应急治理

为保证管道安全，实施紧急的工程治理迫在眉睫。2016年4月1日开工以来，施工期间克服了3次水位大涨及7次村民阻工等困难，在保证管道安全的原则下，施工方根据多年水文资料和现场水位变化情况进行分析，并聘请业内有过25年治河经验的专家现场优化方案，边实施边观察边确定方案。在紧邻管道岸堤垮塌区域及时采取了大量抛石、抛沙袋、放石笼、坡面铺设土工布、上游设置三角钢篮简易丁坝、打木桩等稳固措施，解决了主河管道上游水流旋涡掏蚀河岸的问题。

自开工以来，管道处高度重视工程进度和质量，派专人驻现场协调监管。由于缅甸施工队伍多年养成的习惯，关键工序组织安排不合理，管理不科学，工作没有计划性，造成效率低下。针对这一特点，我公司现场代表排出每周工作计划，细化到人员设备的需求，督促施工单位落实。万事开头难，刚开始缅甸施工方很不理解我们的管理模式，一定程度上还存在不配合。经过长期工作的磨合，终于被我们的敬业精神所感动，开始主动和我们协商一些施

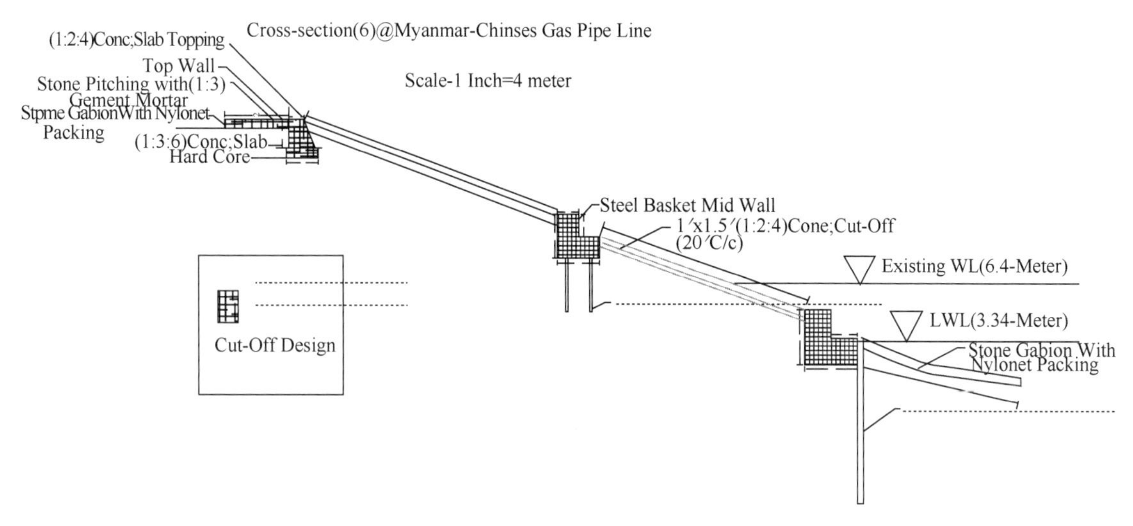

图 12　伊江主河护岸剖面图

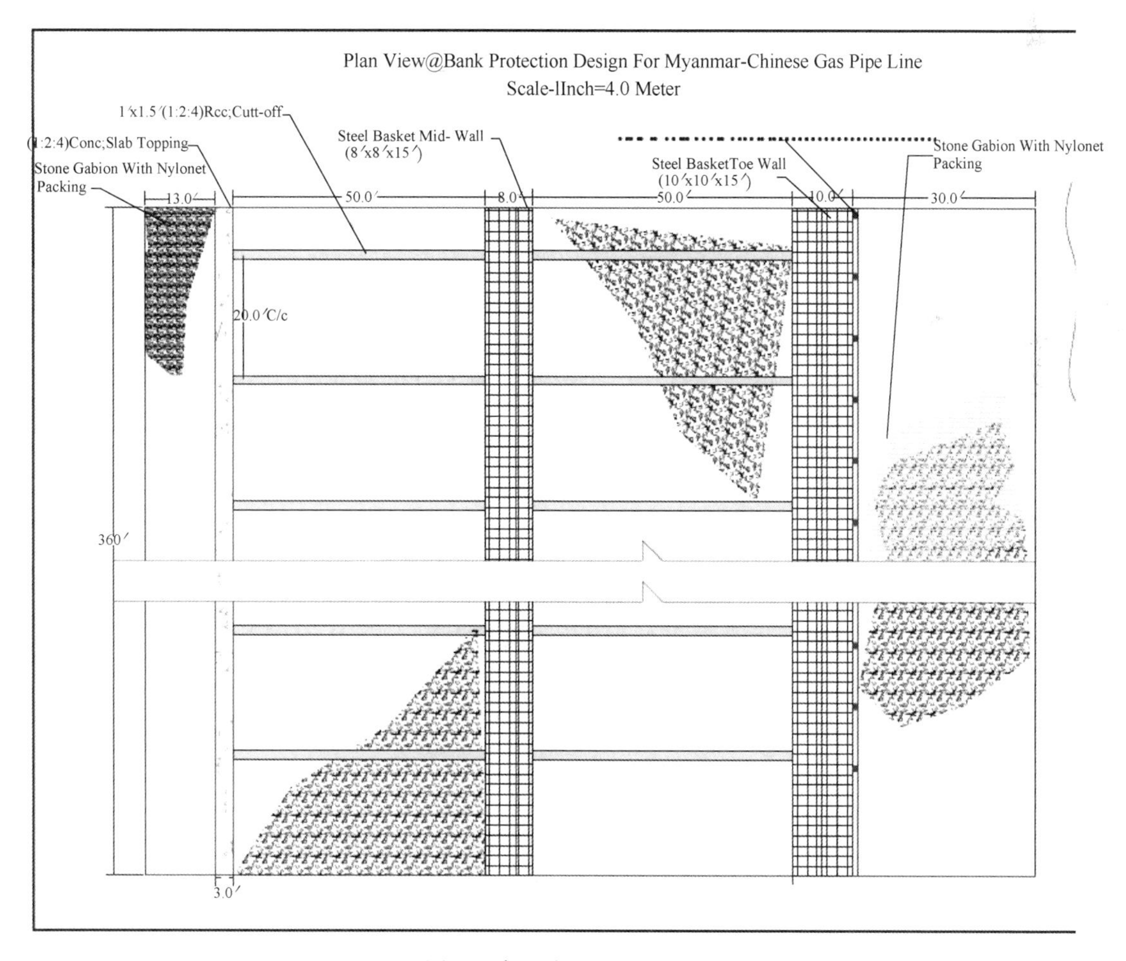

图 13　伊江主河护岸平面图

工方案及每天工作内容。终于，在重重困难下历时 94 天完成主河工程治理。

(2)2017 年综合治理

2016年主汛期，剩余的72米老化膜袋在洪峰的侵袭下，全部坍塌，岸堤后退约13米，岸堤距离管道出土点最小不足5米。汛期经历了3次抢险，1次抢修，2016年实施的应急工程经受了严峻的考验，严防死守最终确保了管道安全。

由于有了2016年工作基础，2017年工作开展更加顺利。在水位低、施工周期长的前提下可以将预期设计想法尽可能的落到实处。考虑到工程治理要达到更好的效果，和2016年工程结合的整体性、完整性，在施工过程中，根据现场实际情况进行了一些优化调整。具体如下：

① 上游设计1道丁坝(3800英尺)调整为4道丁坝群，最上游丁坝外增加了防冲桩，形成逐级保护，加速了落淤和更大范围内的挑流，防止水流顶冲西岸，目前最早施工的1#和2#丁坝周边已形成新的淤积，已具备对汛期洪水的挑流作用；

② 由于河流摆动和水位上涨对管道上游未采取保护措施的岸堤坡脚冲刷严重，发生坍塌(每年无保护的河岸都有明显的后退)，在上游增加了650米简易木桩护栏，里面填充砂袋，起到防冲刷作用；

③ 考虑管道穿越处上下游护岸整体治理效果，将底部基础钢篮连成一体，坡面全部按照2017年设计的钢筋混凝土格构填充石笼实施，对于2016年已完成的工程也按2017年的方案修复；

④ 原设计中基础钢篮前面打入木桩，为了确保基础的稳固，基础钢篮前打入加密钢轨，增加基础承受力；

⑤ 为确保去年汛期冲刷油主用管道附近的塌陷区的安全，在水利局采取土工布保护的基础上，上面满铺石头。

在各方的努力奋战下，历时150余天，完成了伊洛瓦底江主河综合治理工程。

(3)防护工程难点、要点分析

伊洛瓦底江防护工程实施有其地域性、特殊性。具体分析如下：

① 可用施工期短：每年5月~10月为雨季，无法进行施工。1月~2月为水位最低时，材料运输(只能水运)和水下作业受影响。刨去前期测量、设计、公司内部程序时间，真正可用的施工周期不足5个月；

② 施工队伍效率低下：缅甸人工效率极其低下，管理散漫，经常遇到各种节日无人施工的情况，施工地点机械利用率低；

③ 村民阻工严重：2016年施工期间，遇到当地村民阻工7次，2017年遇到阻工2次，工期受到严重影响，施工期间，经常遭到村民破坏，许多工作都要重复做2遍；

④ 水位涨幅大：每年从最低水位4米左右上涨到17米左右，涨幅达13米，上涨和下降时水流作用力巨大；

⑤ 底部基础不牢固：管道穿越处为松散的沙土，在江水的侵蚀下极易发生坍塌，底部构筑物基础的沙土易被水冲走，发生损坏；

⑥ 岸上冲坑严重：江水漫滩时，泄放巨大的冲击力，形成多个冲坑，冲坑与江水形成互通，威胁护岸后方；

⑦ 江水抄后路明显：水位上涨及下落时，侵袭上游未治理的断崖式岸堤，不断坍塌后退，管道穿越处凸出明显，形成抄后路的趋势；

5 工程治理效果分析

2016 年实施的应急治理，形成了稳定的护底，岸坡也已形成稳固的整体，经受住了汛期的严峻考验，确保了管道安全度汛，汛后新建工程整体稳固。经现场观测，上游丁坝和三角钢篮成功将顶冲水流外挑 13 米左右，初显治理效果。

图 14　2016 年应急治理汛后效果图

2017 年实施的综合治理，不仅对岸堤进行了整体防护，还在上游新建了 4 道丁坝群，有效的进行挑流和回淤，目前 1#丁坝和 2#丁坝之间已形成新的淤积；清淤工程使航道东移，尽量避免了河道摆动和减缓了水流顶冲，2017 年实施的综合治理与 2016 年实施的应急工程紧密结合，形成了整体性、完整性，达到了更好的效果，为管道安全平稳运行提供了保障。

图 15　2017 年综合治理全景图

图 16　2017 年综合治理近景图

6　经济对比分析

国内设计方案工程概算约为 6200 万元人民币，实施当地水利部门方案总投资为 230.5 万美元(2016 年应急工程合同价为 120.5 万美元，2017 年综合治理合同价为 110 万美元)，治理效果满足管道安全的需要，直接节省了工程投资约 4600 万元人民币。

参　考　文　献

[1] Q/SY GD 1086—2015. 管道防汛、地质灾害防治管理手册 .

[2] SY/T 6793—2010 油气输送管道线路工程水工保护设计规范 . 国家能源局发布 .

[3] 王鸿 . 长输管道水工保护工程施工技术手册 . 北京：中国计量出版社，2005.

中缅管道 G692 滑坡治理案例分析

郭守德　才　建　方建新　刘　超

（中油国际管道公司　中缅油气管道项目）

摘　要　地质灾害是长输油气管道的主要风险之一，将伴随管道全生命周期。针对中缅管道 G692 滑坡案例，简要分析了滑坡体的成因、结构特征及危害，加之以定性、定量的理论分析说明了滑坡体发展变化趋势及危害性预测，并介绍了综合治理方案，以期对今后管道滑坡的研究和治理有所启示和借鉴。

关键词　横坡敷设 滑坡　换管　微型桩

1　引言

中缅管道 G692 地处缅北掸邦高原，区内地层以全强风化花岗岩及泥页岩为主，区内降雨量在 2000mm 左右，雨季多瞬时阵性暴雨，降雨强大，且区内坡谷陡峻，降雨汇流时间短，洪水强度大。在管道前期建设中，由于管沟、作业带开挖，破坏了花岗岩区域顶部的约 50～100cm 厚的抗冲刷的风化残积土，及地表植被，而管沟、作业带回填所采用的松砂土，自然休止角仅为 26°～28°，因此坡面自身稳定性较差，在降雨等外界条件下扰动下，极易发生坡面冲刷及坡面失稳。

2　G692 发生滑坡

G692 处油气管道沿山体横坡并行敷设，管中心线间距 15 米。2015 年缅甸境内遭遇了 40 年不遇的持续强降雨，G692 处山体发生滑坡。滑坡平面呈“圈椅状”，纵向长约 80m，横向宽约 70m，滑坡导致土体下挫 1～3m，并在后援形成明显的滑坡壁，滑动的土体从原油管道处剪出，挤压输油管道外移，9 度弯头发生严重变形，弯头连接的直管段也发生椭圆变形，上下游各 48m 管线发生位移，最大位移量 5. 32m。

3　滑坡体的成因

滑坡区位于低中山向低山丘陵地貌过度区。区域内山高谷深、植被茂盛，总体地势起伏很大，属第三级剥蚀夷平面，剥夷面高程 800 左右，台面之上尚有高程 1200～1300m 的垄状山脊呈近南北向带状镶嵌期间。沟谷切深 100～400m，沟谷坡度多在 20°～30°之间。场地总体地势东高西低，该滑坡区位于斜坡中部（图 2），东、南、北三侧均高于西侧，属于三面高一面低的环抱之势，利于水流汇聚。

G692 处管道横坡敷设于原土层之中，地质构造较复杂，岩性岩相不稳定，岩土体工程地质水文地质条件较差，地质环境复杂程度为中等复杂。管道开挖弃渣堆积于坡脚处形成平台。由于原斜坡为负地形，三面来水汇集于斜坡之上，在雨水的长期浸泡下，斜坡土体的物理力学性能不断降低，当强度降低到一定程度，在重力作用下上覆土体就会沿软弱层发生滑动。

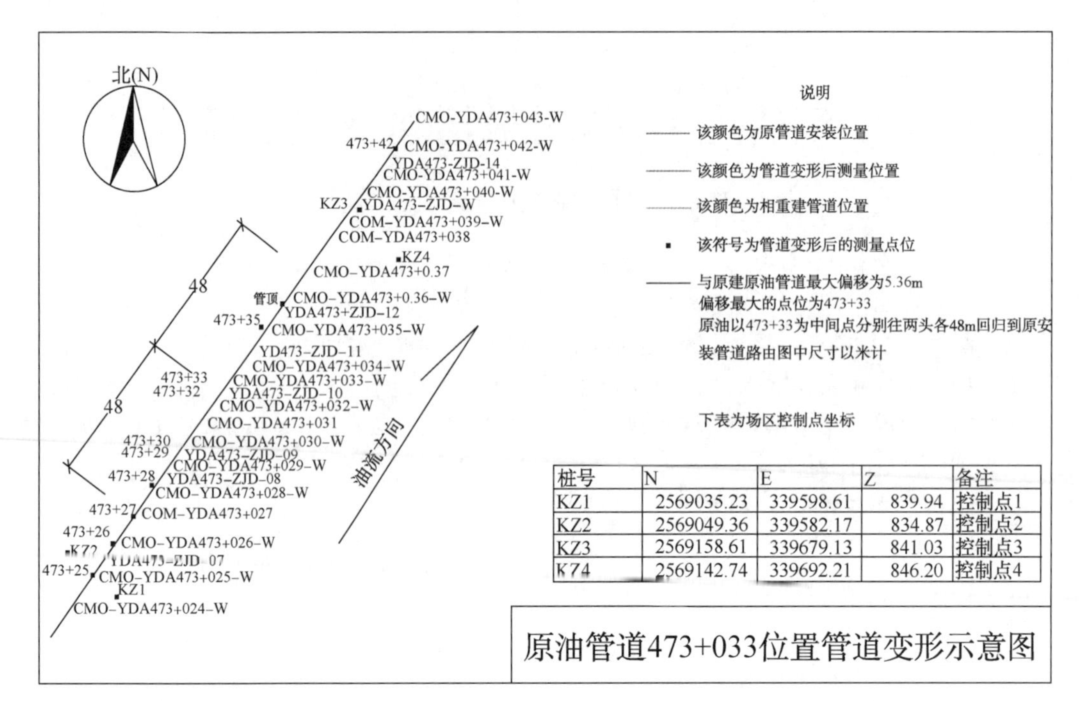

桩号	N	E	Z	备注
KZ1	2569035.23	339598.61	839.94	控制点1
KZ2	2569049.36	339582.17	834.87	控制点2
KZ3	2569158.61	339679.13	841.03	控制点3
KZ4	2569142.74	339692.21	846.20	控制点4

图1　管道位移变形测量图

图2　灾害点地形地貌

4　滑坡体的结构特征及危害

滑坡体的结构特征分析是滑坡防治的前提，是在对滑坡体充分认识的基础上，通过对滑坡稳定性的研究，加以定性、定量的评价和危害性预测，为滑坡防治选择合理、可靠的治理方案提供依据。

(1) 滑坡空间形态特征

① 滑坡形态及边界

滑坡体总体呈圈椅形，滑坡边界根据滑坡所处地貌和变形特征，前缘以沟谷底部缓平台，后部以斜坡上方下挫坎为界，左右两侧以剪裂缝和冲沟为界。

② 滑坡规模

滑坡体坡体纵向长约 80m，横向宽 60m，前缘和中部略宽，后部较窄，后缘为明显躺椅形；后缘最高处高程约 813m，前缘高程约 780m，高差约 33m，平均坡度 20°；主滑方向 288°。滑坡面积约 $0.5\times10^4m^2$，钻孔揭露滑体厚度 0.50～10.80m，平均厚度约 6.0m，滑坡体积 $3.0\times10^4m^3$，属小型滑坡。

③ 滑坡的变形特征

滑坡变形总体表现为后缘可见明显躺椅形裂缝，中部油管道横向位移较大，导致管道损坏，前缘由于填土覆盖，未能发现明显迹象。滑坡最初表现为滑坡滑动，导致油管道位移破坏。滑坡体上部的所有钻孔施工期间均漏水较严重，耗水量大，表明滑体结构较松散。

图 3　滑坡右侧滑坡壁

④ 滑坡体特征

根据地面调查和钻探揭露，滑坡体主要由上部人工填土和粉质粘土组成。

人工填土呈黄褐色，干燥，松散为主，主要为管沟开挖弃土等，含碎石含量约 5%～15%，块石约 5%，角砾约 10%～15%，左侧填土中碎块石含量较高，主要成分为中风化灰岩、少见砂岩等，可见少量建渣，植物根茎等，其余充填粉粘粒。广泛分布于滑坡体中部到前缘地段。

粉质粘土呈黄褐色，可塑，无摇振反应，稍有光泽，干强度中等，韧性中等，局部夹少量碎块石，含量约 10%～15%，主要成分为中风化灰岩，含植物根茎，其余为粉粘粒。广泛分布于斜坡上。勘察揭露地下水，地下水位于粉质粘土层中，过水断面易形成软弱结构面。

根据现场对已产生变形区(体)的调查，滑床主要沿斜坡土体软弱结构面，局部沿基覆界面。滑床顶面埋深变化较大，在0.5~10.8m之间，从滑坡纵向看，滑体呈中部较厚，前部和后部较薄的特征。滑体最厚约10.8m；从横向上看，表现为左侧较薄，右侧较厚。

(2)滑坡影响因素及变形破坏机制

根据现场环境条件和调查所揭示的滑坡体结构，其影响因素及变形破坏机制如下：

① 地形地貌：场地区位于斜坡区，三面高一面低，利于水流汇集，地貌斜坡平均坡度20°，滑坡区前后缘高差较大，这为斜坡区滑坡的产生提供了较好的重力势能条件。

② 地层岩性：滑坡区下伏基岩主要为灰岩，物理力学性质相对较好，稳定性较佳；上覆人工填土，结构松散，孔隙率较高，易于地下水的入渗，为滑坡形成提供有利条件。

③ 水的作用：当地雨季降雨量极大持续时间长。降雨沿坡体拉张裂缝下渗至下伏的软弱层带后，在增加了上部土体的自重的同时，导致软弱层带进一步软化，其强度也相应的急剧降低，当强度降低到一定程度，在重力作用下上覆土体就会沿软弱层发生滑动。因此，地表水的下渗是诱发斜坡产生滑动的主要因素。

(3)滑坡稳定性计算分析评价

① 定性评价

极端天气和不合理人类工程活动的影响，改变了原有的土体结构特征，斜坡稳定性变差，促进了滑坡的产生。根据平时监测，滑坡体在旱季时未见明显变形发育和发展迹象，表明滑坡在天然工况时处于较稳定状态。而在暴雨工况时，滑坡后缘发育拉张裂缝，滑坡产生的明显的滑动迹象，表明滑坡整体处于不稳定状态。

② 定量评价

a. 计算模型及工况

滑坡的变形破坏模式，主要为上部人工填土、粉质粘土沿基覆界面滑动，滑面呈折线形，稳定性计算采用折线型滑动面计算公式。

根据现场调查及勘查资料可知，斜坡区主要为林地，稳定性计算可不考虑建筑荷载的影响；滑坡体内无稳定地下水位，可不考虑地下水及静水压力对滑坡的影响；场地区降雨集中，雨季降雨连续，要考虑连续降雨增加滑体自重及对滑带软化的影响。综上所述，本次选定天然工况和暴雨工况进行滑坡体的稳定性计算评价。

b. 计算方法

根据前叙，滑面为基覆界面，呈折线形，故稳定性计算采用折线型滑动面计算公式，剩余下滑力计算按传递系数法。

稳定性计算公式按折线型公式计算，稳定系数 k 计算公式如下：

$$k=\frac{\sum_{i=1}^{n-1}\left(R_i\prod_{j=i}^{n-1}\psi_j\right)+R_n}{\sum_{i=1}^{n-1}\left(T_i\prod_{j=i}^{n-1}\psi_j\right)+T_n}$$

其中　k——稳定系数；

R_i——作用于第 i 块段抗滑力(kN/m)；

$$R_i=N_i tg\varphi_i+c_i l_i$$

N_i——作用于第 i 块段滑动体上的法向分力(kN/m)；

$$N_i=(W_i+Q_i)\cos\alpha_i$$

Q_i——作用于第 i 块段滑动体上的建筑荷载(kN/m^2);

T_i——作用于第 i 块段滑动面上的滑动分力(kN/m),出现与滑动面方向相反的滑动分力时,T_i 取负值;

$$T_i=(W_i+Q_i)\sin\alpha_i+\gamma wAi\sin\alpha_i$$

A_i——第 i 块段饱水面积(m^2);

R_n——作用于第 n 块段的抗滑力(kN/m);

T_n——作用于第 n 块段的滑动面上的滑动分力(kN/m);

ψ_i——第 i 块段的剩余下滑力传递至第 $i+1$ 块段时的传递系数($j=i$);

α_i——第 i 块段滑动倾角(°);

c_i——第 i 块段滑动面上黏聚力(kPa);

φ_i——第 i 块段滑带土内摩擦角(°);

L_i——第 i 块段滑面长(m);

W_i——第 i 块体重量(KN/m);

剩余下滑力计算公式:

$$Ei=K[(Wi+Qi)\sin\alpha_i+\gamma wAi\sin\alpha_i]+\psi_i E_{i-1}-(Wi+Qi)\cos\alpha_i \text{tg}\varphi i-cili;$$

其中 E_{i-1}——第 i—1 条块的剩余下滑力(kN/m),作用于分界面的中点;

α_i——第 i 条块所在滑面倾角(°);

K——滑坡推力安全系数。

c. 参数选取

坡体重度:

根据坡体物质组成的分布特征,坡体物质分布相对均匀,主要为粉质粘土,可根据野外大容重试验成果,结合本地区的工程经验,综合确定坡体物质容重值。天然状态下土体容重(γ 天)综合取值为 18.0kN/m^3,饱和状态下土体容重(γ 饱)综合取值为 19.0kN/m^3。

计算剖面的选取:

选取剖面 1-1′来计算(图 4),计算的软弱结构面根据钻探揭露在剖面上较连续的面为计算潜在滑面,计算在管沟回填后的滑坡稳定性。

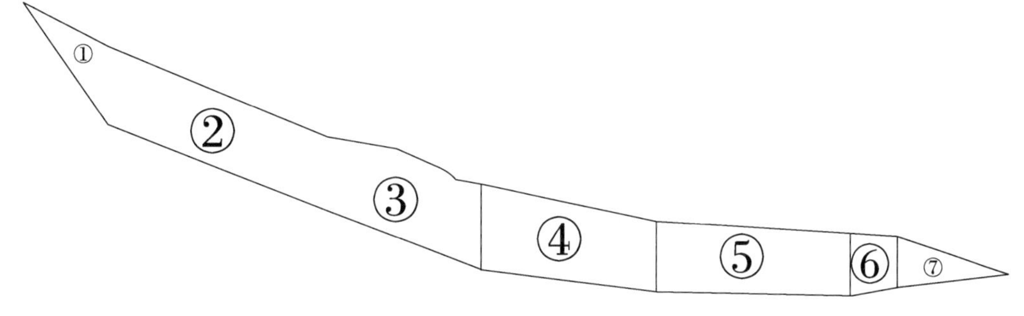

图 4 1—1′计算剖面示意图

水对斜坡稳定计算的影响:

在连续降雨状态下,地表水的渗入,导致斜坡土体重量增加,同时水对覆盖接触面的软弱带起软化作用。勘察期间,揭露有地下水,但一般斜坡土体位于地下水位以上,故计算时不考虑坡体前缘动水压力、浮托力的影响。

c、φ 值选取:

c、φ 值由经验参数、类比,综合分析求得。根据目前滑坡的情况,并结合本地区的工程经验进行选取。

稳定性计算和下滑推力计算的滑带土抗剪强度参数取值见表1。

表1 滑带土 c、φ 值综合取值表

岩土部位	岩土名称	内聚力 c		内摩擦角 ϕ		备注
		天然	饱和	天然	饱和	
		kPa		度		
上部土体	粉质黏土	12.5	8.5	11.5	7.5	

d. 计算结果

稳定性计算结果详见表2。

表2 滑坡稳定性计算成果表统计表

计算剖面	天然/k	暴雨/k
1-1′剖面	1.24	1.08

e. 稳定性评价

评价依据《滑坡防治工程勘察规范》中的评价标准:稳定系数 $K<1.0$ 为不稳定;$1.0\leqslant K<1.05$ 为欠稳定状态;$1.05\leqslant K<1.15$ 为基本稳定状态;$K\geqslant 1.15$ 为稳定状态。通过对1-1′剖面计算分析,可得出以下结论:

在天然状态时:滑坡稳定系数为1.24,处于稳定状态,这与滑坡在天然状态未发生滑动相一致;

在暴雨工况时:滑面稳定系数为1.08,表明滑坡处于基本稳定状态。说明滑坡在经过滑动过后,已经暂时处于另一个力学平衡状态;

由上述分析可知,本次对滑坡整体稳定性进行的计算分析,其结果与滑坡实际情况基本吻合,计算结果可信。

(4)滑坡发展变化趋势及危害性预测

现阶段,滑坡在天然工况时滑坡处于稳定状态;在暴雨工况时,滑坡处于基本稳定状态。滑坡区具有降雨量集中、短时强降雨量和连续强多日降雨量大等降雨特点。同时,地下水位埋深较浅,且常年有水。滑坡目前处于蠕滑变形阶段,若滑坡不进行治理,结构面进一步软化,稳定性随之降低,在雨季有出现滑动的可能性,直至完全破坏。

5 滑坡的综合治理

(1)前期临时治理措施

险情出现后,立即采取了以下临时保护措施:(1)在滑坡体上方公路处码砌编织袋,用于阻止雨水继续汇入;并在公路另一侧挖排水沟,集中导水;(2)气管线所在滑坡体上边缘开槽用于排水;(3)气管道上方有滑坡迹象土体开挖,减轻对管线的挤压应力;(4)管道受力方向外侧采用编织袋装土回填，逐层交叉码砌，顶部码放两层麻袋，最后用素土遮盖；(5)第 2 至第 5 排编织袋外侧打入钢桩固定，钢桩间距约为 1m，依现场情况加密或放宽，钢桩直径分别为 ϕ50、ϕ114、ϕ159，每排钢桩各自用扁钢焊连；(6)油气管道间存在积水塘及泥浆，将油管道下方淤土疏通，将积水排出，油管道右侧淤土清除，并在下方沿管线挖槽，释放油管道所受应力；(7)油管道临时回填。

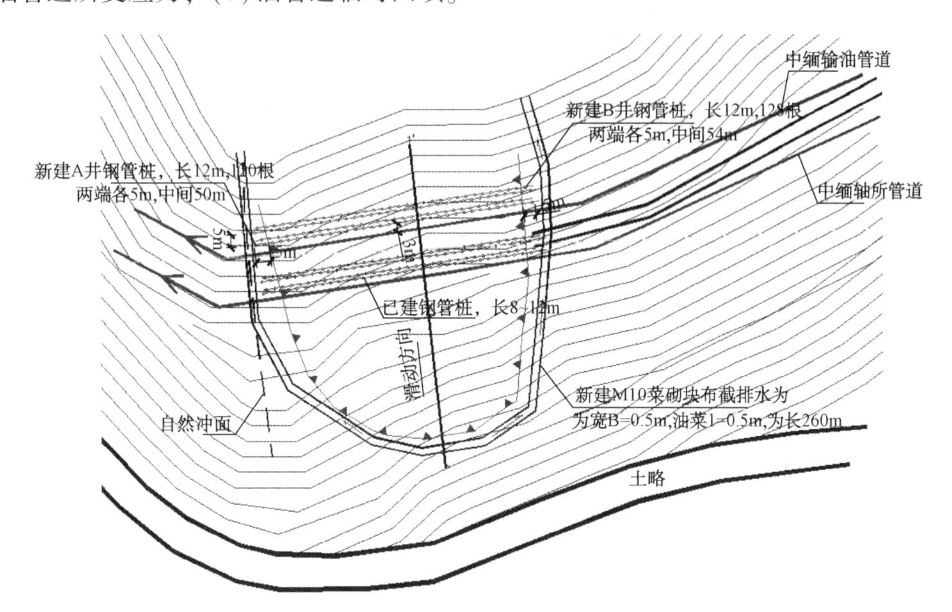

图 5　临时治理方案平面图

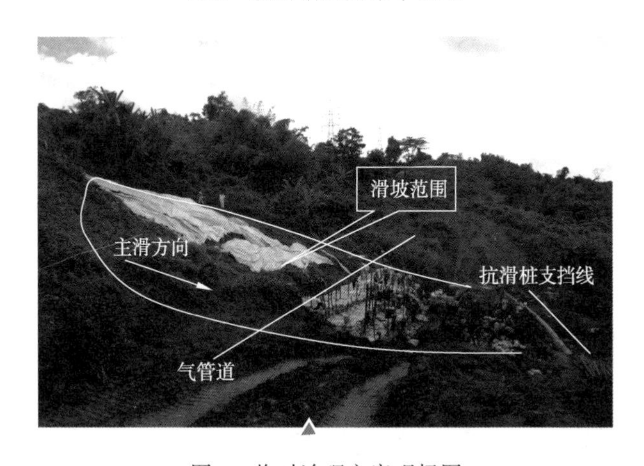

图 6　临时治理方案现场图

(2)换管作业

G692 处山体滑坡，导致油管道 9 度弯头发生严重变形，弯头连接的直管段也发生椭圆变形，上下游各 48m 管线发生位移，最大位移量 5. 32m。考虑到当时正值雨季且该处地下水较多，决定在雨季过后组织换管施工。

在各方的精心组织下，历时 17 天，安全、优质、高效地完成了换管工作。换管工序如下：①测量；②画出管道归位线和基准线；③氮气放空；④切割弯头；⑤管沟开挖；⑥管道归位；⑦拆除变形管道；⑧管道组对焊接；⑨管道探伤；⑩管道防腐；⑪管道外侧打钢管桩固定；⑫管沟回填。

图7　管道恢复前

图8　换完管道连通后

(3)长期治理方案

雨季过后，对滑坡区进行了详勘和施工图设计。长期治理方案主要工程包括新建微型桩3排、桩顶连续梁、坡后截排水沟。设置微型桩目的是防止滑坡继续滑移变形，在一定程度上起到抗滑作用，避免土体推移挤压管道。在桩顶设连续梁，主要是提高微型桩的整体性，提高了各排桩整体抵抗力。排水沟主要是拦截坡面汇水，及时集中排水，避免滑坡渗水饱和导致滑动的可能。整个方案属于前缘阻滑+后缘截排水的综合治理滑坡工程。

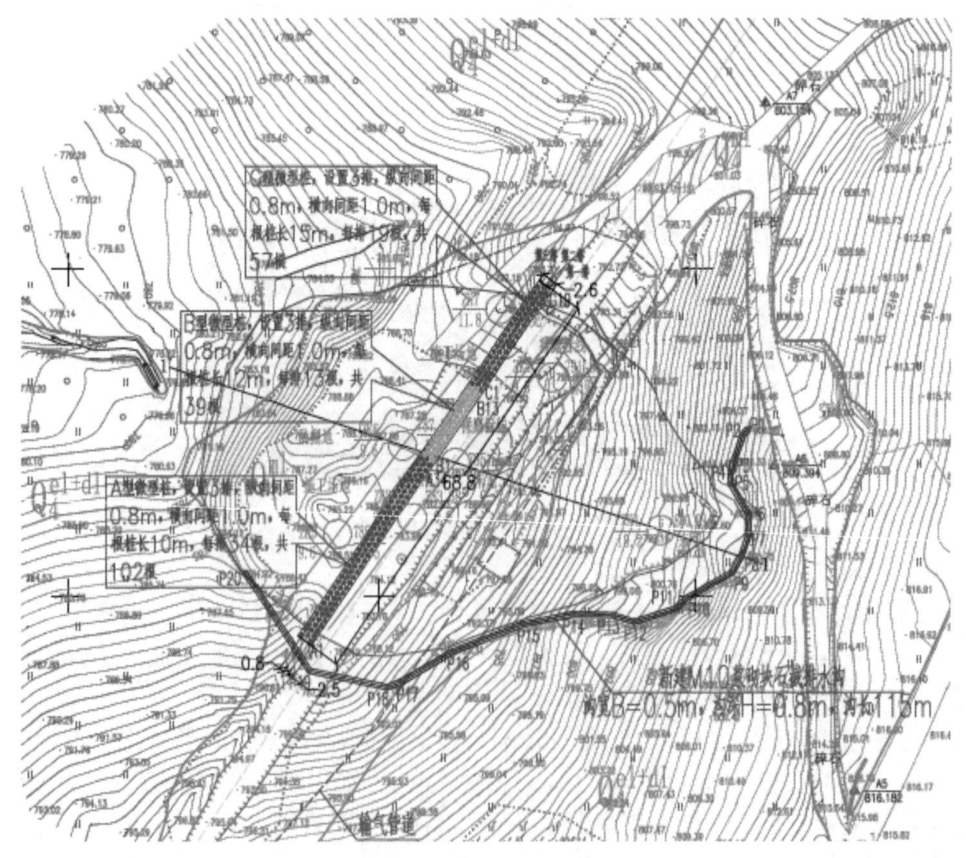

图9　长期治理方案平面图

图 10　长期治理方案完工图

6　结论及建议

以上是对 G692 滑坡的分析和介绍，从中可知，该滑坡主要诱发因素是由于管道开挖对原有的岩土体稳定性的破坏及当地雨季大规模降水。综合治理中设置防护措施和治理工程的主要目的是防治降水诱发灾害。一旦发生较大灾害，导致管道破坏，将带来极大的危害，造成重大的经济和政治影响。通过这个案例的处理，为今后我公司其他区域或类似情况的发生，在滑坡研究和治理方面提供一些启示和借鉴。

在以后工作中，建议从如下两个方面不断完善和提升管道完整性管理：

1) 加强巡检和监测。一些引发管道地质灾害主要因素就是人类工程活动，所以管道日常管理中应密切关注和防范管道附近较大规模的工程活动；

2) 提高地质灾害早期识别率。地质灾害有一个逐步发展和演化的过程，需要动态的加以调查识别和管理。地质灾害识别可以委托具备地质灾害防治行业资质的专业机构对管道地质灾害进行调查和和风险评价，提出整治规划。也可通过探索先进感知技术识别地质灾害早期的轻微活动，如在重点管段位置设置分布式管体应变传感器实时感知管道应力应变变化，沿管沟设置应变光缆感知管道周边岩土体的轻微位移等，及早发现地质灾害，从而避免灾难事故发生。

参　考　文　献

[1] Q/SY GD 1086—2015 管道防汛、地质灾害防治管理手册 .

[2] SY/T 6793—2010 油气输送管道线路工程水工保护设计规范 . 国家能源局发布 .

[3] 邓清禄 . 长输管道地质灾害风险评价与控制[M]. 中国地质大学出版社，2016.

[4] 郝建斌，刘建平，荆宏远，等 . 横穿状态下均质滑坡对管道的推力计算[J]. 石油学报，2012，11，33(6)：1093-1097.

[5] 邓道明，周新海，申玉平 . 横向滑坡过程中管道的内力和变形计算[J]. 油气储运，1998，17(7)：18-22.

[6] 四川省地质工程勘察院 . K692+400 地质灾害点岩土工程勘察报告，2016.

中亚 D 线塔国段 29#隧道山体滑坡性质分析及路由优化方案确定

何宝锋[1]　刘　涛[2]　孙　强[1]　朱培旺[1]　曲　毅[1]

（1. 中油国际管道公司　中塔天然气管道项目；2. 中油国际管道公司）

摘　要　在中亚 D 线塔国段可研过程中发现 29#隧道穿越的山体存在滑坡的痕迹，为确认滑坡是否存在及其对隧道体的影响，通过对现场综合手段获取的各种信息进行全面分析，确定了滑坡的存在且为大型深层滑坡。通过对滑坡性质的分析，判定滑坡对隧道施工有重大影响。通过对隧道周围环境调查并结合其它工程经验，确定了“两穿+1 隧的”新路由方案。

关键词　山体滑坡　性质分析　重大影响　新路由

引言

中国-中亚天然气管道 D 线工程(以下简称中亚 D 线)起自土库曼斯坦与乌兹别克边境，途经乌兹别克斯坦、塔吉克斯坦、吉尔吉斯斯坦到达中国新疆乌恰。为我国西北战略能源通道之一，同时也是国家“一带一路”战略在中亚地区的支柱项目。中亚 D 线塔国段起自乌塔边界，自西向东穿越塔吉克斯坦，并最终达到塔吉克斯坦与吉尔吉斯斯坦边境，全长约 391km。塔吉克斯坦为多山国家，管道沿线地壳运动强烈，地震多发，60%穿越 9 度地震裂度区。管道沿线地形起伏剧烈、沟谷切割明显、地质复杂多样，地表侵蚀风化严重，冲沟、滑坡、泥石流、崩塌等地质灾害分布广泛，河床下切严重、岸坡失稳程度高。根据线路地质特点，在可研工作阶段，初步确定塔国段有 47 条隧道，其中在桩 T348—T351 间为 29#隧道穿越，该隧道为折线隧道。

随着可研工作的推进，通过对场地附近的遥感解译及现场地质调查，初步推测 29#隧道可能从滑坡体中穿过。隧道施工过程中的爆破开挖等作业及地下水条件的变化极有可能导致滑坡的复活，从而导致隧道洞身发生大变形、坍塌等灾害危及施工人员安全，同时滑坡的下滑将会阻断 A372 国道，部分滑坡体将会滑入苏尔霍布河，造成更大的事故。所以滑坡的分布范围、规模、性质、滑动面的位置将直接影响到隧道的施工及管线的将来运营。为确保项目安全实施，需要进行必要的地质勘察工作来确定滑坡体的特征及未来发展趋势。

1　29#隧道地质条件简介及滑坡体勘察方案的确定

1.1　29#隧道地质条件简介

29#隧道位于苏尔霍布河上游的南侧，北邻 A372 国道，该条道路为塔国东西交通重要通道(塔吉公路)，车流量大。

隧道所在区属于构造-剥蚀中山地貌，地势北低南高，海拔 1260~2000m。隧道附近主要出露地层有滑坡体堆积层、泥石流堆积层、残坡积层，下伏为白垩系泥岩夹泥质粉砂岩，区域内有多条断层通过。

受区域复杂构造作用影响，出露岩体节理裂隙发育，岩体破碎，稳定性差，隧道区域内滑坡、崩塌、泥石流随处可见，根据地貌及卫星影像分析初步判定在拟建 29#隧道上部山体有二级滑坡发育。

1.2 滑坡体勘察方案的确定

对于滑坡的勘察主要目的是确定滑坡的分布范围、边界条件、滑动面深度、滑坡体的物质成分，并判定滑坡体的性质及对隧道的影响。基于此目的并且考虑采用周期短，成本低的勘察手段，最终确定采用工程地质测绘、工程物探并结合钻探的方式进行。共布置四条勘探线和 2 个钻孔(HZK01、HZK02 布置于滑坡体前缘，A372 内侧)，工程地质测绘面积 $1km^2$。

2 拟建隧道上方滑坡体的范围的确定

根据工程地质测绘结果，29#隧道所在山体斜坡前缘凸向苏尔霍布河，A372 国道在此拐弯，两侧有冲沟分布，负地形切割，呈现出圈椅状地形特点，符合滑坡发育的地形地貌特点，根据出现的两处圈椅状地形，初步判定存在两级滑坡，滑坡体发育情况见图 1。

图 1　滑坡全貌图

2.1 Ⅰ级滑坡边缘的确定

2.1.1 Ⅰ级滑坡体两侧边缘的圈定

Ⅰ级滑坡的确定主要以地质测绘的方式确定。在 29#隧道出口右侧 20~30m 处发育负地形，根据滑坡地貌学判定规律，可以确定为Ⅰ级滑坡的左侧边缘，该凹陷负地形沿坡脚延伸至Ⅰ级滑坡后缘，如图 2 所示。右侧冲沟位于原隧道洞身 K0+500~+550 段内，沟两侧岩体破碎，并发生滑塌，多形成基岩裸露面，沟顶与斜坡坡体顶部平台相连，形成滑坡右侧边缘，见图 3。

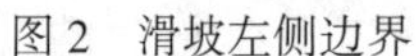

图2　滑坡左侧边界

图3　滑坡右侧边界

2.1.2　Ⅰ级滑坡体后侧边缘的圈定

Ⅰ级滑坡坡体后缘出现明显的下错台坎，形成滑坡壁，错台高0.5~3.0m，延伸长度约200m，滑坡壁坡度约52°，见图4左。在滑坡后缘发育一条明显的拉裂缝，拉裂缝宽度为3~5m，可见延伸长度约15m，延伸方向与Ⅰ级滑坡体走向近一致，现拉开区域被碎石土充填，如图4右所示。Ⅰ级滑坡后缘出现一条深大的凹陷负地形，延伸长度近百米，方向与坡体走向近一致，从地貌上分析，推测其为一正断层，并且根据29#隧道滑坡区域构造纲要图基本确定与图中F6走向吻合，为滑坡后缘的形成提供了空间条件，见图5。

图4　Ⅰ级滑坡后缘下错台坎与后缘拉裂隙

2.1.3　Ⅰ级滑坡体前缘及其滑动面的确定

根据苏尔霍布河在29#隧道附近主河槽发育情况，可以看出原河床较为顺直，仅在滑坡体位置呈现凸出，造成河道被挤占，发生弯曲，据此判断凸出部位边缘即为滑坡的前缘，见图6。

2.1.4　Ⅰ级滑坡深度的确定

在A372国道内侧，靠近滑坡体前缘布置的HZK01钻孔揭露地层为破碎的泥粉质砂岩，厚约25m，岩芯呈现较破碎~破碎状，其中在孔深10m左右处为碎石状泥质粉砂岩，见图6

左，泥质具有明显示的挤压揉搓现象，碎石状泥质粉砂岩具有明显的碾磨物征，见图6右，由此可判定该深度地层为Ⅰ级滑坡的滑带土，滑坡前缘滑移面深度可确定为10m。

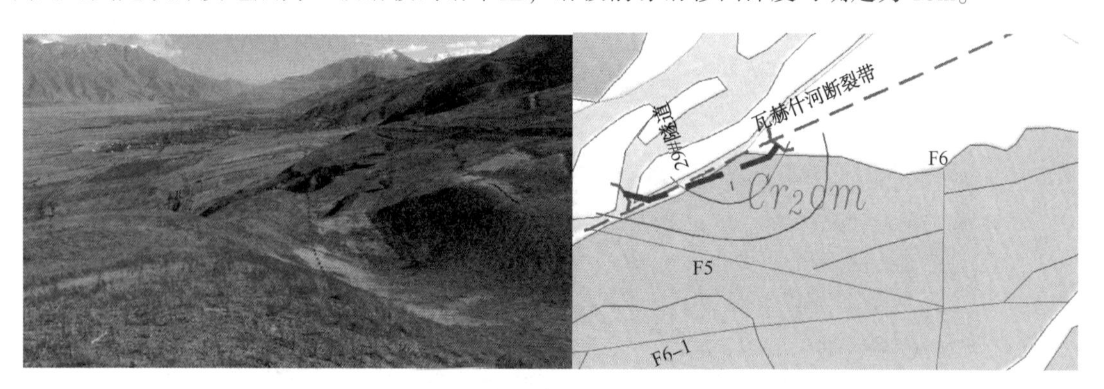

图5　Ⅰ级滑坡后缘凹陷地形与F6断层走向示意图

图6　Ⅰ级滑坡体前缘

图7　HZK01钻孔揭露Ⅰ级滑坡滑带特征

2.2　Ⅱ级滑坡边缘的确定

2.2.1　Ⅱ级滑坡两侧边缘级后缘的确定

通过遥感解译成果及现场地质调查，在Ⅰ级滑坡后部出现一段明显的平台(图8)，延伸长度达500m，平台后部呈圈椅状地貌，两侧被冲沟等负地形切割，该部分坡体定为Ⅱ级滑坡。Ⅱ级滑坡左侧为一季节性流水冲沟，沟顶与斜坡坡体顶部平台相连。滑坡后缘为下错形成的滑坡壁为界。右侧边界与Ⅰ级滑坡的右侧边界一致。Ⅱ级滑坡后缘右侧部分由于构造、风化等作用被剥蚀，大部分物质被右侧的泥石流沟带走，残留部分多基岩出露，再往西则完全被剥蚀掉，造成Ⅱ级滑坡后缘右侧边界凹进坡体，形成“缺角”状滑坡边界。通过对Ⅱ级滑坡右侧泥石流出露的岩层产状分析，与正常基岩产状近一致，出露的粉砂岩夹层层面产状为202°∠24°，这与滑坡外侧正常基岩基本一致。据此Ⅱ级滑坡右侧边界未包括该泥石流沟。

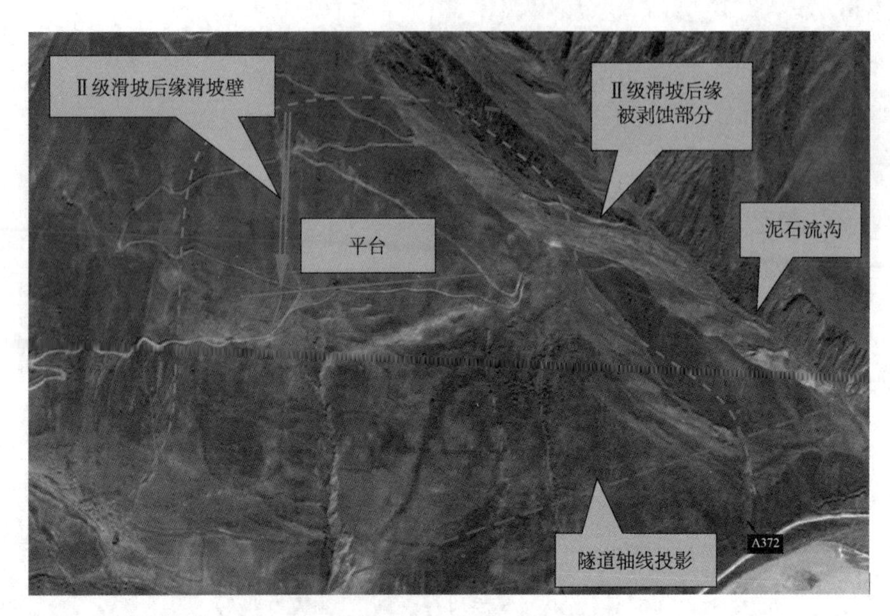

图8　Ⅱ级滑坡的全貌卫星遥感图

2. 2. 2　Ⅱ级滑坡滑动面及前缘的确定

从前缘 HZK01 钻孔揭露情况看，厚约 24m 的破碎岩体坐落于古河流相卵石层上(图 9 左)，破碎岩体母岩为泥质粉砂岩，较破碎~破碎状，推断该处岩体为Ⅱ级滑坡坡体发生了下错滑动后堆积于古河床上而形成的假基岩。在 HZK01 钻孔 22. 9~24. 2m 段揭露为含碎石粉质黏土，呈可塑状，褐色或深灰色，以粘粒为主，含有少量碎石颗粒，碎石含量约 5%，层厚约 1. 3m。颗粒具有碾磨特征而类似于磨圆状，土体湿，可见揉搓现象。确定该段含碎石粉质黏土为滑动带物质(图 9 右)，HZK01 处滑动面深度为 24. 2m。

图9　HZK01 钻孔岩芯及滑动带动带土的微观特征

从前缘HZK02钻孔揭露情况看，上部为破碎岩体(母岩为泥质粉砂岩)厚约27.2m，27.2~32.2m段为粉质黏土，32.2~44.3m段为破碎岩体，其母岩为泥岩，呈全风化状，原岩结构保持较好，岩芯多呈短柱~长柱状，如图10左所示，48m以下为古河床上冲洪积(Q_{2+3}^{al+pl})的卵石层。44.4~48.3m段为粉质黏土呈可塑状，褐色或深灰色，以粘粒为主，含有少量碎石颗粒，判断该段粉质黏土为滑动带物质(图10右)，HZK02处滑动面深度确定为48.3m。

图10　HZK02钻孔揭露地层变化情况及滑动带土的微观特征

从地层结构上分析，原岩结构保持较好的破碎岩块位于古河流相的卵石层上，证明破碎岩是坡体发生滑动后堆积于此形成的。

根据钻探结果并结合坡体形态以及河道变迁分析Ⅱ级滑坡为古滑坡体，Ⅱ级滑坡下滑挤占河道80~100m，由此推断Ⅱ级滑坡下滑距离在60~110m不等，推测Ⅱ级滑坡前缘剪出口位于苏尔霍布河河岸边向河床内在15~50m不等，深度为现河床表面以下在12~20m。

3　滑坡的性质特征

3.1　滑坡体的物质结构特征

根据钻探、工程地质测绘成果，场地地表多为第四系坡、崩积混冲、洪积层所覆盖。其中坡、崩积混冲积层分布广、厚度大，物质组成主要为碎石土混块石、卵砾石；冲、洪积层仅分布于坡脚阶地、坡体中部及两侧冲沟部位，厚度一般<10m，物质组成主要为含粉土的碎砾石和含泥砂卵砾石。下伏基岩为白垩系(K)泥岩夹泥质粉砂岩互层。

Ⅰ级滑坡体主要由滑坡堆积(Q_4^{del})物组成，滑体厚度约10~120m不等。滑坡堆积物主要包括第四系残破积物(Q_4^{el+dl})、破碎岩(母岩为泥质粉砂岩)。据勘察钻孔揭露推测，Ⅰ级滑坡滑动面为沿破碎岩内部软弱面，滑床物质为破碎岩(泥质粉砂岩)。从地形上分析，Ⅱ级滑坡后缘为平台，并存在近平直的光面，符合滑坡壁特征，因而证明历史上Ⅱ级滑坡应发生较大距离的下错滑动，该滑坡堆积(Q_{2+3}^{del})物主要为破碎岩，滑床物质为白垩系(K)泥质粉砂岩和泥岩。据勘察钻孔HZK01、HZK02揭露，滑坡前部以破碎岩块与古河流相卵石层之间为滑动面；推测滑坡中、后部以破碎岩与泥质粉砂岩、泥岩的界面为滑动面。

3.2 滑坡的变形破坏特征

在A372国道内侧，原隧道里程K0+600~K1+200段边坡上方粉质粘土、碎石土之间出露一层较为稳定的卵石层，卵石层厚度0.4~1.5m，但卵石土高度出现错落，高度不一，推断认为：此段范围内塔吉公路以上坡面土体或岩土体曾经发生过不同程度的下错现象。

另外，在隧道洞身K0+700~K1+100段落内塔吉公路旁多处零星出露疑似基岩岩体，现场通过对典型产状进行测量，结果分别为：C1：155°∠38°、C2：150°∠23°，该疑似基岩产状与原隧道进口泥石流沟区域基岩产状194°∠32°有一定的差别，判定为假基岩(破碎岩体)。这进一步证明Ⅰ级滑坡区域岩土体发生了下错。

从现场调查基岩正常产状为194°∠32°，而Ⅰ级滑坡坡向338°、Ⅱ级滑坡坡向3°，Ⅰ级滑坡、Ⅱ级滑坡属岩质切层滑坡。

3.3 两级滑坡的关系

根据钻探结果及地貌分析，确定Ⅰ级滑坡为Ⅱ级滑坡体内部局部复活部分，稳定性差，前缘剪出口位于A372国道下方河岸边。

4 滑坡的稳定性分析

4.1 滑坡形成的构造条件和物质条件

在图3.1.4中Ⅰ级滑坡后缘呈凹陷地形及区域地质图中存在一条正断层F6，为滑坡后缘的形成提供了空间条件。通过对道路切坡及冲沟出露基岩的调查，岩层层间揉皱现象较发育，灰黄色的薄层状粉砂岩发生揉皱后呈波浪状起伏，另外，岩体节理裂隙普遍发育，经过大量结构面量测，确定坡体里主要发育了4组节理，分别为：J1：76°∠72°；J2：310°∠79°；J3：286°∠54°；J4：31°∠74°，节理的发育使岩体多呈较破碎~破碎状。大量节理裂隙及层间错动带的发育为滑坡的形成提供了物质条件，见图11。

图11 岩体呈波状起伏及岩体结构面发育

4.2 滑坡的破坏模式分析

滑体物质主要为泥质粉砂岩和泥岩的岩块，属较软岩和极软岩，为该滑坡的滑动失稳提供了内在因素。古河流冲刷、侧蚀坡脚而使古地形形成前缘高陡的临空面，为坡体下滑失稳提供了外力诱发因素。通过以上分析，在破碎状的较软岩~极软岩岩体中，一旦古河流冲刷、侧蚀使前缘形成高陡临空面条件情况下，坡体极有可能发生整体的滑动破坏。因此，推断Ⅰ级和Ⅱ级滑坡的破坏模式均为：较软岩~极软岩岩体内的圆弧形滑移错动失稳破坏，即力学性质为牵引式，按物质成分划分为岩质滑坡，失稳模式为圆弧形滑动失稳。

4.3 滑坡稳定性定性分析

Ⅰ级滑坡：前缘以苏尔霍布河为界，后缘以凹陷地形、下错的台坎为界；坡体纵长360~580m，横宽600~1220m，高差约310~320m，坡度约为30~45°，坡体中发育多级平台，使坡体形态呈台阶状。据工程地质测绘成果，坡体中出现多处下错台坎及变形破坏特征。在地表水不断渗透和强降雨等不利条件下，坡体内物质力学性能降低；该部分物质结构松散，强度低，坡高且陡，以上这些均对Ⅰ级滑坡的稳定性不利；另外前缘剪出口受苏尔霍布河冲刷，在长期作用下或在强降雨、地震等不利条件下有可能整体失稳。

Ⅱ级滑坡：整体为一圈椅状地形，西侧边界与Ⅰ级滑坡的边界重合，东侧一冲沟等负地形为界，后缘为下错形成的滑坡壁为界，坡体纵长550~1280m，横宽900~1800m，高差约310~480m，整体坡向3°。根据钻探揭露，滑坡剪出口位于河床以下，不存在整体滑动的临空条件；现阶段自然边坡稳定性较好，在暴雨、地震等不利工况下，整体处于基本稳定~稳定状态，但局部范围会出现滑塌或溜滑。

综上所述，Ⅰ级滑坡、Ⅱ级滑坡在历史上整体都发生过变形破坏的。

从坡形、坡体结构及其变形破坏模式来判断，目前Ⅰ级滑坡天然工况下整体处于基本稳定~稳定状态，在暴雨、地震等极端不利工况下坡体处于基本稳定~欠稳定状态，即Ⅰ级滑坡为Ⅱ级滑坡的局部复活。

根据现场调查资料，Ⅱ级滑坡存在圈椅状地形，但坡体中未发现整体变形破坏的迹象，且坡体整体走向与前缘坡脚河流走向斜交，剪出口位于河床以下，现阶段自然边坡不存在整体下滑的临空条件，且河床卵石土及洪积扇堆积物对其具有反压作用力，因而，Ⅱ级滑坡整体稳定性较好。

5 滑坡对隧道施工的影响

原29#隧道轴线在滑体前部靠近前缘横向穿过，该滑坡属于深层岩质古滑坡，目前处于稳定或欠稳定状态。隧道施工过程中的爆破开挖等作业及由于隧道施工造成地下水条件的变化，这些因素极有可能导致滑坡的复活，从而导致隧道洞身发生大变形、坍塌等灾害，危及施工人员和施工设备安全，造成隧道穿越失败。同时滑坡的下滑将会阻断A372国道，部分滑坡体将会滑入苏尔霍布河，造成更大的事故。考虑到隧道施工及运营过程中安全风险极高，因此原隧道穿越方案不可行。

6 路由的优化方案

6.1 优化思路

考虑到滑坡前缘剪出口之内滑体上部为滑坡阻滑带，为防止该滑坡的复活，路由的优化方案避免剪出带以内滑体不允许有任何的开挖和扰动。

滑坡体剪出口之外的河床卵石对滑坡起到了反压阻滑作用，这部分卵石不允许开挖的和扰动。

若管道沿河道敷设，建议敷设位置位于滑坡前缘影响范围(安全距离)以外。

6.2 方案比选

根据现场勘查初步确定有三种优化可能：分别为沿河敷设(方案0)，穿河后沿河北岸敷设方案(方案1)，两次穿越苏尔霍布河加隧道方案(方案2，简称两穿加一隧)，请参见图12。

图12　方案优化示意图

根据现场勘察及其它工程经验对上述三个方案优缺点比较见表1。

表1　方案优缺点对比表

项目	方案0	方案1	方案2
方案概述	线路长度约5km，顺河敷设2km	线路长约6km，穿越苏尔霍布河2次，长约3.4km，河难敷设2.0km	线路长度6.3km，穿越苏尔霍布河2次，长约3.4km，隧道1.4km
方案优点	1. 线路长度最短； 2. 少两处河流穿越及隧道穿越	1. 没有隧道穿越	1. 大角度穿越河流，避开河流顶冲位置； 2. 避开滑坡、泥石流等不良地质地段，整体地质条件好，管道长期运营风险小 3. 隧道以片麻岩为主，围岩条件好
方案缺点	1. 沿路或靠近坡角沿河开挖施工，存在诱发滑坡复活可能 2. 需要在主河道内敷设管道，顺流冲刷风险大	1. 线路长度长； 2. 第次穿越河流时北侧位顶冲位置斜穿河流，受冲切风险大； 3. 河滩段局部属于河道摆流顶冲位置，并且存在顺河敷设，冲刷风险大	1. 线路长度最长； 2. 需要设置隧道穿越山体

6.3 方案的确定

根据上述分析方案0无论在施工还是在运行阶段风险巨大，方案1虽然长度略短，但受河流顶冲影响大，施工和运行维护难度大，方案2长期安全性高于前两个方案，故最终确定方案2为优化方案。

7 结论

(1)本次工作采用了工程地质测绘，工程钻探及部分物探工作，达到了判定滑坡体的性质及对管道施工和运行风险的预期目的。

(2)通过勘察及定性分析确定隧址区存Ⅰ级滑坡和Ⅱ级滑坡。滑坡体历史上发生过较大规模的滑动，Ⅰ级滑坡为Ⅱ级滑坡的局部复活。Ⅰ级和Ⅱ级滑坡的破坏模式均为：较软岩~极软岩岩体内的圆弧形滑移错动失稳破坏，即力学性质为牵引式，为岩质滑坡。

(3)Ⅰ级滑坡和Ⅱ级滑坡坡体整齐，仅表层发生小规模的滑塌，现阶段自然边坡整体处于基本稳定~稳定状态。对于Ⅰ级滑坡，在暴雨、地震等不利工况下，坡体处于基本稳定~欠稳定状态；随着苏尔霍布河的进一步下切或前缘切坡深挖埋管，Ⅰ级滑坡存在复活的可能。Ⅱ级滑坡前缘剪出口位于河床以下，整体稳定性较好，复活的可能性较小。

(4)隧道施工及沿河敷设管道过程中将会诱发滑坡复活，存在较大的安全风险，原隧道方案和沿河南案敷设管道方案不可行。

(5)“两穿加一隧”方案为最佳优化方案。

中塔天然气管道沿线地震和滑坡灾害

Ischuk A. R.　Ilyasova Z. G.　Abduvahobov A.　王振宇

（中油国际管道公司　中塔天然气管道项目）

摘　要　中塔天然气管道从土库曼斯坦出发，经乌兹别克斯坦、塔吉克斯坦、吉尔吉斯斯坦至中国。这条管道全长966公里：乌兹别克斯坦境内205公里，塔吉克斯坦境内391公里，吉尔吉斯斯坦境内215公里，中国境内155公里。沿管道将建设9个专门的装置，包括6个压气站、2个调控中心、1个独立计量站。塔吉克斯坦境内管段将安装3个压气站、1个调控中心以及22个阀室。

关键词　地震　滑坡　地震灾害　边坡破坏　加速度　天然气管道　GIS(地理信息系统)技术

塔吉克斯坦有93%的地区是山区，由滑坡导致的边坡破坏十分普遍。此外，塔吉克斯坦地处地震活动非常频繁的地区，过去许多次强烈地震增加了滑坡活动，许多财产损失和人员伤亡都与强烈地震的次生灾害有关。

为了在塔吉克斯坦境内滑坡十分活跃的山区建设超长输气管道，并考虑到强烈地震诱发的次生滑坡活动，需要对这些地质灾害进行十分细致的分析，才能使该管道更加准确、安全的运行。

基于天然气管道区域的滑坡档案和已公开的信息，以及使用谷歌地球网站图片的解释，创建了这个区域的滑坡清单地图。这张清单地图显示了已经发生了的滑坡，也显示了过去发生、现在正在发生、将来也可能发生滑坡的地区。

对地震活动、构造特征的分析可以使人们进行地震灾害概率分析(PSHA)，并创建地震灾害图集，其中用不同超过概率的地震动加速度表示地震影响。地震影响最大的是天然气管道的东部。例如，从Garm居民点到吉尔吉斯边境50年超过概率为10%时，最大峰值地面加速度(PGA)为0.5g，50年超过概率为2%时，动峰值地面加速度为0.75g。

将滑坡清单图与地震灾害图相结合，可以为该天然气管道塔吉克斯坦段的建设项目提供更准确、更安全的施工方案和安全运行保障。

1　背景

塔吉克斯坦是一个山区，是一个相当脆弱的系统，人类活动与各种自然灾害相互影响强烈，这些自然灾害可能增加(例如由于错误的土地使用管理)或减少(例如通过采用适当的补救-预防措施)与暴露有关的危险，最危险的是地震。在强震期间，一个经常被低估的危害是在强震期间山区的大量边坡破坏。例如，在1990年伊朗的曼吉尔(Manjil)地震和1999年台湾的集集(Chi-Chi)地震中，观察到数千次地震引起的落石和滑坡。最近的一次灾难性事件是2008年5月12日发生在中国的汶川地震，引发了大面积的滑坡，破坏了许多座大坝和水库。

引人注目的例子是，塔吉克斯坦过去也发生过这种地震，造成的危害不是地震，而是滑坡、岩崩或泥石流，造成了许多人丧生。1907 年卡拉塔格(Karatag)地震(M=7.4)，1911 年萨雷兹(Sarez)地震(M=7.4)，1930 年法扎巴德(Faizabad)地震(M=5.7)，1943 年法扎巴德(Faizabad)地震(M=6.3)，1949 年卡伊特(Khait)地震(M=7.4)，1989 年吉萨(Gissar)地震(M=5.5)。

因此，过去的经验表明，大多数人的生命损失和相当大的物质损失都与地震次生灾害的影响有关：滑坡、岩崩、泥石流、土壤液化等。

在地震灾害评估中，尤其要考虑地震次生灾害的灾难性影响，以降低山区的地震风险。过去在一般地震区划(地震灾害评估)中，一般不考虑强震的次生灾害发生概率的估计。

本研究的研究区域为塔吉克斯坦境内中塔天然气管道的位置，从西部乌兹别克斯坦边界到东北部吉尔吉斯斯坦边界(图 1)。

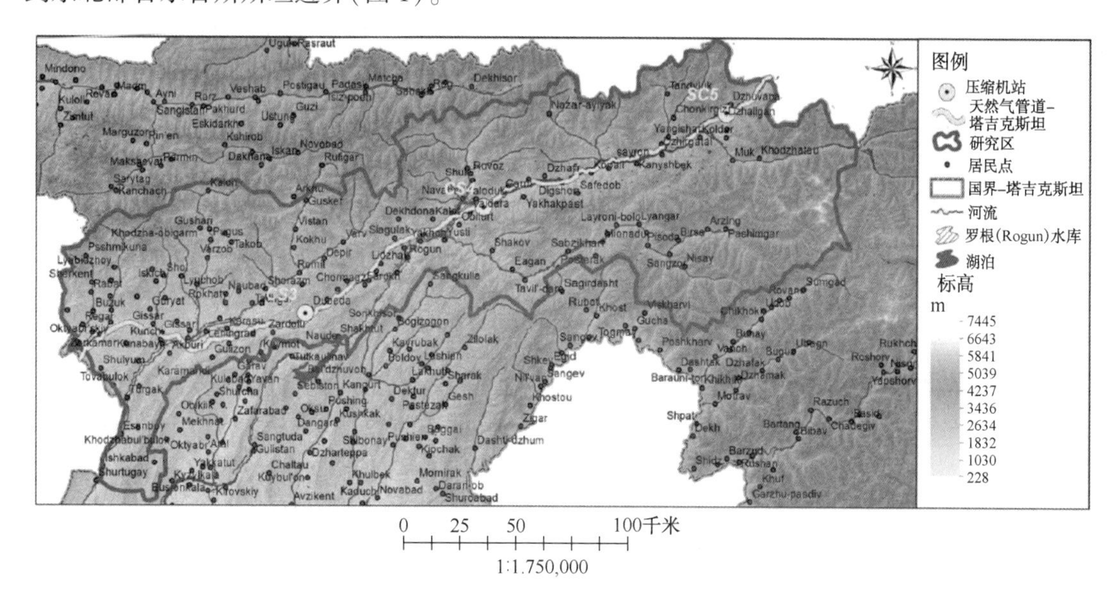

图 1　塔吉克斯坦境内中塔天然气管道位置

2　滑坡灾害

到目前为止，滑坡灾害的评估是根据已发生的单个滑坡的清单进行的。一般使用两种资料：传统的实地调查或卫星图像的解释。

目前卫星图像的可用性较好，可以通过互联网下载到分辨率足够高的高质量图像。

卫星图像不仅可以确定单个滑坡，特别是在难以到达的地方，而且可以确定曾经发生过、现在正在发生及将来可能发生滑坡的斜坡(或地区)的断面。这种特殊性对于滑坡对人员和财产的易损性分析具有重要意义。单个滑坡无法提供这样的信息，因为它们已经发生了，而且没有危险。一般来说，滑坡过程是在这段时间内进行的，而且滑坡发生的原因可能是不明显的，尤其是如果你使用传统的研究技术的话。正是这样的过程才是最危险和最难以确定的。尤其是所谓的“远程灾害”，即在村庄或道路附近或周围没有看到任何滑坡过程，但在远离本村(有时长达数十公里)的地方会发生滑坡，堵塞河道，在河坝破坏时转化为泥石流，对下游村庄构成危险。

此外，现在已经有了新的专门软件，可以更准确地比较和分析卫星图像的解释结果。以往，卫星图像解译的结果都是通过对卫星图像和地形图的目测比较，转化为纸质地图。这是不准确的，地图的质量取决于研究人员的经验和资历。GIS 技术(GIS － 地理信息系统)的出现，使滑坡测绘的质量和精度有了较大的提高，特别是可以确定滑坡参数(形状、坡角、面积等)。

必须要说的是，滑坡过程的定义是不容易的，需要考虑许多引起滑坡演变和发生的因素。此外，滑坡的分类本身就非常复杂，从科学的角度来看是有用的，但对于危险分析却没有用处。

一般来说，绝大多数滑坡发生在 5~30 度的斜坡上，主要发生在松软松散的沉积层中，与坚硬的岩石相比，松软松散的沉积层更容易受到降水的影响。在位于边坡底部较厚的松散堆积物(壤土、砂质壤土)内部，往往会发生大滑坡，并常常再次移动或转化为少量的小的次生滑坡。也就是说，在一次大滑坡的主体上，经过一段时间后，很少会发生二次滑坡。位于斜坡上部的滑坡位置不深，体积小。

值得注意的是，由于塔吉克斯坦地区滑坡绝大多数发生在黄土层内，滑坡过程还具有其他重要特征。滑坡防护措施的制定和风险评估非常重要。几乎所有黄土层的滑坡都起源于坡面黄土块体的塌陷，既有塌陷过程，也有渗流过程，然后在块体的运动过程中，这个塌陷体转化为地表径流，可以像泥石流一样向下游移动，滑坡危险性评估也应考虑到这一点。

利用过去的滑坡测绘数据(Presnuhin 等，1983；Presnuhin 等，1985；Saidov M. S.，2006)，塔吉克斯坦境内的滑坡清单图是在 2014 年根据谷歌地球®网站的卫星图像的解释绘制的。因此，建立了滑坡地理信息系统数据库，并利用该地理信息系统数据库制作了滑坡清单图(Ischuk 等，2017)。

我们使用了这个滑坡数据库，它主要包括卫星图像解释的结果。这些结果以具有特定颜色的多边形呈现，其中明确了滑坡带和大型单一滑坡。此外，我们还利用了 Havenith 等(2015)的资料，其中包含已有的滑坡。

在这两个数据库中没有给出滑坡的厚度和体积，因为它需要额外的研究，包括特殊的仪器。Ischuk 等(2017)给出了利用卫星图像进行滑坡识别与制图的方法。主要使用了从 2012 年到 2016 年谷歌地球®图像。结果如图 2 所示。

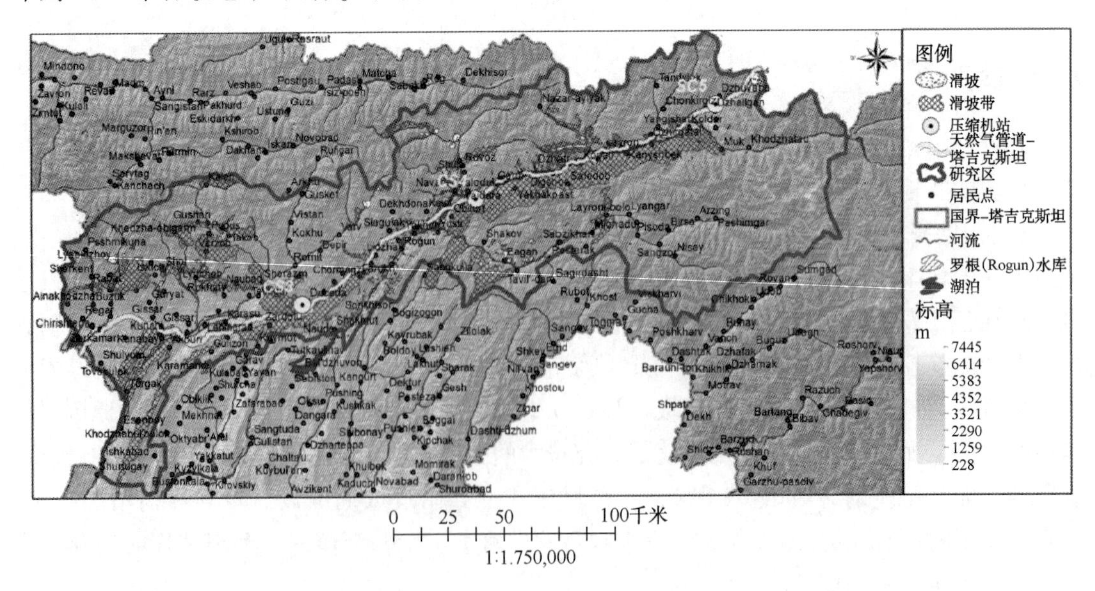

图 2　研究区内滑坡清单图

在卫星图像解释过程中，确定了足够大的单一滑坡和滑坡带。根据下一个标准确定了滑坡带。例如，许多小型滑坡(面积小于0.15平方公里)发生在斜坡，它们将不会像一个单独的事件显示在地图上；或小型滑坡之间的界限不明确；或在大型滑坡体上形成许多小型滑坡。为了方便滑坡区识别，滑坡影响区应占边坡总面积的60%。有时滑坡带面积足够大，由大块滑坡体组成，几乎覆盖了山脊的所有坡面。这些区域在研究区域的苏克脊(Surkh Ridge)和彼得第一脊(Peter the First Ridges)的北坡得到明确。需要注意的是，这样大的区域是有相对边界的，因为很难确定在这个区域的哪个框架内会发生滑坡，但是对于整个区域来说，可能性是足够相等的。究其原因，这类区域一般都是沿某一大型活动断层带划分的，除边坡失稳的重力因素外，构造与地震活动首先起着重要作用。

注意，在卫星图像解译过程中，由于难以到达的区域，大滑坡区域在传统的地面测绘中没有明确的定义，而在卫星图像中由于可视性较大而得到了识别。与此同时，许多对输气管道有危险的小型滑坡并没有在地图上标出，因为它们位于滑坡带内，而且已经发生了。

塔吉克斯坦境内的中塔天然气管道正从乌兹别克斯坦边界穿越所谓的“直接管制区”(DRD)，直通吉尔吉斯斯坦边界。

在DRD(直接管制区)区域由于黄土、壤土分布广泛，加之气候因素的影响，滑坡活动十分活跃。在苏克脊(Surkh Ridge)北坡、田脊(Tian Ridge)、卡拉特金脊(Karategin Rodge)西南坡、希萨尔脊(Hissar Ridge)南坡、巴巴塔格脊(Babatag Ridge)北坡等发现多处滑坡。

吉萨(Gissar)河谷地区黄土层滑坡活动与降水有关，目前滑坡多发生在过去发生的地区。在过去从未发生过滑坡的地区，发生滑坡的次数要少得多。

坡面上的黄土盖层可以解释滑坡的高活动性，这些松散的土体对降水非常敏感。另一个主要因素是活跃的构造。在吉萨脊(Gissar Ridge)南侧斜坡、卡拉特金脊(Karategin Ridge)、苏克脊(Surkh Ridge)、瓦赫什脊(Vakhsh Ridge)和彼得第一脊(Peter the First Ridge)的斜坡上，观察到大面积滑坡。

滑坡过程具有滑坡发生形式多样的特点。该区域滑坡活动的主要因素是斜坡上黄土沉积的大块地层；形成复杂地形的主动侵蚀；目前较高的构造活动；气候条件；以及人们活跃的农业用地；当然还有活跃的地震活动。滑坡实际上发生在所有景观-气候区以及在所有的岩性-地层中。但最活跃的滑坡过程发生在粘土和软弱地层中，以及冲积-洪积和冰川沉积物中。

卡拉特金脊(Karategin Ridge)地区滑坡多与构造-构造块体相关，被活动断裂带分割。这里所发生的滑坡出乎意料地忽略了滑坡过程演化的各个阶段，且具有较大的规模。注意，陡坡滑坡转化为岩崩、落石。

法扎巴德(Faizabad)地区发现了多处黄土层的滑坡，其中广泛分布有黄土和壤土。

塔吉克斯坦这一地区应注意到一个特点：彼得第一脊(Peter the First Ridge)北坡是滑坡、岩崩和侵蚀活动形成的最大区域之一，沿该山脊的整个西北斜坡，从坡脚到分水岭实际上都是主要活动区域。这一移动带的结构复杂，并与此处存在一个大型的瓦赫什(Vakhsh)活动断裂带相关。

吉萨(Gissar)河谷的斜坡由黄土、不同条件的壤土和砂质粘土组成。此类土体在此处分布广泛，许多滑坡与此类土体直接相关。实例有苏克脊(Surkh ridge)、田脊(Tian Ridge)、巴巴塔格脊(Babatag Ridge)等斜坡。岩体滑坡很少发生，且厚度较小。原因是岩层之间存在薄粘土层。这一因素对岩石中滑坡的形成有着至关重要的影响。

因此，从滑坡灾害的角度来看，输气管道正沿着十分复杂的区域运行。必须指出，输气管道和三个压气站的安全建设和运行，非常需要采取具体措施，以预防和减轻滑坡活动过程的风险甚至威胁。

3 地震活动性和地震灾害

另一件对中塔天然气管道的安全建设和运行非常重要的事情是塔吉克斯坦地区沿该管道的地震活动非常强烈。

塔吉克斯坦地处活跃的大陆山地带，发生了广泛的变形，表现为多次大型历史逆冲和逆断层地震(Xu 等人，2006)。帕米尔(Pamir)山脉位于塔吉克斯坦东部，以东西走向的冲断层为主。该地区也有几个大型走滑断层，位于山体两侧，向西移动 10-12 毫米/年。(Ischuk 等人，2013；Shurr 等人，2014)。在欧亚板块和印度板块碰撞期间，帕米尔(Pamir)向北移动了大约 600 公里，相对于塔里木盆地(Burtman 和 Molnar，1993 年)。吉尔吉斯斯坦和塔吉克斯坦之间的边境地区是地壳地震发生最多的地区。该区域浅层事件的震源机制包括各种类型的断层活动，但以冲断层活动为主(图 3)。

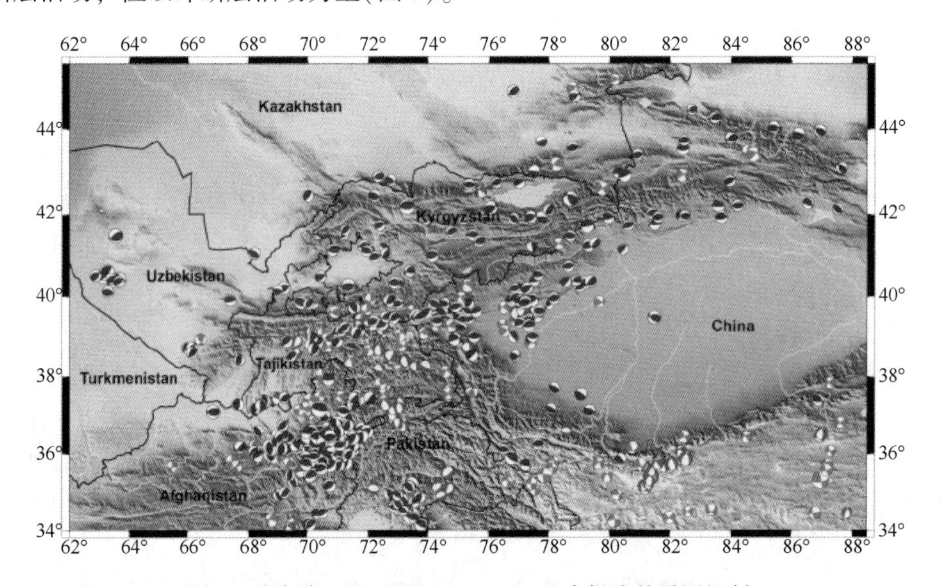

图 3 从全球 CMT 目录(1976—2013)中提取的震源机制
(Ekstrom 和 Nettles，2013)。红、绿、蓝三种符号分别代表正断层、走滑断层和逆冲断层。
震源机制的大小取决于地震震级

两种类型的地震是表示在塔吉克斯坦：浅层地壳地震(震源深度 $H \leq 45$ 公里)和深层地震帕米尔-兴都库什(Pamir-Hindu Kush)地区(震源深度 $H \geq 70$ 公里)。最危险的是浅层地震，我们知道过去在塔吉克斯坦境内发生过几次这样强烈的地震：1907 年卡拉塔格(Karatag)地震，震级为 7.4 级；1911 年萨雷兹(Sarez)地震，M = 7.4；1949 年卡伊特(Khait)地震，M=7.4，最近 2015 年萨雷兹(Sarez)地震，Mw=7.2。

研究区仅发生浅层地震，震源分布如图 4 所示。最活跃的部分是从压缩站 CS3 到吉尔吉斯国界。

正如过去的经验所指出的那样，大多数建筑的破坏和受害者的损失是由于这些强烈地震

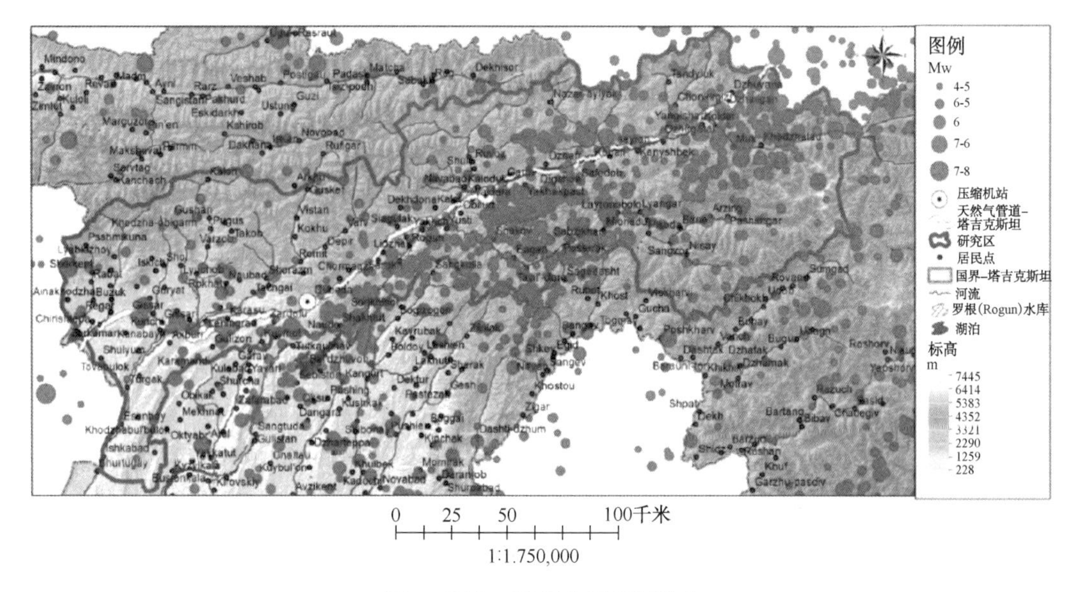

图 4　研究区浅层地震震源分布

造成的次生灾害，如滑坡、泥石流和岩崩。不仅如此，分析地震的行为作为地球表面的震动，但滑坡分布的分析以及滑坡的活化过程的预测在未来强震山区是非常重要的，特别关乎天然气管道的安全。输气管线实际位于地震活动性很强的地区，可能发生强震和地震诱发滑坡。

本文采用不同震源模型和软件 CRISIS2015(Ordaz 等人，2013)，以塔吉克斯坦地区概率地震灾害分析(PSHA)为基础，对地震灾害进行了研究。

使用了三个震源模型：

1-线性震源，如活跃断层；

2-区域震源(主要通过地震震中分布来明确)；

3-点震源(仅采用地震震中分布)。

采用了三种地面震动预测方程：

Abrahamson、Silva 和 Kamai，2014 年，NGA West-2 模型

Campbell 和 Bozorgnia，2014 年，NGA West-2 模型

Chiou 和 Youngs，2014 年，NGA West-2 模型

俯冲带选用的 GMPE：

Youngs 等人，1997 年

Zhao 等人，2006 年

选定的 GMPE 的主要参数见表 1。

表 1 选定的 GMPE 的主要参数

简述	原始单位	量纲(因次)	谱段范围	有效距离范围	有效幅度范围	距离类型，公制	残差分布	构造区域
Abrahamson、Silva 和 Kamai，2014	g	加速度	0～10	0～300	3～8.5	破裂距离	对数状态分布	活跃浅层地壳

续表

简述	原始单位	量纲(因次)	谱段范围	有效距离范围	有效幅度范围	距离类型，公制	残差分布	构造区域
Campbell 和 Bozorgnia，2014	g	加速度	0~10	0~300	3~8.5	破裂距离	对数状态分布	活跃浅层地壳
Chiou 和 Youngs，2014	g	加速度	0~10	0~300	3.5~8	破裂距离	对数状态分布	活跃浅层地壳
Zhao 等人，2006 年	gal	加速度	0~5	0.4~300	5~9	破裂距离	对数状态分布	俯冲
Youngs 等人，1997 年	cm/s/s	加速度	0~3	10~500	3~8.5	破裂距离	对数状态分布	俯冲

由于所选的 CMPEs 均采用了地表破裂距离(Rrup)，因此为地表运动计算指定了一些附加条件。

浅层地震区域模型(或面积模型)和断层模型的破裂面闭合侧(端)深度赋值为 15 公里。对于深层地震的区域模型，这种深度被赋值为 150 公里。

计算结果表明，研究区深部地震的强震比浅部地震的强震少。因此，深层震源的区域模型被排除在进一步的逻辑树计算之外。

利用 Gutenberg-Richter 关系(Richter，1958)确定各震源的地震活动性复发特征：

$$\text{Log}\ N=a-b\cdot M \tag{1}$$

式中 N——给定震级 M 的累计地震次数，这是在对地震目录进行完整分析后回归的时间。

a 值和 b 值分别为活跃率和曲线斜率(Reiter，1990)。这些递归关系是为震源区域计算的，地震目录被细分为每个震源区域的更小的目录。

我们使用了从公元前 2000 年到公元 2010 年中亚 Mw≥4.7 级地震的最新 CASRI-EMCA 目录(Mikhailova 等人，2015)。采用 1973-2016 年 M≥3.6 的 PDE 地震目录(PDE-“震中初步确定”)或 NEIC 地震目录(美国地质调查局国家地震信息中心)。本目录在 EMCA 项目(中亚地震建模，2010 - 2014 年)中得到完善和补充。PDE 目录可以在 USGS-NEIC 网站上找到。

塔吉克斯坦地区的概率地震灾害分析采用下一个光谱纵坐标：0.01(峰值地面加速度)；0.1；0.2；0.3；0.4；0.5、1.0；1.5 和 2 秒。

50 年的三次超过概率分别为 10%(475 年重现期)、2%(2475 年重现期)和 1%(5000 年重现期)。

概率地震灾害分析的使用方法见(Ischuk 等人，2018)。具体制作过程见(Rakhimi 等人，2018)。这里我们只展示结果。

一般结构抗震设计通常采用 50 年(475 年重现期)超过概率 10%的地震作用。研究区 50 年内超过 10%的峰值地面加速度(PGA)分布图如图 5 所示。天然气管道沿线峰值地面加速度的预测值为 0.4 ~ 0.5g。

由于输气管道结构的特殊性和足够的危险性，建议采用 50 年(2475 年重现期)超过概率

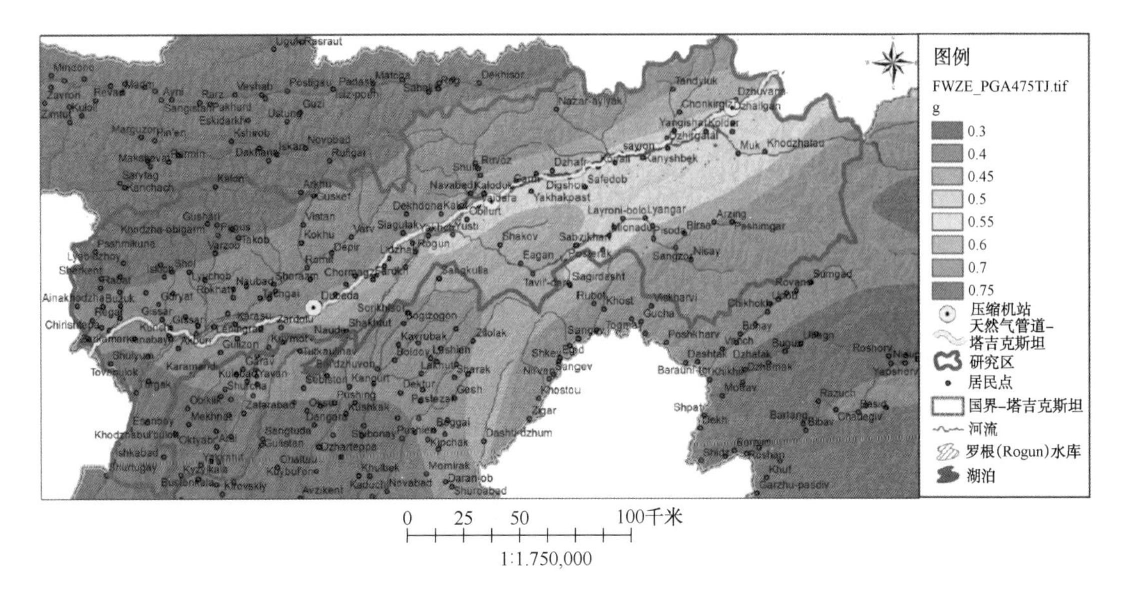

图 5　50 年内 10%超过概率的峰值地面加速度(PGA)分布图

为 2%的地震动计算方法进行更准确、更安全的抗震设计。研究区 50 年内超过概率为 2%的峰值地面加速度(PGA)分布图如图 6 所示。天然气管道沿线峰值地面加速度的预测值为 0.55~0.75g。

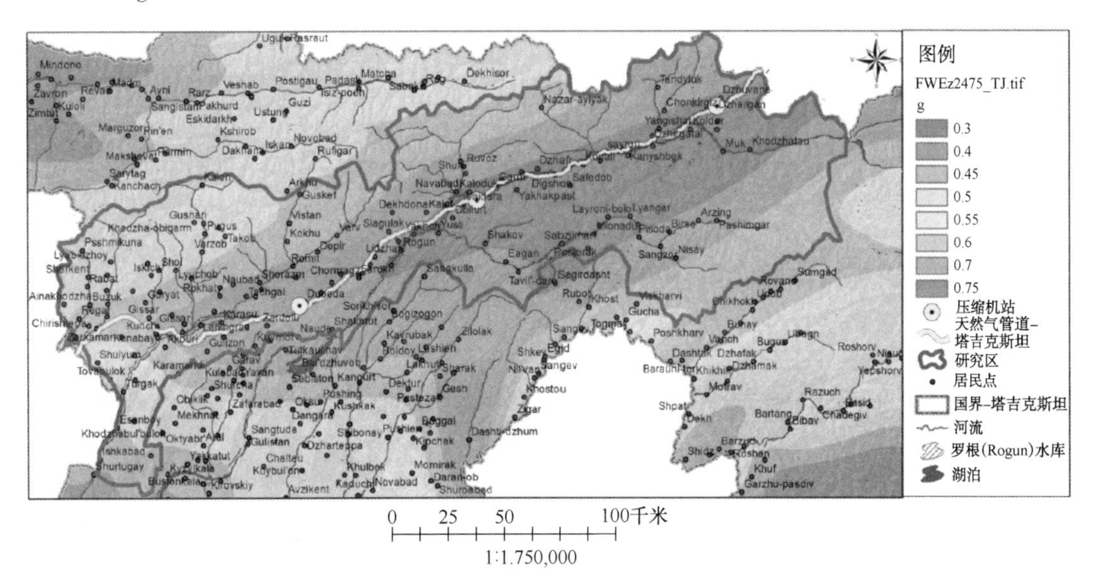

图 6　50 年内 2%超越概率峰值地面加速度(PGA)分布图

此外，计算出的不同光谱纵坐标下的地震作用可用于确定该研究区域未来强震期间潜在的不稳定斜坡和滑坡活动。

结论

位于塔吉克斯坦境内的中塔天然气管道段穿越滑坡和地震活动频繁的山区。因此，滑坡灾害和地震灾害的分析对该结构的安全抗震设计和安全运行具有重要意义。

本文提出的滑坡清单图可以作为该威胁最危险部位分析的基础，为该输气管道安全运行选择最合适的预防措施。

本文中的峰值地面运动(地震动峰值加速度)分布图可以更准确地用于输气管道和压缩站的抗震设计，也可以用于预测未来强震过程中可能引发滑坡的位置。

参 考 文 献

[1] Abrahamson N. A. , Silva W. J, Kamai R. (2014). Summary of the ASK14 ground-motion relation for active crustal regions, *Earth. Spectra*, 30(3): 1025-1055.

[2] Burtman, V. S. , and P. Molnar (1993). Geological and geophysical evidences for deep subduction of continental crust beneath the Pamir, Geol. Soc. Am. Spec. Pap. 281, doi: 10. 1130/SPE281.

[3] Campbell K. W. , Bozorgnia Y. (2014). NGA-West2 ground motion model for the average horizontal components of PGA, PGV, and 5% damped linear acceleration response spectra, *Earthq. Spectra*, 30(3): 1087-1115.

[4] Chiou B. -S. J. , Youngs R. R. (2014). Update of the Chiou and Youngs NGA model for the average horizontal component of peak ground motion and response spectra, *Earthq. Spectra*, 30(3): 1117-1153.

[5] Ekstrom, G. , M. Nettles, and A. M. Dziewonski (2012). The global CMT project 2004—2010: Centroid-moment tensors for 13, 017 earthquakes, Phys. Earth Planet. Inter. , 200 - 201, 1 - 9, . doi: 10. 1016/j. pepi. 2012. 04. 002.

[6] H. B. Havenith, A. Strom, I. Torgoev, A. Torgoev, L. Lamair, A. Ischuk, K. Abdrakhmatov. Tien Shan geohazards database: Earthquakes and landslides. // Geomorphology (2015). GEOMOR-05089; 16 pages.

[7] Ischuk A. , L. W. Bjerrum, M. Kamchybekov, K. Abdrakhmatov, C. Lindholm; Probabilistic Seismic Hazard Assessment for the Area of Kyrgyzstan, Tajikistan, and Eastern Uzbekistan, Central Asia. Bulletin of the Seismological Society of America Vol. 108, 1. 2018. pp. 130-144. doi 10. 1785/0120160330.

[8] Ischuk N. R. , Ischuk A. R. , Saidov M. S. The results of using the satellite imagery interpretation and GIS techniques for the landslides mapping in the area of Tajikistan. // Science and innovations. No 2. Dushanbe, “Sino”. 2017. Pp. 92-99. (in Russian).

[9] Ischuk, A. , R. Bendick, A. Rybin, P. Molnar, S. F. Khan, S. Kuzikov, S. Mohadjer, U. Saydullaev, Z. Ilyasova, G. Schelochkov, and A. V. Zubovich (2013). Kinematics of the Pamir and Hindu Kush regions from GPS geodesy. // J. Geophys. Res. Solid Earth, 118, doi: 10. 1002/jgrb. 50185.

[10] Mikhailova, N. , A. , Mukambayev, Aristova, I. , Kulakova, G. , Ullah, S. , Pilz, M. , Bindi, B. Central Asia earthquake catalogue from ancient time to 2009. ANNALS OF GEOPHYSICS, 58, 1, 2015, S0102; doi: 10. 4401/ag-6681.

[11] Ordaz M. , F. Martinelli, V. D´Amico and C. Meletti (2013): CRISIS2008: A Flexible Tool to Perform Probabilistic Seismic Hazard Assessment. Seismological Research Letters Volume 84, Number 3. doi: 10. 1785/0220120067McGuire, R. K. (2004). Seismic Hazard and Risk Analysis, EERI Publications, Earthquake Engineering Re- search Institute, Oakland, CA, 240 pp.

[12] Presnuhin V. I. , Pokidyshev S. A. , Ischuk N. R. Engineering geolological mapping of the area of Tajikistan using satellite images. Proceedings of the Academy of Sciences of the Tajik SSR No. 2. 1983. (in Russian)

[13] Presnuhin V. I. , Pokidyshev S. A. , Ischuk N. R. Natural resources of the area of Tajikistan. Exogenic geological processes and phenomena (map). Scale 1: 500000. Moscow, GUGK, 1985. (in Russian).

[14] Rakhimi F. , A. S. Saidov, I. S. Oimuhammadzoda, Yu. Mamadjanov, A. R Ischuk, N. Niyozov. Lake Sarez (history of investigation, physical geography, geological setting and seismicity) - Dushanbe: Publishing house “Donish”, 2018. 288pp.

[15] Richter, C. F. (1958). Elementary Seismology, W. H. Freeman & Co, San Francisco, California.

[16] Saidov M. S. , Shakirjanova G. N. Using the remote methodology and GIS techniques for assessment the risk factors on the area of Tajikistan. Book "Reduce the natural hazards risks and risk management". Published by "Tojikkoinot" agency. Dushanbe, 2006. Pp. 107-117. (in Russian).

[17] Schurr, B. , L. Ratschbacher, C. Sippl, R. Gloaguen, X. Yuan, and J. Mechie (2014). Seismotectonics of the Pamir, Tectonics 33, no. 8, 1501-1518, doi: 10. 1002/2014TC003576.

[18] Xu, Y. , S. W. Roecker, R. Wei, W. Zhang, and B. Wei (2006). Analysis of Seismic Activity in the Crust from Earthquake Relocation in the Central Tien Shan, Bull. Seismol. Soc. Am. 96 737-744.

[19] Youngs, R. R. , S. -J. Chiou, W. J. Silva, and J. R. Humphrey (1997). Strong Ground Motion Attenuation Relationships for Subduction Zone Earthquakes, Seismol. Res. Lett. 68 58-73.

[20] Zhao, J. X. , J. Zhang, A. Asano, Y. Ohno, T. Oouchi, T. Takahashi, H. Ogawa, K. Irikura, H. K. Thio, P. G. Somerville, et al. , (2006). Attenuation Relations of Strong Ground Motion in Japan Using Site Classification Based on Predominant Period, Bull. Seismol. Soc. Am. 96 898-913.

中塔天然气管道山岭隧道施工安全风险评估

程梦鹏[1]　刘　涛[2]　于耀国[3]　张海斌[1]　王振宇[1]

（1. 中油国际管道公司　中塔天然气管道项目；2. 中油国际管道公司；
3. 中油国际管道公司　哈国西北原油管道项目）

摘　要　中亚 D 线隧道地质条件差，施工风险高、难度大；沿线山区段道路条件差、社会依托差、物资匮乏；地震烈度高，地震动峰值加速度高、地震多发；管道沿线局部地段海拔较高、雪季时间长；不可预测的灾害及风险点较多。为降低隧道施工风险，参考铁路隧道、公路隧道的作法，结合本工程特点，以 5#隧道为例开展了总体安全评估、专项风险评估和重点风险源可能性分析。评估成果和取得的经验为后续隧道施工全面推行风险识别与管控管理做出了有益的探索。

关键词　隧道　总体风险评估　专项风险评估　重点风险源　可能性

1　引言

1.1　项目概述

中亚 D 线塔吉克斯坦段起自乌兹别克斯坦与塔吉克斯坦边境，由西向东经过 Tursunzoda, Vahdat, Obigarm 和 Jirgatol 等地，最后到达塔吉克斯坦与吉尔吉斯斯坦边境，管线全长约 391km。沿线主要地貌为山区和丘陵，占全线的 78%，其他为平原。沿线已初步确定山岭隧道穿越 42 条，隧道水平总长 63.250km，隧道总长度 63.415km。隧道长度统计见表 1。

表 1　隧道长度统计表

长度/m	$L\leqslant0.5$km	0.5km$<L\leqslant$2.0km	2.0km$<L\leqslant$2.5km	$L>2.5$km	合计
座数/长度/km	4/1.307	26/31.882	8/19.067	4/11.159	42/63.415
百分比/%	2.06	50.27	30.07	17.60	100

隧道工程作为整个 D 线的控制性工程，其勘察设计和建设水平对管道的运行维护和管理有着重要的影响。本隧道工程的隧道数量之多，建设难度之大，均为油气管道项目建设史上的又一里程碑。

1.2　隧道施工风险评估的意义

任何工程都有风险，需通过风险评估与管理的手段将风险降低至“可接受”的程度。无视风险存在的态度，是风险最大的来源。通过系统化的风险评估与管理，可识别及分析风险发生概率及后果、评价风险对策的成本与效益，寻求可行的风险处理措施，达到防止损失或补偿损失的目的。

为了加强我国铁路隧道和公路隧道的风险评估及管理，并逐步建立完善的风险评估及管理体系，切实有效地控制各类风险。铁道部发布了《铁路隧道风险评估暂行规定》（铁建设【2007】200 号），交通部编制发布了《公路桥梁和隧道工程施工安全风险评估指南》（交质检

【2011】217 号)，推动隧道施工风险评估工作，降低了隧道施工风险。

本文拟借鉴国内外隧道工程风险管理理论和方法，参考国内隧道和铁路隧道风险评估做法，对典型山岭隧道(5#隧道)开展施工风险的总体风险等级、重大风险源和风险发生的可能性分析。评估成果和取得的经验将指导后续隧道施工的风险识别与管控管理，以达到降低隧道施工风险、保质、按时完工的目的。

2 中亚 D 线隧道施工风险评估

2.1 隧道施工风险评估分类

按照交通部编制发布的《公路桥梁和隧道工程施工安全风险评估指南》(下称《指南》)(交质检【2011】217 号)的作法，隧道施工评估主要分为总体风险评估、专项风险评估两个方面。

2.1.1 总体风险评估

隧道工程开工前，根据隧道工程的地质环境条件、建设规模、结构特点等环境及致险因子，估测隧道工程施工期间的整体安全风险大小，确定其静态条件下的施工风险等级。

2.1.2 专项风险评估

当隧道工程总体风险评估等级达到Ⅲ级〈高度风险〉及以上时，将其中高风险的施工作业活动〈或施工区段〉作为评估对象，根据其作业风险特点以及类似工程事故情况，进行风险源普查，并针对其中的重大风险源进行量化估测，提出相应的风险控制措施。

2.2 隧道施工总体风险评估

2.2.1 总体风险评估方法

隧道工程施工安全总体风险评估主要考虑隧道地质条件、建设规模、气候与地形条件等评估指标，评估指标的分类、赋值标准可参见《指南》表 3 的规定。以 5#隧道为例，其总体风险评估见表 2。

表 2 5#隧道工程总体风险评估表

评估指标	分类		分值	评估赋值	说明
地质 G =(a+b+c)	围岩情况 a	Ⅴ、Ⅵ围岩长度占全隧道长度 70%以上	4~5		5#隧道总长 2779m，其中Ⅴ级围岩总长 408.4m，所占比例为 14.7%；Ⅵ级围岩总长 779.6m，所占比例为 28.1%。Ⅴ、Ⅵ围岩占比 42.8%。
		Ⅴ、Ⅵ围岩长度占全隧道长度 40%以上、70%以下	3	3	
		Ⅴ、Ⅵ围岩长度占全隧道长度 20%以上、40%以下	2		
		Ⅴ、Ⅵ围岩长度占全隧道长度 20%以下	1		
	瓦斯含量 b	隧道洞身穿越瓦斯地层	2~3		隧道基岩主要为石炭系花岗岩，不含炭质页岩及煤系地层，无瓦斯等有毒、有害气体。
		隧道洞身附近可能存在瓦斯地层	1		
		隧道旅工区域不会出现瓦斯	0	0	
	富水情况 c	隧道全程存在可能发生涌水突泥的地质	2~3	3	隧道开挖施工中正常涌水量为 3996.56~4045.45m^3/d，最大涌水量为 35753.98m^3/d。地下水较丰富，隧道在雨季开挖或通过含水体破碎带时，可能发生突水、突泥现象。
		有部分可能发生涌水突泥的地质	1		
		无涌水突泥可能的地质	0		

续表

评估指标	分　类	分值	评估赋值	说明
开挖断面 A	特大断面(单洞四车道隧道)	4		5#隧道断面为 4.5×4.5m，属于小断面隧道。
	大断面(单洞三车道隧道)	3		
	中断面(单洞双车道隧道)	2		
	小断面(单洞单车道隧道)	1	1	
隧道全长 L	特长(3000m 以上)	4		隧道单洞总长 2779m，属于长隧道。
	长(大于 1000m、小于 3000m)	3	3	
	中(大于 500m、小于 1000m)	2		
	短(小于 500 m)	1		
洞口形式 S	竖井	3		小坡度“人”水平洞。
	斜井	2		
	水平洞	1	1	
洞口特征 C	隧道进口施工困难	2	2	洞口交通不便，施工场地受限，泥石流发育。
	隧道进口施工较容易	1		

根据《指南》规定，隧道工程施工安全总体风险大小计算公式为

$$R=G(A+L+S+C) \tag{1}$$

式中　G——指隧道、竖井、斜井路线周围的地质所赋分值；$G=3+0+3=6$；

A——指标准的开挖断面所赋分值，对于本工程统一取 1；

L——指隧道人口到出口的长度所赋分值(计算隧道长度时将隧道竖井、斜井长度计算在内)，取 3；

S——指成为通道的隧道出入口的形式所赋分值，取 1；

C——指隧道洞口地形条件所赋分值，取 2。

$$R=6(1+3+1+2)=42。$$

按照《指南》规定，当 $R>22$ 时，隧道施工总体风险为 4 级(极高风险)。

2.2.2　其余隧道风险总体等级评价

按照上述方法，对其余 41 条隧道开展施工安全总体风险分级评价，主要评价结论见表 3。

表 3　中亚 D 线 42 处隧道工程施工安全总体风险分级表

风险等级	所属隧道编号	隧道数量	进一步措施
Ⅳ	5、6、14、15A、16、19A、20A、44	8	进行专项风险评估，查找重点风险源，采取措施降低施工风险
Ⅲ	1、2、3、4、5、8、10、11、12、13、17、18、25A、26、35、36、38、39、45、46	20	
Ⅱ	9、27、28、30、32、33、34、43	8	
Ⅰ	29、31、37、40、41、42	6	

2.3　隧道施工专项风险评估

2.3.1　专项评估基本方法

根据风险估测结果确定重大风险源。对于危险等级为 3 级及以上的，应开展重大风险源

评估。《指南》推荐采用 LEC 风险估测法。

(1)LEC 风险估测法采用与系统风险率相关的 3 个方面指标值之积来评价系统中人员伤亡风险大小：

$$D=L*E*C \quad (2)$$

式中 L——发生事故的可能性大小，见《指南》表 4；

E——暴露于危险环境的频繁程度，见表 5；

C——一旦发生事故会造成的损失后果，见表 6。

D 值越大，说明该系统危险性越大，需要增加安全措施，或改变发生事故的可能性，或减少人体暴露于危险环境中的频繁程度，或减轻事故损失，直到调整到允许范围内。

表 4　事故发生的可能性(L)等级划分及赋值

分数值	10	6	3	1	0.5	0.1
事故发生的可能性	完全可以预料	相当可能	可能，但不经常	可能性小，完全意外	很不可能，可以设想	极不可能

表 5　人员暴露时间(E)等级划分及赋值

分数值	10	6	3	2	1	0.5
暴露于危险环境的频繁程度	连续暴露	每天工作时间内暴露	每周一次或偶然暴露	每月暴露一次	每年几次暴露	非常罕见暴露

表 6　事故后果严重程度(C)等级划分及赋值

分数值	100	40	15	7	3	1
事故造成的后果	10 人以上死亡	3-9 人死亡	1-2 人死亡	严重	重大，伤残	引人注意

(2)LEC 法评估结果分级及风险估测计算表见表 7。

表 7　LEC 法评估结果分级

危险性分值 D	>320	160~320	70~160	20~70
危险程度	极其危险，不能继续作业	高度危险，要立即整改	显著危险，需要整改	一般危险，需要注意
危险等级	4	3	2	1

2.3.2　隧道施工专项风险评估

针对表 3 中列出的 8 处 4 级风险隧道和 20 处 3 级风险隧道，都应开展隧道施工专项风险评估，确定每个重大风险源进行控制。现以 5#隧道为例采用 LEC 方法进行专项风险评估，专项风险评估记录见表 8。

表8　5#隧道 LEC 风险估测计算

评估单元			潜在的	致险因子	受伤害人员类型	可能性	频繁程度	后果	风险	风险
分部工程	分项工程	单位作业	事故类型			(L)	(E)	(C)	(D)	等级
洞口工程	边仰坡开挖及防护	边坡清理	高处坠落	陡坡作业	本身	3	6	3	54	1
		坡面开挖	坍塌	围岩破碎	本身及其他	6	6	3	108	2
		弃土运输	车辆伤害	弃渣运输车	本身及其他	1	6	3	18	1
		锚杆施工	物体打击	高处松动土石	本身及其他	6	6	3	108	2
		喷射混凝土	物体打击	喷料回弹	本身及其他	1	5	2	10	1
		截水沟开挖	高处坠落	陡坡作业	本身	6	6	3	108	2
	洞口工程	架设钢拱架	触电	电焊作业	本身及其他	1	6	3	18	1
		洞口管棚	机械伤害	管棚机械操作	本身及其他	1	5	2	10	1
		注浆	机械伤害	注浆机操作	本身及其他员	1	6	2	12	1
		洞口爆破	坍塌	爆破扰动	本身	6	6	3	108	2
			放炮	爆破作业	本身及其他	0. 5	5	20	50	1
			机械伤害	凿岩机	本身及其他	1	5	3	15	1
		危石清除	物体打击	松动围岩	本身	2	5	3	30	1
		锚喷支护	物体打击	松动围岩	本身及其他	2	5	2	20	1
洞身开挖	洞身爆破作业	钻孔(超前钻探)	高处坠落	登高作业	本身	1	6	7	42	1
			机械伤害	凿岩机	本身及其他	1	6	3	18	1
			坍塌	围岩坍塌	本身	10	6	7	420	4
			涌水突泥	积水积泥	本身及其他	10	6	7	420	4
			物体打击	松动围岩	本身及其他	3	6	3	54	1
		装药及启爆	物体打击	松动围岩工具	本身及其他	1. 5	6	3	27	1
			火药爆炸	爆破作业	本身及其他	0. 5	6	20	60	1
			坍塌	爆破扰动	本身及其他	6	2	7	84	2
			中毒和窒息	有毒气体和粉尘	本身及其他	0. 5	6	15	45	1
		通风	触电	操作风机	本身及其他	0. 5	5	7	17. 5	1
		盲炮检查和危石清理	物体打击	松动围岩	本身及其他	2	6	3	36	1
			火药爆炸	意外爆炸	本身	0. 5	5	20	50	1
			坍塌	爆破扰动围岩	本身及其他	4	6	15	360	4
			涌水突泥	积水积泥	本身及其他	6	3	15	270	3
	洞内运输	装渣	物体打击	松动围岩洞渣	本身及其他	1	6	7	42	1
			坍塌	围岩松动	本身及其他	1	6	15	90	2
		无轨运输	车辆伤害	出渣车	其他作业人员	1	6	7	42	1
		卸渣	车辆伤害	出渣车	本身及其他	1	6	3	18	1
		爆破器材运输	车辆伤害	民爆品运输	本身及其他	1	6	7	42	1
			火药爆炸	民爆物品	本身及其他	0. 5	6	20	60	1

续表

评估单元			潜在的事故类型	致险因子	受伤害人员类型	可能性（L）	频繁程度（E）	后果（C）	风险（D）	风险等级
分部工程	分项工程	单位作业								
洞身衬砌	初期支护与永久支护	超前支护	物体打击	松动围岩	本身及其他员	2	6	3	36	1
			机械伤害	施工机械	本身	1	6	7	42	1
			坍塌	松动围岩	本身及其他	3	6	15	270	3
			涌水突泥	积水积泥	本身和其他	1	6	15	90	2
			高处坠落	登高作业	本身	1	6	7	42	1
		立钢拱架	触电	违章作业	本身及其他	1	6	7	42	1
			物体打击	松动围岩	本身及其他	1	6	7	42	1
			高处坠落	登高作业	本身	1	6	7	42	1
			坍塌	围岩松动	本身及其他	4	6	15	360	4
		钢筋网铺设	高处坠落	登高作业	本身	1	6	7	42	1
			触电	违章作业 机械故障	本身及其他	1	6	7	42	1
			坍塌	围岩松动	本身及其他	4	6	15	360	4
		打锚杆	高处坠落	登高作业	本身	1	6	7	42	1
			机械伤害	台车、钻孔风镐	本身及其他	0．5	6	3	9	1
			坍塌	围岩松动	本身及其他	4	6	15	360	4
			涌水突泥	积水积泥	本身和其他	2	5	15	150	2
		喷射混凝土	高处坠落	登高作业	本身	1	6	7	42	1
			物体打击	吊物、工锁具	本身和其他	1	6	3	18	1
			坍塌	围岩松动	本身及其他	1	6	15	90	2
			涌水突泥	积水积泥	本身和其他	1	6	15	90	2
		仰拱混凝土	坍塌	围岩扰动	本身	1	6	15	90	2
		防水板铺设	高处坠落	登高作业	本身	1	6	7	42	1
			火灾	违章作业	本身和其他	1	6	7	42	1
		钢筋绑扎	高处坠落	登高作业	本身	1	6	4	24	1
			触电	电焊作业	本身及其他	1	5	4	20	1
		混凝土浇筑	高处坠落	登高作业	本身	1	5	3	15	1
			机械伤害	台车	本身	1	3	7	21	1
			车辆伤害	混凝土泵车	本身	1	3	7	21	1
		拆模	高处坠落	登高作业	本身	1	5	3	15	1
			物体打击	机械故障	本身及其他	1	5	3	15	1

从表8分析结果可以判断坍塌、涌水突泥为重大风险源，具体见表9。

表9　5#隧道重大风险源一览表

序号	重大风险源	所在作业单元	风险等级
1	坍塌(冒顶片帮)	布孔、钻孔、装药结线、启爆、盲炮检查和排除、危石清理、装渣、超前支护、临时支护、拆除临时支护、初喷、立钢拱架、钢筋网铺设、超前支护、打锚杆、喷射混凝土	Ⅳ
2	涌水突泥	布孔、钻孔、启爆、盲炮检查和排除、危石清理、装渣、超前支护、临时支护、拆除临时支护、初喷、立钢拱架、钢筋网铺设、超前支护、打锚杆、喷射混凝土	Ⅳ

2.3.3　隧道重大风险源评估分析

《指南》规定，隧道工程施工安全重大风险源的风险估测采用定性与定量相结合方法。事故严重程度的估测方法推荐采用专家调查法。事故可能性的估测方法推荐采用指标体系法。

隧道坍塌事故的可能性具体评估指标可参见《指南》的表26，评估时可根据工程实际情况对评估指标分类和分值进行。现以5#隧道为例进行事故可能性分析，见表10。

表10　5#隧道施工坍塌事故可能性评估分析表

评估指标	分类	分值	5#隧道取值	说明
围岩级别 A	Ⅴ、Ⅵ级	4~5	5	根据围岩节理发育情况和岩性适当调整
	Ⅳ级	3		
	Ⅲ级	2		
	Ⅰ、Ⅱ级	0~1		
断层破碎带情况 B	存在宽度50m以上的大规模断层破碎带	3~4	4	
	存在宽度20m以上、50m以下的中等规模断层破碎带	2		
	存在宽度20m以下的小规模断层破碎带	1		
	不存在断层破碎带	0		
渗水状况 C	岩溶管道式涌水	1.5		渗水状况应考虑天气影响因素
	线状~股状	1.2	1.2	
	线状	1.0		
	干~滴渗	0.9		
地质符合性 D	工程地质条件与设计文件相比差	2~3	2	监理工程师确认
	工程地质条件与设计文件相比基本一致	1		
	工程地质条件与设计文件相比好	0		
施工方法 E	施工方法不适合水文地质条件要求	2~3		参照相关标准规范确定其适应性
	施工方法基本适合水文地质条件要求	1	1	
	施工方法完全适合水文地质条件要求	0		

续表

评估指标	分类		分值	5#隧道取值	说明
施工步距 $F=a+b$	a	Ⅴ、Ⅵ级围岩二次衬砌到掌子面距离在200m以上或全断面开挖二次衬砌到掌子面距离在250m以上	4~5		二衬距掌子面的距离是影响隧道稳定性的一个重要因素
		Ⅴ、Ⅵ级围岩二次衬砌到掌子面距离在120m以上、200m以下或全断面开挖二次衬砌到掌子面距离在160m以上、250m以下	3	3	
		Ⅴ、Ⅵ级围岩二次衬砌到掌子面距离在70m以上、120m以下或全断面开挖二次衬砌到掌子面距离在120m以上、160m以下	2		
		Ⅴ、Ⅵ级围岩二次衬砌到掌子面距离在70m以下、或全断面开挖二次衬砌到掌子面距离在120m以下	0~1		
	b	一次仰拱开挖长度在8m以上	2~3		
		一次仰拱开挖长度在8m以下	0~1	1	

隧道施工区段坍塌事故可能性分值计算公式为：

$$P=\gamma(CxA+B+D+E+F) \tag{3}$$

式中 γ——施工管理安全评估系数，应结合施工单位综合情况确定，此处暂取 $\gamma=1.0$；

其余 A、B、C、D、E、F——意义及取值见表10。

计算得：$P=1.0(1.2X5+4+2+1+3)=16$，对照《指南》表27，计算分值大于12，事故可能性等级为4级。

2.3.4 涌水突泥重点危险源可能性分析

隧道涌水突泥事故的可能性，可从施工区段的岩溶发育程度、断层破碎带、外水压力水头等指标进行估测，以5#隧道为例涌水突泥事故可能性分析见表11。

表11 5#隧道施工区段涌水突泥事故可能性评估

评估指标	分类	分值	5#隧道取值
岩溶发育程度A	岩溶极发育，有宽大岩溶洞穴、地下河、塌陷坑等	4~5	
	岩溶发育，有宽大岩溶发育带和大岩溶洞穴	3	
	岩溶较发育，有岩溶裂隙、小溶洞发育	2	
	岩溶不发育，有岩溶裂隙、小溶洞发育	0~1	1
断层破碎带B	施工区段及附近存在断层破碎带或较大裂隙	2~3	3
	施工区段不存在断层破碎带或较大裂隙	0~1	
周围情况C	隧道上方存在湖泊、河流、水库等水体	3	3
	隧道附近存在补给性水体	2	
	隧道周围不存在补给性水体	0~1	

隧道施工区段涌水突泥事故可能性分值计算公式为：

$$P=\gamma B\ x(A+C) \tag{4}$$

分值大小确定后，对照《指南》表31确定涌水突泥事故可能性等级，即：

$P=1.0*3(1+3)=12$，可能性等级为4级。

3 结束语

为保证中亚D线隧道施工安全，参考《公路桥梁和隧道工程施工安全风险评估指南》(交质检【2011】217号)的作法，结合本工程特点，对42座山岭隧道进行了总体安全评估。总体评估表明，中亚D线42处隧道的8处施工总体风险等级为4级(极高风险)，20处施工总体风险等级为3级(高风险)，隧道施工整体风险高，需高度重视。以5#隧道为例进行了施工专项风险评估，评估出了坍塌及涌水突泥两个重点风险源，对两个重点风险源发生可能性等级进行了评估，全部为4级。

这是油气输送管道隧道工程建设首次进行隧道施工风险评估分析。由于石油行业内尚未发布相应评估标准，本文的隧道施工风险评估分析采用了《公路桥梁和隧道工程施工安全风险评估指南》(交质检【2011】217号)技术指标，考虑到油气管道隧道与公路隧道存在断面差别，部分指标的适用性相对较差。建议进一步研究并力争建立小断面隧道施工风险的评估指标体系，为油气输送管道隧道建设的风险评估与风险管控奠定基础。

参 考 文 献

[1] 交通部. 关于开展公路桥梁和隧道工程施工安全风险评估试行工作的通知.(交质检【2011】217号)
[2] 交通部. 公路桥梁和隧道工程设计安全风险评估指南. 交公路发【2010】175号；
[3] 铁道部. 铁路隧道风险评估暂行规定. 铁建设【2007】200号。

中亚天然气管道哈国段穿越套管腐蚀防护运行维护研究

王　伟　叶建军　周　勇　钱光辉　赵　亮　王顺昌

（中油国际管道公司　中哈天然气管道项目）

摘　要　通过对中亚天然气管道哈国段穿越套管阴极保护方式及运行维护现状的介绍，对穿越套管与主管道阴极保护三种不同状况下阴极保护有效性进行分析与评价，并结合现场实际提出了穿越套管腐蚀防护运行维护方案及设计、施工优化建议。该运行维护方案对具有类似穿越套管阴极保护设计的其他油气管道运行维护具有一定借鉴意义。

关键词　套管　腐蚀防护　运行维护

中亚天然气管道哈国段（Asia Gas Pipeline LLP，以下简称 AGP）是中哈两国共建的战略管道，A/B 线干线及场站在 2009～2013 年陆续建成投产，C 线干线及部分场站也于 2014～2017 年陆续建成投产。截止到 2018 年 6 月，中亚天然气管道哈国段 A/B/C 线已达到 550 亿标方年输气能力。中亚天然气管道哈国段在新疆霍尔果斯与同期建成的西气东输管道二线、三线相连，将来自土库曼斯坦及乌兹别克斯坦的洁净天然气源源不断地输往中国华中、华东、华南等地区。

1　课题的提出

1.1　中亚天然气管道哈国段穿越套管阴极保护方式及运行维护现状

中亚天然气管道哈国段穿越套管为钢制管道，套管本身采取牺牲阳极保护方式并有外防腐涂层，施工期间穿越套管内主管道采取 Zn 带临时牺牲阳极保护，主管道采取 3PE 外防腐涂层，穿越套管与管道两端利用橡胶绝缘密封实现套管内部环形空间与外部环境的电气隔离。套管与主管道间加装绝缘衬垫实现套管内壁与主管道的电气隔离，阴极保护投运后主管道采取强制电流阴极保护，套管内主管道 Zn 带临时牺牲阳极保护继续保留，套管内侧未装设长效参比电极，在穿越套管两端设置有呼吸立管，维持套管内环形空间与大气相通。在穿越套管两端头处分别设置有测试桩，可检测套管-地及管道-地阴保电位。相关穿越套管阴极保护的设计图参见附图 1、图 2、图 3 及图 4。

自 2009 年 12 月 A 线投产至今，中亚天然气管道哈国段合资公司（Asia Gas Pipeline LLP，以下简称 AGP）陆续与哈国具有天然气管道运行资质的 Intergas Central Asia（以下简称 ICA）签订 ABC 线干线管道技术维护服务合同。基于哈国天然气管道运行维护相关技术规范（《哈萨克斯坦干线天然气管道运行技术规范》[3]、《哈萨克斯坦干线管道运行安全规范》[4]、

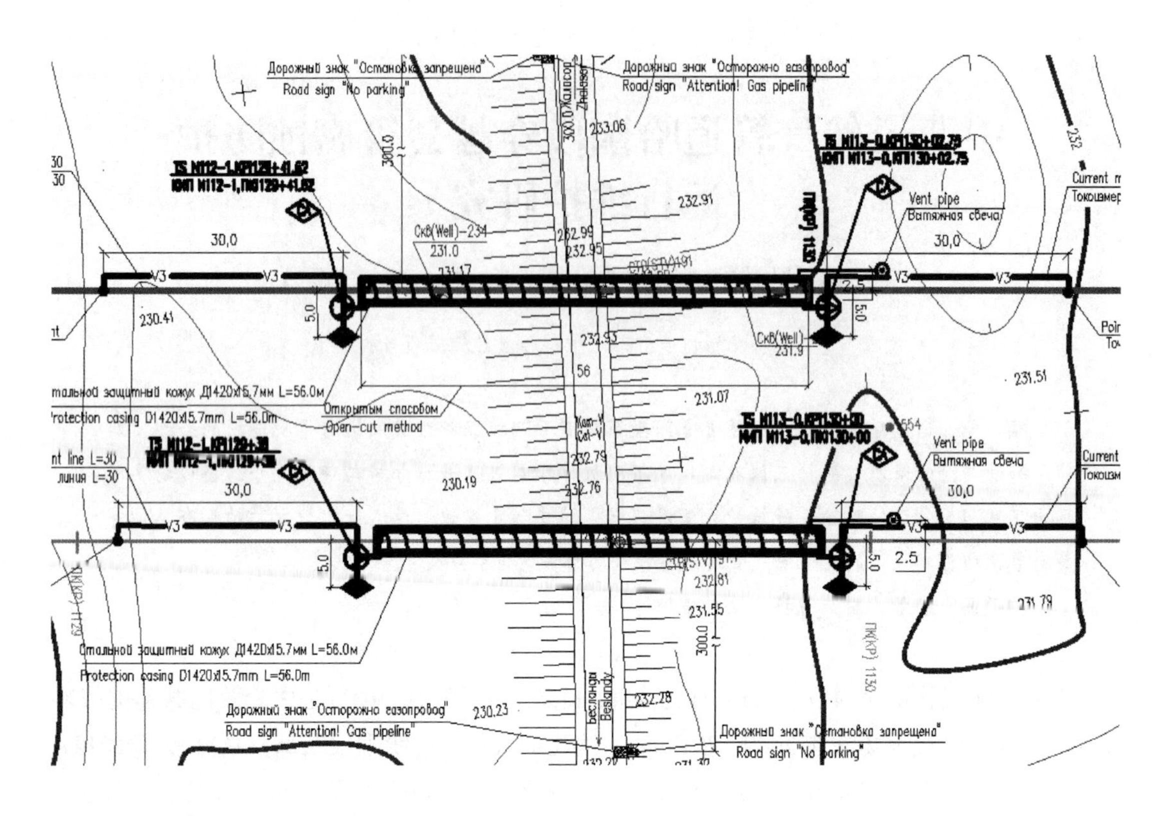

图1　中亚天然气管道哈国段穿越套管阴保设计图(AB 线 112.8KM 公路穿越)[1]

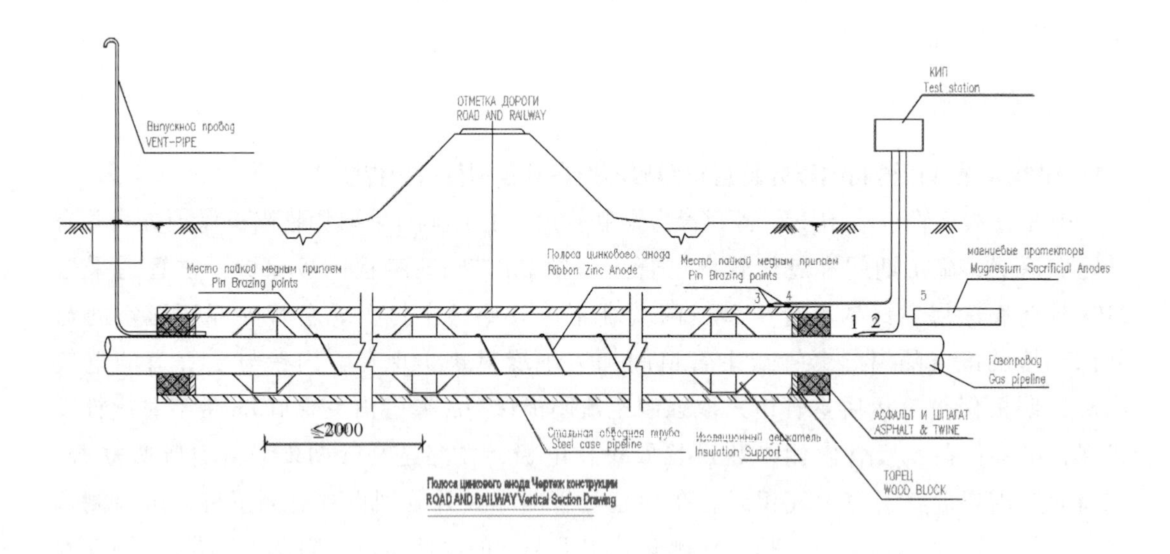

图2　中亚天然气管道哈国段穿越套管阴保设计图(设施安装图)[2]

《GOST 9.602—2005 地下构筑物腐蚀防护总体要求》[5]、《GOST P 51164-98 钢质干线管道一般防腐蚀要求》[6])，并根据 AGP 的要求，ICA 每年两次对穿越套管进行技术维护，每月两次对穿越套管及管道电位进行检测。

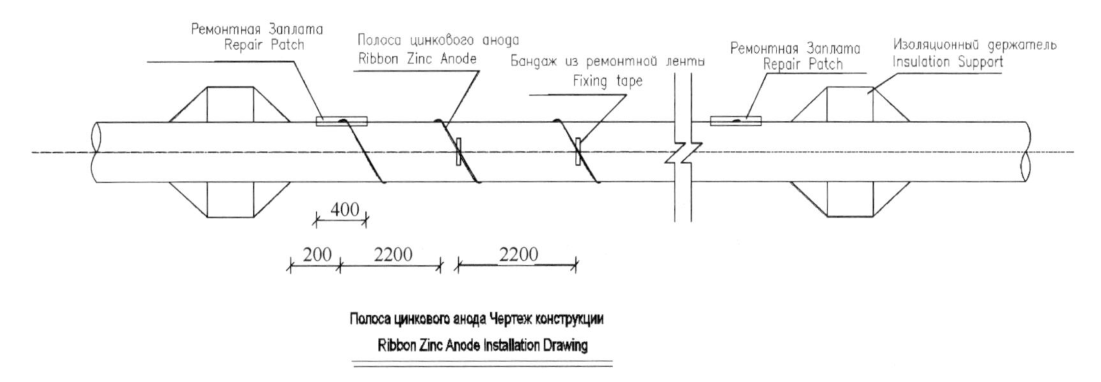

图 3　中亚天然气管道哈国段穿越套管阴保设计图(Zn 带牺牲阳极安装图)[2]

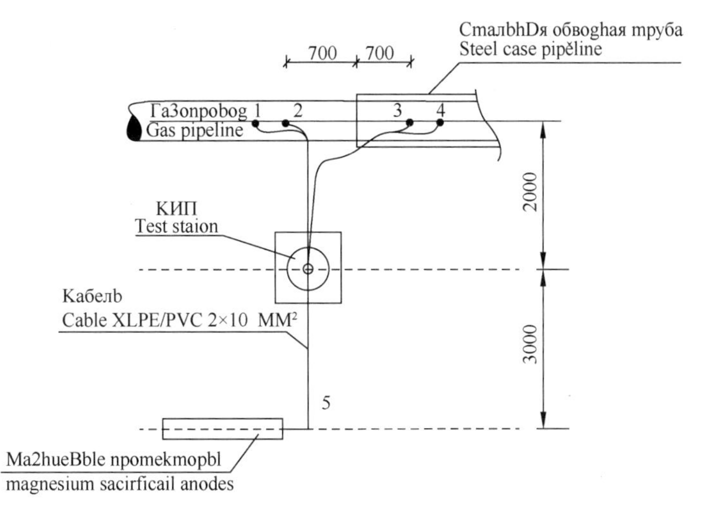

图 4　中亚天然气管道哈国段穿越套管阴保设计图(Mg 块牺牲阳极安装图)[2]

表 1　AGP 与 ICA 签署的 2018 年年度生产计划(节选)[7]

3. 2. 3	Tcchnical maintenace of anodic earthing and mcasuring grounding resistance of anodic bed and submiting report	63	pcs	27	0	36	1 time a year
3. 2. 4	Texmrqcckoe обслvживвиие гадъваиичсскоЙ (npoгеktopнoЙ) защиы на переходах нерсз а/днж/ц и на ЛЧМГ Иредсегавление отчстав ТОО(АГП)	666	urr	181	181	304	2 pa3 а год
3. 2. 4	Technical maintenance of galvanic(protector) protection at crossings through highways and railways and at LP of MGP And submit report to AGP.	666	pcs	181	181	304	2 times a year
3. 2. 5	Замеры canomioro noreнuнam “ груба – земля ” в мсстах mгрссечеиия с друтими коммуин газопроводамя, крановых пощадок, УЗНОУ, вотиых я транспортных нереходов Предостав кнне отчста ТОО(Arn)	921	urr	300	299	322	1 раз в 2 некли
3. 2. 5	Mcasurements of the protective potential of the “pipe-to-carth” in placcs intersections with other communications and gas pr-pelincs, valve platforms, PLRU watcr and transport junctions (both sidcs) And submit report to AGP.	921	pcs	300	299	322	Once two wecks

同时，根据《中亚天然气管道公司技术标准手册-内检测与评价技术标准》[8]第3.2款的要求，AGP已完成ABC三条干线管道的内检测工作，后续也将根据规定执行最长不超过5年的内检测周期要求。根据《GOST P 51164-98 钢质干线管道一般防腐蚀要求》[6]第6.6款的要求，AGP每五年开展一次管道外防腐层检测作业，主要检测技术手段为管道密间隔电位测试、交/直流电位梯度测试，即CIPS+ACVG/DCVG。

1.2 对中亚天然气管道哈国段穿越套管阴保运行维护方法进行研究的必要性

截止到2017年12月，中亚天然气管道哈国段AB线已投入运行八年，通过现场检测的穿越套管阴保电位来看，多处穿越套管已不满足保护电位-850mV及极化-100mV的阴保标准。另外，在日常穿越套管与主管道的现场检测时发现，多处穿越套管与主管道存在电子短路现象。为确保中亚天然气管道哈国段穿越套管处阴极保护有效性，有效控制穿越套管和主管道的腐蚀速度，有必要对穿越套管处阴极保护运行维护进行专项研究。

2 需重点分析解决的几个问题

根据中亚天然气管道哈国段穿越套管阴极保护方式及日常运行检测中发现的问题，有必要对穿越套管阴极保护有效性及实施的腐蚀防护检测方法有效性分别进行分析评价，并以此为基础有针对性的制定运行维护方案。

2.1 穿越套管内壁与主管道存在电子短路

2.1.1 穿越套管与管道两端密封完好

在穿越套管内壁与主管道存在电子短路及穿越套管与管道两端密封完好的条件下对穿越套管及主管道阴极保护有效性进行分析评价如下。

若主管道防腐层良好，套管内部主管道不存在腐蚀风险，但套管外部靠近套管的主管道电位会明显正移，保护效果变差，可通过套管外部参比电极对该情况进行测试。

若主管道防腐层有破损点，套管内部主管道不存在腐蚀风险，但套管外部靠近套管的主管道电位会明显正移，保护效果变差，可通过套管外部参比电极对该情况进行测试。

2.1.2 穿越套管与主管道两端密封损坏

在穿越套管内壁与主管道存在电子短路及穿越套管与管道两端密封损坏(套管内环形空间有可能进入电解质)的条件下对穿越套管及主管道阴极保护有效性进行分析和评价如下。

若主管道防腐层良好，套管内部主管道腐蚀风险较小，在一定程度上受到内部Zn带的阴极保护。同时由于套管和主管电子短路，Zn带还用于对套管内部提供阴极保护，由于套管内部无涂层，Zn带会消耗较快。套管外部靠近套管的主管道电位会明显正移，保护效果变差，可通过套管外部参比电极对该情况进行测试。

若主管道防腐层有破损点，套管内部主管道存在腐蚀风险，虽可能受到内部Zn带的阴极保护，但由于套管和主管电子短路，由于套管内部无涂层，Zn带的大部分电流会用于对套管内部提供阴极保护，主管道防腐层破损点处是否可以得到足够的保护电流与破损点的面积，锌带尺寸及套管内表面积等因素有关。此时Zn带会消耗较快，随着Zn带消耗，套管内部主管道的腐蚀风险加大。套管外部靠近套管的主管道电位会明显正移，保护效果变差，可通过套管外部参比电极对该情况进行测试。

综合 2.1.1 及 2.1.2 的分析，在穿越套管内壁与主管道存在电子短路条件下，穿越套管及主管道阴极保护总体失效，相对风险较高，需要采取消除短接，消除内部电解质或在此处补加额外阴极保护的治理措施。

2.2 穿越套管与主管道不存在电子短路

2.2.1 穿越套管与管道两端密封完好

在穿越套管内壁与主管道不存在电子短路及穿越套管与管道两端密封完好的条件下对穿越套管及主管道阴极保护有效性进行分析和评价如下。

若主管道防腐层良好，套管内部主管道不存在腐蚀风险，套管外部靠近套管的主管道电位正常。

若主管道防腐层有破损点，套管内部主管道不存在腐蚀风险，如果在环形空间内没有电解质，在防腐层破损点可能发生大气腐蚀。套管外部靠近套管的主管道电位正常。

2.2.2 穿越套管与管道两端密封损坏

在穿越套管内壁与主管道存在电子短路及穿越套管与管道两端密封损坏(套管内环形空间有可能进入电解质)的条件下对穿越套管及主管道阴极保护有效性进行分析和评价如下。

若主管道防腐层良好，套管内部主管道腐蚀风险很小，受到内部 Zn 带的阴极保护，也可能通过电解质耦合受到外加电流阴极保护系统的保护，多少保护电流来自于外部外加电流阴极保护系统取决于在此处套管内部管道保护电位的情况。套管外部靠近套管的主管道电位正常。

若主管道防腐层有破损点，套管内部主管道会在一定程度上受到内部 Zn 带的阴极保护，保护效果与破损点面积、Zn 带尺寸及内部电解质通路电阻等因素有关，也可能通过电解质耦合受到外加电流阴极保护系统的保护，多少保护电流来自于外部外加电流阴极保护系统取决于在此处套管内部管道电位及外加电流系统的电流路径电阻等因素。套管外部靠近套管的主管道电位正常。

综合 2.2.1 及 2.2.2 的分析，在穿越套管内壁与主管道不存在电子短路条件下，穿越套管及主管道阴极保护总体有效，相对风险较小。

2.3 穿越套管处实施的腐蚀防护检测方法及其评价有效性分析

根据前言关于 AGP 干线管道运行维护现状的介绍，目前 AGP 管道采用的腐蚀防护有效性检测评价方法有：利用便携式 CSE 参比电极检测套管-地电位、利用便携式 CSE 参比电极检测管道-地电位、交直流电位梯度检测(ACVG/DCVG)、密间隔电位检测(CIPS)、管道内检测。对管道腐蚀防护评价有效性的分析参见附表 2。

表 2 各腐蚀防护检测方法对穿越套管处腐蚀防护评价有效性的分析

<table>
<tr><th>序号</th><th>检测方法</th><th>对穿越套管处腐蚀防护评价有效性的分析</th></tr>
<tr><td>1</td><td>便携式 CSE 参比电极检测套管-地电位</td><td rowspan="2">● 通过固定 CSE 参比电极检测套管-地电位、管道-地电位，可依据检测结果的比对分析来判断套管与管道是否存在电子短路；
● 考虑 IR 降的影响可对套管阴极保护有效性进行评价；
● 由于套管环形空间未设置参比电极，无法对套管内主管道阴极保护有效性进行判断。</td></tr>
<tr><td>2</td><td>便携式 CSE 参比电极检测管道-地电位</td></tr>
</table>

续表

序号	检测方法	对穿越套管处腐蚀防护评价有效性的分析
3	密间隔电位+交/直流电位梯度(CIPS +ACVG/DCVG)检测	● 可消除IR降的影响对套管阴极保护有效性进行直接评价; ● 受作业现场条件限制,无法对套管及套管内主管道阴极保护有效性进行评价。
4	管道内检测	● 可以实现对套管内主管道腐蚀缺陷大小进行检测及评价; ● 无法对套管腐蚀缺陷大小进行检测及评价。

3 穿越套管处腐蚀防护运行维护方法

基于以上的分析,为有效控制穿越套管处腐蚀风险,针对中亚天然气管道哈国段穿越套管阴极保护设计情况,结合管道运行管理情况,提出以下穿越套管处腐蚀防护运行维护方法。

3.1 利用固定参比电位差法检测穿越套管与管道绝缘密封处套管与管道的电位,结合阴保站周期性通断设置,可判断套管与管道是否存在电子短路。如果存在电子短路,则需严密监控套管-地电位。若有较大的正向偏移突变,要求对穿越套管与管道间橡胶密封进行检查。若橡胶密封损坏,要求对穿越套管与管道间的环形空间进行检查,及时清理空间内进入的泥浆,并进行晾晒。同时在穿越套管与管道端头位置用木块沾沥青填塞加固,增强橡胶绝缘密封件的承压能力,避免橡胶绝缘密封再次损坏。

3.2 加强穿越套管处可调电阻箱的检测与维护管理,调整跨接电阻数值令套管相对于主管处于阳极性。

3.3 在每五年一次的内检测作业中,将穿越套管处内检测报告信息进行单独分析,重点关注穿越套管处的管道缺陷,并根据缺陷情况安排计划性维修。

3.4 制定穿越套管缺陷点维修方案,开展穿越套管内主管道腐蚀穿孔泄漏应急实战演练,并根据演练情况进一步完善应急预案。

4 优化穿越套管处腐蚀防护设计及施工的建议

基于以上分析,为有效控制穿越套管处腐蚀风险,针对中亚天然气管道哈国段穿越套管阴极保护设计情况,提出优化穿越套管处腐蚀防护设计及施工的建议。

4.1 选用导电性能良好的水泥或者混凝土套管代替钢制套管。

4.2 将合适的填充材料注入环形空间,该填注料具有缓蚀性,比如粘弹性化合物、缓蚀蜡。

4.3 优选穿越套管与主管道间绝缘衬垫,保证绝缘衬垫质量,同时做好管道穿越处顶管施工作业控制,以控制穿越套管与主管道电子短路风险。

5 结论

综合上述分析,可以看出中亚天然气管道哈国段穿越套管处存在阴极保护有效性评价难、阴极保护失效后维修治理难及穿越处管道腐蚀穿孔引起的天然气泄漏维抢修难度大等特点。因此,有必要将日常检测与管道内、外检测相结合,综合利用各种腐蚀防护检测技术手段,实施运行风险管控。同时重点控制穿越套管阴极保护设计、材料选型及施工,以确保穿越套管腐蚀防护有效。

参 考 文 献

[1] 中哈天然气 AB 线管道竣工图，KING 设计院；

[2] 中哈天然气 AB 线管道竣工图，CPPE 设计院；

[3] 哈萨克斯坦干线天然气管道运行技术规范；

[4] 哈萨克斯坦干线管道运行安全规范；

[5] GOST 9.602—2005 地下构筑物腐蚀防护总体要求；

[6] GOST P 51164-98 钢质干线管道一般防腐蚀要求；

[7] AGP 与 ICA 签署的 2018 年年度生产计划；

[8] 中亚天然气管道公司技术标准手册-内检测与评价技术标准；

中哈天然气管道C线FGS系统复位分析

李 伟 叶建军 周 勇 赵 亮

（中油国际管道公司 中哈天然气管道项目）

摘 要 中哈天然气管道C线哈国段站控自动化系统中的SCADA软件是由三个层次组成的，最底层由ABB公司的CBM(用于本文中的FGS系统)，第二层SCS的软件平台由ABB公司的SCADA Vantage组成，第三层ACC的软件平台也由ABB公司的SCADA Vantage组成，与第二层SCS形成一个完整的SCADA软件结构。FGS系统中的开关量大多采用模拟量模拟开关量的形式接入模拟量通道，采用了两电阻结构，这种结构可以防止信号回路的开路和短路误判，我们根据这种信号的结构特点，进行了深入分析，归纳了模拟量当开关量使用的特点，给出了FGS系统复位故障的原因，并给出了运行中排查解决的建议。

关键词 天然气 FGS 管道 复位 故障

开关量信号经常出现控制回路线路松动导致的断路假信号或错误信号，也会出现控制回路金属接头搭接或者设备进水导致的短路假信号或错误信号，这些假信号或错误信号如果直接用开关量接入PLC通道，则无法从HMI及编程程序中判断信号的真伪，为了解决这个问题通常采用物理开关并联固定阻值的电阻然后再串联固定阻值的电阻接入模拟量通道，从而根据电流情况，判断是正常的开关断开闭合，还是控制回路短路或者断路造成的故障信号。但是采用这种信号的开关量中有一类信号是复位信号，操作人员不注意的情况下，短时间频繁按动按钮触发复位信号，会导致电流的频繁改变，从而导致PLC通道故障或者保险损毁，进一步导致自控系统工作不正常。

1 概述

中哈天然气管道C线哈国段站控自动化系统中的SCADA软件是由三个层次组成的，最底层由ABB公司的CBM(用于站场的PCS、ESD、FGS和阀室的RTU)，它负责对底层的PCS/ESD/FGS/RTU进行组态和维护。第二层SCS的软件平台由ABB公司的SCADA Vantage组成，主要包括HMI、实时和历史数据库。SCS的SCADA Vantage通过OPC通讯方式与站场PCC/ESD/FGS进行数据交换，并作为HMI运行的后台数据库，对现场信号进行监控。另外SCS的SCADA Vantage与附近的RTU阀室可以直接进行通讯，通讯方式采用IEC104协议。第三层ACC的软件平台也由ABB公司的SCADA Vantage组成，与第二层SCS形成一个完整的SCADA软件结构。ACC第一方式直接访问SCS的ABB服务器，如果访问失败，则直接与站场的PLC/ESD通过OPC进行通讯。ACC与RTU通讯方式采用的是IEC104协议。ACC的HMI与SCS的HMI保持一致。

中亚管道C线哈国段设立了独立的FGS系统，采用独立的控制单元，符合IEC61508要求，得到SIL2安全等级认证的设备。压缩机组的UCS系统也单独设置了其自身的FGS系统。

FGS系统主要包括：建筑物火灾报警系统、可燃气体检测及报警系统、火焰检测及报警系统、风机系统、消防系统。

1.1 FGS系统总体介绍

1.1.1 建筑物火灾报警系统

建筑物火灾报警系统要求自成体系，包括感温、感烟、感温电缆、火灾报警按钮、火灾声光报警器。

火灾报警系统综合显示盘产生的所有报警信息均在其控制器上显示、报警、记录、打印。

火灾报警系统综合显示盘报警数据和故障数据上传送至FGS系统。

火灾报警系统按区域输出火灾报警信号，每一个建筑单体设为一个报警区域，输出信号不区分烟感、温感、感温电缆报警。

要求火灾报警控制器输出故障报警信号，该信号为总报警。

1.1.2 可燃气体检测及报警系统

在工艺装置区、压缩机附属区、压缩机厂房、发电机厂房、锅炉房内设置可燃气体探测器，每个探测器配有独立的控制器，所有控制器都集中安装在机柜间的机柜中。可燃气体探测器以4~20mA的模拟量信号上传到控制器中，再由控制器将探测器的检测信号上传到FGS系统的PLC中，检测信号是接点信号(DI)，包括可燃气体高报警、高高报警、故障报警三个。

可燃气体达到爆炸下限浓度的20%为高报警，40%为高高报警。

可燃气泄漏报警信息均在其控制器上显示、报警、记录。

在站控、中心HMI上产生可燃气泄漏报警信息，明确报警点。

1.1.3 火焰检测及报警系统

在压缩机厂房、发电机厂房、锅炉房内设置火焰探测器，每个探测器配有独立的控制器，所有控制器都集中安装在机柜间的机柜中。

火焰探测器以4~20mA的模拟量信号上传到控制器中，再由控制器将探测器的检测信号上传到FGS系统的PLC中，检测信号是接点信号(DI)，包括火焰报警、故障报警两个。

火焰探测器报警信息均在其控制器上显示、报警、记录。

在站控、中心HMI上产生火焰报警信息，明确报警点。

1.2 FGS逻辑

1.2.1 工艺装置区

CCS6站在过滤分离区设置16个可燃气体探头，位号AT-020001~020016；在空冷器区设置13个可燃气体探头：AT-050001~030013；在压缩机附属区设置6个可燃气体探头：AT-040001~040006。共计35个。

触发事件高报。可燃气体高报1ooN，由FGS系统直接触发控制室的声光报警器

触发事件高高报。可燃气体高报2ooN，由FGS系统输出硬线信号(FESD-01000X)至ESD系统，执行站场ESD。

1.2.2 压缩机厂房

CCS6站在每个压缩机厂房设置了4个可燃气体探头和8个火焰探测器。

触发事件1：单个厂房可燃气体探测器1oo4高报警，且无火灾(火焰2oo8)发生时。

联锁事件：由 FGS 系统直接触发控制室的声光报警器。由 FGS 系统连锁打开相应厂房内的所有的风机。

触发事件 2：单个厂房可燃气体探测器 2oo4 高高报警。

联锁事件：由 FGS 系统输出硬线信号至 ESD 系统，执行单体设备 ESD。

触发事件 3：两个或两个以上厂房可燃气体探测器 2oo4 高高报警。

联锁事件：由 FGS 系统输出硬线信号至 ESD 系统，站场 ESD。

触发事件 4：单个厂房火焰探测器 1oo8 报警。

联锁事件：由 FGS 系统直接触发控制室的声光报警器。

触发事件 5：单个厂房火焰探测器 2oo8 报警。

联锁事件：由 FGS 系统输出硬线信号至 ESD 系统，执行区域 ESD。由 FGS 系统连锁关闭相应厂房内所有风机。由 FGS 系统发出信号至低压开关柜，切断相应厂房内所有电源。由火焰控制柜直接发出信号至干粉控制柜，启动相应厂房内灭火系统。

触发事件 6：2 个或 2 个以上厂房火焰探测器 2oo8 报警。

联锁事件：由 FGS 系统输出硬线信号至 ESD 系统，执行站场 ESD。

1.2.3　发电机厂房

CCS6 站在燃气发电机厂房内设置了 4 个可燃气体探测器和 8 个火焰探测器。

触发事件 1：alarm 厂房可燃气体探测器 1oo4 高报警。

联锁事件：由 FGS 系统直接触发控制室的声光报警器。由 FGS 系统连锁打开厂房内的事故风机。

触发事件 2：厂房可燃气体探测器 2oo4 高高报警。

联锁事件：由 FGS 系统输出硬线信号至 ESD 系统，执行发电机区域 ESD。

触发事件 3：alarm 厂房火焰探测器 1oo8 报警。

联锁事件：由 FGS 系统直接触发控制室的声光报警器。

触发事件 4：alarm 厂房火焰探测器 2oo8 报警。

联锁事件：由 FGS 系统输出硬线信号至 ESD 系统，执行发电机区域 ESD。

1.2.4　柴油发电机厂房

在柴油发电机厂房设置了 2 个可燃气体探测器和 2 个火焰探测器 .

触发事件 1：厂房可燃气体探测器或火焰探测器 1oo2 报警，且无火灾(火焰 2oo2)发生时。

联锁事件：由 FGS 系统直接触发控制室的声光报警器。

触发事件 2：厂房可燃气体探测器或火焰探测器 2oo2 报警。

联锁事件：由 FGS 系统输出硬线信号至 ESD 系统，区域 ESD。

1.2.5　锅炉房

CCS6 站在锅炉房内设置了 2 个可燃气体探测器 2 个火焰探测器。

触发事件 1：锅炉房内可燃气体探测器 1oo2 高报警。

联锁事件：由 FGS 系统直接触发控制室的声光报警器。

触发事件 2：锅炉房内可燃气体探测器 2oo2 高高报警。

联锁事件：由 FGS 系统联锁关闭燃料气管线上的电磁阀，并进行放空。

触发事件 3：锅炉房内火焰探测器 1oo2 报警。

联锁事件：由 FGS 系统直接触发控制室的声光报警器。

触发事件 4：锅炉房内火焰探测器 2oo2 报警。

联锁事件：由 FGS 系统联锁关闭燃料气管线上的电磁阀，并进行放空。

1.2.6 清管区

CCS6 站在清管区内设置了 2 个可燃气体探测器 2 个火焰探测器。

触发事件 1：清管区内可燃气体探测器 1oo2 高报警。

联锁事件：由 FGS 系统直接触发控制室的声光报警器。

触发事件 2：清管区内可燃气体探测器 2oo2 高报警。

联锁事件：由 FGS 系统触发由 FGS 系统输出硬线信号至 ESD 系统，PTS 区 ESD，并进行放空。

触发事件 3：清管区内火焰探测器 1oo2 报警。

联锁事件：由 FGS 系统直接触发控制室的声光报警器。

触发事件 4：清管区内火焰探测器 2oo2 报警。

联锁事件：由 FGS 系统触发由 FGS 系统输出硬线信号至 ESD 系统，PTS 区 ESD，并进行放空。

1.2.7 调压撬

CCS6 站三个调压撬房，两个用于调压，一个为小锅炉换热间，2 个可燃气体探测器 2 个火焰探测器。

触发事件 1：撬内可燃气体探测器 1oo2 高报警。

联锁事件：由 FGS 系统直接触发控制室的声光报警器。

触发事件 2：撬内可燃气体探测器 2oo2 高高报警。

联锁事件：由 FGS 系统输出到 ESD 系统关闭撬座进出口阀门并进行放空。

触发事件 3：撬内火焰探测器 1oo2 高报警。

联锁事件：由 FGS 系统直接触发控制室的声光报警器。

触发事件 4：撬内火焰探测器 2oo2 高高报警。

联锁事件：由 FGS 系统输出到 ESD 系统关闭撬座进出口阀门并进行放空。

1.2.8 各建筑单体

办公楼、库房、综合设备间、发配电间、消防泵房、警卫楼、门卫 7 个单体设置了建筑物火灾报警系统，当发生火灾时，由火灾综合报警盘分别输出 7 个硬点信号给 FGS 系统 PLC。

触发事件 1：建筑单体火灾报警信号。

联锁事件：由 FGS 系统直接触发控制室的声光报警器。由 FGS 系统发出信号至低压开关柜，切断相应建筑单体内所有电源。

对于上面提到的 FGS 系统各种火气信号，如果触发了火气信号，后续需要对 FGS 系统进行复位时，就需要用到火气系统的复位按钮。中哈天然气管道 C 线火气系统中采用了硬接线复位按钮，用于对现场触发信号的复位操作。例如可燃气体探头报警、火焰探测器报警、感温感烟报警、以及火气系统 ESD 触发后的控制点的复位。C 线经过 2 年的运行，在 Ecos 厂家及站场日常对火气系统进行测试的过程中出现过多次触发的火气信号无法复位的事件。

针对这些情况，依据 FGS 复位按钮的相应工作特点，我们进行了仔细的分析和处理。

2 分析与处理

由于 C 线各站 FGS 复位按钮相同，下面以 CCS6 站 FGS 按钮为例对火气系统无法复位问题进行分析和处理。

2.1 CCS6 的 FGS 复位按钮基本情况介绍

FGS 复位采用常开触点，现场 FGS 按钮开关并联 8.2 千欧电阻后串联 3.9 千欧电阻。到机柜后先过接线端子，正负级浪涌，再过正极保险，接入 AI 模拟量通道中，如图 1 所示。

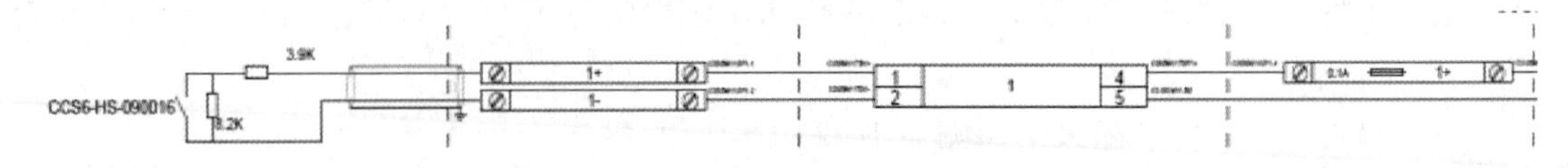

图 1 FGS 复位按钮控制回路简图

当检测到电流 $0 \leq I \leq 0.54$mA 时表示回路断开 false，当电流 $0.54 < I \leq 1.46$mA 时会判断为超过下限 false，当电流 $1.46 < I < 4.48$mA 时会判断为回路正常状态，当电流 $4.48 \leq I < 20$mA 时会判断进行 FGS 复位，当电流 $20 \leq I < 20.95$mA 时会判断为超过上限 false，电流 20.95mA ≤I 时表示回路短接 false[1-3]，如图 2 所示。

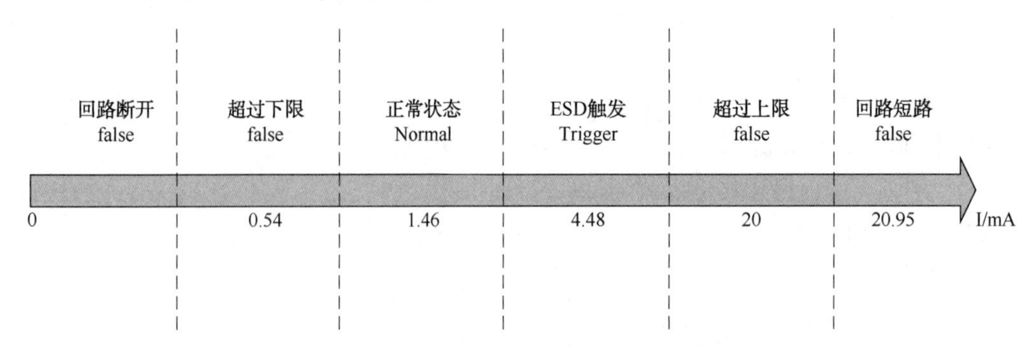

图 2 FGS 复位按钮回路触发报警电流区间

2.2 故障原因分析

经分析故障原因可能如下：

(1) Reset 按钮通道保险或者浪涌损坏。

(2) Reset 按钮通道有线路松动或者短路。

(3) Reset 按钮采用的是模拟量当开关量使用，通道为模拟量模块，按钮本身为开关内部采用三电阻组合。可能为按钮本身的故障。

(4) Reset 按钮 PLC 的 I/O 通道故障，图 3 为复位按钮照片，图 4 为按钮内部接线情况。

2.3 故障排查

根据之前分析的故障可能情况，对应进行了排查：

(1) 用万用表电压挡和电阻档对该按钮线路上的保险和浪涌进行了检测。拆下浪涌放在工作正常的回路上，采用电压档测试浪涌两端的电压与正常工作的回路基本一致，排除了浪涌故障。拆下保险，进行电阻及通断测试，排除了保险故障。

(2) 用万用表电压挡对该按钮的各段接线线路进行了检查发现连接良好。

(3) 断开回路对按钮本身的回路和三个电阻进行了测试。按钮本身无故障。图 5 为按钮内部接线简图。

图3　FGS复位按钮照片

图4　按钮内部接线

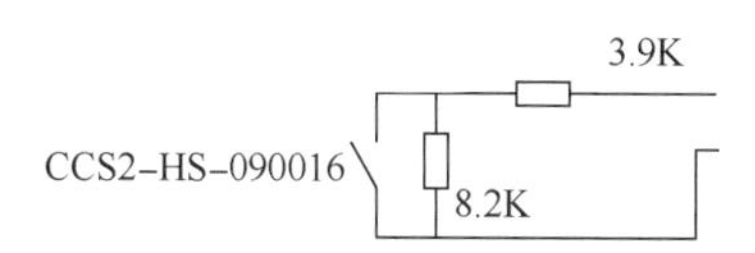

图5　按钮内部接线情况

(4)对FGS复位按钮回路上的电压进行测试发现电压无法传递出I/O模块的该通道，因此判断为通道故障，于是对该通道保护模块进行热插拔，通道恢复正常。图6为实物红圈标识。(对该模块整体进行热插拔同样能使该按钮通道恢复正常工作)

图6　按钮接入PLC通道

2.4 FGS 复位按钮测试总结

(1) FGS 复位按钮回路上的电压进行测试发现电压无法传递出 I/O 模块的该通道，因此判断为通道故障。

(2)同时对 ESD 复位按钮进行了检查，工作正常。

(3)对该通道保护模块进行热插拔，通道恢复正常工作。对该模块整体进行热插拔同样能使该按钮通道恢复正常工作。

(4)FGS 复位按钮 PLC 中设定：当检测到电流 $0 \leq I \leq 0.54$mA 时表示回路断开 false，当电流 $0.54 < I \leq 1.46$mA 时会判断为超过下限 false，当电流 $1.46 < I < 4.48$mA 时会判断为回路正常状态，当电流 $4.48 \leq I < 20$mA 时会判断 ESD 触发状态，当电流 $20 \leq I < 20.95$mA 时会判断为超过上限 false，电流 $20.95\text{mA} \leq I$ 时表示回路短接 false。(不同站场设定有差异)

(5)FGS 复位按钮 PLC 中设定当 $1.46 < I < 4$mA 时，PLC 报警限制设置为 0%。当电流 $4 < I < 20$mA，对应 PLC 变量值 0~100%。，变量设定为 3%~100%FGS 进行复位。当 $20.95\text{mA} < I$ 和 $I < 0.54$mA，对应回路为短路和断开故障，同时 PLC 报警变量值对应相应的数值，该数值可以进行人为的设定和修改便于直观发现回路故障。

3 结论及建议

FGS 复位按钮无法复位 FGS 系统的原因是：FGS 复位按钮回路上的电压无法传递出 I/O 模块的该通道，导致该 FGS 复位按钮无法正常工作。

由于 C 线站场在日常运行和测试过程中发生了多次 FGS 复位按钮无法对触发的 ESD 信号进行复位的情况，根据现场情况建议如下：

(1)站场自控工程师及厂家测试人员，在完成工作进行屏蔽及报警恢复时，Reset 按钮的触发操作短时间内不要过于频繁，因为电流频繁的大幅度改变会导致模块保护，使得该通道不能正常工作。

(2)在自控控制回路维护过程中，注意可能触发信号的屏蔽，避免二次触发或损坏其它电子原器件。

(3)FGS 系统中的开关量大多采用模拟量模拟开关量的形式接入模拟量通道，采用了两电阻结构，这种结构可以防止信号回路的开路和短路误判，熟悉这种通道的结构原理及信号回路工作原理，有助于迅速查找故障的根本原因。

参 考 文 献

[1] 王树青，乐嘉谦．自动化与仪表工程师手册[M]．化学工业出版社．2011.

[2] 厉玉鸣．化工仪表及自动化[M]．化学工业出版社．2011.

[3] 石油化工仪表自动化培训教材编写组．自动化仪表[M]．中国石化出版社．2009.

[4] 中国标准版化委员会．手动火灾报警按钮[C]．中国标准出版社．2015.

[5] 卡梅尔．PLC 工业控制[M]．机械工业/出版社．2015.

[6] 廖常初．PLC 编程及应用[M]．机械工业出版社．2014.

中缅原油管道(缅甸段)生产运营风险分析

李正清

(中油国际管道公司 中缅油气管道项目)

摘 要 中缅原油管道沿线地形复杂，管道海拔起伏大，自然环境恶劣，事故后果严重。因此，分析生产运营中面临的安全风险，对管道长期平稳安全运营有较大意义。本文采用故障树分析法，根据地形特征，将中缅原油管道(缅甸段)分为海沟段、山区段、平原段。绘制各段管道故障树，逐层分析导致顶端事件发生的基础事件。通过定性分析，求出各段管道故障树的最小割级，分析割集阶数与基础事件出现频率。同时，对各段管道进行定量风险分析，运用模糊理论求解各个基础事件发生概率，并进一步计算管道失效概率以及基础事件的概率重要度和临界重要度。通过分析，确定各段管道在运营过程中面临的风险因素，并根据分析结果，提出规避或减小运营风险的方式方法。

关键词 中缅原油管道 生产运营 风险管理 故障树

1 引言

中缅原油管道是我国开辟的第四大能源通道，此管道的建成投产，使中国部分从中东进口的原油运输避开马六甲海峡，原油可在缅甸西海岸的皎漂市马德岛码头上岸，经中缅原油管道将原油输送至昆明炼油厂。

中缅原油管道沿线地形结构复杂，管道垂直落差较大，自然环境恶劣。管道事故引发的后果严重。因此，对管道生产运营过程中存在的风险进行定性及定量分析，并针对性的提出解决方案，对管道长期平稳运行有较大意义。

本文将采用风险评价中常用的故障树分析法，对中缅原油管道生产运营风险进行评价。将中缅原油管道根据地域分段，为每一段管道建立故障树，找出最小割集，计算顶端事件发生概率，求解各基础事件敏感度，进而得出管道运行风险点。针对发现的具体风险点，提出相应解决方案，并加以讨论。

2 管道分段

根据管道沿线地质特点不同，影响管道安全的风险点就不同，根据不同的地质特点，本文将管道分为以下三段：

海沟段：马德首站至新康丹泵站，此段管路海沟穿越较多，并敷设有一段海底管道，同时，马德首站设有120万方原油储备库以及30万吨级原油码头。因海底管道的特殊性，此段管道在管道巡护、维抢修方面较为特殊。

山区段：山区段管道分为两段，分别为新康丹泵站至G08阀室、曼德勒泵站至南坎计量站。此段管路经过山区，高程起伏很大，对于运行控制难度较大，特种抢险车辆运维难度大。山区由于民地武存在，战争风险较大。

平原段：G08 阀室至曼德勒泵站，此段管路为平原管路，地势平坦，沿途政治局势稳定，但管道经过伊洛瓦底江穿越，途经多处敏感地带。

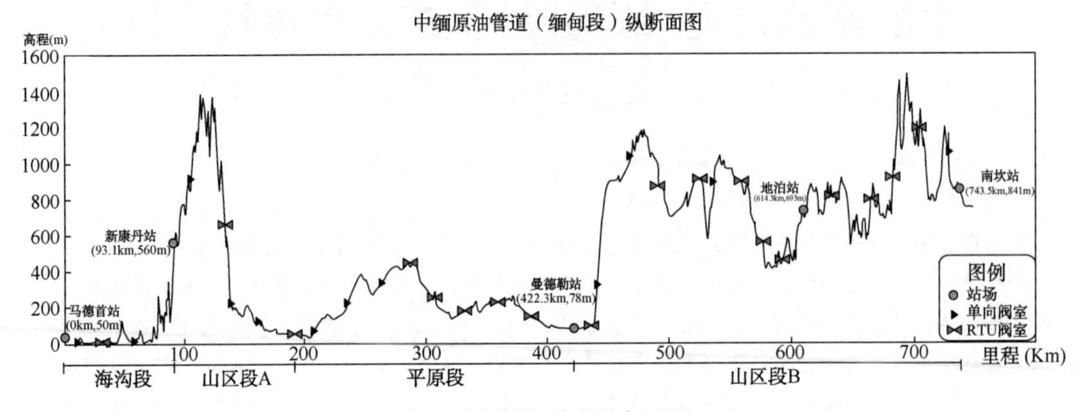

图 1 中缅原油管道纵断面图

3 构建中缅原油管道故障树

根据中缅管道基本情况，构建各段管道故障树。故障树图例及基本事假列表见附表 1、附表 2。

（1）海沟段管道故障树

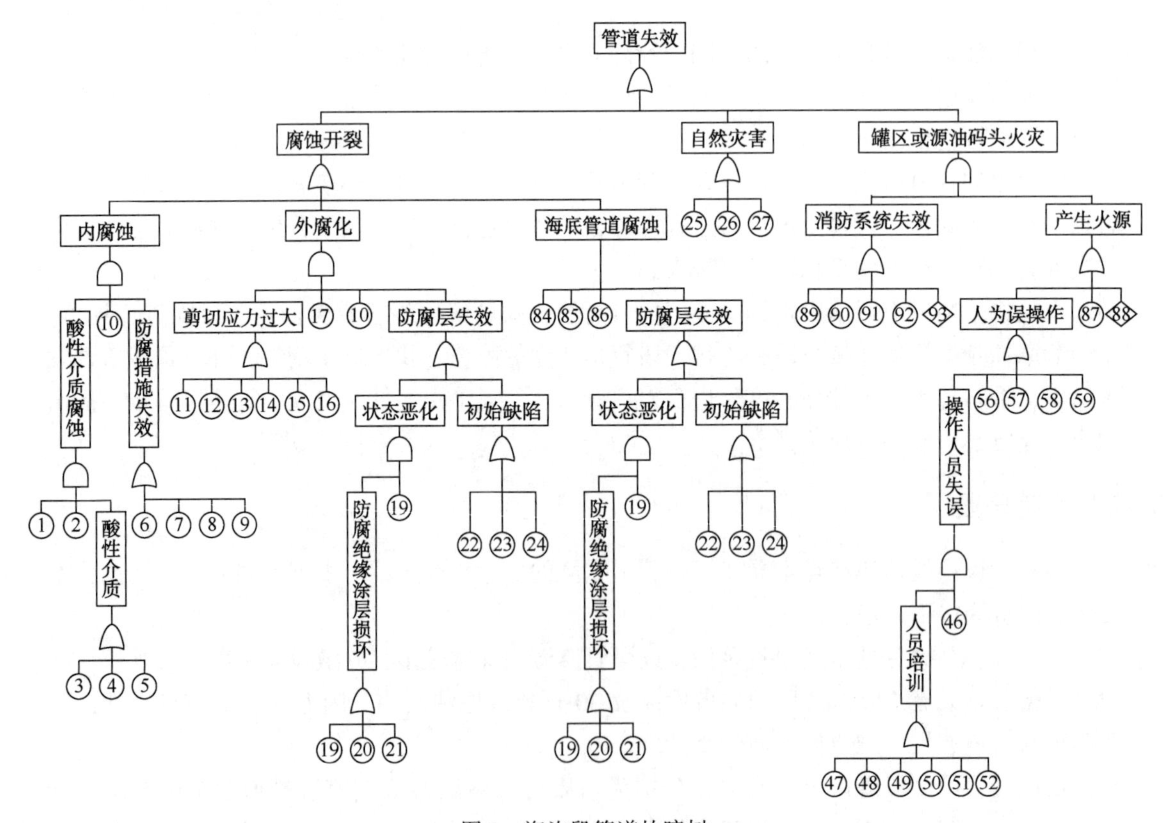

图 2 海沟段管道故障树

(2) 山区段管道故障树

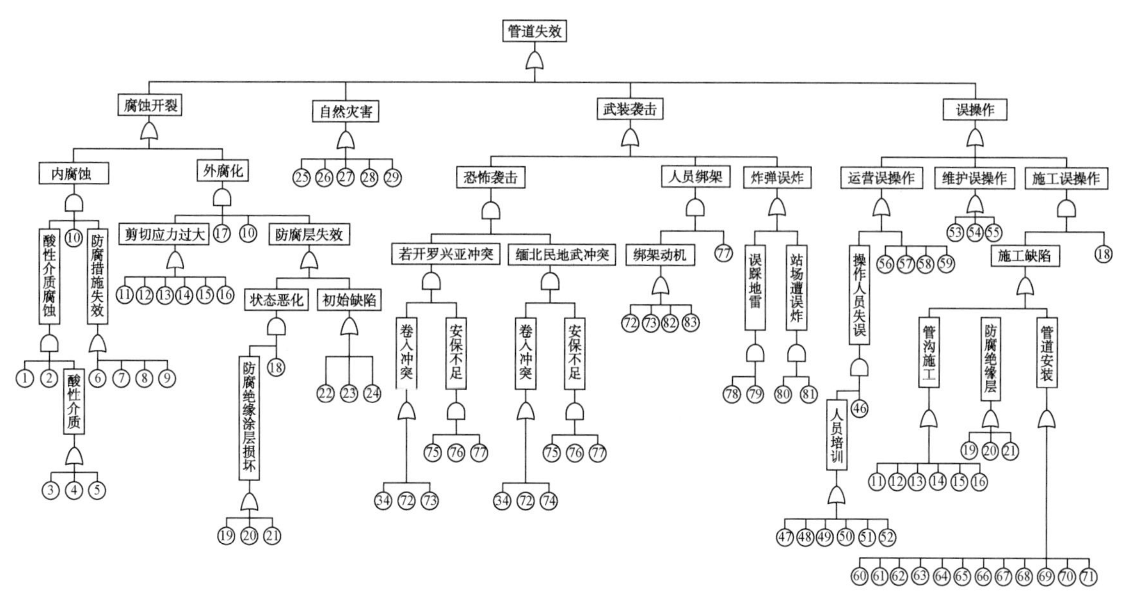

图 3　山区段管道故障树

(2) 平原段管道故障树

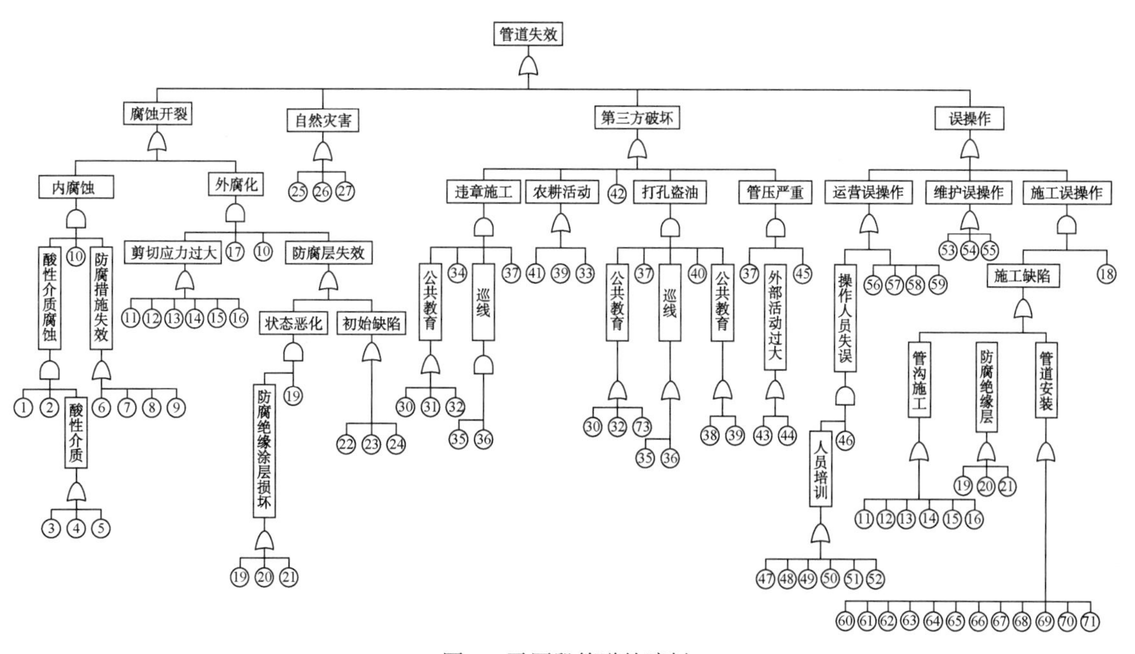

图 4　平原段管道故障树

4　中缅原油管道故障树定性分析

(1) 最小割级

进行故障树分析，需要找到导致顶端事件发生的全部因素，并对因素进行逐一分析，找出最容易导致事件发生的基本事件，确定故障树系统中的薄弱环节。通过分析故障树最小割集的方法，可以有效分析对系统安全性影响最大的风险因素。

割集，是指一个包含若干基本事件的集合。若一个集合中，包含的事件全部或部分发生都必然导致顶端事件(管道失效)发生，则该事件的集合被称之为割集。

最小割集，是割集中的一种，如果一个割集中，当且仅当全部所含事件发生，才会导致顶端事件发生时，该集合被称为最小割集。最小割集的阶数及基本事件出现概率是基本事件关键程度的重要指标。

(2) 海沟段管道最小割集及阶数分析

整理海沟段管道最小割集列表见附表3，根据整理的海沟段管道最小割级，可计算不同阶数的最小割级数量以及各个基本事件的出现频率。

海沟段最小割级阶数整理如下表：

表1 海沟段管道最小割级阶数统计

割集阶数/阶	割集数量/个	割集阶数/阶	割集数量/个
一	3	二	30
三	24	四	21
五	33		

根据割集阶数分析结果可知，海沟段管道故障树的3个一阶割集基本事件为自然灾害，分别是发生塌方，发生洪水，以及发生地震。海沟段管道拥有首站罐区，海底管道，卸油码头等设施，在发生以上三种自然灾害的情况下，将导致管道无法正常运行。二级割集有30个，二阶割集中，重要的基本事件包括罐区及原油码头消防系统失效，人员训练不足，发生雷击，油轮着火等火源，以及海底管道腐蚀保护失效等。二阶割集基本事件出发的中间事件主要是罐区失火，卸油码头失火，海底管道腐蚀等事件。这类中间事件都将直接导致顶端事件的发生。

分析海沟段管道各个基本事件出现的频率，统计如下：

表2 海沟段管道最小割级基本事件统计

序号	事件编号	出现频次	事件描述
1	10	48	管材抗腐蚀性差
2	17	36	电流干扰
3	46	24	运行监督不足
4	18	21	施工监理不到位
5	1	16	H_2O 含量过高
6	2	16	温度过高
7	89	12	泡沫发生器保养差
8	90	12	消防泵保养差
9	91	12	喷淋塔保养差
10	92	12	喷淋管保养差

海沟段管道故障树中，出现频率较高的基本事件包括管材抗腐蚀系统失效，施工监理不到位，首站消防系统失效等问题，此类事件将导致管道被腐蚀，罐区或码头失火的事故。

(3) 山区段管道最小割集及阶数分析

整理山区段管道最小割集列表见附表4，分析山区段管道最小割集如下：

山区段最小割级阶数整理如下表：

表3　山区段管道最小割级阶数统计

割集阶数/阶	割集数量/个	割集阶数/阶	割集数量/个
一	12	二	33
三	0	四	34
五	30		

根据割集阶数分析结果可知，山区段管道故障树的12个一阶割集基本事件为自然灾害，维护误操作，运营误操作等，自然灾害包括塌方、滑坡、泥石流、地震、洪水，以上自然灾害的发生都将导致管道失效，维护误操作的基本事件包括设备维护不及时，维护文件缺失，维护人员责任心差。运营误操作的基本事件包括SCADA系统故障，操作规程有误，人员培训不足，责任心差，安全设备故障等。二级割集有33个，二阶割集中，重要的基本事件包括站场或基地遭到恐怖袭击，巡线人员被武装分子绑架，站场或阀室遭到炸弹误炸，人员培训不足导致的操作失误等。

分析山区段管道各个基本事件出现的频率，统计如下：

表4　山区段管道最小割级基本事件统计

序号	事件编号	出现频次	事件描述
1	10	48	管材抗腐蚀性差
2	18	39	施工监理不到位
3	17	36	电流干扰
4	1	16	H_2O 含量过高
5	2	16	温度过高
6	46	6	运行监督不足
7	75	4	安保信息滞后
8	76	4	军队处突能力差
9	77	4	警察安保不力

山区段管道故障树中，出现频率较高的基本事件包括管材抗腐蚀系统失效，施工监理不到位，运行监督不足，安保信息滞后，军队或警察保护力度或能力不足。

(4) 平原段管道最小割集及阶数分析

整理平原段管道最小割集列表见附表4，分析平原段管道最小割集如下：

平原段最小割级阶数整理如下表：

表5　平原段管道最小割级阶数统计

割集阶数/阶	割集数量/个	割集阶数/阶	割集数量(个)
一	14	二	27
三	2	四	24
五	42		

根据割集阶数分析结果可知，平原段管道故障树的 14 个一阶割集基本事件为自然灾害，管道上方农耕活动，违章施工等第三方破坏，维护误操作，运营误操作等，自然灾害包括塌方、地震、洪水，以上自然灾害的发生都将导致管道失效，第三方破坏包括社会关系差，巡线工责任心差，群众公共财产意识差，法律法规不健全或执法不严格，维护误操作的基本事件包括设备维护不及时，维护文件缺失，维护人员责任心差。运营误操作的基本事件包括 SCADA 系统故障，操作规程有误，人员培训不足，责任心差，安全设备故障等。二级割集有 27 个，二阶割集中，重要的基本事件包括管道防腐蚀措施失效，运营误操作等。

分析平原段管道各个基本事件出现的频率，统计如下：

表 6　平原段管道最小割级基本事件统计

序号	事件编号	出现频次	事件描述
1	10	48	管材抗腐蚀性差
2	18	39	施工监理不到位
3	17	36	电流干扰
4	37	20	报警系统失效
5	1	16	H_2O 含量过高
6	2	16	温度过高
7	40	12	周边地区经济差
8	35	9	巡线频率低
9	36	9	巡线员责任心差
10	30	6	法律法规不健全
11	31	6	执法不严
12	34	6	社会关系较差
12	38	6	公共财产意识差
14	39	6	安全教育不够
15	46	6	运行监督不足

平原段管道故障树中，出现频率较高的基本事件包括管材抗腐蚀设备失效，施工监理不到位，巡线人员责任心差，沿线法律法规不健全，执法不严，公共财产意识差，安全教育不足等，这类事件将导致管道遭到第三方破坏。其中包括管道沿线违章施工，管道上方种植深根植物，恶意破坏等现象。

5　中缅原油管道故障树定量分析

（1）整体思路

定性分析中，已经获得中缅原油管道故障树，但基础事件中仍存在模糊不确定性，难以获得基础事件发生的精确概率。由于基础事件发生概率本身较小，而顶端事件发生的原因较为多样，为较为准确的计算顶端事件发生的概率，需要引入模糊理论对难以确定的基础事件概率进行计算[1]。通过基础事件概率，求得顶端事件发生的概率，以及各基础事件在顶端事件发生中的重要度，从而确定需要改善的风险管理因素。定量评价过程中，对故障树基本事件隶属函数的确定，顶端事件发生概率的运算，重要度指标函数的运用是分析的关键步骤[1]。

(2) 模糊集理论

模糊理论1965年提出，该理论可有效处理现象不精确和模糊的问题。其表述如下：

域U中的模糊集合$\widetilde{A}$，是以隶属函数$\mu_{\tilde{A}}$为表征的集合，及$\mu_{\tilde{A}}$：$U\to[0,1]$对任意$u\in U$，有$u\to\mu_{\tilde{A}}(u)$，$\mu_{\tilde{A}}(u)\in[0,1]$，称$\mu_{\tilde{A}}(u)$为元素u对于$\widetilde{A}$的隶属度，它标识u属于$\widetilde{A}$的程度。有时可将$\mu_{\tilde{A}}(u)$简单的即为$\widetilde{A}(u)$。$\mu_{\tilde{A}}(u)$越大，u隶属于$\widetilde{A}$的程度就越强。

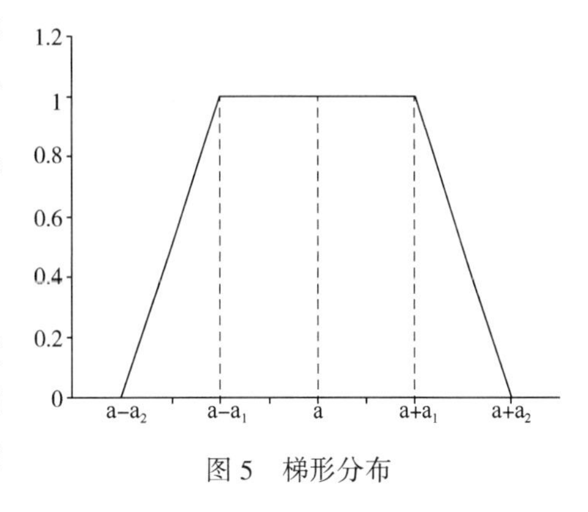

图5 梯形分布

① 模糊数

模糊数是由概念上的模糊性及各类模糊因素的作用而产生的定量分析时的不确定性数值。如“高危险性”、“高稳定性”、“0.2左右”等不精确信息，由于故障发生的概率是[0，1]中的实数，因此，论域U为[0，1]，$\tilde{q}$表示“大约为m”的模糊数，$\mu_{\tilde{g}}(x)$为$\tilde{q}$的隶属函数。模糊数$\tilde{q}$的隶属函数有多重形式，例如梯形模糊数，它的隶属函数表达式如下：

$$A(x)=\begin{cases}0, & x\leqslant a-a_2\\ \dfrac{a_2+x-a}{a_2-a_1}, & a-a_2<x\leqslant a-a_1\\ 1, & a-a_1<x\leqslant a+a_1\\ \dfrac{a_2-x+a}{a_2-a_1}, & a+a_1<x\leqslant a+a_2\\ 0, & x>a+a_2\end{cases} \tag{4.1}$$

② 语言变量

在研究中缅原油管道风险评价的过程中，对基础事件发生概率的评判分为：非常低，低，比较低，中等，比较高，高，非常高，共7级。对应VL，LF，L，M，FH，H，VH来表示，其表达式为P=｛VL，LF，L，M，FH，H，VH｝。语言值使用模糊数表示，由图可见，相邻的语言变量之间并没有明确清晰的交界，而是有一定的重合。这也是由语言变量的特点造成的。

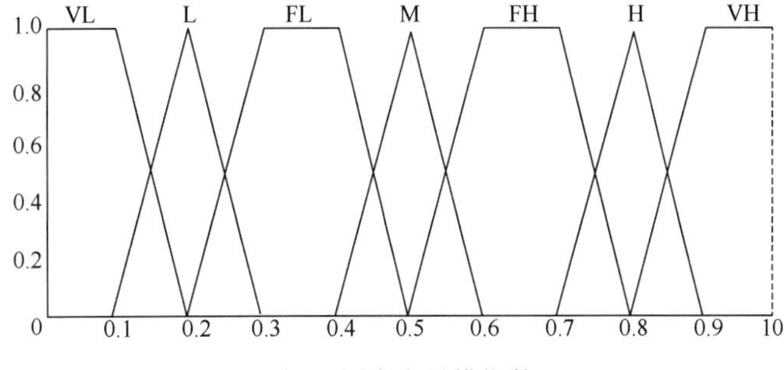

图6 语言变量模糊数

在长输油气管道风险评价领域，如评价某管段第 i 个基础事件 Xi 发生的概率，应按以下步骤：

(1) 对 Xi 作出主观评价

对每一项基础事件发生的概率进行评价，分为非常低，低，比较低，中等，比较高，高，非常高七个等级，分级越细，描述越准确，评价者水平与经验越高，则得出的评价结果就越准确。

(2) 通过计算将语言变量转换为模糊数

由语言变量模糊数图形可知，七个等级的语言变量对应的模糊数表达式如下[2]：

非常低：

$$f_{VL}(x)=\begin{cases}1.0 & (0\leq x\leq 0.1)\\ \dfrac{0.2-x}{0.1} & (0.1<x\leq 0.2)\\ 0 & (其他)\end{cases} \tag{4.2a}$$

低：

$$f_{L}(x)=\begin{cases}\dfrac{x-0.1}{0.1} & (0.1\leq x\leq 0.2)\\ \dfrac{0.3-x}{0.1} & (0.2<x\leq 0.3)\\ 0 & (其他)\end{cases} \tag{4.2b}$$

比较低：

$$f_{FL}(x)=\begin{cases}\dfrac{x-0.2}{0.1} & (0.2\leq x\leq 0.3)\\ 1.0 & (0.3<x\leq 0.4)\\ \dfrac{0.5-x}{0.1} & (0.4<x\leq 0.5)\\ 0 & (其他)\end{cases} \tag{4.2c}$$

中等：

$$f_{M}(x)=\begin{cases}\dfrac{x-0.4}{0.1} & (0.4\leq x\leq 0.5)\\ \dfrac{0.6-x}{0.1} & (0.5<x\leq 0.6)\\ 0 & (其他)\end{cases} \tag{4.2d}$$

比较高：

$$f_{FH}(x)=\begin{cases}\dfrac{x-0.5}{0.1} & (0.5\leq x\leq 0.6)\\ 1.0 & (0.6<x\leq 0.7)\\ \dfrac{0.8-x}{0.1} & (0.7<x\leq 0.8)\\ 0 & (其他)\end{cases} \tag{4.2e}$$

高：

$$f_{H}(x)=\begin{cases}\dfrac{x-0.7}{0.1} & (0.7\leq x\leq 0.8)\\ \dfrac{0.9-x}{0.1} & (0.8<x\leq 0.9)\\ 0 & (其他)\end{cases} \tag{4.2f}$$

非常高：
$$f_{VH}(x)=\begin{cases}\dfrac{0.8-x}{0.1} & (0.8\leqslant x\leqslant 0.9)\\ 1.0 & (0.9<x\leqslant 1.0)\\ 0 & (其他)\end{cases}\tag{4.2g}$$

得出语言变量表达式后，需对其进行进一步处理，通过模糊集的 α 截集理论计算，设各语言变量表达式的 α 截集为$W_\alpha=[z_1, z_2]$，z_1和z_2分别表示 α 截集的上下限，则各截集的上下限及 α 值如下[2]：

$$VL_\alpha=[vl_1,\ vl_2],\ vl_1=0,\ vl_2=0.2-0.1\alpha;\ 则\ \alpha=\frac{0.2-vl_2}{0.1}$$

$$L_\alpha=[l_1,\ l_2],\ l_1=0.1\alpha+0.1,\ l_2=0.3-0.1\alpha;\ 则\ \alpha=\frac{l_1-0.1}{0.1}和\ \alpha=\frac{0.3-l_2}{0.1}$$

$$FL_\alpha=[fl_1,\ fl_2],\ fl_1=0.1\alpha+0.2,\ fl_2=0.5-0.1\alpha;\ 则\ \alpha=\frac{fl_1-0.2}{0.1}和\ \alpha=\frac{0.5-fl_2}{0.1}$$

$$M_\alpha=[m_1,\ m_2],\ m_1=0.1\alpha+0.4,\ m_2=0.6-0.1\alpha;\ 则\ \alpha=\frac{m_1-0.4}{0.1}和\ \alpha=\frac{0.6-m_2}{0.1}$$

$$FH_\alpha=[fh_1,\ fh_2],\ fh_1=0.1\alpha+0.5,\ fh_2=0.8-0.1\alpha;\ 则\ \alpha=\frac{fh_1-0.5}{0.1}和\ \alpha=\frac{0.8-fh_2}{0.1}$$

$$H_\alpha=[h_1,\ h_2],\ h_1=0.1\alpha+0.7,\ h_2=0.9-0.1\alpha;\ 则\ \alpha=\frac{h_1-0.7}{0.1}和\ \alpha=\frac{0.9-h_2}{0.1}$$

$$VH_\alpha=[vh_1,\ vh_2],\ vh_1=0.1\alpha+0.8,\ vh_2=0.1;\ 则\ \alpha=\frac{vh_1-0.8}{0.1}$$

由以上表达式可推导出语言变量的模糊数 W 关系函数如下：

$$f_W(z)=\begin{cases}\dfrac{z-a}{0.1} & (a\leqslant z\leqslant a+0.1)\\ \dfrac{b-z}{0.1} & (b-0.1<z\leqslant b)\\ 1 & (a+0.1<z\leqslant b-0.1)\\ 0 & 其他\end{cases}\tag{4.3}$$

其中，a，b 为语言变量模糊数的上下限[3]。

（3）基本事件模糊概率

对于可以从历史数据分析获得准确发生概率的事件，如自然灾害等基本事件，可通过查阅历史数据确定其发生概率，对于不能准确确定发生概率的基本事件，采取评价与模糊理论结合的办法计算其发生的概率[4]。基础事件发生的概率求解模型与计算过程如下：

① 用 7 级语言变量评价法，对中缅原油管道安全风险基础事件逐一评价。其中，序号为 21 的基础事件“管道防腐涂层破损”所获得的评估意见分别为：高、中等、比较低、低。

② 对评价分别赋予权重w_1，w_2，w_3，w_4。可求得评价意见的总模糊数 W 如下：

$$\begin{aligned}f_{H+M+FL+L}&=\max[w_1f_H(x)\wedge w_2f_M(x)\wedge w_3f_{FL}(x)\wedge w_4f_L(x)=\{[w_1(0.1\alpha+0.7)+w_2(0.1\alpha+0.4)+\\&w_3(0.1\alpha+0.2)+w_4(0.1\alpha+0.1)],\ [w_1(0.9-0.1\alpha)+w_2(0.6-0.1\alpha)+\\&w_3(0.5-0.1\alpha)+w_4(0.3-0.1\alpha)]\}=[0.1\alpha+0.3463,\ 0.5741-0.1\alpha]\end{aligned}$$

由4.4.2.1语言变量表示一个三角形或梯形模糊数，通过整合，平均模糊数W也是一个三角形或梯形模糊数。

设：$W_\alpha=[z_1,\ z_2]=[(0.1\alpha+0.3463),\ (0.5741-0.1\alpha)]$

可得：$\alpha=(z_1-0.3463)/0.1$，同时，$\alpha=(0.5741-z_2)/0.1$

模糊数W的上下限分别为a=0.3463，b=0.5741

由此求出模糊数W隶属函数如下：

$$f_W(z)=\begin{cases}(z-0.3463)/0.1 & 0.3463<z\leqslant 0.4463\\ 1 & 0.4463<z\leqslant 0.4741\\ (0.5741-z)/0.1 & 0.4741<z\leqslant 0.5741\\ 0 & 其他\end{cases} \tag{4.4}$$

③ 模糊数转模糊可能性值

通过以上求解，获得了模糊数的上下限及隶属函数，然而，所获得的模糊数仍不是一个确定的值，而是隶属函数上的很多实数。进行管道安全风险评价，需计算更为准确的、模糊性更低的模糊可能性值FPS(Fuzzy Probability Score)，FPS是指系统中基本事件发生的最可能的值。通过左右模糊数排序法，可以进行所需转换[5]。

将最大和最小模糊集定义为：

$$f_{max}(x)=\begin{cases}x & 0\leqslant x\leqslant 1\\ 0 & 其他\end{cases} \tag{4.5a}$$

$$f_{min}(x)=\begin{cases}1-x & 0\leqslant x\leqslant 1\\ 0 & 其他\end{cases} \tag{4.5b}$$

模糊数W的左右模糊可能性值如下：

$$FPS_L(w)=\sup[f_w(x)\wedge f_{min}(x)]=0.4966$$

$$FPS_R(w)=\sup[f_w(x)\wedge f_{max}(x)]=0.5219$$

则可求解“管道防腐涂层破损”的模糊可能性值为：

$$FPS(w)=\frac{[FPS_R(w)+1-FPS_L(w)]}{2}=0.5127$$

④ 求模糊失效概率FFR(Fuzzy Failure Rate)

获得FPS模糊可能性值后，将模糊可能性值转换为模糊失效概率值：

$$FFR=\begin{cases}\dfrac{1}{10^K} & FPS\neq 0\\ 0 & FPS=0\end{cases} \tag{4.6}$$

其中，$K=\left[\dfrac{1-FPS}{FPS}\right]1/3\times 2.301$。

通过计算，可知“管道防腐涂层破损”的FFR为0.005466，即发生管道防腐层破损的概率为5.466×10^{-3}次/(公里·年)。

同理，通过以上算法，可求出故障树中各基本事件发生的概率，求解结果如下[单位为次/(公里·年)]：

中缅原油管道故障树基本事件发生概率核算表见附表6

(4) 中缅原油管道失效概率与重要度分析

通过定性分析，已经求得各段管道的最小割级，结合各基础事件发生的概率，可计算出各段管道顶端事件发生的概率，同时，对基本事件进行重要度分析。

① 顶端事件概率求解模型

在定性分析中求得的最小割级中，每个事件均发生才会导致顶端事件的发生，因此，第j个最小割级发生的概率为：

$$p_j = \prod_{x_i \in K_j} p_i \tag{4.7}$$

对于系统顶端事件，顶端事件的失效概率等于各个最小割级发生概率之和，因此，得出顶端事件失效概率如下：

$$P = \sum_{j=1}^{K} p_j = \sum_{j=1}^{K} \prod_{x_i \in K_j} p_i \tag{4.8}$$

其中，P——顶端事件发生概率

p_i——第i个基础事件发生的概率

i——基础事件序号

j——最小割级序号

K——最小割级的个数

将已经求得的基础事件概率按照最小割级带入上式，即可求得各段管道顶端事件发生的概率。

通过计算，求得如下结果：

海沟段管道顶端事件发生概率 $P=1.06\times10^{-2}$

山区段管道顶端事件发生概率 $P=1.74\times10^{-2}$

平原段管道顶端事件发生概率 $P=1.82\times10^{-2}$

② 基础事件重要度分析

基础事件重要度分为结构重要度、概率重要度、临界重要度。

概率重要度是基础事件发生概率变化而导致的顶端事件发生概率变化的程度，它可以表示系统中某一基础事件发生时，对顶端事件发生概率变化的贡献量。适用于已知基本事件的可靠度，并且可以通过替换更高可靠性的元件来提升系统整体可靠度的情况[6]。

概率重要度是顶端事件发生概率对该基础事件发生概率的偏导数，可通过如下公式计算：

$$I_g(i) = \frac{\partial P}{\partial p_i} \tag{4.9}$$

临界重要度不但可以表示基础事件发生概率变化对顶端事件发生概率变化的影响，还可以表示基础事件发生概率大小对顶端事件发生概率大小的影响。

临界重要度是基础事件发生概率的变化率与顶端事件发生概率变化率的比值。可通过如下公式计算：

$$C_i = \frac{p_i}{P} \cdot \frac{\partial P}{\partial p_i} \tag{4.10}$$

通过以上模型，可计算出各基础事件的概率重要度及临界重要度，通过如下方法对基本

事件进行重要度分级:

关键事件:$I_g(i) \geqslant 1\times10^{-1}$或$C_i \geqslant 1\times10^{-2}$

次关键事件:$1\times10^{-1} < I_g(i) \leqslant 1\times10^{-2}$或 $1\times10^{-2} < C_i \leqslant 1\times10^{-3}$

非关键事件:其他事件。

故障树中,25 号塌方、26 号洪水、27 号地震、28 号滑坡、29 号泥石流属于不可抗力,本文在分析中,分析计算各类自然灾害发生的概率,但此类事件一旦发生,将必然导致顶端事件的发生,其最小割级阶数为 1,概率重要度也为 1,因此,在基础事件重要度分析中,将重点分析自然灾害以外的基础事件。

1)海沟段管道主要基础事件及其重要度

表 7 海沟段管道主要基础事件重要度

事件	概率重要度	临界重要度	分级	事件	概率重要度	临界重要度	分级
1	4.71×10^{-4}	1.25×10^{-6}	非关键	2	3.30×10^{-3}	5.17×10^{-6}	非关键
3	1.33×10^{-3}	1.31×10^{-8}	非关键	4	1.20×10^{-3}	3.29×10^{-8}	非关键
5	1.15×10^{-3}	5.95×10^{-6}	非关键	6	2.31×10^{-3}	1.51×10^{-6}	非关键
7	4.51×10^{-3}	1.64×10^{-5}	非关键	8	2.81×10^{-3}	5.12×10^{-5}	非关键
9	1.95×10^{-4}	4.69×10^{-6}	非关键	10	2.75×10^{-3}	3.25×10^{-6}	非关键
11	4.71×10^{-3}	9.15×10^{-6}	非关键	12	1.32×10^{-3}	1.59×10^{-6}	非关键
13	1.32×10^{-3}	3.15×10^{-6}	非关键	14	1.37×10^{-3}	3.39×10^{-6}	非关键
15	1.37×10^{-3}	1.48×10^{-8}	非关键	16	1.30×10^{-3}	1.69×10^{-8}	非关键
17	9.15×10^{-3}	6.15×10^{-5}	非关键	18	2.61×10^{-3}	9.15×10^{-3}	非关键
19	5.78×10^{-3}	3.17×10^{-6}	非关键	20	2.61×10^{-3}	8.15×10^{-6}	非关键
21	1.30×10^{-3}	1.57×10^{-4}	非关键	22	2.61×10^{-3}	9.15×10^{-4}	非关键
23	2.61×10^{-3}	1.35×10^{-6}	非关键	24	1.30×10^{-3}	1.35×10^{-6}	非关键
25	1	6.84×10^{-2}	关键	26	1	1.61×10−1	关键
27	1	7.72×10^{-1}	关键	28	9.15×10^{-3}	9.12×10^{-6}	非关键
29	1.65×10^{-3}	9.32×10^{-6}	非关键	30	2.84×10^{-3}	3.15×10^{-6}	非关键
31	2.95×10^{-3}	3.65×10^{-6}	非关键	32	2.47×10^{-3}	6.14×10^{-6}	非关键
33	2.67×10^{-3}	1.41×10^{-8}	非关键	34	9.82×10^{-4}	3.52×10^{-5}	非关键
35	1.35×10^{-3}	3.39×10^{-6}	非关键	36	9.82×10^{-4}	2.56×10^{-4}	非关键
37	4.11×10^{-4}	4.17×10^{-4}	非关键	38	9.15×10^{-4}	6.38×10^{-5}	非关键
39	1.35×10^{-3}	9.51×10^{-6}	非关键	40	9.82×10^{-4}	9.54×10^{-5}	非关键
41	1.35×10^{-3}	3.35×10^{-6}	非关键	42	9.82×10^{-4}	4.10×10^{-5}	非关键
43	4.11×10^{-3}	1.47×10^{-8}	非关键	44	1.30×10^{-3}	7.32×10^{-5}	非关键
45	1.35×10^{-4}	6.29×10^{-9}	非关键	46	2.15×10^{-3}	6.76×10^{-4}	非关键
47	4.11×10^{-3}	3.18×10^{-6}	非关键	48	3.71×10^{-3}	7.91×10^{-4}	非关键
59	4.11×10^{-3}	6.37×10^{-4}	非关键	50	1.30×10^{-3}	3.91×10^{-4}	非关键
51	8.15×10^{-4}	9.15×10^{-6}	非关键	52	1.01×10^{-2}	7.53×10^{-4}	非关键
53	8.95×10^{-4}	3.32×10^{-6}	非关键	54	4.18×10^{-3}	5.32×10^{-4}	非关键

续表

事件	概率重要度	临界重要度	分级	事件	概率重要度	临界重要度	分级
55	4.11×10^{-3}	1.17×10^{-8}	非关键	56	1.63×10^{-2}	9.00×10^{-4}	次关键
57	1.63×10^{-2}	7.00×10^{-4}	次关键	58	1.63×10^{-2}	3.30×10^{-2}	次关键
59	1.63×10^{-2}	4.80×10^{-3}	次关键	60	1.35×10^{-3}	9.74×10^{-5}	非关键
61	9.82×10^{-4}	9.74×10^{-6}	非关键	62	4.11×10^{-4}	3.92×10-7	非关键
63	9.82×10^{-4}	3.96×10^{-6}	非关键	64	1.35×10^{-3}	1.20×10^{-8}	非关键
65	9.82×10^{-4}	1.93×10^{-8}	非关键	66	1.35×10^{-3}	3.23×10^{-6}	非关键
67	9.82×10^{-4}	3.67×10^{-6}	非关键	68	4.11×10^{-3}	4.17×10^{-9}	非关键
69	9.82×10^{-4}	4.17×10^{-9}	非关键	70	1.35×10^{-4}	2.37×10^{-6}	非关键
71	1.30×10^{-3}	9.35×10^{-6}	非关键	72	4.11×10^{-3}	3.15×10^{-6}	非关键
73	2.15×10^{-3}	3.15×10^{-6}	非关键	74	4.11×10^{-3}	1.19×10^{-8}	非关键
75	3.71×10^{-3}	1.17×10^{-8}	非关键	76	4.11×10^{-3}	1.41×10^{-8}	非关键
77	1.35×10^{-2}	6.41×10^{-8}	非关键	78	4.11×10^{-3}	3.15×10^{-6}	非关键
79	4.11×10^{-3}	3.16×10^{-6}	非关键	80	1.35×10^{-5}	3.19×10^{-6}	非关键
81	4.11×10^{-3}	6.37×10^{-5}	非关键	82	4.11×10^{-3}	1.14×10^{-8}	非关键
83	4.11×10^{-3}	6.10×10^{-9}	非关键	84	4.11×10^{-3}	6.43×10^{-8}	非关键
85	1.30×10^{-3}	1.57×10^{-5}	非关键	86	4.11×10^{-3}	4.16×10^{-6}	非关键
87	1.63×10^{-2}	1.80×10^{-3}	次关键	88	1.63×10^{-2}	1.30×10^{-2}	次关键
89	1.76×10^{-2}	1.90×10^{-3}	次关键	90	1.76×10^{-2}	1.00×10^{-2}	关键
91	1.76×10^{-2}	1.60×10^{-3}	次关键	92	1.76×10^{-2}	1.21×10^{-2}	关键
93	1.76×10^{-2}	1.40×10^{-3}	次关键				

由上表可知，海沟段管道风险管理关键与次关键基础事件如下：

关键事件：消防泵保养差、喷淋管保养差、油轮失火、安全设备故障。

次关键事件：SCADA 系统故障、运行人员责任心差、运营规程错误、遭遇雷击、泡沫发生器保养差、消防员不专业。

2）山区段管道主要基础事件及其重要度

表 8　山区段管道主要基础事件重要度

事件	概率重要度	临界重要度	分级	事件	概率重要度	临界重要度	分级
1	4.71×10^{-4}	1.25×10^{-6}	非关键	2	3.30×10^{-3}	5.17×10-6	非关键
3	1.33×10^{-3}	1.31×10^{-8}	非关键	4	1.20×10^{-3}	3.29×10^{-8}	非关键
5	1.15×10^{-3}	5.95×10^{-6}	非关键	6	2.31×10^{-3}	1.51×10-6	非关键
7	4.51×10^{-3}	1.64×10^{-5}	非关键	8	2.81×10^{-3}	5.12×10^{-5}	非关键
9	1.95×10^{-4}	4.69×10^{-6}	非关键	10	2.75×10^{-3}	3.25×10-6	非关键
11	9.82×10^{-4}	6.97×10^{-5}	非关键	12	9.82×10^{-4}	4.11×10^{-4}	非关键
13	9.82×10^{-4}	1.26×10^{-4}	非关键	14	9.82×10^{-4}	1.31×10^{-4}	非关键
15	9.82×10^{-4}	1.81×10^{-4}	非关键	16	9.82×10^{-4}	6.49×10^{-5}	非关键
17	9.15×10^{-3}	6.15×10^{-5}	非关键	18	5.16×10^{-2}	2.91×10^{-3}	次关键

续表

事件	概率重要度	临界重要度	分级	事件	概率重要度	临界重要度	分级
19	9.82×10^{-4}	2.63×10^{-4}	非关键	20	9.82×10^{-4}	2.91×10^{-5}	非关键
21	9.82×10^{-4}	3.08×10^{-4}	非关键	22	2.61×10^{-3}	9.15×10^{-4}	非关键
23	2.61×10^{-3}	1.35×10^{-6}	非关键	24	1.30×10^{-3}	1.35×10^{-6}	非关键
25	1	4.17×10^{-2}	关键	26	1	9.83×10^{-2}	关键
27	1	4.70×10^{-1}	关键	28	1	4.57×10^{-2}	关键
29	1	1.87×10^{-2}	关键	30	2.84×10^{-3}	3.15×10^{-6}	非关键
31	2.95×10^{-3}	3.65×10^{-6}	非关键	32	2.47×10^{-3}	6.14×10^{-6}	非关键
33	2.67×10^{-3}	1.41×10^{-8}	非关键	34	9.82×10^{-4}	3.52×10^{-5}	非关键
35	1.35×10^{-3}	3.39×10^{-6}	非关键	36	9.82×10^{-4}	2.56×10^{-4}	非关键
37	4.11×10^{-4}	4.17×10^{-4}	非关键	38	9.15×10^{-4}	6.38×10^{-5}	非关键
39	1.35×10^{-3}	9.51×10^{-6}	非关键	40	9.82×10^{-4}	9.54×10^{-5}	非关键
41	1.35×10^{-3}	3.35×10^{-6}	非关键	42	9.82×10^{-4}	4.10×10^{-5}	非关键
43	4.11×10^{-3}	1.47×10^{-8}	非关键	44	1.30×10^{-3}	7.32×10^{-5}	非关键
45	1.35×10^{-4}	6.29×10^{-9}	非关键	46	1.35×10^{-2}	3.19×10^{-3}	非关键
47	4.11×10^{-3}	2.95×10^{-4}	非关键	48	4.11×10^{-3}	4.51×10^{-4}	非关键
59	4.11×10^{-3}	9.35×10^{-4}	非关键	50	4.11×10^{-3}	2.34×10^{-4}	非关键
51	4.11×10^{-3}	6.35×10^{-4}	非关键	52	1.01×10^{-2}	7.53×10^{-4}	非关键
53	1	3.90×10^{-4}	关键	54	1	2.56×10^{-2}	关键
55	1	5.24×10^{-2}	关键	56	1	3.47×10^{-2}	关键
57	1	2.46×10^{-2}	关键	58	1	1.24×10^{-2}	关键
59	1	1.81×10^{-2}	关键	60	9.82×10^{-4}	3.52×10^{-5}	非关键
61	9.82×10^{-4}	2.91×10^{-4}	非关键	62	9.82×10^{-4}	2.56×10^{-4}	非关键
63	9.82×10^{-4}	7.45×10^{-5}	非关键	64	9.82×10^{-4}	6.38×10^{-5}	非关键
65	9.82×10^{-4}	2.31×10^{-4}	非关键	66	9.82×10^{-4}	9.54×10^{-5}	非关键
67	9.82×10^{-4}	8.35×10^{-5}	非关键	68	9.82×10^{-4}	4.10×10^{-5}	非关键
69	9.82×10^{-4}	4.17×10^{-9}	非关键	70	9.82×10^{-4}	8.35×10^{-5}	非关键
71	1.30×10^{-3}	9.35×10^{-6}	非关键	72	1.30×10^{-3}	7.32×10^{-5}	非关键
73	1.30×10^{-3}	2.25×10^{-4}	非关键	74	4.11×10^{-3}	1.19×10^{-8}	非关键
75	3.71×10^{-2}	1.52×10^{-3}	次关键	76	4.11×10^{-3}	1.41×10^{-8}	非关键
77	1.35×10^{-2}	6.41×10^{-3}	次关键	78	2.15×10^{-3}	6.76×10^{-4}	非关键
79	5.47×10^{-3}	6.76×10^{-4}	非关键	80	3.71×10^{-3}	7.91×10^{-4}	非关键
81	3.24×10^{-2}	4.25×10^{-3}	次关键	82	1.30×10^{-3}	3.91×10^{-4}	非关键
83	3.30×10^{-2}	6.25×10^{-3}	次关键	84	1.21×10^{-2}	7.93×10^{-3}	次关键
85	0	0	—	86	9.82×10^{-4}	4.17×10^{-9}	非关键
87	3.71×10^{-3}	4.95×10^{-4}	非关键	88	0	0	—
89	0	0	—	90	0	0	—
91	0	0	—	92	0	0	—
93	0	0	—				

由上表可知，山区段管道风险管理关键与次关键基础事件如下：

关键事件：设备维护差、维护文件不全、维护人责任心差、运营规程错误、SCADA 系统故障、安全设备故障、运营人员责任心差。

次关键事件：施工监理不到位、安保信息滞后、警察安保不力、勒索赎金、弹道落在站内、内检测不及时。

3）平原段管道主要基础事件及其重要度

表 9　平原段管道主要基础事件重要度

事件	概率重要度	临界重要度	分级	事件	概率重要度	临界重要度	分级
1	4.71×10^{-4}	1.25×10^{-6}	非关键	2	3.30×10^{-3}	5.17×10^{-6}	非关键
3	1.33×10^{-3}	1.31×10^{-8}	非关键	4	1.20×10^{-3}	3.29×10^{-8}	非关键
5	1.15×10^{-3}	5.95×10^{-6}	非关键	6	2.31×10^{-3}	1.51×10^{-6}	非关键
7	2.35×10^{-2}	6.98×10^{-3}	次关键	8	2.81×10^{-3}	5.12×10^{-5}	非关键
9	1.95×10^{-4}	4.69×10^{-6}	非关键	10	2.75×10^{-3}	3.25×10^{-6}	非关键
11	9.82×10^{-4}	6.66×10^{-5}	非关键	12	5.87×10^{-4}	3.93×10^{-4}	非关键
13	9.82×10^{-4}	1.21×10^{-4}	非关键	14	3.58×10^{-2}	6.58×10^{-3}	次关键
15	9.82×10^{-4}	1.73×10^{-4}	非关键	16	3.69×10^{-4}	6.20×10^{-5}	非关键
17	9.15×10^{-3}	6.15×10^{-5}	非关键	18	5.55×10^{-2}	3.41×10^{-3}	次关键
19	9.82×10^{-4}	2.51×10^{-4}	非关键	20	9.82×10^{-4}	2.78×10^{-5}	非关键
21	9.82×10^{-4}	2.95×10^{-4}	非关键	22	2.61×10^{-3}	9.15×10^{-4}	非关键
23	2.61×10^{-3}	1.35×10^{-6}	非关键	24	1.30×10^{-3}	1.35×10^{-6}	非关键
25	1	3.99×10^{-2}	关键	26	1	9.40×10^{-2}	关键
27	1	4.49×10^{-2}	关键	28	9.15×10^{-3}	9.12×10^{-6}	非关键
29	1.65×10^{-3}	9.32×10^{-6}	非关键	30	2.84×10^{-3}	3.15×10^{-6}	非关键
31	2.95×10^{-3}	3.65×10^{-6}	非关键	32	2.47×10^{-3}	6.14×10^{-6}	非关键
33	1	1.27×10^{-2}	关键	34	9.82×10^{-4}	3.52×10^{-5}	非关键
35	1.35×10^{-3}	3.39×10^{-6}	非关键	36	9.82×10^{-4}	2.56×10^{-4}	非关键
37	4.11×10^{-4}	4.17×10^{-4}	非关键	38	9.15×10^{-4}	6.38×10^{-5}	非关键
39	1	1.24×10^{-2}	关键	40	9.82×10^{-4}	9.54×10^{-5}	非关键
41	1	1.79×10^{-2}	关键	42	1	6.59×10^{-2}	关键
43	4.11×10^{-3}	1.47×10^{-8}	非关键	44	1.30×10^{-3}	7.32×10^{-5}	非关键
45	1.35×10^{-4}	6.29×10^{-9}	非关键	46	6.78×10^{-3}	6.58×10^{-5}	非关键
47	4.11×10^{-3}	2.82×10^{-4}	非关键	48	2.69×10^{-2}	5.89×10^{-3}	次关键
59	4.87×10^{-3}	8.94×10^{-4}	非关键	50	3.69×10^{-3}	2.24×10^{-4}	非关键
51	6.87×10^{-3}	6.36×10^{-4}	非关键	52	4.11×10^{-3}	6.10×10^{-4}	非关键
53	3.57×10^{-3}	9.58×10^{-4}	非关键	54	1	2.45×10^{-2}	关键
55	1	5.01×10^{-2}	关键	56	1	2.32×10^{-2}	关键
57	2.15×10^{-3}	9.25×10^{-4}	非关键	58	6.85×10^{-3}	7.52×10^{-4}	非关键
59	6.15×10^{-3}	1.25×10^{-4}	非关键	60	9.82×10^{-4}	3.36×10^{-5}	非关键

续表

事件	概率重要度	临界重要度	分级	事件	概率重要度	临界重要度	分级
61	9.82×10^{-4}	2.78×10^{-4}	非关键	62	9.82×10^{-4}	2.45×10^{-4}	非关键
63	9.82×10^{-4}	7.12×10^{-5}	非关键	64	9.82×10^{-4}	6.10×10^{-5}	非关键
65	9.82×10^{-4}	2.22×10^{-4}	非关键	66	9.82×10^{-4}	9.12×10^{-5}	非关键
67	9.82×10^{-4}	7.99×10^{-5}	非关键	68	9.82×10^{-4}	3.92×10^{-4}	非关键
69	9.82×10^{-4}	7.01×10^{-5}	非关键	70	9.82×10^{-4}	7.99×10^{-5}	非关键
71	1.30×10^{-3}	9.35×10^{-6}	非关键	72	1.30×10^{-3}	7.32×10^{-5}	非关键
73	1.30×10^{-3}	2.25×10^{-4}	非关键	74	4.11×10^{-3}	1.19×10^{-8}	非关键
75	5.95×10^{-3}	9.58×10^{-4}	非关键	76	4.11×10^{-3}	1.41×10^{-8}	非关键
77	9.57×10^{-3}	6.47×10^{-4}	非关键	78	2.15×10^{-3}	6.76×10^{-4}	非关键
79	$5.47\times10^{?}$ [illegible]	6.76×10^{-4}	非关键	80	3.71×10^{-3}	7.91×10^{-4}	非关键
81	3.24×10^{-2}	4.25×10^{-3}	非关键	82	1.30×10^{-3}	3.91×10^{-4}	非关键
83	3.30×10^{-2}	6.25×10^{-3}	非关键	84	3.96×10^{-2}	2.58×10^{-3}	次关键
85	0	0	\ \	86	9.82×10^{-4}	4.17×10^{-9}	非关键
87	3.71×10^{-3}	4.95×10^{-4}	非关键	88	0	0	\ \
89	0	0	\ \	90	0	0	\ \
91	0	0	\ \	92	0	0	\ \
93	0	0	\ \				

由上表可知，平原段管道风险管理关键与次关键基础事件如下：

关键事件：线路标识不清晰、安全教育不够、管道埋深不足、恶意破坏、维护文件不齐全、维护人责任心差、运营规程错误。

次关键事件：内检测不及时、员工专业知识不足、回填土含水高、施工监理不到位、内壁防腐层脱落。

6　中缅原油管道运营安全风险评价结果分析

（1）海沟段管道风险评价结果分析

结合海沟段管道故障树定性及定量分析，可知海沟段管道日常运营中面临的主要风险如下：

① 管道腐蚀风险

② 罐区消防风险

③ 原油码头消防风险

④ 自然灾害风险

（2）山区段管道风险评价结果分析

结合山区段管道故障树定性及定量分析，可知山区段管道日常运营中面临的主要风险如下：

① 管道腐蚀风险

② 设备误操作风险

③ 设备维护不当风险

④ 武装袭击风险

⑤ 自然灾害风险

(3) 平原段管道风险评价结果分析

结合平原段管道故障树定性及定量分析，可知平原段管道日常运营中面临的主要风险如下：

① 管道腐蚀风险

② 第三方破坏风险

③ 设备误操作风险

④ 自然灾害风险

7 风险评价结论及应对方法

经过故障树分析，中缅原油管道各段面临主要风险如下：

(1) 海沟段管道涉及地质情况复杂，特种设施及设备较多。面临的主要风险包括管道腐蚀、罐区火灾、原油码头火灾、自然灾害；

(2) 山区段管道经过区域社会安全形势严峻，交通不便。面临的主要风险包括管道腐蚀、武装袭击、误操作、设备维护不力、自然灾害；

(3) 平原段管道运行压力高，管道经过区域社会活动较多。面临的主要风险包括管道腐蚀、第三方破坏、误操作、自然灾害。

各段管道均面临管道腐蚀与自然灾害的风险，管道运行中应着重进行这两类风险的控制。

针对各段管道运营安全面临的风险，可采取以下措施防控风险：

(1) 对于管道腐蚀风险，可采取加强阴极保护电位测量、加强管道巡护、定期内检测、根据不同区域管道特点配置不同防腐工艺的方法加以应对。

(2) 对于原油码头及罐区火灾风险，可采取加强消防设备维护、加强员工培训、完善应急预案、完善防雷防静电设施、定期航道疏浚的方法加以应对。

(3) 对于自然灾害风险的防控，可采取加强气象预警、合理安排维抢修资源、完善应急预案与演练、完善水工保护措施的方法。

(4) 对于武装袭击风险，可采取设备升级改造、推行无人站建设、畅通安保信息沟通渠道、加强防控培训及妥善处理政府关系的方法规避。

(5) 对于设备维护不当的风险，可采取定期维护关键设备、加强员工培训、做好备品备件储备的方法加以应对。

(6) 对于第三方破坏风险，可采取建立光纤、SCADA 报警系统、加强巡线、加强公共教育与法制宣传、完善管道沿线标识的方法应对。

(7) 对于误操作风险，可采取完善操作制度、组织应急演练、加强培训、建立持证上岗制度、合理安排员工作息时间等方法加以应对。

参 考 文 献

[1] 杨慧来. 长输油气管道定量风险评价方法研究[D]. 兰州理工大学, 2009.

[2] 谢云杰. 海底油气管道系统风险评价技术研究[D]. 西南石油大学, 2007.

[3] Dacosta S R, Al-Asy'Ari I I, Musyafa A, et al. Hazop Study and Fault Tree Analysis for Calculation Safety Integrity Level on Reactor-C. 5-01, Oil Refinery Unit at Balikpapan-Indonesia[J]. 2017, 5(2).

[4] Mediansyah, Haryadi G D, Ismail R, et al. Risk Analysis of Central Java Gas Transmission Pipeline by Risk-Based Inspection Method[J]. 2017, 202(1): 012094.

[5] Hu Y, Liu K, Xu D, et al. Risk Assessment of Long Distance Oil and Gas Pipeline Based on Grey Clustering [C]// IEEE International Conference on Big Knowledge. IEEE Computer Society, 2017: 198-201.

[6] 张慧娟. 长输油气管道天然气站场风险管理研究[D]. 华东理工大学, 2017.

附表

附表 1 故障树主要符号及描述

名称	符号	描述	名称	符号	描述
顶端事件		不希望发生的事件，本文指管道失效	组合事件		故障树中间事件，相互之间由逻辑联系
基本事件		无法再向下分解的基础时间	不完整事件		还可进一步分析的事件
与门		全部条件满足，才发生输出端事件	或门		任一条件满足，即发生输出端事件
输入事件		来自另一故障树的事件	输出事件		转至另一故障树

附表 2 故障树基本事件列表

序号	事件	序号	事件	序号	事件
1	H_2O 含量过高	2	温度过高	3	H_2S 含量过高
4	CO_2含量过高	5	O_2含量过高	6	内壁衬里脱落
7	内壁防腐层脱落	8	缓蚀剂失效	9	清管效果欠佳
10	管材抗腐蚀性差	11	管沟深度不够	12	边坡稳定性差
13	回填土颗粒过大	14	回填土含水高	15	管沟排水性差

续表

序号	事件	序号	事件	序号	事件
16	回填土有腐蚀性	17	电流干扰	18	施工监理不到位
19	防腐涂层质量差	20	防腐涂层过薄	21	防腐涂层破损
22	防腐涂层粘结差	23	防腐涂层脆性大	24	防腐涂层老化
25	发生塌方	26	发生洪水	27	发生地震
28	发生滑坡	29	发生泥石流	30	法律法规不健全
31	执法不严	32	法律人士不足	33	线路标志不清晰
34	社会关系较差	35	巡线频率低	36	巡线员责任心差
37	报警系统失效	38	公共财产意识差	39	安全教育不够
40	周边地区经济差	41	管道埋深不足	42	恶意破坏
43	车辆活动频繁	44	地面设施众多	45	管材管道设计差
46	运行监督不足	47	程序规范不全面	48	专业知识不足
49	应急演练不足	50	操作规程有误	51	技能测试不严格
52	培训计划不合理	53	设备维护差	54	维护文件不齐全
55	维护人责任心差	56	运营规程错误	57	SCADA 系统故障
58	安全设备故障	59	运行员责任心差	60	焊接方法不当
61	焊接材料不合格	62	表面处理质量差	63	焊缝空焊现象
64	未焊接部分过大	65	渗碳较为严重	66	存在过热组织
67	存在显微裂纹	68	焊后检查不细	69	遗落管件缺陷
70	管段错口较大	71	机械损伤	72	员工卷入冲突
73	违反宗教禁忌	74	民地武政治诉求	75	安保信息滞后
76	军队处突能力差	77	警察安保不力	78	线路通过雷区
79	人员不熟悉路线	80	站场附近冲突	81	弹道落在站内
82	民地武政治诉求	83	勒索赎金	84	内检测不及时
85	配重管破裂	86	套管漏水	87	遭遇雷击
88	油轮失火	89	泡沫发生器保养差	90	消防泵保养差
91	喷淋塔保养差	92	喷淋管保养差	93	消防员不专业

附表 3　海沟段管道最小割级列表

序号	事件	序号	事件	序号	事件
1	25	2	26	3	27
4	56，89	5	56，90	6	56，91
7	56，92	8	56，93	9	57，89
10	57，90	11	57，91	12	57，92
13	57，93	14	58，89	15	58，90
16	58，91	17	58，92	18	58，93
19	59，89	20	59，90	21	59，91
22	59，92	23	59，93	24	87，89

续表

序号	事件	序号	事件	序号	事件
25	87，90	26	87，91	27	87，92
28	87，93	29	88，89	30	88，90
31	88，91	32	88，92	33	88，93
34	46，47，89	35	46，48，89	36	46，49，89
37	46，50，89	38	46，51，89	39	46，52，89
40	46，47，90	41	46，48，90	42	46，49，90
43	46，50，90	44	46，51，90	45	46，52，90
46	46，47，91	47	46，48，91	48	46，49，91
49	46，50，91	50	46，51，91	51	46，52，91
52	46，47，92	53	46，48，92	54	46，49，92
55	46，50，92	56	46，51，92	57	46，52，92
58	10，11，17，22	59	10，12，17，22	60	10，13，17，22
61	10，14，17，22	62	10，15，17，22	63	10，16，17，22
64	10，11，17，23	65	10，12，17，23	66	10，13，17，23
67	10，14，17，23	68	10，15，17，23	69	10，16，17，23
70	10，11，17，24	71	10，12，17，24	72	10，13，17，24
70	10，11，17，24	71	10，12，17，24	72	10，13，17，24
73	10，14，17，24	74	10，15，17，24	75	10，16，17，24
76	22，84，85，86	77	23，84，85，86	78	24，84，85，86
79	1，2，3，6，10	80	1，2，4，6，10	81	1，2，5，6，10
82	1，2，3，7，10	83	1，2，4，7，10	84	1，2，5，7，10
85	1，2，3，8，10	86	1，2，4，8，10	87	1，2，5，8，10
88	1，2，3，9，10	89	1，2，4，9，10	90	1，2，5，9，10
91	10，11，17，18，19	92	10，12，17，18，19	93	10，13，17，18，19
94	10，14，17，18，19	95	10，15，17，18，19	96	10，16，17，18，19
97	10，11，17，18，20	98	10，12，17，18，20	99	10，13，17，18，20
100	10，14，17，18，20	101	10，15，17，18，20	102	10，16，17，18，20
103	10，11，17，18，21	104	10，12，17，18，21	105	10，13，17，18，21
106	10，14，17，18，21	107	10，15，17，18，21	108	10，16，17，18，21
109	18，19，84，85，86	110	18，20，84，85，86	111	18，21，84，85，86

附表 4　山区段管道最小割级列表

序号	事件	序号	事件	序号	事件
1	25	2	26	3	27
4	28	5	29	6	53
7	54	8	55	9	56
10	57	11	58	12	59

续表

序号	事件	序号	事件	序号	事件
13	11，18	14	12，18	15	13，18
16	14，18	17	15，18	18	16，18
19	18，19	20	18，20	21	18，21
22	18，60	23	18，61	24	18，62
25	18，63	26	18，64	27	18，65
28	18，66	29	18，67	30	18，68
31	18，69	32	18，70	33	18，70
34	72，84	35	73，84	36	82，84
37	83，84	38	78，79	39	80，81
40	46，47	41	46，48	42	46，49
43	46，50	44	46，51	45	46，52
46	34，75，76，77	47	72，75，76，77	48	73，75，76，77
49	74，75，76，77	50	10，11，17，22	51	10，12，17，22
52	10，13，17，22	53	10，14，17，22	54	10，15，17，22
55	10，16，17，22	56	10，11，17，23	57	10，12，17，23
58	10，13，17，23	59	10，14，17，23	60	10，15，17，23
61	10，16，17，23	62	10，11，17，24	63	10，12，17，24
64	10，13，17，24	65	10，14，17，24	66	10，15，17，24
67	10，16，17，24	68	1，2，3，6，10	69	1，2，4，6，10
70	1，2，5，6，10	71	1，2，3，7，10	72	1，2，4，7，10
73	1，2，5，7，10	74	1，2，3，8，10	75	1，2，4，8，10
76	1，2，5，8，10	77	1，2，3，9，10	78	1，2，4，9，10
79	1，2，5，9，10	80	10，11，17，18，19	81	10，12，17，18，19
82	10，13，17，18，19	83	10，14，17，18，19	84	10，15，17，18，19
85	10，16，17，18，19	86	10，11，17，18，20	87	10，12，17，18，20
88	10，13，17，18，20	89	10，14，17，18，20	90	10，15，17，18，20
91	10，16，17，18，20	92	10，11，17，18，21	93	10，12，17，18，21
94	10，13，17，18，21	95	10，14，17，18，21	96	10，15，17，18，21
97	10，16，17，18，21				

附表5　平原段管道最小割级列表

序号	事件	序号	事件	序号	事件
1	25	2	26	3	27
4	33	5	39	6	41
7	42	8	53	9	54
10	55	11	56	12	57
13	58	14	59	15	11，18
16	12，18	17	13，18	18	14，18

续表

序号	事件	序号	事件	序号	事件
19	15，18	20	16，18	21	18，19
22	18，20	23	18，21	24	18，60
25	18，61	26	18，62	27	18，63
28	18，64	29	18，65	30	18，66
31	18，67	32	18，68	33	18，69
34	18，70	35	18，70	36	46，47
37	46，48	38	46，49	39	46，50
40	46，51	41	46，52	42	37，43，45
43	37，44，45	44	10，11，17，22	45	10，12，17，22
46	10，13，17，22	47	10，14，17，22	48	10，15，17，22
49	10，16，17，22	50	10，11，17，23	51	10，12，17，23
52	10，13，17，23	53	10，14，17，23	54	10，15，17，23
55	10，16，17，23	56	10，11，17，24	57	10，12，17，24
58	10，13，17，24	59	10，14，17，24	60	10，15，17，24
58	10，13，17，24	59	10，14，17，24	60	10，15，17，24
61	10，16，17，24	62	30，34，35，37	63	31，34，35，37
64	32，34，35，37	65	30，34，36，37	66	31，34，36，37
67	32，34，36，37	68	1，2，3，6，10	69	1，2，4，6，10
70	1，2，5，6，10	71	1，2，3，7，10	72	1，2，4，7，10
73	1，2，5，7，10	74	1，2，3，8，10	75	1，2，4，8，10
76	1，2，5，8，10	77	1，2，3，9，10	78	1，2，4，9，10
79	1，2，5，9，10	80	10，11，17，18，19	81	10，12，17，18，19
82	10，13，17，18，19	83	10，14，17，18，19	84	10，15，17，18，19
85	10，16，17，18，19	86	10，11，17，18，20	87	10，12，17，18，20
88	10，13，17，18，20	89	10，14，17，18，20	90	10，15，17，18，20
91	10，16，17，18，20	92	10，11，17，18，21	93	10，12，17，18，21
94	10，13，17，18，21	95	10，14，17，18，21	96	10，15，17，18，21
97	10，16，17，18，21	98	30，35，37，38，40	99	31，35，37，38，40
100	32，35，37，38，40	101	30，36，37，38，40	102	31，36，37，38，40
103	32，36，37，38，40	104	30，35，37，39，40	105	31，35，37，39，40
106	32，35，37，39，40	107	30，36，37，39，40	108	31，36，37，39，40
109	32，36，37，39，40				

附表 6 故障树基本事件发生概率

序号	事件	发生概率	序号	事件	发生概率
1	H_2O 含量过高	3.125×10^{-3}	2	温度过高	8.63×10^{-3}
3	H_2S 含量过高	1.253×10^{-3}	4	CO_2含量过高	2.89×10^{-3}
5	O_2含量过高	7.236×10^{-4}	6	内壁衬里脱落	8.63×10^{-3}
7	内壁防腐层脱落	1.235×10^{-3}	8	缓蚀剂失效	5.00×10^{-3}
9	清管效果欠佳	9.242×10^{-3}	10	管材抗腐蚀性差	2.41×10^{-3}
11	管沟深度不够	1.235×10^{-3}	12	边坡稳定性差	7.28×10^{-3}

续表

序号	事件	发生概率	序号	事件	发生概率
13	回填土颗粒过大	2.235×10^{-3}	14	回填土含水高	2.32×10^{-3}
15	管沟排水性差	3.215×10^{-3}	16	回填土有腐蚀性	1.15×10^{-3}
17	电流干扰	6.894×10^{-3}	18	施工监理不到位	9.82×10^{-4}
19	防腐涂层质量差	4.657×10^{-3}	20	防腐涂层过薄	5.16×10^{-4}
21	防腐涂层破损	5.466×10^{-3}	22	防腐涂层粘结差	1.32×10^{-3}
23	防腐涂层脆性大	6.253×10^{-3}	24	防腐涂层老化	8.53×10^{-3}
25	发生塌方	7.253×10^{-4}	26	发生洪水	1.71×10^{-3}
27	发生地震	8.179×10^{-3}	28	发生滑坡	7.95×10^{-4}
29	发生泥石流	3.253×10^{-4}	30	法律法规不健全	1.71×10^{-3}
31	执法不严	1.255×10−2	32	法律人士不足	5.23×10^{-3}
33	线路标志不清晰	2.32×10^{-4}	34	社会关系较差	2.15×10^{-3}
35	巡线频率低	1.23×10^{-3}	36	巡线员责任心差	9.92×10^{-4}
37	报警系统失效	3.56×10^{-3}	38	公共财产意识差	8.63×10^{-4}
39	安全教育不够	2.25×10^{-4}	40	周边地区经济差	5.23×10^{-3}
41	管道埋深不足	3.25×10^{-4}	42	恶意破坏	1.20×10^{-3}
43	车辆活动频繁	6.25×10^{-3}	44	地面设施众多	3.55×10^{-4}
45	管材管道设计差	3.58×10^{-3}	46	运行监督不足	4.11×10^{-3}
47	程序规范不全面	1.25×10^{-3}	48	专业知识不足	1.91×10^{-3}
49	应急演练不足	3.96×10^{-3}	50	操作规程有误	9.92×10^{-4}
51	技能测试不严格	2.69×10^{-3}	52	培训计划不合理	2.70×10^{-3}
53	设备维护差	6.78×10^{-4}	54	维护文件不齐全	4.45×10^{-4}
55	维护人责任心差	9.12×10^{-4}	56	运营规程错误	6.04×10^{-4}
57	SCADA 系统故障	4.28×10^{-4}	58	安全设备故障	2.15×10^{-3}
59	运行员责任心差	3.15×10^{-4}	60	焊接方法不当	6.23×10^{-4}
61	焊接材料不合格	5.16×10^{-3}	62	表面处理质量差	4.54×10^{-3}
63	焊缝空焊现象	1.32×10^{-3}	64	未焊接部分过大	1.13×10^{-3}
65	渗碳较为严重	4.11×10^{-3}	66	存在过热组织	1.69×10^{-3}
67	存在显微裂纹	1.48×10^{-3}	68	焊后检查不细	7.26×10^{-4}
69	遗落管件缺陷	1.30×10^{-3}	70	管段错口较大	1.48×10^{-3}
71	机械损伤	3.35×10^{-3}	72	员工卷入冲突	9.8×10^{-4}
73	违反宗教禁忌	3.01×10^{-3}	74	民地武政治诉求	2.41×10^{-3}
75	安保信息滞后	8.63×10^{-3}	76	军队处突能力差	1.71×10^{-3}
77	警察安保不力	5.23×10^{-3}	78	线路通过雷区	5.47×10^{-3}
79	人员不熟悉路线	2.15×10^{-3}	80	站场附近冲突	3.71×10^{-3}
81	弹道落在站内	2.32×10^{-3}	82	民地武政治诉求	8.63×10^{-4}
83	勒索赎金	5.23×10^{-3}	84	内检测不及时	1.30×10^{-3}
85	配重管破裂	2.70×10^{-3}	86	套管漏水	3.35×10^{-3}
87	遭遇雷击	1.15×10^{-3}	88	油轮失火	8.53×10^{-4}
89	泡沫发生器保养差	1.13×10^{-3}	90	消防泵保养差	6.04×10^{-3}
91	喷淋塔保养差	9.80×10^{-4}	92	喷淋管保养差	7.26×10^{-3}
93	消防员不专业	8.53×10^{-4}			

中缅油气管道南坎站遭遇爆炸后的应对措施及分析

夏东仑[1]　黄泳硕[2]　关　宇[1]　刘逸龙[1]　才　建[1]

（1. 中油国际管道公司　中缅油气管道项目；2. 中油国际管道公司　云南分公司）

摘　要　近年来随着我国石油企业"走出去"战略的逐步实施和有效推进，所面临的社会安全风险挑战也日趋严峻。中国石油海外油气项目所在的35个国家，其中高风险的有22个。面对极端复杂的国际安全形势，各海外石油企业以"不失一人"为工作目标，项目安全管理的形势更加严峻、任务更加繁重。本文以中缅油气管道南坎计量站2017年遭遇"12.21"爆炸事件的经过及应急处置为案例，详细阐述了事件发生后南坎计量站采取的应对措施，为我国海外石油企业在高风险地区有效防范安全风险，实现安全平稳运营管理提供借鉴思路。

关键词　爆炸　风险规避与分析　优化管理　创新管理

1　前言

中缅油气管道是中国四大能源通道之一，西南能源动脉，是"一带一路"倡议在缅甸实施的"先导项目"。中缅管道木姐输油气管理处位于缅甸北部，社会安全风险较高，社会安全风险级别为极高风险三级。2017年12月21日凌晨5：20，木姐输油气管理处南坎计量站遭到炮弹袭击，南坎计量站立即启动应急预案确保了人员生命安全。事件发生后南坎计量站在上级部门指导下结合自身实际采取了风险规避、站场优化管理、生产运行提升、安防升级等措施，有效确保了员工生命安全。

2　缅北局势简介

（1）缅甸国内背景

缅甸联邦共和国人口5339万（2017年），共有135个民族，主要民族有缅族、克伦族、掸族、克钦族、钦族、克耶族、孟族和若开族等。全国分七个省、七个邦和联邦区。省是缅族主要聚居区，邦为各少数民族聚居地，联邦区是首都内比都。

1948年缅甸脱离英联邦宣布独立以来，一直存在多股少数民族独立武装，其中佤邦和克钦独立军是最强大的民地武力量。缅甸内战始自1960年，缅族建立军事独裁，否决少数民族的自决权，开始缅甸同化政策，致使缅甸陷入内战至今。1988年军队接管政权，成立"国家和平与发展委员会"，改国名为"缅甸联邦"。2010年缅甸举行全国多党民主制大选，联邦巩固与发展党赢得大选。2015年举行新一轮全国大选，昂山素季领导民盟赢得压倒性胜利，获组阁权。由于缅甸的变革持续推进，缅甸政府军和少数民族武装的停火谈判问题日益突出，尤其缅甸政府军与克钦独立军之间多年来的冲突，造成重大人员和财产损失。

（2）缅甸安全形势分析

由于民族构成复杂、民族政策失误等原因，少数民族武装力量长期与缅政府对抗，使缅甸长期处于内战、动荡状态，"民地武"问题成为影响缅甸社会稳定与发展的最大隐患。新政府上台后，重新审视《彬龙协议》，积极推行民族和解、民族团结和帮助少数民族地区发展的政策，积极同各少数民族武装进行和谈，试图实现民族全面和解。但缅甸军方对政府“怀柔”政策并不买账，对“民地武”持强硬态度，主张以武力彻底消灭“民地武”势力。因此冲突风险依然突出。

对于缅甸政府而言，其目的是建立统一的民族国家，消除“占地自管、拥军自立、一国多军”的现状。但因缅甸政府、政府军和十几支少数民族武装和谈受挫，三方在核心利益上未达成共识，民地武中的克钦独立军一直与缅甸政府军有激烈冲突，政府军试图通过对克钦独立军的毁灭性打击，实现与其他少数民族武装和谈的目的。

（3）中缅油气管道背景

中缅油气管道缅甸段起点在缅甸西部港口皎漂，经缅甸若开邦、马圭省、曼德勒省和掸邦，从缅中边境南坎进入中国云南省瑞丽市，全长 792.5 公里。中缅油气管道缅甸段有 1/3 路线经过缅甸北部地区，沿途活动着三支少数民族武装：克钦独立军 KIA、德昂民族解放军 TNLA、南掸邦军 SSA。由于管道伴行路（南渡-南坎公路）是政府军运送物资的道路，所以缅甸政府军与缅甸北部少数民族武装在中缅油气管道经过的掸邦北部地区南坎、贵概、南渡、孟韦等地存在交叉，经常发生激战。该地区冲突短时间无法改善，并且不排除民地武组织通过“绑架”中缅油气管道要挟缅甸政府的可能性。

3 南坎站遭遇爆炸事件经过

2017 年 12 月 21 日凌晨 5：20，南坎计量站遭到迫击炮炮弹袭击。截至上午 7：00，站内人员听到炮声 14 声、枪声 40 余声。

事件发生后，站领导立即电话汇报曼德勒调控中心、木姐运营中心，并启动应急预案。集团公司、中油国际管道公司、中缅油气管道项目高度重视，应急措施处理得当，迅速使得事态得到控制、人心得以平稳。待确认安全后，站内人员立即对站场进行了全面巡查，共发现五处爆炸点(下图标红点处)，站内化验室、消防箱、静电释放柱等均遭到不同程度损坏，人员及生产设备无损失。

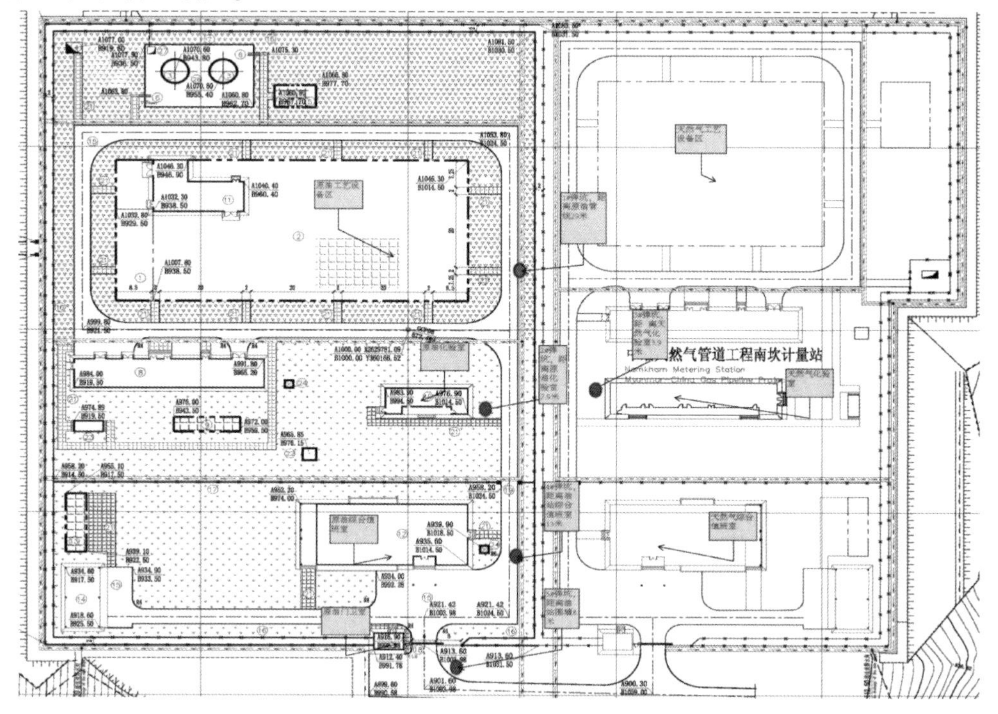

图 1　南坎计量站爆炸点分布图

4 南坎计量站应对措施

(1) 风险规避措施

① 多渠道收集安保信息

确保安保信息的多渠道性、及时性，在一定程度上可以有效的规避风险。目前的具体措施如下：

a) 加强信息收集、评估和预警；

b) 强化与中国驻缅甸大使馆、瑞丽国安局、中国边防、缅甸政府的联络，及时了解各方军事动态信息；

c) 建立南坎计量站定期与驻军、驻警沟通的机制，及时掌握南坎计量站及管辖管道周边当前军事行动的情况；

d) 落实巡线工、阀室保安汇报管理制度，当管道及阀室附近有战事时立即汇报南坎计量站安保人员；

e) 适时询问当地缅籍员工、承包商以及村民，了解各地区有无军队集结、双方军队对峙等情况。

另外，我方正在考虑借鉴国际先进管理方式，对信息进行高效识别，实现专业化。目前，一些全球跨国企业通过与国际性专业安保机构或组织进行合作，充分利用外部资源，获取有效信息，为人员活动提供更加安全的保障，同时可以有效降低公司管理风险，控制经营成本。

② 安保风险动态评估

定期开展风险评估，针对评估结果作出分析处理，出现风险因素，及时控制和解决，将风险评估全面贯彻于安保管理中。定期改进评估方法，矫正和预防不安全行为，提升风险评估效果。

全方位、全过程对事件多发的重点区域、人员行为等方面存在的安保风险进行排查、分级和评估，强化各级管理人员对风险的管控能力，从而确保人员安全，有效防控特重大人员伤亡事件。

③ 增强员工自身风险意识

将外派人员防恐培训作为一项硬性指标加以落实，通过专业机构培训的方式，对专职安保人员和普通外派员工进行全覆盖、强针对性的培训，提高安全防范意识和能力，增强安全管理综合能力，严格落实公司对外派人员防恐成绩合格后上岗的要求。

结合项目周边风险因素，定期和适时组织海外安全防范培训。还可以将日常安保培训工作纳入境外管理条例，列入员工测评和考核范围，建立培训、考勤档案，保证全员覆盖。

④ 加强员工管理

严格执行外出审批制度、派车审批制度。任何员工前往高风险地区作业须由站里负责人统一安排，木姐运营中心安保负责人审批后方可执行。作业人员须按时返回，如果出现作业人员不能按时返回的情况，必须第一时间说明原因。

必须遵守所在国家和地区的法律法规，遵守公司各项规章制度，严格禁止非法进入缅甸军事禁区，拍摄军事人员及设施。招募和培训当地雇员，尊重当地风俗习惯，与当地雇员和谐相处。加强与当地宗教、寺庙、村落的沟通，参加慈善活动以及公益事业，融入当地社会，创造良好外部环境。

⑤ 建立应急机制，完善安保应急预案

成立安保应急小组，做好不稳定因素的识别工作，适时更新完善应急预案，关注安保工作中出现的新情况、新问题，及时采取具有针对性的措施，确保安保应急预案符合目前形势。应急演练对于快速有效处置突发事件不可或缺，定期进行预案演练，提高南坎计量站员工快速处置突发安保事件的能力，加深员工对安保事件的了解，最大程度地预防及避免人员伤亡，在保证安全的前提下快速恢复日常生产与生活。应急预案在辨识和评估潜在的重大危险、事故类型、发生的可能性、发生过程、事故后果及影响严重程度的基础上，对应急机构与职责、人员、技术、装备、设施(备)、物资、救援行动及其指挥协调方面，也应预先做出的具体安排，如储备不少于14天的应急食品、矿泉水以及应急撤离运输工具、资金等。

(2) 站场优化管理措施

为确保员工的人身安全，同时也作为中缅项目实现“无人站”的试点单位，南坎油气计量站精简人员编制，优化岗位职责及岗位配置，施行优化管理，在保证正常生产的前提下，提升了工作效率，降低了安保风险。

① 实施场站优化管理前的人员及岗位配置

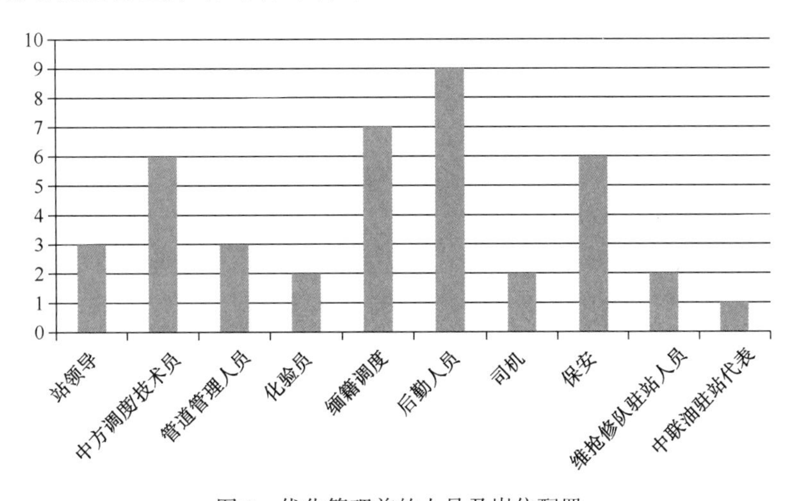

图2 优化管理前的人员及岗位配置

实施站场优化管理前，南坎油气计量站总人数共计41人(中方员工12人)。日常工作具体如下：

a) 管理方面

南坎油气计量站的各项工作由站领导统筹安排，油、气计量站的生产业务由生产副站长负责管理，管道线路方面业务由管道副站长负责管理。

b) 站控值班方面

南坎原油、天然气计量站站控室合并运行，值班模式采用双岗制，执行四班两倒，每班次安排一名中方调度与一名缅籍调度共同值班。

c) 维抢修队方面

地泊维抢修队安排电工、钳工各一名，常驻南坎站。电工主要负责电气设备的专业巡检，及11kV箱式变电站的倒闸操作。站内日常维护维修作业由电工、钳工共同完成。

d）巡检方面

• 站控调度：站控调度每2小时对原油计量站巡检一次，每4小时对天然气计量站巡检一次；

• 值班干部：站领导及中方技术员轮流担任值班干部，每日轮换。值班干部当班期间负责牵头管理站内生产活动，重要事宜向站领导汇报，并保证至少对生产区巡检两次；

• 周巡检：站领导每周组织对站内生产区、生活区进行系统巡检与隐患排查；

• 电气专业巡检：由维抢修队电工负责，重点检查11kV箱式变电站、户外终端杆/中间杆、UPS、天然气发电机、配电箱等；每半个月对外电线路进行一次巡检。

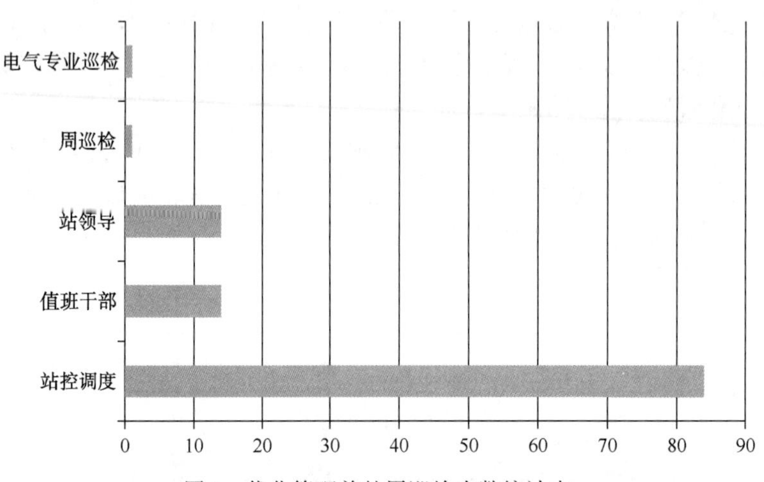

图3　优化管理前的周巡检次数统计表

站控调度每周累计巡检84次，值班干部每周巡检14次，站领导每周巡检14次，每周组织周巡检1次，电气专业巡检1次。

以上各岗位人员在岗期间均常驻南坎站，在站领导的统筹安排下，各司其职，确保生产、管道、安全、后勤等各方面工作有序开展。

② 实施场站优化管理后的人员及岗位配置

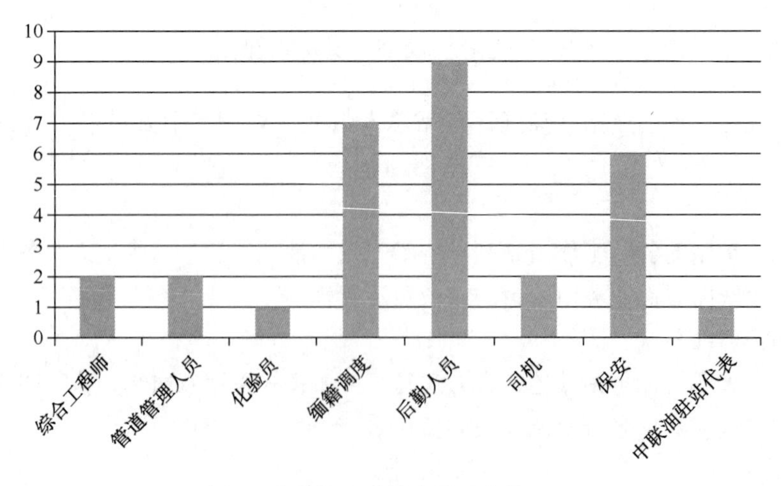

图4　优化管理后的人员及岗位配置

实施站场优化管理后，南坎油气计量站总人数共计 30 人(中方员工 2 人)。实施优化管理后，新增综合工程师岗，由南坎站长、生产副站长及四名中方调度担任，每周由两名综合工程师轮流在南坎油气计量站值班，每周一交接班。日常工作优化如下：

a）管理方面

综合工程师整体负责站内生产、生活等各方面工作，包括执行调控中心下达的操作和生产指令、设备启停、计量参数读取及 PPS 填报等工作，且每日至少巡检两次。在岗期间 24 小时随身携带对讲机、防爆手机，确保同站控调度、调控中心及木姐机关通信畅通，并且每天向木姐机关及调控中心汇报生产信息。

b）站控值班方面

站控调度的所有工作，由缅籍员工独立完成，值班模式采用单岗制，四班两倒，综合工程师不参与站控值班工作。

c）维抢修队方面

维抢修队驻站人员的日常办公调整至木姐机关，有维护维修任务时前往南坎站，作业完成后返回木姐。

d）巡检方面

- 站控调度：缅籍调度每 6 小时对原油、天然气计量站巡检一次；
- 综合工程师：综合工程师每天至少对生产区巡检两次；
- 周巡检：每周一交接班前，或在站内开展维保作业后，综合工程师按专业组织全站人员对南坎油气计量站生产、生活方面进行全方位检查，并于交接班时对工作任务进行交接，确保巡检到位、工作任务按时完成；
- 电气专业巡检：维抢修队电工于每周一进行电气专业巡检，重点检查 11kV 箱式变电站、户外终端杆/中间杆、UPS、天然气发电机、配电箱等，并每半个月对外电线路进行一次巡检。

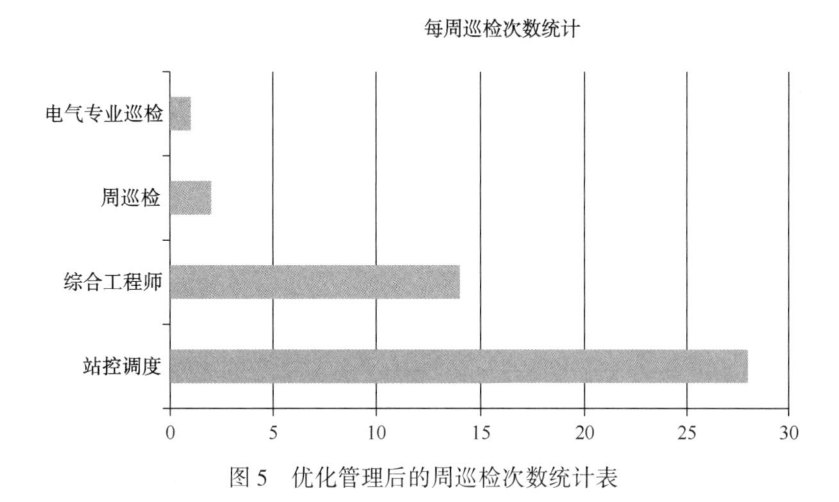

图 5　优化管理后的周巡检次数统计表

站控调度每周累计巡检 28 次，综合工程师每周巡检 14 次，综合工程师每周组织周巡检 2 次，电气专业巡检 1 次。

实施场站优化管理后，部分运行及维抢修人员调整至木姐机关办公，南坎油气计量站站内的各项工作由综合工程师全权负责，在确保员工人身安全的前提下，有序地组织开展各项工作。

③ 场站优化管理带来的效益提升

a）降低安保风险

由于南坎油气计量站输送的均为易燃易爆的高压介质，场站附近或站内发生安保事件时，极易导致原油或天然气泄漏，继而导致着火、爆炸，造成严重后果，极大威胁到员工的生命安全。站场优化管理的实施，使南坎油气计量站常驻中方人员由 12 人缩减至 2 人，同时对工作模式及巡检制度做出了调整，对日常工作进行了精简，降低了人员前往生产区的频次及处于生产区的时间，从而间接降低了发生安保事件时，我方员工受到伤害的概率，同时也减少了在特殊情况下，全员撤离需要的时间。(具体见图 6~图 8)

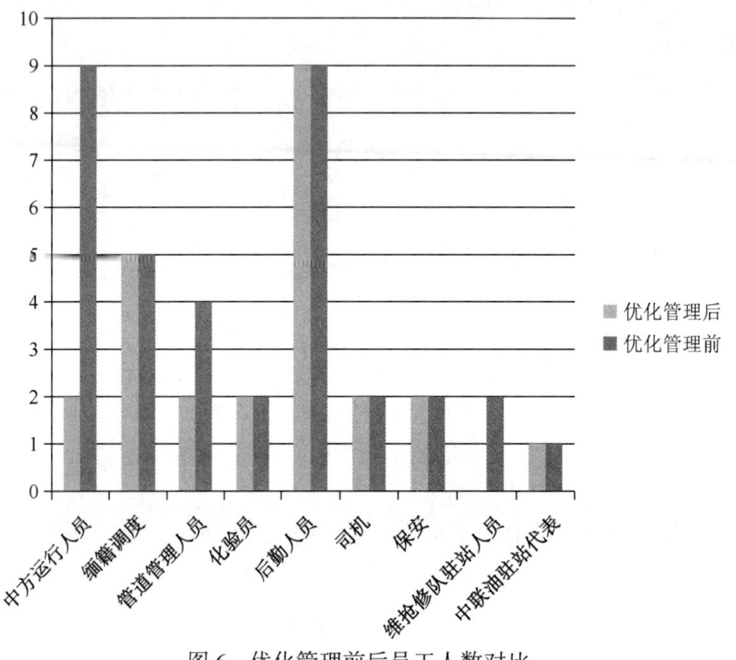

图 6　优化管理前后员工人数对比

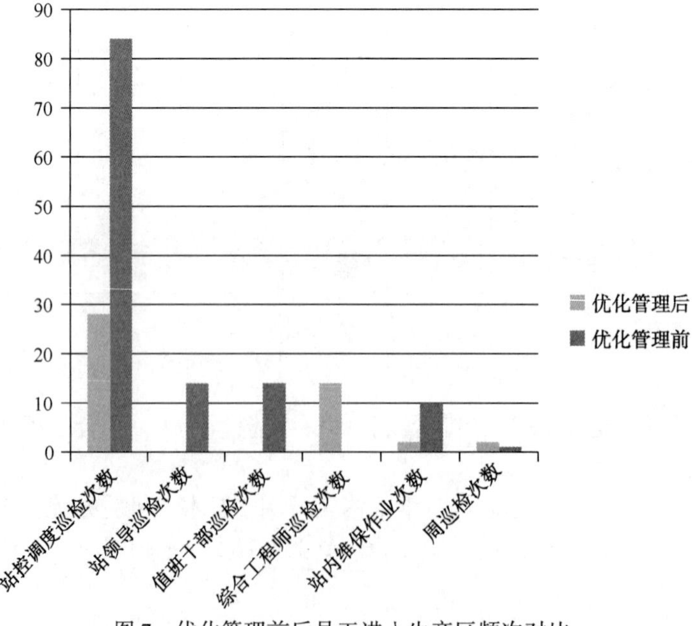

图 7　优化管理前后员工进入生产区频次对比

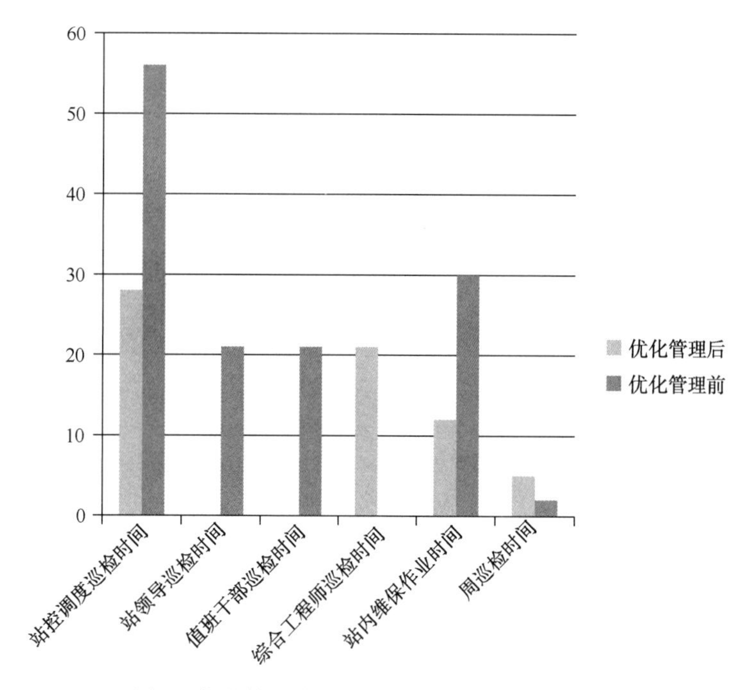

图 8 优化管理前后员工位于生产区内时间对比

b）提升人员素质

南坎油气计量站场站优化管理的实施，在精简人员编制的同时也对综合工程师及缅籍调度的个人素质提出了更高的要求。作为一名综合工程师，不仅要对站场各个专业的主要设备做到懂原理、会操作，还要对设备的状态具备分析、诊断及处理常见故障的能力；作为一名能够独立上岗的缅籍调度，也需要具备对工况、指令及异常状态的分析判断及独立处理能力。

优化管理的实施也给南坎油气计量站员工在应急处置方面提出了更高的要求。南坎站持续加强对中缅籍员工的应急处置培训力度，每周开展应急处置演练，确保在发生突发事件时能够冷静、正确地开展前期处置工作。

c）提升公司效益

根据中油国际管道有限公司的整体规划，计划于 2030 年建成具有国际竞争力的管道公司，如何优化管理模式，如何优化运营模式，如何提升公司效益成为目前亟需思考的问题。"无人站"的推行及实现无疑将会有效优化工作模式，大大节省运营成本及人力资源成本，同时依靠合理地优化 SCADA 系统，可提升管道运行的整体稳定性，进而达到提升效益的目标。

④ 场站优化管理的后续工作

a）中期目标

- 管理方面：中缅籍综合工程师共同负责站内生产、生活等各方面工作，需 24 小时保持通信畅通，便于接收应急指令；
- 站控值班：取消 24 小时站控值班制度，站内参数监控由南坎驻木姐机关的综合工程师负责，执行白班单岗制；

● 巡检方面：中缅籍综合工程师每天至少巡检两次；周巡检固定在每周一交接班前，由全体缅籍综合工程师及参与交接班的中方综合工程师共同参与；

● 原油取样化验：原油取样化验工作由培训合格的中缅籍综合工程师负责，不再单独设立化验员岗位。

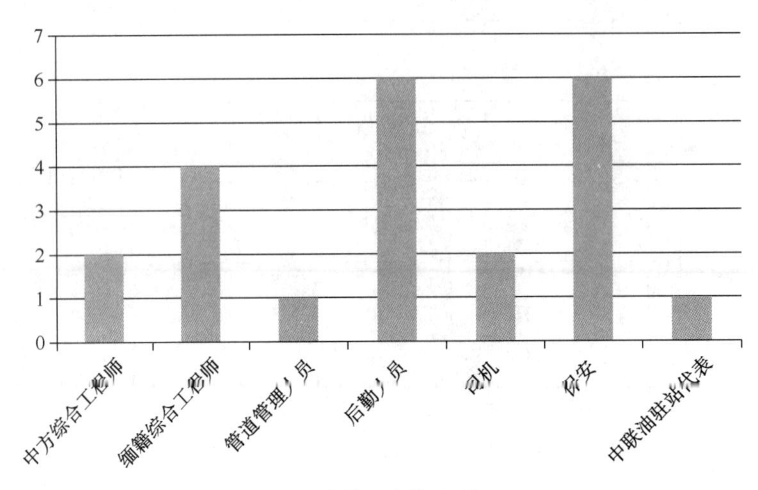

图 9 优化管理中期人员配置

中缅籍综合工程师 6 人，管道管理人员减少 1 人，常驻南坎的人员约 22 人(中方员工 2 人)。

b）后期目标

与各相关方商议，停用南坎油气计量站流量计，以国内段计量结果为准，并且随着设备改造及 SCADA 系统的不断优化，站内各类设备均可做到远程监控及操作，南坎油气计量站成为真正意义上的“无人站”。

c）站场生产运行提升措施

站场生产运行提升是站场优化管理的重要保障，持续加强生产运行管理及设备管理，将会推进站场优化管理朝着预期目标稳步前进。

(3) 站场生产运行提升措施

站场生产运行提升是站场优化管理的重要保障，持续加强生产运行管理及设备管理，将会推进站场优化管理朝着预期目标稳步前进。

① 打好硬件基础，全面开展设备改造

a）自用气撬电加热器(已实现)

在电加热器控制柜中添加继电器与硬线点，实现远程复位功能。同时，电加热器所有信号点(远程启停、远程复位、故障报警点)上传至上位机，实现远程监控与操作。

b）原油计量系统

对流量计算机进行升级改造，添加共享数据库服务器，实现计量系统数据自动上传，站控、中控实时监控流量数据。

c）原油计量站回注泵、污油泵

为泄压回注泵及污油泵加装控制电缆，在 SCADA 系统中增加回注泵、污油泵的自动启停逻辑，实现回注泵、污油泵根据罐位变化的自动启停。

d）原油计量站箱式变电站

使用1#变压器单独供电，并扩容至400kVA，同时将稳压器更换为SBW-500，提升容量。解决目前启停回注泵前，全站停电的倒闸操作，并为泄压回注泵的自动启停提供可能性。

在无功补偿柜增加继电器及交流接触器，并在SCADA系统中增加控制逻辑，实现无功补偿系统同泄压回注泵的同步启停，用以调节电网功率因数。

e）原油计量站天然气发电机

将现有80kW天然气发电机更换为额定功率320kW的机组，为外电停电的状态下，管线发生水击需要启动泄压回注泵提供可能性。

f）原油计量站调压系统

对两座调压阀执行机构进行升级改造，实现执行机构重新供电时local/auto控制模式的自动、无扰切换，规避阀门自动回关的风险，避免了每次重新供电后，人为对控制模式的设置。

g）过滤器

根据过滤器的差压值，在SCADA系统中增加过滤器自动切换逻辑，并增加告警点，便于及时组织更换过滤器滤芯。

h）其他

设备间空调控制系统改造，通过路由器由WiFi远程遥控总成和移动端智能手机相连接，实现远程监控、启停空调的目的。

② 提升巡检质量

巡检频次的降低对巡检的质量提出了更高的要求，调度、站领导及科室须严格执行三级巡检制度，提升巡检的广度和精细度，确保第一时间发现设备隐患。

- 日常巡检：缅籍调度需熟知每台设备正常运行时的状态及参数，了解设备的常见故障，每次巡检时对设备的常见故障点进行仔细检查；
- 站场周巡检：站领导组织中缅籍员工对站内生产、生活等各方面开展全面检查，组织维抢修队开展电气专业巡检。重点检查SCADA系统通信状态是否良好，视频监控系统是否正常，显示是否清晰，站内通信设备是否正常等，并对日常巡检的效果进行考核；
- 科室月度巡检：科室每月对南坎油气计量站生产、安全方面开展全面检查，对其日常巡检及周巡检质量进行考核。重点对南坎针对生产运行提升开展的具体工作进行考核，查找管理漏洞，提升精细化管理水平。

此外，随着设备改造及SCADA系统的逐渐优化，南坎油气计量站的稳定运行对通信系统的依赖程度大大增加。不仅是南坎站，全线都须加强光缆巡护及通信系统的维护，确保通信畅通。

③ 加大维保力度，提升设备稳定性

人员的精简对设备稳定性也提出了更高的要求，维抢修队严格按照《设备维护检修保养大表》规定的保养周期和保养内容，对油气计量站内各专业设备开展维保工作。每项维保作业都有经审核下发的作业指导书，指导书中明确了各工种职责、作业步骤、工器具及用料等，并对作业中可能存在的风险进行识别，制定销控措施。

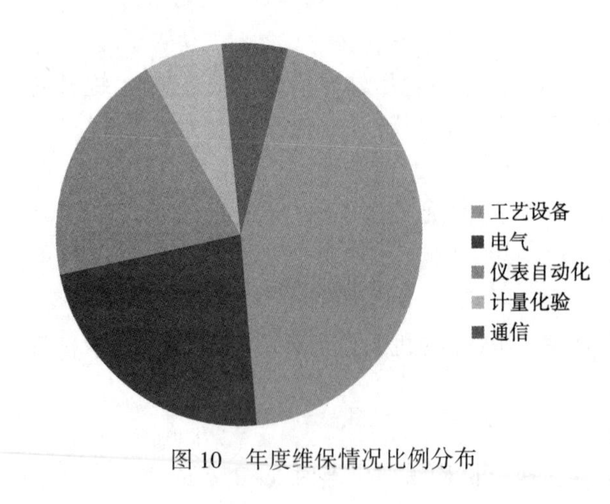

图 10　年度维保情况比例分布

由于缅北地区雨季绵长且降雨量大，户外电气、自动化设备容易受到湿气影响，存在短路的风险。南坎原油计量站在每年雨季前后组织对户外电气、自动化设备开展防水防潮检查，通过放置干燥剂、缠绕防水胶布、堵防爆胶泥及加装防雨罩等多方面措施，确保了户外设备的稳定可靠。

科室对相关检定单位的资质严格把关，根据设备校验周期组织开展电气预防性试验、防雷防静电接地电阻测试、仪表检定、通信春检、安全阀校验、压力容器检定及计量化验设备的送检，确保各类设备均处于有效校验期。

④ 加大生产设备培训力度

站场优化管理的提出，使站内生产运行人员由 9 人缩减至 2 人。站控值班由双岗制变更为缅籍调度单岗制，缅籍调度需要具备更为准确的综合判断能力，及与中方员工正常沟通的语言能力；综合工程师的岗位则融合了站领导、值班干部及技术员的所有职责，并且还需具备简单的维修技能，对员工的综合素质提出了极高的要求。南坎站在正式实施站场优化管理前，由站领导利用每天空闲时间及下班后的休息时间，组织中缅籍员工针对各专业设备开展突击培训，强化员工专业技能；利用每周六开展应急演练，尤其注重组织安保方面的演练，结合应急处置操作程序，做到演练前有学习，演练后有总结，切实提高了员工应急响应能力。

站场生产运行提升需要结合站场优化管理的实际持续稳固推进，在不同的阶段制定有针对性的生产运行提升措施，以生产运行的提升来保障优化管理的实施，以优化管理的实施促进生产运行的提升，最终使生产管理水平达到实现“无人站”的标准。

(4) 安防升级措施

① 设置应急避难所

• 南坎计量站共有 2 座员工宿舍楼，因此在 2 座宿舍楼分别设置紧急避难所，主要用于紧急情况下留守人员隐蔽。结合木姐运营中心所面临的实际风险隐患和现有场地条件，考虑临时性和永久性的需要，以满足应急避难场所基本运行功能为原则，在现有房间中选择房间门朝向营地大门的房间进行改建，避难所具有以下要求：

• 避难所采用 10mm-15mm 钢板在内部对房间整面朝阳台门和窗使用实体砖进行封堵加固，其余墙体采用 5mm 钢板进行加固，内部骨架采用加强型，钢板外部用木板加固；

• 正门改为防盗门并在内侧加设至少两道横门闩，不可用门插代替，在内侧锁闭后外部人员无法进入，坚固铁门要求实现：在抵御人踹、榔头砸及子弹射击情况下 20 分钟不被破坏；

• 房间外部安装摄像头实时监控各个方位动态；

• 房间内配一套 UPS 自备电源，2KW 负荷 6 小时持续供电，可为手机充电和照明；

• 安装通信天线接入网络信号，可在手机无网络的情况下进行沟通联络，确保通讯畅通。通讯工具包括 BGAN 系统，海事卫星电话、手机、固定电话(每月检查一次)；

- 安装通风口通向楼上房间；
- 应急避难所放置防弹衣及头盔、急救包，同时配备充足的水、食物及药品等物资，对物资定期检查和盘点。

② 增加视频监控

视频监视系统对站场重要设备和设施进行实时图像监视，可以全方位地掌握站场的运行安全防范和消防报等情况，使站场的安全运行得到有效保证。

目前，南坎计量站油气各设置 4 个 CCTV 摄像头，主对大门口、生产区域 A、生产区域 B、生产区域 C/综合设备间。南坎计量站设双层铁丝网周界围栏。其间隔离带宽度不足 2 米。除实体防护装置外无其他报警系统，因此在南坎计量站周界证件视频监控设备势在必行。

对站内的关键地点增加视频监控系统，重点对站场围墙、主出入口、办公区主出入口、车库、发电机房、周界临近点等区域重要监控，全面覆盖整个站场薄弱环节。监控具有 24 小时实时录制方式，同时能够追溯保存 30 天。视频实时显示在站控室，站控室人员 24 小时值守，时刻关注监控情况。视频同时远程传至木姐管理处、上游站场和调控中心。此外对机柜间、发电机间、标定间等监控死角加装 CCTV，纳入统一管理，上传调控中心。避免因监控不到位不及时，未能及时发现风险和问题。

若发生紧急情况，站控调度第一时间汇报调控中心，调控中心可通过 CCTV 视频监控系统了解现场情况，达到及时掌握现场情况、准确作出应急反应的目的。

③ 办公区安装门禁系统

南坎计量站共 2 座办公楼，办公楼主要是中方人员和当地雇员办公和工作场所，为控制外来人员进入办公楼，分别在没做办公楼安装 3 套门禁系统，站控室大门安装一套门禁系统，站场员工通过感应卡进出办公楼，访客需站场员工陪同方可进入，杜绝了外来无关人员进入办公楼带来的安全隐患。

④ 警报及应急通信系统

南坎计量站在门卫室及工艺站场设置警报系统，报警声音全站均可听到。发生紧急事件拉响警报，员工可在第一时间了解危险发生，启动应急预案并赶往应急避难所。

南坎计量站配备 2 部海事卫星电话作为应急通讯系统，海事卫星电话平时由专人负责保管，定期查询话费、为手机充电，在阀室紧急事件且通讯全部中断时，可利用海事卫星电话及时对外联络，获取救援。

⑤ 加强保安管理

南坎计量站场配备 6 名保安，在发生紧急情况时站场保安需发挥重要作用，因此加强对保安的管理势在必行。站场保安三班两倒，每班安排两名保安，保障 24 小时到岗，时时巡逻，处理紧急情况；有外来人员时，检查行人证件、到站目的、车辆安全情况、随身携带物品并汇报，得到站领导同意后放行并控制车辆通行；每月开展一次保安统一培训，培训内容包括：警报器使用、近距离格斗与防护，同时每季度参与站场安保应急演练。

5 结论

本文以中缅油气管道南坎计量站 2017 年遭遇“12. 21”袭击事件为案例，简述了袭击事件经过，详述了袭击事件后南坎计量站的应对措施，通过实施站场优化运行管理、提升生产运行的软硬件水平、安防升级措施等方法，达到优化人员、降低风险、提升效益的目标，也为中油国际管道公司建设世界先进水平国际化管道公司的征程上迈出了坚实的一步。本文仅对南坎计量站爆炸袭击事件进行了初步探讨和研究，目的是为石油企业在海外高风险地区提供一些思路和启发，以便更进一步开创适合海外石油企业的新举措。

参 考 文 献

[1] 王行义，中国石油集团 2014 年海外社会安全和 HSE 管理工作综述[中国石油报]

一种基于 SNMP 协议的综合告警平台研发

刘 锐 林 青 王永军

（中油国际管道公司 生产运行部）

摘 要 本文主要介绍一种基于 SNMP 协议的光通信和数字通信设备、It 设施综合监视平台原理和技术架构，通过光通信系统北向接口和 SNMP 协议，该平台实现了对 SDH、路由器、交换机、IT 服务器的统一监视与告警，通过采用单向想网闸技术，平台实现了跨高密网络和低密网络内设备的统一监控。该平台尤其适合于通信设备种类、型号较多，需要实行统一监控和管理的企业。

关键词 综合告警平台 SNMP 协议 光传输系统 数通设备

1 中油国际管道公司基本概况

中油国际管道公司主营业务为跨国石油天然气长输管道的建设和运营。公司目前管理着 7 条在运跨国原油、天然气长输管道，分别为中亚天然气管道 A/B/C 三线、中哈原油管道、哈国西北原油管道、中缅原油管道及中缅天然气管道；一条在建中亚 D 线天然气管道。公司管道横跨土库曼斯坦、乌兹别克斯坦、哈萨克斯坦、吉尔吉斯斯坦、塔吉克斯坦、缅甸和中国 7 个国家，总里程 1.2 万公里，目前管道输气能力为 662 亿方/年，未来将达到 1070 亿方/年，输油能力 3300 万吨/年，未来将达到 4200 万吨/年，其中西北通道输气能力 550 亿方/年，输油能力 2000 万吨/年，西南通道输气能力 52 亿方/年，输油能力 1300 万吨/年，中亚天然气管道 D 线设计输气能力 300 亿方/年。

中油国际管道公司跨国管道的建设、运营管理按照“以合资公司为平台，股权管理为主线”原则开展。公司与 5 个管道过境国家的石油天然气公司分别成立了 10 个合资公司，新疆设立 1 个分公司，作为跨国管道的直接管理者，2016 年实现转供国内 382 亿方，2017 年预计达到 432 亿方；原油管道转供国内原油量连续 7 年超过 1000 万吨/年，累计向国内输送原油 1.1 亿吨。公司经过 17 年的努力和奋斗，已累计输送天然气 2100 亿方、原油 1.1 亿吨，可替代 5.5 亿吨煤炭，惠及国内 27 省份、5 亿人口，建成了西北和西南能源战略通道，在我国能源保障战略中具有重要的地位，成为我国“一带一路”的先行者和践行者。

2 中油国际管道公司跨国通信管理面临的挑战

中油国际管道公司所负责管理的管道，均为跨国管道，管道沿线经过地区较为偏僻，交通不便，通信保障任务艰巨。经过公司努力，在政府部门协助下，实现了跨国管道伴行光缆及通信系统互联。但由于管道建设按照“分段建设，分段运营”来组织，导致管道所在国使用的通信设施无论从原理、品牌、型号上都无法统一。仅以光传输系统为例，就有阿朗、西门子、中兴、华为不同品牌和型号，各个品牌分别设置了网管系统负责单一国家或区域段通信系统管理。对于整条光缆线路而言，没有统一的网管系统，导致跨国链路发生故障时排查困难，而且这么多品牌设备，也不可能靠购买哪一家的网管产品实现集中管理功能。

为确保管道平稳运行，公司在北京建立了协调调度中心，建设的SCADA系统作为长输油气管道自动化系统发挥了重要作用。为了及时获取管道运行数据，北京协调调度中心在管道过境国调度中心部署了数据采集机以及配套的防火墙、路由器等设备。上述设备由于安全原因，与各管道过境国调度中心设备是相对隔离的，由北京协调调度中心来负责维护，如何统一管理上述设备、及时发现设备故障、保障通信路由顺畅也是一个棘手的问题。虽然目前机房管理和网管软件很强大，但是对于这种能够集成光传输、数通设备、服务器设备的监控平台还比较少。

3 基于SNMP协议的平台概述

针对中油国际管道公司的特殊需求，基于目前各种设备支持的主流技术，我们开发了基于SNMP协议的综合告警平台。平台针对防火墙、交换机、路由器、服务器通过SNMP协议获取设备性能运行数据和设备告警信息。光传输设备厂商的网管系统通过开通北向SNMP接口与综合告警平台对接并解析trap数据达到对SDH设备的监控。

平台以“集中监控、集中维护、集中管理”为建设目标；以“优化企业运维管理流程、提升企业信息化管理水平”为业务目标，将企业内部分散管理的IT资源进行全面的管理和监测，使信息系统管理和维护工作从被动管理模式逐渐向主动、预防管理模式转变。将自动化的IT运维管理手段与企业现有信息化管理规程融合。系统采用设备主动向监控中心报告故障与监控中心向设备定时发巡检指令两种形式，以自动代替人工，以图形代替文字，以邮件、短信和声音等多种方式呈现IT运行状态。通过对业务系统运行环境多方位、多粒度的实时监视和管理，及时、准确发现业务系统的性能运行瓶颈和故障。从而达到快速响应和排除业务系统运行中存在的性能问题和故障，保障业务系统运行环境的高效和稳定。

3.1 系统功能架构

系统功能模块架构如图所示：

3.2 功能模块概述

(1) 外部监控系统对接模块：可以对接其他厂商的SNMP北向网管系统接口，同时也支持数据库接口对接。

(2) SNMP配置采集探针：通过SNMP协议采集被管设备的配置信息。

(3) SNMP性能采集探针：通过SNMP协议采集被管设备的性能数据。

(4) 自动发现探针：对指定IP范围内的网络设备、应用进行扫描，发现设备或者应用并对其进行属性的采集。

(5) Trap探针：监听设备的Trap协议报文，对收到的报文进行解析，匹配规则后发送告警及清除告警。

(6) ICMP探针：通过ICMP协议检测IP设备的网络连通性，获取设备的连通性以及网络延迟、丢报、抖动等性能信息。

(7) 性能汇总探针：对被管设备的原始性能数据进行周期性的统计及汇总。

(8) 告警状态汇总探针：实时同步汇总资源及组节点的告警状态。

(9) 告警：接收、分析、整合性能、Trap以及其他模块推送的告警信息，生成正式的告警并推送到Web端。

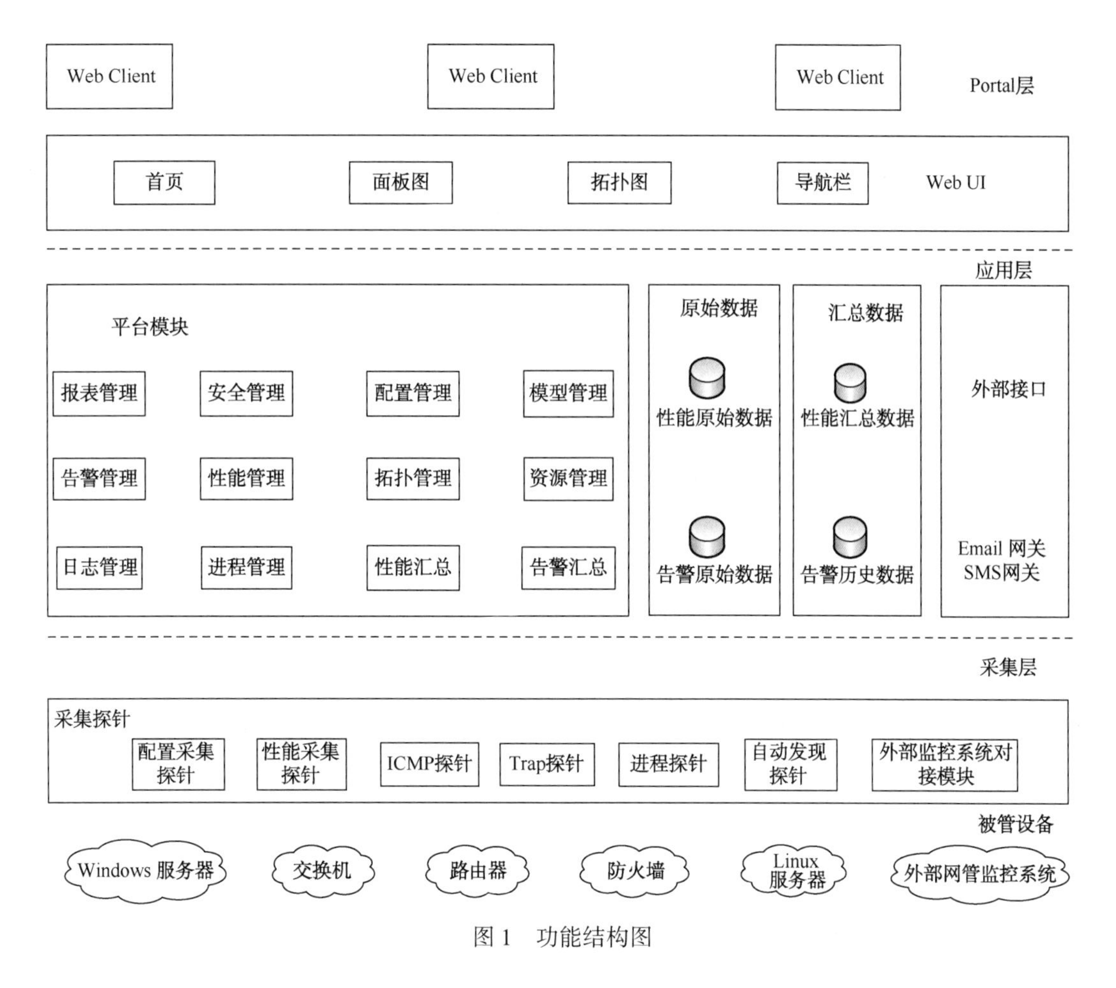

图1　功能结构图

(10) 模型管理：配置、管理系统中被管网元的类型、属性等信息，以达到实例化对象的目的。

(11) 配置管理：管理不同类型下实例的配置信息的采集方式、周期以及命令。

(12) 性能门限管理：管理不同类型下实例各性能指标的门限阈值，以生成越限告警。

(13) Trap 解析：管理 Trap 协议报文的解析规则。

(14) 自动发现任务：配置和管理自动发现周期、IP 端、以及凭证等自动发现任务依据。

(15) 服务器和探针管理：管理探针和服务器以及监控探针运行状态。

(16) 告警查询：通过类型、厂商等信息统计告警数据，操作以及管理活动告警和历史告警。

(17) 资源统计：统计资源类型、厂商、告警状态，查询资源以及其子对象的信息和数量。

(18) 性能数据分析：查询、对比并分析不同周期或时间段内资源的性能数据变化，以图表的形式呈现。

(19) 原始 Trap 查询：查询资源原始 Trap 报文。

(20) Dashboard：通过不同类型的图表直观的呈现资源状态以及性能数据。

(21) 安全管理：管理用户、权限、登录凭证等信息，为用户分配资源或菜单权限，实现多系统单点登录。

3.3 平台探针设计

3.3.1 配置采集探针概述

配置采集探针是获取设备配置信息以及子对象资源，支持网络设备、LINUX/UNIX 服务器、Windows 服务器、数据库、存储设备、应用服务器等。支持多种协议，包括：SNMP、JDBC、WBEM、WMI、JMX 等。

配置采集功能定义包括：

(1) 设备配置信息采集；

(2) 设备子对象资源发现以及子对象配置信息采集；

(3) 任务执行方式分为周期执行和手动执行两种；

(4) 任务执行后可查看任务结果详细信息；

(5) 支持子对象过滤以及配置信息转译；

(6) 支持配置采集规则导入导出功能，增强系统的可移植性。

3.3.2 性能采集探针概述

性能采集探针对设备进行性能数据的采集和简单计算。分为顶层对象性能信息和子对象性能信息，子对象信息通过精细化采集获取。支持网络设备、LINUX/UNIX 服务器、Windows 服务器、数据库、存储设备、应用服务器等。支持多种协议，包括：SNMP、JDBC、WBEM、WMI、JMX 等。

性能采集功能定义包括：

(1) 设备性能信息采集

(2) 设备子对象性能信息采集

(3) 支持周期型指标采集以及对指标的简单计算

(4) 比较性能数据门限，判断是否需要发送越限告警

3.3.3 自动发现探针概述

自动发现探针对指定 IP 范围内的网络设备、应用进行扫描，发现设备或者应用并对其进行属性的采集。

发现对象包括：主机、网络设备、数据库

发现范围：IP 网络

自动发现功能如下：

(1) 单个任务可发现多个 IP 段设备；

(2) 单个任务可配置多个凭证；

(3) 任务执行方式分为周期执行和手动执行两种；

(4) 任务执行后可查看任务结果详细信息；

(5) 可以选择性激活发现上来的设备。

3.3.4 ICMP 探针概述

通过 ICMP 协议检测 IP 设备的网络连通性，获取设备的连通性以及网络延迟、丢包、抖动等性能信息。

ICMP 探针功能如下：

（1）检测设备是否可达

（2）获取设备网络延迟、丢包、抖动等信息

3.4 平台技术架构

平台按照三层架构组织：

（1）数据层：MySQL数据库。

（2）应用层：JAVA，SpringMVC，Mybatis，SNMP、ICMP、HTTPS、SMTP、SMPP协议。

（3）表示层：jquery、JavaScript、Bootstrap、Highchart。

3.5 平台监控原理

3.5.1 监控平台利用SNMP协议监控原理

3.5.1.1 SNMP协议介绍

SNMP是Simple Network Management Protocol的缩写，称为简单网络管理协议。由一组网络管理的标准组成，包含一个应用层协议、数据库模型和一组资源对象。

可以利用SNMP协议管理网络节点(服务器，工作站，路由器，交换机等)，使网络管理员实现设备性能管理，发现和解决设备故障。

3.5.1.2 监控平台主动获取被管设备性能数据过程(图2)

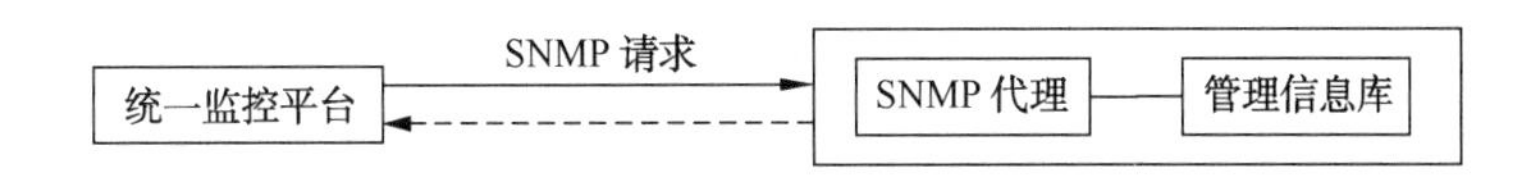

图2 SNMP采集流程图

（1）统一监控平台基于配置在被管设备上的SNMP代理管理设备。

（2）第一步：统一监控平台采集模块通过SNMP协议连接被管设备。

（3）第二步：统一监控平台将会发送一系列包含管理信息库OID信息给运行在被管设备的SNMP代理。

（4）第三步：当被管设备上的SNMP代理程序接收到统一监控平台发送过来的请求信息，SNMP代理程序将根据管理信息库中定义的OID返回相应的性能数据给统一监控平台。

（5）第四步：统一监控平台与被管设备断开连接。

3.5.1.3 监控平台被动接受被管设备事件告警信息过程(图3)

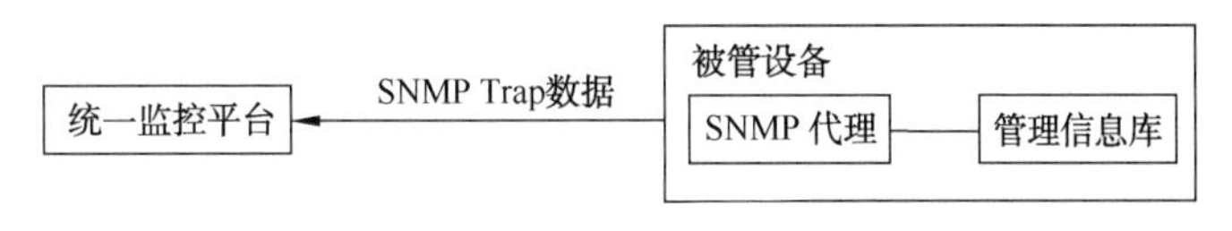

图3 接收Trap示意图

（1）当一些事件或告警在被管设备上发送时，例如link down，link up，SNMP service warm start/cold start等，被管设备上的SNMP代理将向监控平台发送信息。

（2）统一监控平台通过接收到的Trap信息来管理被管设备，统一监控平台将相关的Trap信息转换为告警并在平台上显示。

3.5.2　统一监控平台利用ICMP协议管理原理(图4)

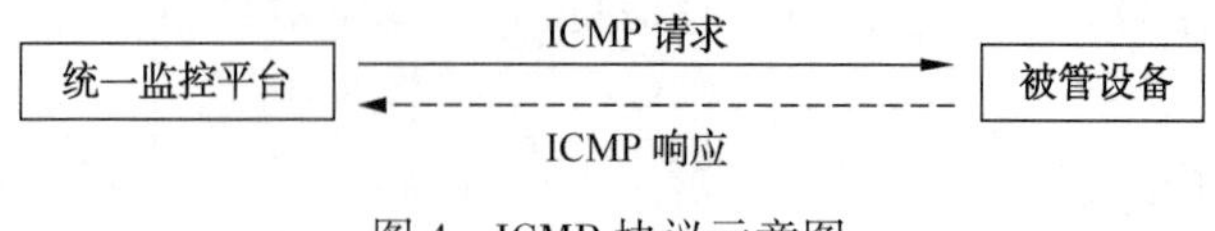

图4　ICMP协议示意图

(1) ICMP是因特网信息控制协议，它是TCP/IP协议簇中的子协议。通过该协议可以判断网络是否连通，主机是否可达，网络是否可用。

(2) 统一监控平台通过ICMP可以获得以下指标：Availability(%), Packet Loss(%), Average Delay(ms)。

4　监控平台实现跨单向网闸监控

中油国际管道公司为了提高SCADA系统网络安全级别，在SCADA网络环境中部署了单向网闸设备。该设备通过物理隔离技术的应用从而达到对SCADA系统网络设备防护的目的。其主要体现在阻断网络直接连接，两个网络不同时连接在设备上；阻断网络的逻辑连接，将原始数据非网方式传送；隔离传输机制具有不可编程性。网络隔离装置具备了对数据的审查功能，数据不具有攻击及有害的特性，它具有强大的管理与控制功能。因此，该装置是系统专用网络一道绝对安全的大门，保证SCADA涉密网的信息不被泄露和破坏，确保了系统的正常运行。

监控平台利用实现了将高密网内SCADA系统设备监控信息通过单向网闸实时传输到低密网并与低密网监控数据库整合，实现了在低密网统一查看监控设备状态、告警信息，性能运行情况。

跨网闸监控示意图如图5所示。

高低密网络数据传输实现过程如下：

(1) 在高密网部署并运行采集探针，采集高密网内被管设备的配置数据、性能数据、trap信息、进程信息等。

(2) 将高密网的探针采集的配置数据、性能数据、Trap数据、进程数据等通过TCP协议传输至网络隔离装置的A端口，在此期间如果有配置数据的变动(如端口的增减等)将数据持久化至数据库或者文件。

(3) 网络隔离装置配置策略，将高密网侧A端口的数据实时同步至低密网侧B端口。

(4) 低密网的探针从B端口处取出数据解析并存入系统数据库。

5　平台的应用情况

通过使用测试，统一监控平台在满足跨国管道需求基础上，具备如下突出特点：

(1) 全面、完整的监管系统，对企业所有IT基础架构进行监管；

(2) 成熟、先进的系统架构，适应监管要求的不断提高；全部WEB方式，方便系统浏览；

(3) 方便、直观的拓扑管理，通过拓扑展示，了解IT环境的全貌；

(4) 丰富、高效的告警管理，及时发现IT环境故障源，触发多种报警方式；

(5) 清晰、美观的性能管理，一目了然图形化了解设备当前运行的各种状态；

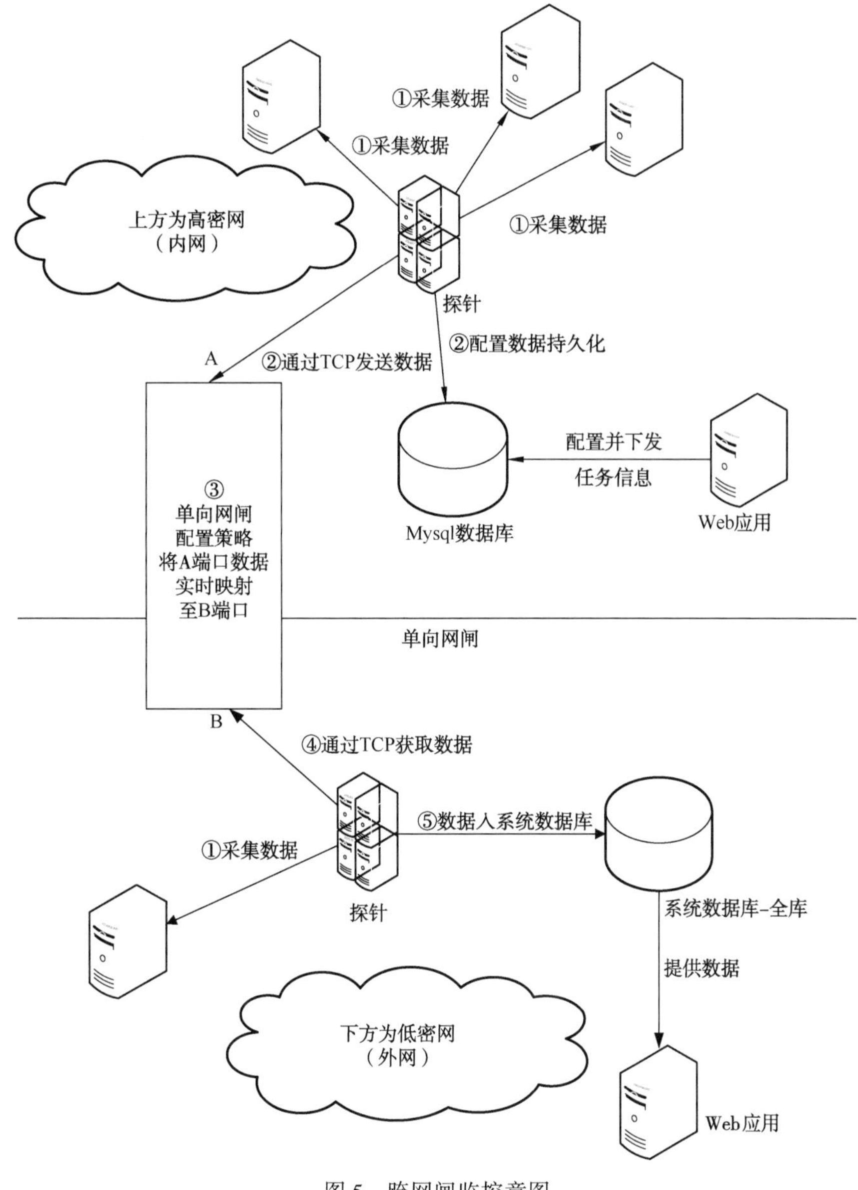

图 5　跨网闸监控意图

（6）可靠、准确的配置资源管理，做到对 IT 资源集中管理；
（7）简单、易用的指标管理，方便对各类监管指标的定义和设置；
（8）灵活、严谨的安全管理，满足用户对系统安全管理的需要。

6　结束语

平台通过定制开发，实现对于光传输、数通设备、IT 设备的统一监控，极大提高了系统运维效率，较少了故障排查时间，节省了人力资源。后续通过进一步与 EAM 系统集成，结合大数据分析技术，还可为备品备件采办、系统可靠性评估提供支撑。

参 考 文 献

[1] 邓晓刚，陈卫红，杨明辉 过程控制实验装置实时监控软件开发[J]《实验科学与技术》, 2014，12 (6)：57-59.
[2] 罗荣娅 城市轨道交通新型供电系统监控试验平台设计《北京交通大学》，2009，28 (10)：27-31.

中缅原油管道地泊泵站供电方式优化

关　宇　李灿荣　刘图征　刘逸龙

（中油国际管道公司　中缅油气管道项目）

摘　要　地泊泵站作为中缅原油管道不可压力越站的中间泵站，故障甩泵将导致全线停输。本文针对地泊泵站现状，提出一种更为稳定的供电方案，通过负荷分析，确定加装UPS不间断电源的容量及功能；通过对地泊泵站周边外电现状进行调研，确定最优外电方案，并对低压配电间的设备改造进行分析研究。供电方式的优化，使地泊泵站核心设备得到稳定电力供应的同时，大大降低发电机维保及耗气成本，使效益得到显著提升。

关键词　UPS不间断电源　引入外电　节能降耗

1　引言

中缅原油管道是近年中国在海外建设的重大能源和工业项目，对中国开辟西南能源通道，提升西南地区经济建设水平，以及确保能源战略安全具有重大意义。中缅原油管道起自缅甸西海岸的马德岛，途径若开邦、马圭省、曼德勒省、掸邦，从南坎进入中国境内，全长771公里，设置站场5座。作为“一带一路”倡议在缅实施的先导项目，中缅原油管道在带动缅甸石油化工产业发展、促进两国经贸关系、推动东南亚区域经济发展乃至更广泛领域互利合作中具有“标杆效应”。

2　地泊泵站现状

地泊泵站作为中缅原油管道不可压力越站的中间泵站，主要功能为原油外输加压和清管器收发，主要输油设备为两台由卡特G3616燃气发动机驱动的输油主泵，一期设计一用一备。

目前地泊泵站无外电，采用独立天然气发电机组为电源的供电方案，其燃料天然气来自与中缅原油管道并行的中缅天然气管道。全站由3台威尔信PG345B3天然气发电机组为全部生产、生活负载供电，一期设计两用一备，单台发电机额定功率240kW。站内另外配有1台威尔信P400E5应急柴油发电机，额定功320kW。

若地泊泵站发电机故障停机，站内全部生产、生活负载失电。其中发动机空冷器和LOC冷却风扇的失电将触发停机逻辑，导致地泊泵站甩泵。由于地泊泵站不可压力越站，甩泵将直接导致中缅原油管道全线停输，影响缅甸境内及国内云南炼厂的原油供应。

3　地泊泵站负荷分析

目前地泊泵站实际生产及生活总负荷为120~200kW（发动机气撬电加热器单路运行，且不启泄压回注泵），其中通信系统、SCADA系统、进出站ESD等重要负载由两台并列运行的UPS供电，单台容量15kVA，负荷分配如表1所示：

表 1　15kVA UPS 负荷统计表

序号	负荷名称	负荷容量/kW
1	应急照明	0. 97
2	电液联动球阀 0101、0102	4
3	光通信设备 1#、2#	1. 3
4	VASAT 卫星通信设备	0. 45
5	工业电视监控	0. 3
6	布线设备	0. 2
7	可视对讲前端设备	0. 3
8	1#摄像机	0. 84
9	PLC 机柜 1#、2#	4
10	ESD 机柜 1#、2#	1. 2
11	火气机柜(FP)	0. 5
12	自用气计量机柜(MPS1#)	0. 8
13	综合办公楼 PDB01 电源进线 1#、2#	6
	合计	20. 86

发电机故障停机时，以上负载由两台 15kVA UPS 保障供电，不会导致因变送器失电而误触发发动机停机保护逻辑。

站内除进出站 ESD 阀外其余所有电动阀门，在发电机故障停机后均失去动力源，阀位保持。

泵机组 P0403 和 P0404 的 MCC 控制柜及发动机动力气撬电加热器、电伴热带等负载均直接由低压配电柜配出，发电机故障停机将导致以上负载失电，触发停机保护逻辑，地泊泵站甩泵，全线停输。

(1) 地泊泵站单泵运行工况泵机组控制及辅助系统负荷分析

表 2　单泵运行工况泵机组控制及辅助系统负荷统计表

<table>
<tr><th rowspan="2">序号</th><th rowspan="2">燃气发动机负荷名称</th><th colspan="2">负荷大小</th><th rowspan="2">数量</th><th rowspan="2">起动电流/A</th><th rowspan="2">稳态电流/A</th><th rowspan="2">备注</th></tr>
<tr><th>HP</th><th>kW</th></tr>
<tr><td>1</td><td>Hotstart oil pump</td><td>2</td><td></td><td>1</td><td rowspan="4">59. 6</td><td rowspan="4">59. 3</td><td rowspan="4">备用机组根据冷却液及机油温度自动启停</td></tr>
<tr><td>2</td><td>Hotstart coolant pump</td><td>1</td><td></td><td>1</td></tr>
<tr><td></td><td>Hotstart oil heater</td><td></td><td>9</td><td>1</td></tr>
<tr><td>3</td><td>Hotstart coolant heater</td><td></td><td>30</td><td>1</td></tr>
<tr><td>4</td><td>LOC heater</td><td>7. 5</td><td></td><td>0</td><td></td><td></td><td>未投用</td></tr>
<tr><td>5</td><td>LOC oil pump motor</td><td>7. 5</td><td></td><td>1</td><td>5. 8</td><td>5. 3</td><td></td></tr>
<tr><td>6</td><td>LOC fan motor</td><td>5</td><td></td><td>1</td><td>48. 3</td><td>8. 3</td><td></td></tr>
<tr><td>7</td><td>Battery charger</td><td>5</td><td></td><td>1</td><td></td><td></td><td>备用机组根据蓄电池电压自动充电</td></tr>
</table>

续表

序号	燃气发动机负荷名称	负荷大小		数量	起动电流/A	稳态电流/A	备注
		HP	kW				
8	Cooler motor fan	25		2	15.9	30	变频器启动
10	UCP		2.25	2			
11	Metrix		2.25	2			
12	Engine fuel gas skid		40	2	59.6	59.3	
13	Fuel gas skid JB02		8	1			电伴热带
负荷合计：70.5*0.736+136=188kW		70.5	136				

考虑备用机组热启动系统及电瓶充电机的自动启停，及发动机气撬电加热器根据气量的投切，地泊泵站单泵运行工况泵机组控制及辅助系统负荷为103~188kW。

（2）地泊泵站双泵运行工况泵机组控制及辅助系统负荷分析

表3　双泵运行工况泵机组控制及辅助系统负荷统计表

序号	燃气发动机负荷名称	负荷大小		数量	起动电流/A	稳态电流/A	备注
		HP	kW				
1	Hotstart oil pumps	2		0	59.6	59.3	启泵前hotstart自动停止运行
2	Hotstart coolant pumps	1		0			
	Hotstart oil heater		9	0			
3	Hotstart coolant heater		30	0			
4	LOC heater	7.5		0			未投用
5	LOC oil pump motor	7.5		2	5.8	5.3	
6	LOC fan motor	5		2	48.3	8.3	
7	Battery charger	5		0			发动机运行时电瓶由充电马达供电
8	Cooler motor fan	25		4	15.9	30	变频器启动
10	UCP		2.25	2			
11	Metrix		2.25	2			
12	Engine fuel gas skid		40	2	59.6	59.3	
13	Fuel gas skid JB02		8	1			电伴热带
负荷合计：125*0.736+97=189kW		125	97				

考虑发动机气撬电加热器根据气量的投切，地泊泵站双泵运行工况泵机组控制及辅助系统负荷为149~189kW。

4　UPS不间断电源的选型

（1）UPS配备方式及容量计算

结合地泊泵站单泵及双泵运行工况下，泵机组控制及辅助系统的负荷情况，若要确保在发电机故障停机时不甩泵，需要为泵机组控制及辅助系统最大189kW的负载提供不间断电源，其容量计算如下：

$$189\text{kW}\div0.8\div0.8=295\text{kVA}$$

按功率因数0.8计算，可选用单台容量300kVA的UPS，双机并列运行。正常运行时负载平均分配，每台UPS负载率最高约39.4%；检修或一台UPS故障时，全部负载将转移到另一台UPS，负载率最高约78.8%。

(2) 蓄电池组容量计算

发电机组故障停机后，工作人员到现场切换备用天然气发电机或应急柴油发电机所需的时间最多为20分钟，若考虑备用或应急发电机不能正常启机等突发情况，为UPS配备后备时间2小时的蓄电池组即可满足不间断供电。

结合地泊泵站单泵运行工况，发动机气撬实际按一用一备模式运行，发动机控制及辅助系统最大负荷约148kW。若选择单块电压12V的蓄电池，每组需配备32块，蓄电池组额定容量可选择800Ah，每组400Ah，计算公式如下：

$$C_{\text{B}}=\frac{148000\text{W}}{12\text{V}\times32}\times2\text{h}=770.8\text{Ah}$$

因此，可选择单块电压12V，容量200Ah的蓄电池，每组32块，每台UPS配备2组，共128块，系统2小时放电能力：

$$200\text{Ah}\times4=800\text{Ah}>770.8\text{Ah}$$

满足2小时后备时间要求。

(3) UPS性能要求

为保证供电稳定性，UPS不间断电源还需要具备以下性能：

① 适用于负载间歇性变化的工况

地泊泵站备用发动机的HOTSTART系统间歇性启动(41kW)，发动机气撬电加热器根据气量投切(40kW)，负载率变化较大。在负载间歇性阶跃变化的工况下，UPS不间断电源需保持输出电压的稳定性。

② 感性负载的启动电流不会对UPS输出造成影响

发动机控制及辅助系统中的大功率负载及感性负载，起动电流大。UPS不间断电源须对负载有较强的兼容性，间歇性的大电流不会对UPS输出造成影响。

③ 谐波抑制

降低发电机或市电输入的谐波成份，提升UPS不间断电源的供电质量。

④ 蓄电池智能管理系统

降低充电电流波纹含量，从而提升蓄电池使用寿命。时时监测每块蓄电池的电压、内阻、温度等参数，不合格电池报警显示，便于及时更换，避免拉低整组蓄电池的容量。

配备蓄电池快充技术，当系统处于低负载率工况下，充电速度提升。

为泵机组控制及辅助系统配备UPS不间断电源后，可保障地泊泵站核心输油设备的稳定供电，避免因发电机故障停机导致全线停输。

5 地泊泵站外电方案

地泊泵站三台天然气发电机运行时间均已超过15000h，且随着运行时间的累计，机组稳定性持续降低。UPS 不间断电源投用后，可考虑为地泊泵站引入外电，使天然气发电机组成为备用电源，降低天然气发电机产生故障的频次，提升供电稳定性。

引入外电后，2 台 15kVA 及 2 台 300kVA UPS 不间断电源可确保站内核心设备的不间断供电，保障正常生产。通过安装 ATS 双电源或 PLC 控制的接触器可实现外电、天然气发电机的自动切换，保障站内其它生产负荷及生活负荷的电力供应。

（1）地泊泵站周边外电现状

地泊泵站周边目前有漫散 230kV 主变电站、漫散村 66kV 变电站、地泊镇 66kV 区域变电站，后两者 66kV 电源均引至漫散 230kV 主变电站。

目前漫散村 230kV 主变电站预留有一个 66kV 出线间隔。距漫散村主变电站约 2 英里，建有 66/11kV 变电站，安装 5MVA 66/11kV 变压器一台，给南姆度和漫散区域提供 11kV 电源，该变电站距地泊泵站约 13 英里。

图 1　漫散 230kV 主变电站，66kV 出线 3 条，预留间隔 1 个

图 2　漫散村 66/11kV 5MVA 变压器

地泊镇区域变电站安装 20MVA 66/33kV 主变压器一台，并预留两个出线间隔；另外安装 5MVA 33/11kV 变压器一台，11kV 母线配出 3 条线路，其中至川庆营地的线路距地泊泵站最近，约 9 英里，但由于变压器剩余容量较少，不能满足地泊泵站用电需求。

图 3　地泊镇 33kV 预留间隔(东向)

图 4　地泊镇 33/11kV 5MVA 变压器

(2) 外电现状小结

表4 地泊泵站外电线路对比

项目	漫散230kV主变电站	漫散村66kV变电站	地泊镇66kV区域变电站
可用电压等级	66kV	11kV	33kV
出线空间	有	有	有
供电可靠性	较高	较差	一般
年均停电次数	约15次	约15次	约15次
停电主要原因	夏季限电	夏季限电	夏季限电
变压器容量	60MVA	5MVA	20MVA
最大实际负荷	27.3MW	0.7MW	7.5MW
可用最大负荷	60*0.8*0.85-27.3=13.5MW	5*0.8*0.85-0.7=2.7MW	20*0.8*0.85-7.5=6MW
距地泊泵站	约12英里	约14英里	约12英里
建设及维护成本	较高	较低	较高

地泊泵站的核心设备由UPS不间断电源提供稳定的电力供应，外电的供应主要影响到站内其它生产负荷及生活负荷。综合考虑地泊泵站周边外电现状、管理难度及建设、维护成本，宜选择漫散11kV作为外电电源。

(3) 外电工程

① 变压器容量计算

外电由漫散11kV电源引入，在地泊站外安装11/0.4kV变压器，变压器容量600kVA，计算公式如下：

$$370kW \div 0.8 \div 0.85 = 544kVA$$

式中370kW按投用两路发动机气撬电加热器，同时启动泄压回注泵(132kW)的最大负荷工况考虑，单泵运行且不启动回注泵的工况下，变压器效率约为39%。

② 其他外电设施

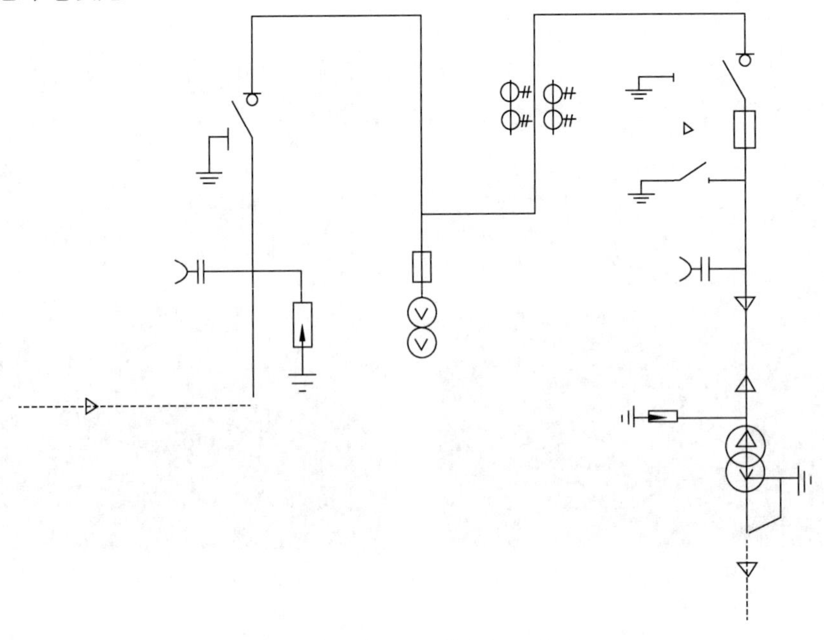

图5 地泊泵站11kV外电接线示意图

如上图所示，11kV 外电由终端杆首先接入高压避雷器，然后接入六氟化硫开关柜，开关柜需配备显示仪表，用于监测 11kV 外电电压等参数。开关柜下游依次安装电压、电流互感器，然后经过高压熔断器进入 600kVA 变压器。

外电部分所需设备如下表所示：

表 5　地泊泵站外电设备

设备名称	数量	单位
高压避雷器	1	套
六氟化硫开关柜	1	面
电力仪表	1	台
电压互感器	1	套
电流互感器	1	套
高压熔断器	3	只
低压避雷器	1	套
600kVA 变压器	1	台

11kV 外电经过图 5 中电力设备后，由 600kVA 变压器配出至地泊泵站低压配电间。

（4）低压配电间设备改造

变压器出线至地泊泵站低压配电间，通过配备稳压器提升供电稳定性。考虑外电与发电机之间的切换，可通过加装 ATS 双电源，或由 PLC 控制的接触器实现。

1）ATS 双电源

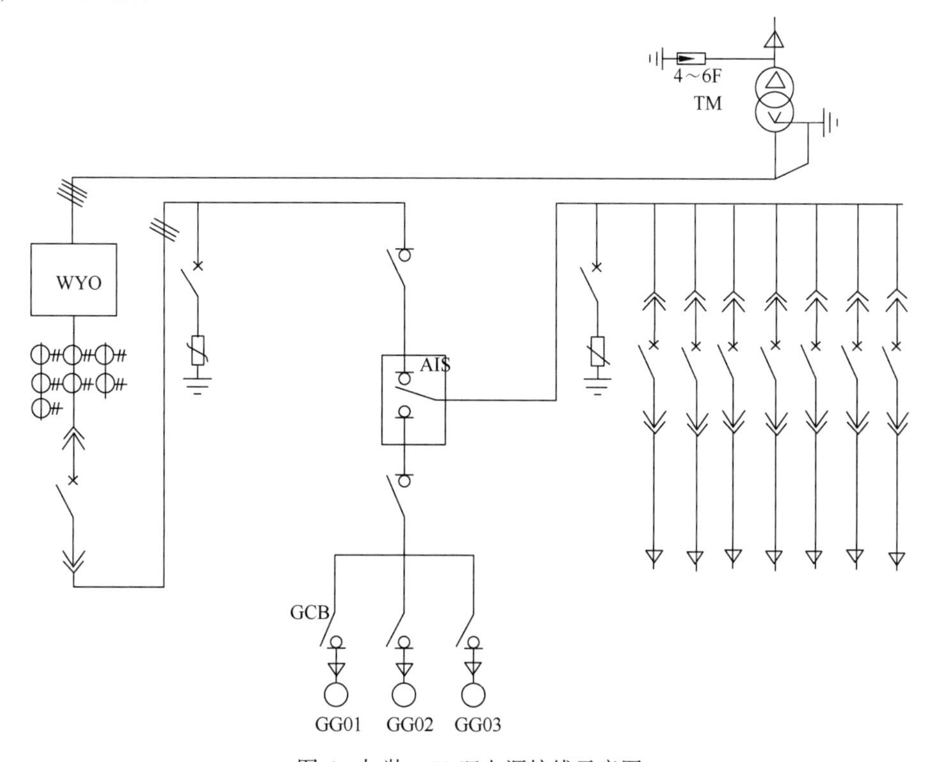

图 6　加装 ATS 双电源接线示意图

此方案需在地泊泵站低压配电间加装稳压器柜一面、变压器进线柜一面，以及 ATS 柜一面。变压器进线柜配备智能仪表，用于监测低压侧电压、频率、功率等参数。

通过更改三台天然气发电机 GCB 下游接线路由，使其连接至 ATS 双电源的备用电源侧。外电停电后，ATS 双电源同时给三台天然气发电机发送启动命令，处于自动状态的发电机启动，输出稳定后空载并机，GCB 合闸。当 ATS 双电源检测到备用电源侧带电后，自动切换至发电机供电。

当 ATS 双电源检测到外电恢复且稳定后，自动切换至外电供电，切换时间为毫秒级，不导致停电。同时 ATS 给三台天然气发电机发送冷却停机命令，处于自动状态的发电机 GCB 分闸并冷却停机。

需要由威尔信发电机厂家为天然气发电机添加控制逻辑，柴油发电机不增加自动启停逻辑，在应急情况下人工启动。

2）PLC 控制的接触器

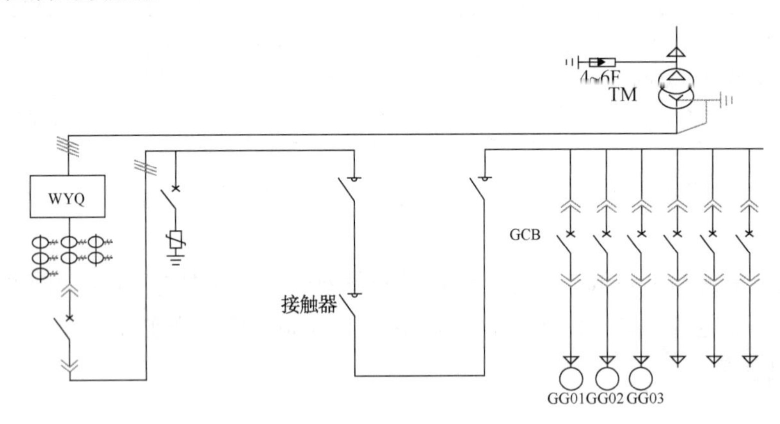

图 7　加装接触器接线示意图

此方案需在地泊泵站低压配电间加装稳压器柜一面、变压器进线柜一面，以及 PLC 控制的接触器开关柜一面。变压器进线柜配备智能仪表，用于监测低压侧电压、频率、功率等参数。

互感器检测到外电停电后，将信号反馈至 PLC，PLC 控制接触器断开，同时给三台天然气发电机发送启动命令。处于自动状态的发电机启动，当输出稳定后进行空载并机，随后闭合 GCB，接入低压母排。

互感器检测到外电恢复并稳定后，同时给三台天然气发电机发送冷却停机命令，处于自动状态的发电机 GCB 分闸并冷却停机。互感器检测到接触器下游失电后，将信号反馈至 PLC，PLC 控制接触器吸合，切换时间为毫秒级，不导致停电。

需要由威尔信发电机厂家为天然气发电机添加控制逻辑，柴油发电机不增加自动启停逻辑，在应急情况下人工启动。

外电的引入使地泊泵站的天然气发电机组成为备用电源，在提升了供电稳定性的同时，降低了发电机的维保成本及耗气成本，使效益得到提升。

6　效益提升以及应用前景

（1）经济效益提升

1）降低能耗成本

目前地泊泵站天然气发电机组耗气量约 54 万方/年，若按国内云南地区气价 3.3 元/方

(2018年8月参考价格)计算，地泊泵站发电机组每年天然气能耗费约178.2万元人民币。

引入外电后，地泊泵站耗电量约123万度/年，根据缅甸电价计算，每年电费约73万元人民币。与天然气能耗成本对比，地泊泵站每年可节省能耗费用约105.2万元人民币。

2）降低设备维保成本

根据目前地泊泵站天然气发电机组两用一备的使用情况计算，每年发电机累计运行17520h，需开展400小时维护保养44次，维保费用共计约12万元人民币；发电机8000h中修费用约61万元人民币/台，发电机16000h大修费用约73万元人民币/台，每年发电机的维保成本共计约146万元人民币。

引入外电后，地泊泵站每年电气设备预防性试验及检修，以及外电线路维护费用约6万元人民币。与采用天然气发电机组作为主电源的供电方式相对比，地泊泵站每年可节省设备维护费用约140万元人民币。同时，相比于电气设备的预防性试验及检修，花费在发电机组维护保养方面的人力成本则相对较大，因此外电的引入也可以使人力资源成本得到一定的节约。

发电机组成为备用电源，不仅可以每年节约能耗、维护成本约245万元人民币，也可以大大降低地泊泵站的噪音污染，使员工办公及生活环境得到改善。

（2）应用前景

地泊泵站供电方式的优化，不仅可以为中缅原油管道项目带来经济效益的提升，同时在中缅原油管道全线，甚至国内输油泵站、天然气压缩机站均具有推广价值。

中缅原油管道各泵站均可通过配备UPS不间断电源，为泵机组控制及辅助系统提供稳定的电力供应，使全线的运行稳定性得到有效提升，保障国内云南炼厂及缅甸境内用户的原油需求，在提升中缅原油管道形象的同时，也使项目的年输量任务得到保证。

各输油泵站泵机组控制及辅助系配备UPS不间断电源后，可根据实际情况引入外电，使原油管道运行的稳定性得到进一步提升，同时可有效节约能耗及设备维护成本，使中缅原油管道项目的经济效益得到进一步提升。

7 结论

供电方式的优化，可有效提升地泊泵站核心输油设备的供电稳定性，从而达到减少非计划性停输，提升运行稳定性的目的。同时，该方案在中缅原油管道各个输油泵站均具有推广价值，可使中缅原油管道的年输量任务得到可靠保障，进一步提升中缅原油管道在国家“一带一路”战略中的示范性工程形象。

参考文献

[1] 刘图征等．中缅原油管道地泊泵站外部供电可行性分析．中国石油集团东南亚管道有限公司首届论文集，2016：260-273.

[2] 范光辉．不间断电源在我国的应用和发展[J]．企业技术开发，2015，34(15)：91-92+94.

长输管道天然气放空的理论研究与实践

张　勇　李玉相

（中油国际管道公司　中缅油气管道项目）

摘　要　天然气放空通常是输气管道维修施工及应急处置中的一项重要工作。天然气放空对上游气源方和下游用户会造成重大影响，同时存在较大的安全风险。做好天然气放空的理论研究，合理进行放空，才能保证既安全、经济放空，又最大程度上减少对输气生产的影响。本文通过对放空系统组成、放空立管关键参数计算、放空时间计算、放空方式的选择、放空对环境的影响、如何降低放空造成的经济损失等相关理论及中缅干线管道放空的实践等进行了论述，对合理组织输气管道维修施工、提高输气生产调度决策水平，提供了相关理论依据。

关键词　天然气　放空　仿真　中缅　实践

1　引言

长输管线作为天然气的主要运输载体之一，在国民基础建设中扮演着重要的角色，但同时长输天然气管道运行压力高、管径大、输量大、天然气易燃易爆的特点加大了管道运行风险。国家对安全生产工作的要求越来越高，安全生产事故的追责力度不断加大。这些因素都对管道运营单位运行管理水平提出了更高要求。近些年，国内长输管道由于自然灾害等原因发生多起管道破裂、爆炸的重大事故。放空系统作为天然气长输管道重要的安全设施之一，其主要重要作用就是在管道发生事故或管道维修施工时，将管道压力尽快地泄放至安全范围，为维抢修赢得时间。

天然气是一种易燃气体，天然气放空同样会给周围环境带来影响。如何在管道发生事故或管道施工时，合理使用放空系统，这就需要对放空系统的基本组成和原理、放空可能对外界环境造成的影响、与天然气放空相关的法律、法规进行全面的了解，才能更加合理、安全的开展天然气放空工作。

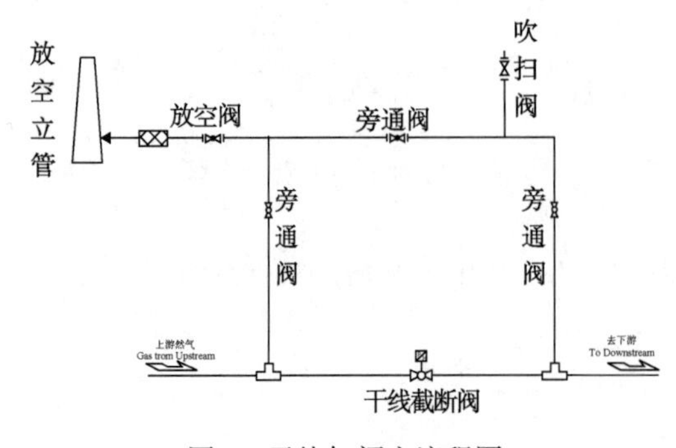

图 1　天然气阀室流程图

2　阀室及站场放空系统的组成

（1）阀室放空系统

阀室放空系统主要由干线截断阀、旁通阀、放空阀、吹扫阀、绝缘接头、放空工艺管线和放空立管等设备组成，如图 1 所示。

放空时，关闭干线截断阀，将旁通阀全开，通过放空阀控制放空速度，实现对阀室上游或下游干线天然气的放空。放空阀大多采用旋塞阀，能适应高压节流冲蚀。

(2) 站场放空系统

站场放空系统主要由手动放空阀、ESD 自动放空阀、放空汇管、高低压放空工艺管线、引燃火燃料气管线、放空立管、点火控制系统等组成。如图 2 所示。

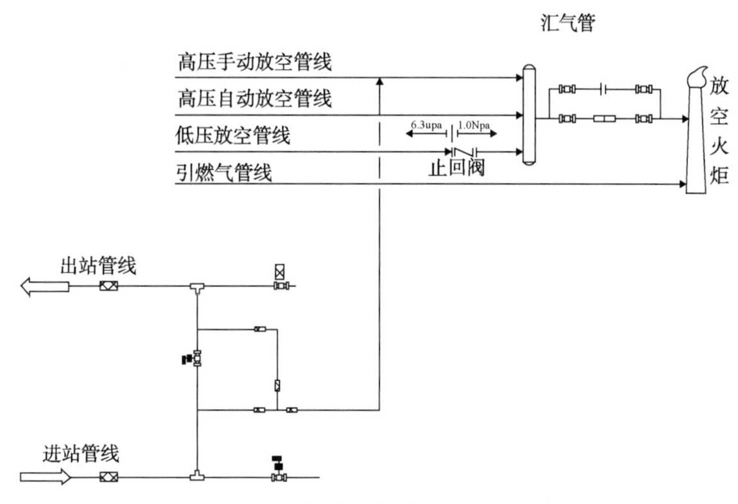

图 2　气线站场放空流程图

站场放空系统可以对站内天然气进行放空，通过流程切换也可对站场上、下游干线管道天然气进行放空。来自各放空管路的天然气最后汇集于汇气管，经放空立管进行放空。

站内放空分为高压放空管路和低压放空管路，低压放空管路末端安装有止回阀，防止高压气体进入低压放空管路，对低压管路造成破坏。

3　天然气放空时间计算方法

进行管道干线天然气放空前，需要对放空时间进行估算，以合理安排后续相关工作。

(1) 放空过程中气体的流动状态

与站场其它管路相比，放空管路中气体的流动特性有极大的不同点：放空管路较短，但压降极大；在短距离大压差条件下，管路沿程气体的温度、密度、流速差异极大；气体放空过程属于非稳定流动，放空管路中任意点的各流动参数均随时间变化。在放空开始极短时间内就将放空阀全开的情况下，放空过程一般以下几种状态[1]：

① 壅塞流即超临界流状态。放空前期，放空管路入口压力 p_1很高，放空立管出口处压力 p_2远大于环境大气压力 p_a，气流在出口处达到临界流速(当地声速)，即在 p_1、T_1、d、L 确定的条件下达到了最大质量流量。气流剩余压力(p_2-p_a)在放空管出口外经过一系列的膨胀达到大气压力 p_a。随着放空继续，p_1、p_2相应逐渐降低，但只要 p_2仍大于 p_a，V_2就仍为临界流速，流动仍处于壅塞状态，即在新的 p_1、p_2条件下达到新的最大质量流量，如图 3

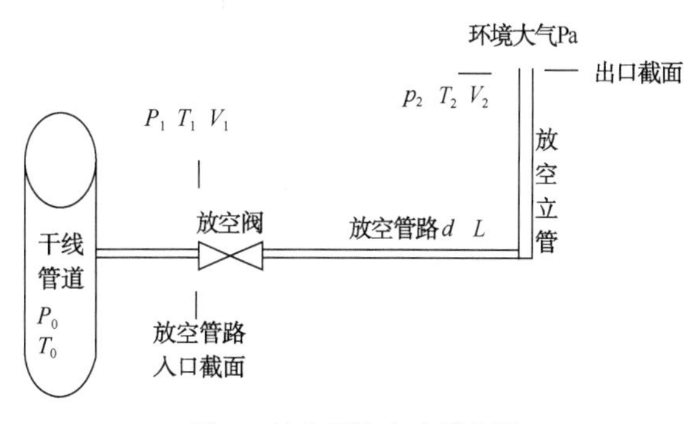

图 3　放空系统水力简化图

所示。

② 临界流状态。随放空继续，p_1、p_2相应逐渐下降，当p_2恰好降至等于环境大气压力p_a、V_2仍为临界流速时，放空气体处于临界流状态。

③ 亚音速流状态。随放空继续，气体流动越过临界状态，p_1继续下降，但$p_2=p_a$保持不变，V_2逐渐减小，马赫数小于1，气体进入亚音速流动状态，质量流量逐渐减少。只要$p_0>p_a$，放空继续进行，直至$p_0=p_1=p_2=p_a$，放空结束。

(2) 几种典型的天然气放空时间估算方法

① 第一种估算方法：

假定放空全过程均为临界状态，同时，考虑到放空阀立管管段长度较短，可以忽略放空阀后管路摩阻，此时得出的放空气体在临界状态下管道压力由$p_{初}$放空至$p_{终}$所需的时间为[2]：

$$t=\frac{V}{\mu F}\sqrt{\frac{\frac{M}{ZRT}}{Kg\left(\frac{2}{K+1}\right)\frac{K+1}{K-1}}}\ln\frac{P_{始}}{P_{终}} \tag{1}$$

t——放空时间，s；

V——放空管段容积，m^3；

μ——阀门开度,%；

F——放空阀全开时过流面积，m^2；

M——放空气体的相对分子质量；

Z——压力为$P_{初}$时放空气体的压缩系数；

R——理想气体常数，8314.3J/(kmol·K)；

T——管道内气体温度，K；

K——绝热指数，天然气：$K=1.3$；

g——重力加速度，取9.8N/kg；

$P_{初}$——放空前管道绝对压力，MPa；

$P_{终}$——放空后管道绝对压力，MPa；

公式(1)考虑了放空阀开度对放空的影响，可以计算不同开度下所需的放空时间。但是由于假定了放空全过程放空气体流速为声速，实际放空时由于放空阀开度较小，放空全过程放空气体流速都可能小于声速，故此公式计算得出的时间较实际放空时间短。

② 第二种估算方法：

摘自美国天然气工程书籍，它增加了阀门阻力因子F，如式(2)所示。

$$t=\frac{0.191974\,P\frac{1}{3}G\frac{1}{2}D2LF}{Zd^2} \tag{2}$$

t——放空时间，min；

P——管道放空初始压力，MPa；

G——天然气相对密度；

D——管道内径，mm；

L——放空段长度，km；

F——选择系数：理想孔 $F=1.0$，直通闸阀 $F=1.6$，普通闸阀 $F=1.8$，涂润滑脂旋塞阀 $F=2.0$；

Z——气体的压缩系数；

d——放空管内径，mm。

此公式的物理模型为短管放空，只适用于新建管线试压的临时短管放空或某些长输管线工程中阀室就地立管放空等这类放空管路极短的情况。

③ 第三种估算方法：

基于可压缩流体有摩擦绝热一维流动的范诺方程建立物理模型，既考虑到气体由滞止状态通过圆形收缩喷口绝热膨胀的过程，也考虑到阀门、管件、管道对放空气体的摩阻影响。首先求解出天然气瞬时放空量，再运用数值积分法得到累计放空时间。此求解过程可以通过计算机编程来实现，迅速准确，计算结果符合工程实际。具体计算方法及推导过程见叶学礼《天然气放空管路水力计算》一文。

（3）利用计算机软件对放空过程进行模拟计算

由于各种理论推导公式为减少计算量，降低计算复杂程度，对放空过程不同程度进行了简化，假定了一些边界条件，计算结果与实际放空过程差异较大。借助计算机模拟软件建立放空模型，进行动态模拟，可以进行大数据量计算，对放空全过程温度、压力及流速变化进行计算。TGNET 软件是输气管道离线模拟软件，能够对输气管道中的单相流进行稳态模拟和动态模拟，对输气管道的各种工况进行分析，在国内外得到了广泛的应用[3]。采用 TGNET 软件计算放空时间时建立高压天然气管道放空管路模型，用泄漏点来模拟放空口，可以计算放空过程中各部位压力、温度、流速、总放空时间等参数，并且精确度较高。

4 放空立管直径及高度的计算

（1）放空立管直径的计算

根据 SY/T 10043-2002《泄压和减压系统指南》标准，放空立管直径计算公式如下[4]：

$$D=\left[\frac{3.23\times10-5\cdot W}{p\cdot Ma}\cdot\sqrt{\frac{z\cdot T}{\kappa\cdot M_w}}\right]0.5 \tag{3}$$

D——放空管口内径，m；

W——放空气体质量流量，kg/h；

p——放空口压力，kPa 绝压；

Ma——马赫数；

z——气体压缩系数；

T——气体温度，K；

k——气体平均绝热系数；

M_w——气体相对分子质量；

其中马赫数是放空气体流速与声速的比值。如采用点火放空，放空火焰燃烧属于扩散火焰，气体排放速度过低，火焰燃烧速度大于气体流速，会导致部分火焰前段进入管口内，使管口过热或火焰熄灭。在低排放速度下，火焰形状完全受风影响，立管口下风向低压区可能造成火焰沿立管下行，气体中的腐蚀性物质能加速立管口金属的腐蚀。放空速度过高，火焰燃烧速度低于气体排放速度，则火焰会上窜，造成脱火，一般按照气体流速不超过 0.5 马赫考虑。不点火的放空管，排放速度可以增大，但最大流速不超过声速，还要校核放空温降，可燃气体扩散范围和噪声级别。

其中放空气体质量流量，本公式中一般考虑放空过程中的平均质量流量作为计算基础。对于线路长时间有控制放空工况，此公式精确度较高。国内一般考虑 12h 内将干线相邻阀室间天然气放空。由于整个放空过程不可能一直保持放空流量不变，放空前期流量较大，放空后期由于干线压力低，放空流量逐渐降低。可以按照 10h 放空时间进行核算，以便留出一定的放空能力余量。在实际工程中放空管的直径一般按照干线管径的 1/2 或 1/3 设计，如表 1 所示。

表 1　阀室放空管径设置表

干线公称直径/mm	旁通管公称直径/mm	放空管公称直径/mm
300~400	100、150	100、150
450~500	150、200	150、200
550~600	200、250	200、250
700~800	250、300	250、300
900~1000	350	350
1100~1200	400	400

（2）放空立管的高度计算

确定放空立管高度的主要因素是：放空气体燃烧的火焰长度、燃烧热辐射强度和风的影响。

① 火焰长度随立管释放的总热量的变化而变化，可按火焰长度与释放总热量关系曲线确定[5]，如图 4 所示。

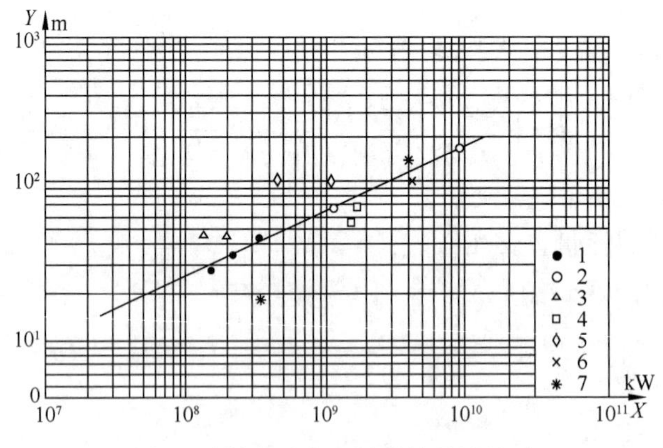

图 4　火焰长度与释放总热量的关系

立管燃烧释放的总能量计算公式如下：

$$Q=H_L \cdot W \tag{4}$$

Q——立管释放的总热量，kW；

H_L——排放气的低发热值，kJ/kg；

W——放空气体质量流量，kg/s；

② 风速引起火焰变形的简单计算

受外界风的影响，火焰会发生倾斜，并使火焰中心位置发生改变。风对火焰在水平方向和垂直方向上的偏移影响，可根据放空立管顶部风速与放空立管出口气体流速之比，按图5确定。

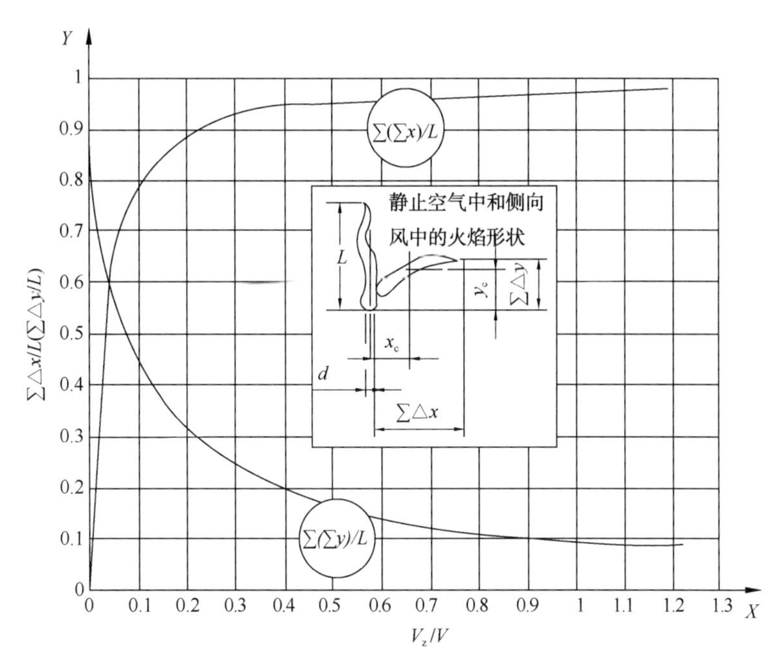

图5　由侧风造成的火焰大致变形

火焰中心与放空立管顶部的垂直距离 y_c 及水平距离 x_c 计算如下：

$$y_c = 0.5[\sum(\Delta y/L)\cdot L] \tag{5}$$

$$x_c = 0.5[\sum(\Delta x/L)\cdot L] \tag{6}$$

x_c——火焰横向偏距，m；

y_c——火焰纵向偏距，m；

V_X——风速，m/s；

V——立管出口气体流速 m/s；

③ 高度计算：

火焰中心到受热点的距离 D(见图6)，计算如下：

$$D=\sqrt{\frac{\tau FQ}{4\pi K}} \tag{7}$$

式中　D——火焰中心到受热点的距离，m；

F——热辐射率(可根据排放气体的主要成分，按表4-2取值)；

Q——气体释放热量，kW；

K——最大允许热辐射强度，kW/m²；

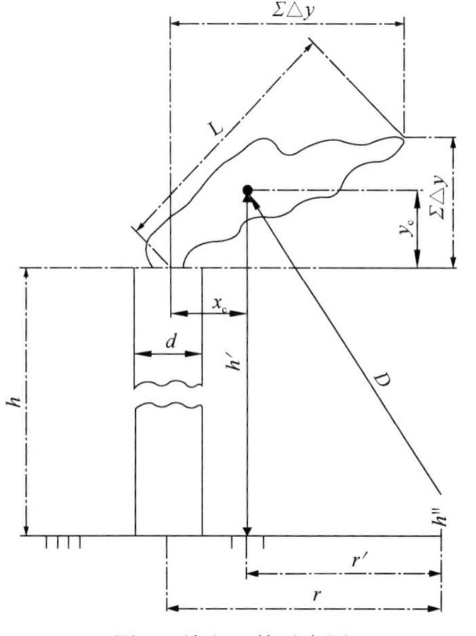

图6　放空立管示意图

τ——辐射系数，对明亮的烃类火焰，当距离为30～150m时，可按下列公式计算辐射系数：

$$\tau=0.79\left(\frac{100}{\gamma}\right)^{1/16}\cdot\left(\frac{30.5}{D}\right)^{1/16} \tag{8}$$

γ——大气相对湿度(%)；

考虑了风对火焰造成的影响后，为保证受热点处的热辐射强度不高于最大允许值，放空立管最低高度计算如下式：

$$h=\sqrt{D^2-(r-x_c)^2}-y_c+h'' \tag{9}$$

将式(4-5)代入式(4-7)得：

$$h=\sqrt{\frac{\tau FQ}{4\pi K}-(r-x_c)^2}-y_c+h'' \tag{10}$$

h——放空立管高度，m；

x_c——火焰中心至放空立管顶的水平及垂直距离，m；

y_c——火焰中心至放空立管顶的水平及垂直距离，m；

r——受热点至放空立管的水平距离，m；

h''——受热点顶部至放空立管底部水平面的垂直高度，m；

其它单位同式(7)、式(8)。

表2　气体扩散火焰热辐射率F

燃烧器直径(mm)		5.1	9.1	19.0	41.0	84.0	203.0	406.0
辐射率F(F=辐射热/总热量)	H_2	0.095	0.091	0.097	0.111	0.156	0.154	0.169
	C_4H_{10}	0.215	0.253	0.286	0.285	0.291	0.280	0.299
	CH_4	0.103	0.116	0.160	0.161	0.147		
	天然气(CH_4 95%)						0.192	0.192

5　天然气放空对环境影响的评估计算

天然气采用点火放空时，火焰燃烧产生的热辐射会对周围环境造成影响；采用冷放空时可燃气体的扩散会带来被意外点燃的风险。一般在放空操作前，提前计算出热辐射和可燃气体扩散影响区域，设置合理的警戒半径，才能保证安全放空，防止对人造成伤害。

(1) 点火放空时热辐射的影响

根据立管高度计算公式(10)可得出受热点至放空立管的水平距离r(图6)，公式如下：

$$r=\sqrt{\frac{\tau FQ}{4\pi K}-(h-h''+y_c)^2}+x_c \tag{11}$$

r是燃烧热辐射为K时，受热点至放空立管的水平距离，也是放空操作时设置警戒半径的参考值。放空操作时，应根据放空管外界环境因素确定外界可承受的热辐射强度K(表3)，并计算该热辐射强度影响半径。

表 3　不同强度热辐射造成的伤害

热辐射强度 K(kW/m²)	设备损害	人体损害
1.58	-	人可以连续停留
4.0	玻璃暴露 30 分钟后破裂	超过 20 秒引起疼痛
4.73	-	操作人员仅能停留几分钟，无屏蔽但穿着合适的防护服
6.31	立管周围有农田时，校核是否对农作物有害	没有遮蔽物，穿着合适的工作服，只能停留 1 分钟
9.46	-	必须在几秒内撤离
12.5	有火焰时，木材燃烧塑料融化的最小能量	10 秒一度烧伤，1 分钟 1%烧伤
25	无火焰，长时间辐射下木材燃烧最小能量	10 秒重大损伤，1 分钟 100%死亡
37.5	设备全部破坏	10 秒 1%死亡，1 分钟 100%死亡

(2) 冷放空可燃气体爆炸浓度影响范围

如对管道内天然气进行冷放空，则必须计算天然气扩散范围，并以此作为放空作业时设立警戒半径的参考。

对喷入静止空气的可燃气体排放，经研究表明，出口流速达到 150m/s(或更高)时具有足够的喷射能量与空气产生涡流混合，被稀释至可燃下限。

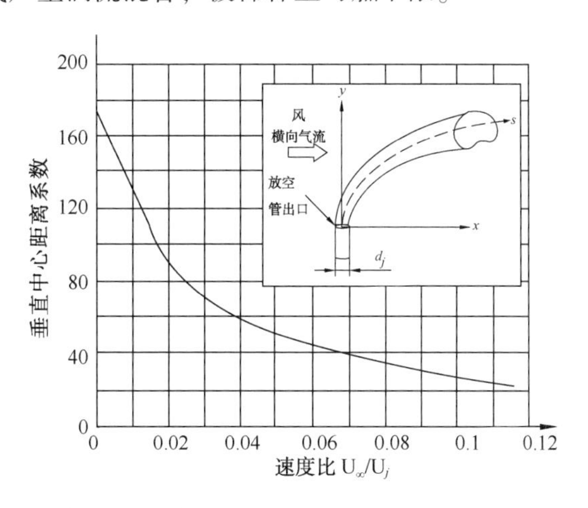

图 7　从放空口到可燃极限下限的最大顺风垂直距离(石油气)

放空可燃气在垂直方向达到可燃下限的扩散范围，如式(12)所示：

$$y = 距离系数 \times d_j\sqrt{\rho_j \cdot \rho_\infty} \tag{12}$$

y——混合气团沿放空管轴向距放空口的距离，m；

d_j——放空管内径，m；

ρ_j——放空管出口的气体密度，kg/m³；

ρ_∞——空气密度，kg/m³；

距离系数可根据速度比 U_∞/U_j 由图 5-1 确定；

U_∞——风速，m/s；

U_j——立管出口喷射速度，m/s(见图 5-1)；

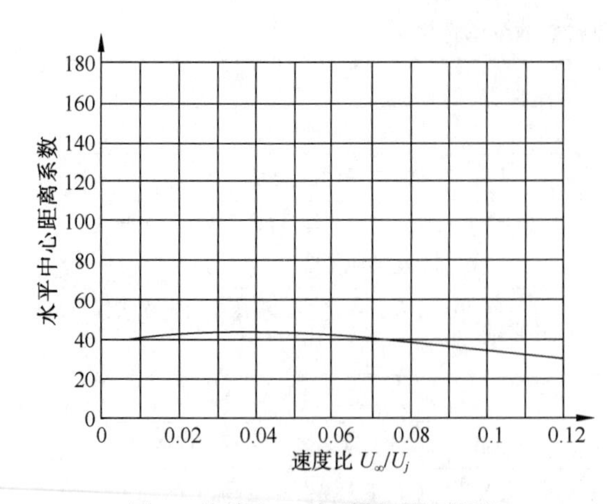

图 8　从放空口到可燃极限下限的最大顺风水平距离(石油气)

放空可燃气在水平方向达到可燃下限的扩散范围，如式(13)所示：

$$x = 距离系数 \times d_j\sqrt{\rho_j \cdot \rho_\infty} \qquad (13)$$

x——混合气团水平方向距放空口中心的距离，m；

距离系数可根据速度比 U_∞ / U_j 由图 8 确定；

其它字母含义及单位见式(13)。

图 7 和 8 是 API521 标准中根据石油气实验数据绘制的关系图，对天然气放空仅能起到参考作用。

PHAST 是 DNV 公司开发的能够对天然气放空扩散进行定量分析计算的软件[6]。可以通过 PHAST 软件来计算天然气的亚临界流(放空气出口速度低于 1 马赫)冷放空的扩散过程，模拟计算天然气放空过程中不同浓度(爆炸下限)的扩散范围，也可以模拟计算点火放空产生的辐射热影响范围[7]。

6　放空方式的选择

长输天然气管道放空方式主要有两种：点火放空、不点火放空(本文对不点火方式全部称为冷放空)。

(1) 点火放空：放空时将天然气点燃进行燃烧放空。

① 优点：

天然气主要成分为甲烷，是一种温室气体，吸收红外线的能力是二氧化碳的 26 倍左右，温室效应要比二氧化碳高出 22 倍，燃烧后减少了温室效应的影响程度。

天然气充分燃烧后，基本无残留可燃气体排入大气，杜绝了可燃气体集聚、爆炸等隐患，放空区无需进行烟火管制。

② 缺点：

燃烧产生的热辐射影响范围较大，需要更大的安全距离。

热辐射对周围植被和构筑物有伤害。

由于要保证火焰燃烧的稳定性，放空气体流速一般限制在 0.5 马赫以下。

容易引起公众关注，引起恐慌。

③ 不可使用的区域：

立管周围有森林、草地等易燃物；立管周边有不可转移人员或建筑，可能造成伤害区域。

(2) 冷放空：是将天然气直接排放到大气环境中，放空过程中天然气不燃烧，只是从高浓度扩散至低浓度。

① 优点：

需要的安全距离较小。

放空天然气对地面植被和建筑没有伤害。

与点火放空相比，由于无需考虑流速对火焰的影响，可以采用更快流速放空。

② 缺点：

冷放空也存在显著局限性，若放空的天然气遇到点火源会引发天然气爆燃，造成强烈的冲击波和热辐射等严重后果。因此，需准确计算冷放空天然气安全扩散半径，建立安全警戒区，杜绝烟花爆竹、孔明灯等意外火源。

（3）不可使用的区域：

放空立管周边有不可控火源，可燃气体存在被引燃风险区域；放空管位于飞机航道附近，可燃气体扩散可能对飞机产生影响区域。

由于外界环境不确定因素，冷放空存在放空天然气被意外点燃的可能性，设置放空警戒区域时，应考虑天然气被意外点燃产生的热辐射影响，按最大影响半径设置警戒区域。

应综合考虑各种因素，选择最适合现场实际情况的放空方式。

7 减少放空量、缩短放空时间

（1）放空前尽可能将放空段压力降至最低容许压力，最大程度减少放空量。

（2）国内外相关规范并未对放空方式做强制性要求，在符合所在国家和地区规定，通过模拟分析放空影响，设定了合理警戒区域情况下，尽量采取冷放空方式，减少放空用时。

（3）采用多点放空。在条件允许的情况下，放空管段上、下游阀室或站场同时进行放空。

8 中缅天然气管道干线放空实践

（1）中缅天然气管道基本情况

中缅天然气管道缅甸境内段全长 764. 8km，管道直径 1016mm，设计压力 10. 0MPa，干线阀室旁通阀口径 DN350，放空阀口径 DN350，放空管线规格 ϕ355. 6×10CLASS600，放空立管规格 DN350 PN16。

（2）管道干线放空背景

由于管道干线进行计划性维修施工，需要将该管段内的天然气进行放空。放空管段长约 29. 5km，该管段上游是干线阀室，下游是输气站。通过阀室放空立管和站场放空立管同时对该管段进行放空。

（3）干线初始放空压力的确定

通过估算施工期间缅甸境内天然气分输总量和原油站场设备的用气量，确定了管线初始放空压力，达到既满足换管期间 MOGE（缅甸油气公司）天然气的正常分输，又减少放空的目的。正常运行时管线压力 8. 95MPa，经计算确定放空时干线初始压力为 7. 53MPa。

（4）放空方式选择

采用 PHAST 软件对本次放空可能造成的影响进行了模拟计算。

① 点火放空热辐射影响区域

计算参数：

管段容积：22433. 7m^3；

管道内天然气压力：7. 53MPa；

放空立管高度：20m；

风速：5m/s；

阀室、站场均处于上风向；

放空管线内径：335.6mm；

管道内气体温度：26℃；

建立模型：两点放空简化为单点放空 1/2 管段的天然气。

当热辐射强度小于 4kW/m² 时，对人和周围环境基本不会造成伤害，所以将 4kW/m² 作为热辐射半径计算的参考值。

仿真结果如下：

热辐射影响区，如图 9、图 10 所示：

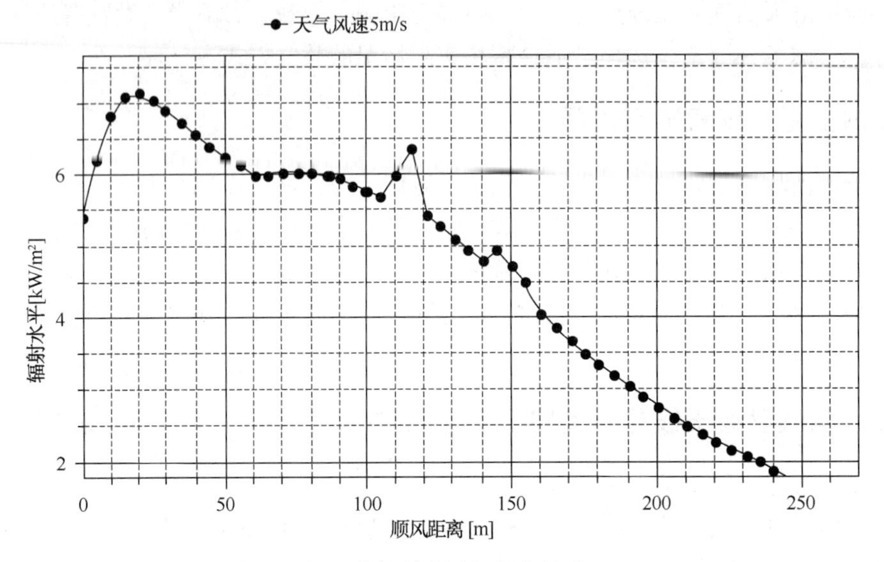

图 9　热辐射水平与距离关系

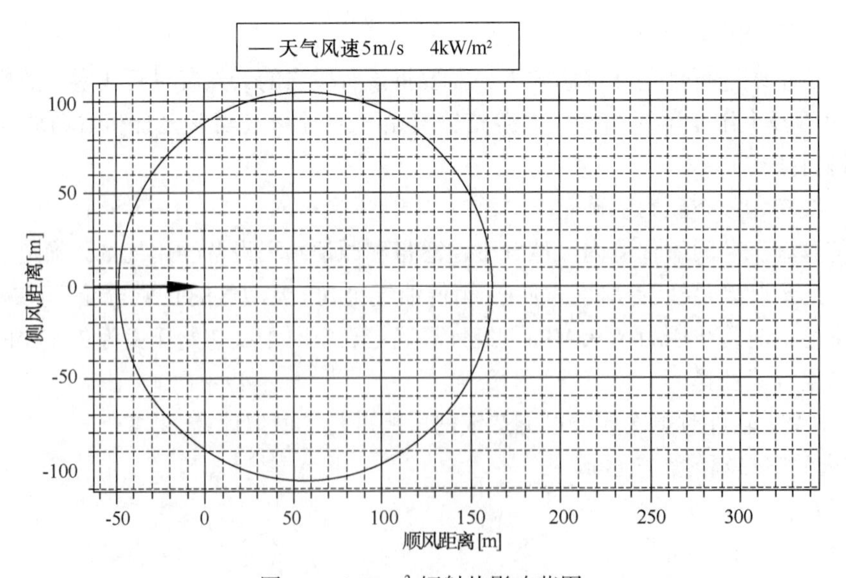

图 10　4kW/m² 辐射热影响范围

由图 9 可知，放空可燃气燃烧产生的热辐射在顺风侧最远 161m 处强度减弱到 4kW/m²，在上风侧最近 49m 处强度减弱到 4kW/m²；最强热辐射出现在顺风侧 20m 处，强度 7.11kW/m²。

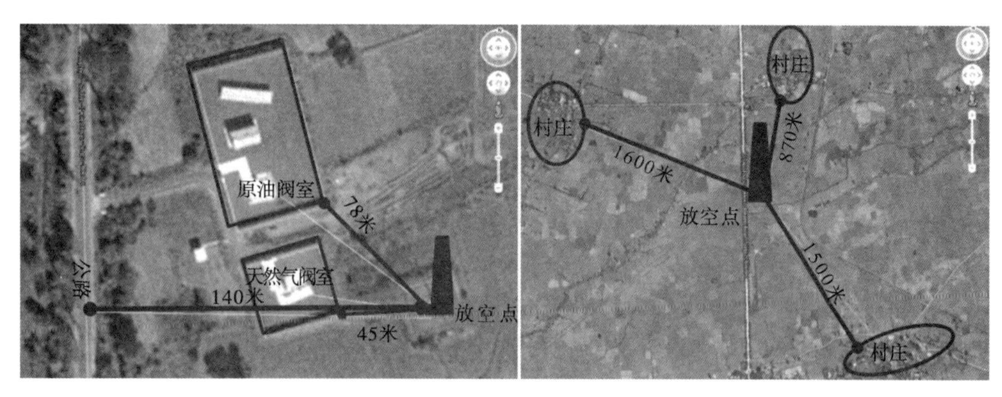

图 11　放空立管与周围物体距离

阀室所处位置（距离放空立管 45m）热辐射强度超过 4kW/m²，放空时需要人工在阀室内控制放空阀，会对人体造成损伤。

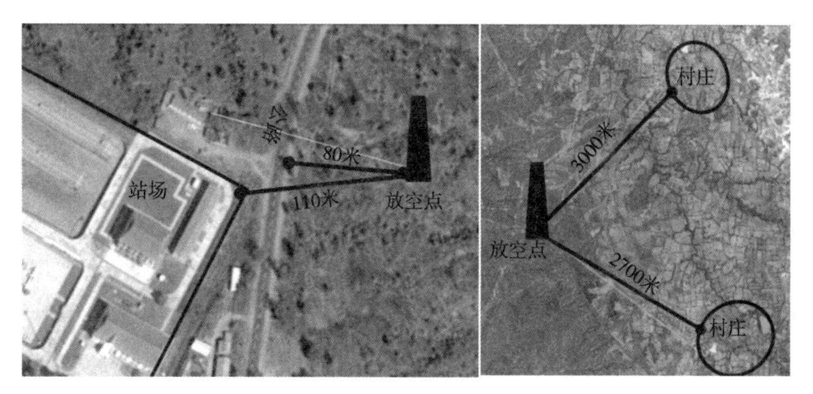

图 12　放空立管与周围物体距离

如放空期间风向发生改变，站场所处位置（距离放空立管 110m）、公路（距离放空立管 80m）热辐射强度也有可能超过 4kW/m²。

② 冷放空可燃气体扩散范围

当可燃气体浓度降低到爆炸下限 50%时，可以认为不会产生意外爆燃，所以将爆炸下限 50%的浓度（25000ppm）作为计算可燃气扩散范围的参考值。

模拟仿真结果如下：

天然气放空产生的混合可燃气体在顺风侧最远 27m 处天然气浓度减弱到 25000ppm（可燃气体 50%爆炸下限）。在上风侧最远 4.1m 处浓度减弱到 25000ppm，如图 13 所示。

由仿真计算结果比较可以得出，点火放空存在对周围人员、物体造成热辐射损害的可能。冷放空影响范围较小，可燃气体 50%爆炸下限浓度的影响范围半径内无居民、工厂等，被引燃的可能极小。通过点火放空热辐射影响半径与冷放空可燃气影响半径对比，结合外界自然环境、社会因素等确定采用冷放空方式进行放空。

为更好地预防事故发生，公司将警戒半径设置为 300m，安全距离余量较充足。

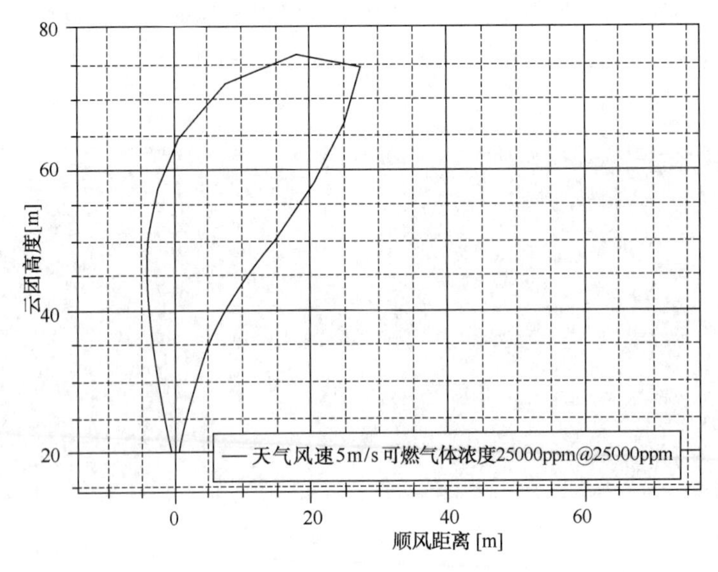

图 13　可燃气体扩散范围

(5) 放空时间估算

初始参数:

放空管段长度: 29.5km;

管段容积: 22433.7m^3;

管道内天然气压力: 7.53MPa;

放空管线内径: 335.6mm;

管道天然气换算成标况下体积为: 179.5×10^4m^3;

计算:

① 初选放空气流速度。

冷放空时, 放空气体在放空口流速宜大于 150m/s, 以便天然气与空气充分混合、浓度快速稀释至可燃下限, 初步确定放空流速 270m/s。

此时的放空流量为: 8.6×10^4m^3/h;

两处同时放空用时约为: 10.43h;

② 使用 TGNET 软件对放空时间进行校核

使用 TGNET 建立放空模型, 两处同时进行放空, 使用调节阀模型代替放空旋塞阀。调节阀采用恒流量控制模式, 如图 14 所示。

模拟结果: 由仿真得到的干线压力变化曲线图可知, 放空至常压需要的时间约 10.35h, 与预估时间接近, 如图 15 所示。

(6) 放空前的准备工作

① 与当地政府部门等积极沟通, 说明管道放空计划时间、放空方式, 并详细解释了采取冷放空方式的原因和安全预防措施, 得到了积极配合。

② 协调了当地政府在放空作业期间对周围居民进行安抚, 减少居民无谓的恐慌。

③ 与上游气源方和下游分输用户积极沟通, 确定了合理的生产运行安排。尽量降低放空段压力, 减少天然气放空损失。

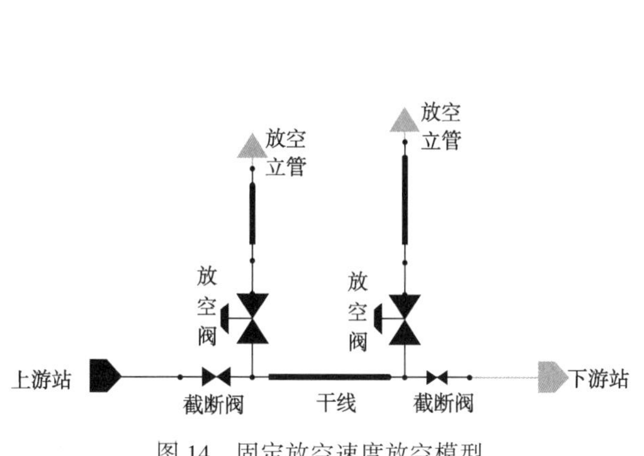

图 14　固定放空速度放空模型

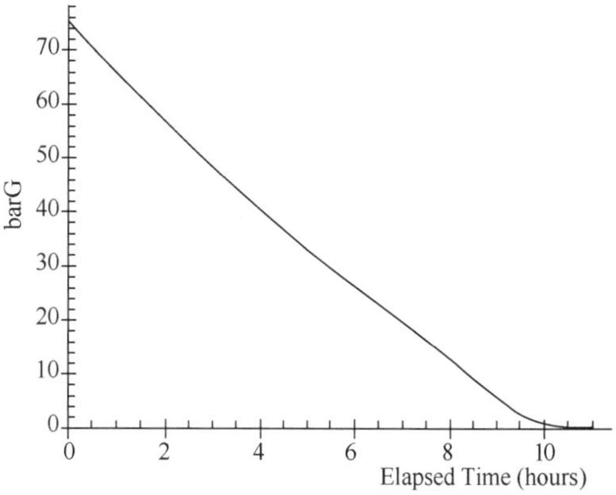

图 15　干线压力变化曲线

④ 对预施工上、下游干线阀进行了严密性测试，保证阀门无渗漏。

⑤ 安排专人在警戒区域内检查有无火源，并配备便携式可燃气体检测仪，对该区域内可燃气体浓度定期检测。

(7) 实际放空过程

为防止放空时造成放空管线严重的振动，防止放空阀后温度过低，现场采取逐步、间隔开启放空阀的方式控制放空速度，见表 4 和表 5。

表 4　阀室放空阀开度–时间统计

时间点	11：46	12：06	12：19	13：00	14：10	14：30	15：51
开度	0–20%	30%	40%	45%	60%	100%	100%

表 5　站场放空阀开度–时间统计

时间点	12：00	13：11	13：23	13：42	14：30	14：42	15：51
开度	0–25%	30%	40%	55%	70%	100%	100%

实际放空从 11：46 开始至 15：51 结束，共用时约 4. 1h。整个过程平稳顺利，放空阀后管线振动在可接受范围内。放空过程中压力基本保持了较均匀的下降速度，如图 16 所示。

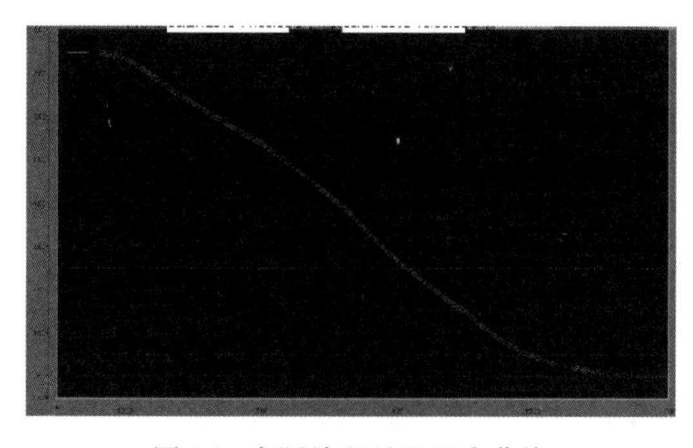

图 16　实际放空过程压力曲线

(8) 根据实际放空过程中阀门开度的变化，利用 TGNET 软件对放空过程进行模拟，并使用 PHAST 软件再次评估可燃气体 50%爆炸下限浓度的影响范围和被意外点燃产生的热辐射影响。

① 利用TGNET软件进行放空过程模拟

使用TGNET建立放空模型，两处同时进行放空，逐步增加放空阀开度，如图17所示。

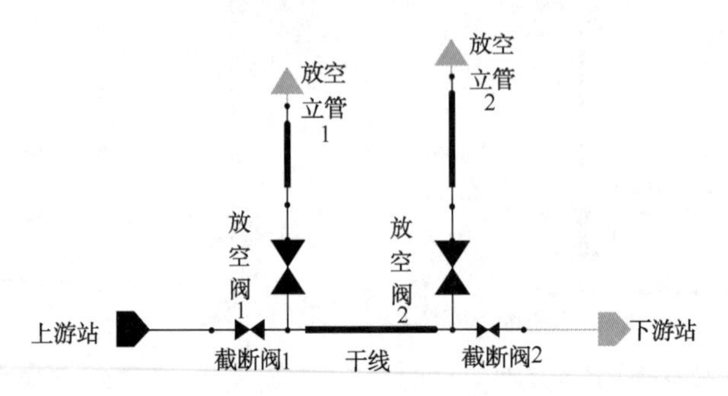

图17 放空模型

根据放空模型，建立动态仿真脚本文件，见表6。在零时刻截断阀1和截断阀2全关，逐渐开启放空阀1和放空阀2。根据表6的动态脚本文件，进行动态计算，得到干线压力变化趋势和放空点流量变化趋势，如图18、图19所示。

表6 仿真动态脚本

项目	时刻/h												
	0	0.23	0.33	0.55	1.23	1.42	1.61	1.93	2.4	2.73	2.93	4.08	5
截断阀1开度%	0	0	0	0	0	0	0	0	0	0	0	0	0
截断阀2开度%	0	0	0	0	0	0	0	0	0	0	0	0	0
放空阀1开度%	20	20	30	40	45	45	45	45	60	100	100	100	100
放空阀2开度%	0	25	25	25	25	30	40	55	55	70	100	100	100
放空口1内径/m	0.335	0.335	0.335	0.335	0.335	0.335	0.335	0.335	0.335	0.335	0.335	0.335	0.335
放空口2内径/m	0.335	0.335	0.335	0.335	0.335	0.335	0.335	0.335	0.335	0.335	0.335	0.335	0.335

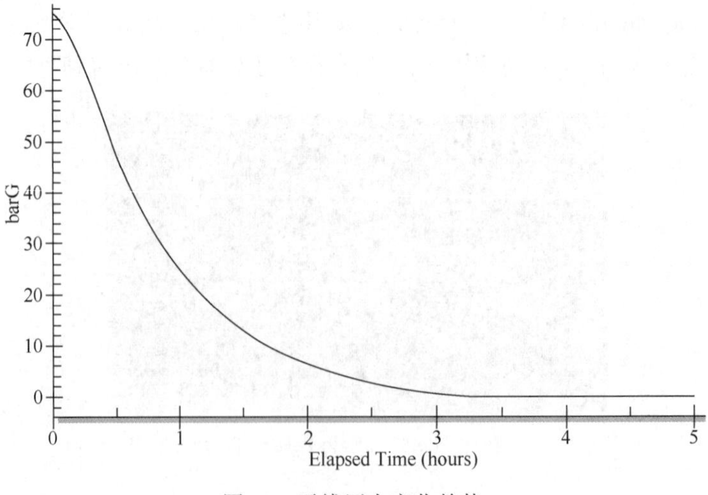

图18 干线压力变化趋势

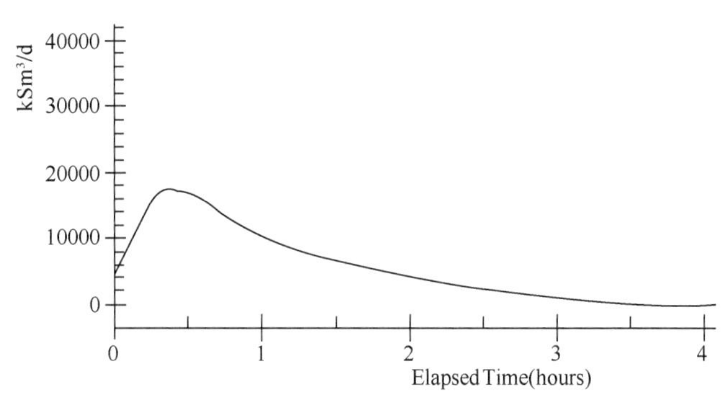

图 19　放空点流量变化趋势

通过仿真计算，可知下线压力经过约 3.5h 压力降为 0.0MPa，与实际放空时间相差 0.5h。证明使用 TGNET 软件对放空进行仿真模拟是可行的，具有较高的准确度。

② 使用 PHAST 再次评估可燃气体 50%爆炸下限浓度的影响范围

通过仿真模拟得到，天然气放空产生的混合可燃气体在顺风侧最远 23m 处浓度减弱到 25000ppm。在上风侧最远 4m 处浓度减弱到 25000ppm，如图 20 所示。

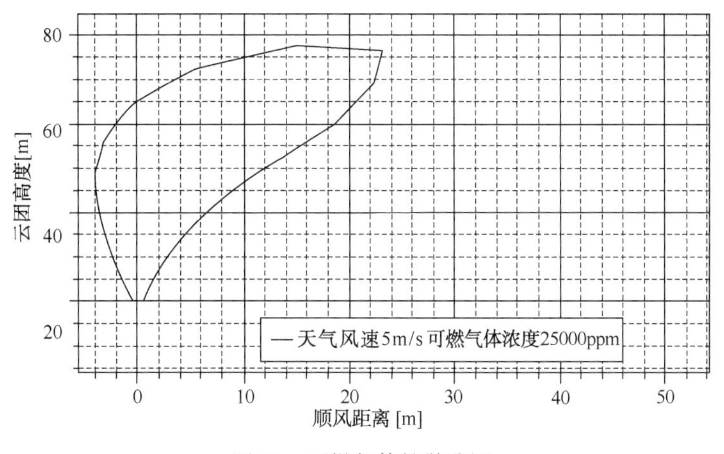

图 20　可燃气体扩散范围

通过仿真模拟可知，放空气体被意外点燃产生的热辐射在顺风侧最远 153m 处强度减弱到 $4kW/m^2$，最强热辐射处现在顺风侧 20m 处强度 $6.35kW/m^2$，如图 21、图 22 所示。

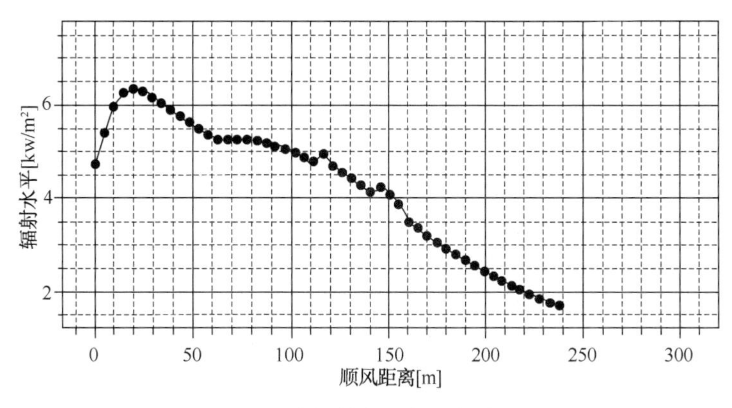

图 21　热辐射水平与距离关系

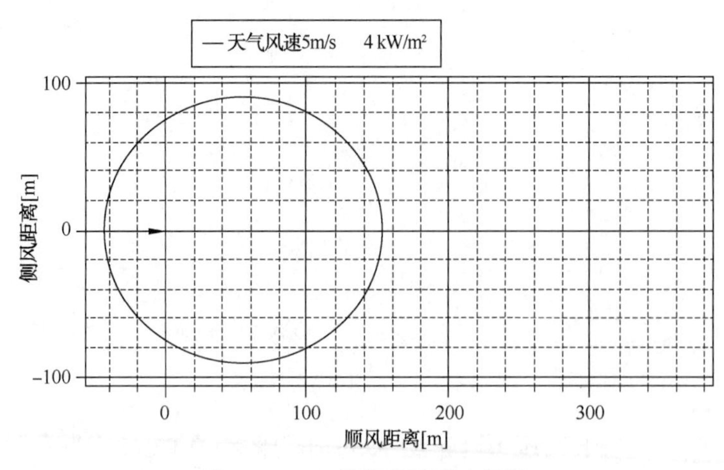

图 22 4kW/m² 辐射热影响范围

通过分析可知本次放空可燃气体50%爆炸下限浓度的影响范围、意外点燃产生的热辐射影响区域均在事先安排的警戒区域内。

(9) 存在的不足

1) 由于放空阀后未设计温度检测仪表，无法实时检测放空阀后温度。现场采用红外测温仪进行温度测量，存在较大误差。

2) 放空时管线振动情况仅靠人为感知，无定量判断。

9 总结

(1) 放空作为管道干线施工、抢修全过程的一项重要中间环节，涉及到上下游相关方，如做好统筹安排，能极大的降低天然气放空总量，减少经济损失。

(2) 放空时间计算方法较多，但普遍和实际放空时间偏差较大。大型仿真软件，能全面考虑多种因素，得到的结果比较贴合实际。

(3) 应根据外界环境、当地法规等综合因素确定放空方式，并进行可燃气体扩散及热辐射影响计算，设置合理的警戒区域。

(4) 阀室和站场放空阀后大多未安装温度计、压力表，无法实时监测放空阀后管线温度、压力。

(5) 在高压天然气管道放空系统设计中，应根据管道设计压力、管径、干线阀室间距等数据建立计算模型，模拟计算各工况下放空时间、放空温降、放空流速等，为运行管理、维抢修提供依据。

参 考 文 献

[1] 叶学礼. 天然气放空管路水力计算[J]. 天然气工业，1998，3.

[2] 孔吉民. 对管线内天然气放空时间及放空量的探讨[J]. 石油化工应用，2005，4.

[3] 乔正凡，郭启华，安建锋. 高压天然气管道放空管路模拟分析[J]. 煤气与热力，2013，4.

[4] SY/T 10043-2002《泄压和减压系统指南》[S].

[5] ANSI/API STANDARD 521FIFTH EDITION, JANUARY 2007, Pressure-relieving and Depressuring Systems[S].

[6] 梁俊奕. 天然气长输管道放空系统设计方法研究[J]. 当代化工，2014，43(9).

[7] 陈利琼. 西气东输泗阳站阀室放空安全分析[J]. 油气储运，2015，33(2).

埋地并行管道磁异常模拟与探测识别

赵孟卿　张永斌　于　进　温　皓　李本祥

（中油国际管道公司　中缅油气管道项目）

摘　要　中缅油气管道为油、气管道同沟并行铺设，了解并行管道在地下的位置信息，对避免发生管道沿线第三方施工打漏或挖断地下管道的现象，具有非常重要的现实意义。地下钢质管道的分布可以通过探测分析地面磁异常分布来确定，并行分布的地下钢制管道的是一种典型分布形态。本文使用Comsol有限元分析软件建立了地下钢制管道探测面磁异常分布计算模型，研究了管道相对位置、管道走向、管道外径、单双管情况及水平并行双管对探测磁异常的影响。研究结果表明：探测磁异常能够有效识别地下管道走向，较准确的估算地下管道的外径，判断地下管道单双管情况；在已知地下钢制管道根数的情况下，能够判断管道相对位置。对于单一探测面磁异常无法确定的竖直并行和水平并行管道，可以通过改变探测面高度，通过单管探测磁异常对比能够有效区分识别双并行管道类型。这有利于中缅油气管道在进行第三方施工或水工保护施工时，充分保护埋地油、气管道，极大的保障了中缅油气管道安全平稳运行。

关键词　管道探测　磁异常探测　并行管道　管道识别　钢制管道

1　引言

由于历史、人文及地质变动等原因，使得埋地管道分布信息不明，从而引起道路施工挖掘、第三方施工，及水工保护打桩过程中打漏或挖断地下管道的现象时常发生，造成油气泄露、断缆等安全事故，严重影响埋地管道的安全运行。所以探明地下管道分布于对于安全施工和保障管道安全运行有极其重要的意义。由于地下钢制管道的磁化率特性与周围土壤的磁化率差异较大，所以在地磁场的磁化下会产生非常明显的磁异常。因此，可以通过探测分析地面磁异常分布来探测地下钢制管道的分布[1~10]。

并行分布的地下钢制管道的是一种典型的管道分布形态，其探测磁异常具有该管道分布形态特有的特征[11,12]。本文使用Comsol有限元分析软件通过建立地下钢制管道探测面磁异常分布计算模型[13]，分析并行地下钢制管道物理特征、结构特征、分布特征及地磁环境特征对测点磁异常大小及探测磁异常形态等特征影响[14~16]，用于指导探测仪器优化设计与探测方式优化[8][15]。

2　管道磁异常计算理论

（1）管道磁异常计算原理

地球周围的磁场称为地磁场，其主体是稳定磁场，在地上观测到的地磁场是各种分量的磁场之和[12]-[16]。地磁场分布有两个主要来源，一个是主要来自固体地球内部的稳定磁场，另一个是变化的磁场，主要是由于固体地球的外部，在短期内，地球的磁场主要有地磁内容的稳定场决定，可视作恒定磁场。因此，在地磁激发下，管道磁异常探测中只需研究介质中无传导电流情况下的稳定磁场基本方程式，由场论得到[13][14]：

$$\nabla\times\boldsymbol{H}=0 \tag{1}$$

$$\nabla\cdot\boldsymbol{B}=0 \tag{2}$$

$$\boldsymbol{B}=\mu_0(\boldsymbol{H}+\boldsymbol{M}) \tag{3}$$

式中　$\boldsymbol{H}$ 为地磁场强度，$\boldsymbol{B}$ 为磁感应强度，μ_0 为真空磁导率，$\boldsymbol{M}$ 为磁化强度[16][17]。磁异常主要是由地球磁场作用下的磁性体引起的，其中磁性物质是内部原因，地球磁场是外部原因[18]。管道磁异常由内因物理基础地球磁场以及外因物理基础含钢制管道磁化所致[13]-[18]。含钢制管道属于铁磁性材料，磁化率在 300-1000[SI][12][13][16]。在含钢制管道的磁异常探测中，对于置于地磁场中的含钢制管道等磁性体，其磁化强度 $\boldsymbol{M}$ 和地磁场强度 H 存在以下关系：

$$\boldsymbol{M}=\chi\boldsymbol{H} \tag{4}$$

将该式代入(3)式，可得：

$$\boldsymbol{B}=\mu_0(\boldsymbol{H}+\chi\boldsymbol{H})=\mu_0(1+\chi)\boldsymbol{H} \tag{5}$$

由于地下钢制管道的磁化率 χ 较土壤及空气极其大，即只有地下钢制管道能够形成有效的自身磁场。式(5)即为地下钢制管道在地球磁场磁化下产生磁异常的计算公式。

(2) 并行管道磁异常探测建模

地下含铁管道磁异常检测的主要解释是根据测得的磁异常，确定由磁异常引起的含铁管道的几何参数(方向、相对位置、直径和深度)[12,16~18]。根据静磁场理论，运用数值模拟计算方法，由已知的磁性体来求出分布的磁异常，这个过程称为正(演)问题[16][18][19]。本文将以有限元分析软件 COMSOL 为基础进行一系列的建模求解，从正演的角度对含钢制管道的磁异常进行探究[13]。求解的基本顺序是建立几何模型，设置参数使之成为物理模型，完成网格状单元划分，然后再选择求解器进行求解，求解结束后对结果进行后处理输出模拟分析结果[13]。

以某管道为例，地磁场强度 48163nT，地磁倾角 59.357°，地磁偏角 12.275°[20][21]，模拟的地形为土壤厚度 3m，探测面距地面 0.1m，为 10×10m 方形探测区域，管道外径 0.6m，内径 0.4~0.58m 变化，管道长度为 20m[12][16]。含铁制管道磁化率设为 300，土壤磁化率为 10-6量级、空气磁化率10-8量级[8][11][16]，由于土壤和空气磁化率相对管道磁化率太小，故可设其磁化率均为 0 即相对磁导率为 1。如表 1 所示为管道磁异常探测背景磁场在 Comsol 建模过程中的模型参数。

表 1　地磁背景场参数设置

名称	表达式	值	描述
H0	48163[nT]/mu0_ const	38.327A/m	地磁场强度
Incl	59.357[deg]	1.0360rad	磁倾角
Decl	12.275[deg]	0.21424rad	磁偏角

在 Comsol 建模过程中，其背景磁场需要使用三分量的方式加载，其三分量表达形式如表 2 所示。

表 2　地磁背景场三分量表达式

名称	表达式	描述
Gx		cos(Incl) * sin(Decl) 地磁场方向 x 分量
Gy	cos(Incl) * cos(Decl)	地磁场方向 y 分量
Gz	-sin(Incl)	地磁场方向 z 分量

Comsol 建模过程中，在“模型”子菜单下选项添加几何模型建立模拟所需的土壤—管道模型。在“材料”选项中添加三种材料并依次命名“空气”、“土壤”和“管道”。将相应的域(实体或面)与对应参数联系起来，选择域之后确定其材料属性，默认属性为相对磁导率，土壤和空气均为 1，钢制管道为 301。网格划分时，单元尺寸划分选择“较细化”，网格尺寸参数设置如表 3 所示。

表 3　单元尺寸参数设置

最大单元尺寸	最小单元尺寸	最大单元生长率	曲率解析度	狭窄区域解析度
0.5m	0.1m	1.5	0.6	0.6

网格划分采用自由四面体网格，完成后的并行管道模型网格划分如图 1 所示。

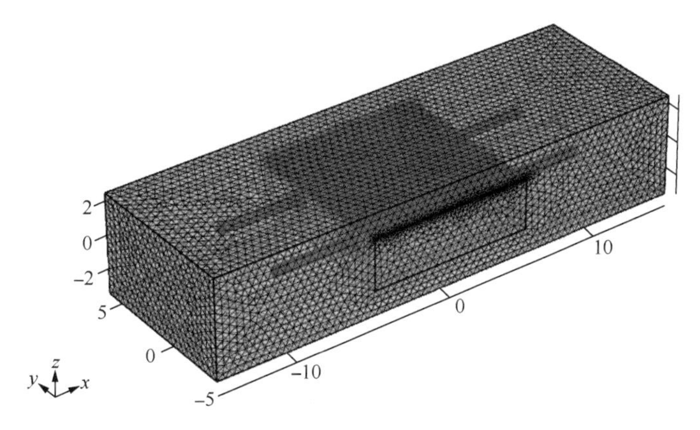

图 1　并行管道磁异常计算模型

对于图 1 所示埋地钢制并行管道，建模完成后，通过 Comsol 有限单元法求解，得到探测面上磁异常分布如图 2 所示。

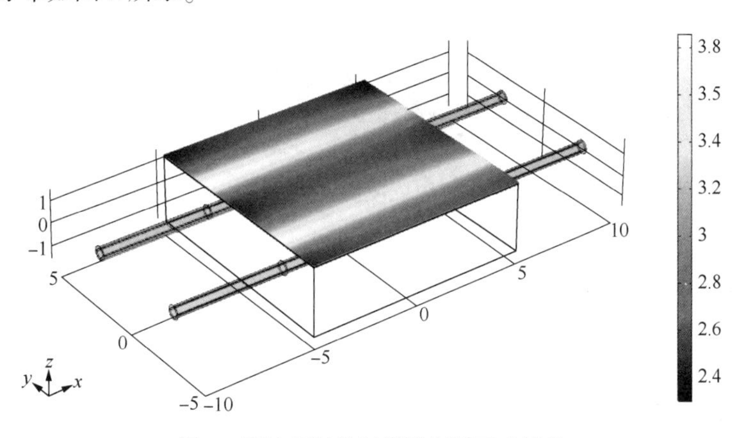

图 2　埋地钢制并行管道探测面磁异常

3 并行管道磁异常探测与识别

探测地下并行特征管道所致磁异常的目的就是基于探测得到的磁异常判断地下管道的有无、类型及其它相关有用信息[12][16]。以下基于探测磁异常分析并行管道探测特征。

(1) 管道相对位置确定

并行管道模型主要水平并行，竖直并行以及倾斜并行三种类型。水平并行管道即两根管道的埋藏深度是相同的，所以两管道所在平面与探测面是并行的。竖直并行即两管道在同一铅直面内，埋深不同，两管道所在平面与探测面垂直。倾斜并行即两管道埋深不同但空间上并行，所在平面与探测面斜交。图 2 所示即为水平并行管道探测面磁异常分布，图 3 为竖直并行地下钢制管道所致探测面磁异常分布，图 4 为倾斜并行地下钢制管道所致探测面磁异常分布。由图 2 图 3 及图 4 对比可知，水平并行管道能够有效判断识别出两个管道，而上下并行管道只能识别出一根管道，而倾斜并行管道，如果上下位置相差太大，则只能识别为一根管道。因此，在已知地下钢制管道根数的情况下，对于地下并行钢制管道，通过探测地面磁异常分布，能够判断管道相对位置。

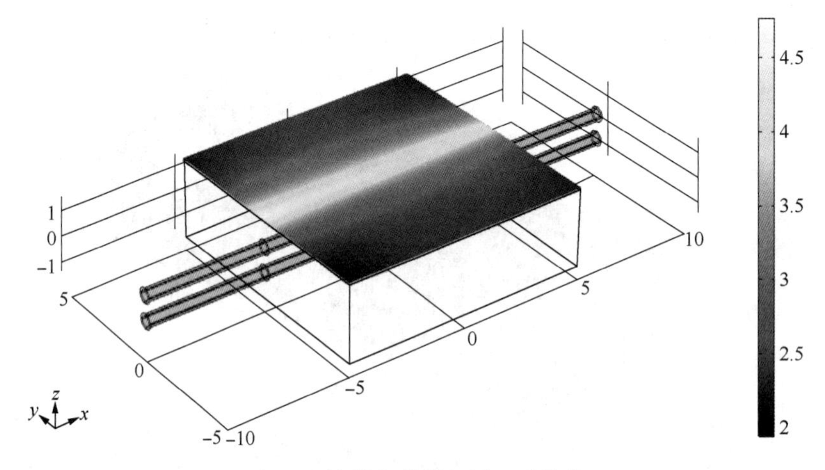

图 3 竖直并行管道探测面磁异常

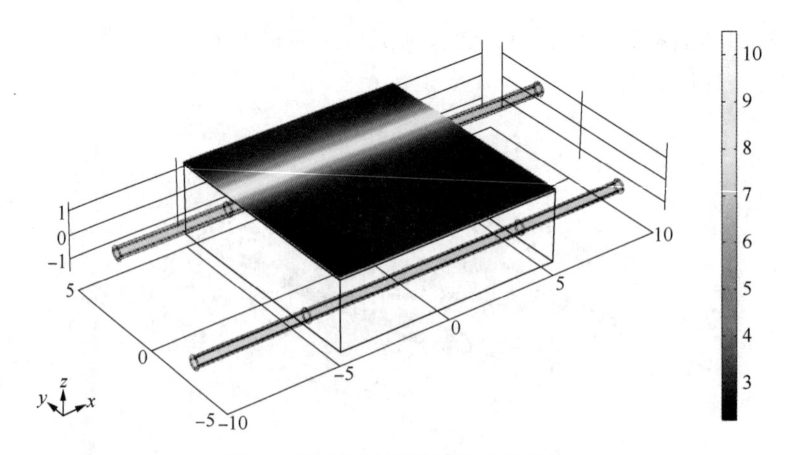

图 4 倾斜并行管道探测面磁异常

(2) 管道走向探测

探测面磁异常受地下钢制管道影响，只有探测面下方存在磁源体，才能够在探测面上形成磁[7,12~16]。如图5所式为某两条南北走向(坐标系中X轴方向)管道探测面磁异常正演结果。

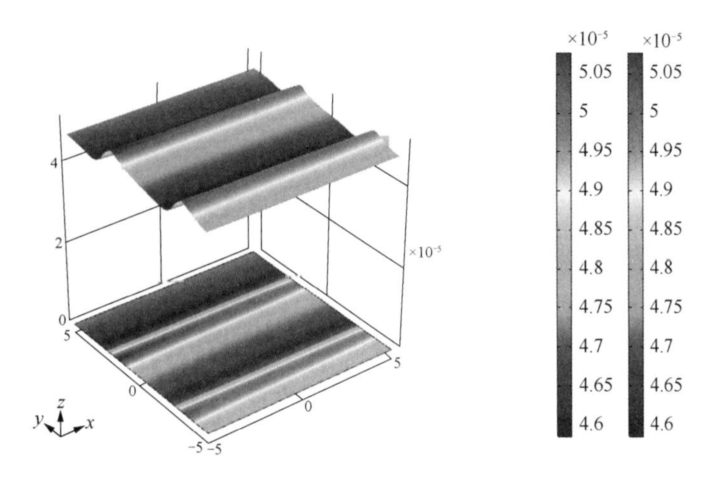

图5　地下并行钢制管道南北走向探测磁异常

关于走向判断问题，两并行管道走向相同，管道走向沿着磁异常分布清晰可见，探测面磁异常如图5所示。可以看出在磁异常三维分布图(上部)上负异常沟壑以及磁异常强度分布图(下部，填充格式)上颜色最深(深蓝色)部分可清晰见到管道走向。产生磁场负异常是由于含钢制管道本身处于地磁场磁化中，含钢制管道的磁化场与地磁场方向相反，故含钢制管道中心处表现为削弱了地磁场[16]，而当管道外部空间本身磁化场与地磁场方向一致时，地磁场得到加强，其磁异常表现为正。

(3) 管道外径影响

为了分析管道外径对探测面磁异常的影响，以单根管道埋深0.6至1.8m，管道外径0.8m的管道为例，通过探测磁异常估算求解管道外径。单管探测面磁异常模拟分布如图7所示。改变管道埋深，估算管道外径如表4所示。

表4　管道外径探测分析

埋藏深度/m	左侧异常点坐标值/m	右侧异常点坐标值/m	探测直径/m
0.6	0.37	−0.38	0.75
1.0	0.40	−0.38	0.78
1.4	0.42	−0.36	0.78
1.8	0.35	−0.39	0.74

可以看到磁异常管道直径探测基本符合实际情况，绝对误差在±5厘米之间。

(4) 单双管判断

有3.1节研究内容可知，当两水平并行铺设管道距离较近或者是两竖直并行管道铺设且走向一致时，管道探测面磁异常显示只有一个负异常峰值，从而可能误判只有一根管道，而实际上可能是两根管道。在数值模拟过程中，有以下两种管道铺设情况：一是两相同水平管道，外

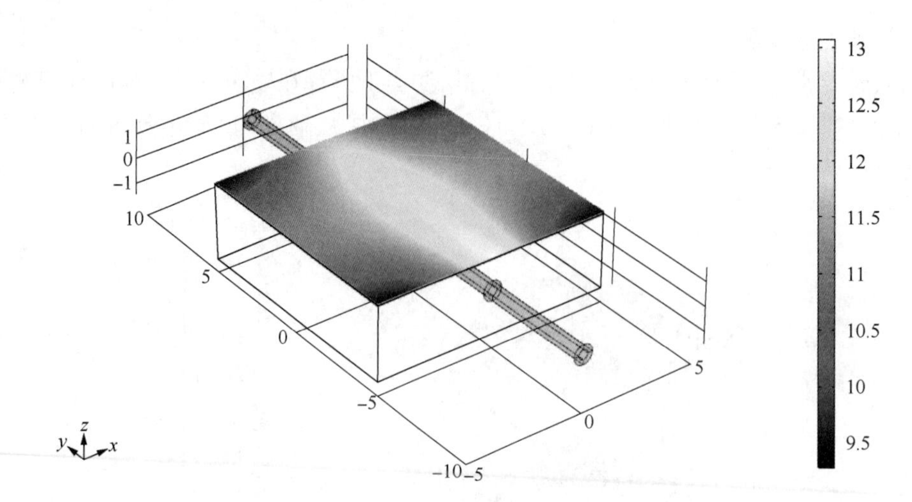

图6　单管探测面磁异常分布

径0.6m，内径0.56m，中心间距0.6m铺设，埋藏深度0.8m，探测的高度离地面0.8米，探测面磁异常面成像如图8(a)，磁异常三维分布图及平面等值线图如图8(b)所示。对比单根管道，外径1.0m，内径0.96m，探测的深度同样是0.8m，探测面高度距离地面也是0.8m，探测面磁异常面成像如图9(a)，磁异常三维分布图及平面等值线图如图9(b)所示：

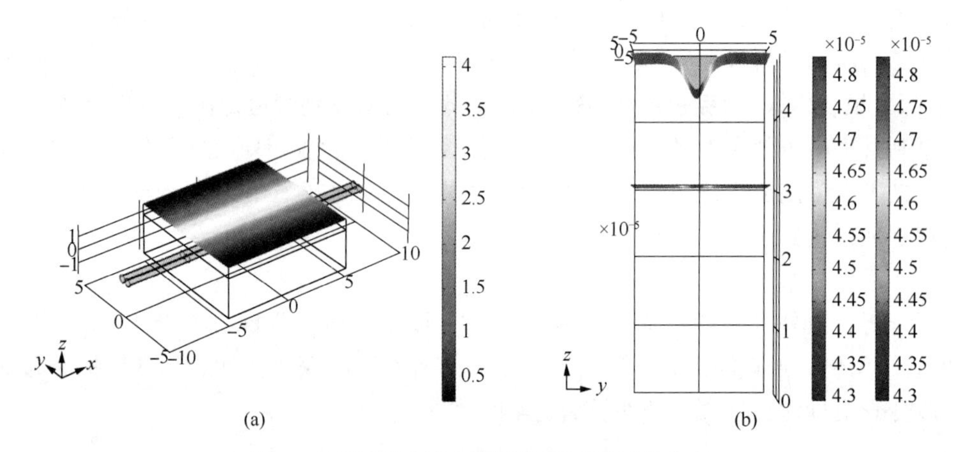

图7　地下双并行钢制管道探测面磁异常分布

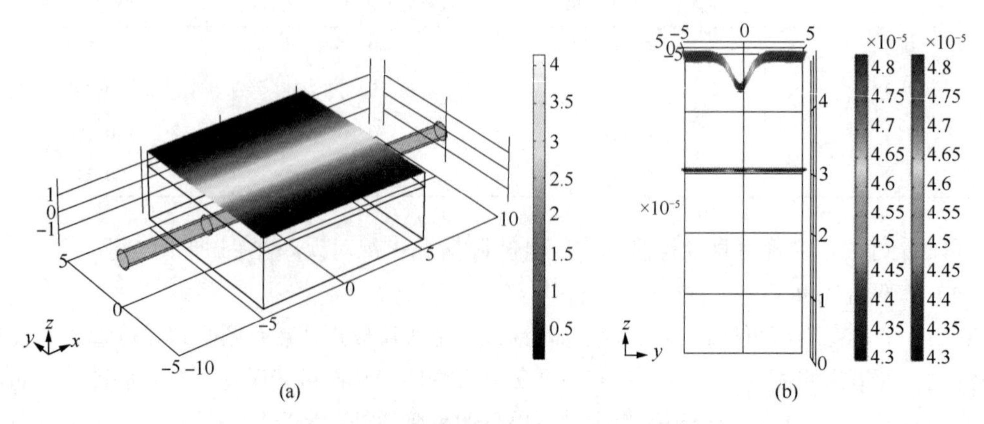

图8　地下单钢制管道探测面磁异常分布

有图 7 图 8 对比可知，两种管道铺设方式虽然不同，但此时成像是相同的，造成误判或判断不准确。此时，改变探测面高度，将探测面高度减少至距离地面 0.3 米，水平铺设双管道成像如下图所示：

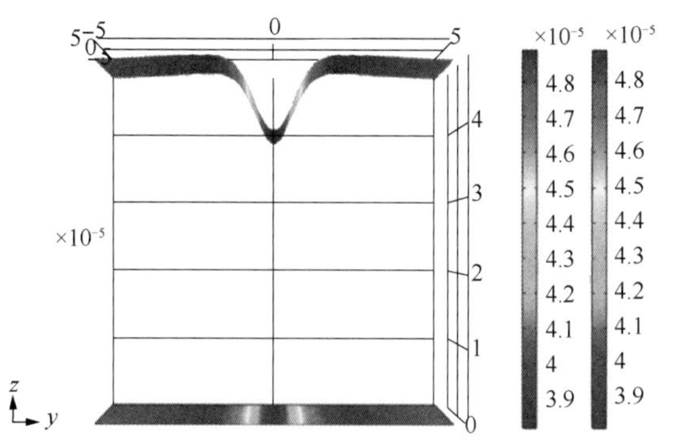

图 9　双管探测面磁异常分布图

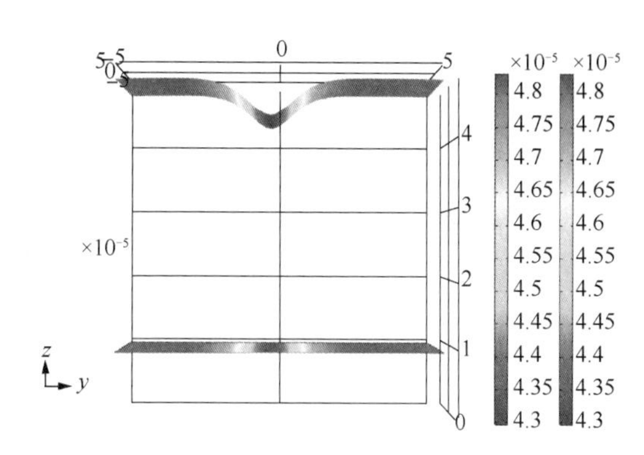

图 10　单管探测面磁异常分布图

右图 9 和图 10 对比可知此时成像不再相同，对于水平铺设双管道，其成像特点为峰值增大，图像有毛刺突起，正异常间磁宽比单根管道大，而单根管道铺设的情况没有正异常峰或者十分不明显，整体图像比较光滑没有毛刺。在图下方等值线图上同样可以区分。

若进一步减小探测面高度至 0.0 米，此时紧贴地面进行磁异常探测，其对比结果如图 11所示。上述特征变得清晰容易分辨，可以定性分析管道埋藏情况。

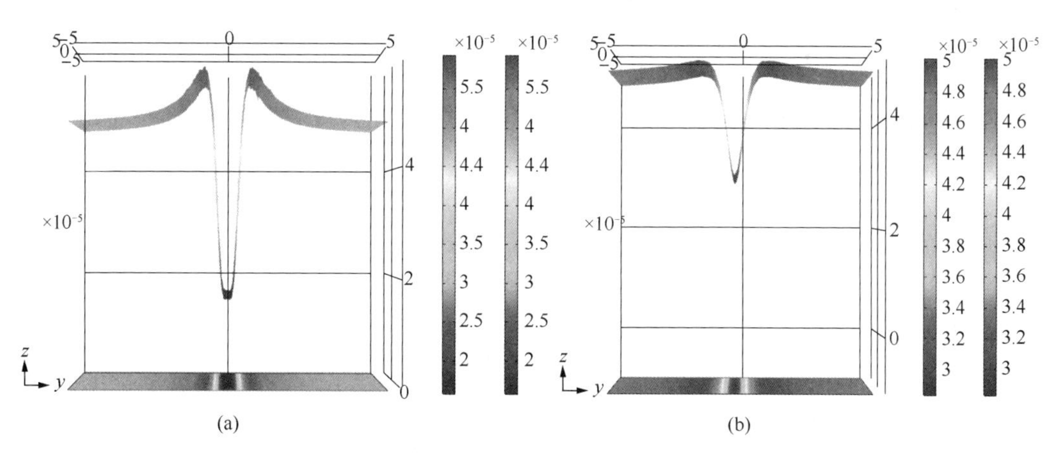

图 11　双管(左)与单管(右)地面探测磁异常对比

除了水平铺设双管道，还有竖直铺设的双管道的情况。以两竖直双管道外径 0.6 米，内径 0.56 米为例，其中一根埋深 0.5 米，另一根埋深 1.1 米，等效中心埋深 0.8 米，探测面高度距离地面 0.8 米，探测面磁异常分布如图 12 所示。单根管道外径 0.8 米，内径 0.76 米，埋深 0.8 米，探测面高度距离地面同样是 0.8 米，探测面磁异常分布如图 13 所示。

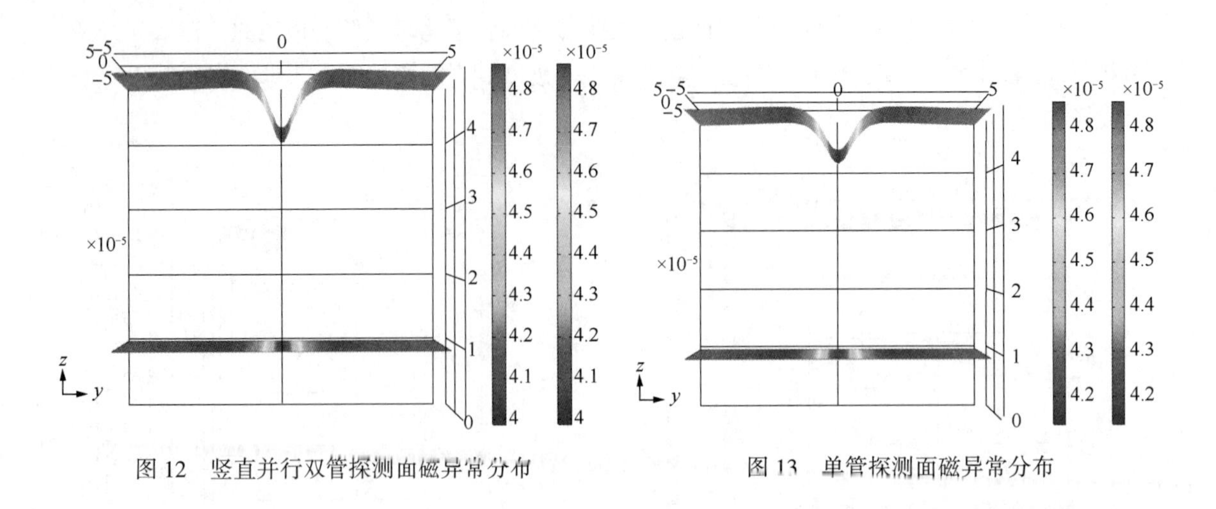

图 12　竖直并行双管探测面磁异常分布　　　　图 13　单管探测面磁异常分布

对比图 12 和图 13 可以看到此时两种管道铺设方式虽然不同，但成像是相同的，容易造成误判或判断不准确。此时减少探测面高度至 0.3 米，竖直并行双管道探测面磁异常成像(左)和单管探测面磁异常成像(右)如图 14 所示。

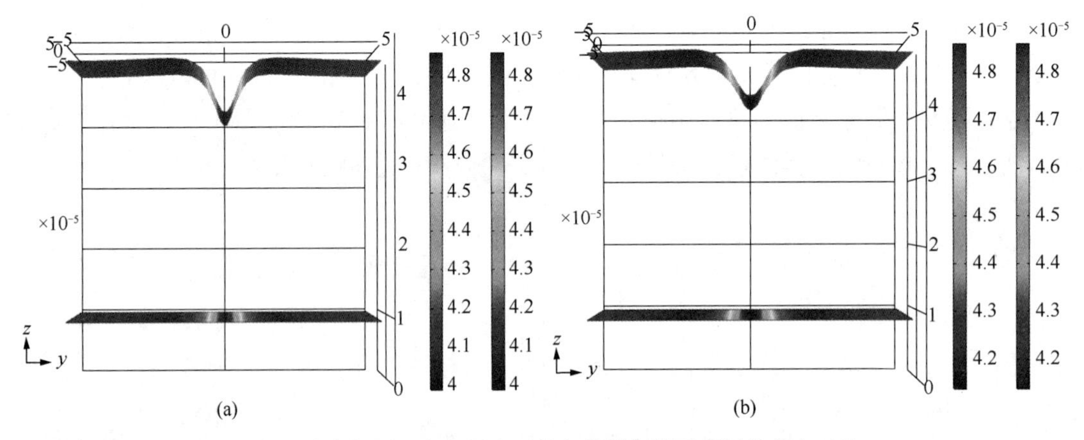

图 14　改变探测面高度竖直双管与单管探测面磁异常分布对比

结论仍然如水平双管道探测时一致，此时成像不再相同，对于竖直并行铺设双管道，其成像特点为峰值增大，图像有毛刺突起，正异常间磁宽比单根管道大，而单根管道铺设的情况没有正异常峰或者十分不明显，整体图像比较光滑没有毛刺。在图下方磁异常强度图上同样可以区分。若进一步减小探测面高度至 0.0 米，此时紧贴地面进行磁异常探测，探测磁异常对比结果如图 15 所示。上述特征变得清晰容易分辨，可以定性分析管道埋藏情况。

(5) 管道间距对管道分辨识别分析

通过以上数值模拟过程可以看到，水平铺设双管道有可能是单峰值负异常，也可能是双峰值负异常，这涉及到水平管道间距的分辨问题，下面就此展开讨论。

仍设水平铺设双管道为模型中的基准管道，即外径 0.6 米，内径 0.56 米，共数值模拟四组数据。假设埋深 0.7 米，探测面高度距离地面 0.1 米，两管道水平中心间距为 1.6 米，此时管道铺设情况及探测磁异常分布情况如图 16 所示。

由图 16 可以清晰看到双峰负异常，准确分辨出两根管道。继续缩小中心间距，设置两

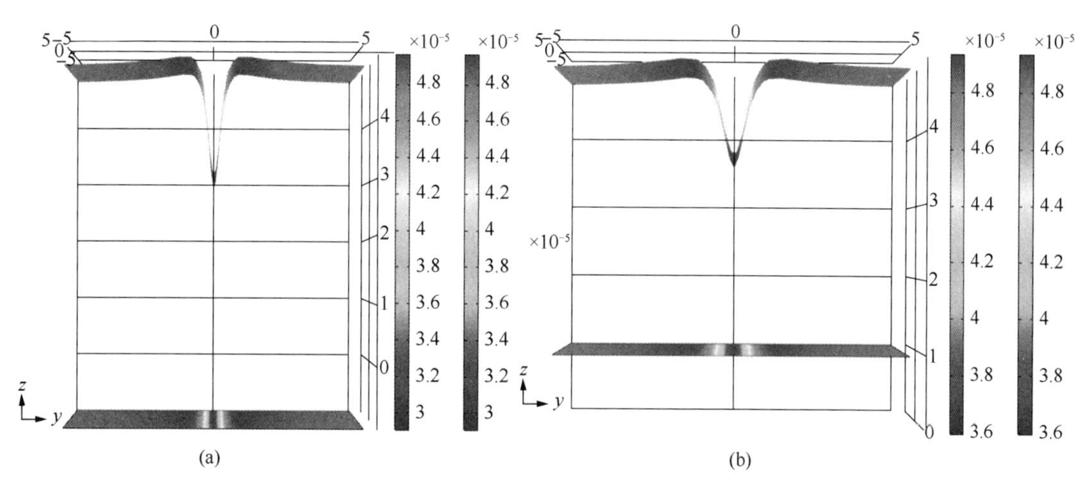

图 15　紧贴地面竖直双管与单管探测面磁异常分布对比

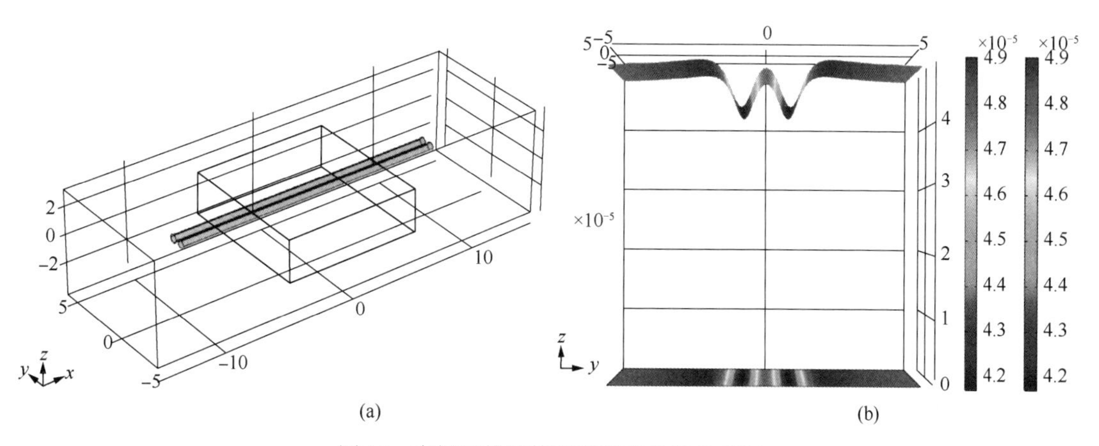

图 16　有间距的双管模型及磁异常分布图

管道距离分别为 1.2 米、1 米、0.9 米及 0.8 米，成像结果分别如下图 17 所示。

由图 17 可知，随着管道间接缩小，管道磁异常峰值数据书面将有两个逐步变为 1 个，此时通过磁异常峰值无法判断管道根数。对于外径 0.6 米，内径 0.56 米的管道来说，当水平中心轴线间距为 0.8 米也就是两管道最小距离只有 0.2 米时，在成像探测上无法判断是否由一根管道或双管道组成。此时 0.2 米管道边缘水平间距的是该双并行管道模型识别的极限。

4　结论

本文研究了埋地并行钢制管道磁异常模拟与探测识别，研究结果能更好的用于探测出埋藏于地下的钢制管道的数量，分布与相对的位置，对于未来管道铺设具有施工参考指导作用。管道的相对位置，如水平间距在施工中是一个有价值的探测信息，施工队施工前要知道煤气管道、自来水管道或是供热管道等不同管道间的距离，这是极其有价值的施工信息。根据管道走向的探测结果，可以在市政施工、地下挖掘过程中很好的绕开原有管道的铺设轨迹，避免施工事故。管道外径作为一个辅助探测，可以精确地确定管道整体所处位置，对管

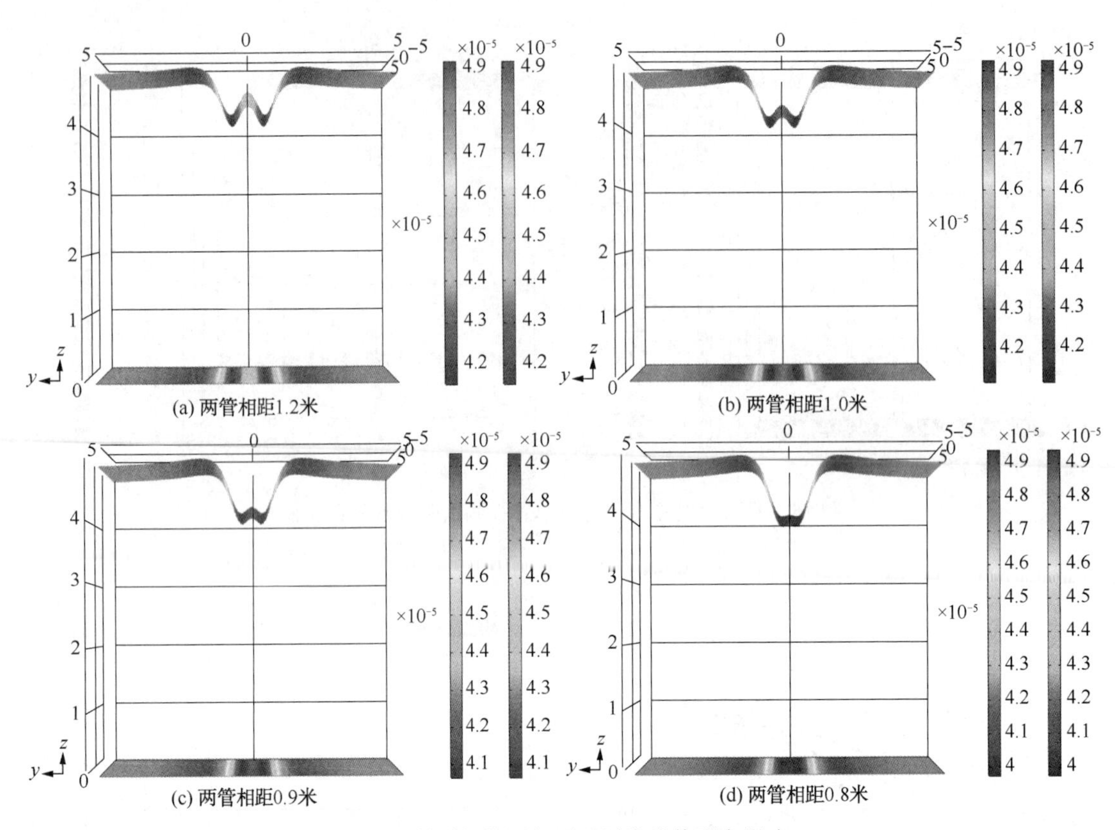

图 17　管道间接对探测磁异常峰值形态影响

道位置及范围一个精确圈定。在某一探测面高度只有单一负峰值时，无法判断地下埋藏的是一根管道还是两根，此时通过改变探测面高度，直至探测面贴近地面，可以得知单、双管道成像变化趋势是不同的，以此准确判断管道数量构成。当埋深一定时，水平间距存在最小双并行管道分辨率。即两管道中心水平间距缩小至一定数值时，磁异常探测成像只有单一负峰值，此时是双并行管道分辨极限。管道中心埋藏深度探测在地面即可确定地下不方便开挖地域含钢制管道埋藏情况，结合相对位置中水平间距的信息，即可判断两并行管道各自中心坐标，加之其管道外径，可以精准判断管道外观全部几何特征，为施工提供全面的技术数据支持。

参　考　文　献

[1] 李贞俊．上海城市地下管道管理体制亟待理顺．上海市建设职工大学学报，2000，(1)：37-38.

[2] 王学海．城市地下管道探测及地下管道信息系统建设：(硕士学位论文)．长沙：中南大学，2006.

[3] 白胜喜．城市公用管道投资体制及建设管理模式研究：(博士学位论文)．上海：同济大学，2006.

[4] 王勇．城市地下管道探测技术方法研究与应用：(博士学位论文)．长春：吉林大学，2012.

[5] McConnell T J, Lo B, Ryder-Turner A et al. Enhanced 3D seismic surveys using a new airborne pipeline mapping system. 1999 SEG Annual Meeting. Houston, America, 1999.

[6] 龚大利，刘得军，叶珲等．基于 OpenGL 的油田地下管道探测数据三维成像方法．大庆石油学院学报，2011，35(6)：97-102.

[7] 龚大利，张嵩，李辉等．基于磁异常信号的油田地下管道探测方法．大庆石油学院学报，2011，35(6)：

102-107.

[8] 王树申，张嵩，赵延升等．基于地磁成像的管道探测系统．工矿自动化，2010，35(6)：25-28.

[9] Barrell Y and Naus H W L. Detection and localization of magnetic objects. IET Science, Measurement and Technology, 2007, 1(5): 245-254.

[10] Schettino A. Magan: A new approach to the analysis and interpretation of marine magnetic anomalies. Computers and Geosciences, 2012, 39: 135-144.

[11] 冯牧群，刘得军，潘琦等．基于磁异常的并行管道数值模拟[J]．物探与化探，2018，42(2)：405-411.

[12] Guo Z Y, Liu D J, Pan Q et al. Vertical magnetic field and its analytic signal applicability in oilfield underground pipeline detection. Journal of Geophysics and Engineering, 2015, 12(5): 340-350.

[13] Churchill K M, Link C, Youmans C C. A comparison of the finite-element method and analytical method for modeling unexploded ordnance using magnetometry. IEEE Transactions on Geoscience and Remote Sensing, 2012, 50(7): 2720-2732.

[14] Marchetti M, Sapia V and Settimi A. Magnetic anomalies of steel drums: a review of the literature and research results of the INGV. Annals of Geophysics, 2013, 56(1): R0108(1-12).

[15] Guo Z Y, Liu D J, Chen Z, et al. Modeling on ground magnetic anomaly detection of underground ferromagnetic metal pipeline. ICPTT2012, Wuhan, 2012: 1011-1024.

[16] Guo Z Y, Liu D J, Pan Q et al. Forward modeling of total magnetic anomaly over a pseudo-2D underground ferromagnetic pipeline. Journal of Applied Geophysics, 2015, 113: 14-30.

[17] Oruç B. Location and depth estimation of point-dipole and line of dipoles using analytic signals of the magnetic gradient tensor and magnitude of vector components. Journal of Applied Geophysics, 2010, 70: 27-37.

[18] 姚姚．地球物理反演基本理论与应用方法．武汉：中国地质大学出版社，2002.

[19] 习宇飞，刘天佑，刘双．井中磁测三分量联合反演．石油地球物理勘探，2012，47(2)：344-353.

[20] International Geomagnetic Reference Field (IGRF), 2010. [Online]. Available: http://wdc.kugi.kyoto-u.ac.jp/igrf.

[21] Finlay CC, Maus S, Beggan C D et al. International geomagnetic reference field: the eleventh generation. Geophysics Journal International, 2010, 183(3): 1216-1230.

基于两种算法的天然气管网运行优化技术

于　进

（中油国际管道公司　中缅油气管道项目）

摘　要　天然气管道是连接天然气资源与市场的桥梁，是实现天然气商品化的通道，我国天然气管网正向着大规模化、一体化方向发展，为了保证管网能够安全、高效、经济地运行，建立了基于两种优选算法的天然气管网优化模型。在对比了现有各种优化算法的基础上，选用改进线性逼近法和序列二次规划法作为天然气管网运行优化研究的算法，分析了两种算法的原理，并以运行能耗最低为目标进行优化计算研究，为了既能满足生产需求，降低算法本身对目标函数和约束条件的依赖性，又能够保证计算效率和稳定性，优选出序列二次规划法，从生产实际出发建立一套通用性较强的天然气管网稳态运行优化模型，也为软件开发提供前期的数据分析。

关键词　天然气管网　运行优化　改进线性逼近法　序列二次规划法　算法优选　通用性

1　引言

目前，我国天然气管道业务进入快速发展期，“十二五”末天然气管道总里程将超过 10×10^4km[1]，即将形成的国家级天然气管网越来越庞大、越来越复杂。笔者在中缅管道项目中主要从事干线管道生产运营及管理工作，如何保证管网安全、高效和经济地运行，是运营管理部门需要研究的重要课题[2]。

随着天然气管网结构的不断更新，目前国内外研究主要集中在优化算法方面，力求更加快速、稳定、准确和有效地求解天然气长输管网稳态运行优化模型[3]。同时，随着天然气管道业务需求不断变化，从生产实际出发也迫切需要建立一套通用的天然气管网稳态运行优化模型和应用软件，能够保证计算效率且适应任何合理拓扑结构以及规模的不断增大，从而提高国内管输行业的核心竞争力。

2　建立优化模型

（1）优化目标

天然气在管网内流动时，能够持续平稳地运行，用户、气源的压力波动随时间变化相对缓慢，可视天然气在管网内流动为稳定流动，并假设气体在管道内为一维等温流动。研究的优化目标函数为运行能耗[4]最低。

由于压缩机站场中含有压缩机的数目和型号不尽相同，通过对整个压缩机站流量 Q、转速 n、效率 η 等进行拟合的方法[5]较繁琐，本文以每台压缩机为单位，进行压缩机的能耗优化分析。

压缩机的总能耗目标函数表达式为：

$$\min F=\sum_{(i,\ j)\in\Gamma} Q_{cin}\rho_{cin}H_{ij}(Q_{cin},\ n)/\eta_{ij}(Q_{cin},\ n) \tag{2-1}$$

式中　F——压缩机总能耗，kW；

Γ——管网系统中压缩机构成的集合；

Q_{cin}——压缩机进口状态下的体积流量，am³/s；

ρ_{cin}——压缩机进口状态下的天然气密度，kg/m³；

H_{ij}——压缩机扬程，m；

n——压缩机转速，r/min；

η_{ij}——压缩机效率。

（2）约束条件

该问题的标准数学模型形式[6]如下：

$$\begin{aligned} &\min f(X) \text{或} \max f(X) \\ &\text{s. t. } h_i(X)=0 \quad (i=1, 2, \cdots, m) \\ &\text{s. t. } g_i(X)=0 \quad i=1, 2, \cdots, l) \end{aligned} \tag{2-2}$$

式中　X——独立自变量，$X=(X_1, X_2, X_3)$；

$f(X)$——目标函数一般形式；

$h_i(X)$——等式约束条件；

$g_i(X)$——不等式约束条件；

m——等式约束条件个数；

l——不等式约束条件个数。

X 含三类独立自变量 X_1、X_2、X_3，X_1 为外部边界变量（进气点、分气点），X_2 为内部边界变量（压缩机、阀门等），X_3 为管段所含的相关变量，具体分类见表 1。

表 1　自变量类型及名称

变量类型	变量名称
外部边界变量 X_1	p_{in}（节点压力），Q_{in}（节点流量），p_{out}，Q_{out}
内部边界变量 X_2	p_{cin}，Q_{cin}，p_{cout}，Q_{cout}，n（压缩机转速）
管段所含变量 X_3	p_1（管段节点压力），v_1（管段节点流速），p_2，v_2，…，p_i，v_i，…，p_n，v_n

通过以上分析，可得优化模型的约束条件为：

$$Q_{1i\,min} \leqslant Q_{1i} \leqslant Q_{1i\,max} \ (i=1, 2, 3, \cdots, N_{1n} \quad i \text{为节点数})$$

$$Q_{2i\,min} \leqslant Q_{2i} \leqslant Q_{2i\,max} \quad (i=1, 2, 3, \cdots, N_{2n}) \tag{2-3}$$

$$P_{in(i)\,min} \leqslant P_{in(i)} \leqslant P_{in(i)\,max} \quad (i=1, 2, 3, \cdots, N_{1n}) \tag{2-4}$$

$$P_{out(i)\,min} \leqslant P_{out(i)} \leqslant P_{out(i)\,max} \quad (i=1, 2, 3, \cdots, N_{2n}) \tag{2-5}$$

$$n_{min} \leqslant n \leqslant n_{max} \tag{2-6}$$

$$surge(n) \leqslant Q_{cin} \leqslant stonewall(n) \tag{2-7}$$

$$\left(\frac{ZRTM^2}{A^2p^2}-1\right)\mathrm{d}p=\left(\frac{g\sin\theta}{ZRT}p+\frac{\lambda ZRTM^2}{2A^2Dp}\right)\mathrm{d}x \tag{2-8}$$

$$\frac{H}{n^2}=a_1+b_1\left(\frac{Q_{cin}}{n}\right)+c_1\left(\frac{Q_{cin}}{n}\right)^2+d_1\left(\frac{Q_{cin}}{n}\right)^3 \tag{2-9}$$

$$\eta=a_2+b_2\left(\frac{Q_{cin}}{n}\right)+c_2\left(\frac{Q_{cin}}{n}\right)^2+d_2\left(\frac{Q_{cin}}{n}\right)^3 \tag{2-10}$$

$$surge(n)=a_3+b_3n+c_3n^2+d_3n^3 \tag{2-11}$$

$$stonewall(n)= a_4+b_4n+c_4n^2+d_4n^3 \tag{2-12}$$

$$\sum_{j:(i,j)\in L} M_{ij}-\sum_{j:(j,i)\in L} M_{ji}=s_i \tag{2-13}$$

$$Q=C_0\sqrt{P_1(P_1-P_2)} \tag{2-14}$$

$$P_j=P_{cin}/P_j=P_{vin} \tag{2-15}$$

$$Q_j=Q_{cin}/Q_j=Q_{vin} \tag{2-16}$$

$$P_{cout}=P_i/P_{vout}=P_i \tag{2-17}$$

$$Q_{cout}=Q_i/Q_{vout}=Q_i \tag{2-18}$$

3 优选优化算法

从生产应用实际出发，需要建立一种通用的天然气管网稳态优化运行模型，能够适应任何合理拓扑结构以及规模的不断增大，选择合适的优化方法保证所建模型稳定、准确求解。总结下来，所选取的算法应具有以下特点：

1）能够处理大规模的非线性约束优化问题；

2）稳定性强，对不同类型的目标函数和约束条件均有效[7]；

3）求解精度和效率较高，适合生产实际应用。

综上分析，拟选用改进的线性逼近法和序列二次规划法作为进一步研究的算法。

（1）改进线性逼近法

由于对优化模型进行线性处理后，得到的最优解可能是局部最优解或已偏离原非线性模型的最优解，所以需要对求解结果进行相应的修正。改进后的做法是在用单纯形[8]法求得下一个顶点后，用 SPS 稳态仿真软件对最优解进行修正，稳态仿真操作可将复合形的顶点规约到原非线性模型的可行域内，从而逼近原问题的最优解或寻优方向[9]。

改进线性逼近法的具体求解步骤如下：

① 采用广义阻尼牛顿——拉夫逊法确定模型初始迭代点 x_0；

② 调用单纯形法计算顶点 x；

③ 利用 SPS 稳态仿真软件修正 x；

④ 判断 $\| x-x^k \| <\varepsilon$ 是否成立，是，获得最优解，输出结果；否则，$x^k=x$，$K=K+1$，转步骤 2)。

（2）序列二次规划法

约束非线性规划是求一个 n 元实值函数在一个给定的集合内的局部或全局极小点，用 λ_i 表示 i 个约束对应的拉格朗日乘子，其 KT 条件[10]为：

$$\left.\begin{array}{l}\nabla f(x)=\sum\limits_{i=1}^{m}\lambda_i\nabla g_i(x),\\ \lambda_i\geqslant 0,\ \lambda_i g_i(x)=0,\ i=l+1,\ l+2,\ \cdots,\ m,\\ g_i(x)=0,\ i=1,\ 2,\ \cdots,\ l,\\ g_i(x)\geqslant 0,\ i=l+1,\ l+2,\ \cdots,\ m.\end{array}\right\} \tag{3-1}$$

对于式(3-1)，其形式可能十分复杂，为了使问题易于求解，常在某一点处用一个近似模型特别是二次规划模型代替，以一系列二次规划的解逼近式(3-1)的解，此法称为序列二次规划[11][12]。

序列二次规划法的具体求解步骤如下：

① 确定模型初始点 $x^{(0)}$，令 $\lambda^{(0)}=0$，$\mu^{(0)}=0$，$B_0=I$，设 $k=0$；

② 求解凸二次规划[13]，设解为 $(s^{(k)},\ \lambda^{(k+1)},\ \mu^{(k+1)})$；

③ 如果 $\|s^{(k)}\|<\varepsilon=10-6$，则 $x^{(k+1)}=x^{(k)}+s^{(k)}$ 即为所求的解，停止计算；否则转④；

④ 计算罚函数[14] $P_r(x^{(k)}+s^{(k)})$、$P_r(x^{(k)})$，其中[15]

$$P_r(x)=f(x)+\sum_{i=1}^{l}r_i\left|g_i(x)\right|-\sum_{i=l+1}^{m}r_i\min\{0,\ g_i(x)\}-\sum_{i=1}^{n}r_{m+i}\min\{0,\ x_i-l_i\}$$ 。

如果 $P_r(x^{(k)}+s^{(k)})<P_r(x^{(k)})$，则令 $x^{(k+1)}=x^{(k)}+s^{(k)}$，并计算出 B_k，$k=k+1$，转②；否则转⑤；

⑤ 计算 $P_r(x^{(k)}+\alpha s^{(k)})$，$\alpha=0.1,\ 0.2,\ \cdots,\ 0.9,\ 1.0$，以使 $P_r(x^{(k)}+\alpha s^{(k)})$ 达到最小的 $x^{(k)}+\alpha s^{(k)}$ 作为 $x^{(k+1)}$，并计算出 B_k，$k=k+1$，转②。

(3)两种算法的优化效果对比

利用SPS仿真软件和Matlab软件对某天然气管网进行试算，通过优化效果进一步优选出适用性更强的算法，也为下一步软件开发提供前期的数据分析。

小型天然气管网(含环路)模型如图1所示，包括一个进气点、三台压缩机、六段管道和四个分气点。

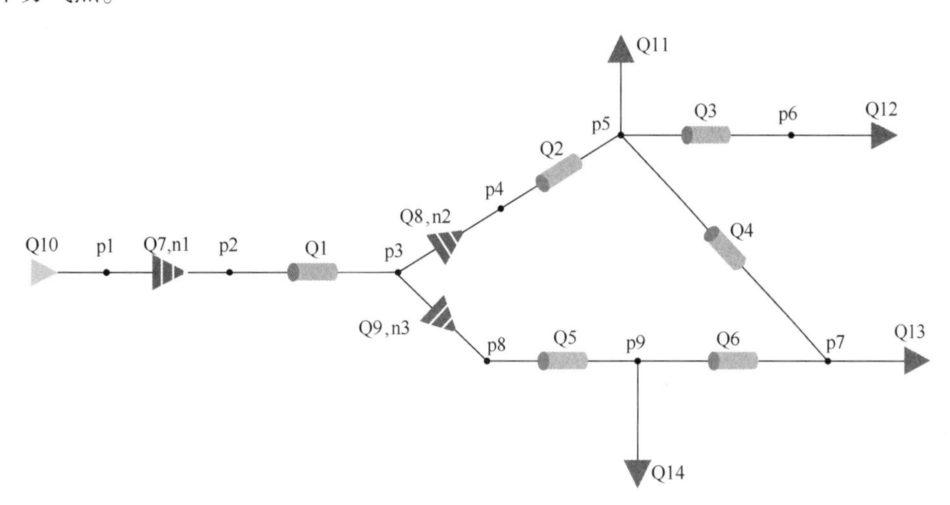

图1　小型天然气管网(含环路)模型

模型中各个节点、管段和压缩机的变量已标注在图中。假设整个管网的温度 $T_m=300\text{K}$，各管段和压缩机的基本参数见表3-1和表3-2，自变量适合的排列顺序有利于约束条件的表示，采取如下顺序：$X=[X_1,\ X_2,\ X_3]$，其中 X_1 是压力项，X_2 是流量项，X_3 是压缩机转速项。

$$X_1=[p_1,\ p_2,\ p_3,\ p_4,\ p_5,\ p_6,\ p_7,\ p_8,\ p_9];$$

$$X_2=[Q_1,\ Q_2,\ Q_3,\ Q_4,\ Q_5,\ Q_6,\ Q_7,\ Q_8,\ Q_9,\ Q_{10},\ Q_{11},\ Q_{12},\ Q_{13},\ Q_{14}];$$

$$X_3=[n_1,\ n_2,\ n_3]。$$

表 3-1　各管段基本参数表

管段编号	上节点编号	下节点编号	管长/km	管内径/mm	最大承压/MPa	管道压降系数
1	2	3	100	610	12	1.25167×10^{9}
2	4	5	150	610	12	1.87751×10^{9}
3	5	6	100	610	12	1.25167×10^{9}
4	5	7	150	610	12	1.87751×10^{9}
5	8	9	100	610	12	1.25167×10^{9}
6	7	9	100	610	12	1.25167×10^{9}

表 3-2　各压缩机基本参数表

压缩机编号	上节点编号	下节点编号	压头系数$\times 10^{-4}$	效率系数	喘振系数	滞止系数
1	1	2	0.8155 -2.0328 4.3941 -3.5510	0.7224 -0.3484 2.7379 -3.2507	-12200.3 3.6988 -3.2714×10^{-4} 1.0592×10^{-8}	-25438.27 8.2678 -7.3935×10^{-4} 2.4096×10^{-8}
2	3	4	0.8155 -2.0328 4.3941 -3.5510	0.7224 -0.3484 2.7379 -3.2507	-12200.3 3.6988 -3.2714×10^{-4} 1.0592×10^{-8}	-25438.27 8.2678 -7.3935×10^{-4} 2.4096×10^{-8}
3	3	8	0.8155 -2.0328 4.3941 -3.5510	0.7224 -0.3484 2.7379 -3.2507	-12200.3 3.6988 -3.2714×10^{-4} 1.0592×10^{-8}	-25438.27 8.2678 -7.3935×10^{-4} 2.4096×10^{-8}

该天然气管网各个进分气节点、压缩机的控制参数见表 3-3、表 3-4：

表 3-3　进出气节点控制参数

进出气节点编号	最大压力/MPa	最小压力/MPa	最大流量/(m^3/s)	最小流量/(m^3/s)	高程/m
1	3	8	100	150	0
5	3	6	10	30	0
6	3	6	10	30	0
7	3	6	20	40	0
9	3	6	10	30	0

表 3-4　压缩机控制参数

压缩机编号	最小进口流量/(am^3/s)	最大进口流量/(am^3/s)	最小转速/(r/min)	最大转速/(r/min)
1	0.5013	2.5934	4000	8715
2	0.5013	2.5934	4000	8715
3	0.5013	2.5934	4000	8715

分别以总流量 56m^3/s 和 60m^3/s，对管网进行压缩机能耗优化计算，优化前后的结果如下：

表 3-5　总流量 56 m^3/s 时的优化前后参数对比

优化算法				改进线性逼近法		SQP 法	
节点编号	名称	优化前		优化后		优化后	
		压力/MPa	流量/(m^3/s)	压力/MPa	流量/(m^3/s)	压力/MPa	流量/(m^3/s)
1	进气点	3.41	56	3.41	56	3.41	56
5	出气点 1	3.516	10	3.512	9.2	3.525	10
6	出气点 2	3.505	8	3.487	8.8	3.507	10
7	出气点 3	3.458	29	3.532	28.7	3.499	26
9	出气点 4	3.48	9	3.521	9.3	3.544	10
1 号压缩机能耗/kW		739.2		1083.7		1283.1	
2 号压缩机能耗/kW		1414.2		682.2		576.6	
3 号压缩机能耗/kW		569.3		549.5		393.5	
压缩机总能耗/kW		2722.8		2315.4		2253.3	

表 3-6　总流量 60 m^3/s 时的优化前后参数对比

优化算法				改进线性逼近法		SQP 法	
节点编号	名称	优化前		优化后		优化后	
		压力/MPa	流量/(m^3/s)	压力/MPa	流量/(m^3/s)	压力/MPa	流量/(m^3/s)
1	进气点	3.5	60	3.5	60	3.5	60
5	出气点 1	3.608	10.3	3.611	9.9	3.604	10
6	出气点 2	3.592	9.7	3.594	9.9	3.587	10
7	出气点 3	3.538	28.8	3.543	26.1	3.534	30
9	出气点 4	3.552	11.2	3.561	14.1	3.552	10
1 号压缩机能耗/kW		908.2		1002.4		1454.2	
2 号压缩机能耗/kW		1712		1166.7		513	
3 号压缩机能耗/kW		567.8		534		472.4	
压缩机总能耗/kW		3187.9		2653.1		2439.6	

从表 3-5 和表 3-6 中可以看出天然气管网在优化后，改进的线性逼近法分别使压缩机总能耗降低了 407.4kW 和 534.8kW，改进的线性逼近法分别使压缩机总能耗降低了 407.4kW 和 534.8kW，而序列二次规划法分别使压缩机总能耗降低了 469.6kW 和 741.7kW。如图 2 可知，针对此数学模型，序列二次规划法的优化效果要好于改进的线性逼近法，同时，各数据均在合理范围内，说明了两种算法的有效性。

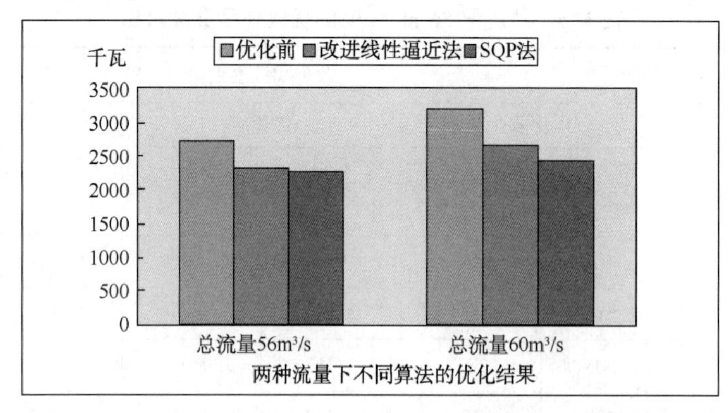

图 2　总流量 56 m^3/s 和 60 m^3/s 时不同算法的优化结果

为了进一步分析两种算法的有效性，对原小型管网稍作了调整，改变后的模型如图 3 所示，包括一个进气点、三台压缩机、六段管道和五个分气点。

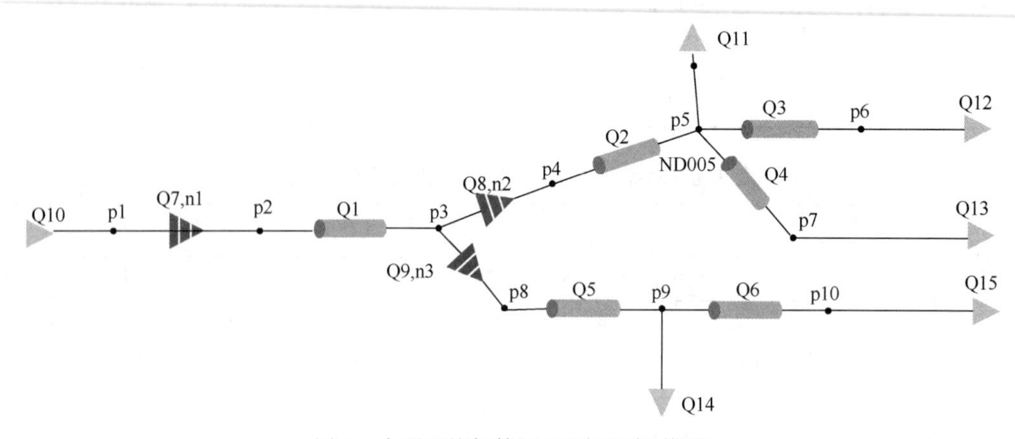

图 3　小型天然气管网(不含环路)模型

采用相同的参数，以总流量 125m^3/s 进行了优化计算，优化前后的结果如下：

表 3-7　总流量 125m^3/s 时的优化前后参数对比

优化算法							
		优化前		改进线性逼近法 优化后		SQP 法 优化后	
节点编号	名称	压力/MPa	流量/(m^3/s)	压力/MPa	流量/(m^3/s)	压力/MPa	流量/(m^3/s)
1	进气点	4	125	4	125	4	125
5	出气点 1	3. 237	20	…	…	3. 178	29. 2
6	出气点 2	3. 159	20	…	…	3. 159	10
7	出气点 3	3. 058	30	…	…	3. 058	24. 5
9	出气点 4	3. 33	20	…	…	3. 22	30
10	出气点 5	3. 091	35	…	…	3. 024	31. 2
1 号压缩机能耗/kW		8423. 2		…		8645. 1	
2 号压缩机能耗/kW		2353. 2		…		1358	
3 号压缩机能耗/kW		1101. 2		…		1205. 8	
压缩机总能耗/kW		11876. 6		…		11208. 9	

从表 3-7 中可以看出，当管网结构改变后，序列二次规划法使压缩机总能耗降低了 667.7kW，而改进的线性逼近法未能计算出结果，说明应进一步提高改进线性逼近法在求解不同数学模型时的通用性。

4 结论与建议

提出的天然气管网稳态运行优化模型属于典型的非线性约束优化问题，在对比了现有各种优化算法的基础上，将改进线性逼近法和序列二次规划法用于求解含有 3 台压缩机的天然气管网。计算结果验证了两种算法的有效性，但当管网结构即数学模型改变后，改进线性逼近法的计算结果发散，而序列二次规划法取得了较好的优化效果，建立的优化模型通用性强，效率较高，同时，为相关软件[16]的研发提供了技术支持，对于软件算法的选择具有指导意义。

参 考 文 献

[1] 李伟，杨义．我国天然气消费利用现状和发展趋势[J]．中外能源，2010，15：8.

[2] 殷建成，司利旋．输气管网稳态运行优化计算方法[J]．油气储运，2007，26(5)：18.

[3] 刘武，徐源．气田集输管网优化运行方案[J]．油气储运，2010，29(7)：501-502.

[4] 杨毅．天然气管道运行优化模型及其寻优方法研究[D]．西南石油大学博士学位论文，2006.

[5] 刘武，张鹏．天然气管网优化调度方法研究[J]．西南石油大学学报(自然科学版)，2009，31(03)：146-148.

[6] KimSeong Bae. Minimum-Cost Fuel Consumption on Natural Gas Transmission Network Problem[J]. Dept. of Industrial Engineering，1999：24-25.

[7] 郑建国，宋飞．大型天然气管道仿真软件 RealPipe-Gas 研发[J]．油气储运，2011，30(9)：659-662.

[8] 艾慕阳，蒋毅．大型天然气管网运行方案多目标决策优化[J]．油气储运，2011，30(10)：739-742.

[9] 于汪洋．线性规划在成本分配中的应用研究[D]．华东理工大学硕士学位论文，2013.

[10] 张之駓，李建德．动态规划及其应用[M]．国防工业出版社，1994：12-13.

[11] Mike Lloyd，Jillian VanZelfden，etc. Tennessee Gas Pipeline's Experience with Optimization[C]//PSIG 38th PSIG Annual Meeting，2006.

[12] Kennedy J，Eberhart R. C. Particle Swarm Optimization[C]//In：Proceeding of IEEE Int' Conference on Neural Networks，NJ：IEEE Service Center，1995：1942-1928.

[13] Kennedy J，Eberhart R. C. A Discrete Binary Version of the Particle Swarm Algorithm[C]//In：Proceeding of 1997 Conference on Systems，Man and Cybernetics. Piscataway，NJ：IEEE Press，1998：69-75.

[14] 陈进殿，汪玉春．用微粒群算法实现天然气管网运行最优化[J]．油气储运，2009，28(1)：7-11.

[15] Konstantions E，Parsopoulos N，Michael N. Particle Swarm Optimization Method for Constrained Optimization Problems[C]//Proceeding of the Euro-International Symposium on Computational Intelligence，2002：1-7.

[16] 于进，宋晓琴．管道防腐蚀系统综合评价软件研究[J]．实验室研究与探索，2011，30(4)：54.

电脱水器绝缘棒圆柱绕流数值模拟研究

于　进

（中油国际管道公司　中缅油气管道项目）

摘　要　使用FLUENT软件数值模拟研究原油电脱水器绝缘棒的三维圆柱绕流问题，旨在寻找到合适的原油流速，使得旋涡区域最小。采用标准 k-ε 模型对来流速度为0.5m/s、1.0m/s和2.0m/s三种情况进行了模拟计算，并详细分析了计算结果，包括压力云图和速度云图等。对不同流速下三维圆柱体绕流的各个截面旋涡脱落形式和速度压力的变化情况进行了分析，从而研究圆柱体绕流问题的三维效应，通过改变区域的速度就可达到改变甚至消除卡门涡街的目的，同时也证明了FLUENT软件对不可压缩绕流计算的可行性和准确性。

关键词　FLUENT　数值模拟　电脱水器绝缘棒　三维圆柱绕流　漩涡　卡门涡街

电脱水器[1]在脱水过程中，由于绝缘棒后端绕流产生的涡街会使一部分区域流速较低，造成原油中高含盐沉积物在该处沉积而导电，致使绝缘棒失去绝缘作用。在石油工业中，如果导电就会引起电脱水器的变压器烧坏，进而导致停产，后果是相当严重的。Heideman[2]和Juan P. Pontaza，Hamn-Ching chen[3]等通过实验研究对圆柱绕流[4][5]中阻力系数与雷诺数的关系进行了分析，但因研究结果误差较大，其局限性较明显。马金花[6]等采用有限元方法离散求解了雷诺时均方程，王亚玲[7]等使用CFX-4三维数值模拟软件对粘性不可压缩流体的圆柱绕流问题进行了深入分析，标志着数值模拟已逐渐成为了当今研究的主要手段[8]。

1　建模计算

使用FLUENT软件数值模拟了圆柱流动分离[9][10]，旋涡生成、脱落以及随时间推进涡街产生和演变过程，包括卡门涡街[11][12]及二次涡[13]形成等。采用标准 k-ε 模型通过对三种不同来流速度0.5m/s、1.0m/s和2.0m/s在同一时刻不同面和不同时刻（T/5、3T/5、T时刻）同一面模拟结果的分析对比（原油停留时间为30~50min之间），定性的分析了该圆柱绕流模型中速度对绝对不稳定性的影响，通过改变区域的速度就可达到改变甚至消除卡门涡街的目的，为脱水器的应用设计[14][15]提供了一定的参考依据。

研究的某原油电脱水器绝缘棒参数如下：

（1）原油电脱水器绝缘棒结构：绝缘棒直径 D=70mm，h=850mm；

（2）混合原油运动黏度 υ=76.1cSt（50℃），密度 ρ=886.4kg/m^3（20℃）；

（3）来流流速：v_1=0.5m/s，v_2=1.0m/s，v_3=2.0m/s；

（4）计算区域（V）=长（L）×宽（W）×高（H），其中 L=12D、W=4D、H=5D。

为了便于计算和结果的查看，取绝缘棒的几何轴线为 Z 轴，底面所在的平面为 X-Y 平面，其三维数学模型见图1。将结构化网格和非结构化网格相结合，将计算区域划分为两个部分，如图2所示。

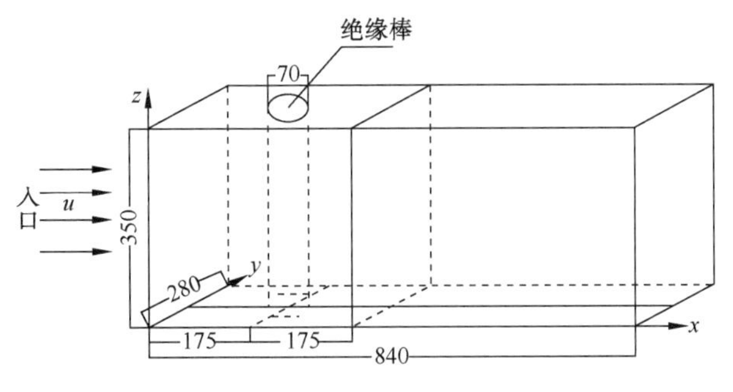

图 1　计算区域三维几何模型(单位 mm)

图 2　计算区域网格结构

如图 3 所示，取代表性截面 H_1 为 Z=70mm，面 H_2 为 Z=140mm，面 H_3 为 Z=175mm，面 H_4 为 Z=210mm，面 H_5 为 Z=280mm，Z_1 面为 X=175mm，Z_2 面为 Y=140mm。

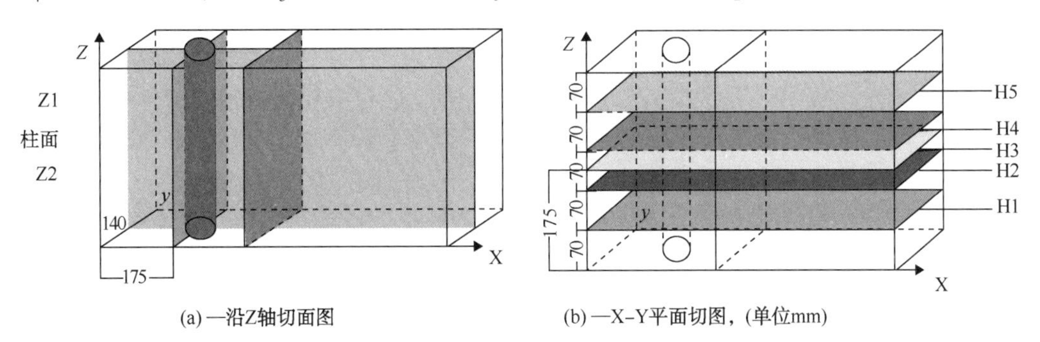

图 3　计算区域切面图((A)—沿 Z 轴切面图，(B)—X-Y 平面切图，单位 mm)

2　数值结果与分析

2.1　不同流速同一时刻模拟结果对比分析

T 时刻(*T*=0.7s)，在绝缘棒竖直方向上，不同横切面的速度变化趋势大致相同，见图 4、图 5。绝缘棒前沿 175mm 的范围内，其迎流区流速为 0.25m/s 左右，而在与来流成 90°的两侧流速增大为 0.75m/s 左右。绝缘棒后侧的背流区速度几乎为零，随着流体的继续流动，流速逐渐增大，最后趋于稳定。综上所述，与来流方向成 90°夹角的圆柱上下两侧的主流区速度为最大值，而在漩涡区、圆柱的背流侧和其后回流区的流速相对较低；同时可以观察到圆柱的上下两侧近邻圆柱表面流体处有交替的脱落、漩涡形成、旋涡向下游移动和扩散等现象，整个过程呈明显的周期性。

图 6 显示了横切面 *H*3 的压力云图，图 7 为圆柱面的压力云图，图 8 为纵切面 *Z*1、*Z*2 压力云图。当原油流过绝缘棒时产生了分离，从而对圆柱体产生了持续的作用力。由于逆压梯度的存在，造成边界层分离，从而形成涡漩。同时，因涡漩能量消耗以及尾流压力降低，流体在物体前端分开后，受到间断面和涡漩的阻隔影响，不能在物体后部重新汇合，压力亦不能完全恢复，致使物体前后部压力分布不对称，从而产生阻力，该阻力即为物体前后压差引起的压差阻力。

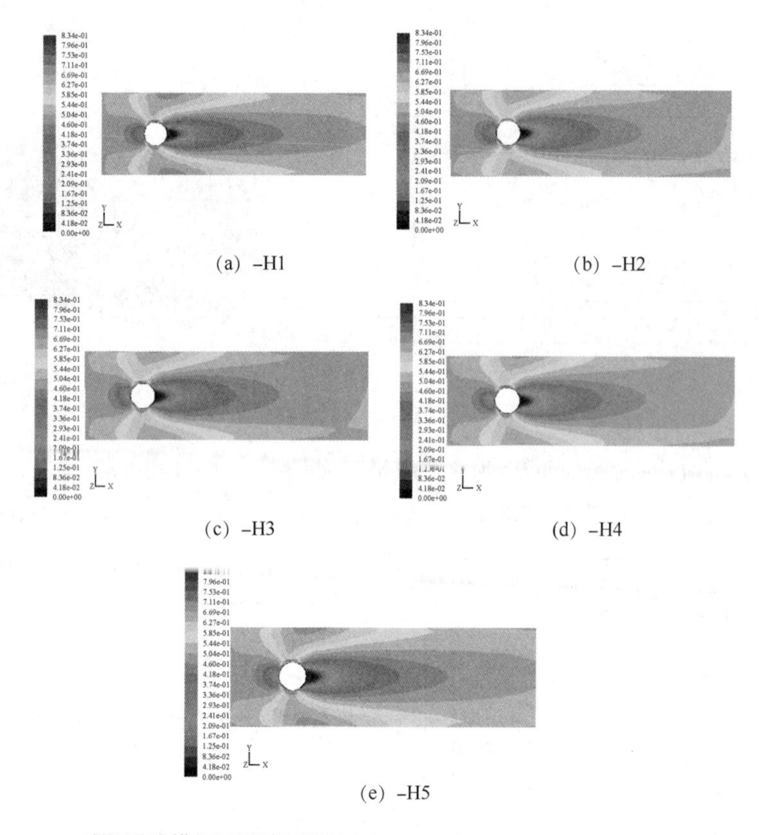

(a) -H1　(b) -H2

(c) -H3　(d) -H4

(e) -H5

图 4　$v=0.5$m/s 时沿圆柱横切面速度云图((a)-H1，(b)-H2，(c)-H3，(d)-H4，(e)-H5)

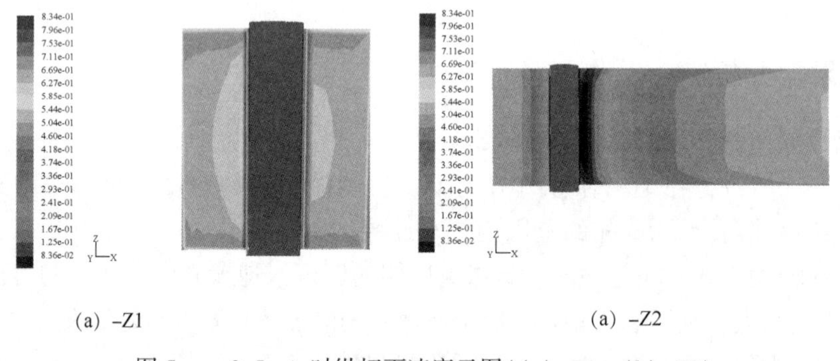

(a) -Z1　(a) -Z2

图 5　$v=0.5$m/s 时纵切面速度云图((a)-Z1，(b)-Z2)

由图 6~图 8 可知，在绝缘棒前沿随着位置的推移压强逐渐增大，而在流体首先冲刷绝缘棒的区域，压强达到最大。在垂直来流的圆柱两侧以及背流区压强最小。在绝缘棒后侧压强逐渐增大，最后达到稳定值。

当来流流速变化时，由图 9 可见，在三种流速下圆柱体表面都有相同的特点，即来流方向的压力最大，而与来流成 90°夹角的表面处压力几乎为零。不同来流流速下，各处压强的量值有所不同，流速 $v=0.5$m/s 时的背流低速区面积大于流速 $v=1.0$m/s 时的面积，$v=1.0$m/s 时的面积又大于 $v=2.0$m/s 时的。综上所述，在一定流速范围内，背流区域面积随着流速的增大而逐渐减小；对于边界层，随着来流流速的增加，边界层的低速区域逐渐减

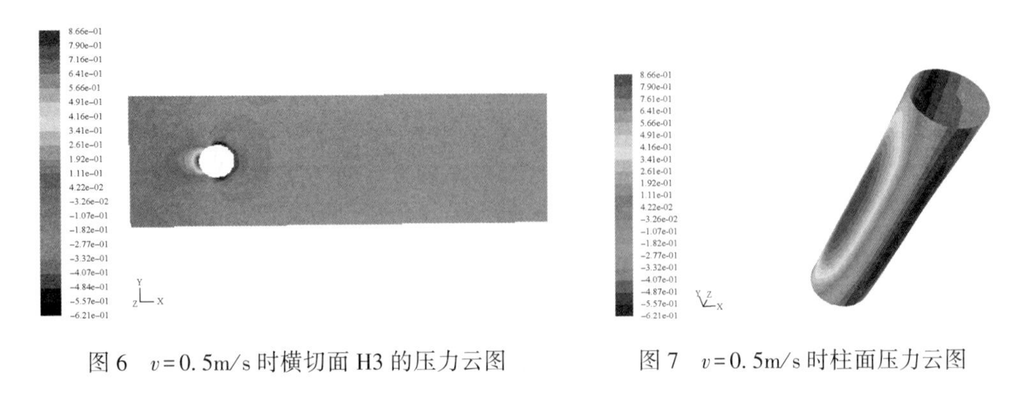

图6　v=0.5m/s 时横切面 H3 的压力云图　　图7　v=0.5m/s 时柱面压力云图

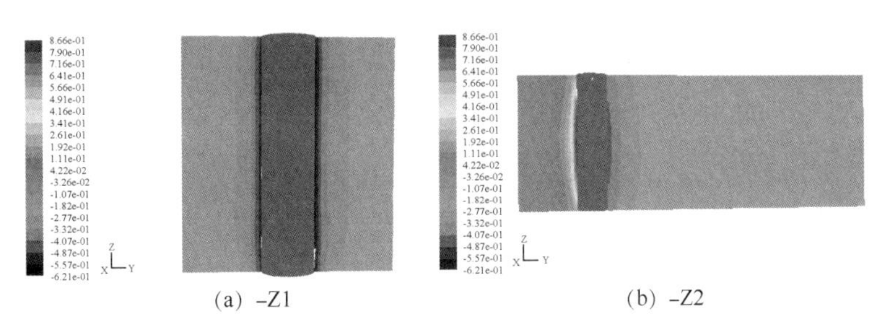

(a) -Z1　　(b) -Z2

图8　v=0.5m/s 时纵切面压力云图((a)-Z1，(b)-Z2)

少。当流体绕流后，柱体后部会产生对称的环流运动区域，该处流线排列有序并呈封闭状态，从而使每组形成一个“驻涡”。回流越多，产生二次分流的趋势越明显。当雷诺数达到一定值时，快速旋转的漩涡在柱体后部区域出现，导致柱面产生较大的压力梯度，形成二次分离。

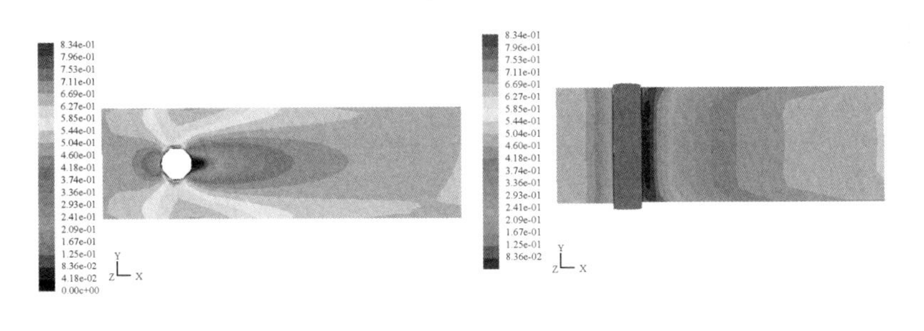

(a) v = 0.5m/s

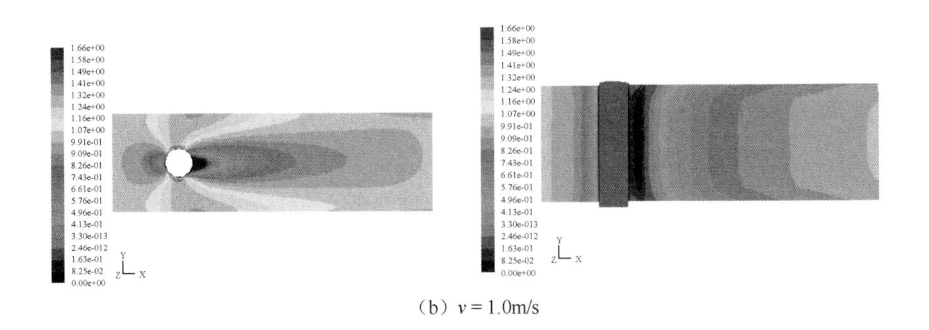

(b) v = 1.0m/s

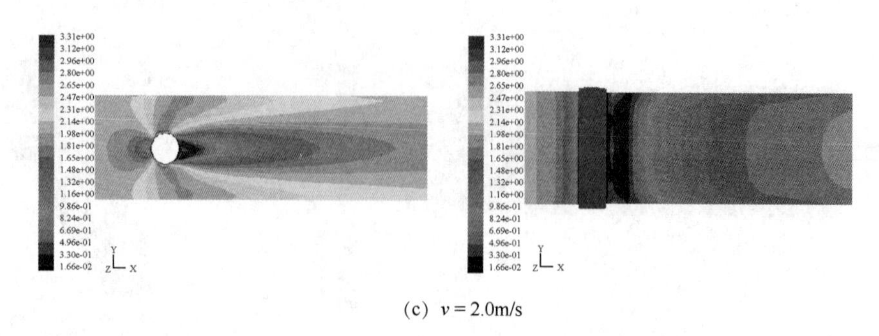

(c) $v=2.0$m/s

图 9　横切面 H3 的速度云图(左)和纵切面 Z2 的速度云图(右)

2.2　同一来流速度不同时刻模拟结果对比分析

2.2.1　来流速度为 $v=0.5$m/s 时的模拟结果

图 10 给出了在 $v=0.5$m/s 时，切面 $H3$ 在 $t=T/5$、$t=3T/5$ 和 $t=T$ 的速度云图和速度等值线图。从图中可以看出，位于同一平面上的质点，其 X 向速度分布随时间的变化，逐步达到流态稳定。其分布有一定的规律性。尾涡呈周期性脱落，并在尾部依然呈卡门涡街的特征。

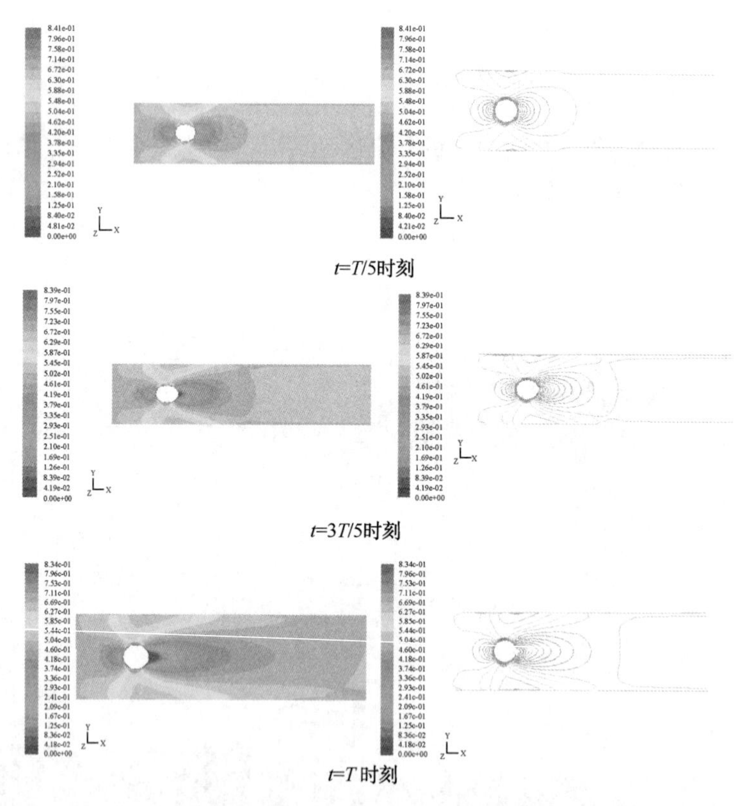

图 10　$v=0.5$m/s 时切面 $H3$ 的速度云图和速度等值线图随时间的变化

2.2.2　来流速度为 $v=1.0$m/s 时的模拟结果

图 11 给出了在 $v=1.0$m/s 时，切面 $H3$ 在 $t=T/5$、$t=3T/5$ 和 $t=T$ 的速度云图和速度等

值线图。由图 11 可知，随着流速增大，卡门涡街现象减缓。

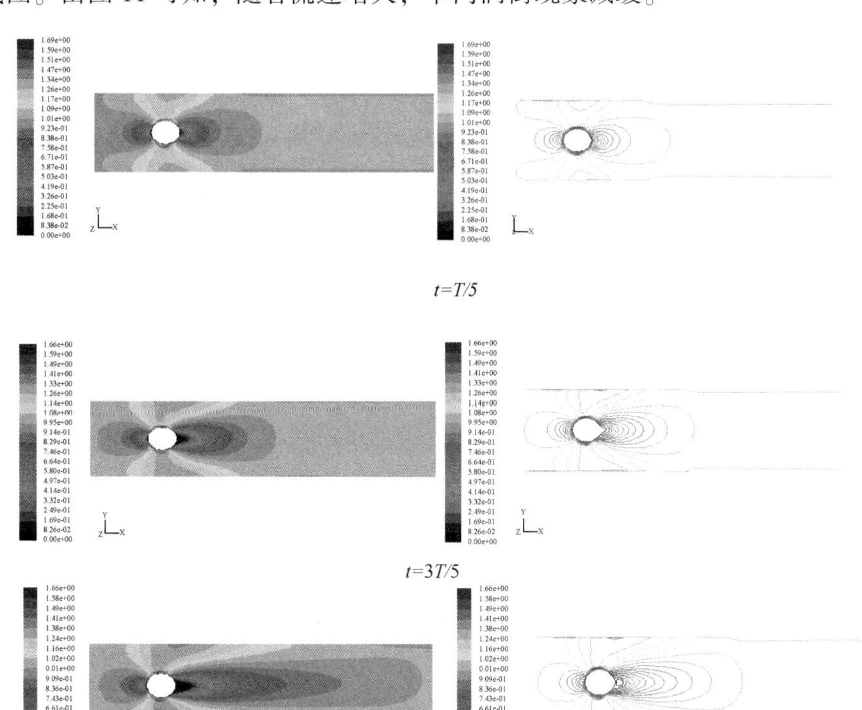

$t=T/5$

$t=3T/5$

$t=T$

图 11　在 $v=1.0$m/s 时，在切面 H3 处随时间的变化的速度云图和等值线图

2.2.3　来流速度为 $v=2.0$m/s 时的模拟结果

由图 12 并结合图 11 可知，随着流速进一步增大，卡门涡街现象减缓甚至消失，绝缘柱后距离绝缘柱越远，流速越趋近于平均值，同时，从图 12 可知，在绝缘柱前，由于绝缘柱的阻挡，流速较高，最大流速出现在绝缘柱两侧。

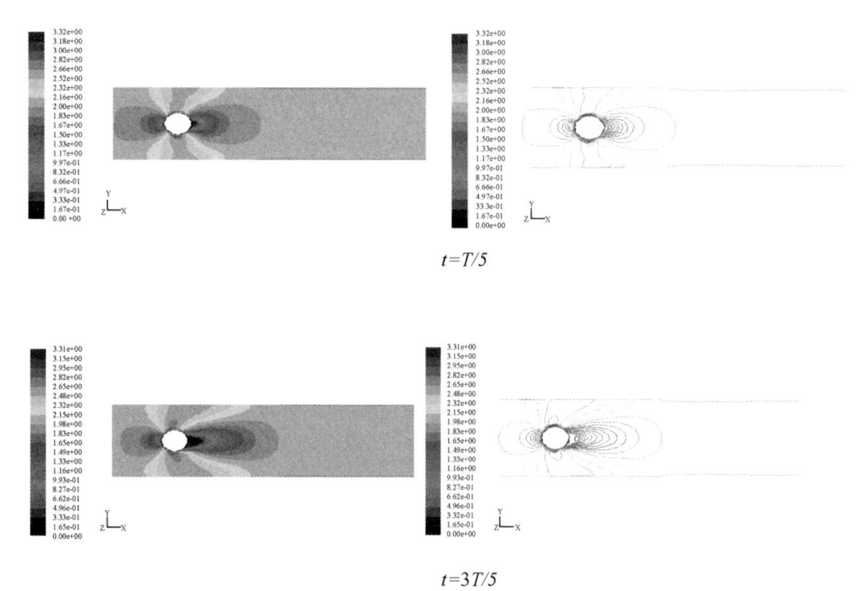

$t=T/5$

$t=3T/5$

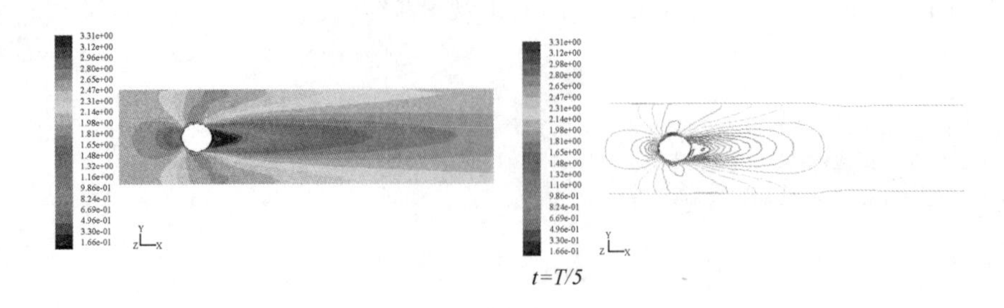

图 12　在 v=2.0m/s 时，在切面 H3 处随时间的变化的速度云图和等值线图

3　结论

通过对原油电脱水器绝缘棒三维圆柱绕流的数值模拟发现：(1)与来流方向成 90°夹角的圆柱上下两侧的主流区速度为最大值，而在漩涡区、圆柱的背流侧和其后回流区的流速相对较低；(2)柱前随着位置的推移压强逐渐增大，柱侧及背流区压强最小，柱后压强逐渐增大，最后达到稳定值；(3)背流区面积在一定流速范围内，随着流速的增大而逐渐减小；(4)雷诺数的高低会影响柱面的压力梯度及漩涡的形成；(5)通过改变区域的速度就可达到改变甚至消除卡门涡街的目的。

综上所述，可选择原油流速 v=1.0m/s 时进行原油脱水操作，确保在经济流速下将圆柱绕流的卡门涡街现象减缓，这与实际工业应用情况亦相符。

参 考 文 献

[1] 魏远娟，穆道彬．原油电脱水工艺设计的简述[J]．科技与企业，2016(4)：190.

[2] Heideman J C. 密集圆柱群上的水动力[J]．海洋译报，1989(2)：11-82.

[3] Juan P. Pontaza, Hamn-Ching chen. Three-dimentional numerical simulation of cylinders undergoing two degree-of-freedom vertex-induced vibrations[C]. Germany：Proceedings of 25th international Conference on offshore Mechanics and Arctic Engineering, 2006：92.

[4] 杨兰，戚晓明，武心嘉芳．基于高雷诺数的圆柱绕流数值模拟研究[J]．蚌埠学院学报，2018，8(5)：33-35.

[5] 谢潇潇，及春宁，John Williams. 低雷诺数下不同顶角三棱柱体绕流受力和尾涡脱落机制[J]．水电能源科学，2018(6)：73.

[6] 马金花，金生，贺德馨，等．圆柱体绕流的数值模拟[J]．山东建筑工程学院学报，2001，11(2)：45.

[7] 王亚玲，刘应中，缪国平．圆柱绕流的三维数值模拟[J]．上海交通大学学报，2001，8(10)：1464-1469.

[8] 王威．圆柱绕流数值模拟[J]．辽宁化工，2016，15(7)：877.

[9] 郁程．流动分离及其控制的机理研究[D]．上海：上海交通大学，2011：1-46.

[10] 谢杰，许劲松，郁程．圆柱绕流的流动分离控制[J]．哈尔滨工程大学学报，2011，1(4)：401-406.

[11] 唐少杰，庄逢甘，忻鼎定．卡门涡街的慢不稳定性[J]．力学学报，1996(2)：129-131.

[12] 王振东．漫话卡门涡街及其应用[J]．力学与实践，2006(1)：88-90.

[13] 凌国灿，尹协远．二次涡与卡门涡形成过程[J]．力学学报，1982(1)：18-25.

[14] 张岩．原油电脱水参数优化[D]．西安：西安石油大学，2017：1-38.

[15] 刁晶玮．联合站原油电脱水工艺技术应用探讨[J]．石化技术，2016，23(6)：96.

基于C语言的输气干线及站场放空作业过程水力计算研究

林 棋[1] 高 斌[1] 张义勇[1] 向奕帆[2] 杨金威[2] 董 军[1]

（1. 中油国际管道公司 中乌天然气管道项目；2. 中油国际管道公司 生产运行部）

摘 要 高压输气干线及站场放空系统由封闭管段内待放空天然气、放空管线系统及外界环境组成。其放空过程为典型的非定常流动，无法通过达西公式求解分析该过程水力特性。为此本文以流体力学及输气管道流动特性理论为基础，采用范诺方程编制放空作业过程水力计算程序，可求解任何时刻的瞬时放空量、放空时长、截面温度/压力、管存压力等，经有效性检验此程序具备较高可靠性。借助程序开展放空系统影响因素量化分析，表明放空管长度及管径是影响放空作业的主要因素，其中管径影响最大。同时针对现场实际放空作业时长的测算，考虑到现场放空过程中阀门开度调节的不确定性，结合中乌天然气管道干线上的3次大型放空作业，本文提出并论证了一种关于输气干线放空作业时长的估算方法，即借助此程序，通过计算等效放空管线管径占比为55%~60%区间内所对应的放空时间来等效测算。本文研究内容可为输气管道大型放空作业的操作及新建管道放空系统的设计提供一定理论依据。

关键词 水力计算 输气干线 输气站 放空过程 非定常流动 等效放空管线

高压输气干线及站场放空系统由封闭管段内待放空天然气、放空管线系统及外界环境组成（见图1），其中放空管线系统包括相应的管件、附件（包括管线、阀门、弯头、三通及稳固支架等）。输气干线及站场的放空系统具有放空量大且放空时间长的特点，特别是当放空管较短时，其压降快、流速高、出口温度低，管段沿线各流动参数（T、ρ、V、P、M_{ach}等）随时间一直在变化，属于典型的非定常流动，从而决定了放空系统水力特性与一般站场管路的不同。国内教科书中相关论述及推导内容较少，且目前国内多采用简化近似公式（即管容/放空时间）来计算管线放空量，计算结果比工程实际结果要小很多，从而造成工程设计与放空现场严重脱节，使得投产后的某些事故工况放空过程可操作性较差[1-4]。同时，由于放空作业现场将实时调节放空阀门开度，导致无法提前有效预测总放空作业时长，为此需结合放空作业的实际流态变化开展水力热力计算研究，分析放空特性并量化求解瞬时放空量、累计放空时长等关键参数，以指导现场放空系统设计及操作。

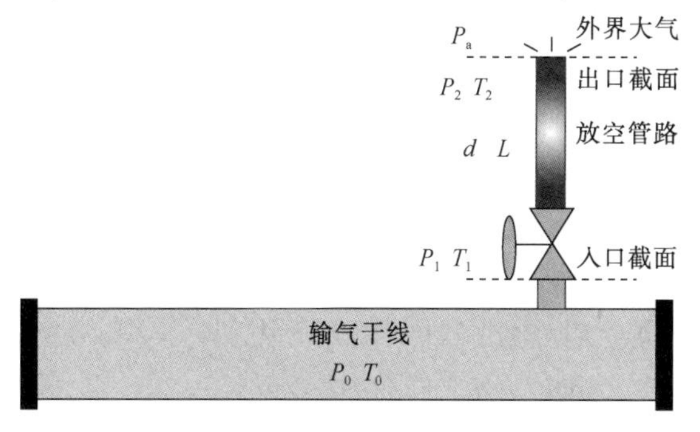

图1 高压天然气放空系统示意图

1 天然气管道放空过程状态描述

高压天然气放空作业需经历三个流态：超临界流、临界流、亚音速流[2]。

1）超临界流：放空初始时刻，管存压力 p_0 大，使得入口截面处压力 p_1 很高，此时出口截面压力 p_2 远大于大气压，放空管出口处的流速达到声速($M_{ach2}=1$)，此时瞬时放空量最大。出口截面气体依靠剩余压力 p_2-p_a 进行膨胀，直至 $p_2=p_a$。随着放空时间推移，p_1、p_2 逐渐降低，但在 p_2 降至 p_a 之前，此过程将一直处于超临界流状态；

2）临界流：随着超临界流的进行，p_0、p_1、p_2 均逐步减小，当 $p_2=p_a$ 时，超临界流结束，此时为临界流状态，放空管线出口处的气体流速为临界流速($M_{ach2}=1$)；

3）亚音速流：当放空过程越过临界流继续泄压时，将进入亚音速流状态。p_1 继续降低，出口截面压力 p_2 始终等于 p_a，出口流速逐渐减小($M_{ach2}<1$)，瞬时放空量也随之降低，在干线管存压力 p_0 下降至 p_a 前，该流态将持续保持，直至 $p_a=p_0=p_1=p_2$，放空作业结束。

2 天然气放空系统理论研究

2.1 放空系统基本方程推导

质量、能量及动量守恒基本控制方程组[3]：

$$\begin{cases} m=\rho_1 V_1=\rho_2 V_2=const \\ i_1+V_1^2/2=i_2+V_2^2/2=i_0 \\ \partial p/\rho+V\partial V+fV^2\partial x/(2d)=0 \end{cases} \tag{1}$$

其它所需基础方程组：

$$\begin{cases} \rho=pM/(RT) \\ i=C_pT \\ C_p=R\gamma/(\gamma-1) \\ V=aM_{ach} \\ a=(\gamma RT/M)0.5 \end{cases} \tag{2}$$

由方程组(2)与质量守恒方程可得下述关联式(3)：

$$\begin{cases} p_1/p_2=M_{ach2}T_1^{0.5}/(M_{ach1}T_2^{0.5}) \\ \rho V=pM/(RT)M_{ach}(\gamma RT/M)^{0.5}=const \end{cases} \tag{3}$$

由方程组(2)与能量守恒方程可得下述方程式：

$$T_1/T_2=[1+(\gamma-1)M_{ach2}^2/2]/[1+(\gamma-1)M_{ach1}^2/2] \tag{4}$$

由方程式(4)与关联式(3)可求得：马赫数与压力的计算式：

$$p_1/p_2=(M_{ach2}/M_{ach1})\times\{[1+0.5(\gamma-1)M_{ach2}^2]/[1+0.5(\gamma-1)M_{ach1}^2]\}^{0.5} \tag{5}$$

由方程组(2)与动量守恒方程可得下述方程式：

$$\partial p/p+0.5\gamma\partial M_{ach}^2+0.5\gamma M_{ach}^2\partial T/T+0.5\gamma M_{ach}^2 f\partial x/d=0 \tag{6}$$

由关系式(3)与计算式(5)积分并将结果代入方程式(6)，可推导出下式：

$$\begin{aligned} f\partial x/d=&0.5(\gamma+1)/\gamma\partial[1+0.5(\gamma-1)M_{ach}^2]/[1+0.5(\gamma-1)M_{ach}^2] \\ &-0.5(\gamma+1)/\gamma\partial M_{ach}^2/M_{ach}^2+2/\gamma\partial M_{ach}/M_{ach}^3 \end{aligned} \tag{7}$$

由摩阻系数计算式(8)可知：管路中摩阻系数由雷诺数 Re 及管内壁粗糙度 μ。放空管线中因泄压高流速使得 Re 非常大，即其对摩阻系数影响很小，为此可忽略 Re 影响，摩阻系数仅受 μ 决定：

$$\frac{1}{\sqrt{f}}=-2.011g\left(\frac{k}{3.71d}+\frac{2.51}{\mathrm{Re}\sqrt{f}}\right)\Rightarrow f=\frac{1}{\left[2.011g\left(\frac{k}{3.71d}\right)\right]^{2}} \tag{8}$$

故对方程式(7)沿放空管长度L积分，求解可得：

$$fL/d=0.5(\gamma+1)/\gamma\ln\{M_{ach1}^{2}/M_{ach1}^{1}\times[1+0.5(\gamma-1)M_{ach2}^{2}]/[1+0.5(\gamma-1)M_{ach1}^{2}]\}+(1/M_{ach1}^{2}-1/M_{ach2}^{2})/\gamma \tag{9}$$

气体从输气干线通过圆形扩孔进入放空管线（$p_0T_0\Rightarrow p_1T_1$）入口截面的热力过程，为一个典型的等熵热膨胀过程，故由热力学基本公式可得如下关系式：

$$\begin{cases}\frac{p_0}{p_1}=[^{1}+0.5(\gamma-1)]\frac{\gamma}{\gamma-1}\\ \frac{T_0}{T_1}=\left(\frac{p_0}{p_1}\right)\frac{\gamma-1}{\gamma}=1+0.5(\gamma-1)M_{ach1}^{2}\end{cases} \tag{10}$$

其中方程式(9)为有摩擦绝热一维流动Fano方程，将以上10个式子作为输气干线及站场放空作业的水力计算方程组[4]。

2.2 基于C语言的计算程序编制

（1）放空管线系统的基础数据

方程式(7)中的 fL/d 为阻力项[5]，包括以下三部分：

$$\sum f\frac{L}{d}=\left(f\frac{L}{d}\right)_{\text{入口}}+\left(f\frac{L}{d}\right)_{\text{放空管段}}+\left(f\frac{L}{d}\right)_{\text{出口}} \tag{11}$$

（2）超临界流初始时刻瞬时放空量

此阶段气体等熵指数 $C_p/C_v=1.3$，临界流速 $M_{ach2}=1$，由上式可将方程式(7)转化为 M_{ach1} 迭代算式[6]：

$$const=\frac{1.3+1}{2\times1.3}\ln\left\{M_{ach1}^{2}\times\frac{[1+0.5(1.3-1)]}{[1+0.5(1.3-1)M_{ach1}^{2}]}\right\}+\frac{1}{1.3}\left(\frac{1}{M_{ach1}^{2}}-1\right) \tag{12}$$

将求解所得 M_{ach1} 代入式(5)以及式(10)压力方程，可求解 p_1、p_2。将 p_1 及 M_{ach1} 代入式(10)温度方程，可求解 T_1，再将 T_1、M_{ach1} 及 M_{ach2} 代入式(4)，可求解 T_2。由此可根据下式计算求解超临界流的初始瞬时放空量：

$$W=\frac{\pi d^{2}}{4}M_{ach1}p_1\left(\frac{\gamma M}{RT_1Z_1}\right)^{0.5} \tag{13}$$

（3）临界流时刻瞬时放空量

临界流状态时 $p_2=p_a$，$M_{ach2}=1$，由式(12)可知：M_{ach1} 求解值不变，代入式(5)可得 p_1，再代入式(10)压力方程，可得临界流时刻管存压力值 p_0，由式(10)温度方程可知 T_1 求解值不变。将 M_{ach1}、M_{ach2} 及 T_1 代入式(4)可得 T_2，再同理利用式(13)求解临界流时刻瞬时放空量。

（4）亚音速流瞬时放空量

亚音速流状态时 $p_2=p_a$。根据临界流状态求解的管存压力值 p_0，采用压力等分递减求解计算法。取合适的等分压差 Δp_0 计算下一时刻 p_0，代入式(10)压力方程，求解 p_1，此时因式(12)存在 M_{ach1}、M_{ach2} 两个未知量，先假设 $M_{ach2}=1$，迭代求解 M_{ach1}，再将式(9)转化为求解 M_{ach2} 迭代计算式，求解 M_{ach2}。重复上述求解过程，直至迭代计算 M_{ach1}、M_{ach2} 稳定收敛。再代入式(10)温度方程求解 T_1，由式(4)求解 T_2、由式(13)求解任何剩余管存压力值所对应的瞬时放空量。

(5) 放空作业的累计放空时长

累计放空时间是天然气放空作业最为关注的因素，仅由上述方法及关联方程式无法求得累计放空时间，在此引入一个经典基本数值积分法—“梯形法”。将初始管存压力 p_0 以某一微小压力递减值进行等分：

$$\underbrace{p_0、p_0-\Delta p、p_0-2\Delta p、\cdots\cdots p_0-(n-1)\Delta p、p_a}_{n\text{个等分区间}} \tag{14}$$

首先求解上述每个压力等分递减值 p_{0i} 所对应的瞬时放空量 W_i，结合气体状态方程及干线标准管存体积计算式，通过式(15)计算各时刻管存储气量 q_i，由于微小压力递减值非常小，每个计算区间可看成匀速放空过程，由此可求解各个压力区间段的等效放空时间 t_i，再将 t_i 求和即可求得累计放空时间 T。

$$\begin{cases} q_i = \dfrac{p_0 M}{RT_0 Z_0} \times \dfrac{\pi d^2}{4} L_{\text{干线管长}} \\ t_i = \dfrac{q_{i-1} - q_i}{(W_{i-1} - W_i)/2} \\ T = \sum\limits_{i=0}^{n} t_i \end{cases} \tag{15}$$

(6) 放空管线等效管径的反推计算

上述推导了放空系统的水力计算详细计算步骤。在现场放空作业过程中，由已知的总累计放空时间可以反推计算求得现场在不同阀门开度时所对应的等效放空管径，结合等效放空管径的历史计算数据，可通过此计算程序提前预估现场某放空作业所需要的放空时间，由此更好的运用于现场工程实际。

3 输气干线及站场放空作业过程水力计算分析

3.1 计算程序有效性检验

选取中乌天然气管道 GCS 站 Solar 机组停机放空作业为例，对比放空历史数据与程序的计算结果，分析此计算程序的准确性。GCS 站 Solar 机组的进出口管线管径规格为 Φ508×14.3mm，放空管段等效管容为 14.4m^3(包括：实际进出口管长；阀门、弯头及三通的等效长度)，放空管线管径规格为 Φ60.3×4.8mm(流程见图 2)，当日放空气量记录见表 1，放空作业过程的管存压力变化见图 3。

表 1　中乌天然气管道 GCS 站某日保压停机后的放空气量表

放空类型	放空起止时间	放空段管容	初始压力/温度	结束压力/温度	放空气量
压缩机放空	15：22-15：33	14.4 m^3	4.29MPa / 45.5℃	0.10MPa / 20℃	577m^3

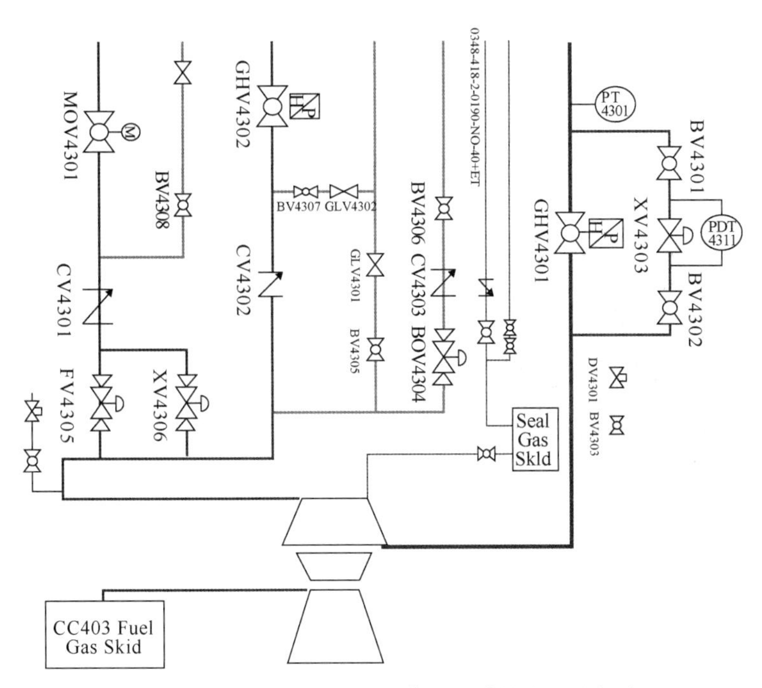

图 2　GCS 站压缩机组放空作业区域的流程示意图

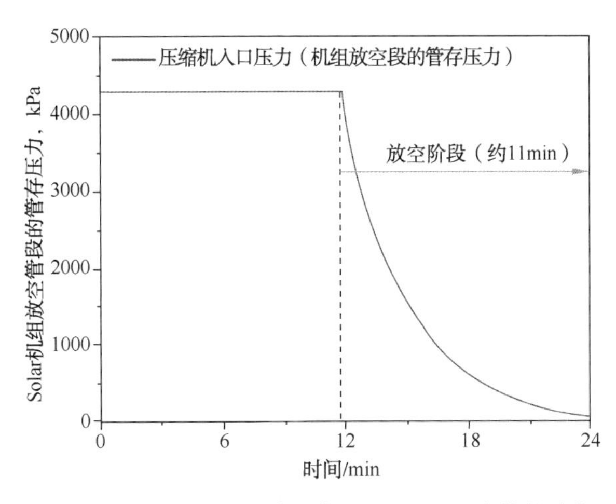

图 3　GCS 站压缩机组放空作业 SCADA 历史数据采集

为检验此计算程序的可靠性，建立 GCS 站压缩机组放空系统算例模型，程序可求得放空系统各时刻气源压力值所对应的瞬时放空量、累计放空时间及单位质量流率、进出口截面的压力及温度值、各时刻管段储气量(见图 4)。结果表明：1)累计放空时间随管存压力值的降低逐渐增大，放空时间的增长速率也逐渐增大，且在亚音速流区域呈现出急速增长(见图 5)；2)在雍塞流状态下压降速度快，压降变化值占到总放空过程的 80%左右，且持续时间较短(约为 40%)，瞬时放空量大，会使得放空管路出口处急剧降温；亚音速流状态下压降速度缓慢，压降变化值仅占到总放空过程的 20%左右，但持续时间却大于雍塞流状态(约为 60%)，放空完成时刻系统各压力值与大气压 P_a 一致。

对比 C 语言程序计算结果与 GCS 站现场历史数据(见图 6)可知：两者的总放空时长分

别为 10. 3min、11min，误差在可接受范围之内；在机组放空作业过程中，各放空时刻两者所对应的剩余管存压力值吻合度较高，即：在壅塞流、临界流及亚音速流三种流态中，两者流动过程基本一致；综上所述：此 C 语言计算程序具备较好的计算精度，可借此程序开展相关放空作业计算研究。

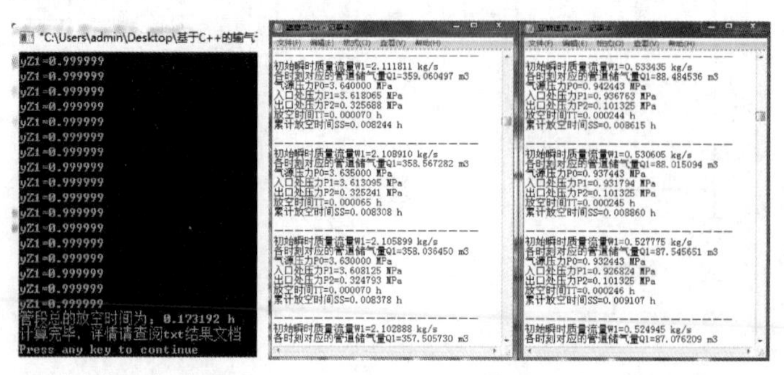

(a) 放空作业总时长显示　　(b) 放空过程各计算参数瞬时值

图 4　程序部分计算结果示意

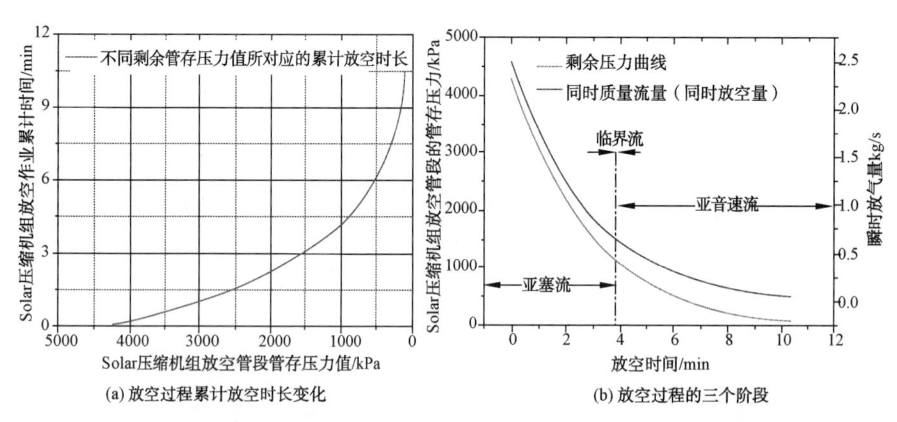

(a) 放空过程累计放空时长变化　　(b) 放空过程的三个阶段

图 5　程序计算结果分析

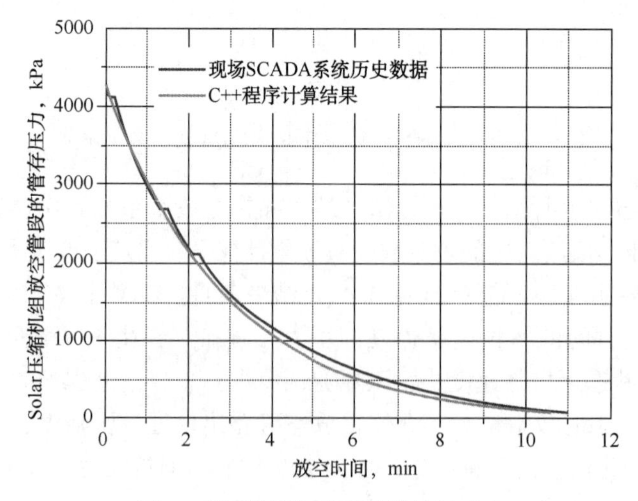

图 6　现场数据与程序计算结果对比

3.2 放空系统影响因素分析

3.2.1 不同放空管线的长度

放空系统基本参数见表 2，选取放空管线分别为 100m、200m、300m、400m、500m 长度的五种放空工况，借助此计算程序，分析放空管线长度对放空作业的影响。

表 2 放空系统的基本数据

输气干线			放空管路		天然气参数	
规格	管长	压力	规格	绝对粗糙度	相对密度	初始温度
Φ457×9*mm*	24km	6. 5MPa	Φ159×7*mm*	50μm	0. 6	20℃

计算表明：放空管线越长，放空系统所需时间越长，且其瞬时放空量越小，放空管长为 100m 时，其累计放空时间为 4 h，初始瞬时放空量为 61kg/s，放空管长为 500m 时，其累计放空时间为 6. 7h，初始瞬时放空量为 37kg/s，两参数的变化幅度均接近两倍。相同管存压力条件下，放空管越长超临界流占累计放空时间的比例越小，亚音速流则相反，总体放空过程较为平缓(图 7)。故在放空现场，放空管过长会使得累计放空时间超过规定允许最长放空时间；放空管过短会使得瞬时放空量过大，一旦点火可能会导致热负荷过大，造成人员伤害，而且出口温度会过低，对放空管材也是一个考验。所以应综合考虑管长对放空系统的影响，之后确定放空管路长度。

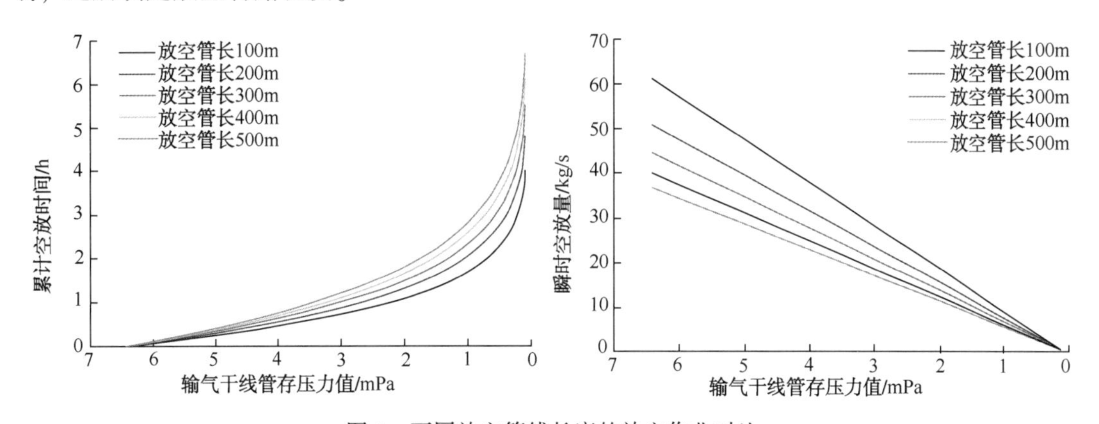

图 7 不同放空管线长度的放空作业对比

3.2.2 放空管路管径

放空系统基本参数见表 2，选取放空管线规格分别为 Φ159×7mm、Φ168. 3×7. 1mm、Φ219. 1×7. 9mm、Φ273. 1×8. 7mm 的四种放空工况，借助此计算程序，分析放空管线管径对放空作业的影响。

计算表明：放空管径越大，累计放空时间越短，其瞬时放空量越大，放空管径为 Φ159×7mm 时，其累计放空时间为 4. 8h，初始瞬时放空量为 51kg/s，放空管径为 Φ273. 1×8. 7mm 时，其累计放空时间为 1. 2h，初始瞬时放空量为 207kg/s，变化幅度均为 4 倍，比放空管线长度的影响更大(图 8)。放空管径越大，超临界流占累计放空时间的比例越大，亚音速流则相反，故其总体放空过程更为剧烈。故应结合放空管长，综合考虑管径对放空系统的影响，之后确定放空管路规格。

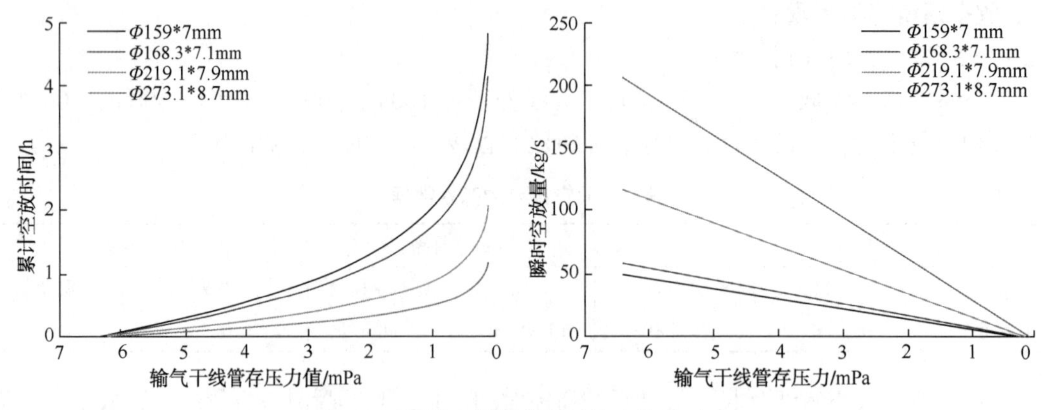

图 8　不同放空管线管径的放空作业对比

3.3　基于中乌天然气管道大型放空作业的水力计算分析

3.3.1　中乌管道 C 线 41km 缺陷处换管作业中 3#-4#阀室间的管段放空

在输气干线管道上进行高压放空作业时，为了避免在放空初始时段(壅塞流)因瞬时放空量过大造成的阀门及管线的大幅振动，同时为了减小放空噪音，现场操作人员将实时调节放空管线上截止阀的开度，期间阀门开度将逐渐增大，直至全开，以此保证整个放空作业过程的安全、平稳。选取中乌管道 C 线 41km 缺陷处换管作业中 3#-4#阀室间的管段放空为例(见图 9)。放空管线的管径规格为 Φ323. 9×11. 1mm，当日的放空气量表见表 3，放空作业过程中的管存压力变化见图 10。

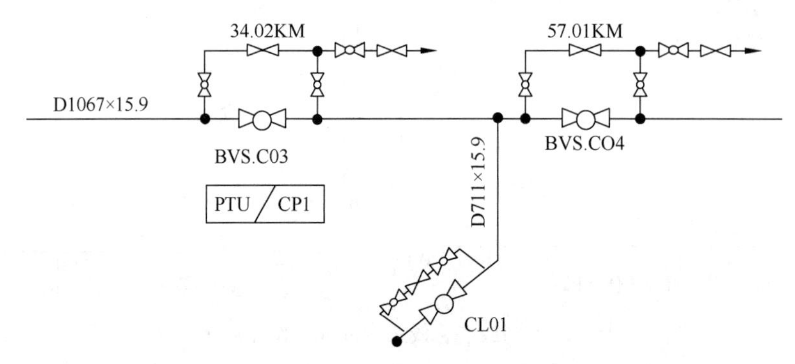

图 9　中乌管道 C 线 41km 处换管作业中 3#-4#阀室间的管段示意

表 3　中乌管道 C 线 41km 处换管作业的放空气量表

放空类型	放空起止时间	放空段管容	初始压力/温度	结束压力/温度	放空气量
施工放空	15：30-次日 02：55	19340 m^3	5. 94MPa/23. 8℃	0. 10MPa/-	1245918m^3

由上图可知：因现场放空截止阀的实时调整，整个放空过程的放空管段管存压力值基本呈线性递减变化趋势，期间各时刻的气体瞬时放空量均较为稳定，对管线及阀门的冲击整个放空作业较为平稳，而不再是某一个固定阀门开度下所呈现出的壅塞流—临界流—亚音速流典型变化趋势(见 3. 1)。

考虑到现场放空阀门开度调节的不确定性，将现场的阀门调节过程看成一个整体，用某一个等效管径的放空管线在阀门全开时的放空作业来等效描述现场作业过程，其中等效的参

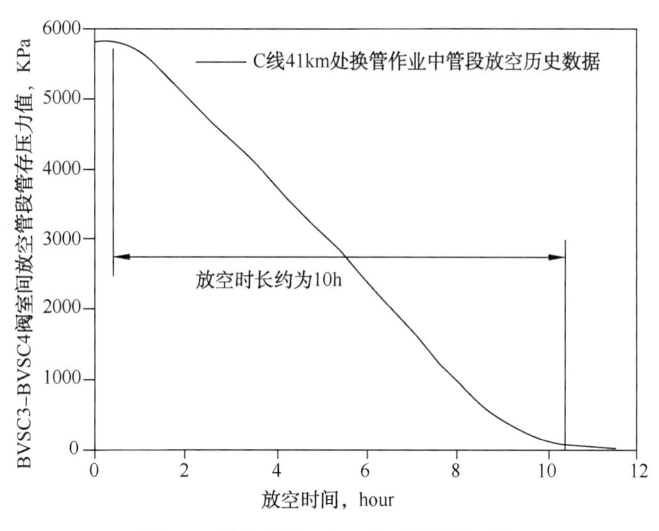

图 10　放空作业过程的历史数据采集

考变量为总放空时长(即保证两者的累计放空时间相同)。结合 2.6 小结所述内容，通过上述编制的 C 语言计算程序量化计算现场整个放空作业过程的等效放空管线，并对比等效放空管线与原放空管线的占比关系。计算结果由图 11 所示：1)现场的实际放空管线的管径规格为 Φ323.9×11.1mm，若在初始时刻即全开放空阀则放空作业仅需约 3 小时即可完成(见图中蓝色曲线所示)；2)在计算程序中，通过改变放空管线的管径，当放空管线的管径减小至 Φ190 mm 时，放空作业的总放空时间与实际放空时长基本一致，约为 10 小时，即此工况下，实际放空作业的等效放空管线规格为 Φ190 mm，占实际放空管线的比重为 58.8%。

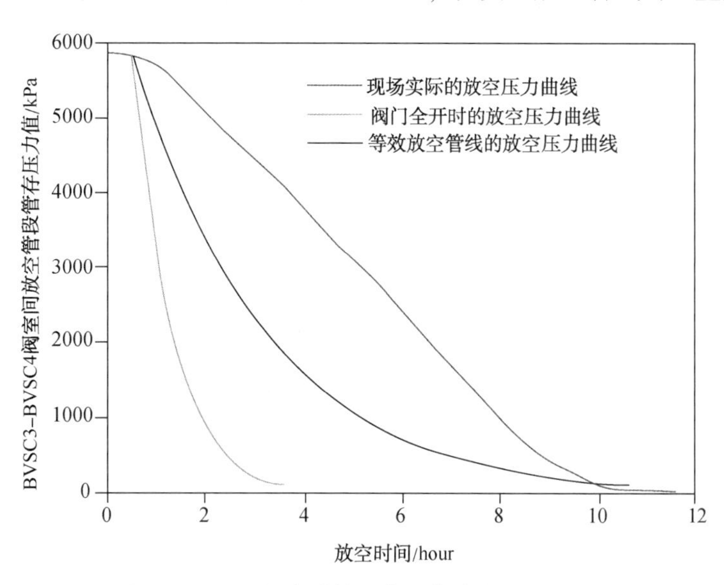

图 11　基于 C 语言计算程序的等效放空作业计算

3.3.2　中乌管道 C 线铁路穿越换管作业中 12#-13#阀室间的管段放空

为了进一步探究输气干线管道放空作业的等效放空管线问题，继续选取了中乌管道 C 线铁路穿越换管作业中 12#-13#阀室间的管段放空为例(见图 12)。放空管线的管径规格为

Φ406. 4×9. 5mm，当日的放空气量表见表 4，放空作业过程中的管存压力变化见图 13。

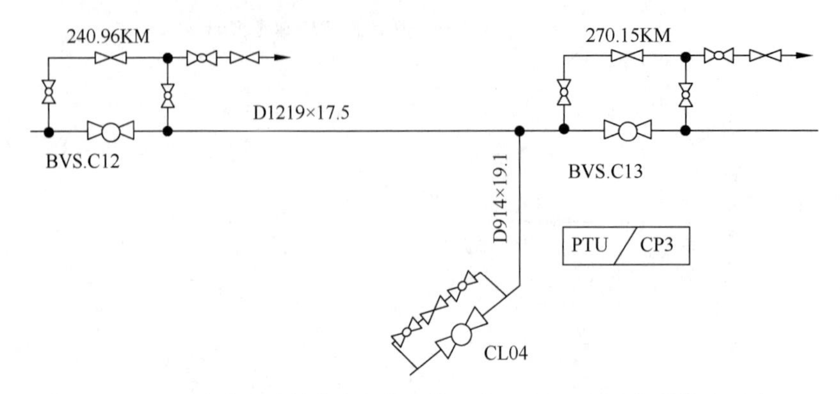

图 12　中乌管道 C 线铁路穿越换管作业中 12#-13#阀室间的管段示意

表 4　中乌管道 C 线铁路穿越换管作业的放空气量表

放空类型	放空起止时间	放空段管容	初始压力/温度	结束压力/温度	放空气量
施工放空	23：50-次日 08：55	32122 m^3	5. 69MPa/26. 56℃	0. 10MPa/-	1935740m^3

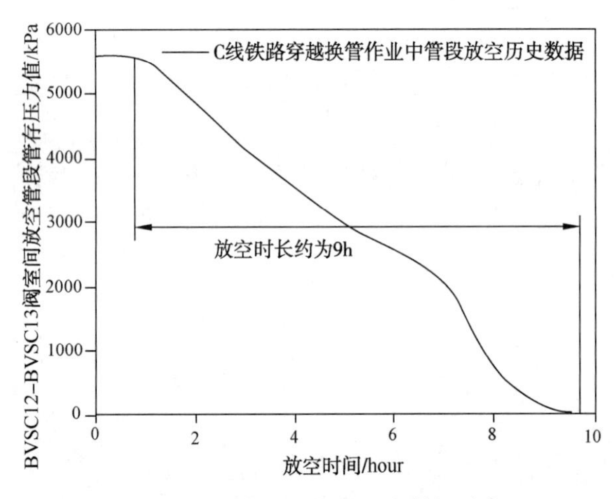

图 13　放空作业过程的历史数据采集

同理通过编制的程序量化计算现场整个放空过程的等效放空管线，并对比等效放空管线与原放空管线的占比关系。计算结果由图 14 所示：①现场的实际放空管线的管径规格为 Φ406. 4×9. 5mm，若在初始时刻即全开放空阀则放空作业仅需约 3 小时即可完成(见图中蓝色曲线所示)；②在计算程序中，通过改变放空管线的管径，当放空管线的管径减小至 Φ235 mm 时，放空作业的总放空时间与实际放空时长基本一致，约 9 小时，此时实际放空作业的等效放空管线规格为 Φ235 mm，占实际放空管线的比重为 57. 9%。

3. 3. 3　中乌管道 A 线铁路穿越换管作业中 7B#-8#阀室间的管段放空

由(1)、(2)可知，两者的等效放空管线与实际放空管线的管径占比分别为：58. 8%、57. 9%，为此猜测现场放空作业的等效放空管线的管径占比变化区间为：55%~60%，为了检验此猜测的合理性，选取中乌管道 A 线铁路穿越换管作业中 7B#-8#阀室间的管段放空为例(见图 15)，通过计算程序，分别计算等效放空管线管径占比为 55%及 60%时所对应的总

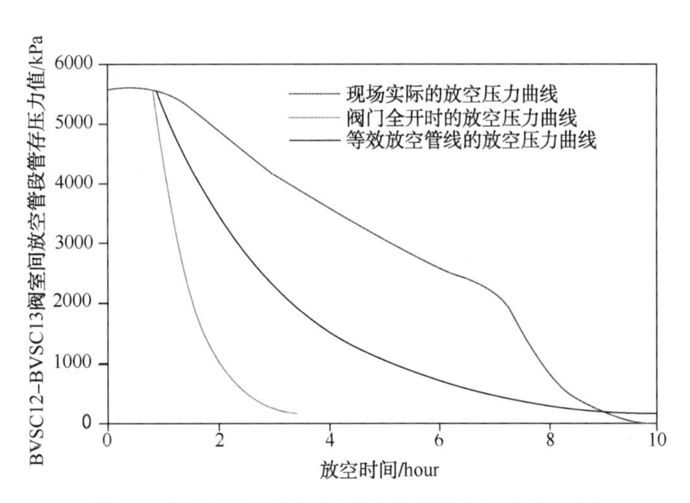

图 14　基于 15 语言计算程序的等效放空作业计算

放空时长，并对比现场实际的放空时长，由此论证此猜想的合理性。本算例的放空管线管径规格为 Φ323. 9×11. 1mm，当日的放空气量表见表 5，现场的总放空时长约为 7. 5 小时，经程序计算：等效放空管线管径占比为 55%及 60%时所对应的总放空时长分别为：7. 66 小时、6. 10 小时(见图 16)，即实际放空时长落在此计算区间内。故上述计算分析表明：现场实际放空作业的总放空时长，可以通过计算等效放空管线管径占比为 55%及 60%时所对应的总放空时长进行等效估算。

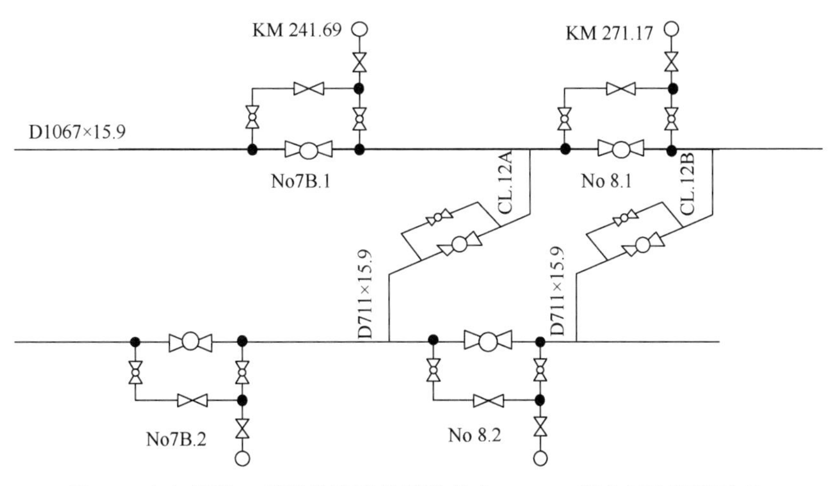

图 15　中乌管道 A 线铁路穿越换管作业中 7B#-8#阀室间的管段示意

表 5　中乌管道 A 线铁路穿越换管作业的放空气量表

放空类型	放空起止时间	放空段管容	初始压力/温度	结束压力/温度	放空气量
施工放空	09：38-17：08	24799m^3	5. 70MPa/30. 4℃	0. 10MPa/ 28. 4℃	1476743m^3

(a) 等效放空管线管径占比为55%　　(b) 等效放空管线管径占比为60%

图16　等效放空时长计算结果

4　结论

(1) 基于C语言编制的输气干线及站场放空作业计算程序，计算速度快、操作运行灵活，可量化求解放空过程中任何时刻瞬时放空量、累计放空时间、进出口截面压力/温度、剩余管存气体量。经现场历史放空数据对比分析，验证了此程序的准确性、可靠性。

(2) 经放空系统影响因素分析表明：放空管路的长度及管径是影响输气干线放空系统水力特性的主要因素，其中管径为最主要因素。故在设计放空管系统时，在某允许总放空时长条件下，应结合放空管路长度，计算分析不同管径对放空系统的影响，最终确定放空管路规格。

(3) 结合中乌天然气管道干线上的3次历史放空作业，分析了干线放空作业的特点。同时考虑到干线放空作业中放空阀门开度调节的不确定性，本文提出并论证了关于输气干线放空作业时长的一种估算方法(即：用某一个等效管径的放空管线在阀门全开时的放空作业来等效描述现场作业过程，其中等效的参考判断条件为总放空时长相同)。经计算表明：关于输气干线放空作业的总放空时长，可借助此计算程序，通过计算等效放空管线管径占比为55%~60%区间内所对应的总放空时长来进行等效估算。

(4) 针对输气干线管道的大型维抢修作业，借助此计算程序及总放空时长估算方法，可有效计算放空过程及时间，量化制定相关作业计划时间节点，以确保维抢修作业的有序推进。

(5) 下一步可借助仿真模拟软件SPS，建立1∶1的放空系统仿真计算模型，同时继续收集现场相关放空作业历史数据，进一步探讨、分析输气干线及站场的放空作业。由此为新建管道放空系统的设计提供理论依据。

参　考　文　献

[1] 李玉星，姚光镇．输气管道设计与管理[M]．山东东营：中国石油大学出版社，2009：100-151.

[2] 叶学礼．图解法求天然气瞬时放空量[J]．天然气与石油，1999，17(2)：2-4.

[3] Dejan Brkić. Iterative Methods for Looped Network Pipeline Calculation, Water Resour Manage (2011) 25: 2951-2987. DOI 10. 1007/s 11269-011-9784-3.
[4] J. IZQUIERDO, P. L. IGLESIAS. Mathematical Modelling of Hydraulic Transients in Complex Systems. Multidisciplinary Group of Fluid Modelling Polytechnic University of Valencia. 2003.
[5] 左丽丽, 刘欢, 张晓瑞. 输气管道非稳态优化运行技术研究进展[J]. 科技导报, 2014, 32(18): 1-6.
[6] 初飞雪, 吴长春. 输气管道优化运行的研究现状[J]. 油气储运, 2004, 23(11): 3-6.

微粒群进阶算法在天然气管道优化运行中的应用

林　棋[1]　向弈帆[1]　左　栋　张义勇　杨金威　刘宏刚

（中油国际管道公司　中乌天然气管道项目）

摘　要　本文将自适应动态惩罚函数引入标准微粒群算法，结合输气管道工艺计算，基于C语言编制了一种可应用于求解天然气管道优化问题的微粒群进阶算法。文中以中亚天然气管道A/B线为例，对比论证了此算法在水力热力求解上的准确性，并进一步将其应用于中亚天然气管道A/B线定流量稳态能耗优化运行研究中，实现了管道沿线压缩机组的能耗优化。同时借助微粒群进阶算法，将机组进/出口压力及末站交接压力作为边界控制条件，合理制定了该管道在不同输量台阶下的管存优化控制原则。并将目标、允许及安全管存控制区域与管道优化运行研究相结合，通过微粒群进阶算法实现了管道在较优管存控制下的优化运行。本文研究内容为长输天然气管道的能耗及管存优化运行分析提供了一种新方法。

关键词　微粒群　动态惩罚函数　优化运行　天然气管道　管存气

在长输天然气管道运行费用构成中，压气站压缩机组的自耗气成本占比高达50%以上，为此基于能耗最优的天然气管道运行优化研究显得尤为重要。同时，天然气作为一种可压缩介质，管道内的管存气量是运行管理需要掌握的一项重要指标，也是控制管道进出气体平衡的一个重要考量，其大小将直接决定管道沿线气体流速及沿程磨阻，进而影响管道优化运行方案的制定。为此在开展天然气管道优化运行研究时，需综合考虑能耗及管存控制问题。目前，动态规划(DP)、人工智能和一些梯度算法已被有效应用于天然气管道的能耗优化研究。然而这些方法的适用范围有限、计算时间也较长[1-4]。本文以收敛速度快、计算精度高的标准微粒群算法为基础，通过引入自适应动态惩罚函数克服了该算法潜在的过早收敛缺陷，基于C语言编制了一种应用于求解天然气管道优化问题的微粒群进阶算法，并以中亚天然气管道A/B线为例，论证并实现了管道在较优管存气量控制下的优化运行。

1　输气管道工艺计算

1.1　基于BWRS状态方程的气体物性参数计算

本文在计算长输天然气管道压降时所用到的天然气物性参数涉及：密度、压缩因子、定压比热、焦耳－汤姆逊效应系数[5,6]。具体求解如下所示：

1.1.1　天然气的压缩因子

根据BWRS方程求解天然气压缩因子：

$$Z=1+\left(B-\frac{A}{RT}-\frac{C}{RT^3}+\frac{D}{RT}+\frac{E}{RT}\right)\rho+\left(b-\frac{a}{RT}-\frac{d}{RT}\right)\rho^2+\frac{\alpha}{RT}\left(a+\frac{d}{T}\right)\rho^5+\frac{C\rho^3}{RT^3}(1+\gamma\rho^2)\,exp(-\gamma\rho^2) \quad (1)$$

1.1.2　计算天然气密度

BWRS状态方程共有11个参数，采用正割法(Secant Method)迭代求解。将BWRS方程改写成以下函数形式：

$$F(\rho)=\rho RT+(B_0RT-A_0-\frac{C_0}{T^2}+\frac{D_0}{T^3}-\frac{E_0}{T^4})\rho^2+(bRT-a-\frac{d}{T})\rho^3+\alpha(a+\frac{d}{T})\rho^6+\frac{c\rho^3}{T^2}(1+\gamma\rho^2)exp(-\gamma\rho^2)-p \tag{2}$$

求解于指定 T，P，x_i 下 $F(\rho)=0$ 时的 ρ 值。正割法的迭代公式如下

$$\rho_{k+1}=\frac{\rho_{k-1}F(\rho_k)-\rho_kF(\rho_{k-1})}{F(\rho_k)-F(\rho_{k-1})} \tag{3}$$

式中下标 k 表示迭代序号。应用正割法时需设两点密度初值，一般在求气相密度 ρ 时可设 $\rho_1=0.0$，$\rho_2=\frac{P}{RT}$. 迭代计算当 $|\rho_{k+1}-\rho_k|\leq\varepsilon_\rho$ 时停止。本文在计算过程中将收敛指数 ε_ρ 定为 $\varepsilon_\rho=10^{-4}$。

1.1.3　计算气体的定压比热

对于气体，通常要研究两种情况：一种是在定压下的温度变化；另一种是在定容下的温度变化。据此定义了定压比热容 C_p 和定容比热容 C_v 两种不同的比热容[7]。本文建立的压降计算模型中出现了天然气的物性参数定压比热容，对其求解的方法是利用 BWRS 方程编写程序实现，具体算法如下：

对于理想气体，定压比热容与定容比热的差值等于气体常数 R，

$$C_p-C_v=R \tag{4}$$

低压时可将实际气体看作理想气体：

$$C_p^0-C_v^0=R \tag{5}$$

实际气体混合物在低压下的比定压热容为：

$$C_p^0=\sum y_iC_{pi}^0 \tag{6}$$

式中　C_p^0——气体混合物在低压下的比定压热容，单位 J/(mol·K)；

y_i——组分 i 的摩尔分数；

C_{pi}^0——组分 i 在低压下的比定压热容，J/(mol·K)。

低压下也可用如下的拟合方程求解：

$$C_p^0=B+2CT+3DT^2+4ET^3+5FT^4 \tag{7}$$

式中　T——气体温度，K；

B、C、D、E、F——常数。本文采用拟合方程(7)计算各纯组分的定压比热，再用式(6)计算混合物的定压比热。

高压下气体的比定压热容和比定容热容与理想气体的差值很大。高压下的定容比热为：

$$C_v=C_v^0+\int_0^\rho-\frac{T}{\rho^2}(\frac{\partial^2P}{\partial T^2})\mathrm{d}\rho \tag{8}$$

代入 BWRS 方程得：

$$C_v=C_v^0+(\frac{6C_0}{T^3}-\frac{12D_0}{T^4}+\frac{20E_0}{T^5})\rho+\frac{d}{T^2}\rho^2-\frac{2\alpha d}{5T^2}\rho^5+\frac{3c}{\gamma T^3}\cdot[(\gamma\rho^2+2)exp(-\gamma\rho^2)-2] \tag{9}$$

这样通过式(7)计算出每个纯组分低压下的定压比热，再由式(6)求得混合组分低压下的定压比热，通过(5)便可求得低压下的定容比热 C_v^0，将其代入式(11)即可最终求得高压下的混合组分定容比热 C_v。

组分的定压热容和定容热容在高压下之差为：

$$C_p - C_v = \frac{T}{\rho^2} \cdot \frac{\left(\frac{\partial P}{\partial T}\right)_\rho^2}{\left(\frac{\partial P}{\partial \rho}\right)_T} \tag{10}$$

代入 BWRS 状态方程得：

$$\begin{cases} \left(\frac{\partial P}{\partial T}\right)_\rho = \rho R + (B_0 R + \frac{2C_0}{T^3} - \frac{3D_0}{T^4} + \frac{4E_0}{T^5})\rho^2 + (bR + \frac{d}{T^2})\rho^3 - \frac{\alpha d}{T^2}\rho^6 - \frac{2c\rho^6}{T^3}(\gamma\rho^2 + 1)\,exp(-\gamma\rho^2) \\ \left(\frac{\partial P}{\partial \rho}\right)_T = RT + 2(B_0 RT - A_0 - \frac{C_0}{T^2} + \frac{D_0}{T^3} - \frac{E_0}{T^4})\rho + 3(bRT - a - \frac{d}{T})\rho^2 + 6\alpha(a + \frac{d}{T})\rho^5 + \frac{3c\rho^2}{T^2}\left(1 + \gamma\rho^2 - \frac{2}{3}\gamma^2\rho^4\right) exp(-\gamma\rho^2) \end{cases} \tag{11}$$

将前面求得的高压下混合组分定容比热 C_v、(11)代入式(10)即可求得高压下混合气体的定压比热 C_p。

1.1.4　计算焦耳-汤姆逊效应系数

气体在管道内流动过程中，当流经突然缩小的断面时会产生强烈涡流，造成压力下降，这种现象称为节流。节流后气体温度下降称为节流正效应；节流后气体温度上升称为节流负效应。节流效应又称焦耳-汤姆逊效应[8]。温度降幅与压力降幅的比值称为焦耳-汤姆逊效应系数，利用下式可求解计算该系数：

$$\begin{cases} D_i = \lim\limits_{\Delta P \to 0}\left(\frac{\Delta T}{\Delta P}\right)_H = \left(\frac{\partial T}{\partial P}\right)_H \\ D_i = \frac{1}{C_P}\left[\frac{T}{\rho^2} \cdot \frac{\left(\frac{\partial P}{\partial T}\right)_\rho}{\left(\frac{\partial P}{\partial \rho}\right)_T} - \frac{1}{\rho}\right] \end{cases} \tag{12}$$

1.2　水力计算

1.2.1　水平管的流量方程

当地形起伏高差小于 200m 时，克服高差而消耗的压力降所占比重很小，可按水平管道计算。

$$Q = C_0\sqrt{\frac{(p_Q^2 - p_z^2)D^5}{\lambda Z \Delta T L}} \tag{13}$$

式中　Q——输气管在工程标准状况下的体积流量；

P_Q——输气管计算段的起点压力，Pa；

P_Z——输气管计算段的终点压力，Pa；

D——输气管内径，m；

λ——水力摩阻系数；

Z——天然气在管输条件下的压缩因子；

Δ——天然气的相对密度；

T——输气温度，K；

L——输气管计算段长度。

1.2.2 非水平管的流量方程

当输气管线路上有高于或低于起点高程200 m以上地段时，需考虑高差地形起伏对输气管道的影响[9,10]。

$$\begin{cases} Q = C_0 \sqrt{\dfrac{[p_Q^2 - p_z^2 1 + as_z]\,D^5}{\lambda Z\Delta TL\left[1 + \dfrac{a}{2L}\sum\limits_{i=1}^{z}(s_i + s_{i-1})\,l_i\right]}} \\ P_{Z,i} = \sqrt{\dfrac{\left[P_{Q,i}^2 - \dfrac{Q_i^2\lambda_i z_i \Delta T_i L_i\left[1 + \dfrac{a}{2L_i}\sum\limits_{j=1}^{z}(s_{i,j} + s_{i,j-1})\,l_{i,j}\right]}{C_0^2 D_i^5}\right]}{1 + as_{z,i}}} \end{cases} \tag{14}$$

式中 Q_i——第i段管道内气体标准体积流量，m^3/s；

$P_{Z,i}$——第i段管道终点压力，Pa；

$P_{Q,i}$——第i段管道起点压力，Pa；

Z_i——第i段管道的平均压缩因子；

λ_i——第i段管道的摩阻系数；

Δ——天然气的相对密度；

T_i——第i段管道天然气的平均温度，K；

L_i——第i段管道的长度，m；

$l_{i,j}$——第i段管道第j段长度，m；

s——第i段管道的高程，m；

D_i——第i段管道的内径

g——重力加速度；

R——气体常数，KJ/(kmol·K)；

C_0——计算常数。

1.2.3 输气管道摩阻系数

气体管道摩阻系数在本质上与液体管道没有区别。它的值与流体状态、管内壁的粗糙度、连接方法、安装质量及气体的性质有关。世界各国提出了很多干线输气摩阻系数的专用公式。如：Weymouth公式、Panhandle公式、前苏联公式等等，每种公式都在各自的适用范围内工作，误差大小也各有不同。本文中采用柯列勃洛克(F·Colebrook)公式迭代计算摩阻系数[11]。

$$\begin{cases} \dfrac{1}{\sqrt{\lambda}} = -2\lg\left(\dfrac{Ke}{3.7D} + \dfrac{2.51}{Re\sqrt{\lambda}}\right) \\ Re = 1.536\,\dfrac{Q\Delta}{D\mu} \end{cases} \tag{15}$$

式中 D——输气管的内径，mm；

Re——雷诺数；

Ke——输气管内壁当量粗糙度，mm；

Q——输气管段内的标准体积流量，Nm^3/s；

μ——天然气的动力粘度，$N\cdot s/m^2$。

1.3 热力计算

输气管道的温度分布取决于气体运动物理条件、气体与周围介质热交换，可由下式进行计算求解：

$$\begin{cases} T=T_0+(T_Q-T_0)e^{-ax}-D_i\dfrac{p_Q-p_Z}{aL}(1-e^{-ax}) \\ a=\dfrac{K\pi D}{Mc_p} \end{cases} \tag{16}$$

式中 K——管道总传热系数，W/(m^2·K)；

D——管道外径，m；

M——天然气的质量流量，kg/s；

c_p——天然气的定压比热，J/(kg·K)。

1.4 燃气轮机驱动压缩机的能耗计算

燃气轮机驱动压缩机的耗气量可由下式求得：

$$\begin{cases} h_{ad,i}=\dfrac{k_v}{k_v-1}ZRT_{i,j}(\varepsilon^{\frac{k_v-1}{k_v}}-1) \\ W_i=\dfrac{h_{ad,i}}{\eta_c}G_i \\ q_i=\dfrac{W_i}{\eta_t H_{gas}} \end{cases} \tag{17}$$

$h_{ad,i}$——第 i 站的绝热压头，$J \cdot K^{-1}$；

k_v——容积绝热指数，$k_v=1.4$；

R——取 478.48J·$(kg \cdot K)^{-1}$；

$T_{i,j}$——第 i 站进站天然气温度，K；

W_i——第 i 站的压缩机总功率，W；

η_c——压缩机效率；

G_i——第 i 站的质量流量 kg·s^{-1}；

q_i——第 i 站燃气轮机耗气量，$m^3 \cdot s^{-1}$；

η_t——燃气轮机效率，取 30%；

H_{gas}——天然气热值。

2 微粒群进阶算法

2.1 微粒群算法

标准微粒群算法是一种进化计算技术。在微粒群算法中系统初始化为一组随机解，通过迭代搜寻最优值。目前已被广泛应用于函数优化，神经网络训练，模糊系统控制及其它遗传算法的应用领域[12]。

2.1.1 算法原理

微粒群算法将根据对环境的适应度将群体中的个体移至较优区域，将每个个体看作是 D 维搜索空间中的一个没有体积的微粒，在搜索空间中以一定的速度飞行，这个速度将根据它本身及相邻微粒的飞行经验进行动态调整。将第 i 个微粒表示为 $X_i=(x_{i1}, x_{i2}, \cdots, x_{iD})$，它经历过的最好位置记为 $P_i=(p_{i1}, p_{i12}, \cdots, p_{iD})$，也称为 pbest。在群体所有微粒经历过的最好位置的索引号用符号 g 表示，即 Pg，也称为 gbest。

微粒 i 的速度用 $V_i=(v_{i1}, v_{i2}, \cdots, v_{iD})$ 表示，它的第 d 维$(1\leqslant d\leqslant D)$根据如下方程进行变化：

$$\begin{cases} V_{id}=\omega * v_{id}+c_1 * rand() * (p_{id}-x_{id})+c_2 * Rand() * (Pg_d-x_{id}) \\ x_{id}=x_{id}+v_{id} \end{cases} \tag{18}$$

式中　w 为惯性权重(inertia weight)，c_1 和 c_2 为加速常数(acceleration constants)，rand()和 Rand()为两个在[0, 1]范围里变化的随机值。此外，速度 V_i 被最大速度 V_{max} 所限制。如果当前对微粒的加速导致它的在某维的速度 v_{id} 超过该维的最大速度 $v_{max,d}$，则该维的速度被限制为该维最大速度 $v_{max,d}$。

标准微粒群算法的程序框图如下：

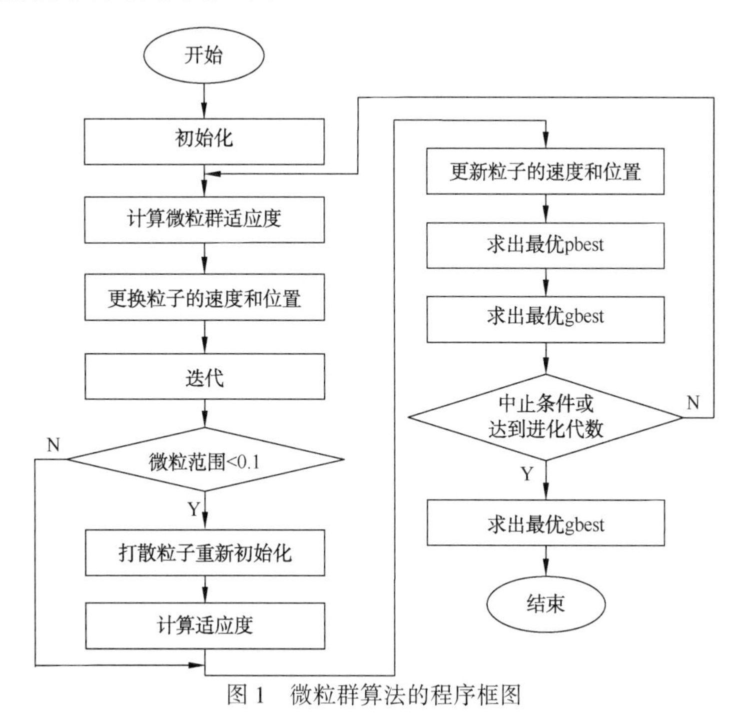

图 1　微粒群算法的程序框图

2.1.2　微粒群算法的演化计算特点

大多数演化计算技术都是用的同样过程：(1) 种群随机初始化；(2) 对种群内的每个个体计算 fitness value，该值与最优解的距离直接有关；(3) 种群根据 fitness value 进行复制；(4) 若满足终止条件则停止，否则转至步骤(2)。从上述步骤可知：微粒群算法与遗传算法有很多共同之处，两者都随机初始化种群，而且都使用 fitness value 来评价系统及进行随机搜索。两种算法都不保证一定找到最优解，但是微粒群算法没有遗传操作，而是根据自己速度来决定搜索。在遗传算法中，染色体是信息相互共享，整个种群是较均匀的向最优区域移动；在微粒群算法中，只有 gbest/pbest 将信息赋予其它粒子，为单向信息流动，整个搜索更新过程是紧随当前最优解，为此在多数情况下所有粒子可能更快的收敛于最优解[13]。

2.1.3　微粒群算法参数设置

微粒群算法解决优化问题的两个重要步骤是：问题解的编码、适应度函数。微粒群算法的一个优势就是采用实数编码，由此可利用前面的过程去寻优。寻优过程是一个迭代过程，中止条件一般设置为达到最大循环数或者最小错误。其相关参数包括：群体规模 m，惯性权重 w，加速常数 c_1 和 c_2，最大速度 V_{max}，最大代数 T_{max}。最大速度 V_{max} 决定当前位置与最好位置之间区域的精度，如果 V_{max} 太大，微粒可能会飞过最优解，如果 V_{max} 太小，微粒不能进行足够探索，导致陷入局部优值。惯性权重 w 使微粒保持运动惯性，使其具备扩展搜索区域的能力。加速常数 c_1 和 c_2 代表将每个微粒推向 pbest 和 gbest 位置的统计加速项的权重。

2.2 微粒群进阶算法

2.2.1 动态惩罚函数法

最优化问题一般包括等式约束条件和不等式约束条件，常采用罚函数法来处理。罚函数法的基本思路是将约束条件变成目标函数中的一个惩罚项，惩罚那些不在可行域中的点。把惩罚项引入原来的目标函数而形成一个新的函数，将原来有约束最优化问题的求解转化成一系列无约束最优化问题的求解。合适选取罚因子的大小比较困难，取值过大将陷入局部最优，取值过小将导致算法很难收敛至满意最优解。因此，合理选取罚因子数值将直接影响算法的收敛速度。本文采用了动态调整罚函数，根据等式约束和不等式约束在计算过程中越界量的大小，动态调整罚函数，而不是将罚因子设为常数。首先将越界不等式约束以惩罚项的形式附加在原来目标函数 f(x) 上，从而构成一个新的目标函数 F(x)。

$$\begin{cases} F(x)=f(x)+\varphi(k)H(x) \\ H(x)=\sum_{i=1}^{m}\varphi(q_i(x)) \\ q_i(x)=max\{0,|g_i(x)|\},\ (i=1,\ 2,\ \cdots,\ m) \end{cases} \tag{19}$$

式中 $f(x)$——原优化问题的目标函数；

k——当前的迭代次数；

$\varphi(k)$——k 的函数；

$H(x)$——惩罚项；

m——不等式约束个数；

$q_i(x)$——约束条件的越界函数；

$\varphi(q_i(x))$——$q_i(x)$的函数。

2.2.2 自适应性

惯性权重 w 是用来控制历史速度对当前速度的影响程度，平衡微粒群算法的全局搜索能力和局部搜索能力。它的选取对收敛性有很大影响。若 w 较大，会加速算法对新区域的搜索能力，但是，w 过大也会导致微粒群爆炸现象；若 w 较小，则会增强算法对当前区域的搜索能力。适当的 w 值可使算法在全局搜索能力和局部搜索能力两者间取得平衡，使得算法效果更优。本文采用了一种自适应性的观想权重策略来动态地调整 ω 值。如果粒子远离全局最佳值，权重将会自动增加。否则，权重会减少。这种自适应性的调整方法使得微粒群算法在粒子远离全局最优解时，有更好的全局搜索能力。这个方法在粒子到全局最佳粒子距离的基础上自适应性的调整惯性权重。由下式表述：

$$\begin{cases} w^{k+1}=w^{k}\left(1-\dfrac{dist_i}{dist_{max}}\right) \\ dist_i=\left(\sum_{d=1}^{D}(gbest_d-x_{i,d})^2\right)1/2 \\ dist_{max}=\max_i(dist_i) \end{cases} \tag{20}$$

式中 w^0——从 0.5 到 1.0 之间的平均值；

$dist_i$——第 i 个粒子到全局最佳粒子的欧几里得距离(Euclidean distance)；

$dist_{max}$——粒子到全局最佳粒子的最大距离。

2.2.3 速度限制

最大最小速度可以决定当前位置与最好位置之间区域的分辨率(或精度)。同惯性权重 w 一样平衡算法的全局搜索能力和局部搜索能力。如果最大速度太高或最小速度太低，微粒可能会飞过好解；如果最大速度太小或最小速度太大，则微粒不能在局部最好区间之外进行足够的探索，导致陷入局部极值。该限制的目的主要是防止计算溢出，改善搜索效率和提高搜索精度。本文将速度限制 v_{max} 设置为每维变量的变化范围。

3 应用算例及验证

3.1 管道基础信息

选取中亚天然气管道 A/B 线某高负荷运行工况为例，对微粒群进阶算法的水力热力计算进行整体校核，检验其准确性。中亚天然气管道 A/B 线为并行敷设管道，单线全长 1833km，管道设计压力 9.81MPa，管道外径 1067mm，全线设有 8 座压气站，3 座边境计量站，23 座清管站，设计输量 $300\times10^8 Nm^3/a$。全线压气站采用燃气轮机驱动离心式压缩机组，涉及 GE、Solar 及 RR 三种机组类型，总装机功率 840MW。为了确保算法的准确性，将各站场修正后的压缩机组特性曲线导入算法模型，见图 2。

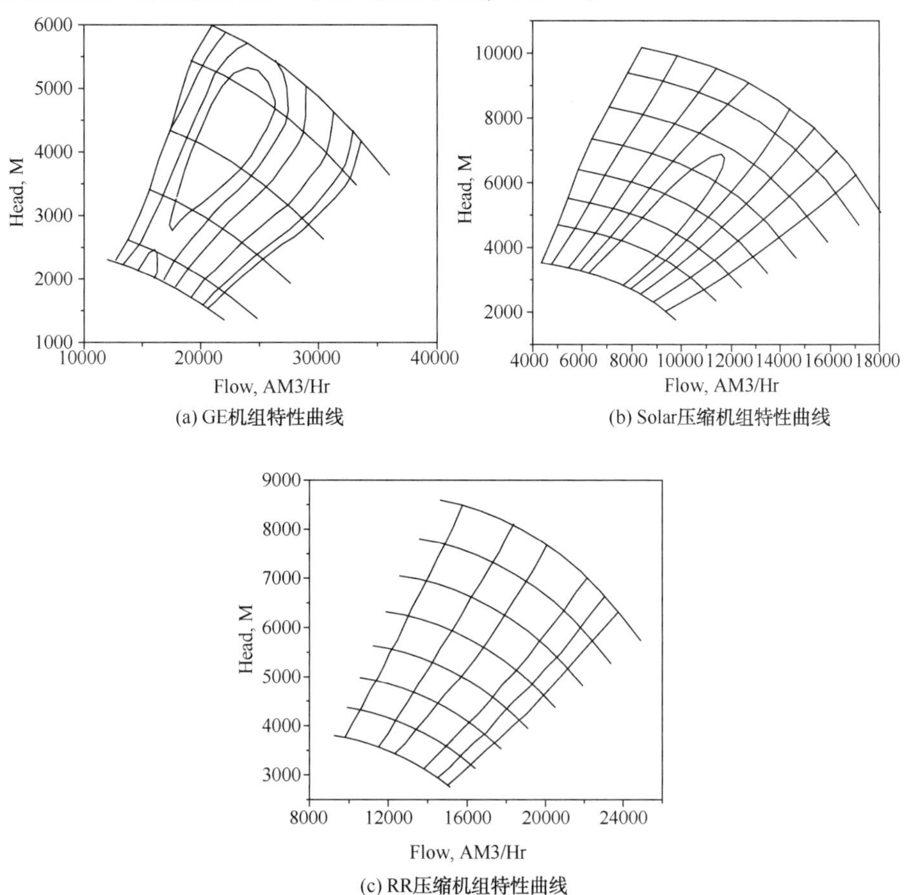

(a) GE机组特性曲线

(b) Solar压缩机组特性曲线

(c) RR压缩机组特性曲线

图 2 压缩机组特性曲线

3.2 有效性检验

边界条件：按照实际工况数据，设定气源压力及温度、分输点及终点计量交接流量、压缩机出口压力(即采用出口压力控制)，并设定空冷器出口温度控制逻辑。校核内容包括管段校核及压缩机组校核，管段校核所考察的主要参数包括管段终点压力、温度；压缩机组校核所考察的主要参数包括转速与耗气量，校核结果见表1及图3。结果表明：微粒群进阶算法的工艺及热力计算结果与实际运行工况数据吻合度较好，温度、压缩机转速、耗气量及流量的误差均可控制在5%范围以内，具备较高准确性，为此可基于此算法进一步开展长输天然气管道优化运行研究。

表1 工况数据校核验证比对

参数	站场	微粒群进阶算法	实际工况	误差	站场	微粒群进阶算法	实际工况	误差
压缩机进口压力/MPa	站场1	5.943	5.904	0.66%	站场5	7.282	7.28	0.03%
压缩机进口温度/℃		35.1	35.1	0.0		19.7	20	-0.3
压缩机出口温度/℃		63.3	63.4	-0.1		39.9	41	-1.1
转速/RPM		5795	5801	-0.11%		4709	4600	2.37%
耗气量/(m^3/hr)		5538.4	5750	-3.68%		8418	8625	-2.40%
流量/(×10^4 m^3/hr)		151.85	151.17	0.45%		325.34	327.08	-0.53%
压缩机进口压力/MPa	站场2	6.267	6.17	1.57%	站场6	6.456	6.463	-0.11%
压缩机进口温度/℃		24.9	27.4	-2.5		11.2	11	0.2
压缩机出口温度/℃		50.9	55.9	-5.0		39.5	40	-0.5
转速/RPM		5704	5841	-2.35%		5480	5500	-0.37%
耗气量/(m^3/hr)		5134.42	5395	-4.83%		5429.82	5700	-4.74%
流量/(×10^4 m^3/hr)		165.41	166.31	-0.54%		161.63	162.55	-0.57%
压缩机进口压力/MPa	站场3	5.96	5.866	1.60%	站场7	6.849	6.68	2.53%
压缩机进口温度/℃		22.4	22.2	0.2		12.4	12	0.4
压缩机出口温度/℃		55.4	57.5	-2.1		34.2	36	-1.8
转速/RPM		5784	5862	-1.34%		3979	4100	-2.94%
耗气量/(m^3/hr)		6458.98	6204	4.11%		4552.88	4750	-4.15%
流量/(×10^4 m^3/hr)		164.79	165.69	-0.54%		161.20	161.17	0.02%
压缩机进口压力/MPa	站场4	6.53	6.54	-0.15%	站场8	6.932	6.87	0.90%
压缩机进口温度/℃		19.5	19.3	0.2		14.0	14	0.0
压缩机出口温度/℃		46.0	47	-1.0		34.3	35	-0.7
转速/RPM		5455	5400	1.02%		3832	3800	0.83%
耗气量/(m^3/hr)		5487.42	5363	2.32%		4553.94	4383	3.90%
流量/(×10^4 m^3/hr)		164.26	165.21	-0.57%		150.00	149.83	0.11%

3.3 优化运行应用

基于微粒群进阶算法所构建的长输天然气管道能耗优化模型，其目标函数是求解所有压缩机单元总能耗的最小值，它的决策变量是压气站的出口压力。约束条件包括：管道中气体

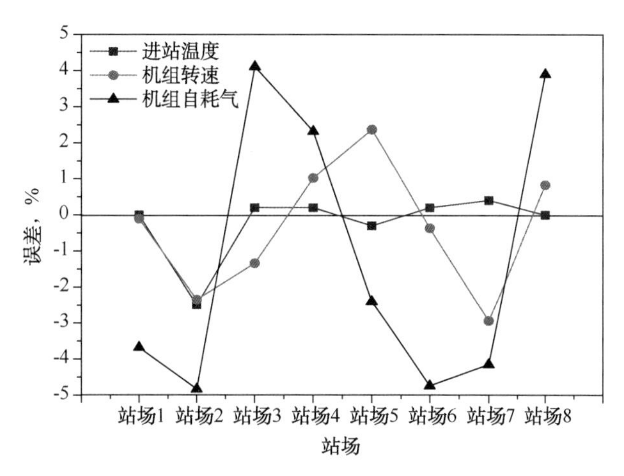

图3　微粒群进阶算法有效性检验结果

流动的水力/热力约束条件、压缩机特性方程、压气站最大允许出站压力和最小允许进站压力、输送终点的最小允许交接压力，压缩机的喘振/滞止流速限制等。优化模型由如下方程进行表述：

$$\begin{cases}\min F_{cost}=\left(\sum_{i=1}^{n}\sum_{k\hat{I}J}Q_{ik}\rho_i\dfrac{m}{m-1}RZ_iT_i\left(\left(\dfrac{P_d}{P_s}\right)^{\frac{m-1}{m}}-1\right)/\eta_{ik}/\eta_r\right)/E_{min}\\ P_d{}^2-P_e{}^2=fQ^2\\ P_d\leqslant P_{max};\ P_{min1}\leqslant P_s;\ P_{min2}\leqslant P_{delivery}\\ H_{ik}=a_0\left(\dfrac{n_{ik}}{n_{oik}}\right)^2+a_1Q_{ik}\dfrac{n_{ik}}{n_{oik}}+a_2Q_{ik}{}^2\\ \eta_{ik}=b_0+b_1Q_{ik}\dfrac{n_{0ik}}{n_{ik}}+b_2Q_{ik}{}^1\left(\dfrac{n_{0ik}}{n_{ik}}\right)^2\\ Q_{min,\ ik}\leqslant Q_{ik}\leqslant Q_{max,\ ik};\ n_{min,\ ik}\leqslant n_{ik}\leqslant n_{max,\ ik}\\ \cdots\cdots\end{cases}\quad(21)$$

式中　n——管道系统中压缩机的数目；
J——每个压气站里的在线压缩机单元；
Q——管道中的体积流量，m^3/s；
m——气体的绝热指数；
R——气体常数，KJ/(kmol·K)；
ρ_i——第i站在吸入状态下的天然气密度，kg/m^3；
Z——气体的压缩因数；
T——气体在压气站吸入状态下的气体温度，K；
η_{ik}——第i站的第k台压缩机的绝热效率；
η_r——燃气轮机的效率；
E_{min}——气体的低热值，kJ/m^3；
P_d、P_s——压气站的排气压力和吸入压力，Pa；

P_{max}——压气站的最大允许排气压力，Pa；

P_{min1}——压气站的最小允许吸入压力，Pa；

P_{min2}——供气终端最小允许供给压力，Pa；

$P_{delivery}$——供气终端的供给压力，Pa；

H_{ik}——绝热压头，kJ/kg；

P_e——两个压气站之间管道部分的端压力，Pa；

f——压气站之间的管道的摩阻；

a_0，a_1，a_2，b_0，b_1，b_2——离心压缩机特征方程的系数；

n_{oik}，n_{ik}——第 i 站第 k 个压缩机的额定转速和实际转速，rpm；

$Q_{min,ik}$，$Q_{max,ik}$——第 i 站第 k 台压缩机的喘振流速和滞止流速，m^3/s；

$n_{min,ik}$，$n_{max,ik}$——第 i 站第 k 台压缩机的喘振转速和滞止转速，r/min。

3.3.1 能耗优化

选取中亚管道 A/B 线日输气量为 8000 万方/天工况为例，对应的实际运行方案与微粒群进阶算法优化方案分别见表 2 与表 3。对比两种运行方案的耗气量发现优化运行方案比实际运行方案可节省自耗气 18 万方/天，约占总耗气量的 10%。对比实际运行方案与优化方案，可发现实际运行方案中出站压力均低于优化方案。由此可确定优化方案节能的主要原因在于提高了管道平均输气压力，降低了沿线摩阻。实际运行方案中压气站出站压力与管道设计压力还有一定距离，且机组转速负荷也未达到其最大转速。因此即使出于安全考虑不允许管道在其设计压力附近运行，仍存在一定优化空间，在管存气合理可控情况下，可通过提管输压力来实现能耗优化。

表 2 现场实际运行工况数据

压气站	开机数量	机组转速	进站压力/MPa	进站温度/℃	出站压力/MPa	出站温度/℃	耗气量/($\times10^4$ m^3/d)
站场 1	2	5801	5.9	35.1	8.058	43.6	27.6
站场 2	2	5841	6.17	27.39	8.68	47.2	25.9
站场 3	2	5862	5.87	22.15	8.92	45.9	29.78
站场 4	2	5400	6.54	19.32	9.06	46.1	25.72
站场 5	1	4600	7.28	20	8.94	39.8	18.79
站场 6	2	5500	6.45	11	9.21	36	27.36
站场 7	2	4100	6.68	12	8.75	35.4	22.8
站场 8	2	3800	6.87	14	8.83	32.3	20.13
总耗气量			198×10^4 m^3/d				

表 3 微粒群进阶算法的优化方案

压气站	开机台数	机组速	进站压力/MPa	进站温度/℃	出站压力/MPa	出站温度/℃	耗气量/($\times10^4$ m^3/d)
WKC1	2	6397	5.9	35.1	9.0	50	34.19
WKC2	2	5494	7.23	26.2	9.7	50	24.46
WKC3	2	3985	7.73	23.3	9.7	43.7	20.22
CS1	2	4745	7.59	16.9	9.7	39.8	24.78

续表

压气站	开机台数	机组速	进站压力/MPa	进站温度/℃	出站压力/MPa	出站温度/℃	耗气量/($\times10^4$ m^3/d)
CS2	1	4152	8.28	18.6	9.7	36.1	17.4
CS4	2	4227	7.94	10.8	9.7	33.3	20.83
CS6	2	3423	7.65	8.1	9.7	24.9	18.27
CS7	2	3495	7.52	8.3	9.2	27.6	20.13
总耗气量			180×10^4 m^3/d				

3.3.2 管存优化

天然气管道管存是指管道中储存的气体量，是运行管理需要掌握的一项重要参数，其大小将直接关联并影响运行方案，包括输量、进出站温度、进出站压力及能耗等参数[14]。合理管控管存气体量是控制管道进出气体平衡的一个重要考量。当管道管存气量超高时，整条管道的平均压力将过高，由此将直接造成安全运行风险提升，但沿程高压力可降低管道气体流速，降低磨阻损失、节省自耗气量；当管道管存气量超低时，会造成各站场进站压力过低，可能造成末站交接压力无法满足合同要求，同时沿程管道的高气体流速将大大增加能耗。管存控制的基本原则有两条：①在不同季节、不同输量下，保证高效输气及一定的储气量；②确保在管道设备出现故障情况下，有足够的缓冲自救时间用于现场维修，尽量不影响上游气田生产及下游用户销售。

为此借助微粒群进阶算法构建的优化模型，将机组出口压力及末站交接压力的上限值作为最大管存计算边界条件，同时将机组进气压力及末站交接压力的下限值作为最小管存计算边界条件，结合天然气管道的实际输量台阶，确定不同输气量下的最大及最小管存，进而合理控制天然气管道管存气体量范围。图4为利用优化模型求解计算的中亚天然气管道A/B线管存控制原则。

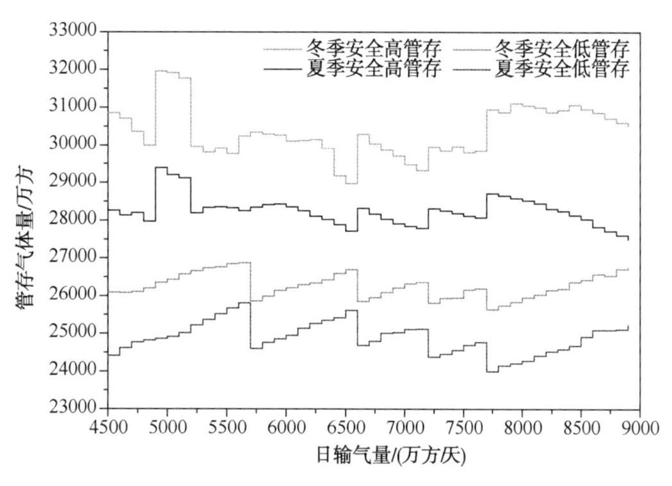

图4 中亚天然气管道A/B线管存控制原则

为了实现天然气管道在某季节、某输气量下的最优管存量控制，则可根据求解的最大及最小管存进一步进行管存气体量的分类及优化。将管存区可分为目标管存区、允许管存区和安全管存区。针对不同的管存区，规定相应的应对措施：

① 目标管存区：为目标低管存值和目标高管存值之间所组成的区域，应调节控制管道在该区域运行；

② 允许管存区：包括允许高区域和允许低区域两部分。允许高区域为目标高管存值和允许高管存值之间所组成的区域；允许低区域为目标低管存值和允许低管存值之间所组成的区域。管道可在允许管存区内运行，但在接近或达到允许高管存值或允许低管存值时，应采取措施，调节管道向目标管存区运行。

③ 安全管存区：包括安全高区域和安全低区域两部分。安全高区域为允许高管存值和最大高管存值之间所组成的区域；安全低区域为允许低管存值和最小低管存值之间所组成的区域。管道不宜在安全管存区运行，当处于该区域时，应采取紧急程序，调节管道向目标管存区运行。

以中亚天然气管道 A/B 线冬季日输气量为 6700 万方/天工况为例，其最大及最小管存气量分别为 2.9 亿方及 2.55 亿方。根据上述管存分类原则可将其分解为目标、允许及安全三个管存区域，在利用微粒群进阶算法优化天然气管道运行时，将管存的控制条件作为其中一项控制原则，由此可实现在较优管存控制下的能耗优化运行，图 5 为中亚天然气管道 A/B 线应用实例，通过管存优化控制条件，微粒群进阶算法所制定的优化运行方案可确保在该输气量下管道管存气体量基本控制在 2.6 亿~2.8 亿方的允许管存范围内。

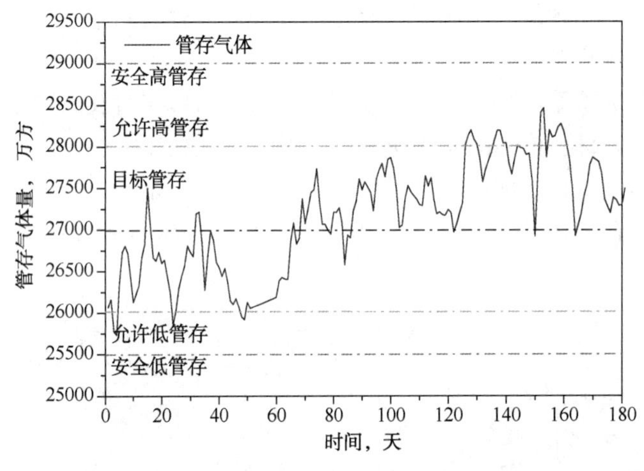

图 5　某输气量下的管存气体变化监控

4　结论

（1）本文将自适应动态惩罚函数引入微粒群算法，结合输气管道的工艺计算，基于 C 语言编制了一种可应用于求解天然气管道优化运行的微粒群进阶算法。该算法是一种基于群体智能和计算机科学的优化方法，适合求解大规模、复杂的优化问题，因此为天然气管道优化运行求解提供了新的手段和方法。

（2）以中亚天然气管道 A/B 线的实际运行工况为例，对比并论证了算法模型在水力热力计算方面的可靠性及准确性。并进一步将此模型应用于该管道定流量稳态能耗优化运行研究，实现了压缩机组能耗优化。

（3）借助微粒群进阶算法模型，将机组进/出口压力及末站交接压力作为管存计算边界条件，结合中亚天然气管道 A/B 的实际输量台阶，求解了不同输气量下的最大及最小管存，进而制定了管存控制原则。同时结合管存分类原则，将目标、允许及安全三个管存控制区域与管道优化运行方案相结合，实现了在较优管存控制下的能耗优化运行。

（4）与 SPS、TGNET 等仿真模拟软件相比，微粒群进阶算法的优势是可快速求解稳态工况下的较优运行方案，而无需进行工况试算及调整。下一步可将压缩机组喘振/滞止曲线作为优化运行约束条件，通过约束机组入口流量所对应的压比范围，减小微粒群进阶算法的计算量，以加速管道优化运行方案的求解并实现压缩机组运行工况点的优化控制。

参 考 文 献

[1] SELEZNE V V. E., PRYALOV S. N.. Numerical forecasting surge in a piping of compressor shops of gas pipeline network[J]. Journal of Zhejiang University(Science A: An International Applied Physics & Engineering Journal), 2007, 11: 1775-1788.

[2] V. Uraikul, C. W. Chan, P. Tontiwachwuthikul. Development of an expert system for optimizing natural gas pipeline operations[J]. Expert Systems With Applications, 2000, 184.

[3] Ajit Gopalakrishnan, L. T. Biegler. Economic Nonlinear Model Predictive Control for periodic optimal operation of gas pipeline networks[J]. Computers and Chemical Engineering, 2012.

[4] MIROSLAV ŠANDER. PROTECTION FROM FIRE AND EXPLOSIONS - DESIGN, CONSTRUCTION AND OPERATION OF GAS LINES[J]. SAFETY, 2006, 484.

[5] 宫敬，邱伟伟，赵建奎．输气管道中减压波特性预测与研究[J]．天然气工业，2010，30(11)：70-73.

[6] 李欣泽．管存控制在长距离输气管道中的应用研究[J]．管道技术与设备，2017(4)：8-10.

[7] 张巍，张鹏，王华青，等．天然气管道压气站燃气轮机的性能测定与分析[J]．油气储运，2016，35(3)：311-314.

[8] 常海军，吴长春．配置燃驱压缩机组的输气管道高温运行工况模拟[J]．油气储运，2016，35(7)：747.

[9] 熊浩云，吴长春，玉德俊．适用于输气管道运行方案优化的压缩机功率拟合函数[J]．油气储运，2017(6)：734-738.

[10] 张轩，姜进田，王华青，等．基于回归分析法的离心式压缩机性能模型[J]．油气储运，2018(2)：197-203.

[11] 杨金威，刘锐，陈玉霞，等．中亚天然气管道运行优化与能耗控制[J]．油气储运，2018，37(9)：1030-1036.

[12] 刘子晓，梁伟．气体参数对燃驱压缩机效率影响的对比分析与预测[J]．北京石油化工学院学报，2017(4)：59-64.

[13] 李长俊，杨毅，朱勇．输气管道优化运行技术[J]．天然气工业，2005，25(10)：106-109.

[14] 李晓平，卓铭浩，吕勃蓬．离心压缩机性能换算软件的开发与应用[J]．油气储运，2013，32(8)：824-828.

天然气管道水合物预测计算分析

赵孟卿

（中油国际管道公司　中缅油气管道项目）

摘　要　目前天然气水合物的形成主要从动力学和热力的学角度进行研究。与经典的吸附理论不同，Chen—Guo 模型认为水合物生成过程中不存在稳定的吸附介质，分子被包容的过程是由于与水相中的分子相互作用引起的，包容速率取决与客体的逸度及水分子的活度。本文根据天然气内天然气压力分布和 Chen—Guo 模型，编程计算天然气管道水合物的生成温度，并对水合物的生成进行预测。

关键词　Chen-Guo 模型　天然气管道　天然气水合物

1　引言

在输气管道中天然气水合物的存在不仅容易造成管道腐蚀，而且还有可能形成冰堵，使管内压力升高造成管道泄漏、停输等事故。这些事故必将导致严重的经济损失和恶劣的社会影响。因此对于管道安全运行来说，强化天然气管道水合物的形成和发展以及对其危害性的监测是一项至关重要的工作，也是一项技术难关。

2　水合物成分和结构

天然气水合物（Gas hydrate）是由气体和水在一定压力、温度条件下形成一种非化学计量性的笼型白色晶体，一般用 $M \cdot nH_2O$ 表示，M 为水合物中的气体分子，n 为水分子数，如 $CH_4 \cdot H_2O$，$C_2H_6 \cdot 7H_2O$，$CO_2 \cdot 6H_2O$ 和 $H_2S \cdot 6H_2O$ 等。许多研究表明在水合物中形成了多面体骨架，其中有孔穴，孔穴空隙由气体分子所占据。水分子靠氢键结合成笼型晶格，天然气中的 CH_4、C_2H_6、CO_2、H_2S 和其它小分子气体在范德华力作用下，被包围在晶格中，常见的水合物有 I 型和 II 型两种结构。其结构数据对比如表 1[1]。

表 1　水合物结构数据对比

参数	结构 I	结构 II
单位晶胞中水分子数	46	136
单位晶胞中大孔穴数	6	8
单位晶胞中小孔穴数	2	16
大空穴平均直径	4.33A	4.68A
小空穴平均直径	3.91A	3.90A
单位水分子中大空穴数，γ_2	3/23	1/17
单位水分子中小空穴数，γ_1	1/23	2/17

3 水合物环境参数计算

要对天然气管道水合物形成条件进行预测，需要对输气管道进行相关水力计算和热力计算。本文以平坦地区输干气管道为例，对输气管线压力分布和热力进行计算，输气管道沿线任一点的压力由下式计算(起伏管道还应考虑高程差的影响)。

$$P_x = \sqrt{P_Q^2 - (P_Q^2 - P_q^2)\frac{X}{L}} \tag{1}$$

由式(1)可大致确定管线上某点的压力，根据实测的压降曲线可判断输气管段的内部状态，并结合当地温度以及气体组成大致确定水合物形成的地点等。

由于输气管道沿线温度变化很大，采用苏霍夫公式进行天然气温降计算。

$$T = T_0 + (T_Q - T_0)e^{-ax} \tag{2}$$

式中 T——管线温度,℃

T_Q——起始温度,℃

T_0——环境温度,℃

X——管线离起点距离，m

$a = \frac{K\pi D}{MCp}$，K-天然气管道总传热系数，W/(m^2·K)；D-天然气管道直径，m；M-天然气质量流量，kg/s；C_p-气体质量定压热容，J/(kg·K)。

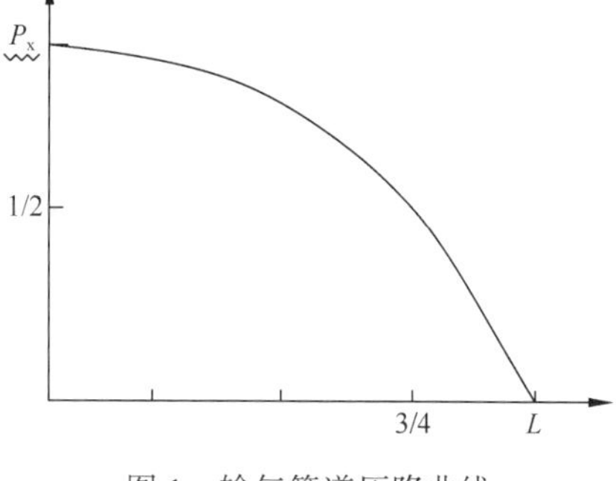

图1 输气管道压降曲线

4 VW-P 模型和 Chen—Guo 模型

1959年，Vander Waals 和 Platteeuw 提出了简单的气体吸附模型，以此来计算空水合物晶格和填充晶格相态的化学位差 $\Delta\mu^H$ 为

$$\Delta\mu^H = \mu^\beta - \mu^H = -RT\sum_{m=1}^{2}\gamma_m \ln(1 - \sum_j Y_{jm}) \tag{3}$$

式中 μ^H——全填水合物晶格中水的化学位；

μ^β——全空水合物晶格中水的化学位；

γ_m——水合物结构的特性常熟；

R——气体常熟，8.31434J/mol；

T——温度，K；

Y_{jm}——m 型式孔穴被 j 组分所占据的分率。

$$Y_{jm} = \frac{C_{jm}f_j}{1 + \sum_j C_{jm}f_j} \tag{4}$$

式中 f_j——j 组分在气相中的逸度(根据合适的状态方程计算)，KPa；

C_{jm}——j 组分在 m 型孔穴中的有关常熟，1/KPa。

对孔穴占有率的计算是 Vander Waals—Platteeuw 理论的关键，该理论认为水分子包容气体分子的过程与 Langmuir 等温吸附过程在物理意义上是相似的。但实际上水合物的生成并不完全遵守等温吸附理论。由此 Chen—Guo 提出一个基于水合物生成机理的热力学模型，并认为水合物的产生过程中不存在稳定的吸附质，气体分子被包容的过程是与水相分子的作用引起的，因此包容速率取决于客体的逸度和水相中水分子的活度[2]。

该理论认为水合物中主体水分子对自由能的贡献与孔穴被填充的状况无关；其次大孔为络合孔，小孔为联结孔，每个大孔含有一个客体分子，而每个小孔最多只能含一个客体分子；客体分子之间不存在相互作用，相同的客体分子在每个小孔中出现的概率相同；客体分子的内部运动配分函数与理想气体分子一致，经典统计学可以使用，不必考虑量子效应；孔穴壁上的水分子均匀分布在球形化的孔穴壁上，客体分子在孔穴中位能用球形引力势来表示[3,4]。由 Chen-Guo 热力学模型可得，平衡气相中 k 元气体水合物的逸度为：

$$f_i = x_i \exp\left(\frac{\Delta\mu_W}{RT\lambda_2}\right) \times \frac{1}{C_{2i}} \times \left(1 - \sum_{i=1}^{k} \theta_{1i}\right)^{\alpha} \tag{5}$$

气体分子在小孔中的占有率如下式：

$$\theta_{1i} = \frac{C_{1i} f_i}{1 + \sum_{i=1}^{k} C_{1i} f_i} \tag{6}$$

$$\sum_{i=1}^{k} x_i = 1.0 \tag{7}$$

计算水合物生成条件关键是常数 C_i 和 $\Delta\mu_W$ 的计算。C_i 仅是温度的函数，$\Delta\mu_W$ 与温度和压力都有关，但在压力较低时，受压力的影响可忽略不计。C_i 的计算需要选择一个位能函数模型，然后确定位能模型参数，同时经引入水合物的结构参数(配分数、孔径等)。$\Delta\mu_W$ 的计算更加复杂，有些参数在不同相关资料中的数值差别较大，所以对一些常数进行特征化处理。常定义

$$f_{i,0} = \lim_{P \to 0} \exp\left(\frac{\Delta\mu_W}{RT\lambda_2}\right) \times \frac{1}{C_{2i}} \tag{8}$$

$f_{i,0}$ 的物理意义是系统压力趋于零时气体 i 和纯水生成稳定水合物时，i 气体所需的最小逸度，它与 i 组分的特征和水合物的结构有关，与系统中是否存在其它和抑制剂以及系统的压力无关。将 $\Delta\mu_W$ 分成三项，分别代表温度、压力和抑制剂的作用。

$$\Delta\mu_W = F(T) + p\Delta V_0 - RT\ln a_W \tag{9}$$

由 $f_{i,0}$ 的物理意义有

$$f_{i,0} = \exp\left(\frac{F(T)}{RT\lambda_2}\right) \times \frac{1}{C_{2i}} \tag{10}$$

$$f_{i,0} = f_{iT,0}(T) f(p) f(a_W) \tag{11}$$

$$f(p) = \exp\left(\frac{\Delta V_0 p}{RT\lambda_2}\right) \tag{12}$$

$$f(a_W) = a_W - 1/\lambda_2 = \left(\frac{f_W}{f_{W,0}}\right)^{-1/\lambda_2} \tag{13}$$

式(12)中 ΔV_0、λ_2 都是只与水合物结构有关的常数，因此可以合并

$$f(p) = \exp\left(\frac{\beta_0 p}{T}\right) \tag{14}$$

a_W 为系统中水的活度，由于 $1/\lambda_2$ 的值较大，$f(a_W)$ 对 a_W 十分敏感，f_i 对 a_W 也十分敏

感，对于不同溶解度的气体和混合气体，a_W 的值决定相平衡点的值。当系统不含抑制剂时，并且气体在水中的溶解度忽略不计时，一致性地假设 $f(a_W)=1.0$[5][6]。又模型中始终不涉及 θ_2，因此 θ_1 的下标 1 也可以去掉，这样上述模型的表达式可简化为：

$$f_i = x_i f_{iT,0}(T) f(p) \times (1 - \sum_{i=1}^{k} \theta_i)^{\alpha} \tag{15}$$

结构参数 α、β 见表 2(λ_2 只有抑制剂存在时才会涉及)。

表 2　Chen-Guo 模型中水合物结构参数

结构	α	β(K・bar-1)	λ_2
Ⅰ	1/3	0.4242	3/23
Ⅱ	2	1.0224	1/17

$f_{iT,0}(T)$ 为温度函数，具体形式随组分 i 的特征而定，根据 Antoine 公式形式进行关联。Langmuir 常数 C_1 也可用 Antoine 公式进行关联，Antoine 常数见有关文献[7]。

$$f_{iT,0}(T) = a_i \exp\left(\frac{b_i}{T-c_i}\right) \tag{16}$$

$$C_1 = X \exp\left(\frac{Y}{T-Z}\right) \tag{17}$$

对于Ⅱ型水合物应考虑小分子和大分子之间的交互作用，需引入二元交互作用参数描述客体分子间的交互作用。

5　计算程序设计

天然气管道水合物预测计算可以分为两种类型，第一种是给定管内温度，计算水合物的生成压力；第二种是给定压力，求解水合物的生成温度。本文以管内压力计算水合物生成温度，其计算程序设计思路如下所示[8]。

在进行天然气管道水合物预测时，首先计算待测管道的管径、天然气流量、起点和终点压力和管内温度分布，并分析天然气气质组成，确定管道压力分布；计算压力条件下可能形成水合物的温度；再将水合物临界温度与天然气温度以及水露点温度进行对比综合判断管内是否有水合物生成。某天然气管道水合物预测如下图所示。

其中红色线条代表压力条件下水合物的临界生成温度，黄色线条是天然气水露点，绿色线条是天然气温度。天然气管线是否形成水合物，取决于两个条件。一是天然气温度低于水合物生成临界温度(绿色曲线在红色曲线下方)；二是天然气必须处于水露点以下的温度(绿色曲线在黄色曲线下方)。不难看出管道在距离起点 16km 至 41km 处可能有水合物形成。

6　结论与建议

本文在水合物热力学基础上采用 Chen-Guo 模型对水合物生成条件进行预测，通过调研计算结果与实际基本符合。然而本文模型在建立过程中有一定的条件，天然气管道为水平管道，其中没有抑制剂的存在，也没有考虑水分对水合物形成的影响以及相态的化学位差受压力的影响。以上问题的存在还需要相关研究人员进一步的实验和研究。

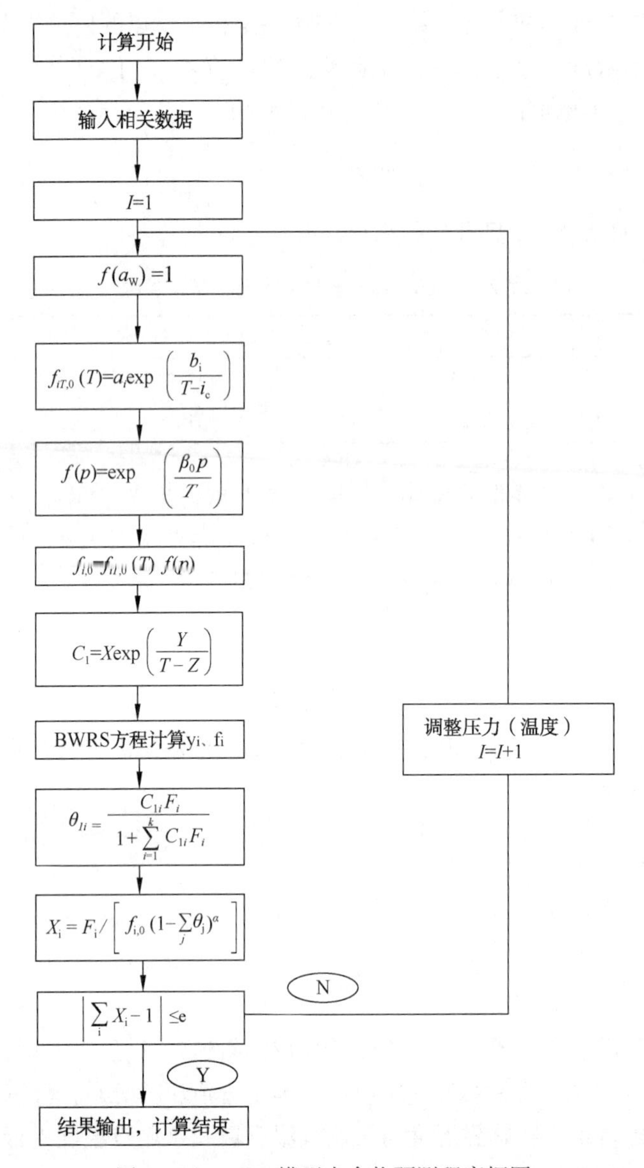

图 2　Chen-guo 模型水合物预测程序框图

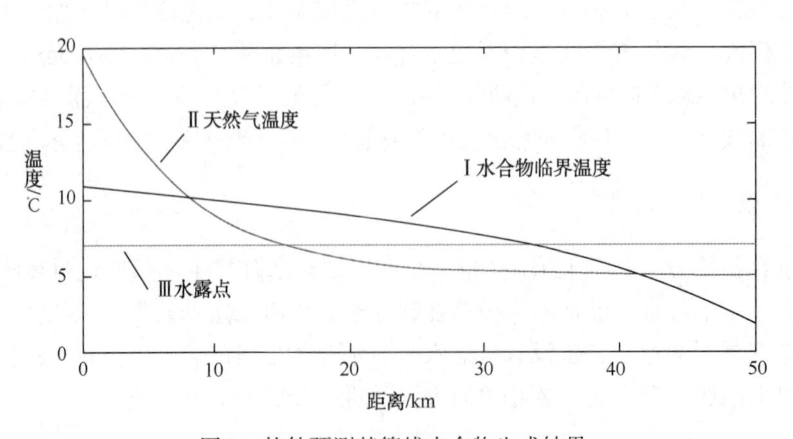

图 3　软件预测某管线水合物生成结果

参 考 文 献

[1] 李长俊．天然气管道输送[M]．北京：石油工业出版社，2000，10.94-95.

[2] 宋琦．多元复杂体系水合物生成的实验及热动力学模型研究[D]．常州：常州大学，2010：29-33

[3] 郭天民．多元汽-液平衡与精馏[M]．北京：化学工业出版社，1983.

[4] 杜亚和，郭天民．天然气水合物生成条件的预测：I. 不含抑制剂体系[J]．石油学报(石油加工)，1988，4(3)：82-92.

[5] 陈光进，孙长宇，马庆兰．气体水合物科学与技术[M]．北京：化学工业出版社，2007.

[6] Zuo Y X, Commesen S, Guo T M. A generalized thermodynamic model for natural gas hydrate systems containing formation water and inhibitor//Proceedings of the second international symposium on thermodynamics in chemical engineering and industry. Beijing, 1994.

[7] Handa Y P. Calorimetric determinations of the compositions, enthalpies of dissociation and heat capacities in the range 85~270K for clathrate hydrates of xenon and krypton, J Chen Thermodyn, 1986, 18: 891-902.

[8] 周品，何正风．MATLAB 数值分析[M]．北京：机械工业出版社，2009.

LM2500+燃气发生器 VSV 扭矩轴轴承磨损失效故障分析/LM2500+

刘　岩[1]　杨　放[2]　朱　莉[1]　王伟俭[1]　丁振军　马金鹏[1]

（1. 中油国际管道公司　中乌天然气管道项目；2. 中油国际管道公司　生产运行部

摘　要　中油国际管道公司中亚天然气管道，作为我国海外重要能源通道组成部分。中乌项目是中亚天然气管道的 0 公里输送起点。本文以 A/B 管线使用的 GE LM2500+燃气轮机 VSV 扭矩轴球轴承故障失效为例，针对该问题进行分析并提出故障原因和解决方案，总结该型燃气轮机压缩机组运行中应注意的问题和经验。

关键词　燃气轮机　VSV 防喘振　VSV 扭矩轴轴承磨损失效

目前，在国内外输气管网内的燃气轮机设备，由于运行时间的慢慢累加，设备老化问题日益严重。为了防止燃气轮机因为可调静子叶片系统（VSV）故障而引起机组喘振，针对中亚管道的 LM2500+燃机 VSV 系统原理和常见问题的维修措施进行探讨。

燃气轮机的喘振可导致机组超温，并在短时间内给本体造成严重的损坏，是所有系统中最常见且最有危害性的一个，因此在实际运行中尽量避免喘振的发生。VSV 为可变定子叶片，通过改变高压压气机气流轴向方向、速度，以提高压气机效率，增加喘振边界，VSV 系统作为 4 种最有效的防喘振的方法之一，不管在燃气轮机设计还是在使用过程中，都占据重要地位。中亚管道 A/B 线拥有 9 台 GE 公司的 LM2500+SAC 30MW 燃气压缩机机组，自 2009 年投产以来 VSV 扭矩球轴承磨损问题，始终影响着机组的正常运行，截止 2017 年底已损坏 VSV 扭矩轴 20 个，包括前轴承 6 个后球轴承 14 个。该部件使用寿命已远低于 GE 提供的该部件设备故障间隔平均时间 25000 小时。

1　LM2500+SAC 燃气发生器 VSV 扭矩轴的工作原理和作用

1.1　造成燃气发生器发生喘振现象的原因

当压气机在偏离设计工况的条件下运行时，在叶栅的进口处会出现正负攻角。当攻角的角度达到某种程度时，黏附在叶型表面的气流附面层在逆流方向的压力梯度下就会出现局部逆流区，形成涡流，造成附面层的分层，以致发生气流的脱离现象。因此相对于压气机叶片而言，气流是否发生分离要看相对速度的方向与叶栅前缘方向的夹角即攻角大小。当 VSV 调节失效情况下，叶栅前缘方向不会改变，攻角的大小取决于相对速度的方向。

1）正常的工况下压气机气流相对速度的方向与叶栅前缘方向基本一致即攻角为零，不会产生气流分离现象。

2）若气流相对速度的方向偏离叶栅前缘方向形成负的攻角，将发生叶背气流的分离现象。

3）若气流相对速度的方向偏离叶栅前缘方向形成正攻角，将发生叶片的叶盆气流的分离现象。无论是形成负的攻角还是形成负的攻角，都会发生气流分离，造成空气流通不畅，到燃烧室的空气量减少，造成燃烧室在富油的工况下工作；更严重时产生喘震，气流反流，损坏燃气轮机本体。

1.2　LM2500+SAC 燃气发生器 VSV 扭矩轴的工作原理和作用

LM2500+SAC 燃气发生器的 VSV 系统由两个液压、固定安装座、扭矩轴和连杆机构组成，如图 1、图 2 所示，采用转动前面 0-6 级可调导向叶片的方法来避免压气机喘振。当机组处于停机状态时，叶片的角度处于最大的开度位置。当燃气轮机开始启动，可调静子叶片的开度由小变大，开度的大小即角坐标取决于燃气轮机的转速(NGG)和压气机进气温度(T2)，角度坐标为两者的函数，随 2 个变量的改变而变化，这一可变性为叶片翼面提供出最佳迎角，以实现压气机在没有失速的情况下的高校运行。当燃气轮机的转速开始增加时，VSV 系统中的液压油开始进入液压作动筒，液压作动筒的活塞杆向上运动，从而带动扭矩轴，和扭矩轴相连接的作动连杆开始动作，作动连杆带动了和静子叶片一一相对应的作动环，作动环和静子叶片相连接，从而带动了静子叶片角度坐标的改变，实现了 VSV 系统调节叶片角度的功能。此外，通过改变叶片的角度坐标位置，VSV 系统调节叶片角度来调整满足燃气轮机在不同工况状态下燃烧所需的空气量，保证机组的平稳运行。

可变静子控制装置是电子液压系统，由安装在附件齿轮箱(AGB)上的液压泵/可变静子叶片(VSV)伺服阀带有线性可变差动传感器的可变静子叶片(VSV)传动装置构成，以便向燃气轮机外部的电气控制部件(ECU)提供反馈位置信号。VSV 系统的控制命令由燃气轮机控制系统发出 . ZT143、ZT144 是安装在压气机底部附近齿轮箱体上的两个线性可变差动传感器，通过传感器来检测静子叶片的开启位置，向燃气轮机外部的电气控制部件(ECU)反馈位置信号，两者之间的差值不能大于 10，如果差值过大，就会造成不符合启机条件或者运行中的机组停车。电气控制部件将信息传达给燃气轮机控制系统，控制系统根据变量 T2 和 NGG 来确定最终的函数值，有了准确的调节坐标值，安装在变速箱上的变频高压油泵根据要求调整转速，伺服阀动作，进入的油量随之变化，液压动作，达到调节静子叶片位置的目的。

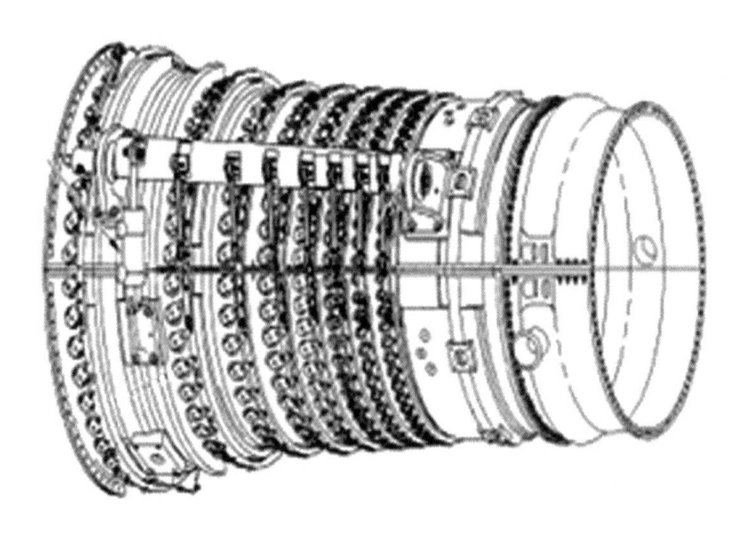

图 1　高压压气机机匣总成

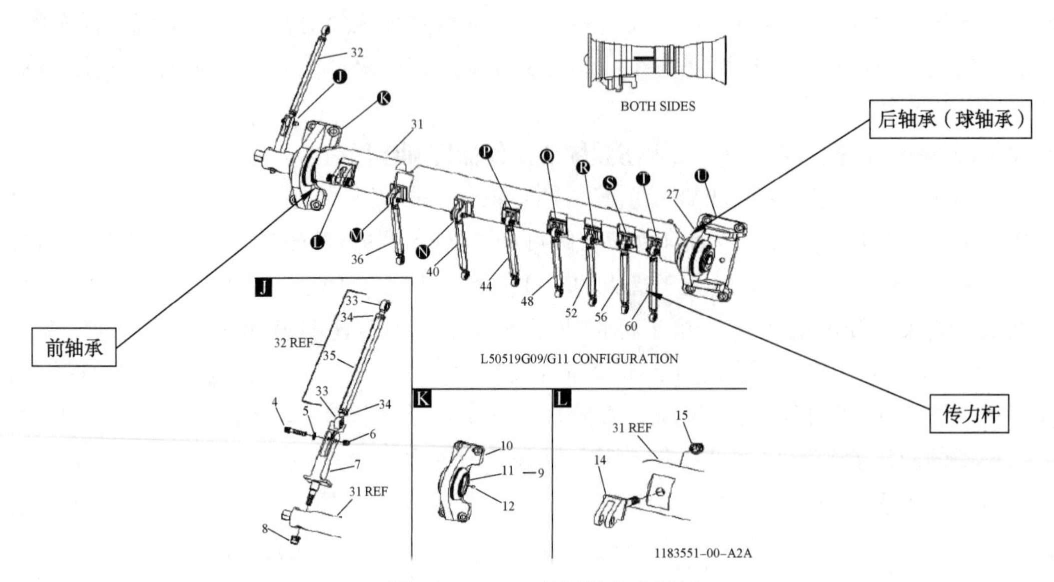

图 2(a)　VSV 扭矩轴总成图纸

图 2(b)　VSV 扭矩轴总成实物

2　VSV 扭矩轴轴承存在的故障现象

作动连杆和作动环之间是靠作动连杆上的球轴承连接的，由于长期处于工作状态，球轴承容易磨损。磨损问题造成作动连杆和作动环之间的间隙过大，在扭矩轴带通连杆动作时，所传递的力矩大小受到影响，造成前后各级静子叶片不能按要求的位置进行调节。如果前一级的静子叶片开启位置偏大，而后一级的叶片开启位置偏小，就会引起气流量偏大，使工作叶轮进口处绝对速度在燃气轮机轴向分量上升，流量系数偏大，气流在叶盆处发生分离，使叶片通道变小，从而造成涡轮状态，从而使后面几级的气流量减小，造成后面几级的攻角变大，使气流在叶背处发生分离，当这种气流分离严重扩展至整个叶栅通道时候，将发生喘振。

通过对多台燃机 VSV 扭矩轴检查、拆解发现，机组在运行 8000 小时以上，前后球轴承均出现不同程度的磨损。以一台机组为例，经现场检查、分解 VSV 扭矩轴总成。发现 VSV 扭矩轴轴向攒动为 1.8mm，检查前后轴承径向间隙，发现前轴承间隙 1.60mm 后轴承间隙为

1.05mm 超过 GE 磨损范围。根据 GE 手册规定，前轴承径向间隙小于 0.060in（1.52mm），后轴承径向间隙应该小于 0.030in（0.76mm）。通过目视检查 VSV 扭矩轴总成发现，外表面多处存在少量红褐色粉末为三氧化二铁和黑色粉末四氧化三铁(见图片 5 左图)。对球轴承分解检查发现该轴承表面已经严重磨损，但未发现任何颗粒或破裂的金属。该球轴承材料为巴氏合金，经检查发现轴承表面合金约 40%-45%已经被磨去露出钢体，观察轴承表面磨损主要发生在球轴承球顶处和两侧端口处(见图片 3、图 4)，在两侧端口处已经磨损出深度不同的磨痕，磨损最深处约 1mm，轴承座外沿处也被磨出一个约 0.6mm 翻边。同时发现在 VSV 扭矩轴后轴承的轴头有一道明显划痕(见图片 5 右图)深度约 0.5mm，该磨损是由于球轴承在运行中间隙不断扩大，轴承在受轴向力时不断与轴肩部位不断磨损而造成。由于后轴承径向和轴向间隙逐渐扩大，使 VSV 扭矩轴在工作中偏离水平轴线，致使前轴承内侧与前轴套之间产生磨损，造成前轴承和前轴套损坏报废(见图片 6)。

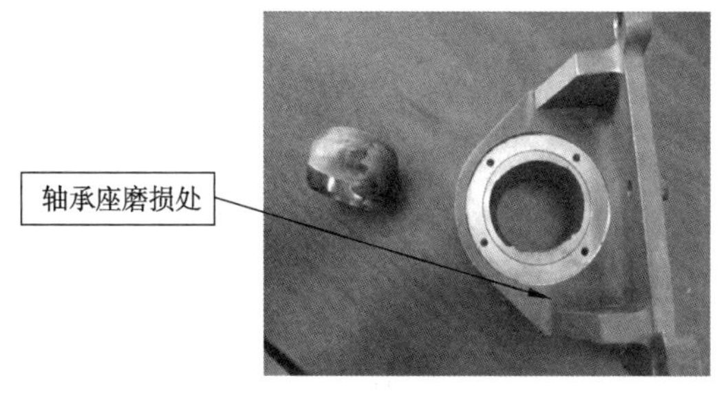

图 3　磨损的 VSV 后球轴承座

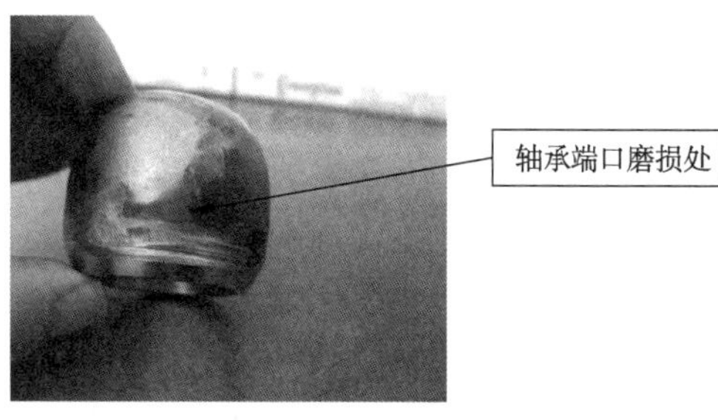

图 4　磨损的 VSV 后球轴承球体

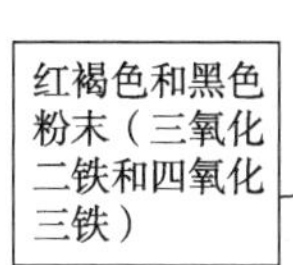

图 5　红褐色和黑色粉末、磨损的 VSV 扭矩轴后轴头

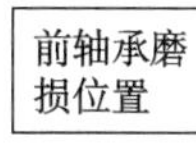

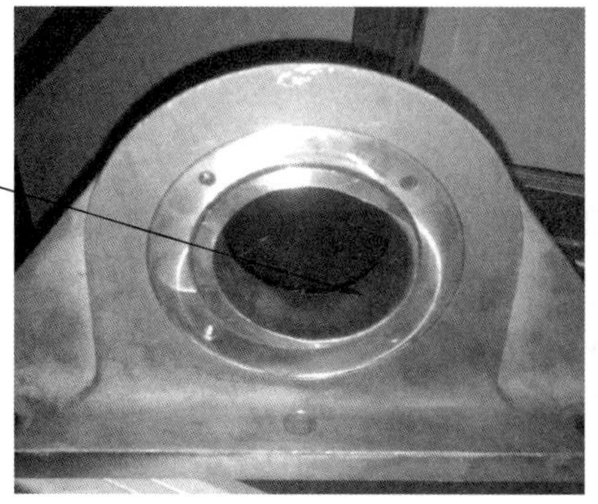

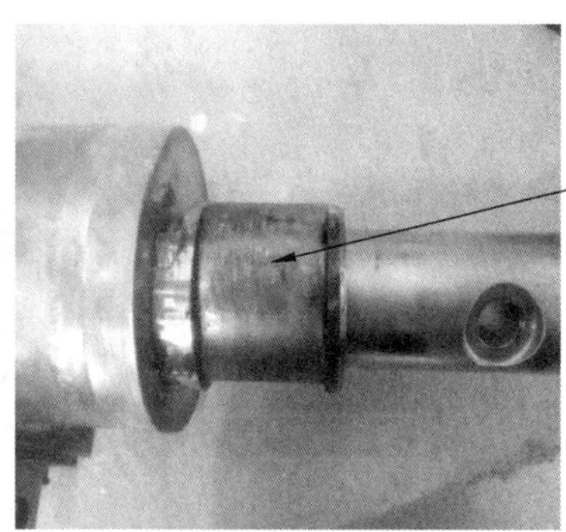

图 6　磨损的 VSV 前轴承和轴套

3 VSV 扭矩轴轴承故障分析

3.1 球轴承磨损失的形式

球轴承磨损失效一般分为四种形式：1)磨料磨损：即由于外界硬摩擦颗粒或碎裂的金属进入轴承滚道引起的磨损。2)粘着磨损：是一种作相对运动的表面金属，由于直接接触使材料从一个表面移到另一个表面的磨损现象，通常能看见金属粘着的痕迹。3)磨损腐蚀：轴承磨损表面同周围介质发生化学或电化反应而引起的摩擦现象，主要发生在潮湿工作环境中，轴承出现的氧化磨损。4)微动磨损：轴承零件之间存在长期的振幅很小的相对振动，其接触部位会出现磨损，轴承与滚道做轴向的摩擦而产生的微动磨损-凹痕，这种磨损最显著特征是接触表面出现红褐色的三氧化二铁。

3.2 磨损原因的判断

3.2.1 轴承工作面红色粉末物质分析

通过对机组 VSV 扭矩轴的检查、拆解发现的故障现象来看，轴承工作的外表面存在的红褐色粉末和黑色粉末，依据理化分析结论成分为三氧化二铁和少量四氧化三铁。球轴承表面多处明显的划痕，说明存在着磨料磨损和微动磨损的现象。在该机组正常运行时，选取 4 小时共 22503 个数据点进行研究，使用 VSV 调整角度(VSVSEL)、燃气轮机转速(NGGSEL)、燃料气控制阀(gfmvcmdrbk)的 3 个信号数据进行分析，来判断造成机组磨损的主要原因。

3.2.2 机组运行参数分析

通过分析机组的 VSV 调整角度、燃气轮机转速、燃料气控制阀的 4 小时变化图如图 7 所示；在短时间内(100 个数据点)，燃料气控制阀与燃机转速、机组转速及 VSV 调整角度的关系如图 8 所示。可以看出，当燃料气控制阀开度在 8.5%~12%之间正常波动时，NGG 转速保持在 9400~9550rpm 间波动，VSV 轴在 26.5%~30%之间呈现波动。通过图 8 可以看出，燃气轮机转速的变化相对于燃料气控制阀略微迟缓，说明燃料气控制阀的波动会影响 NGG 转速的变化。由图 9 可以看出，NGG 转速的变化与 VSV 调节角度的变化整体上保持同步，在稳定的工况下，VSV 调节角度的变化存在着高频的波动。结合以上运行参数的数据分析可以判定，燃气轮机在 4 小时运行时间内转速在 100rpm 调整范围，燃气轮机的 VSV 系统和燃料气阀始终处于小幅度调整和高频波动状态。

3.2.3 轴承材料和加工工艺分析

VSV 扭矩轴前、后轴承所使用的材料为铸造锡基巴氏合金 ZSnSb11Cu6，其固相点温度为 240℃，液相点温度为 370℃，其最高使用温度不得超过 100℃，摩擦系数在有油时为 0.005，无油时为 0.28，可见这类轴承进行润滑后摩擦问题应有较大改善。由于 GE LM2500+燃气轮机 VSV 轴承在无油润滑情况下使用工作，故轴承表面摩擦系数较大不利于轴承长时间工作。

3.2.4 VSV 扭矩轴轴承分析结论

根据机组运行参数、信号变化图分析，在 VSV 扭矩轴总成表面发现的三氧化二铁粉末，可以确定 LM2500+SAC 燃机在正常运行时，VSV 扭矩轴在工作中存在高频、小幅振动的情况。机组长时间的运行，扭矩轴的高频小幅振动现象造成了球轴承的微动磨损。在运行 8000 小时以上时，振动将对轴承表面造成无规律磨损，从而产生不规则的凹痕(磨料磨损)。由于磨损后轴承间隙增大，迫使扭矩轴在运行中出现轴向攒动，之后球轴承端口处磨损加剧，由于轴承材料的强度低于轴承座自身强度，最终轴承端口和轴承被磨损失效(见图 3、图 4)。

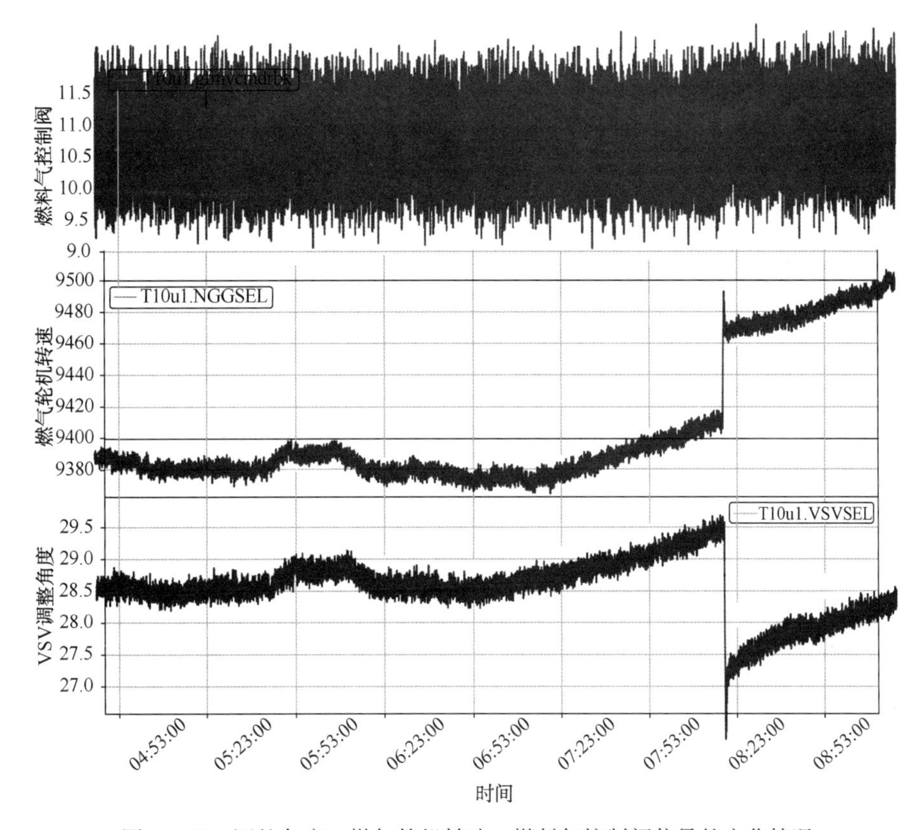

图 7　VSV 调整角度、燃气轮机转速、燃料气控制阀信号的变化情况

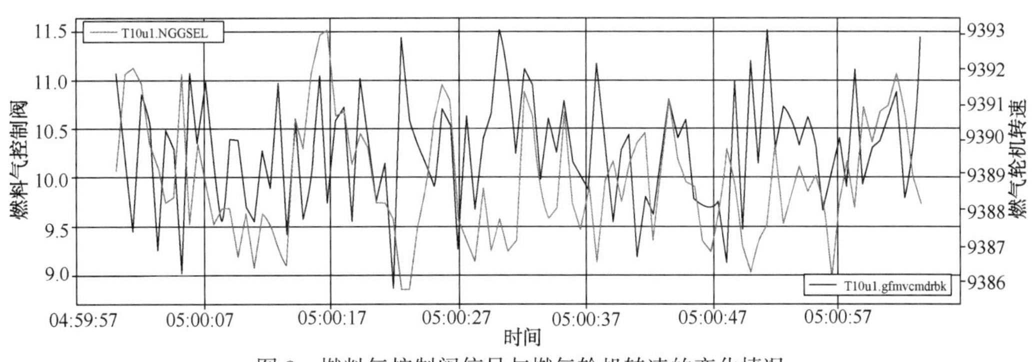

图 8　燃料气控制阀信号与燃气轮机转速的变化情况

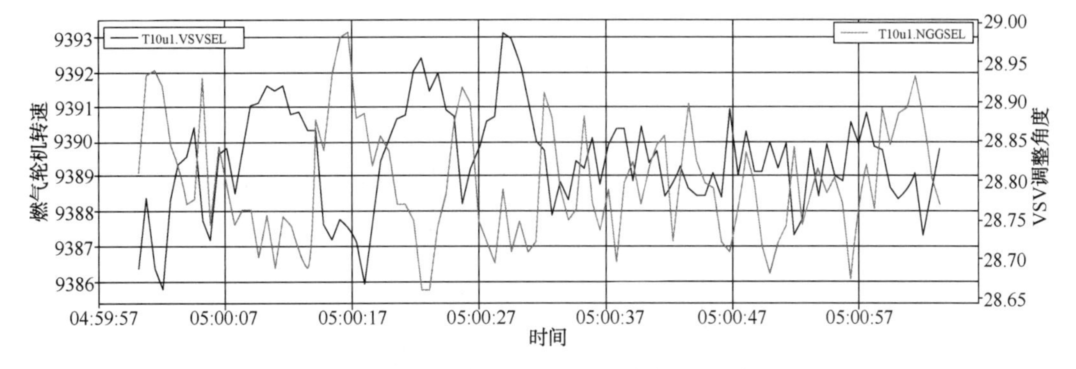

图 9　燃气轮机转速与 VSV 调整角度的变化情况

4 轴承磨损失效问题的解决方案

4.1 严格执行机组维护保养作业标准和要求，加强对 VSV 系统的日常检查作业

首先应严格遵守 LM2500+燃气发生器的运行、维护规程，尽量避免机组长时间低负荷以及怠速运行，避免频繁调整机组的运行工况。根据 GE LM2500+维护手册 WP41400 内容，编制 GE 机组每 1000 小时运行 VSV 扭矩轴前、后轴承径向间隙定期检查表，做到定期检查记录可查。并在机组 LEVEL1 保养(4000 小时)内容中增加 VSV 轴承径向间隙检查，对燃料气调节阀的检查确保阀芯无卡塞。校检 VSV 伺服电磁阀，检查电缆接线是否可靠，校检并检查液压作动筒，确保工作运行正常。

4.2 优化球轴承设计和加工工艺，消除旧型号轴承设计缺陷并提高轴承耐久性

图 10 为 GE 公司提供的新型号的前轴承，新轴承通过增加前轴承衬套，调整优化了前轴承与扭矩轴的工作配合间隙。

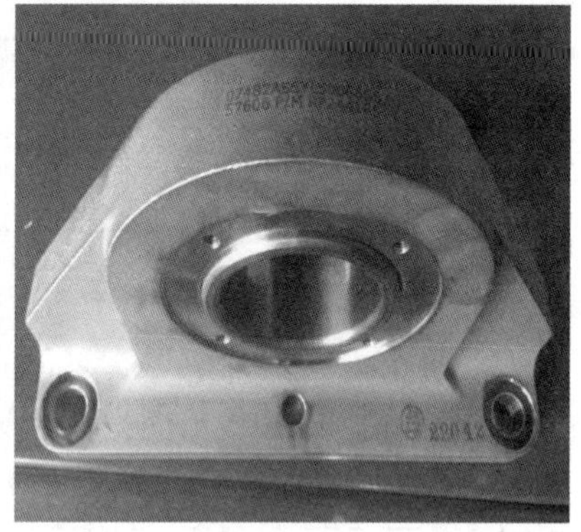

图 10　新型号 VSV 轴 前轴承

图 11 为 GE 公司提供的新型号的后轴承，通过对比新、旧型号轴承，新型号的结构有了较大改进，即增加了轴向限位板并和四个固定螺栓对球轴承轴向位移进行了限定，球轴承内球体在工作中轴向位移得到了限定，避免了球体与轴承座内边缘的机械磨损。同时新型号的轴承对球轴承表面进行了 TiN 涂层处理，降低了摩擦系数改善了球轴承工作情况。通过固体润滑涂层和硬质 TiN 涂层来降低摩擦系数、增加表面硬度进行抗微动表面磨损达到保护轴承的效果。完善球轴承结构减小轴承与轴承座的轴向和径向间隙，提高球轴承在工作时的配合度，使球轴承在工作期间避免轴承与轴承座在轴向位置发生机械磨损。

图 11　新型号 VSV 轴 后球轴承

4.3 新、旧 VSV 轴承工作对比与分析

两台分别使用新、旧 VSV 轴承工作的机组，其 VSV 调节角度波动情况如图 12 所示。可以看出，红色数据波动的幅值小于绿色数据，说明使用新轴承的机组的 VSV 波动情况得到了有效改善，验证了新型轴承调整间隙后，轴承在工作时与 VSV 轴的配合得到明显改进，VSV 调整幅度变小且频率均匀。

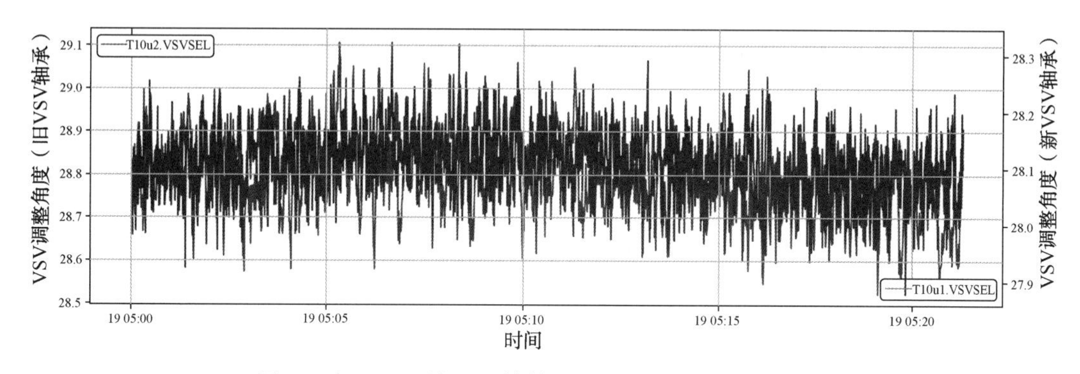

图 12 新、旧型号 VSV 轴轴承的 VSV 调节角度波动情况

5 VSV 轴承故障处理经验总结

5.1 故障问题处理进展情况

项目将 LM2500 燃气轮机 VSV 扭矩轴磨损问题，反馈给 GE 公司后并 GE 公司技术部进行和问题分析。GE 公司更新完善了 VSV 扭矩轴前、后轴承设计，并下发了技术通告(lm2500-ind-248、lm2500-ind-249)要求相关用户更新 VSV 扭矩轴前、后轴承。经过多次与 GE 公司对 VSV 扭矩轴承设计不合理问题进行磋商，迫使对方以 5 折的优惠价格销售该备件。截止目前，中乌项目以折扣价格购买前、后轴承 22 套，为公司节约备件采购费 140 万美元(约 1000 万人民币)。截止 2017 年 12 月项目已完成全部，9 台燃气轮机新型号 VSV 轴承(前、后)的更换工作，完成更换后的机组进行 8000 小时运行跟踪。对 VSV 扭矩轴和前、后轴承运行情况进行跟踪检查和测量，VSV 扭矩轴前、后轴承工作和测量间隙均正常，机组 VSV 扭矩轴前、后轴承磨损问题已得到解决。

5.2 VSV 轴承故障处理经验总结

随着压缩机组设备的逐渐老化，各部件暴露的问题也随之增多。此次对 GE 机组 VSV 扭矩球轴承设计缺陷和故障隐患的及时发现和处理，说明中乌项目逐步建立和实施的压缩机专业标准化作业文件发挥了良好的效果。总观中乌项目的压缩机专业，通过建立、完善站场标准化以及作业指导书文件，细化了人员工作职责，推行标准作业程序，在保证了作业质量的同时也提升了安全系数，为压缩机的运行管理提供了切实有效的保障。

中乌项目通过发挥压缩机专业技术小组的作用，在讨论分析的结果上总结编制出 VSV 扭矩轴承 1000 小时检查和轴承更换作业指导书，为机组的 VSV 系统日常检查和维护方法提供了有效指导。在与设备服务商的备件购买谈判中，通过展示现场故障轴承运行数据，剖析故障轴承问题和原因，最终完成故障轴承的更新同时降低备件采购费用，实现压缩机组平稳运行降本增效的目标。在下一步的工作中，应继续发挥技术组优势，结合各位人员的专业水平，将技术经验进一步提炼总结，有力推进现场压缩机生产运行工作。

参 考 文 献

[1] 高彦平 . V2500 发动机 VSV 系统及其主要故障分析[J]. 中国新技术新产品，2017(09)：10-11.
[2] 王振林 . 浅谈 VSV 系统对燃气轮机喘振的影响[J]. 科技创业家，2013(15)：77.
[3] GE Maintenance and Operation Manual for Compressor PCL800. [M]. 佛罗伦萨：GE 油气 2009. 9.
[4] 卜炎：《实用轴承技术手册》机械工业出版社 [D]. 上海：东华大学
[5] LM2500-ind-248 和 LM2500-ind-249 SERVICE BULLETIN. [M]. 佛罗伦萨：GE 油气 2014. 7.

GE 机组矿物油系统控制程序优化与应用

董永卿　肖　俏

(中油国际管道公司　中乌天然气管道项目)

摘　要　GE 压缩机组矿物油系统是整个压缩机附属系统中最为重要的子系统之一，主要为压缩机和动力涡轮轴承提供润滑，并对其进行冷却。GE 机组矿物油系统正常运行时，控制程序会调节温控阀和变频油冷风扇，使其保持在一定温度范围内。但在长时间的运行中发现，机组在正常运行期间，存在矿物油系统的油头温度 TE-105、油头压力 PIT-182、泵出口压力 PIT-111 波动范围较大等问题。同时，针对保压备用机组，当矿物油系统辅助泵启动时，干气密封和加载阀会发生动作，产生报警。本文分析了问题产生的原因，并对其控制程序进行了优化，在实际机组运行中进行了应用，取得了良好的效果。

关键词　GE 压缩机组　矿物油系统　控制程序优化

GE 压缩机组是压缩机站场的主要动设备，WKC3 站共有 GE PGT25+/PCL8000 机组 3 台，2 用 1 备，常年运行。在日常工作中发现，夏季高温时，压缩机组的矿物油系统会出现油头温度、油头汇管压力和泵出口压力参数大幅波动，周期性变化的问题，但目标油温能够满足运行要求。这样运行能够满足机组对矿物油温度压力的要求，但设备调节功能失效，长时间频繁的调节也对设备寿命产生不良影响。同时在运行中还发现，矿物油辅助油泵在机组保压时，一启动，就会引起干气密封和加载阀发生瞬时动作，产生报警。而这种瞬时的动作对运行和保压状态是没有任何作用的，属于无效动作和无用功。而在冬天，由于矿物油冷却器排油管温度受环境温度影响，很快降低至 15℃以下，保压机组的矿物油油泵是需要频繁启停的，导致相关阀门频繁瞬时开关动作，这就对阀门的寿命产生不良影响。针对以上问题，从逻辑上和功能上分析存在很大的优化空间，我们以此为研究目标，开展了研究，并应用于实际运行中，使机组矿物油系统控制逻辑得到了进一步完善和优化，取得良好效果。

1　矿物油控制系统问题分析

(1) 矿物油系统主要参数大幅波动

GE PGT25+/PCL8000 燃气压缩机组矿物油系统是整个压缩机附属系统中最为重要的子系统之一，负责为压缩机和动力涡轮轴承提供润滑，并对其进行冷却，同时也是燃气发生器液压启动系统的动力油，不仅如此，矿物油的工艺参数能够影响机组轴承的运行状态。中乌项目三号站在机组正常运行过程中发现，矿物油系统的油头温度 TE-105、油头压力 PIT-182、泵出口压力 PIT-111 波动范围较大，导致油管路振动明显，油冷器在额定转速下存在频繁瞬时启动等问题，见图 1。其中 CC401 机组 TE-105/B 探头的测量值还伴随明显的噪音信号，见图 2。这种在正常环境温度变化周期下的油温、油压(矿物油系统主要指标参数)、温控阀和油冷风扇 VFD 控制频繁的大幅度变化，对整个系统和设备的稳定运行有一定的影响。

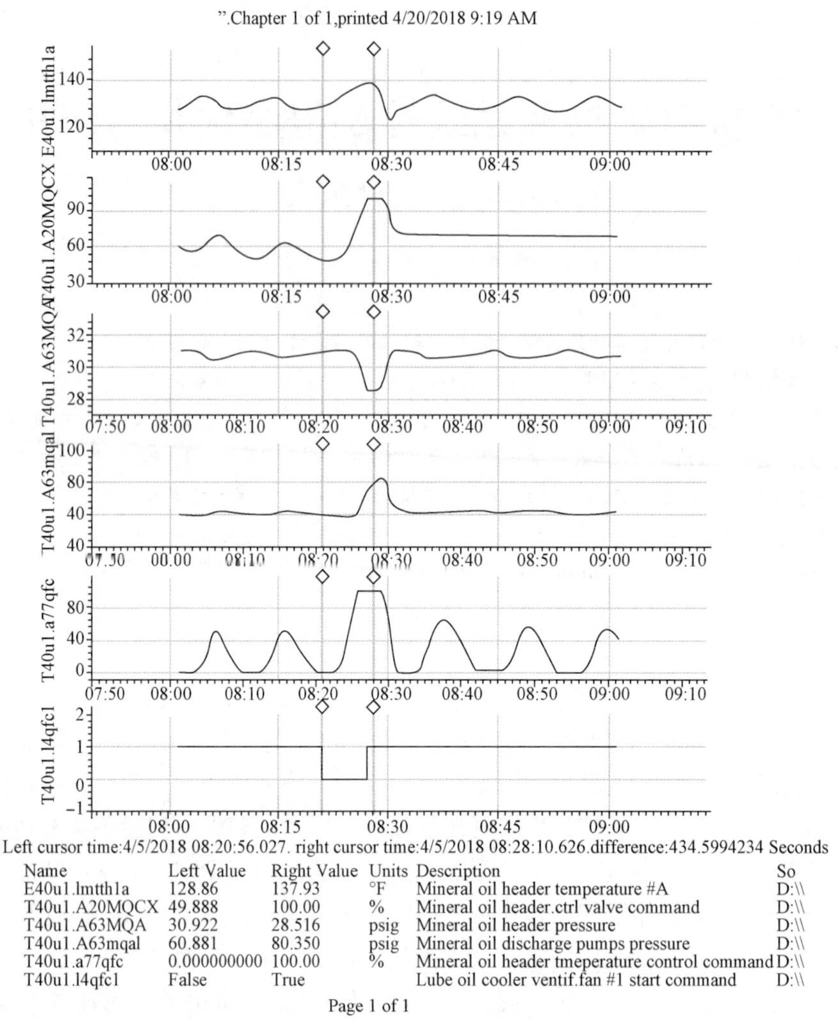

图 1　CC401 机组矿物油系统主参数趋势曲线

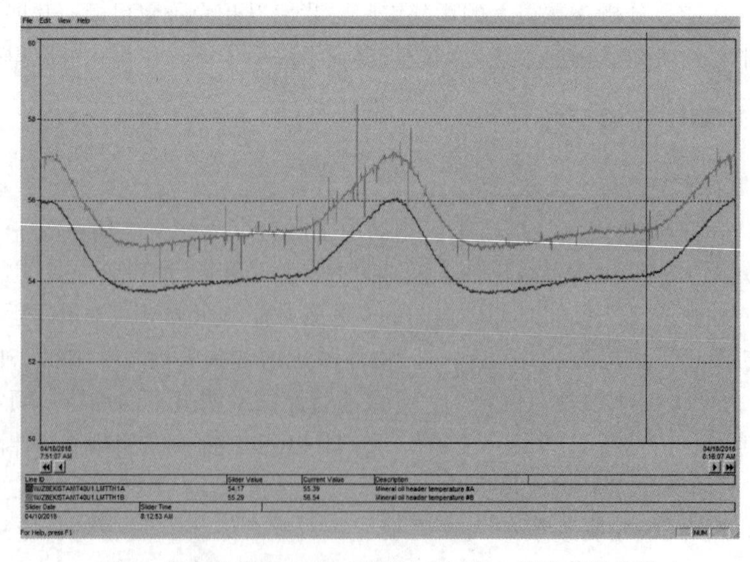

图 2　程序优化前 CC401 机组油头温度 B 探头信号曲线

从图 1 中可以看出，CC401 机组矿物油系统温度控制已经不具备 PID 调节的正弦曲线特征，CC402 机组在程序优化前，温控效果更差，有时间段矿物油系统主要参数呈现等幅震荡态势，温度调节功能已失效，见图 3。

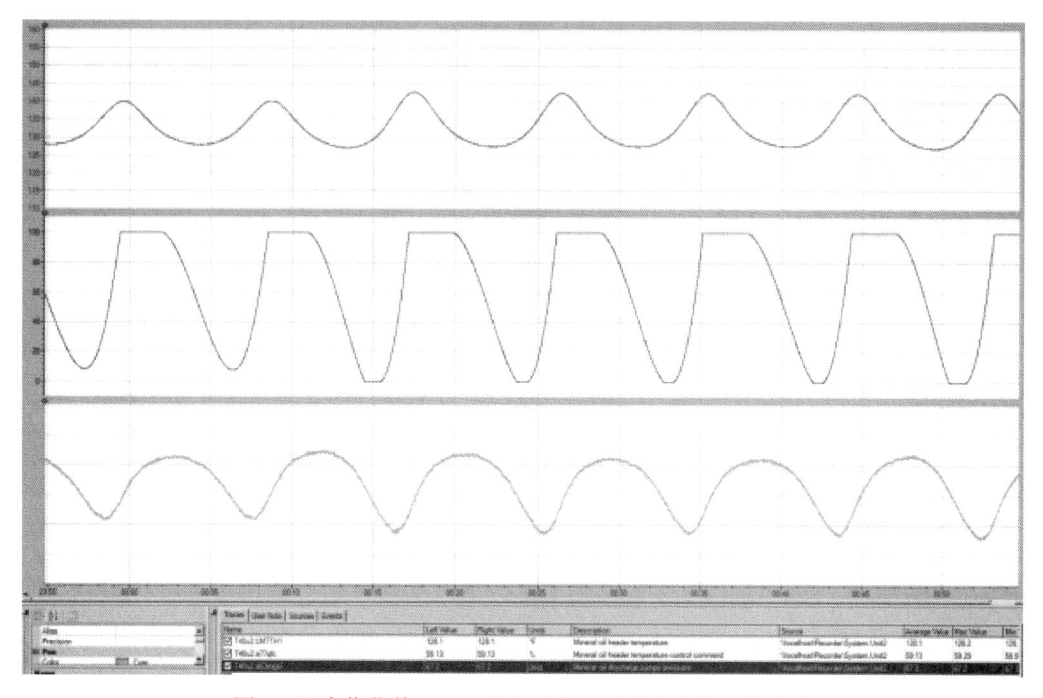

图 3　程序优化前 CC402 机组矿物油系统主参数趋势曲线

通过分析 2 台机组矿物油系统参数，可以发现参数变化的共同点，以 CC401 机组为例，在优化前矿物油系统主要参数变化情况如下：

① 油头压力 PIT-182 在 29-31.2PSI 之间波动(实际要求控制在 25PSI 左右)；

② 油头温度 TE-105 约在 124F(51℃)-136F(57.7℃)之间波动，正常设定值为 55℃，PID 调节无法消除余差。

③ 泵出口压力 PIT-111 约在 60PSI-80PSI 之间波动(正常在约 55-60PSI 左右)。

④ 油冷器 VFD 及 TCV-110 控制信号出现周期性波动，偶尔出现积分饱和现象。

⑤ 油冷器主风扇间隙性地自动启停。

通过分析可以得出结论，在运的压缩机组矿物油控制系统已经不能很好地调节控制温度，通过温控阀开度和油冷风扇 VFD 双重 PID 调节产生了严重的滞后性和不同步性，使油温、油压和温控阀开度产生频繁的大幅波动，对矿物油系统和设备的稳定运行产生一定影响。

(2) 辅助油泵启动引起阀门开关

在站场实际运行过程中，备用保压机组在矿物油系统加热器启动或油冷器排油管过低时，在辅助油泵启动的同时，会自动触发干气密封启动阀 XV-769 及压缩机加载阀 XV-775 关开动作。由于矿物油系统辅助油泵的启动，润滑油压瞬时处于低低报状态，改变了干气密封阀门和加载阀的开关逻辑，显然是不合理的。

2 原因分析

矿物油系统主要参数的大幅度波动，主要有以下 6 点潜在的影响和危害：

1）将导致部分管线明显振动，降低了静密封点的可靠性和在线安装设备的可靠性。

2）泵出口压力波动大，为维持汇管供油油头压力，PCV-112 调压阀频繁动作，显著降低阀膜片寿命；高输出压力也加大了主泵的负载。

3）油头压力波动大，将影响轴承产生的热量被及时带走，润滑油易结焦碳化，也会影响轴承油膜稳定，可能导致瓦块的寿命降低。

4）油头温度波动大，将引起油膜厚度的变化，导致轴承磨损加快或轴系稳定性变差。

5）温控阀的频繁大幅度动作，也会降低阀膜片和执行机构的使用寿命。

6）油冷器频繁启停以及大幅度高频率的速度变化，对油冷风机轴承和轴本身寿命的不良影响是可以预见的，同时，电机控制电流的高频大幅度的变化，交变的磁场也会对现场仪表和相邻的控制系统引入干扰。

针对发现的问题和其可能产生的危害，本文对 GE 压缩机组矿物油控制程序进行了详细的研究和分析，主要包括以下几个方面：

（1）温控阀调节失效原因分析

主油冷风扇在有的时间段会处于周期性的启停状态，油冷风扇转速会在 0-100%之间快速变化，而此此时的温控阀不能有效的进行温度调节，开度也是跟随温度的大幅波动而波动，最终导致油温控制失调。

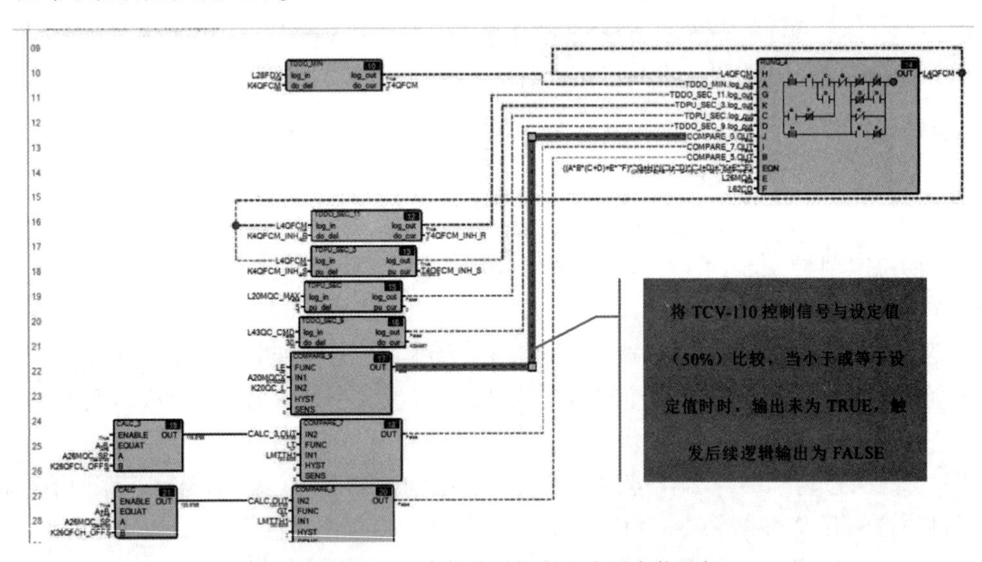

图 4　TCV-110 命令信号控制油冷器启停逻辑

当环境温度偏低或机组降速时，油头温度 TE-105 可能降至设定值 55℃以下，TCV-110 控制阀的 PID 调节器自动减小输出信号，同时油冷器 VFD 的 PID 调节器输出的命令信号也在减小。GE 的逻辑控制是当 TCV-110 控制信号低于 50%时，控制逻辑触发油冷风扇停止运行。随后油温将逐渐回升超过 55℃，TCV-110 控制阀在 PID 调节器的作用下自动增加输出信号，此时 VFD 的输出信号也逐渐增加，当 TCV-110 控制信号达到 100%时，逻辑触发油冷风扇启动，而此时的油冷器 VFD 的 PID 输出命令信号已达 100%，油冷器风扇由 0 转速瞬间升至额定转速运行，矿物油再次被快速降温，即时温控阀和油冷风扇快速降低输出，但温度因其滞后特性，油温将持续下降并低于 55℃以下，温控信号又可能低于 50%，油冷器 VFD 自动停止运行，如此形成恶性循环。通过运行曲线发现，控制油冷器自动启停的逻辑已经破坏了 PID 调节系统的正常调节功能，使温控阀的开度调节失效，导致油温控制曲线震荡，无法收敛至设定值。

从图 2-1 逻辑中可以看出，当 TCV-110 开度小于 50%后，会停止油冷风扇的运行，只有温控阀单独调节。

（2）油冷风扇 VFD 调节失效原因分析

油冷器风扇转速在 VFD 的 PID 调节器命令信号超过 9. 8%时，油冷器风扇将一直处于额定满负荷转速运行。

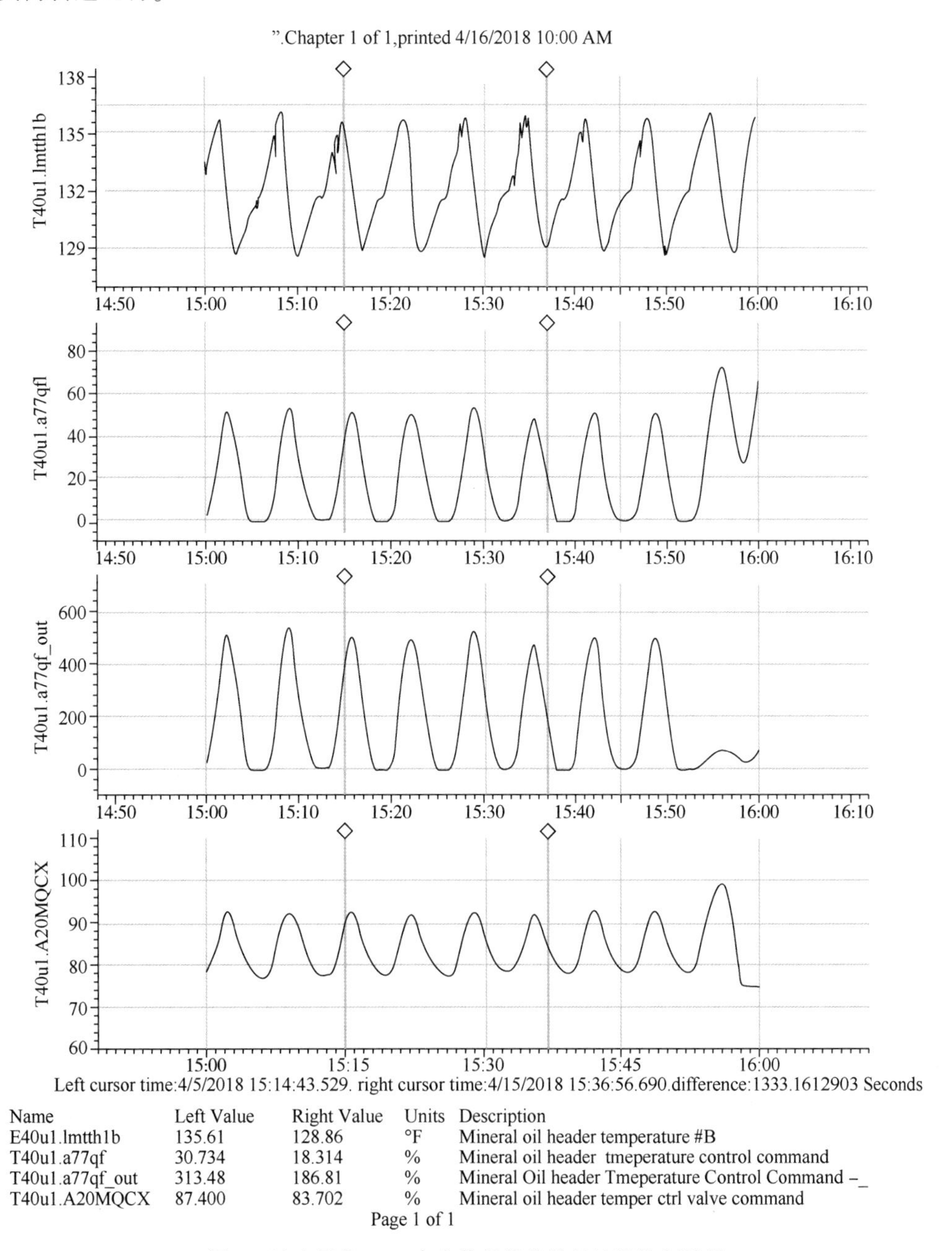

图 5　油冷风扇 VFD 命令信号优化前的油温控制效果

从油冷风扇 VFD 控制信号的 PID 调节器输出逻辑可以看出，PID 输出值被乘以 10.2 的倍数后，赋值并发送至 VFD，导致油冷风扇 VFD 的 PID 调节器输出信号在 9.8-100%之间处于无法调节转速的状态，以致油冷器风扇连续处于实际的额定的满负荷转速运行，也就是说整个风扇的实际转速并没有和 VFD 控制信号 PID 调节输出的值相匹配，整个油温控制仅靠 TCV-110 来调节，最终导致 TCV-110 命令信号曲线显示为接近大幅度等幅震荡状态。从而间接引起油头压力 PIT-182、泵出口压力 PIT-111 大幅波动。

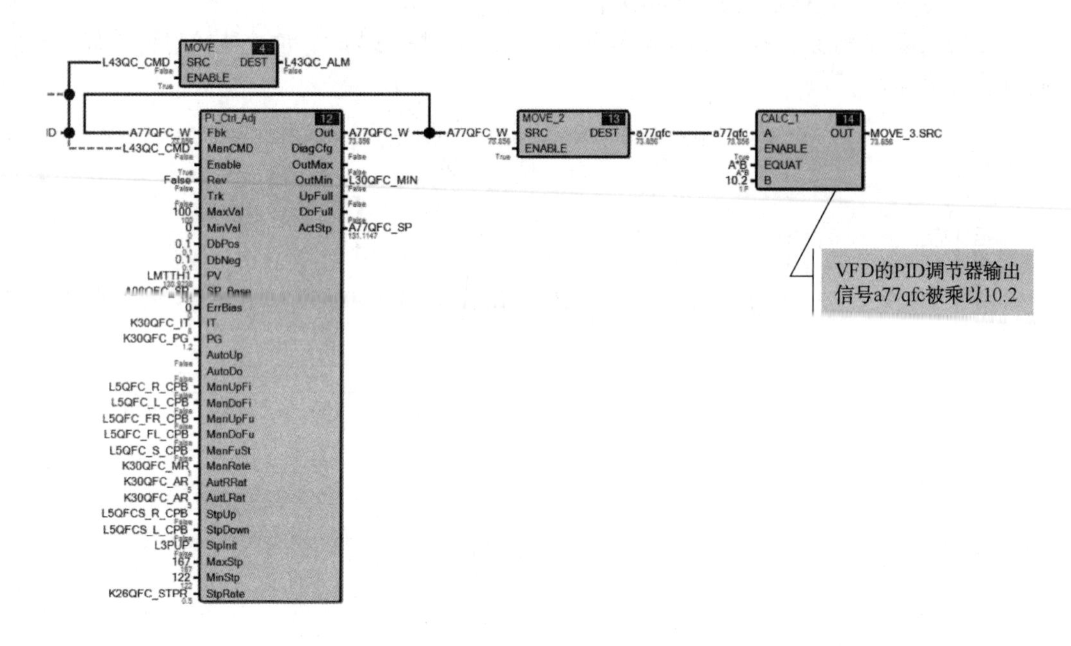

图 6　VFD PID 输出信号倍增逻辑

（3）阀门连锁动作原因分析

1）保压备用机组在矿物油系统辅助油泵启动瞬间，干气密封启动阀 XV-769 及压缩机充压阀 XV-775 将自动关开动作。

控制程序中的触发 L4PC 变量变化的逻辑设计不合理，导致辅助油泵启动瞬间，润滑油压还处于低低报状态，与启泵命令信号不能互锁，L4PC 变量瞬间 TRUE--FALSE-TRUE 的变化，触发上述两阀动作逻辑(当机组控制模式在 off 时不触发 XV-775 动作)。

2）冬季保压备用机组在启动油箱电加热运行的短时间内，易触发干气密封启动阀 XV-769 及压缩机充压阀 XV-775 将自动关开动作。

当油箱温度低时，电加热器自动启动，辅助油泵自动运行，在油头压力刚建立时，因泵输出到油冷器管路温度过低，冷油被压回排油管线，导致排放管线油温 TE-109 低于 15℃，逻辑程序将选择 TCV-110 阀的控制信号从 50%改变成 100%，瞬间油泵出口的润滑油将全部流向油冷器，由于与油冷器相关的管道内润滑油粘度大，若 PCV-112 调压阀不能及时稳定油头压力 PIT-182，将会产生短暂的低低报信号，之后又回升至正常值，L4PC 变量发生 TRUE-FALSE-TRUE 跳转，从而触发干气密封启动阀 XV-769 及压缩机充压阀 XV-775 将自动关-开动作(当机组控制模式在 off 状态时不触发 XV-775 动作)。

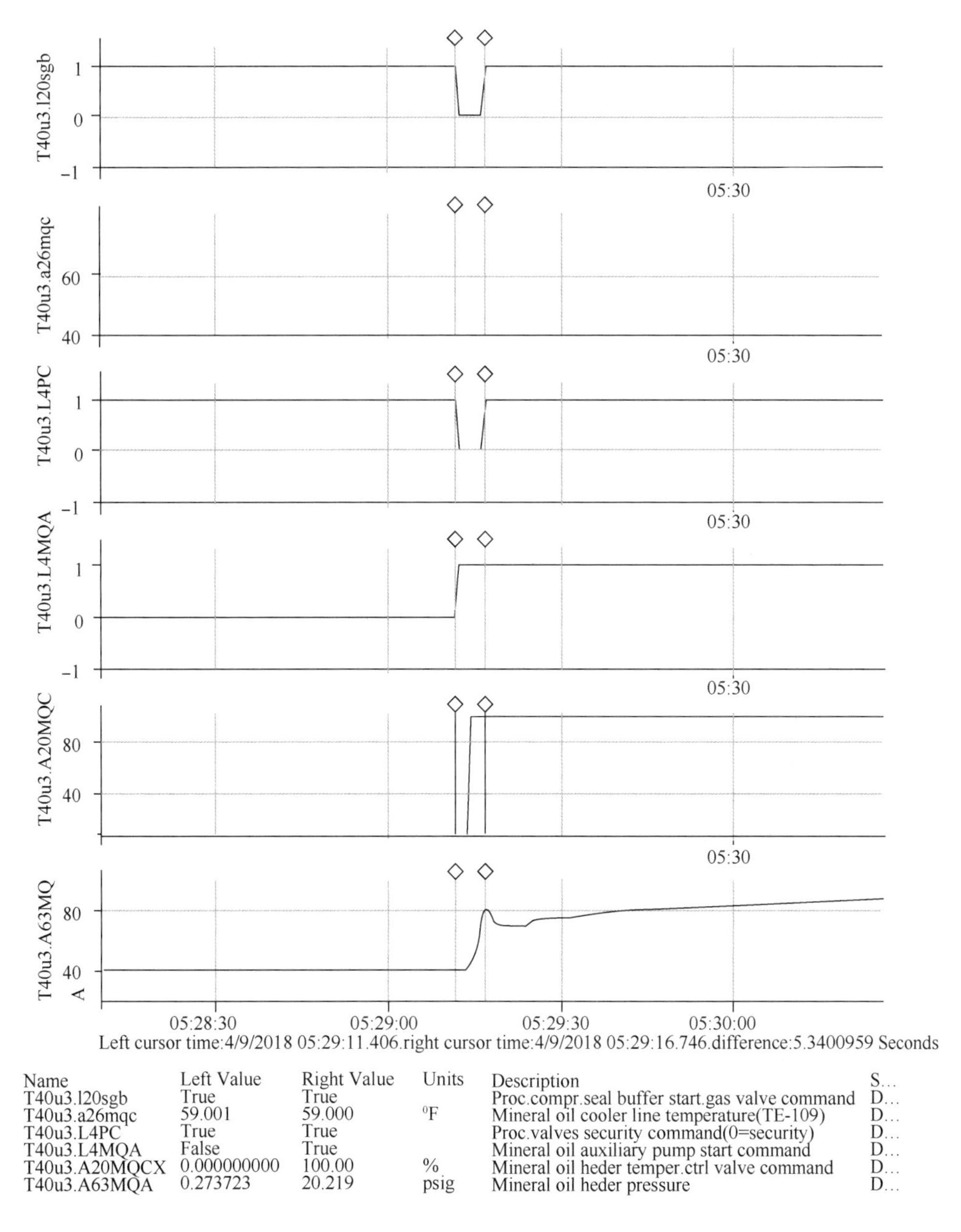

图 7　矿物油系统辅助油泵启动导致阀门关开动作

3　程序优化及应用

（1）针对矿物油系统温控阀控制失效的优化，将控制油冷器启停的 TCV-110 命令信号设定值从 50%降低至 10%，也就是说，当矿物油温度低于 55℃，TCV-110 温控阀开度低于 50%时且大于 10%时，矿物油冷却风扇不会关闭，而是继续慢速运行，直到矿物油温控阀开度低于 10%才关闭，这样使温控阀调节域在 10%到 50%的范围内，油冷风扇仍然在按照 VFD 的 PID 调节输出控制，避免了只有温控阀单独控制的情况，在较大范围的可调节域内，温控阀和油冷风扇 VFD 同时控制，使温度的调节趋于稳定。

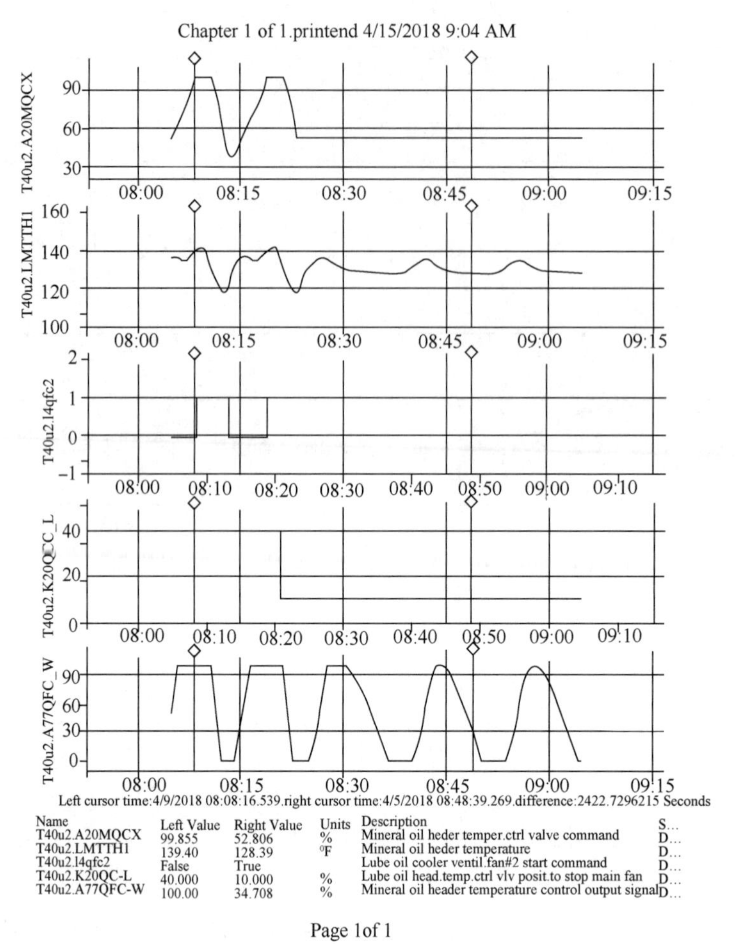

图 8　油冷器启停逻辑设定值优化前后的运行效果

从优化效果可以看出，双重控制下的温度调节，使温度变化趋于更稳定，调节更及时。

（2）针对油冷风扇 VFD 控制信号的 PID 调节器输出值在 9.8%到 100%，风扇转速一直在满负荷运行，无法调节的问题，在逻辑控制中，将油冷器 VFD 控制信号的 PID 调节器输出值乘以 1 的倍数。更改之后，使油冷风扇 VFD 的输出值与 PID 调节值更加契合，增加了油冷风扇 VFD 控制调节的区间，可以在更大的范围内起到调节作用，使温度的调节趋于平缓。

（3）针对保压备用机组在辅助油泵启动瞬间部分阀门动作的问题，将启泵命令逻辑输出变量延迟 50s。即在原 RUNG_ 8 输出增加一个延时功能块。通过 GE 对二号站的程序修改之后，已经取得了较好的效果，从而避免了阀门非正常的开关动作，产生不必要的报警，提高了阀门寿命。同时，将矿物油冷却器排放管线暖管逻辑的 TCV-110 阀开度设定值由 100%改为 70%。也就是在辅助油泵启动瞬间，并不会有大量的冷油进入供油汇管，避免产生短暂的油压低低报，L4PC 变量也不会触发 TRUE-FALSE-TRUE 的跳转，阀门也不会因此动作，此问题 GE 已通过正式文件进行了整改。

根据以上几个方面对 GE 机组矿物油控制系统程序进行优化后，分别在 CC401 和 CC402 两台在运机组进行测试，取得较好效果。CC401 机组矿物油系统油温控制程序优化后的效果较好，CC402 机组的 24 小时的油温控制也更加平稳。

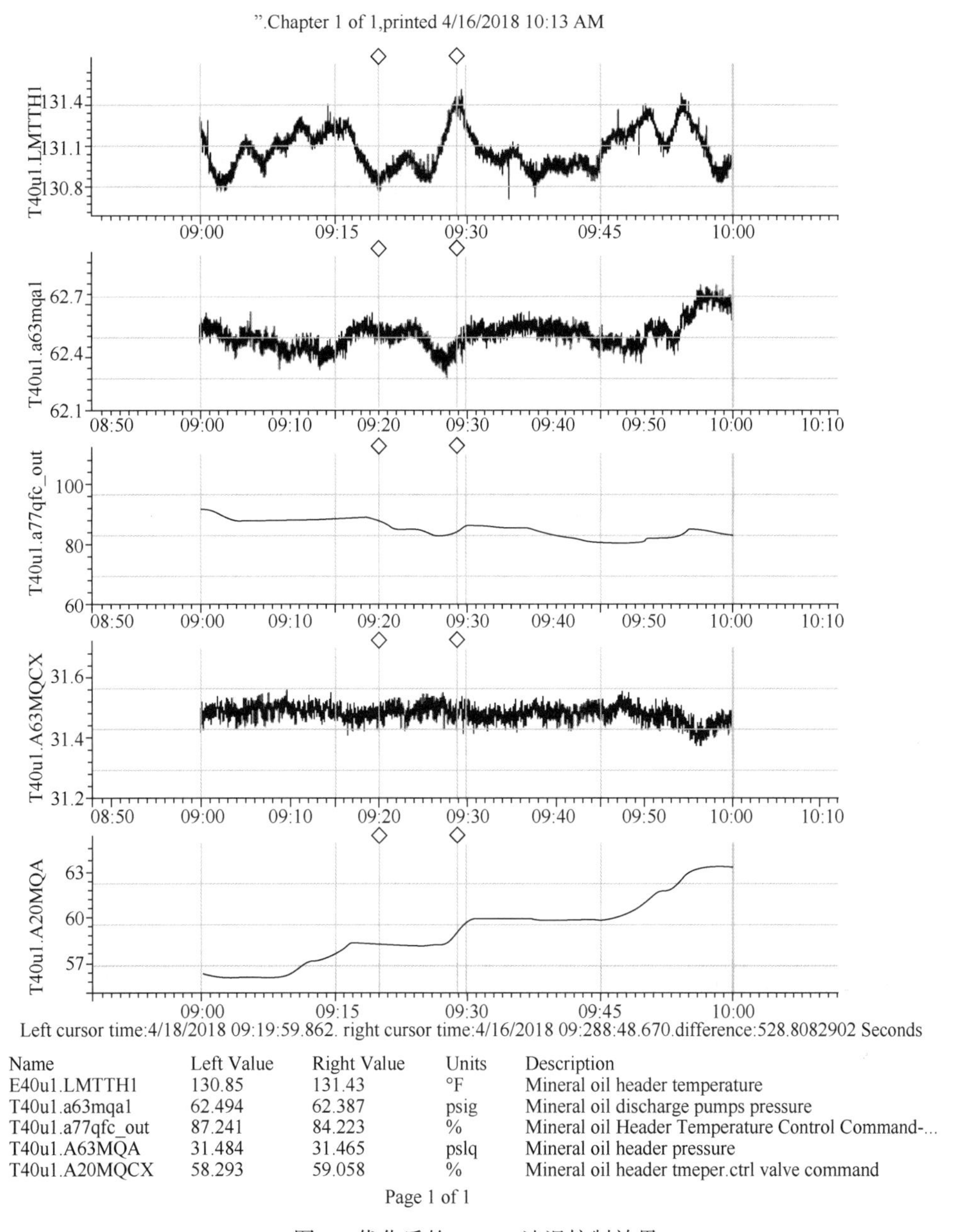

图 9　优化后的 CC401 油温控制效果

优化后 CC401 机组矿物油系统主参数变化范围如下：

1）油头压力 PIT-182 几乎稳定在 31.5 PSI；

2）油头温度 TE-105 稳定在 130.8F(54.8℃)-131.5F(55.3℃)之间，可以看到干扰信号已明显减弱，余差较小。

3）泵出口压力 PIT-114 稳定在 62.3PSI-62.8PSI 之间。

4）油冷器 VFD 及 TCV-110 控制信号已变得相对平缓，未出现积分饱，且处于较为合理的区间。

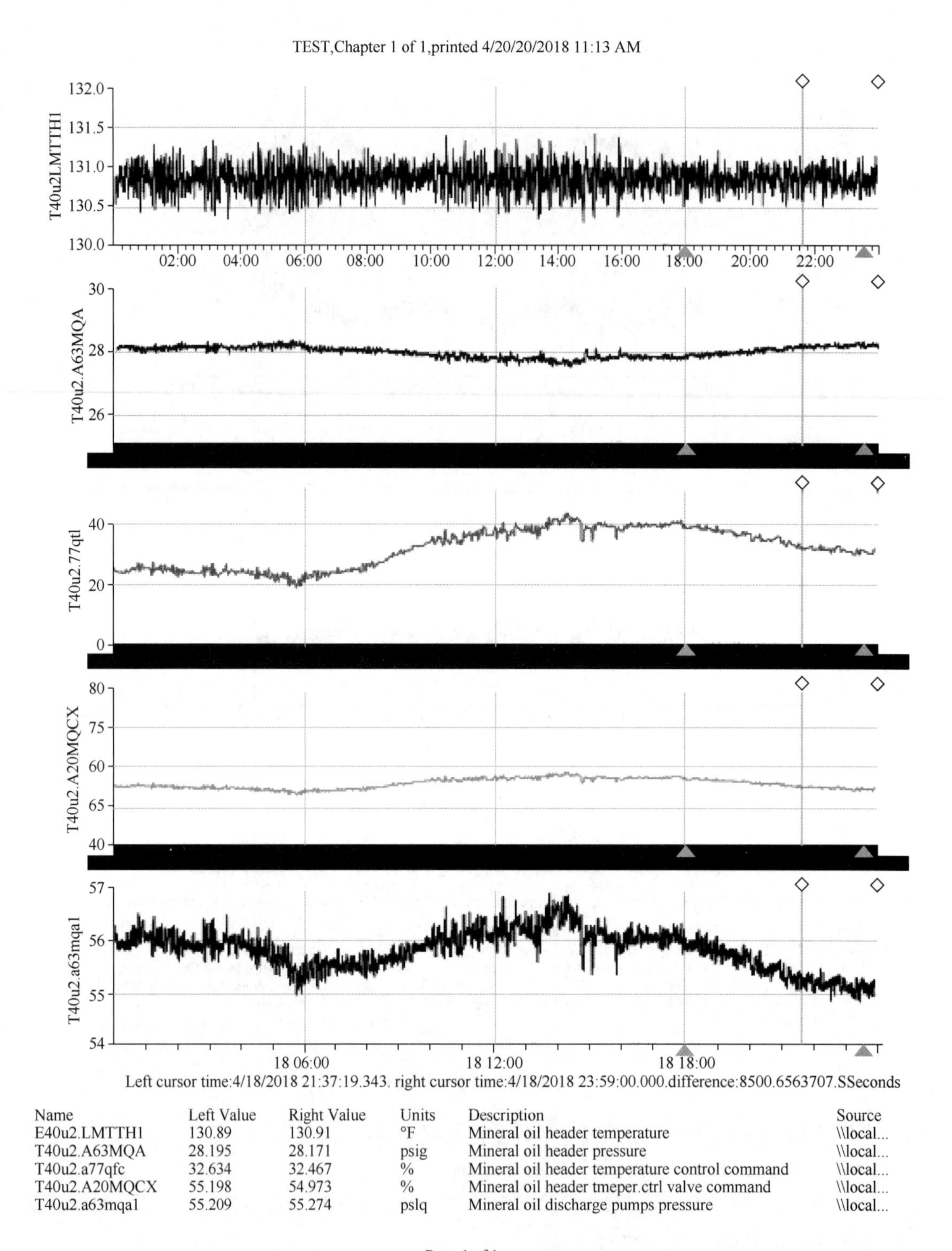

图 10　优化后的 CC402 24 小时油温控制效果

4 小结

本文从站场实际生产中发现的问题入手，针对站场 GE 机组矿物油系统油温大幅波动的问题和矿物油系统辅助油泵启动，导致干气密封和加载阀关开动作，深入总结，分析原因，主要从温度控制阀、油冷风扇 VFD 控制和 GE 控制逻辑中 L4PC 变量变化等方面，对影响矿物油温度和控制的存在缺陷的逻辑参数进行了修改和完善，取得了较好的效果，减少了温度控制设备频繁的大幅波动，增加了设备的使用寿命，保证了机组的平稳运行，也解决了保压备机在矿物油辅助油泵启机时，阀门的无效动作。

对于优化程序可能带来的风险，笔者认为，所有程序在更改前，都通过了 GE 技术部门的技术论证，再由其现场工程师给予修改，在近一年来的实际应用中，未见由此影响机组安全的情况发生。而对于部分逻辑中设定参数的优化，因涉及优化的原参数本身就是 GE 经验值，在安装调试初期时可根据现场实际进行修改，不涉及逻辑程序本身。其可能存在的风险是当环境温度过低时，降低油冷器自动停止的矿物油温控阀开度设定值，可能导致油冷器需较长长时间保持在最低转速下运行，是否会影响温度的调节，届时需观察处置，各站可根据自身环境条件对该参数进行微调。

参 考 文 献

[1] GE, company. GE Maintenance and Operation Manual for Compressor PCL802N[M]. Italy: GE, 2009.
[2] 林勇，贾东卓，张增站. GE 压缩机组矿物油辅助油泵程序优化[J]. 石油工程建设，2011，(4)：69-72
[3] 王玉军. 干气密封工作原理及结构布置[J]. 科技信息(学术研究)，2007，(26)：25-27

并联压缩机组负荷分配系统设计

李朝明　王成祥　徐伟良

（中油国际管道公司　中乌天然气管道项目）

摘　要　并联运行的离心式天然气压缩机组多用于天然气输送、石油化工、天然气工厂等行业，为了使并联运行的压缩机组稳定、节能、降低启、停机组对工艺的扰动，一套完整高效、自动控制程度高的负荷分配控制系统必不可少，中亚管道C线UCS3站配置3台Siemens压缩机组，UCS3站提出负荷分配控制方案，该方案基于出口压力和进口压力负荷分配控制原理，采用闭环控制方式，通过PLC(programmable logic controller)作为控制器，通过调节各台并联压缩机组的转速，保证各台机组喘振裕度基本一致的情况下，降低喘振风险并实现负荷分配功能。

关键词　离心式压缩机　负荷分配　PLC　喘振　并联

离心式压缩机组是管道天然气输送的关键设备，通常都非常昂贵，维护运行成本都很高，提高压缩机的效率和稳定性是非常值得重视的。压缩机的有效性和可靠性受限于控制系统的情况非常多，控制效果不好经常会导致有效性降低、稳定性下降，甚至出现停机和机组损坏等现象。通常一些站场，年输气量一般是稳定的，但是负荷需求变化是无法预估的，站场设计时往往设计成机组在满负荷运行状态或最佳工况点运行，而现实中，机组并非一直处在满负荷或者最佳运行工况，有些机组经常处在手动状态或固定在一个转速下运行，压缩机效率往往无法保证在比较高的状况下运行，其实这样造成了很大经济浪费。有时工况的突然变化，也无法及时做出调整应对，造成机组喘振或停机现象，也很大程度影响了输气的稳定行，也会缩短机组运行寿命或对机组造成损坏。负荷分配控制系统是多台并联运行机组一个重要的控制系统，一套完整地、高效的控制系统很大程度上提高压缩机组的有效性和稳定性。可以很好的避免压缩机组之间发生负载不平衡导致喘振等损坏机组的现象发生。

1　负荷分配控制系统设计

负荷分配控制系统是一个相对独立的控制系统，在此命名为MCP(master control panel)采集各台机组的喘振裕度、压缩机进、出口压力、温度和差压等信号，计算各台机组之间的喘振裕度偏差值，通过PLC控制系统计算出来的值送到各机组的控制器(UCP)，各机组控制系统UCP(unit control panel)根据收到值进行计算，将结果送到ECS(engine control system)系统(也可以称为燃料控制系统)，调整燃料气的量进而达到调整机组转速的目的，由于转速的变化引起喘振裕度的变化，各机组再将喘振裕度返回MCP，逐渐将各台机组的喘振裕度偏差控制在允许偏差范围内，待各台机组之间的裕度偏差达到允许偏差后，再根据进、出口压力进行PID计算进行控制，最终使工艺进、出口压力达到设定值，这样就形成了一个闭环反馈控制系统，从而实现负荷分配功能。

1.1　术语

喘振裕度(Deviation)　　　　工作点到喘振线的距离

压比(Pratio)	P_2/P_1出口绝压和进口绝压之比
流量(flow)	80PG * 4.022/P1("H2O/PSI)
PID	比例、积分、微分
P_2	压缩机出口绝对压力
P_1	压缩机进口绝对压力
80PG	眼差(eye pressure)，压缩机进口法兰和叶轮之间的压差。

每台机组在工厂里都要进行性能测试，将给客户提供完全的性能曲线和参数，这些曲线和参数对于用户来说非常重要，对于机组长期运之后，将机组的目前的性能曲线和参数与出厂时的性能曲线和参数进行比较，可以很好的反映出长期运行对机组的影响，可以掌握机组性能的变化趋势，将有助于更好的运行机组。喘振测试则是其中重要一项，下面仅列出站场机组的喘振曲线数值

压缩机厂家提供的喘振线曲线测试图和数值，图 1 和表 1、表 2、表 3、表 4、表 5：

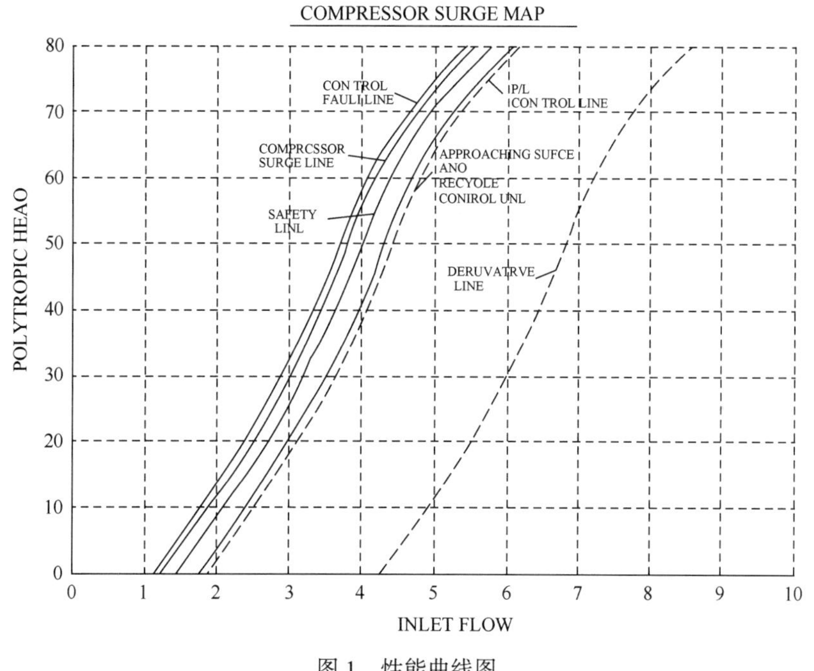

图 1　性能曲线图

Control fault line	压缩及理论上进入喘振线也称之为实际喘振线.
Compressor surge line	压缩机非常接近喘振线，产生喘振故障，也称之为喘振停机线，一般此线设置离实际喘振线 0.5%.
Safety line	优先级最高喘振控制安全功能将会迅速打开安全阀(热循环阀)。一般此线设置离实际喘振线 1%.
P/I control line	喘振通过 P/I 控制器进行控制在安全阀还未打开的情况下，一般此线设置离实际喘振线 6%.
Approaching surge and recycle control line	进入喘振的预报警，根据用户意愿进行设定
Derivative line	系统可以预估喘振发生最早的点，取决于流体动力特性，一般此线设置离实际喘振线 15%.

表 1　喘振线数值表

X1	X2	X3	X4	X5	X6
0	0. 0136	0. 0196	0. 0276	0. 0381	0. 0516
Y1	Y2	Y3	Y4	Y5	Y6
1	1. 3206	1. 4353	1. 5721	1. 7341	1. 9246

表 2　报警线数据表

X1	X2	X3	X4	X5	X6
0	0. 01415	0. 020392	0. 028715	0. 039639	0. 053685
Y1	Y2	Y3	Y4	Y5	Y6
1	1. 3206	1. 4353	1. 5721	1. 7341	1. 9246

表 3　控制线线数据表

X1	X2	X3	X4	X5	X6
0	0. 019584	0. 028224	0. 039744	0. 054864	0. 074304
Y1	Y2	Y3	Y4	Y5	Y6
1	1. 3206	1. 4353	1. 5721	1. 7341	1. 9246

表 4　安全线数据表

X1	X2	X3	X4	X5	X6
0	0. 015281	0. 022023	0. 031011	0. 042809	0. 057978
Y1	Y2	Y3	Y4	Y5	Y6
1	1. 3206	1. 4353	1. 5721	1. 7341	1. 9246

表 5　死区线数据表

X1	X2	X3
0	0. 05	0. 1
Y1	Y2	Y3
1	1. 165	1. 33

X1　　压缩机流量(横坐标)

Y1　　压比(纵坐标)

Fx　　实时流量=80PG×4. 022/P1

Py　　实时压比=(Pratio−Y×)×((X×+1−X×)/(Y×+1−Y×))+X×

喘振裕度 Dev　　(√(Fx/ Py)−1) * 100

注：本文中涉及到计算流量的压力和差压变送器都带有温度探头，提供经修正后的稳定信号。

1. 2　Dev 计算方法

实际运行中，我们并不可以等到机组到达喘振线后，再采取措施，因为一旦机组工作点到达喘振线后，将有很大可能对机组造成严重的损坏，包括干气密封、止推轴承和叶轮等重要部件造成损坏，影响输气和不可挽回的经济损失。为了更安全的控制，控制系统要增加控制线、报警线和死区线，当工作点的喘振裕度小于相对应控制线的喘振裕度后，将会打开机组防喘阀，增加机组进口气量，使机组尽快回到控制线以内。在此本文将控制线与喘振线偏移量设置为20%，即当工作点的喘振裕度小于20%后，将打开机组防喘阀，报警线设置为8%，即当工作点的喘振裕度小于8%后，将迅速打开机组防喘阀，报警线设置为6%，即当工作点的喘振裕度小于6%后，将迅速打开机组防喘阀和热循环阀，并停机。

根据图1可以看到，压缩机组的喘振线并不是线性关系，而是在某一个区间近似线性关系，工作点离喘振线的Dev量又非常重要，为了更好的保护压缩机组免受喘振的影响，在这里将运用分区间的计算方法，压缩机组运行过程中，根据不同的压比，选择相应的Dev计算公式，能更加准确的计算出压缩机组实时的喘振裕度．下面列出分区计算公式如下：

$$1 \leqslant Pratio<1.3206 \qquad Py=(Pratio-Y1)\times((X2-X1)/(Y2-Y1))+X1 \tag{1}$$

$$1.3206 \leqslant Pratio<1.4353 \qquad Py=(Pratio-Y2)\times((X3-X2)/(Y3-Y2))+X2 \tag{2}$$

$$1.4353 \leqslant Pratio<1.5721 \qquad Py=(Pratio-Y3)\times((X4-X3)/(Y4-Y3))+X3 \tag{3}$$

$$1.5721 \leqslant Pratio<1.7341 \qquad Py=(Pratio-Y4)\times((X5-X4)/(Y5-Y4))+X4 \tag{4}$$

$$1.7341 \leqslant Pratio<1.9249 \qquad Py=(Pratio-Y5)\times((X6-X5)/(Y6-Y5))+X5 \tag{5}$$

根据厂家提供的喘振线数据，我们将可以制作出喘振线图，见图2：

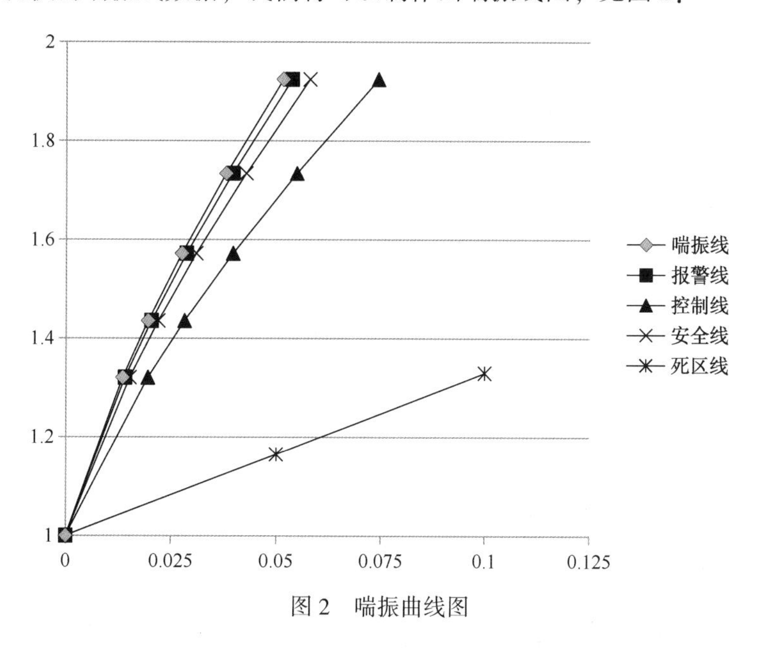

图2 喘振曲线图

为了获得各台机组喘振裕度，需要实时计算出各台机组的工作点，根据压比的不同区间，选择不同的公式进行计算。

喘振裕度通过计算获得后，送往MCP控制器，MCP控制器接收到3台机组的喘振裕度后，进行比较，当3台机组之间的偏差值小于设定值后，进入负荷分配功能，根据进口压力、出口压力设定值进行PID计算后获得控制值，进口压力控制和出口压力控制的优先级取决于进、出口压力实际值与控制值的偏差值，偏差值小的获得控制权，获得控制权后，根据设定值与实际值偏差计算出控制值，将控制值送往各台机组，各台机组UCP接收到数值后，将数值送往ESC控制器，进行转速调节，转速变换后，喘振裕度同样会有微小的变化，再将喘振裕度返回到MCP，MCP再根据裕度值对3台机组进行微调，最终达到3台机组在裕度偏差允许范围内的情况下将进、出口压力调节到设定值，以上为控制主体原则，下面对主要编程内容进行说明。

硬件配置为：AB PLC controllogix5573系列，软件为RSLogix 5000　version 20.1

1.3　并联机组喘振裕度分配

在进行负荷分配前，首先要进行并联机组的喘振裕度分配，使每台机组的喘振裕度都在允许偏差范围之内，这样做的优点在于，降低每台机组的喘振风险，使并联机组运行更加稳定，例如三台机组的Dev计算出来后，将3台机组的Dev值平均计算后得出一个中间值，将3台机组与这个中间值进行比较，如果与中间值的偏差大与允许偏差(本站场设计值为3)，MCP将发送降低机组转速的命令到UCP，如果与中间值的偏差小与允许偏差，MCP将发送提高机组转速的命令到UCP，这个过程会一直持续到3台机组与中间值的偏差小与允许偏差。小于允许偏差后，将进入负荷分配程序。

PID整定进、出口压力控制变量

在整定PID控制器参数时，可以根据控制器的参数与系统动态性能和稳态性能之间的定性关系，用实验的方法来调节控制器的参数。

在调试中最重要的问题是在系统性能不能令人满意时，知道应该调节哪一个参数，该参数应该增大还是减小。

为了减少需要整定的参数，首先可以采用PI控制器。为了保证系统的安全，在调试开始时应设置比较保守的参数，例如比例系数不要太大，积分时间不要太小，以避免出现系统不稳定或超调量过大的异常情况。给出一个阶跃给定信号，根据被控量的输出波形可以获得系统性能的信息，例如超调量和调节时间。应根据PID参数与系统性能的关系，反复调节PID的参数。

如果阶跃响应的超调量太大，经过多次振荡才能稳定或者根本不稳定，应减小比例系数、增大积分时间。如果阶跃响应没有超调量，但是被控量上升过于缓慢，过渡过程时间太长，应按相反的方向调整参数。

如果消除误差的速度较慢，可以适当减小积分时间，增强积分作用。

反复调节比例系数和积分时间，如果超调量仍然较大，可以加入微分控制，微分时间从0逐渐增大，反复调节控制器的比例、积分和微分部分的参数。

总之，PID参数的调试是一个综合的、各参数互相影响的过程，实际调试过程中的多次尝试是非常重要的，也是必须的，在对进、出口压力进行测试后，PI控制完全可以实现控制变量的整定。

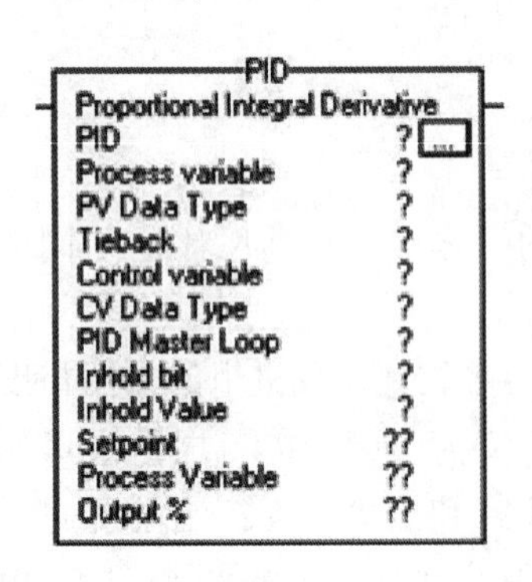

图3

进、出口压力控制变量根据进、出口压力设定值与实际值通过式(1)计算得出，这里只用比例和积分：

$$u_k = K_p\left(e_k + \frac{T}{T_i}\sum_{j=0}^{k} e_j\right) \tag{1}$$

在PLC程序中可以通过PID指令来实现，图3：

PID　　9proportional integral derivative

比例积分微分

Process variable　　　工艺变量(进、出口压力)

PV Data type　　　工艺变量类型

Control variable　　　进出口压力控制变量输出

Setpoint　　　进出压力设定值

进口压力配置，图 4

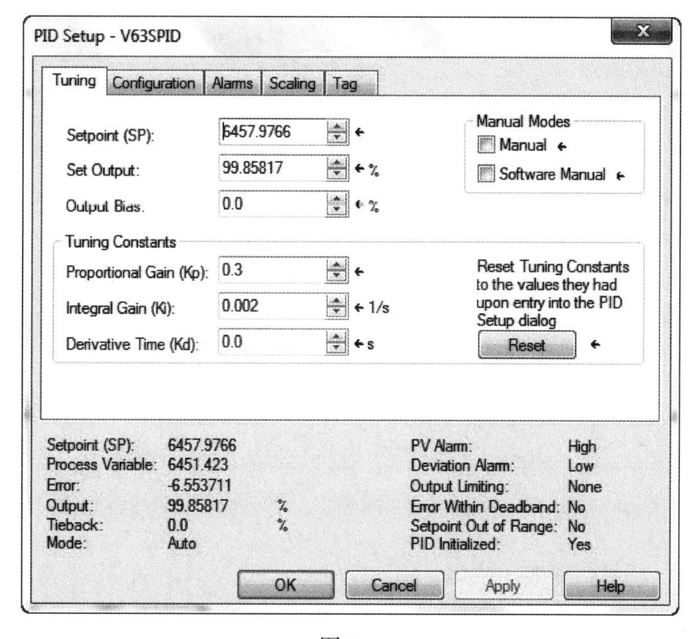

图 4

通过 PID 配置框进行参数配置：

Setpoint　　　设定点

Set output　　　控制输出值

Proportional Gain(Kp)　　　比例增益

Integral Gain(Ki)　　　积分增益

设定点为调控中心期望机组出口压力或进口压力达到的值，可以从 HMI 界面进行输入。控制输出值为经过 PID 计算后输出值，此值将送往 UCP 控制器进行机组转速调整。比例增益和积分增益要根据现场实际情况来调试，在保证机组转速调整速率允许范围内尽快将进、出口压力

调整到设定值。

PID 设定值，图 5

PID equationPID　三参数独立型控制

Control action　偏差=工艺值-设定值

Derivative of pv　消除设定值改变导致的尖锋值

Loop update time　更新时间

CV high limit　控制变量高限

CV low limit　控制变量低限

Deadband value　死区值

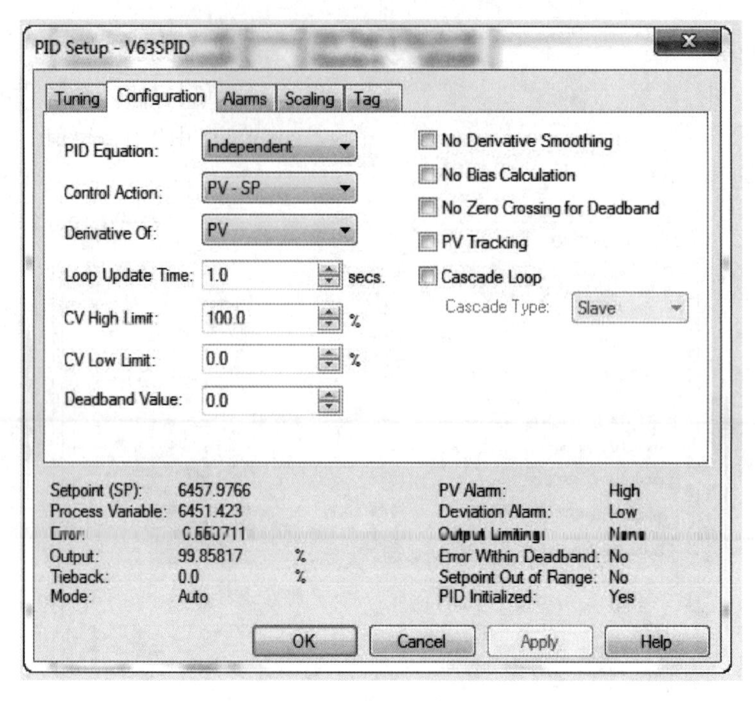

图 5

出口压力配置，图 6，图 7

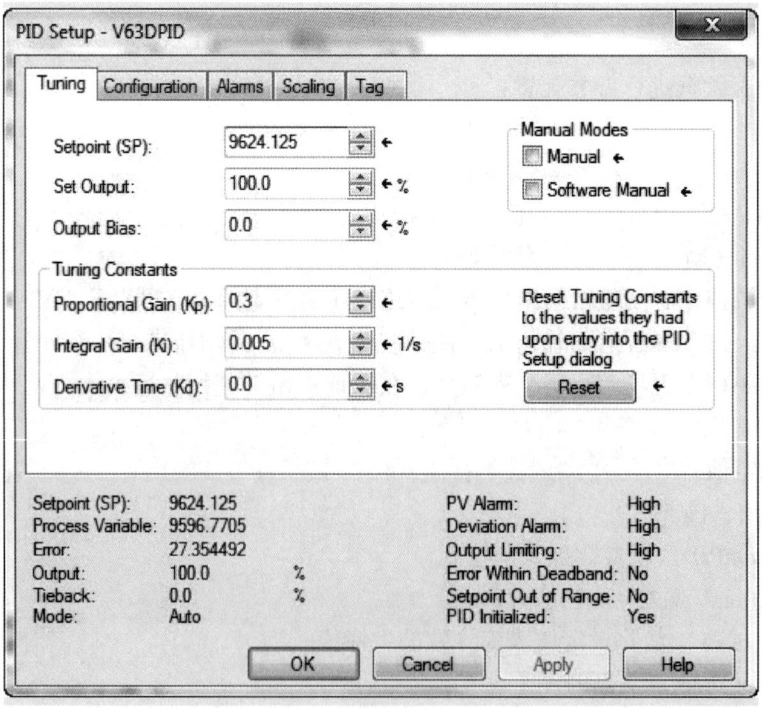

图 6

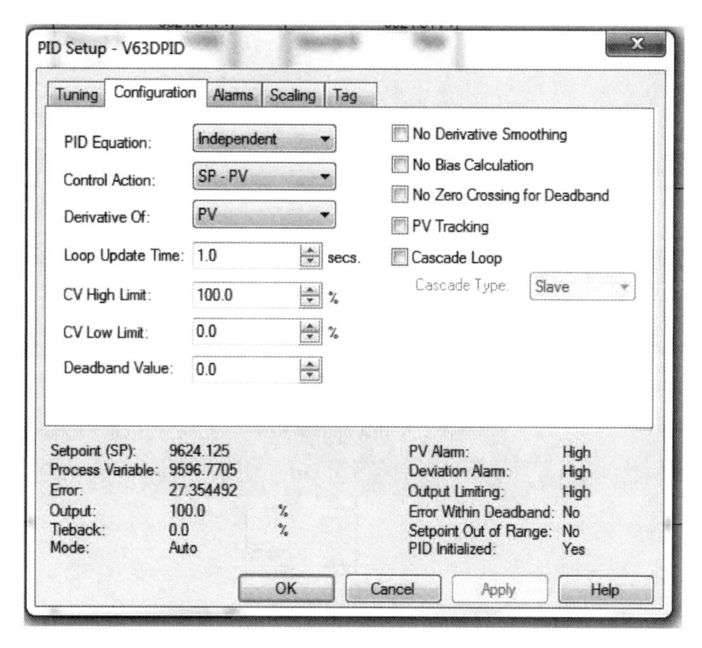

图 7

出口压力与进口压力配置基本一致，只有积分增益和控制方式(control action)不同。积分增益这项可以根据实际情况，进行调节，如果经过多次振荡才能稳定或者根本不稳定，应减小比例系数、增大积分时间。如果没有超调量，但是被控量上升过于缓慢，过渡过程时间太长，应按相反的方向调整参数争取达到最优效果。

控制方式(control action)进口压力选择(PV-SP)，出口压力选择(SP-PV)的方式选择说明。当 PV-SP 的正向值越小，控制变量会越接近 100，PV-SP 的正向值越大或者为负值，则控制变量会越小，出口压力则正好相反，为何这么取值，随后将进行说明。

进、出口压力控制变量选择进、出口压力控制在同一时间只可以有一个进行控制，否则就会造成控制系统紊乱，如何选择哪一个控制量进行控制呢？本文选择方式为偏近式控制方式，控制值与设定值的偏差小的会取得控制权，这样的好处是因为控制值与偏差值偏差很小，机组的转速波动会很小，控制也会很稳定。例如：进口压力为例，设定值(setpoint)与工艺值(process variable)之间的偏差 E=PV-SP，当工艺变量小于设定值，偏差 e 为负，机组将会根据控制变量降低机组转速以提高工艺变量，减少偏差 e。相反当偏差 e 为正，则提高机组转速降低进口压力，减少偏差 e。偏差 e 的大小决定了控制变量的值，从式(1)可以看出，e 与控制变量是反比关系。

运行中，如果想采用进口压力控制，则需要进口压力控制变量输出值小于出口压力控制变量输出值，才会转为出口压力控制，要做到这一点，根据控制程序原理，可以从 HMI 调整进出口压力设定值来实现，修改进口压力设定值大于工艺实际值，同时修改出口压力设定值小于工艺实际值，这时程序会根据偏差值进行计算，进口控制变量输出值会逐渐减小，出口控制变量会逐渐增大直到 100，当进口压力控制变量小于出口压力控制变量，这是将转为进口压力控制，控制变量会逐渐减小，并实时将控制变量送往 UCP 控制器，降低机组转速，逐渐将进口压力设定值与实际工艺值偏差调整到 0，这时控制变量也会稳定到一个相对稳定的数值，当然控制变量是实时跟随实际工艺值的变化而变化。

流程图，图 8

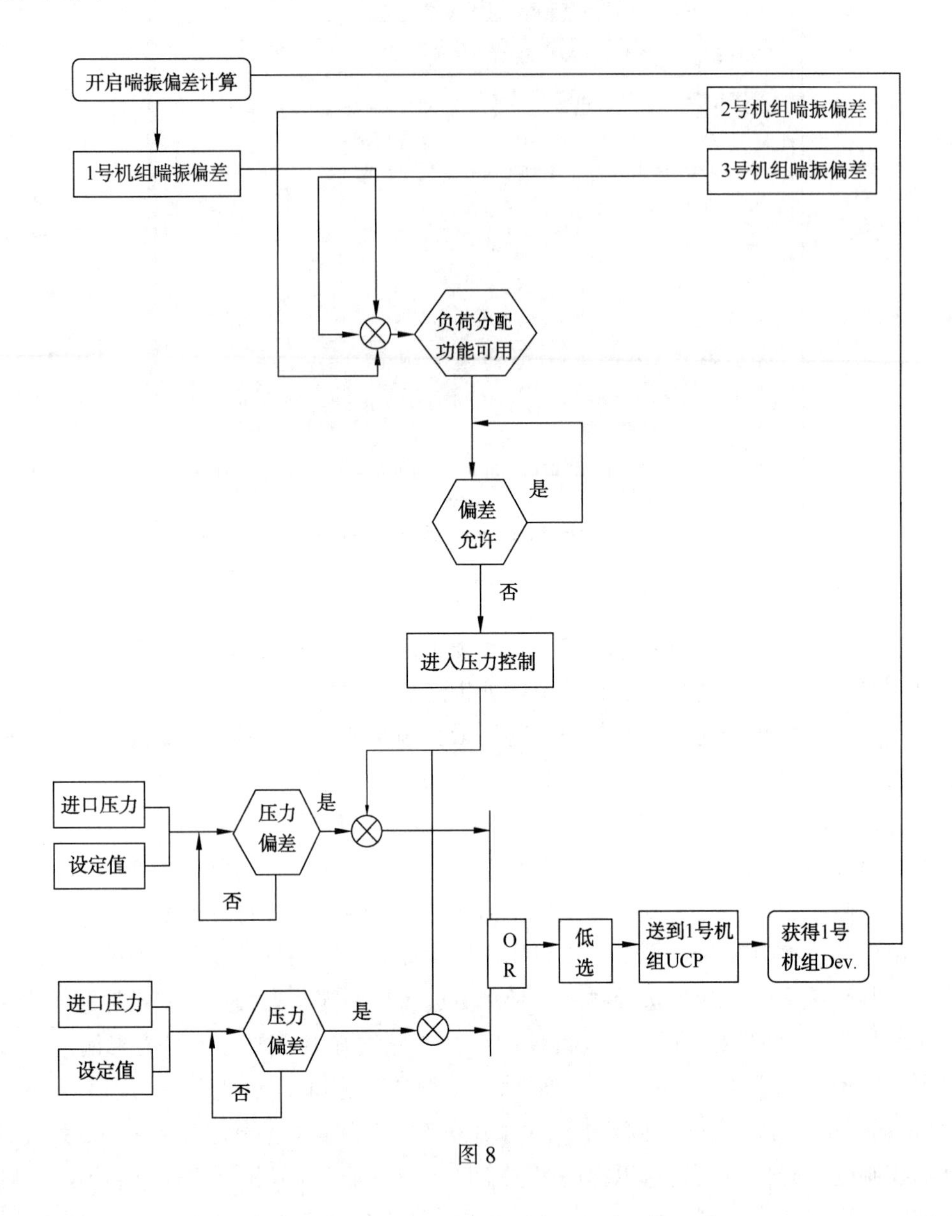

图 8

2　结论

本套系统可以很好的完成 3 台并联机组的负荷分配功能，控制稳定高效，达到了工艺生产控制系统的需求；并联机组负荷分配均衡，减少因负荷不均衡给机组带来的喘振风险。各台机组自动化成度高，可以通过远程调控中心直接设定站进、出口压力，完成全线的统筹调控，节省人力，提高工作效率；同时全线统筹调控，使得机组可以在效率较高的工况下运行，提高机组效率，节省能源。

参 考 文 献

[1] Gregory K. McMillan, Centrifugal and Axial Compressor control, ISA, 1983.
[2] J. R. Saston, Centrifugal Compressor Operations and Control, ISA, 31st Annual conference, Houston, 1978.
[3] 廉莜纯，吴虎．航空发动机原理．西安：西北工业大学出版社，2005. 6.
[4] Doug Platt, Rolls-Royce Operation and Maintenance manual , 2010. 7.

基于能耗优化的压气站运行模拟分析

林 棋[1] 左 栋[1] 张义勇[1] 向弈帆[2] 杨金威[2] 刘宏刚[1]

(1. 中油国际管道公司 中乌天然气管道项目；2. 中油国际管道公司 生产运行部)

摘 要 在长输天然气管道运行费用构成中，压气站自耗气费用成本占比高达50%以上，故基于能耗最优的压气站运行优化研究显得尤为重要。本文以中亚天然气管道GCS压气站为例，针对该站场存在的高温天然气输送及不同输量与压缩机组匹配的特殊运行工况，借助SPS仿真软件及历史运行数据，模拟计算了不同工况下自耗气量的变化规律，量化分析了不同工况所导致的额外自耗气量。模拟及分析表明：压气站进站天然气温度每上升5℃，压缩机组自耗气量增幅6%；在一定输量范围工况下，采用低效率的双机组运行模式，每天将增加1~3万方自耗气量。根据模拟计算分析结果，本文阐明了输送高温天然气的压气站开展降温技术改造项目的必要性，论证了基于月度输气计划压气站能耗优化的压缩机组匹配工艺方案。本文研究内容可为长输天然气管道压气站开展能耗优化研究提供参考借鉴。

关键词 压气站 高温天然气 开机组合 输量匹配 仿真模拟 自耗气

中亚天然气管道起于阿姆河右岸的土库曼斯坦和乌兹别克斯坦边境，途经乌兹别克斯坦、哈萨克斯坦，从霍尔果斯进入中国并与西气东输管道相连。中亚地区气候为典型的温带沙漠大陆性气候，夏季时长可达4~5个月，期间气温长期处于40-45℃。管道投产运行以来因夏季高温输气问题对现场工艺运行造成了系列影响，而高能耗问题是其主要影响之一。为此以GCS压气站为例，借助SPS仿真软件及历史运行数据，首次量化分析高温输气所导致的额外能耗，阐明开展降温技术改造项目的必要性。同时基于能耗优化理念，针对该站场存在的压缩机开机组合与输量匹配问题开展仿真模拟计算分析，论证基于月度输气计划压气站能耗优化的压缩机组匹配工艺方案，由此实现管道的优化运行及节能降耗。

1 研究背景

1.1 压气站工艺系统简介

GCS压气站位于乌兹别克斯坦境内，作为乌国外输天然气的注入站。上游乌石油公司DKC5站的天然气，经过6.1km管线输送至GCS站，经站内过滤分离、压缩增压、冷却、计量后注入中亚天然气管道A/B线或C线(图1)。

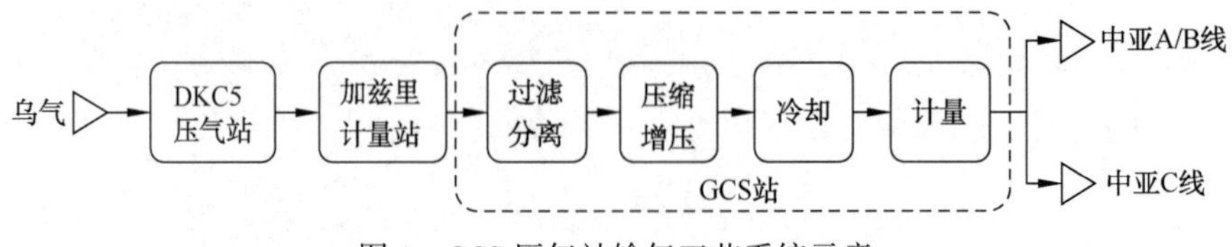

图1 GCS压气站输气工艺系统示意

1.2 压气站特殊运行工况

1.2.1 高温天然气输送

自 GCS 站投产运行以来，在夏季高温运行期间，由于上游 DKC5 站外输天然气出站温度较高，历史最高达 69.47℃，导致 GCS 站进站天然气温度维持在 50℃ 以上，最高达 63.8℃(见图 2)，而 GCS 站设计进站温度小于 45.8℃。同时，由于两站站间距短、管存气量小、DKC5 机组不稳定等因素，GCS 站可能发生某些短时间异常运行工况，例如：GCS 站防喘阀开启，高温气体回流，由此进一步增大天然气温度。

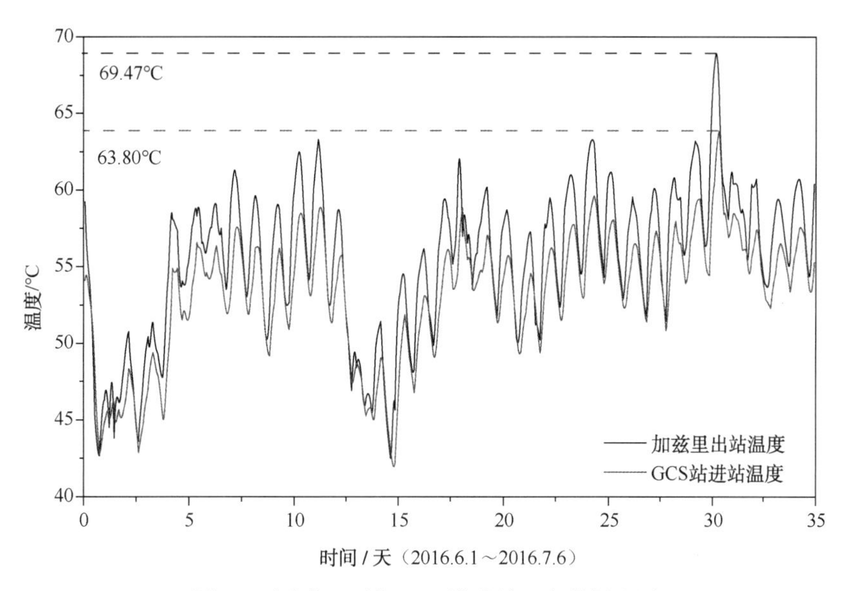

图 2 夏季高温时期 GCS 站进站温度数据监测

GCS 站在高温天然气运行工况下，不仅压缩机组处于低效率运行状态，增加了自耗气量，而且若无法有效降低进站温度，天然气经机组增压后，气体温度将达到机组出口温度报警上限值 105℃，将导致机组停机，从而影响站场的安全稳定运行。由于此工况在夏季期间长期持续存在(图 3)，为此 GCS 站采用“回流掺混降温”工艺流程，降低机组进口温度，从而控制了机组出口温度在报警范围之内。站场回流阀设计作用是通过天然气的回流，避免机组喘振的发生，而“回流掺混降温”即：控制站内回流阀的开度，将流经空冷区降温后的天然气通过站内回流管线注入分离区出口汇管，与进站高温气体掺混，由此降低压缩机组进口温度(图 4)。虽然“回流掺混降温”降低了天然气温度，保证了站场安全运行，但在一定程度上也增大了机组自耗气量。

1.2.2 不同输量与压缩机开机组合的匹配

GCS 站压缩机组的选型是依据其在设计输量为 100 亿标方/年(约 $2850\times10^4Nm^3/d$)，设计进站压力为 4.8MPa 的前提下，而自投产运行以来，因上游气源不足，GCS 站输气量基本维持在 $800\sim1800\times10^4Nm^3/d$，进站压力 4.0～4.4MPa，偏离了原设计工况，导致在 $1000\sim1600\times10^4Nm^3/d$ 工况时，压缩机开机组合与输量无法有效匹配，即：单机运行时，在高压比工况下无法满足输气任务要求；双机运行时，输量无法满足机组防喘裕度要求，

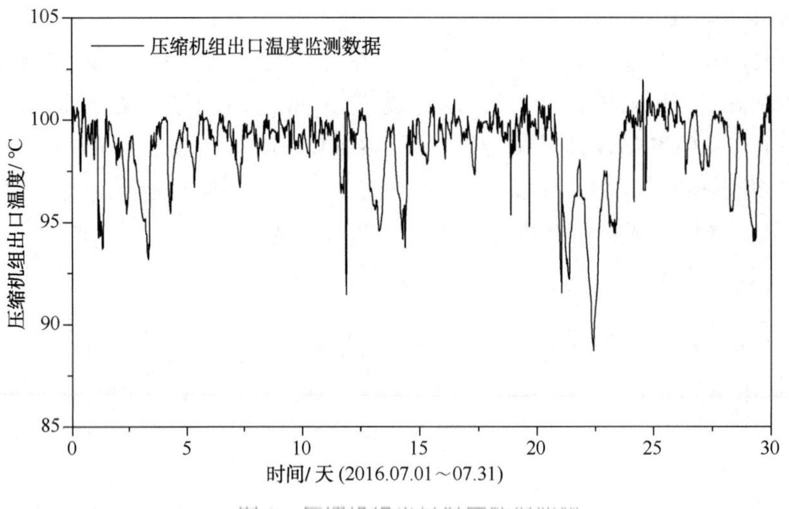

图3 压缩机组出口温度数据监测

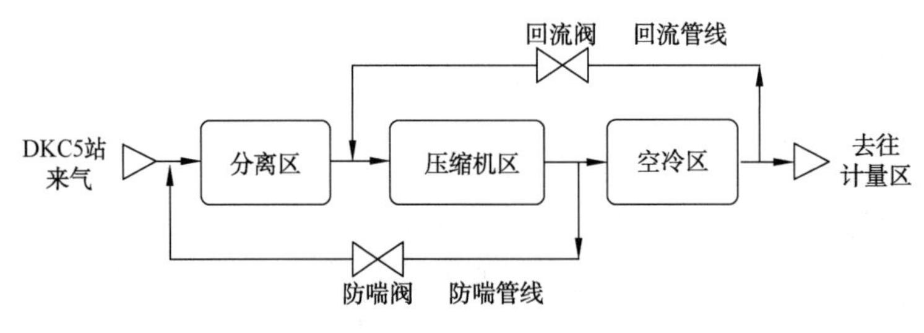

图4 GCS压气站回流掺混流程示意

需通过站内回流流程以增大机组通过流量(图4)。上述两种运行方式均将使机组处于低效率运行区(喘振区、滞止区),且回流流程导致机组存在部分无用功,增大了自耗气。选取2016年7月份的双机运行数据,在保证进出站压比一致的条件下,选取不同回流阀开度的工况进行分析(表1)。为满足压缩机组的防喘裕度要求,在该输量区间内采用了不同回流阀开度的气体回流措施,总体而言各工况所需的自耗气基本相当,但完成的输气量差异较大。由此可知:即在小输量情况下,因输量匹配问题,采用双机组运行模式将存在较大的无用功能耗。

表1 2016年7月份双机运行工况数据统计

输量/$10^4Nm^3 \cdot d^{-1}$	1312	1333	1429	1485	1526	1552	1584	1605	1617	1630	1665
自耗气/$10^4Nm^3 \cdot d^{-1}$	13.40	13.46	13.48	13.41	13.47	13.45	13.49	13.54	13.71	14.52	14.86

针对GCS站上述特殊运行工况,本文借助仿真模拟软件及历史运行数据,量化分析高温天然气输送、不同输量与机组开机组合的匹配问题对站场自耗气的影响。结合量化分析结果,阐明了压气站输送高温天然气时,开展降温技术改造项目的必要性,论证了基于月度输气计划压气站能耗优化的压缩机组匹配工艺方案[1-5]。

2 基于能耗优化的压气站仿真模拟

2.1 仿真建模及模型有效性检验

GCS站设置4套功率15MW的Solar TITAN130燃气轮机驱动的C45-3压缩机组，根据运行历史数据，对特性曲线进行了修正(图5)[6]。本文采用美国Stoner Associates, Inc.公司的SPS软件进行建模仿真计算[7-8]。模型结构如下：DKC5站-6.1km连接管道-进站压损等效短管-压缩机组-出站压损等效短管-0.56km连接管道-中亚天然气管道C线注入点PTS2清管站(图6)。

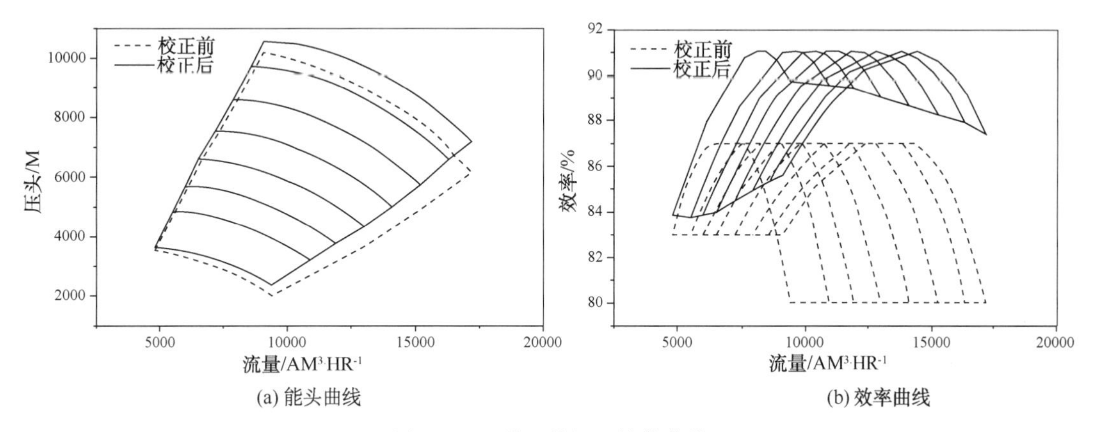

图5 GCS站压缩机组性能曲线

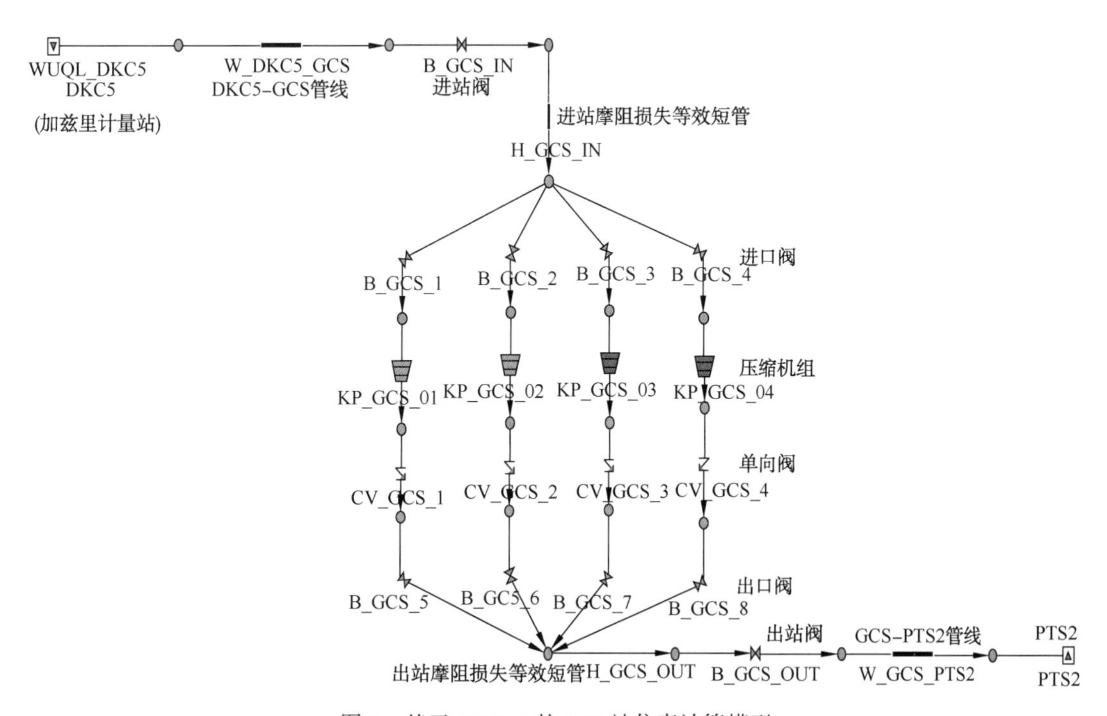

图6 基于SPS9.7的GCS站仿真计算模型

为了校验仿真模型，选取GCS站某天的运行数据作为有效性检验的参比数据。当日1#、3#双机组运行，输气量：1532.7×10^{4} Nm³/d；进站温度：58.22℃；机组进口温度：

50. 33℃；站内自耗气量：$14.508\times10^4Nm^3/d$；当天站场回流阀的平均开度为25.23%，即1#、3#压缩机组的通过流量分别为：$876.072\times10^4Nm^3/d$、$887.808\times10^4Nm^3/d$。仿真模型边界条件设定采用“入口定压、出口定流”模式，其它基础数据及计算结果见表2。结果显示：自耗气误差约为3%；压缩机转速NPT误差约为1.5%；压缩机出口温度误差约为1%。两者数据吻合度较高，误差在可接受范围内，故可进一步利用此模型展开能耗仿真模拟分析。

表2　仿真模型有效性检验

对比项	实际值	仿真值	误差/%
日输气量/ $10^4Nm^3\cdot d^{-1}$	1532.7	1532.7	0.00
日自耗气/ $10^4Nm^3\cdot d^{-1}$	14.508	14.977	3.23
进站压力/ MPa	4.5024	4.5024	0.00
出站压力/ MPa	7.696	7.688	-0.10
1#机组入口流量/ $10^4Nm^3\cdot d^{-1}$	876.072	881.94	0.67
3#机组入口流量/ $10^4Nm^3\cdot d^{-1}$	887.808	881.94	-0.66
1#机组 NPT/ rpm	8073.75	7957.32	-1.44
3#机组 NPT/ rpm	7987.50	7957.32	-0.38
机组进口温度/ ℃	50.33	49.61	-1.43
空冷区进口温度/ ℃	99.58	98.69	-0.89

2.2　高温天然气输送对机组自耗气影响的量化分析

2.2.1　进口温度单因素对机组自耗气的影响

以上述有效性检验的实际工况为基础，暂且不考虑站场回流流量的变化(即：设定回流阀开度为定值25.23%)，在保持进出站压力、输量不变的前提下，通过改变压缩机组进口温度(变化区间35~55℃)，模拟量化分析不同进口温度对应的机组自耗气量变化(见表3、图7)。计算结果显示：①在保持其它边界条件不变的情况下，当改变压缩机组的进口温度时，其出口温度、机组转速及自耗气量将随进口温度的升高而增大，三者与进口温度基本呈现正比线性关系；②以机组进口温度为50.33℃的基础工况为基准，进口温度每下降5℃，其日自耗气量将随之减小约1.6%(约2600 Nm^3/d)；③当机组进口温度达到53℃时，其出口温度将升至机组设定的高报值103℃。

表3　不同进口温度对压缩机组能耗的影响(一)

进口温度/℃	出口温度/℃	转速/rpm	能耗/$10^4Nm^3\cdot d^{-1}$	能耗变化/$Nm^3\cdot d^{-1}$	自耗气量变化率/%
35	82.148	7721	14.203	-7740	-5.17
38	85.607	7772	14.367	-6100	-4.07
40	87.877	7804	14.474	-5030	-3.36
43	91.228	7852	14.631	-3460	-2.31
45	93.498	7884	14.737	-2400	-1.60
48	96.893	7932	14.894	-830	-0.55
50	99.142	7964	14.998	210	0.14
53	102.579	8010	15.156	1790	1.20
55	104.803	8041	15.257	2800	1.87

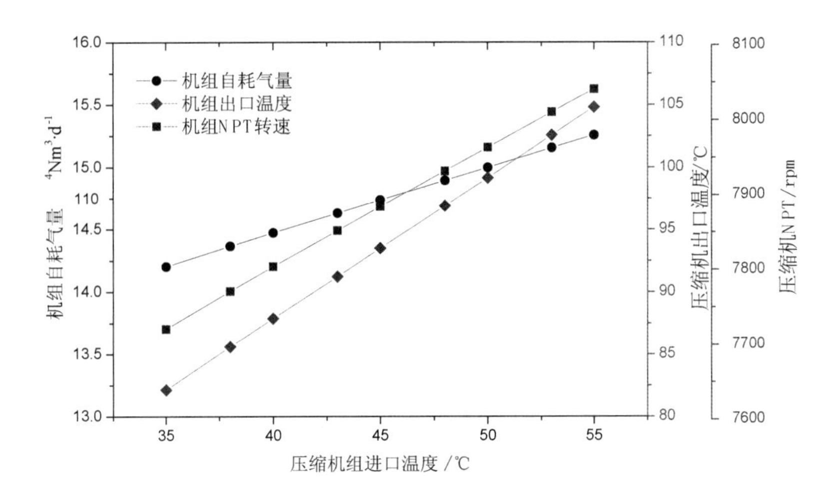

图 7　不同进口温度对压缩机组能耗的影响

2.2.2　消除回流掺混降温后进口温度对自耗气的影响

由于上述有效性检验的实际工况中存在站场回流(回流阀开度为 25.23%)，此部分回流气体用于掺混上游 DKC5 高温天然气，以降低机组的进气温度，机组对此部分回流气体所做的功可视为无用功，此部分的额外能耗也应归结为高温天然气运行引起的。

借助仿真模型，分析当站内不存在用于降低机组进口温度的回流流量时，在不同进口温度时完成相同输量计划所需的自耗气量变化，同时可分析当机组出口温度达到最大允许值101℃时，压缩机组的最大允许进气温度。由表 4 计算结果显示：①压缩机组的出口温度、机组转速及自耗气量将随进口温度的升高而增大；②以机组进口温度为 50.33℃的基础工况为基准，在不存在用于降低进口温度的气体回流时，随机组进口温度的减小，自耗气量的降幅将更大(以进口温度 45℃为例，此时温降约为 5℃，自耗气量降幅达到 6%，约 10080 Nm^3/d)；③站场运行期间一般将机组最大允许出口温度控制在 101℃以内，故此基础工况下，机组所允许的最大进口温度约为 51℃，此时所消耗的自耗气量较先前也可节省约 5%(约 7780 Nm^3/d)。

表 4　不同进口温度对压缩机组能耗的影响(二)

进口温度/℃	出口温度/℃	转速/rpm	能耗/$10^4Nm^3\cdot d^{-1}$	能耗变化/$Nm^3\cdot d^{-1}$	自耗气量变化率/%
36	83.582	7717	13.632	-13450	-8.98
40	88.115	7780	13.780	-11970	-7.99
43	91.547	7828	13.892	-10850	-7.24
45	93.896	7860	13.969	-10080	-6.73
48	97.271	7905	14.078	-8990	-6.00
51	101	7954	14.199	-7780	-5.19

2.2.3　经济效益分析

为了校验仿真模拟计算的准确性，查询 GCS 站历史数据，选取了与上述基础运行工况较为相近，且不存在用于降低机组进口温度的气体回流时(用于防喘的气体回流除外)的历史数据，分析对比两者自耗气的差异。由表5所示：2016.04.05~06自耗气量较基础工况可节省16535 Nm^3/d。对比表3中仿真模拟结果，当机组进气温度为36℃时的模拟工况较基础工况可节省13450 Nm^3/d，故综合上述可知仿真模拟结果与实际历史数据吻合度较高，可较为准确的反映压缩机自耗气随机组进口温度的变化规律。

历年夏季运行时期，GCS站存在用于回流掺混降温的运行时间长达5~6个月，经仿真模拟，每年此时段由于高温天然气运行工况所导致的额外能耗高达208~250×$10^4 Nm^3$，按照天然气结算价格，每年所增加的额外能耗费用约为124~149万元。同时，高温天然气输送不仅降低了设备可靠性，而且增加了设备运行维护费用[9]。因此为了实现站场的安全高效运行，针对GCS站高温天然气运行工况，推动开展降温技术改造项目显得尤为重要。建议在上游DKC5站增大空冷负荷或在GCS站进站增设空冷设施。

表5　基于机组能耗的两组实际工况数据对比

日期(24h)	输量/$10^4 Nm^3 \cdot d^{-1}$	自耗气量/$10^4 Nm^3 \cdot d^{-1}$	开机数量/台	进站温度/℃	进站压力/MPa	出站压力/MPa	回流阀开度/%	回流流程作用
2016.08.14~15	1532.7	14.5082	2	58.22	4.50	7.67	25.23%	降温及防喘
2016.04.05~06	1518.8	12.8547	2	36.21	4.47	7.49	12.4%	防喘

2.3　压缩机开机组合与输量的匹配优化分析

2.3.1　单机运行最大输气能力仿真模拟

为制定压缩机开机组合与输气量的较优匹配方案，首先需要依据现场工艺条件，探究压缩机组单机运行时的输气能力。借助仿真软件SPS，在设定进口压力为4.2MPa，进口温度为40℃，机组最大NPT转速为98%时，模拟计算压缩机组在不同压比下的输气量、自耗气及效率变化(见表6)。同时计算了在机组出口压力分别为7.6MPa及8.0Mpa条件下，压缩机组单机运行时输气量及自耗气变化(见图8、图9)。

表6　Solar机组单机运行最大输气能力仿真计算

出口压力 MPa	压比	输量/$10^4 Nm^3 \cdot d^{-1}$	自耗气/$10^4 Nm^3 \cdot d^{-1}$	压缩机效率/×100%
6.0	1.429	1622	9.780	0.801
6.1	1.452	1598	9.833	0.808
6.2	1.476	1567	9.922	0.820
6.3	1.500	1536	10.000	0.830
6.4	1.524	1501	10.042	0.839
6.5	1.548	1463	10.053	0.847
6.6	1.571	1429	10.091	0.853
6.7	1.595	1398	10.144	0.857
6.8	1.619	1354	10.122	0.860
6.9	1.643	1303	10.042	0.860
7.0	1.667	1251	9.926	0.860
7.1	1.690	1199	9.787	0.860

续表

出口压力 MPa	压比	输量/$10^4Nm^3 \cdot d^{-1}$	自耗气/$10^4Nm^3 \cdot d^{-1}$	压缩机效率/×100%
7.2	1.714	1159	9.735	0.858
7.3	1.738	1124	9.780	0.852
7.4	1.762	1022	9.232	0.842
7.5	1.786	893	8.426	0.824

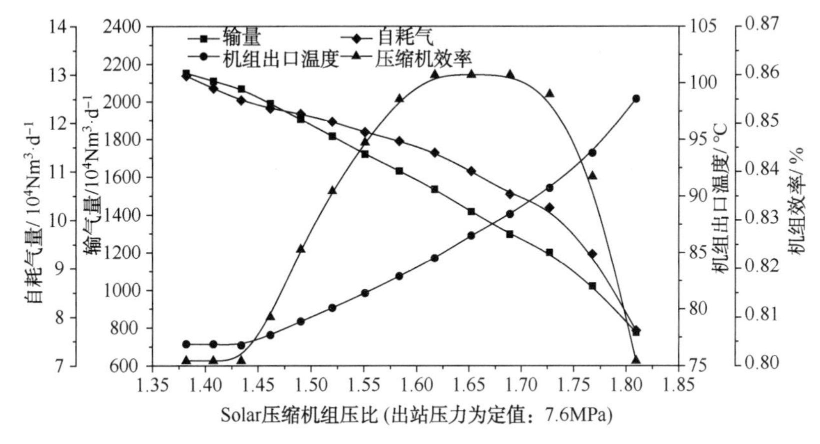

图 8　压缩机组出口定压 7.6MPa 时仿真计算结果

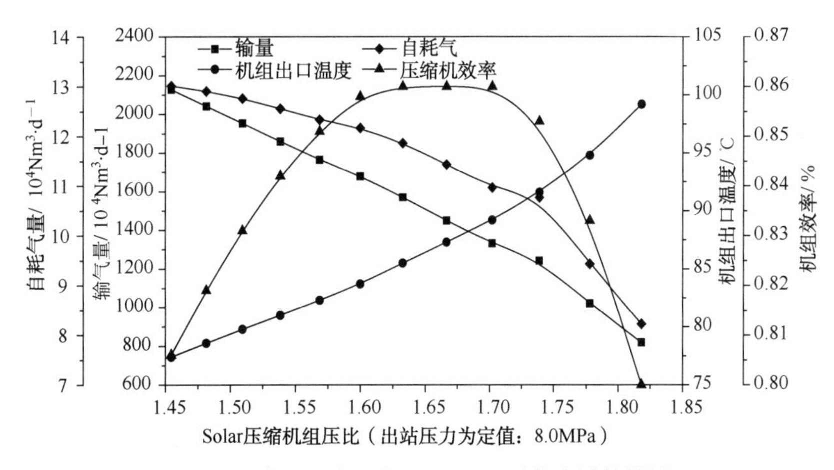

图 9　压缩机组出口定压 8.0MPa 时仿真计算结果

2.3.2　月度输量匹配优化及节能效果分析

选取 2017.04.08~09 GCS 站当天运行工况为例，当日压缩机开机组合为 2 用 2 备，运行压比：1.73(入口 4.4MPa，出口 7.6MPa)，日输气量：1500×$10^4Nm^3/d$，站场回流阀平均开度：15.17%(见图 10)，自耗气：13.34×$10^4Nm^3/d$，因环境温度暂未进入夏季高温时期，故不存在高温天然气运行问题。此工况存在典型的压缩机开机组合与输气量不匹配问题。每年平均日输气量在 1300~1600×$10^4Nm^3/d$ 区间的运行时间长达约 7 个月，此时段为了防止机组喘振而采用基于站内回流流程的低效率双机组运行模式大大增加机组能耗。

为了有效解决此项问题，实现站场高效运行，本文提出了一种基于月度输气计划压气站

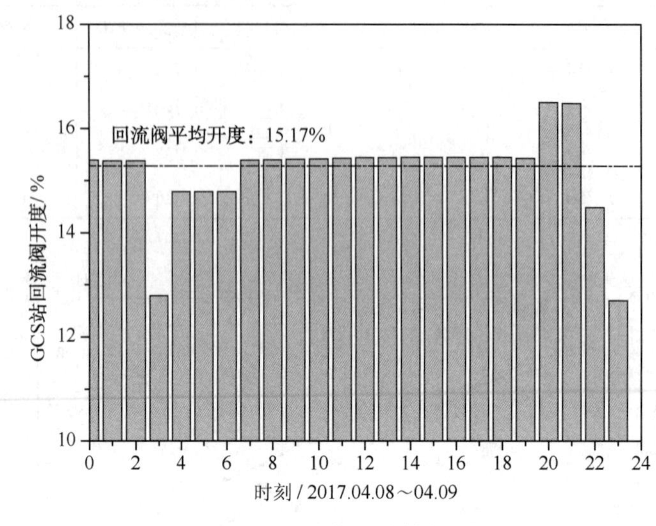

图 10　回流阀开度数据监测

能耗优化的压缩机组匹配工艺方案[10,11]。以月度输气量计划为 4.5 亿标方(日输气量约 1500 $\times10^4Nm^3/d$)为例，若按照以往 2 用 2 备开机组合，以 2017.04.08～09 工况为例，则该月的日自耗气约为：13.34$\times10^4Nm^3/d$。结合上述单机运行最大输气能力仿真模拟，建议 GCS 站在上半月采用单机运行，日输气量为 1200$\times10^4Nm^3/d$；在下半月采用双机运行，日输气量为 1800$\times10^4Nm^3/d$。经仿真模拟测算：此时 GCS 站日自耗气分别为：10.26$\times10^4Nm^3/d$、14.12$\times10^4Nm^3/d$，即平均日自耗气量为 12.19$\times10^4Nm^3/d$，较以往低效率的双机运行模式每日可节省自耗气约 11500Nm^3，每年可节省自耗气量约 242$\times10^4Nm^3$，每年可节省的能耗费用约为 143 万元，在某些低输量、大回流工况下，此工艺方案的节能效果将更为明显，能耗降幅可达 30000 Nm^3/d。故在 GCS 站推行基于月度输气计划压气站能耗优化的压缩机组匹配工艺方案具有较高的节能效益。

3　结论及建议

3.1　结论

(1) 关于高温天然气输送：当保持输气量不变，压缩机组的出口温度、机组转速及自耗气量将随进口温度的升高而增大，并基本呈正比线性关系；以 GCS 站为例，机组进口温度每上升 5℃，自耗气量将增大 6%；该站每年因高温天然气运行工况所导致的额外能耗高达 208～250$\times10^4Nm^3$，折合成运行费用约为 124～149 万元，故为实现站场高效运行，推动相关降温技术改造项目显得尤为重要。

(2) 关于压缩机开机组合与输量匹配：在一定输量范围内，GCS 站采用的低效率双机运行模式，每天增加约 1～3$\times10^4Nm^3$的自耗气，经测算该站每年因机组开机组合与输量不匹配问题所造成的额外能耗约为 242$\times10^4Nm^3$，折合成运行费用约为 143 万元；通过仿真模拟可直观获悉压缩机单机运行模式下，输气量、自耗气量、进出口温度及机组效率随压比的变化规律，由此指导站场在不同输量台阶下制定较优的开机组合；推行基于月度输气计划压气站能耗优化的压缩机组匹配工艺方案可有效解决站场机组开机组合与输量不匹配问题，从而实现节能降耗。

3.2 建议

(1) 高温输气在增大自耗气的同时，也将对站内各设备的运行状态、效率及寿命造成一定影响，建议针对此项问题开展相应的分析研究。同时，对新建压气站的设计，应充分考虑上下游(气源)站场的空冷负荷能力、合理采购可满足现场温度工作要求的各设备单体，由此确保站场的安全、平稳、高效运行。

(2) 关于压缩机开机组合与输量的匹配优化，可由单一的站场分析延伸至输气管道全线，将沿线各站场作为一个统一水力系统开展研究，统筹各站场的开机组合，以此制定基于能耗最优的全线运行方案。

参 考 文 献

[1] 李玉星，姚光镇．输气管道设计与管理[M]. 山东东营：中国石油大学出版社，2009：50-168.
[2] 王浩，梁伟，林扬．输气管道运行优化方法研究[J]. 石油石化节能，2016，6(11)：16-17.
[3] 左丽丽，刘欢，张晓瑞．输气管道非稳态优化运行技术研究进展[J]. 科技导报，2014，32(18)：1-6.
[4] 初飞雪，吴长春．输气管道优化运行的研究现状[J]. 油气储运，2004，23(11)：3-6.
[5] 李长俊，杨毅，朱勇．输气管道优化运行技术[J]. 天然气工业，2005，25(10)：106-109.
[6] 李晓平，卓铭浩，吕勃蓬．离心压缩机性能换算软件的开发与应用[J]. 油气储运，2013，32(8)：824-828.
[7] 郑云萍，肖杰，孙啸．输气管道仿真软件SPS的应用与认识[J]. 天然气工业，2010，30(11)：70-73.
[8] 王永红，李晓平，宫敬．长输管道在线仿真系统的应用与展望[J]. 油气储运，2011，30(2)：90-94.
[9] 常海军，吴长春．配置燃驱压缩机组的输气管道高温运行工况模拟[J]. 油气储运，2016，35(7)：747.
[10] 姜笃志，宫敬．西气东输管道设计输气量预测[J]. 天然气工业，2003，07(04)：120-122.
[11] 宫敬，邱伟伟，赵建奎．输气管道中减压波特性预测与研究[J]. 天然气工业，2010，30(11)：70-73.

压缩机厂房通风系统的设计优化

叶建军　徐鹏庭

（中油国际管道公司　中哈天然气管道项目）

摘　要　本文以中哈项目 CCS8 压气站为研究对象，针对压缩机组厂房夏季高温、厂房内微负压等问题，展开分析研究，提出一系列解决方案，并逐一实施，并对比实施效果，从而总结出有效、稳定的技术改造方案。重点从压缩机厂房通风系统进行了分析研究，从设计、建造、现场设备运行情况、通风设备技术规格等方面入手，找出问题，提出优化方案，继而采取一系列优化方案，加以实施，解决厂房夏季高温的问题，保证压缩机组有一个适宜的运行环境。

关键词　厂房通风系统改造　轴流风机空气流通方向改变　轴流风机和屋顶风机形成空气循环　厂房温度和微负压得以改善　强化厂房安全性

中亚天然管道项目 C 线，各压气站统一规划、统一设计、统一建设，因此，各个压气站出现的问题具有共同性。中亚天然气管道中哈项目，地处哈萨克斯坦境内，四季分明，炎热和严寒是最特殊的气候特点，压气站配置的各种设备均应适合当地的气候特点，满足安全生产的需求。中亚各沿线国家，炎热天气持续时间很长，大约有 5 个月的时间平均气温在 40℃以上，而处于密闭空间的压缩机组在运行过程中，又辐射出大量的热量，从而使得压缩机组厂房内温度平均高出环境温度 9℃左右，而且持续时间很长。为了保证压缩机组安全、可靠、高效运行，现场工程师结合压缩机组厂房设计、通风系统运行规律，提出一系列改造措施，本文以 C 线哈国境内 CCS8 站为研究对象，并施以改造措施，将厂房内负压改为正压通风，使得室外空气和室内热空气形成循环，从而将室内热空气导出室外，起到降低室内温度的目的。同时，还能吹散有可能泄漏的天然气，避免大量聚集，产生安全隐患。

1　压缩机厂房通风系统现状

CCS8 压气站于 2016 年 9 月正式运行，压缩机组于 2017 年 8 月开始持续运行，大部分时间保持双机运行。压气站所处地区位于阿拉木图洲维吾尔区，常年干旱少雨，一年中，较热的月份集中在 7 月、8 月、9 月。

1.1　压缩站气候条件

每年在 7 月、8 月、9 月份，环境温度较高，环境温度超过 40℃的天数，平均每月 10 天以上，以 8 月份居高，最热天气温度可达 48℃，且持续时间较长，从下午 13：00 至 18：00 保持持续高温。

表 1　C 线各站压气站的气候参数

NO	Meteorological parameters	CCS1	CCS2	CCS3	CCS4	CCS5	CCS6	CCS7	CCS8
1	Altitude/m	231	760	694	701	475	675	594	504
2	The average temp. incoldest months/℃	−5.4	−5.4	−5.0	−5.0	−5.0	−5.0	−6.5	−6.5
3	The average temp. inhottest months/℃	33	33	32	32	32	32	30	30
4	The average annual temp/℃	+12.1	+12.1	+9.9	+9.9	+9.9	+9.9	+8.9	+8.9

续表

NO	Meteorological parameters	CCS1	CCS2	CCS3	CCS4	CCS5	CCS6	CCS7	CCS8
5	Absolute coldest temp/℃	-29	-29	-41	-41	-41	-41	-30	-30
6	Absolute hottest temp/℃	+49	+49	+44	+44	+44	+44	+43	+43
7	The coldesttemp. with probability 0.92/℃	-26	-26	-28	-28	-28	-28	-28	-28
8	Temp. of five coldest -day with probability 0.92/℃	-21	-21	-23	-23	-23	-23	-21	-21
9	Heating period/day	151	151	162	162	162	162	168	168
10	Average humidity of month/% Jan/ July	74/17	74/17	76/40	76/40	76/40	76/40	75/45	75/45
11	Annualprecipitation/ mm	206	206	331	331	331	331	616	616
12	Load of snow/kPa (kgc/m^2)	0.5 (50)	0.5 (50)	0.5 (50)	0.5 (50)	0.5 (50)	0.5 (50)	0.7 (70)	0.7 (70)
13	Standard wind load/kPa (kgc/m^2)	0.38 (38)	0.38 (38)	0.48 (48)	0.48 (48)	0.48 (48)	0.48 (48)	0.38 (38)	0.38 (38)
14	Total solar radiation/(MJ/m^2)	888.5	888.5	888.5	888.5	888.5	888.5	881.5	881.5
15	Seismic intensity/Degree	7	6	8	8	7	8	9	8
16	Soil deep freeze/m	0.63-0.97	0.63-0.97	0.79-1.16	0.79-1.16	0.79-1.16	0.79-1.16	0.92-1.36	0.92-1.36
17	SoilTemp. 1.5m underground/℃	+5	+5	+3	+3	+3	+3	+2	+2

1.2 压缩机厂房构造

压缩机组厂房占地面积 720m^2，采用钢排框架结构和轻质墙体搭建而成，预留燃气轮机排气通道和余热锅炉热源引入管道，四周安装日间照明玻璃窗户，是一个密闭空间。室内主要设备是一套 23MW 的燃气轮机和 12MW 的压缩机及其附属设备。燃气轮机是利用天然气和空气燃烧，产生高温高压的气体，驱动压缩机旋转的设备，从而实现管道天然气增输的目的，因此，燃气轮机运行过程中，大量热能，促使室内温度较高，且要求厂房内设备防护防爆等级不低于 IP55。

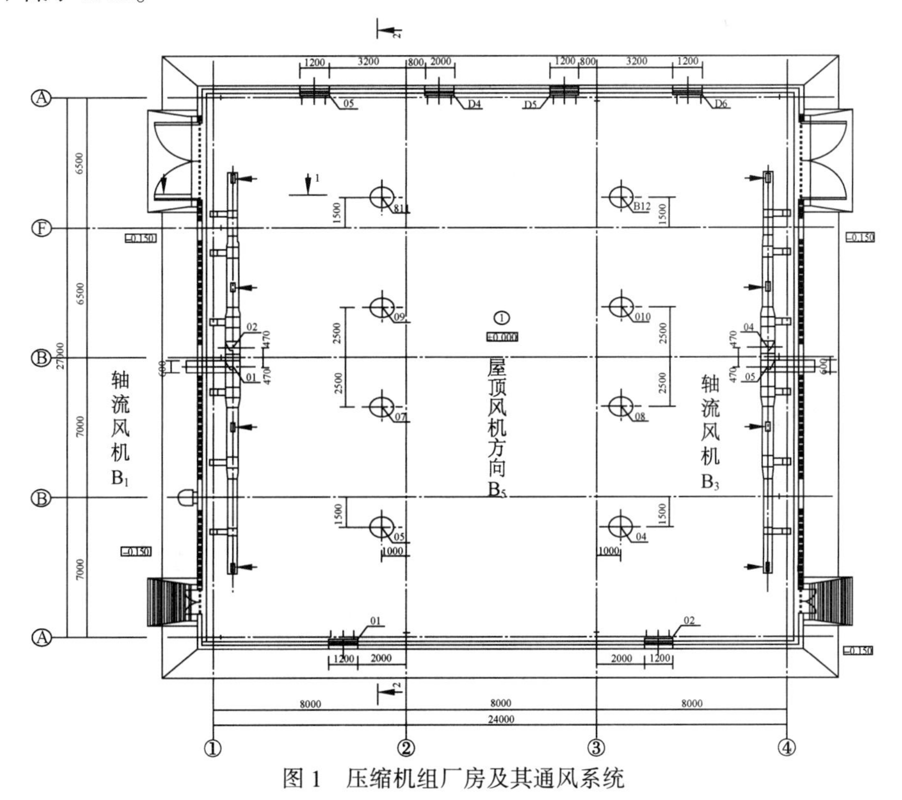

图 1　压缩机组厂房及其通风系统

1.3 厂房通风系统现状

压缩机组厂房内配置4台轴流风机、8台屋顶风机，分为两组，分组方式任意设定，可通过在HMI上按照实际需求调整。工作模式分为三种：手动、远程、自动，第一组运行第二组则备用(G1/G2)，第二组在用则第一组备用模式(G2/G1)，在HMI上可以任意手动切换，需要维护时，需切换为手动模式，正常情况下处于G1/G2或者G2/G1模式，按照以下方式运行。

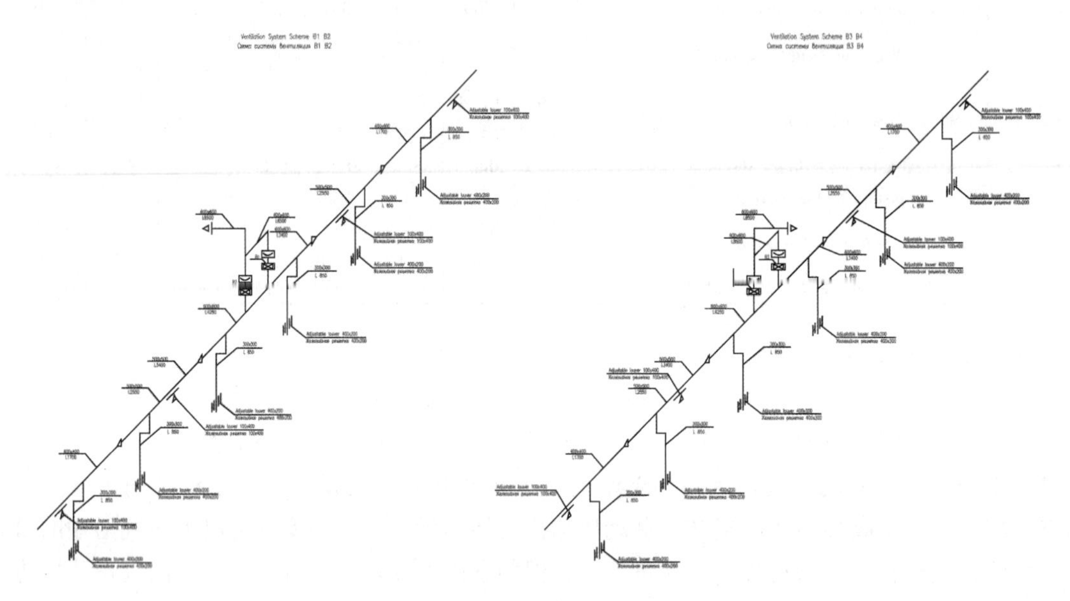

图2 轴流风机及其风道布局图

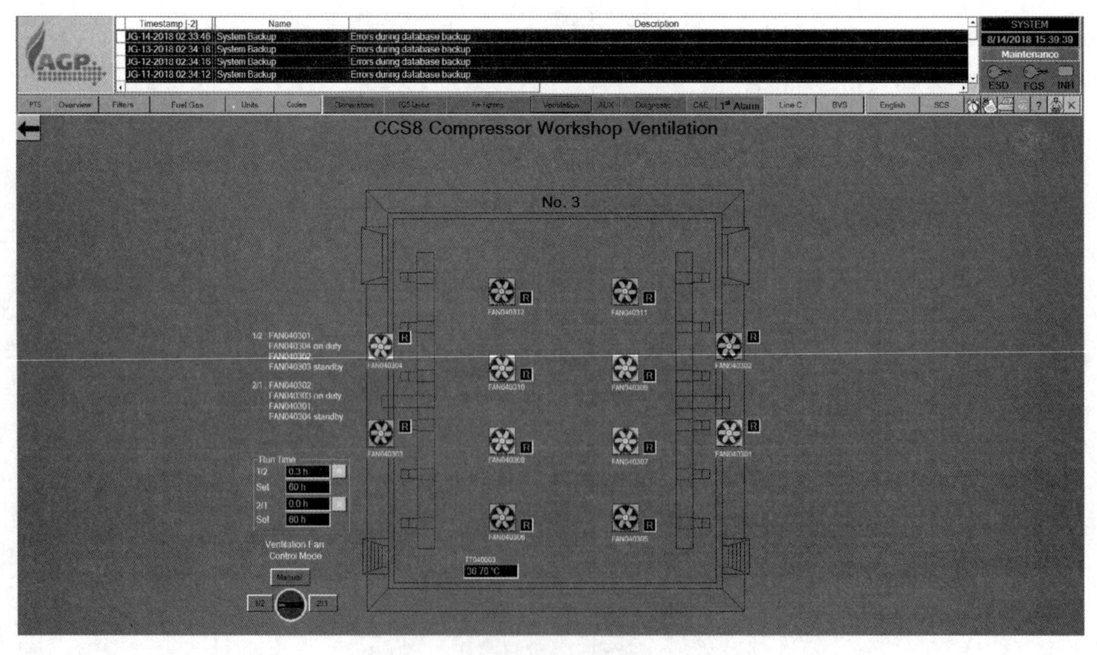

图3 SCADA界面通风系统运行状态

（1）正常通风

设置4台轴流风机、8台屋顶风机联合运行，正常情况下，轴流风机2用2备，屋顶风机4用4备。

（2）故障切换

4台轴流风机，2台为一组，但运行的一组中任意一台风机故障时，则自动切换到另一组运行；8台屋顶风机，4台为一组，当运行的一组中的任意一台风机故障时，则自动切换到另一组运行。分组方式可以设定。

（3）运行时间切换

4台轴流风机，2台为一组，其中一组的运行时间达到设定值时（可设定，以最先达到累计运行时间的风机为切换条件），自动切换到另一组运行。8台屋顶风机，4台为一组，其中一组的运行时间达到设定值时（可设定，以最先达到累计运行时间的风机为切换条件），自动切换到另一组运行。

1.4 火气系统控制联动

在SCADA控制系统F&G的因果图中，压缩机组厂房内8个可燃气体探头任意一个触发高报警，8个屋顶风机同时触发运行。当触发火灾报警时，任意触发两个火灾信号，屋顶风机立即停止运行，同时压缩机组ESD和切断压缩机组相应的供电断路器。轴流风机并不在火气系统的控制逻辑之中。

1.5 厂房内存在的问题

CCS8压气站压缩机组厂房实际运行情况，以及根据厂房设计，提出以下问题：

（1）夏季高温天气，厂房通风系统降温效果不佳，与室外温度相差10℃左右，室内最高温度据观察可达到46℃。压缩机组厂房内设置了很多防爆接线箱、电气设备配电箱，以及机组运行时高温润滑油，均需要在较低的温度下，保证可靠工作。温度过高，缩短现场电气原件的寿命，易造成现场仪表、信号传输、电气附件的工作可靠性，还可以造成润滑油温度递升的情况，使得机组运行可靠性降低，不利于设备平稳运行。

如下图所示，有机组运行和无机组运行的厂房，室内外温度进行对比，环境温度保持在40℃，2#机组厂房温度在45℃（运行中），3#机组厂房内温度保持在35℃（备用中）。

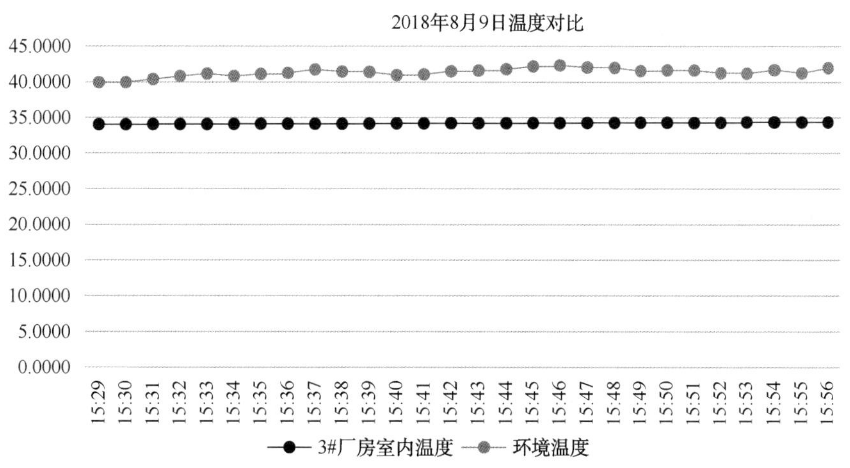

图4 环境温度和3#厂房室内温度对比（机组未运行）

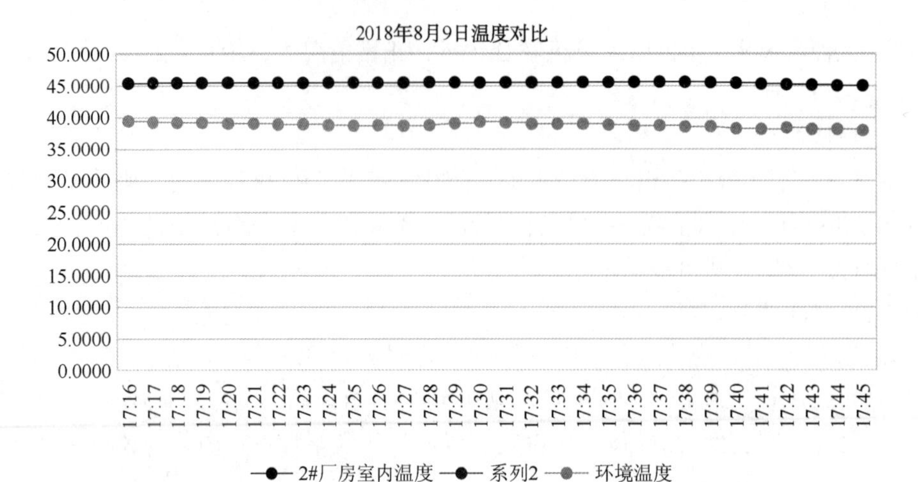

图 5 环境温度和厂房室内温度对比(机组运行中)

(2) 轴流风机运行时，空气流通由室内到室外排气，经现场用小布条测试，吸力几乎很小。屋顶风机运行时，空气流通也是由室内到室外排气，因此，压缩机组厂房室内形成了微负压，由于厂房属于密闭空间，室外空气不易进入室内。

(3) 厂房内各类天然气管线、法兰、接口以及仪表都是静密封点，高低压电气设备配置较多，存在燃气泄漏，大量聚集，发生生产事故的安全风险。

2 对比国内压缩机厂房设计

2.1 国内压缩机组厂房通风系统设计和构造

国内西二线压缩机组厂房面积为 2624.4 平米，同为钢排框架结构和轻质墙体搭建而成，室内安装 4 台压缩机组及其附属系统。配置火气控制系统和厂房通风系统，二者根据不同的情况，进行联锁控制。厂房通风系统有 26 台屋顶风机，功率为 2.2kW，风压 150Pa，风量 22700；两台送风机，功率为 55kW，风量为 90000m^3/h，风压 1400pa。

进风经过滤器过滤由风机箱送入室内地下风管，再由地面固定的百叶窗排风口进入室内，排气由屋顶风机承担，形成室内空气循环。

2.2 国内压缩机组厂房通风系统效果

由于国内压缩机组厂房通风系统，设计风量很大，空气循环较快，机组在运行过程中，室内外温度相差不大，且室内外无明显的气压差。这样的设计，还有利于室内可燃气体泄漏后，及时吹散，防止大量聚集，降低安全风险。

2.3 可借鉴的地方

通过对比分析，可以借鉴以下方面：

(1) 改变空气循环方式，促使厂房内空气形成内循环，不断进入新风，达到降低厂房内温度的目的。

(2) 增大轴流风机的功率，施以改造，增加进气量到厂房内。

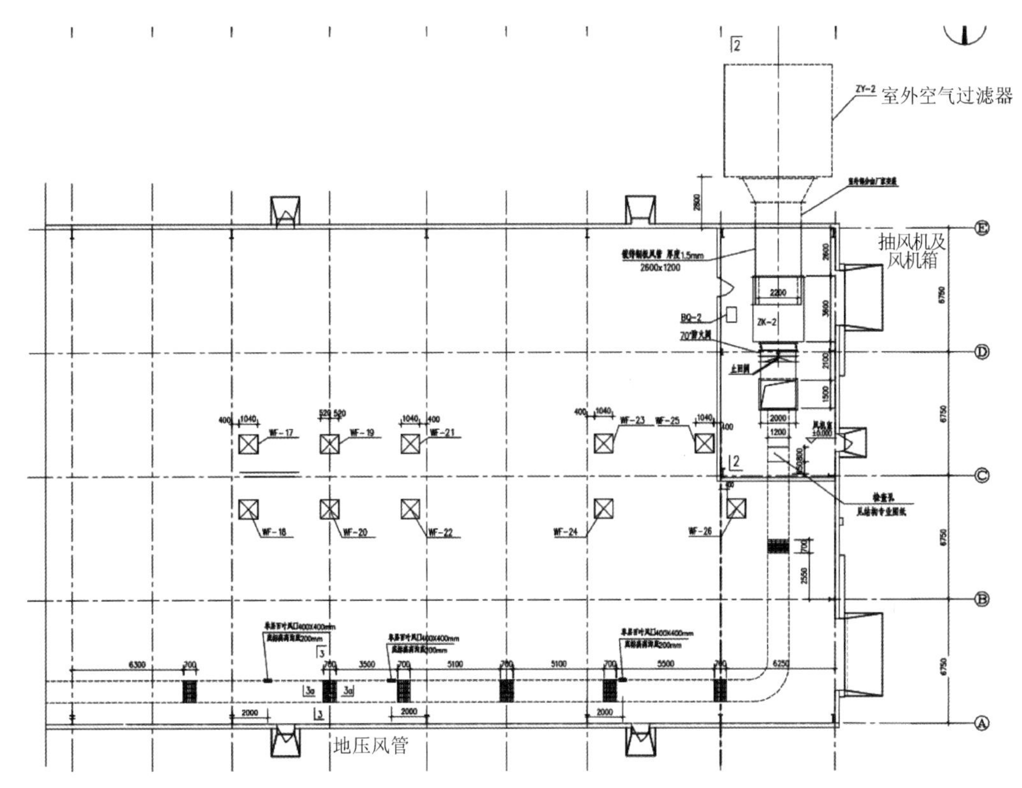

图 6　国内压缩机组厂房通风系统平面图

3　改造方案的制定

3.1　轴流风机改造

改变气体流通方向，由室外到室内进气，在风道进口处加装空气过滤网，形成厂房内空气内循环，不断促使新风进入到室内，降低厂房内的温度。冬季时，厂房内可以减少轴流风机运行的台数，或者停止运行，室内由于配置有供暖换热系统，换热风扇运行时，促使室内冷热空气对流，室内形成内部循环，保证室内温度在 15℃以上。

3.2　发生火灾时，通风系统控制逻辑升级

通过对轴流风机运行的因果图，得知：轴流风机的运行方式不受火气系统的控制，采取对角定时循环，两两运行，周而复始。

在控制逻辑上，提出以下改造建议：

（1）当发生可燃气体高报警，与屋顶风机同步，一起运行，增大室内空气循环气量，及时吹散天然气，避免大量聚集，降低安全风险。

（2）但发生火灾报警时，控制系统强制轴流风机停止运行，与屋顶风机同步，降低安全风险。

3.3　轴流风机功率

轴流风机增大功率，按照与屋顶风机相匹配的方式，屋顶风机一般运行四台，功率是 4×0.55kW，因此轴流风机功率应增大一赔至 1.1kW 以上，这样才能保证室内空气的流通量。

4 方案的实施及效果评估

4.1 厂房内温度室内外对比

CCS8 压气站先施以第一步，改变轴流风机进气方向，选 3#压缩机厂房为试点，对比 1#和 2#机组厂房(1#机组未运行；2#和 3#机组运行中，转速 5700rpm，额定转速 6500rpm，且负荷相同)，重点是压缩机运行时，温度的变化。下图折线图如示：

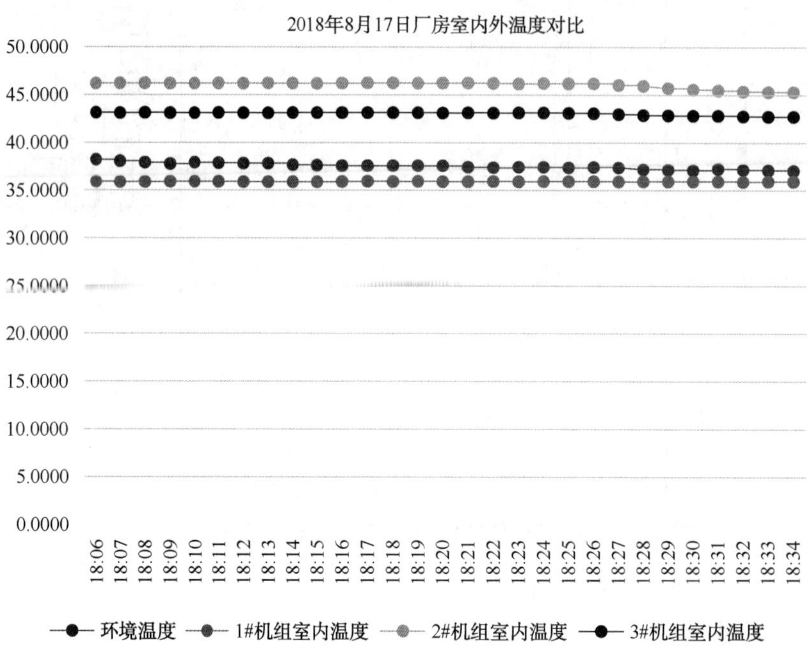

图 7　3#机组厂房飞机改造后，室内外温度对比

从上图中可以看到，环境温度基本保持在 37. 5℃，1#机组厂房内温度为 35. 9℃，2#机组厂房内为 46. 0℃，3#机组厂房内温度为 43. 0℃，可以看到温度有明显的变化，3#机组厂房内轴流风机改造作用明显，比 2#机组室内温度下降 3℃。

4.2 其他

目前，CCS8 压气站只能先从简单的方式入手，改变空气的流通方向，暂时缓解厂房内温度过高的问题。其他方面的改造和控制逻辑的优化，还需要进一步推进。

参 考 文 献

[1] 水力发电厂厂房采暖通风与空气调节设计规程[S]. 2002：3-22.

[2] BATULIN B. B，ELLIOTTB. M.. 工业厂房自然通风[M]. 治金工业，1964：2-3.

[3] 中亚天然气管道有限公司中哈项目．中亚天然气管道 C 线工程(乌哈边境-霍尔果斯段)自评价报告[R]，2017：56-66.

[4] 中国石油天然气集团公司．油气管道建设项目后评价报告(中乌管道 C 线)[R]，2017：4-8．

中亚管道哈国段压缩机组负荷分配控制应用分析

刘松林　王耀欣　李　涛　郝振东

（中油国际管道公司　中哈天然气管道项目）

摘　要　中亚天然气管道哈国段 A/B/C 线压气站建成投产后，针对站场压缩机组根据进出站压力要求，采取人工多次反复手动调整转速问题，提出了压气站负荷分配测试的控制方案。该方案基于站场进站压力和出站压力的负荷分配控制原理。采用的是等距负荷分配算法，采用闭环 PID 控制的方式。通过机组可编程逻辑控制器 PLC 实现单台机组的防喘振控制，进、出站压力 PID 的负荷控制及多台机组的负荷分配控制。最终使联运机组工作点与喘振线的距离相等，实现各台机组根据允许输出功率对总负荷进行优化分配。减少人为操作，实现站场压力自动控制，保证管线压力安全稳定，提高机组整体运行效率，提高油气管道智能化程度。

关键词　负荷分配　负荷控制　防喘振　等距　联运机组　智慧管道

1　负荷分配控制原理

1.1　基本原理

长输天然气管道在进站压力满足压力设定值的前提下，主要采用出口压力作为负荷分配控制的工艺变量。通过在 SCADA 系统设定进站压力和出站压力的方式，来调节机组的转速，从而使联运机组的工作点与喘振线的距离相等，可实现压缩机的防喘振和工艺效率达到最优状态，这是负荷分配控制算法的理论基础。

通过负荷分配功能统筹调节多台并联压缩机组的负荷，使总的回流量最小甚至为零。这种控制方式的优点是只有在各台机组都达到喘振控制线时，防喘振阀才会打开，使得管网效率最大化，避免了不必要的回流，实现高效节能。当压力发生波动时，管网中各台并联的机组都部分吸收了扰动，调节各机组动能平稳，喘振风险最小。

1.2　单机负荷控制

并联多台压缩机组负荷采用闭环控制，如图 1 所示。通过调节各台并联压缩机组的转速和防喘振阀的开度，调节各台压缩机组的总体负荷，使出口压力无限接近出站压力设定值。

上述控制由负荷分配功能子程序来实现，将实际检测值与设定值进行比较，得到一个偏差值。根据出口压力的实际测量值，通过进站 PID 或出站 PID 的计算输出值来控制压缩机组转速，进而尽可能地消除这个偏差值，实现压力的平稳控制。

1.3　多机负荷分配

通过负荷控制调节，能满足单台机组的进、出站压力调节需求，但是联运机组的负荷不平衡，会导致出现“小马拉大车”或“大马拉小车”的现象。为了平衡各联运机组的负荷，使各机组工作点到喘振线的距离相同，即机组的排量（X 轴）相同（见图 2），从而实现“各辆马车拉运相同质量的货物”。

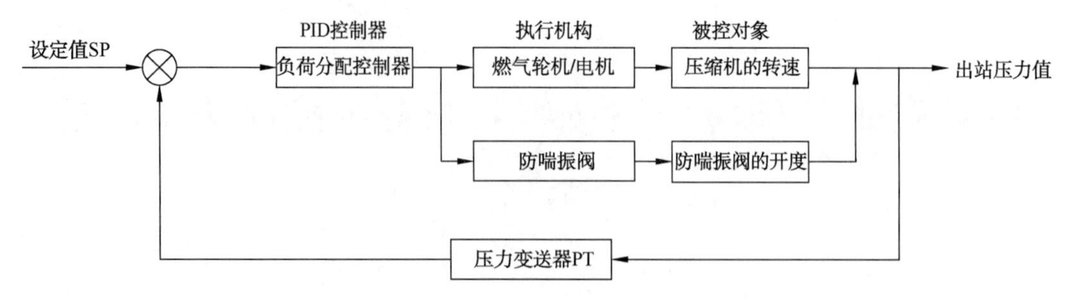

图 1　压缩机组负荷分配闭环控制示意图

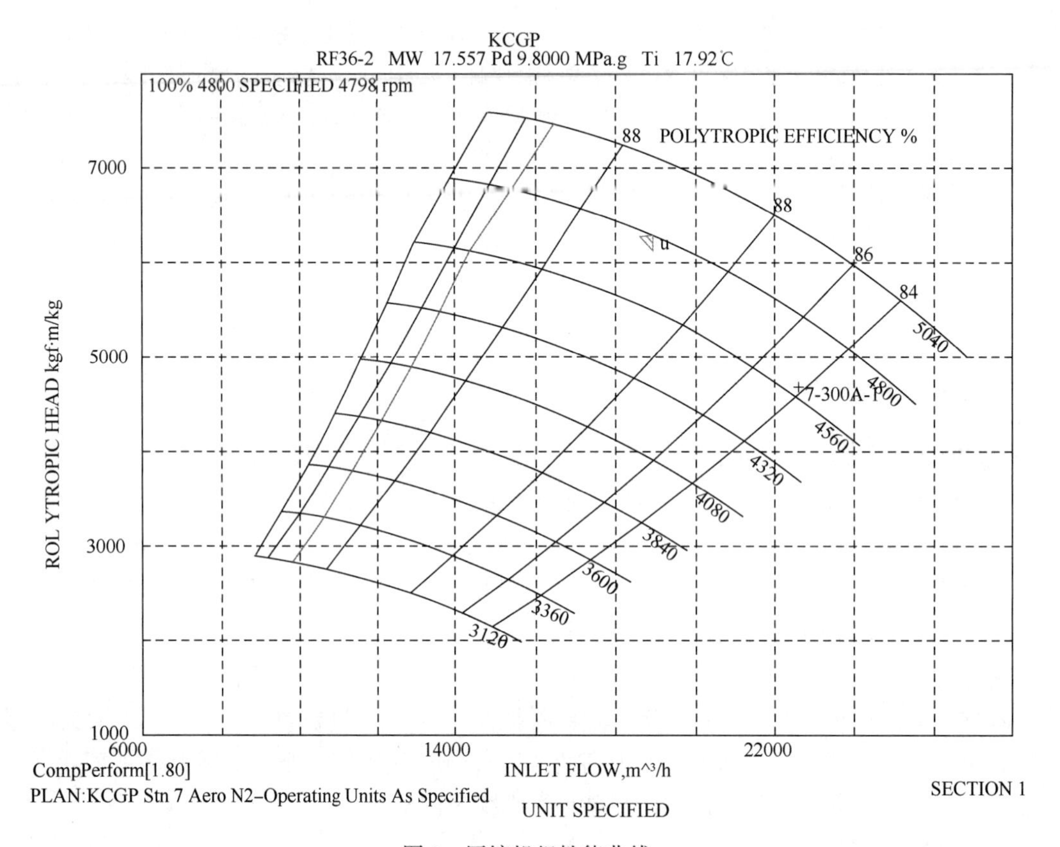

图 2　压缩机组性能曲线

2　负荷分配方案

基于中亚天然气管道哈国段某压气站负荷分配功能原理、实施方案和应用情况进行分析。

2.1　负荷分配原理

结合 RR 机组相关负荷分配控制系统流程图(图 3)，分析负荷分配控制原理。

前提条件：机组防喘阀在关到位状态，且机组工作点在防喘振曲线控制线的右侧，且机组的速度控制模式在自动。其它联运机组工作点到喘振线的距离 ΔDEV(ΔDEV ＝ (DEV1 + DEV2 +⋯ DEVn) /n)与当前机组的工作点到喘振线距离 DEV 的差值做为 PID 体控制的过程参数，再选择相应的 PID 体(进、出站 PID 体输出值的低值)进行机组转速控制。

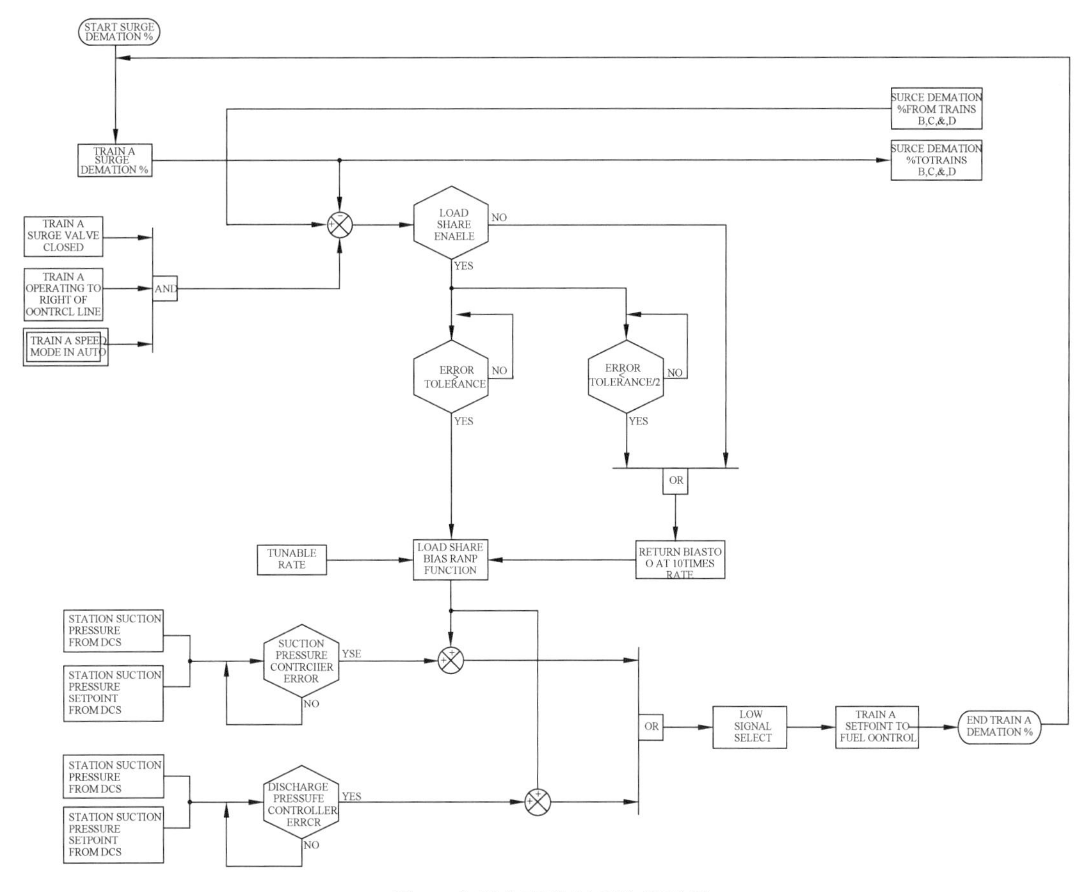

图 3　负荷分配控制系统流程图

2.2　负荷分配控制器应用

以 RR 压缩机机组 RB211-24DLE/RF2BB36 为研究对象，负荷分配控制功能实施分为两种方式：第一种在过程控制系统(PCS)的 PLC 中加入负荷分配功能，第二种在站场控制盘柜 SCP 系统内加入负荷分配功能，均采用 ROCKWELL 公司生产的 ControlLogix 系列 PLC 进行控制。由进、出站 PID 调节体根据各自的压力设定值来调节机组转速。

2.3　负荷逻辑功能研究

通过机组简易控制逻辑描述(图 4)，分析机组负荷分配控制逻辑，具体如下：

进站PID体和出站PID体输出值比较	机组工作点到喘振线的距离与其它联运机组工作点到喘振线的距离的差值（DIFF）	转速变化	每分钟压缩机转速变化量	压缩机转速由进站PID输出控制或出站PID输出控制
进站PID体输出值≤出站PID体输出值	DIFF ≥ 3	减速	115.2	进站PID输出控制
进站PID体输出值≤出站PID体输出值	−3 ＜ DIFF ＜3	不变	0	进站PID输出控制
进站PID体输出值≤出站PID体输出值	DIFF ≤ −3	提速	115.2	进站PID输出控制
进站PID体输出值＞出站PID体输出值	DIFF ≥ 3	减速	115.2	出站PID输出控制
进站PID体输出值＞出站PID体输出值	−3 ＜ DIFF ＜3	不变	0	出站PID输出控制
进站PID体输出值＞出站PID体输出值	DIFF ≤ −3	提速	115.2	出站PID输出控制

图 4　RR 机组简易控制逻辑描述

(1) 机组的压力控制由两个 PID 体组成，分别为进站压力 PID 体和出站压力 PID 体，以 PID 体输出值低的为准。

(2) 设定机组工作点到喘振线的距离与其它联运机组工作点到喘振线距离差值(DIFF)的死区范围，防止机组频繁调节转速，使联运机组在一定负荷范围内稳定运行。

(3) 根据DIFF值的大小，大于3会使机组稳定降速(115.2转/分钟)，直到DIFF值(-3~3)稳定区间；小于-3会使机组稳定提速(115.2转/分钟)，直到DIFF值(-3~3)稳定区间。

3 负荷分配在压气站的应用研究

以中亚天然气管道哈国段某站场的单机和双机运行进行负荷分配控制功能投用前后的对比分析。

3.1 以3#压缩机组作为单机测试对象

首先启机并使机组稳定运行于DLE模式。在SCADA系统HMI页面设定合适的进、出站压力值。确认机组在远控模式、运行模式是自动机组PLC开始执行自动负荷调整功能，即开始此次测试作业。

测试前工况及增压要求参数：进站压力8290kPa；进站压力设定值8290kPa；出站压力9000kPa；出站压力设定值9000kPa。实现该增压工况的压缩机组转速=3700rPm；喘振裕度=213。

开始负荷分配测试，入口处压力设定值从8290kPa减小到7990kPa，出口处压力设定值从9000kPa增加到9200kPa，负荷分配逻辑输出压缩机组提速命令，转速稳定后进站压力为8260kPa，出口压力逐渐接近出站设定值9200kPa；出口处压力设定值从9200kPa减小到9000kPa，入口处压力设定值不变，机组开始降速，出口压力逐渐接近出站设定值9000kPa；出站压力设定值从9000kPa变为9300kPa，机组提速，直到进口压力达到设定值7990kPa。

单机负荷控制运行参数趋势如图5所示。绿色线：工作点离喘振线的距离；蓝色线：出站压力值；红色线：出站压力设定值；紫色线：进站压力值；浅蓝色线：进站压力设定值；

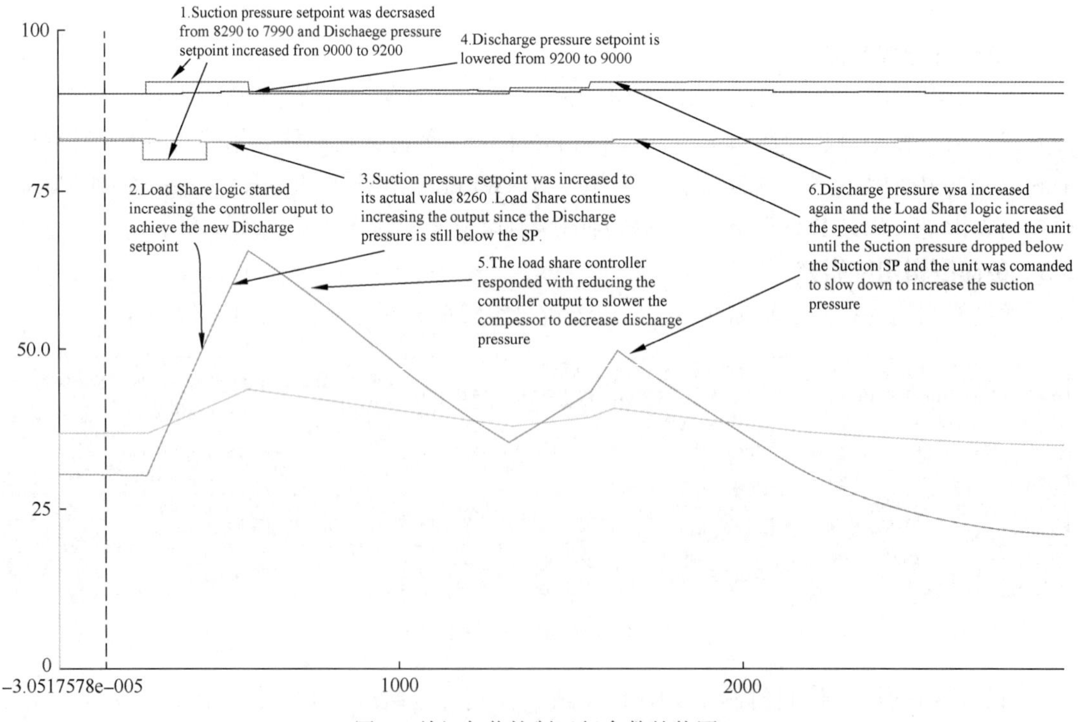

图5 单机负荷控制运行参数趋势图

通过单机测试运行趋势图，单机自动压力模式下转速调节稳定，可以稳定地对进、出站压力进行控制，实现单机负荷控制。

3.2 选取1#、3#压缩机组进行联机运行测试

启动1#、3#机并使机组稳定运行于DLE模式。在SCADA系统HMI页面设定合适的进、出站压力值。确认机组在远控模式、运行模式是自动机组PLC开始执行自动负荷调整功能，即开始双机联机运行。

测试前的运行工况参数：进站压力7830kPa；进站压力设定值7824kPa；出站压力9451kPa；出站压力设定值9440kPa；1#机组转速=3501rpm；3#机组转速=3505rpm；1#机防喘裕度=109；3#组防喘裕度=117。

开始负荷分配控制的双机联机运行，进站压力设定值从7824kPa增加到7890kPa，负荷分配逻辑执行2台机组降速命令，直到进站压力接近进站压力设定值7890kPa；进站压力设定值从7890kPa减小到7815kPa，负荷分配逻辑执行2台机组提速命令，直到进站压力接近设定值7815kPa；出口处压力设定值从9440kPa减小到9240kPa，负荷分配逻辑执行2台机组降速命令，直到出站压力接近出站压力设定值9240kPa；出口处压力设定值从9240kPa增加到9500kPa，负荷分配逻辑执行2台机组提速命令，直到出站压力接近出站压力设定值9500kPa。

双机负荷分配运行参数趋势如图6所示。其中，绿色线：1#压缩机工作点离喘振线的距离；黄色线：3#压缩机工作点离喘振线的距离；深蓝色线：1#压缩机转速；黑色线：3#压缩机转速；紫色线：出站压力值；浅蓝色线：出站压力设定值；蓝色线：进站压力值；红色线：进站压力设定值。

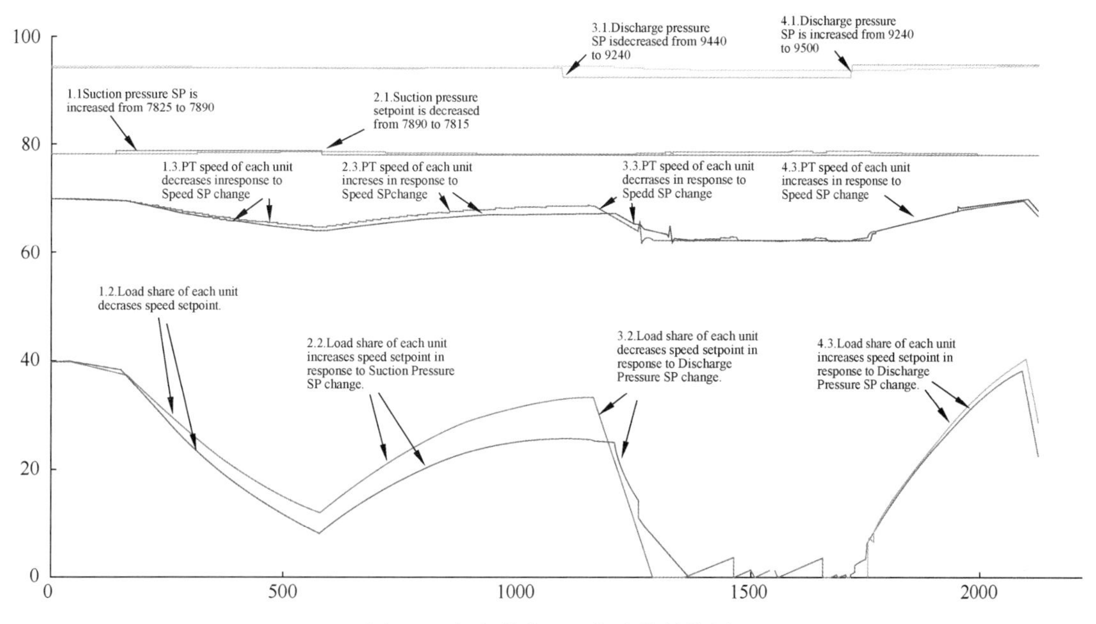

图6 双机负荷分配运行参数趋势图

通过双机联合运行趋势图可知，双机负荷分配模式可以实现稳定的双机转速控制，双机的工作点到喘振线的距离基本随着进、出站压力设定值的变化始终保持一致，实现了双机负荷分配的稳定控制。

3.3 投用负荷控制前后机组能效对比分析

计算基准如下：

3.3.1 基准温度：环境温度；基准压力：当地大气压力；燃料发热量：燃料收到基低位发热量；天然气组分相同。

3.3.2 天然气的低位发热量、密度、相对密度的计算符合 GB/T 11062 的规定。

3.3.3 天然气压缩因子 Z 的计算符合 GB/T 17747 的规定。

3.3.4 燃气轮机或燃气发动机效率按式(1) 计算：

$$\eta_{r}=\frac{3600H_{P}+H_{c}}{B_{r}\cdot Q_{net.var}}\times 100\% \tag{1}$$

B_r：燃气驱动压缩机燃料气消耗量(m3/h)；H_P：压缩机轴功率(kW)；

H_c：压缩机组传动损失，(kW)；$Q_{net.var}$：燃料气收到基低位发热量米(kJ/m^3)。

在燃气轮机功率计算软件内输入天然气各含量摩尔组分及输入测量参数，会通过燃气轮机效率按 3.3.4 计算出燃气轮机的效率如图 7 所示。

天然气各含量摩尔组分

1	甲烷	C1		%
2	乙烷	C2		%
3	丙烷	C3		%
4	异丁烷	C4i		%
5	正丁烷	C4n		%
6	异戊烷	C5i		%
7	正戊烷	C5n		%
8	己烷	C6		%
9	庚烷	C7		%
10	辛烷	C8		%
11	氮气	N2		%
12	二氧化碳	CO2		%
13	硫化氢	H2S		%
14	水蒸气	H2O		%
	合计		0.00	%

输入测量的参数

1	燃料气消耗量	B_r	NaN	Nm3/h
2	大气压力	Pa	NaN	kPa
3	环境温度	Ta	NaN	℃
4	天然气流量	G_{in}	NaN	kNm³/h
5	天然气进口温度	T_{in}	NaN	℃
6	天然气出口温度	T_{out}	NaN	℃
7	天然气进口压力（绝对压力）	P_{in}	NaN	MPa
8	天然气出口压力（绝对压力）	P_{out}	NaN	MPa
9	修正系数	f		

气体低位发热值：$Q_{net\ var}$ = NaNKJ/m3

压缩比：ε = NaN

焓差：△h = NaN kJ/kg

压缩因子：Z_2 = NaN; Z_1 = NaN;

多变指数：n = NaN

天然气视分子量：M = 0.0000

相对密度：S_G = 0.0000

多变压缩功：y_p = NaNkJ/kg

多变效率：BWRS: $\eta_{p,i}$ = NaN%

压缩机有效功率：H_e = NaN kW

燃气轮机输出功率：H_p = NaN kW

燃气轮机效率：η_rNaN%

燃驱压缩机机组效率：η_{jz} = NaN%

图 7　燃气轮机功率计算软件

图 8 为某站单机负荷控制前后的参数表，在投用单机负荷控制前机组的效率为 24.97%，投用后机组的效率上升了 0.41%，达到了 25.38%。

参数分称	单位	投用单机负荷控制前	投用单机负荷控制后
燃料气消耗量	Nm³/h	6529.2	6011.6
大气压力	kPa	94.5	94.5
环境温度	℃	23	35
天然气流量	kN³/h	2508	2391
天然气进口温度	℃	19.54	19.59
天然气出口温度	℃	42.33	40.97
天然气进口压力	MPaa	7.24	7.52
天然气出口压力	MPaa	9.1	9.32
修正系数		0.999	0.999
燃驱压缩机组效率	%	24.97%	25.38%

图 8　单机负荷控制前后的参数表

4 结束语

全线多座压气站压缩机组自动联锁模式的启用，以及压缩机组负荷控制和负荷分配功能的应用，是实现智慧管道重要的技术手段。这一技术的使用，能够有效地优化运行模式，实现压气站远程操控和管道智能调控。压缩机组控制自动模式和可靠的负荷分配功能，能够有效减少人为的操作失误，可靠保证管道的运行安全和高效。压缩机组负荷控制和负荷分配在机组效率和稳定性上有很大的优势。应用不合理的机组控制模式会造成能量的浪费，也容易造成机组性能下降。

压气站压缩机组负荷分配控制方案对单机负荷控制和多机联运的负荷分配方案进行了应用分析。实践证明压气站压缩机组负荷分配控制在中亚天然气管道哈国段可以得到很好地应用。压气站压缩机组负荷分配控制提高了管道运行效率，而且在安全稳定性层面较人工操作优势也较为明显。对今后我国天然气管道压气站单机负荷控制及多机联运负荷分配控制有一定的指导意义。

参 考 文 献

[1] 崔艳星，杨立萍，马永祥，郑前，张书勇．西三线压缩机组负荷分配控制方案[J]．油气储运，2015，34(05)：538-543.

[2] 马凯，王华强，张保平，王东升．天然气管线压缩机组加载/卸载及负荷分配控制研究[J]．工业仪表与自动化装置，2018(06)：86-88+93.

[3] 刘国豪，耿欢等 SY/T6637-XXXX 天然气输送管道系统能耗测试和计算方法[s].

[4] 管道公司科技中心开发燃气轮机功率计算软件[cp]

[5] 中华人民共和国国家标准天然气压缩因子的计算[s] GB/T 17747

[6] 中华人民共和国国家标准天然气发热量、密度、相对密度和沃泊指数的计算方法[s]GB/T 11062-2014

[7] Roll-Royce GED 00026330 LOGIC FLOW DIAGRAM COMPRESSOR LOAD SHARE/ CAPACITY CONTROL [s]

[8] Kazakhstan-China Gas Pipeline Project RB211G62/RFBB36 Compressor Package R-R Reference No. OG1253 [s]

[9] 孙启敬．燃气轮机压缩机组在西气东输管道上的应用[J]．燃气轮机技术，2006，19(3)：30-32.

[10] 刁伟辽，郭鹏．单元机组负荷系统的多变量模型算法解耦控制[J]．电力科学与工程，2006，4(9)：55-58.

[11] 陈光．透平压缩机组的优化控制与节能降耗[J]．中国仪器仪表，2009(12)：39-42.

[12] 司红波．透平压缩机综合集成化控制系统的开发与应用[J]．机械工程与自动化，2011，6(12)：35-38.

[13] 梅刚．复杂天然气压缩机站的控制系统[J]．油气田地面工程，2011，30(3)：55-57.

[14] 宋志刚，魏娜，蒋平，等．燃气轮机驱动压缩机组负荷控制参数波动问题研究[J]．燃气轮机技术，2012，25(6)：43-46.

[15] 王小平，蒋平，翁正新．西气东输离心压缩机负荷控制系统的研究[J]．微型电脑应用，2012，28(7)：45-48.

[16] 齐洪鹏，孙瑾，朱世凯．TRICON ITCC 系统在管道压缩机上的负荷分配控制应用[J]．中国科技博览，2013，9(2)：308-312.

[17] 韩辉 张忠明 康亮 孙立升 蔡莉莉 戚菁菁．输气管道压缩机防喘振系统的运行管理[J]．油气储运，

2012, 31(10): 795. [doi: 10.6047/j.issn.1000-8241.2012.10.018]

[18] 徐铁军. 天然气管道压缩机组及其在国内的应用与发展[J]. 油气储运, 2011, 30(05): 321. [doi: 10.6047/j.issn.1000-8241.2011.05.001]

[19] H. H. Nguyen, V. Uraikul, C. W. Chan and P. Tontiwachwuthikul, "A comparison of automation techniques for optimization of compressor scheduling", Advances in Eng. Software, Vol. 39 Issue 3, 2008.

[20] A. Cortinovis, D. Pareschi, M. Mercangöz, and T. Besselmann "Model Predictive Anti-Surge Control of Centrifugal Compressors with Variable-Speed Drives", Proc. of the 2012 IFAC Workshop on Automatic Control in Offshore Oil and Gas Production, Norwegian University of Science and Technology, Trondheim, Norway, 2012.

PGT25+燃气轮机 HPC 空气冷却管故障分析与现场检查方法

刘 岩 丁振军 王伟俭 朱 莉 刘 伟 陶世政

（中油国际管道公司 中乌天然气管道项目）

摘 要 中油国际管道公司中乌项目 AB 线，在用的 9 台 PGT 25+ 燃气轮机其中 3 台出现 HPC 空气冷却导管密封涂层失效故障，通过参照设备供应商 GE 公司提供的技术公告，提出了通过拆除燃气轮机入口齿轮（IGB），实现现场快速检查 HPC 冷却管密封涂层的方法，结合机组运行参数和检查结果分析 HPC 冷却导管密封失效条件下对机组运行参数控制措施和影响，并提出补充 LM 2500+燃气轮机 Level2 热端维修合同条款，补充增加 SB_ LM2500-IND-277 检查维修项目完善 Level2 中修内容，避免中修后机组再次返厂检修，有利的提高了机组可用率和备用率，同时节约燃气轮机返厂检修费用。

关键词 PGT 25+燃气轮机 HPC 空气冷却导管 Level2 热端维修 技术通告 SB_ LM2500-IND-277 入口齿轮箱（IGB）

中乌天然气管道是中石油中亚天然气管道在乌兹别克斯坦部分，起自土、乌边境格达依姆，终于乌哈边境哈伊让库杜克。沿途设有 6 座压气站使用三种机型，共计 21 台套压缩机组。其中采用 GE 油气新比隆公司 PGT 25+/PCL800 型燃气轮机压缩机组 9 套；西门子公司 RB211- 24G/RF3BB36 型燃气轮机压缩机组 3 套；Solar 公司 Titan 130/ C453 型燃气轮机压缩机 9 套。PGT 25+/PCL800 型燃气轮机压缩机组，由燃气轮机、动力涡轮、离心式压缩机三部分组成。其中动力部分为 LM 2500+型燃气轮机，在 2009-2010 年间陆续完成安装投产调试工作并投入商业运行，截止 2018 年 12 月累计运行 86835 小时。

1 LM2500+型燃气轮机介绍

1.1 LM2500+燃气轮机的发展

GE 公司生产的 LM2500+型燃气轮机为航改型，PGT25+为天然气管道输气型。工业用燃气轮机有两种类型，亦可以说是走两条不同的道路。一是航空发动机改装，另一类是专为工业用的机型，世界上以美国通用电气公司（GE）为代表研制生产了两种基本类型，航空改型称为轻型机，以 LM 为代号，而工业用型称为重型机，以 MS 为代号。GE 于 1994 年开始将 LM2500 燃机增容称 LM2500+，它采用在原压气机级加零级和更换若干零件材料，改进叶片型线等措施使新型的 LM2500+的功率达 27000KW，并且效率亦有明显提高。

1.2 LM2500+燃气轮机的工作原理

LM2500+SAC 燃气发生器由一个轴流式压气机，燃烧室和两级涡轮组成，在运行时，空气进入压气机进口，在其中空气被压缩到接近 21.5，压气机前 7 级的进口可调导叶的角度，可以按燃气发生器的转速和进口温度来改变，导叶位置的改变使压气机能在一个广阔的转速范围内有效的运行，保持有一个有效的喘振余度，导叶位置是由转速传感器和伺服阀来控制的。增压后的空气离开压气机进入在压气机后支座中的燃烧室并被30个燃料喷嘴喷入的燃料混合，通过头部的旋流器，油气混合物被点火器点燃，并保持火焰连续燃烧，在其中由于燃料燃烧使一部分空气的温度升高，其余的空气进入燃烧段用来冷却燃烧段，火焰筒，掺混高温燃气控制进入高压涡轮的温度和冷却高压涡轮。离开燃烧室的炽热气流经两级高压涡轮，燃气中的能量被抽取出来用来转动轴流式压气机。燃气离开高压涡轮后流经涡轮中间支座，涡轮中间支座的冷却空气和前面两级的涡轮的主流在涡轮处相混合，燃气完成了在燃气发生器中的流动。燃气离开燃气发生器后，热燃气驱动动力涡轮(自由涡轮)。动力涡轮为被驱动设备——天然气压缩机提供机械动力输出。

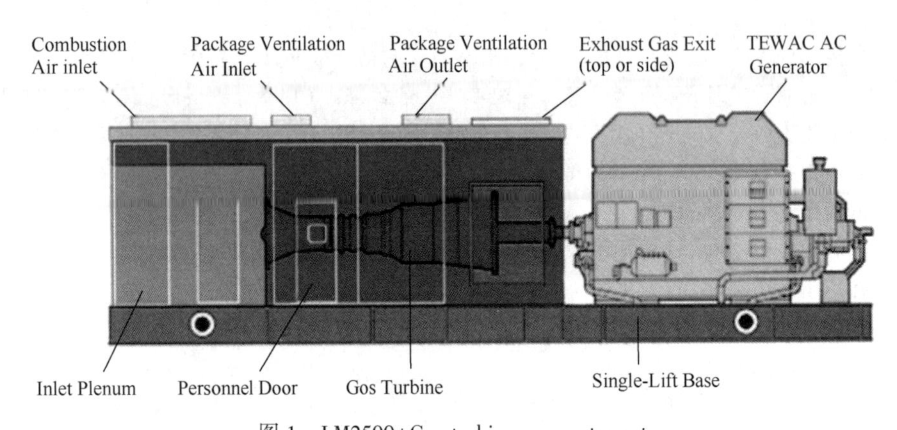

图1 LM2500+Gas turbine-generator set

2 HPC 空气冷却管密封涂层失效故障

2.1 HPC 空气冷却导管异响的发现

2017年12月15日中油国际管道中乌项目WKC3站在对一台PGT25+/PCL803机组进行日常维护检查，在对燃气轮机进行盘车(Crank)时，当燃气轮机(GG)转速从800r/min降至50r/min过程中，在箱体内听到燃气轮机内部压气机部位发出金属异常敲击声音。敲击声音主要集中在GG低转速时，在燃机空气进口室内可以通过人耳清晰的听见金属敲击声，该异响声音在GG转速高于1000r/min或对于40r/min时难于通过人耳观察到。通过反复测听判定异响声音来自燃气轮机进气机匣内部，但具体故障原因和位置仍需要进一步检查确认。该机组GG(P/N641-237)于2016年10月20日完成第一次Level2级别热端返厂维修，于同年11月5日通过GG置换方式安装至WKC3站，截止2017年12月15日该GG(641-237)安装后已运行时间6000h，机组总运行时间为31000h。根据GE公司提供文件Level2级别维修即燃气轮机热端维修，主要维修内容包括燃气轮机外观检查、压气机非分解检查、涡轮检查和燃烧室分解检查等内容。Level2级别维修地点可以选择在客户现场或返厂(服务商大修厂)，中乌项目结合海外当地维修条件和机组运行状态选择返厂进行Level2级别维修工作。

2.2 HPC 空气冷却导管安装位置和作用

结合现场检查情况并查阅GE公司提供手册和技术服务通告，现场故障现象与GE公司发布的SB_ LM2500-IND-277技术通告故障相似度较高。通过与GE技术部就该问题的交流，他们认同现场的故障判断，但需要对故障机组进行拆检确认。SB_ LM2500-

IND-277 为 2017 年 1 月 27 日由 GE 公司向全球客户发出的技术通告，内容为该公司生产的 LM2500+型多个序列号的燃气轮机发现 HPC 压气机空气冷却密封导管 PN L50511G02（详见．图 4），空气导管前端密封涂层材料的加工和粘合剂存在缺陷（详见．图 5），该密封材料通过氧化性粘合剂粘接在冷却管上，在长时间高温环境粘合剂存在失效风险。HPC 即燃气轮机高压机匣的缩写，图 2 为 LM2500+燃气轮机剖面图，该冷却管安装在图 2 红色方框标记处。该空气冷却管安装在压气机机匣中间形状为筒状，主要作用为收集第二级压气机叶片压缩后的空气，通过该空气导管将冷却密封气提供给 4 号（B）轴承使用。该机型共设计了 3 组轴承分别为 A/B/C，机组编号 3/4/5 号轴承，其中 4 号轴承安装于中间机匣的内部图 2（B-B），该轴承由棍棒轴承和深沟球轴承组成，即承担转子径向力同时与承担转子的轴向推力。故该轴承在机组工作中起着核心部件作业，而冷却密封空气是保证 4 号轴承正常运转的必要条件之一。

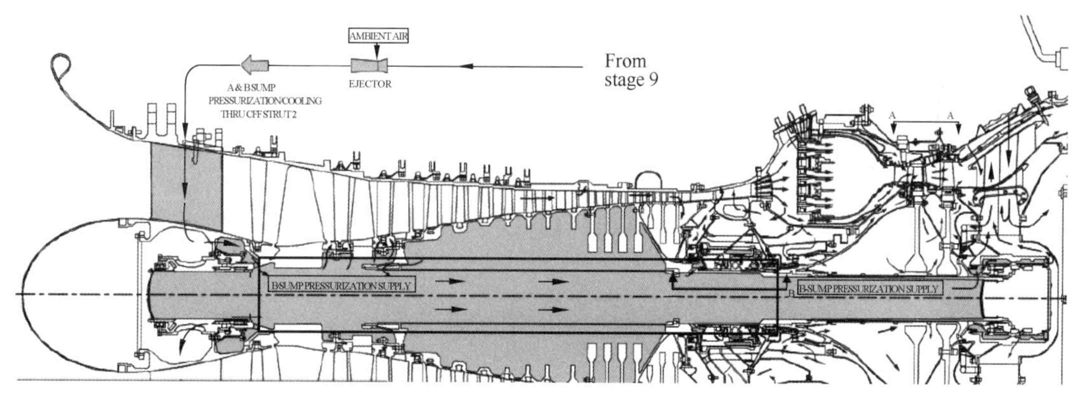

图 2　LM2500+燃气轮机剖视图

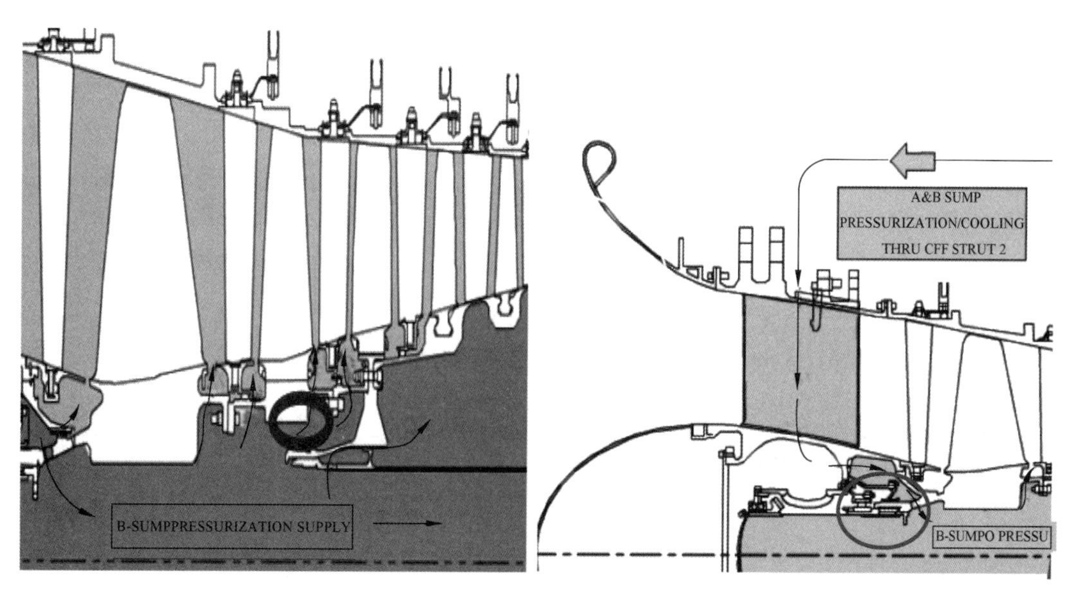

图 3　空气冷却导管引气位置

图4 空气冷却密封导管 PN L50511G02

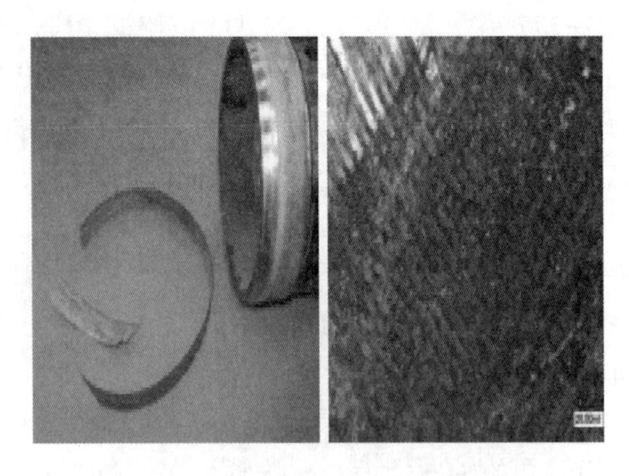

图5 空气冷却导管前端密封材料脱落

2.3 优化 HPC 空气冷却导管拆检方法

GE 公司向中乌项目提供了 HPC 空气冷却导管检查方式为，首先拆除 LM2500+型燃气轮机变速齿轮箱(TGB)见图6，再拆除变速齿轮箱与入口齿轮箱连接的传动轴见图7的视图B，最后整体拆除入口齿轮箱(IGB)见图6的视图A；检查后复装方案为先安装入口齿轮箱，再通过液态氮冷冻处理传动轴进行安装，最后安装变速齿轮箱。该方案需要拆除燃机多个重要部件且安装技术难度大，需要客户提供5项专用工具，这些工具现场不具备，需要购买最少需要8个月的时间，同时需要客户准备十几项易损备件和材料，按照该方案预计拆卸和复装时间最少为48h工时且需要客户付费动迁海外GE工程师前往现场技术指导。考虑到中乌项目为海外项目动迁GE工程师办理手续需要较长的时间，同时由于故障原因不能明确该机组已处于不备用状态，导致WKC3站无备用机组，给安全输气生产运行带来风险。

为尽快查明故障原因经过分析，项目提出了新的故障检查方案。即通过拆除入口齿轮箱内部的伞型齿轮轴，通过工业内窥镜对空气冷却管前端的密封进行检查。这样拆检首先可以不使用专用工具避免了紧急采购工具所需要长时间周期，同时减少部件拆除数量和不使用液氮冷冻特殊装配工艺，大大降低拆卸和装配难度客户可以自行进行操作，不要付费动迁GE海外工程师在现场进行指导，不但节约了服务费同时节省了人员动迁时间。若按该方案进行拆检预计8-10小时即可完成拆检和复装工作，节约五分之一的工作时间。由于GE公司不具备相关检查经验唯由无法提供技术支持，项目决定自主实施本次故障拆检工作。

图6 变速齿轮箱(TGB)

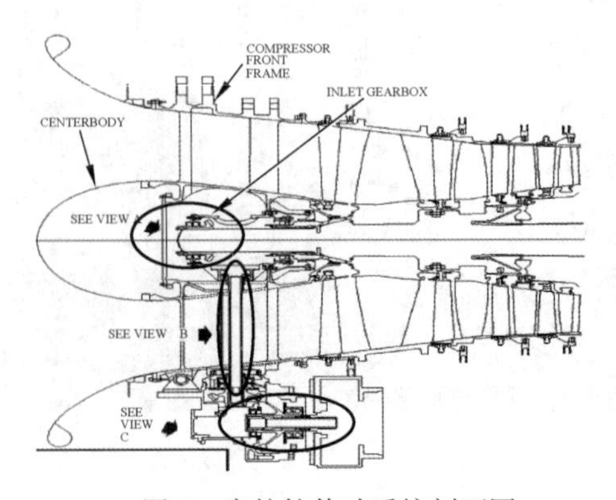

图7 齿轮箱传动系统剖面图

2.4 检查 HPC 空气冷却导管

检查作业步骤一：对待检查的机组进行安全隔离作业；隔离对象主要包括 a. 液压启动系统 b. 二氧化碳消防系统 c. 燃气轮机点火系统 d. 箱体通风系统。

检查作业步骤二：拆卸空气进口滤网；中心整流帽罩；伞形(锥形)齿轮轴

工序	工序名称	技术标准 GE 维护手册	拆卸步骤和要求	HSE 评估	专用工具	耗材
5	拆卸燃气轮机空气进口滤网	WP 204 00 WP205 00	a. 安装滤网吊梁和小车； b. 拆除进口滤网上的 48 个螺栓和锁板； c. 滤网的重量约为 82 磅(37 千克)，使用吊带将滤网放置在小车上。	机械伤害；重物坠落伤害；	1. 滤网吊梁 SMO 0328921 2. 2. 滤网小车 SMO 0328921 3. 英制扳手 4. 1 吨吊带	
10	拆卸燃气轮机中心体整流帽罩、入口齿轮箱盖板	WP 204 00 WP205 00	a. 去除螺栓表面密封胶，拆除整流帽罩螺栓保险丝； b. 拆除固定 5 个螺栓； c. 拿下中心体整流帽罩 d. 拆除入口齿轮箱盖板自锁螺丝并移除盖板。	机械伤害；	1. 锁丝钳 2. 英制扳手	
15	测量伞形齿轮轴安装距离		a. 分别在 12 点、4 点、8 点方位取 3 个测量点，以入口齿轮箱盖板安装面为基准面，使用深度测量尺测量，基准面到伞形齿轮轴安装固定面的距离(详见．图 7)； b. 记录三点的距离测量值。(参考值 62.67mm)		1. 深度测量尺	
20	拆除入口齿轮固定法兰盘	WP 208 00	a. 拆除入口齿轮箱伞形齿轮轴，固定法兰盘上 12 个自锁螺母； b. 移除齿轮轴同时用螺栓固定法兰盘；	机械伤害；	1. 英制扳手	
25	移出入口齿轮箱伞形齿轮轴/垫片	WP 208 00	a. 使用记号笔标记伞形齿轮轴(详见．图 9)安装位置， b. 在齿轮轴安装法兰面上的顶丝孔，安装 2 个 1/4 的顶丝； c. 通过分别旋转顶丝将伞形齿轮轴轴向移出，移出过程需要保持齿轮轴端面水平； d. 移出齿轮轴时应注意安装端面后面的垫片不得转动移位，妥善存放齿轮轴。	机械伤害；	1. 英制扳手 2. 1/4 英寸顶丝	标记笔

检查作业步骤三：使用内窥镜检查 HCP 空气冷却管密封；

工序	工序名称	技术标准 GE 维护手册	拆卸步骤和要求	HSE 评估	专用工具	耗材
30	安装燃气轮机盘车适配器		a. 拆卸变速齿轮箱适配器盖的 4 个固定螺栓和盖板； b. 安装盘车适配器，拧紧螺母，使其扭矩达到 100-130 磅·英寸(11.3-14.6 牛·米)。	机械伤害	1. 适配器 1C8208 2. 英制扳手	
35	使用工业内窥镜，检查 HPC 空气导管密封	WP 11300 WP 406 00	a. 使用工业内窥，将探头深入 HPC 空气管前端密封处进行检查(详见．图 10)； b. 通过盘车适配器手动转动 GG 转子，使用内窥镜检查 HPC 空气管前端密封，注意避免 HPC 空气导管在转动时与内窥镜镜头发生触碰。	机械伤害 电气伤害	1. 韦林工业内窥镜	

检查作业步骤四：零部件复装

工序	工序名称	技术标准 GE 维护手册	拆卸步骤和要求	HSE 评估	专用工具	耗材
40	安装入口齿轮箱伞形齿轮轴和垫片	WP 208 00	a. 清理伞形齿轮轴表面，在齿轮表面少量涂抹合成润滑油 Turbo 23699； b. 根据标记将伞形齿轮轴和垫片安装进入口齿轮箱腔体内(详见．图 8)，齿轮轴前端为锥齿，末端为直齿结构，需要将直齿端与压气机轴连接，锥齿端与入口齿轮箱传动锥齿轮啮合，此处安装需要操作者具备一定安装经验和技巧； c. 安装 12 个伞形齿轮轴法兰盘固定自锁螺丝； d. 采用十字形方式，用 62-68 磅-英寸(7.0-7.6 牛-米)的力矩拧紧螺栓。	机械伤害 化学品危害	1. 英制扳手	绢布； 合成润滑油 Turbo 23699 (1L)；
45	测量伞形齿轮轴安装距离		a. 分别在 12 点、4 点、8 点方位取 3 个测量点，以入口齿轮箱盖板的安装面为基准面，使用深度测量尺测量，基准面到伞形齿轮轴安装固定面的距离； b. 校对安装后的测量值与记录值是否一致，如果三点测量值偏差大于 2.0mm 应重新安装伞形齿轮轴。	机械伤害	1. 深度测量尺	
50	检查伞形齿轮轴运转		a. 通过手动盘车器转动 GG 转子，观察伞形齿轮轴转动情况是否正常。	机械伤害	1. 适配器 1C8208	
55	复装入口齿轮箱盖板	WP 208 00	a. 采用十字形方式，用 62-68 磅-英寸(7.0-7.6 牛-米)的力矩拧紧螺栓。			

续表

工序	工序名称	技术标准 GE 维护手册	拆卸步骤和要求	HSE 评估	专用工具	耗材
60	复装中心体整流帽罩	WP 002 00	a. 用手固定中心体，并装上 5 个螺栓。用 55-70 磅-英寸(6.3-7.9 牛-米)的力矩拧紧螺栓； b. 为每个螺栓单独打上保险拉线。注意拿住保险拉线头以防其进入燃气发生器进口； c. 使用 RTV106 硅橡胶粘合剂，涂抹每个保险丝与整流帽罩粘合。			
65	复装进口滤网	WP20400 WP205 00	a. 使用滤网吊梁和小车，安装进口滤网上的 48 个螺栓和锁板；	机械伤害；重物坠落伤害；	1. 滤网吊梁 SMO0328921 2. 2. 滤网小车 SMO0328921 3. 英制扳手 4. 1 吨吊带	
70	清理现场		清理燃气轮机进气室内物品			

图 8　三点测量入口齿轮箱与伞形齿轮轴安装距离

图 9　入口齿轮箱腔体

图 10　入口齿轮箱伞形齿轮轴

图 11　内窥镜检查 HPC 空气导管密封

2.5 HPC 空气冷却导管封严失效故障分析和影响

在手动盘车旋转压气机轴时，通过内窥镜检查可以看到 HPC 空气导管，在随着压气机转子低速转动时，当空气导管在旋转至顶端时发生位移，空气导管与高压二级盘碰撞，同时伴随有金属敲击声。根据以上现场检查情况可以判断 WKC3 站 GG641-237 异响原因，为 HPC 空气导管前端封严材料失效导致。从 GE 手册中查出空气管的封严处尺寸直径 DA 是 6.971~6.9755inch(177.06~177.17mm)，与之相配合的高压压气机二级盘的直径 R 是 6.985~6.99inch(177.42~177.57mm)，属于间隙配合 0.25~0.51mm；当密封材料脱落配合间隙扩大。在冷却管旋转时受到自身重力，以及空气管的中心和转子的中心不同心等几个方面的影响，空气管与二级盘内径的间隙会在一定的位置上更大，所以在低速转动时转到一定位置时空气管在重力、不同心的影响下就会出现空气导管前端与二级盘内壁发生磕碰，从而有“咚”的响声。

根据 GE 公司提供的实验室报告，使用 ASTTMC6633 标准试验方法，对 HPC 空气封严涂层进行结合强度的评价。将试用基体表面喷涂试验涂层后，另一面采用粘结剂与另一试样结合后拉伸测试结合强度。通过试验可以发现粘结剂失效与试验温度有关，温度越高失效概率越大。通过试验发现如果涂层内聚结力，在小于集体或粘结层的结合力时，断裂常在涂层面层内部发生，并因为剪切应力作用与基体表面形成一定角度。

冷却空气导管封严失效的影响主要包括两个方面，第一方面随着机组运行时间增加，冷却空气导管与二级盘的间隙逐渐扩大，空气导管在机组启动、升速、降速时容易造成 GG 强烈的震动，若震动数值超过 GG 加速度探头设定报警值机组存在故障停机分析。第二方面由于 HPC 空气导管封严设计存在缺陷，失效导致供给 4 号轴承的冷却、密封气不足造成 4 号轴承润滑油温度高，有导致轴承加速损坏的风险。

3 运行建议和预防措施

根据相关资料显示 GE 公司生产的 LM2500+型燃气轮机，当运行超过 20000 小时后 HPC 空气导管封严材料脱落失效风险明显增加。通过对冷却空气导管的作业已经故障原因分析，我们运行建议和措施如下：

(1) 首先严格遵守 LM2500+燃气轮机运行和维护手册规程要求执行操作。

(2) 对比问题 GG 在 6 个月运行参数值，对比分析 GG 加速震动值(18VGG)趋势是否存在升高。若 GG 加速度震动监控值高于 30um 时应停机检查。

(3) 跟踪对比分析 GG 的变速齿轮箱齿轮泵 B 回油池的回油温度，若回油温度高压机组正常平均温度 20℃时应停机检查。

(4) 根据输气运行计划合理安排问题 GG 返厂进行维修工作，执行 GE 公司下发的技术通告 SB_ LM2500-IND-277，维修空气导管更换新型封严材料。

(5) 在 GG 进行 25000 小时 Leve2 级别返厂热端维修时，在维修合同条款中增加 SB_ LM2500-IND-277 服务维修内容，避免 GG 在返厂维修时服务商仅对燃气轮机热端部件进行检查和维修。

参 考 文 献

[1] GE 油气 LM2500+、HSPT 技术规范、运行和维修手册[M]. 意大利：GE 油气公司，2000.
[2] 李君 . 热喷涂技术应用与发展调研分析[D]. 吉林大学，2015.
[3] 梁伟，何爱杰，王标 . 航空发动机对表面工程技术的需求[J]. 燃气涡轮试验与研究，2013，26(03)：59-62.

离心压缩机振动故障分析及处理措施

王成祥　李朝明　朱　莉　王海浩

（中油国际管道公司　中乌天然气管道项目）

摘　要　离心压缩机是工业生产中的常用设备，广泛应用于石油化工和油气储运等生产领域。压缩机在连续运行过程中难免会发生各种故障，其中振动的危害最大，会给机组带来不可修复的风险或损失。为研究离心式压缩机振动产生的原因及其处理措施，以中国-中亚天然气管道某站所用燃驱离心式压缩机轴向位移超限为例，使用振动趋势图、频谱图、轴心轨迹图和极坐标图等分析工具，结合离心压缩机的结构及振动特征，分析得出压缩机振动产生的根本原因，并给出具体解决措施，成功处理了压缩机组的振动问题，保证了输气安全。

关键词　离心式压缩机　轴向位移　振动　图谱分析　处理措施

中亚天然气管道作为中国修建的第一条跨国天然气输送管道，其安全平稳运行对保障国内能源供应有着重要的意义，离心压缩机作为管道增压核心设备，运行的可靠性及故障分析解决的时效性又是重中之重。离心压缩机为大型动设备，振动导致机组故障停机的情况时有发生。以目前管道在役的某离心压缩机振动故障为例，分析其振动产生的原因，并给出相应的处理措施。

1　机组简介

中亚天然气管道某压气站场配置了 RF3BB36 西门子离心压缩机，这是一种 3 级离心式压缩机，它装有双支撑梁式转子，旁侧进气和排气。压缩机的结构主要包括 3 级叶轮、2 组干气密封、2 个径向轴承、1 个止推轴承和其他静子部件（图 1）。该压缩机由 RB211-RT62 型燃气轮机驱动，压缩机转子一阶临界转速为 2675rpm，二阶临界转速为 7600rpm；由 Bently 公司提供的 3500 系列 φ8mm（灵敏度 7.87v/mm）振动和位移探头传感器，对压缩机进行安全监控。

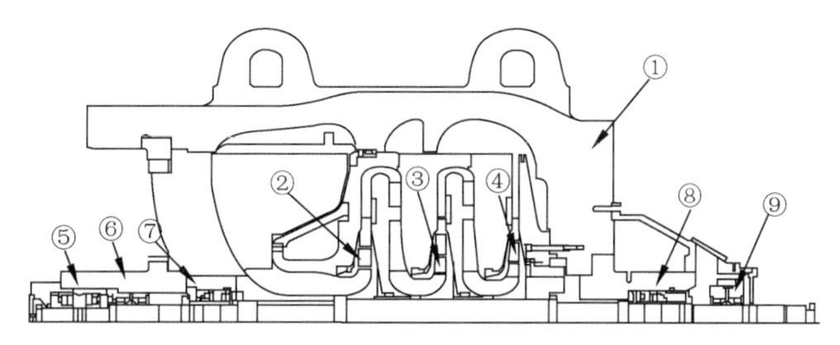

图 1　RF3BB36 压缩机结构组成

1—壳体；2-4—三级叶轮；5—止推轴承；6—径向轴承；

7—干气密封；8—干气密封；9—径向轴承

2　故障描述

2016 年 8 月 7 日压缩机各振动值均有较大的涨幅，压缩机驱动端轴承振动（39CPDEX/Y）从 10μm 涨至 20μm，压缩非驱动端轴承振动（39CPNEX/Y）从 13μm 涨至 42μm，轴向位移从 0.33mm 涨至 0.45mm,。9 月 22 日压缩机轴向位移(39CPA1/2)达到报警值 0.51mm,驱动端及非驱动端轴承振动值维持在 8 月 7 日的突变数值，止推轴承内外侧温度 26CPIB1/2 和 26CPOB1/2 均未发生明显变化。2017 年 2 月对压缩机进行检查，发现止推盘轴向间隙超标，且止推盘与转子之间的“O”型圈损坏，止推盘内侧表面和内侧止推轴承轴瓦有轻微划痕。随后通过更换止推盘与转子之间的“O”型圈，调整止推盘轴向间隙，彻底解决了压缩机振动问题，从而恢复了设备的稳定运行。

3 图谱分析

3.1 压缩机振动趋势

压缩机振动趋势如图 2。由图可见，8 月 7 日 2：31 时，驱动端轴振 39CPDEX/Y 和非驱动端轴振 39CPNEX/Y 振幅均发生了突变，其中非驱动端轴振突变更为明显，一次振动值突变后的压缩机振动值维持在稳态，而相位基本未发生变化。图 2 中所有的工频振动趋势始终与通频振动趋势同步，说明工频为异常振动分量。

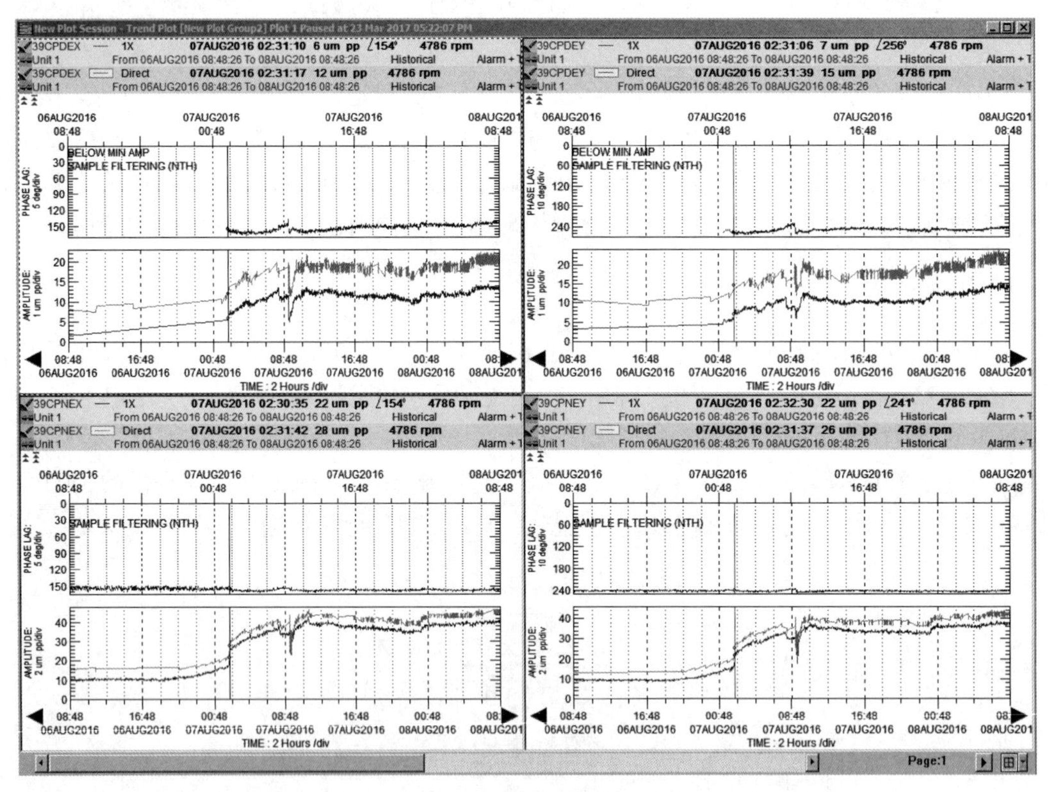

图 2 压缩机振动趋势图

3.2 轴向位移图

轴向位移和转速变化趋势如图 3、图 4 所示。从图中可以看出，轴向位移值在 8 月 7 日 9：16 时升至最大，紧接着的突变是由于压缩机降速引起的，当转速重新提升时，轴向位移值也随之上升，在此时间段，压缩机驱动端和非驱动端径向振动值与轴向位移值变化趋势相同(见图 2)。这说明压缩机在高负荷运行时的轴位移值和径向振动值较大，降低压缩机运行负荷，可使轴向位移和径向振动同时下降。

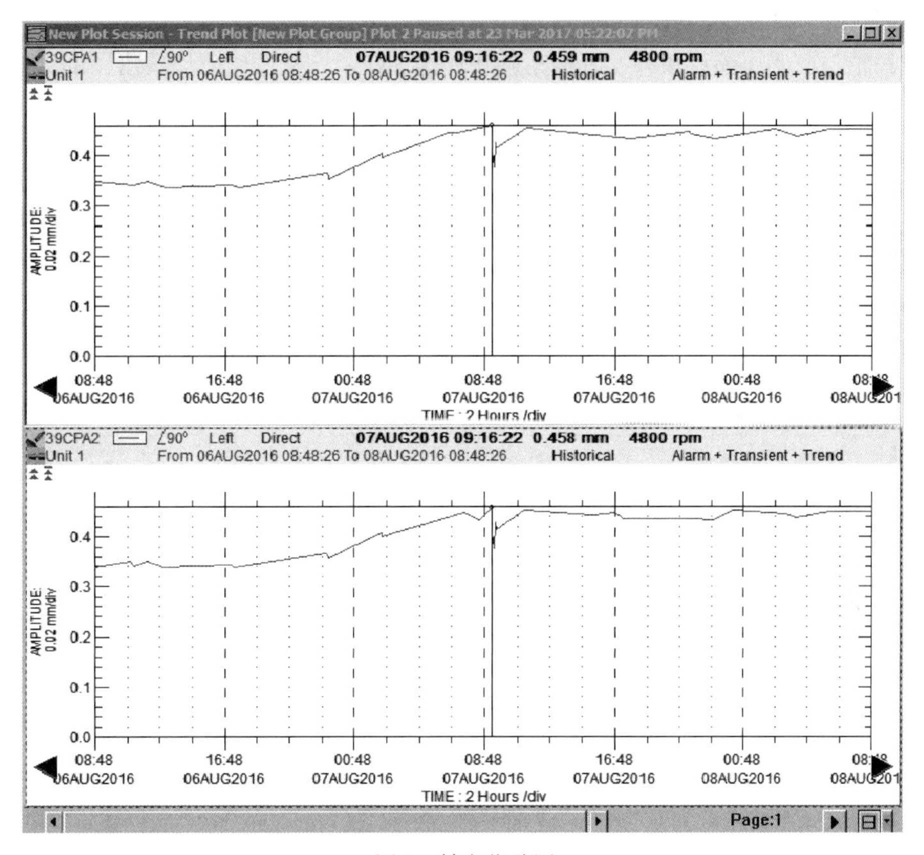

图 3　轴向位移图

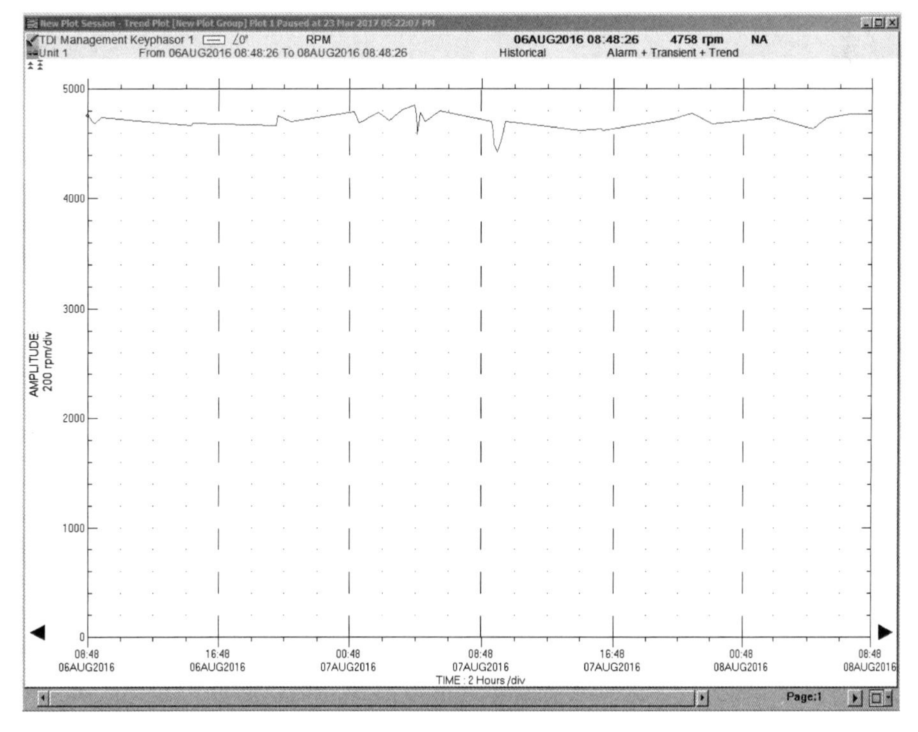

图 4　转速趋势图

3.3 动力涡轮(PT)振动趋势图

动力涡轮与离心压缩机相邻，其振动趋势如图5所示。从图中可以看出，动力涡轮的振幅和相位均未发生明显变化，且振幅较小。这说明压缩机的振动突变与动力涡轮运行无关，可以不考虑联轴器的对中和动力涡轮的振动问题[1]。

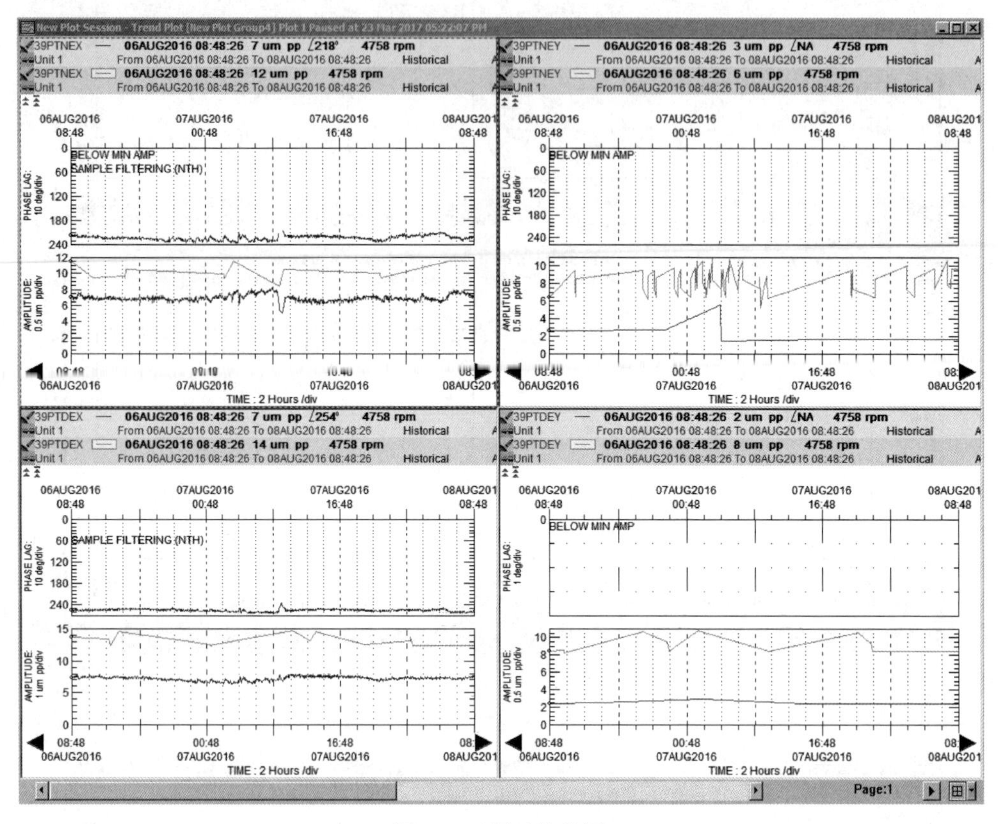

图5 PT振动趋势图

3.4 频谱图

频谱图如图6所示，可以看出振幅值最大的成分主要是1X频率成分，这说明振动主要是由工频引起的。工频所对应的故障类型相对较多，如转子不平衡、轴承不对中、基础松动故障等[2]。

3.5 轴心轨迹

轴心轨迹如图7所示，可以看出轴心轨迹是长短轴相差不大的椭圆形，轴心位置变化不大，符合转子不平衡情况下的轴心轨迹形状[3]。图中轴的运转存在正进动，这说明压缩机转子的涡动方向与转子自转方向相同。

3.6 极坐标图

极坐标图如图8所示，可以看出压缩机驱动端和非驱动端振动突变前后的相位基本是同相，其中驱动端的极坐标图矢量点较为散乱，这主要是由压缩机的调速引起的。图8中驱动端和非驱动端X和Y两测点的相位差均约等于90°，表明X、Y处的振动不同时，相差的时间正好是转子转过两测点的时间，这很可能是由不平衡问题引起的[4]，图中的不平衡方向与转子转动方向相反。

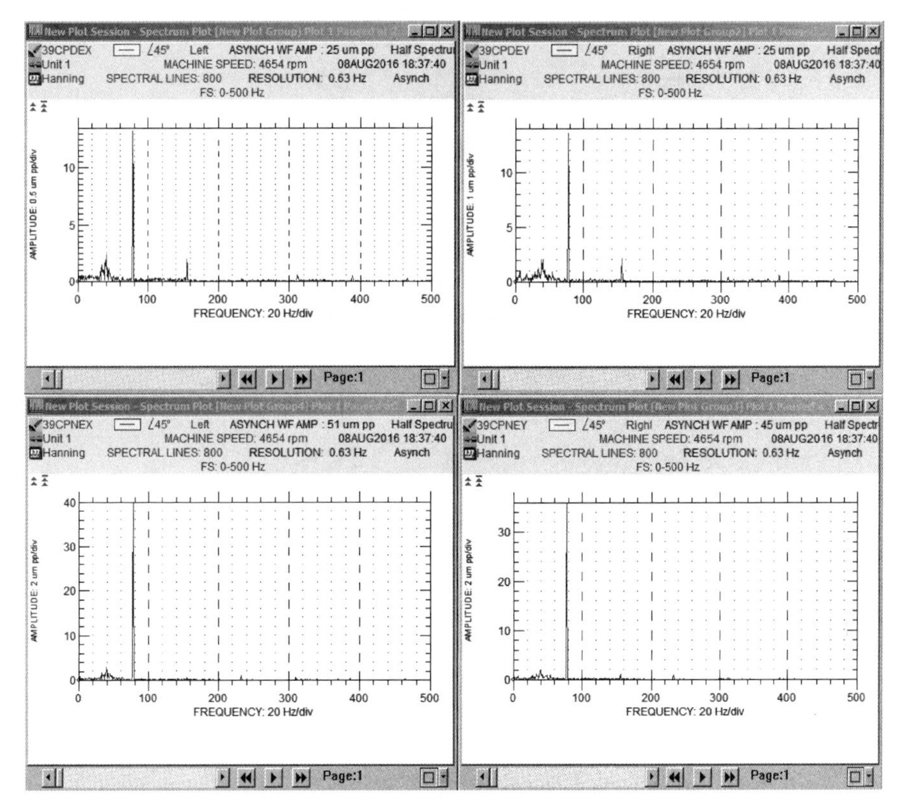

图 6　频谱图

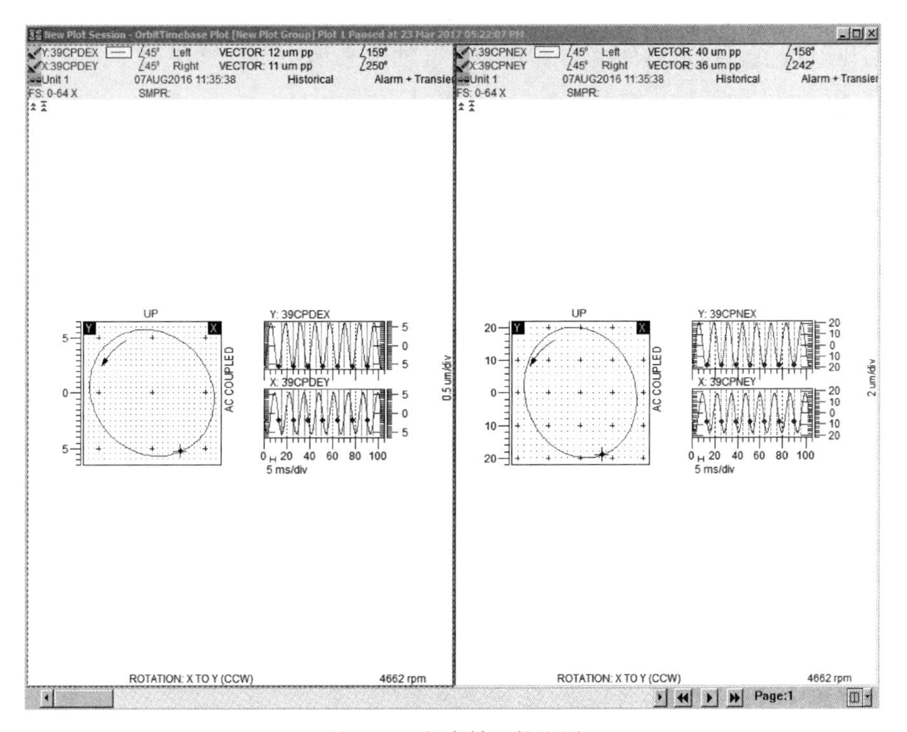

图 7　1X 频率轴心轨迹图

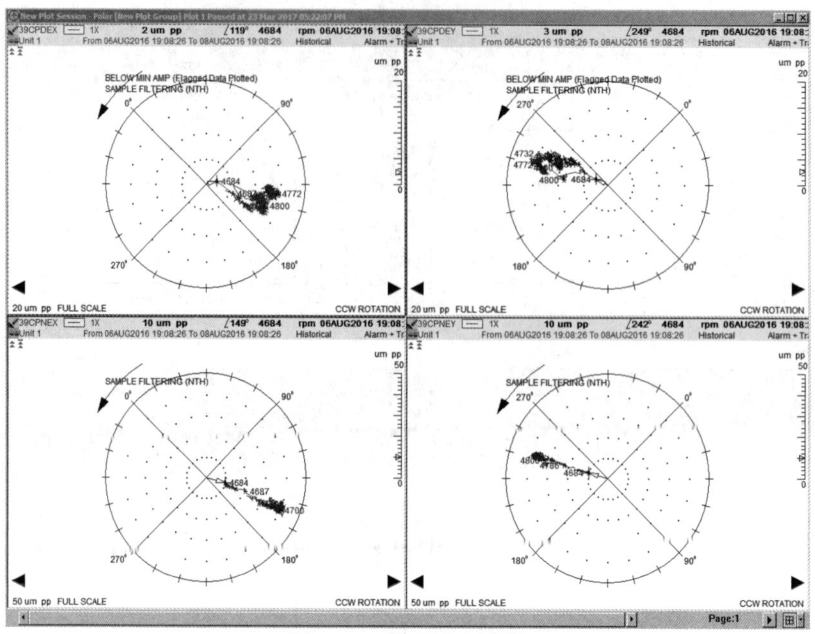

图 8　1X 频率极坐标图

3.7　压缩机停机 bode 图

压缩机停机 bode 图如图 9 所示。从图中可以看出，转子的机械偏差和电气偏差较小，排除机械安装和仪表安装误差所带来的测量错误问题。当转速降至怠速 3500rpm 时，振动值呈现突变，继续降速至一阶临界转速 2750rpm 时，振动值呈现规则的过临界特征。压缩机怠速运行时，转子的轴向力较小，而压缩机升速带载后轴向力逐渐升高，其中大部分轴向力被平衡盘前后压差抵消，剩余部分由非驱动端止推轴承来承担[5]，这说明压缩机怠速之后的振动突变可能与止推轴承或止推盘有关。

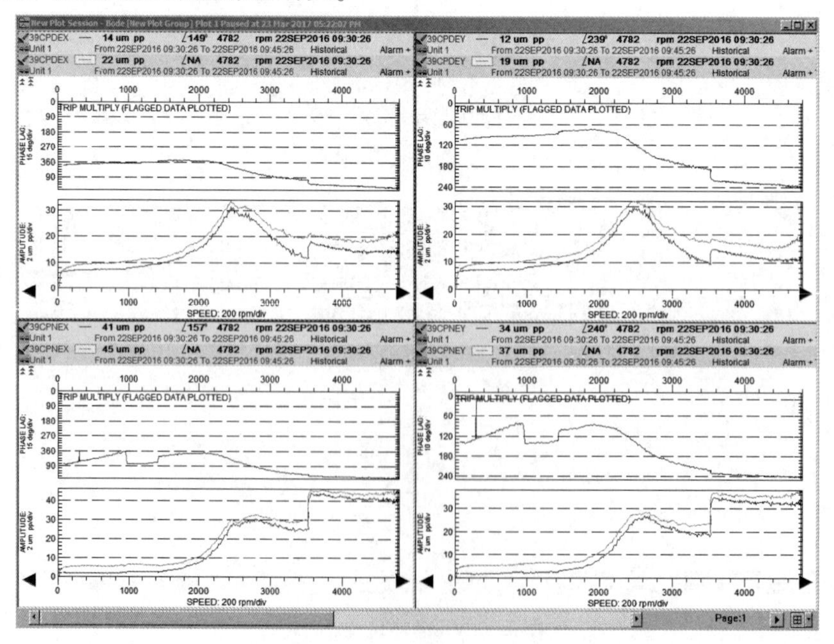

图 9　压缩机停机 bode 图

3.8 分析结果

根据以上 Bently3500 监测系统得出的图谱信息，综合分析得出压缩机振动和轴向位移突变的原因主要由压缩机转子不平衡引起的，导致转子不平衡的因素很多，包括叶轮初始不平衡、叶轮断裂、断叶片、转子结垢、转子弯曲[6]，也可能是止推轴承内部产生与转速反向的不平衡力。下面将结合压缩机结构、运行记录及以上图谱分析结果对不平衡故障原因进行分析：

3.8.1　该台压缩机在役运行 3000 小时的过程中，从未出现振动问题，且启机后并未立即出现较大振动，可以排除转子初始不平衡问题；

3.8.2　压缩机转子的振动突变前后，相位较为平稳，压缩机发生叶轮破裂、断叶片、转子结垢脱落时的振幅和相位会同时发生突变，而介质对转子的不均匀结垢、腐蚀、冲刷过程中的振幅会随着运行时间的延长而逐步缓慢增大[7]，这两类故障的表现形式均不符合以上图谱趋势图，可以排除此类不平衡问题；

3.8.3　停机 bode 图中的相位随转速不断发生变化，而转子弯曲的相位随转速变化不大或不明显，排除转子弯曲导致的不平衡问题[8]；

3.8.4　轴向位移逐渐增大与径向振动突变发生的时间段基本相同，表明二者存在着内部联系，原因可能为止推轴承推力瓦块磨损或异物进入止推轴承油膜[9]，导致轴向位移和径向振动同时发生变化；

3.8.5　轴心轨迹为长短轴相差不大的椭圆形，轴的运转存在正进动且轴心位置变化不大，说明振动故障并不严重[10]，压缩机可保持中等负荷运行以降低轴向力，并择机对止推轴承或止推盘进行拆检维修。

4 检查及处理措施

4.1 压缩机轴向间隙测量

利用锁轴工具、百分表在压缩机驱动端手动测量轴向间隙，测量结果为：0.78mm，此实测间隙值大于止推盘与推力瓦块装配间隙要求范围(0.28~0.43mm)。为减小轴向窜动量，需要对外侧止推轴承垫片的厚度进行调整；原垫片厚度为 1.81mm，为了使压缩机轴向间隙控制在最佳值 0.35mm 左右，则需要将垫片厚度调整为：1.81-(0.78-0.35)=1.38mm。

4.2 压缩机止推轴承拆检

拆卸非驱动端外侧止推轴承，并未发现轴承轴瓦磨损和烧蚀现象；拆卸止推盘，发现止推盘内表面和内侧止推轴承轴瓦有轻微划痕，止推盘内侧“O”型圈已经损坏，且损坏的部分进入到止推盘与内止推轴承瓦块之间，粘连在止推盘内表面。更换损坏的“O”型圈，清理并回装止推盘和外侧止推轴承。

4.3 润滑油检验

根据 Castrol Perfecto XPG32 矿物油检验标准，若低于标准粘度 10%或高于标准粘度20%，应该及时更换润滑油。通过压缩机矿物油油品分析数据(表 1)，显示各项粘度指标均正常，矿物油适于继续使用。

表1 矿物油油品检验结果

取样时间	含水量(<0.05%)	40℃时的粘性/cSt	100℃时的粘性/cSt	粘性指数
2017.01.03	0	32.0/31.81(-0.59%)	5.7/5.46(-4.21%)	112/107.8(-3.75%)
2017.03.03	0	32.0/31.83(-0.53%)	5.7/5.40(-5.26%)	112/103.6(-7.5%)

4.4 压缩机轴向位移探头安装

回装止推轴承后，再次测量压缩机转子轴向间隙 C 为 0.35mm，符合装配间隙标准。取零点间隙电压 L 为 9.75v，探头灵敏度 M 为 7.87v/mm，零界电压值为 V，得出公式：

V 远=L+C/2×M；V 近=L-C/2×M[11]

计算得出 V 远≈11.13v，V 近≈8.37v，按照计算结果和转子所在位置将位移探头安装到位，最后在 Bently 系统中对探头零点电压进行组态[12]。

4.5 联轴器 DBSE 测量

测量压缩机与动力涡轮的联轴器法兰端面间距，取 4 点有效测量值并计算平均值为 1183.12mm，比标准间距 1182.57mm 多出 0.55mm，这说明联轴器的轴向间距不足，压缩机停机状态下的止推盘与止推轴承处于压紧状态，当压缩机运行时，易引起压缩机的振动[13]。需要在联轴器间增加补偿垫片，经计算补偿垫片厚度为：0.55-0.35/2=0.375mm。

4.6 振动测试

故障处理完成后，对压缩机进行启机测试，选择对比动力涡轮转速在 4300rpm 和 4800rpm 的两组数据(表2)，测试结果表明压缩机轴位移和各项振动、温度指标均处于合理区间，证明故障处理措施是得当的。

表2 压缩机振动值和温度值对比

运行参数	报警值	PT 4300rpm	PT 4800rpm	单位
39CPDEX/驱动端 X 方向振动	59.981	7.315	10.949	μm
39CPDEY/驱动端 Y 方向振动	59.981	7.605	12.839	μm
39CPNEX/非驱动端 X 方向振动	59.981	6.249	9.011	μm
39CPNEY/非驱动端 Y 方向振动	59.981	6.589	9.059	μm
39CPA1/轴向位移 1	±0.51	0.227	0.228	mm
39CPA2/轴向位移 2	±0.51	0.223	0.225	mm
26CPDE1/驱动端轴承温度 1	120	62.2	68.6	℃
26CPDE2/驱动端轴承温度 2	120	64.2	68.9	℃
26CPNE1/非驱动端轴承温度 1	120	64.2	70.2	℃
26CPNE2/非驱动端轴承温度 2	120	62.6	69.4	℃
26CPIB1/内侧止推轴承温度 1	120	66.2	75.1	℃
26CPIB2/内侧止推轴承温度 2	120	67.6	76.7	℃
26CPOB1/外侧止推轴承温度 1	120	48	56	℃
26CPOB2/外侧止推轴承温度 2	120	47.8	55.7	℃

5 结论

本文按照离心压缩机故障诊断的基本方法，通过运行参数监测、压缩机结构分析和图谱分析，找到了压缩机发生异常振动的原因，并有针对性地制定合理、有效的解决措施，成功处理了压缩机径向振动和轴向位移异常问题。通过对压缩机的状态监测有助于充分了解设备的故障与风险，定期做图谱分析，并建立数据库，尽早发现问题并据此制定正确决策，将使企业减少不必要的损失。

参 考 文 献

[1] 王志超．某化工公司烃压缩机组的汽轮机的振动异常的分析与诊断[D]．上海：华东理工大学，2014：30-31.

[2] 彭金林．离心泵主频振动疑难故障的诊断[J]．设备管理与维修，2011，(1)：55-56.

[3] 孙慧芳，潘罗平，张飞，曹登峰．旋转机械轴心轨迹识别方法综述[J]．中国水利水电科学研究院学报，2014，12(1)：86-92.

[4] 陶洛文．实用现场动平衡技巧与案例分析[C]．第四届世界维修大会论文集，2008：855-856.

[5] 李荣荣．离心式压缩机轴向力分析及平衡与消除措施[J]．当代化工，2013，42(6)：773-778.

[6] 谢三毛．基于频谱分析的离心压缩机故障诊断[J]．矿山机械，2006，34(5)：108-109.

[7] 毛建新．离心式压缩机的振动故障分析及解决措施[J]．现代工业经济和信息化，2013(8)：52-54.

[8] 沈立智．大型旋转机械的状态检测与故障诊断[C]．中国设备管理协会设备管理专题交流中心，2007：62-64.

[9] 杨爱学，石龘．离心压缩机轴位移异常变化的原因分析[J]．大氮肥，2007，30(4)：269-271.

[10] 汪家明．用轴心轨迹/位置诊断机器故障[J]．热力发电，1994(5)：63-64.

[11] 张权发．浅谈压缩机探头安装与调试[J]．城市建设理论研究：电子版，2013(13)：1-9.

[12] 赵宽．浅谈本特利电涡流传感系统和监测系统在机组控制上的应用[J]．仪器仪表用户，2013，23(6)：52-67.

[13] 侯炳颖．2MCL1459 离心压缩机振动故障及处理方法[J]．化工机械，2011，38(3)：381-382.

输气站场燃气发电机组发电效率实时监测与分析

宋晓宁　薛　伟

（中油国际管道公司　中乌天然气管道项目）

摘　要　发电效率是发电机组的重要参数之一，可以直接反映发电机组的能耗水平。通过对发电效率计算公式的进一步推导，可以得出发电效率的实时计算公式，便于发电效率的在线实时监测。通过比较不同工况下燃气发电机组发电效率的变化，分析得出发电机负荷率、环境温度和燃料气温度等参数对发电效率的影响，提出相应的运行建议，利于工况的调整优化，使机组始终运行在高效区间，提高运行效率和稳定性。燃气发电机组发电效率的监测与分析，对于输气站场优化运行具有重要意义。

关键词　燃气发电机组　效率　监测　分析

燃气发电机组是使用天然气作为燃料的发电机组，它的基本工作原理是经过过滤的天然气和空气混合后，通过涡轮增压器进行加压，加压后混合气进入气缸，在火花塞作用下点火燃烧做功，使活塞进行往复运动，将天然气燃烧的化学能转化为曲轴旋转的机械能，曲轴带动发电机旋转进行发电，将机械能转化为电能输出[1]。

目前燃气发电机组在输气站场广泛应用。以中亚天然气管道为例，燃气发电机组作为站场主要供电来源，每个站场均安装3到4台燃气发电机组，每天每台机组消耗燃料气约5000标方，其中应用最广泛的某型号机组主要参数如表1所示。提高燃气发电机组的发电效率，有助于节约燃料气，减少能耗水平，具有较高经济效益，而且发电效率的变化可以反映机组的运行状态。因此，燃气发电机组发电效率的监测与分析，对于输气站场优化运行具有重要意义。

表1　中亚管道输气站场燃气发电机组主要参数

参数	值
额定功率/kW	975
额定转速/rpm	1500
气缸数	65度V型16缸
缸径/mm	170
冲程/mm	190
压缩比	8：1，11：1
进气方式	涡轮增压
冷却方式	强制循环水冷却
排量/L	69

1　发电效率计算

燃气发电机组的发电效率是指天然气燃烧产生的热能转化为机械能，再通过发电机将机械能转化为电能过程中能量的转化效率。发电效率可以通过对比发电机组的输入能量和输出能量计算得出[2]，输入能量由消耗燃料气的热量表示，输出能量由发电量表示。由此可得，燃气发电机组发电效率按式(1)计算。

$$\eta=\frac{3600W_t}{G_t \cdot H_u}\times 100\% \tag{1}$$

式中　η——机组发电效率，单位为百分数(%)；

W_t——机组在 t 时间内的实际发电量，单位为千瓦时(kW·h)；

G_t——机组在 t 时间内的天然气消耗量，单位为标准立方米(Nm^3)；

H_u——天然气燃烧的低热值，单位为千焦每标准立方米(kJ/Nm^3)。

Wt 和 Gt 分别根据式(2)、式(3)计算。

$$Wt=P \cdot t \tag{2}$$

式中　Wt——机组在 t 时间内的实际发电量，单位为千瓦时(kW·h)；

P——发电机输出有功功率，单位为千瓦(kW)；

t——消耗的时间，单位为小时(h)。

$$Gt=Q \cdot t \tag{3}$$

式中　Gt——机组在 t 时间内的天然气消耗量，单位为标准立方米(Nm^3)；

Q——燃料气流量，单位为标准立方米每小时(Nm^3/h)；

t——消耗的时间，单位为小时(h)。

将式(2)、式(3)代入式(1)，可得式(4)。

$$\eta=\frac{3600P}{Q \cdot Hu}\times 100\% \tag{4}$$

式中　η——机组发电效率，单位为百分数(%)；

P——发电机输出有功功率，单位为千瓦(kW)；

Q——燃料气流量，单位为标准立方米每小时(Nm^3/h)；

Hu——天然气燃烧的低热值，单位为千焦每标准立方米(kJ/Nm^3)。

利用式(1)可以计算一段时间内燃气发电机组的平均发电效率，计算的数值准确性较高，但不便于实时监测。式(4)可用于计算燃气发电机组的实时发电效率，其中有功功率可由燃气发电机组测得，燃料气流量由燃气发电机组前置燃料气橇质量流量计测得，天然气低热值由气质分析设备色谱分析仪测得[3]，所有数据均实时传输至站控系统，因此可在站控系统中实时计算和监测燃气发电机组的发电效率。输气站场燃气发电机组正常运行时发电效率情况如图 1 所示，发电效率为 28%左右，且不断波动。

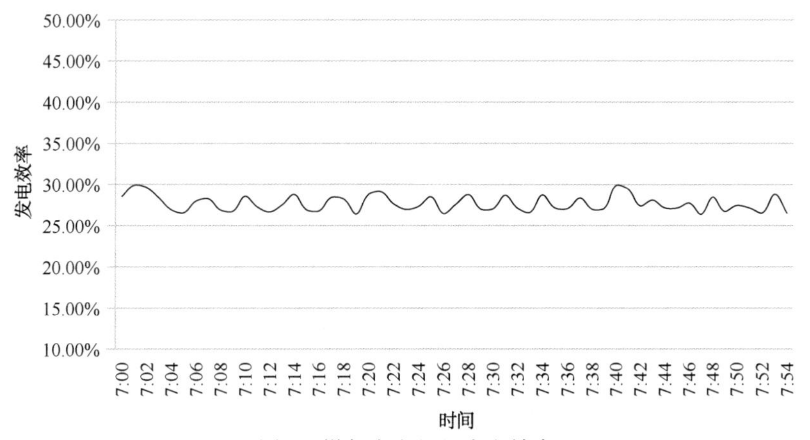

图 1　燃气发电机组发电效率

对燃气发电机组发电效率进行实时监测，可以及时掌握机组的运行状态。机组效率下降时，可以及时对机组进行检查，开展预防性维护，提高机组性能；机组出现故障时，也会在发电效率上体现，当发现发电效率出现突变，应立即开展检修，查明原因，避免故障进一步扩大。

2 燃气发电机组发电效率影响因素分析

一般来说，燃气发电机组发电效率主要受机组性能、气缸密封情况、润滑情况、气体燃烧情况、空燃比设定、燃料气组分等因素影响，但这些因素在机组正常运行过程中难以直接进行调整。同时，发电效率还与运行环境、运行工况等息息相关，如负荷率、环境温度、燃料气温度等，这些可以实时调节的因素是主要的研究对象。

2.1 分析方法

输气站场站控系统每5秒记录一次历史数据，利用站控系统实时计算燃气发电机组发电效率，并采集其他相关参数的数据，利用大量数据进行对比分析，得出相关因素变化对发电效率的影响，总结出提高发电效率的有效措施。分析单一因素对发电效率的影响时，需排除其他因素的干扰，所有数据均来自同一台燃气发电机组的运行数据，对收集到的数据进行筛选，对某项数据进行分析时，应选取其他影响因素保持稳定时的数据。

2.2 结果与分析

通过对大量数据的收集和筛选，来研究发电机负荷率、环境温度和燃料气温度变化时对发电效率的影响。

2.2.1 发电机负荷率变化的影响

选取发电机负荷率在30%至60%区间内变化的工况，来研究负荷率变化对发电机组发电效率的影响[4]。为了排除环境温度和燃料气温度的影响，筛选数据时保持环境温度和燃料气温度变化不超过±5%。数据分析结果如图2所示。从图2可以看出，发电效率与发电机负荷率成正相关，发电机负荷率越高，发电效率越高。数据分析的结果与理论分析相吻合，一般来说，机组负荷率越高，气缸内燃烧越充分，排气系统热损失越小[5]，能量转化效率越高，反之，机组负荷率越低，越多的能量随着废气排放而浪费。当前站场发电机负荷率较低，多数时间在50%以下，这是发电效率较低的主要原因。

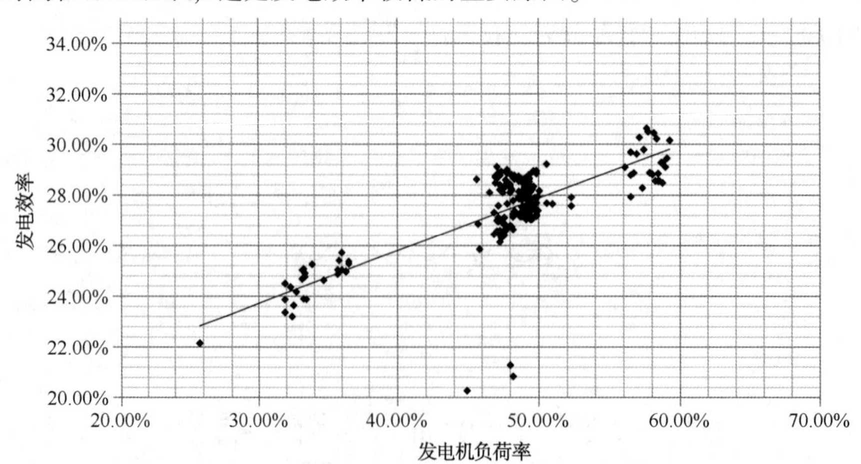

图2 发电机负荷率与发电效率的关系

因此，在燃气发电机组运行时应尽量保证单机运行，避免双机运行造成每台机组负荷率低，有助于维持机组发电效率在较高的水平。在新建站场设计阶段，应充分考虑站内用电负荷情况，做好设备选型，发电机组额定功率应与站场实际用电负荷相匹配[6]。

2.2.2 环境温度变化的影响

选取环境温度在5℃至30℃区间内变化的工况，来研究环境温度变化对发电机组发电效率的影响。为了排除发电机负荷率和燃料气温度的影响，筛选数据时保持发电机负荷率变化不超过±1%，燃料气温度变化不超过±5%。数据分析结果如图3所示。从图3可以看出，发电效率和环境温度相关性不明显，但总体来说成负相关，环境温度越高，发电效率越低。环境温度过高，不利于机组散热，影响机组性能；而且，机组空燃比是通过空气和燃料气的压力调节，空气温度高会影响进入机组的空气的量，不利于燃料气充分燃烧。因此环境温度高会影响机组的发电效率。

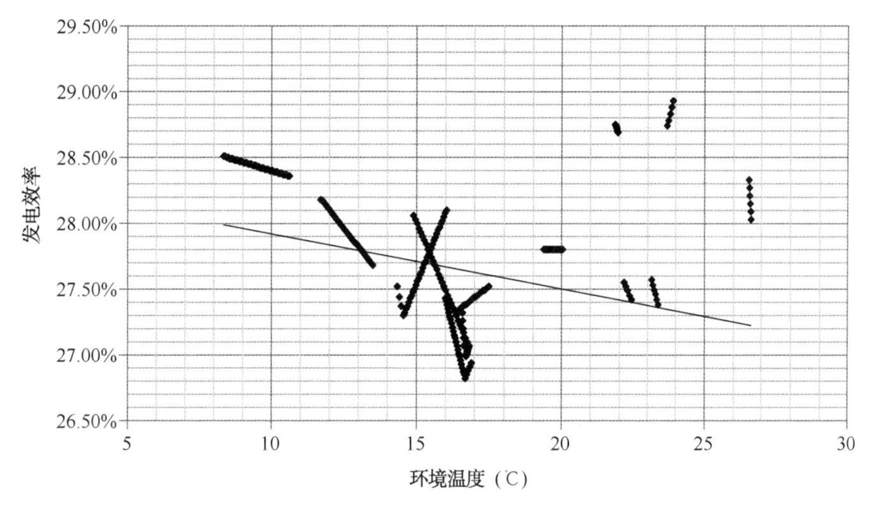

图3 环境温度和发电效率的关系

因此，在燃气发电机组运行时，应注意维持发电机厂房温度，避免环境温度过高，加强厂房通风散热[7]，定期对通风风扇等设备进行检查维护。夏季高温运行时，应考虑采取适当降温措施，以提高机组发电效率。

2.2.3 燃料气温度变化的影响

选取燃料气温度在20℃至30℃区间内变化的工况，来研究燃料气温度变化对发电机组发电效率的影响。为了排除发电机负荷率和环境温度的影响，筛选数据时保持发电机负荷率变化不超过±1%，环境温度变化不超过±5%。数据分析结果如图4所示。从图4可以看出，发电效率和燃料气温度无显著相关性，数据分布比较均匀，在正常运行温度区间内，燃料气温度不是影响发电效率的主要因素。因此，对燃料气温度进行调节时，可主要从燃料气橇平稳运行的角度考虑，不需考虑其对发电机组效率的影响。

3 结论

（1）通过推导得出燃气发电机组发电效率计算公式，可通过站控系统实时计算和监测发电效率，并采集其他参数进行对比分析。

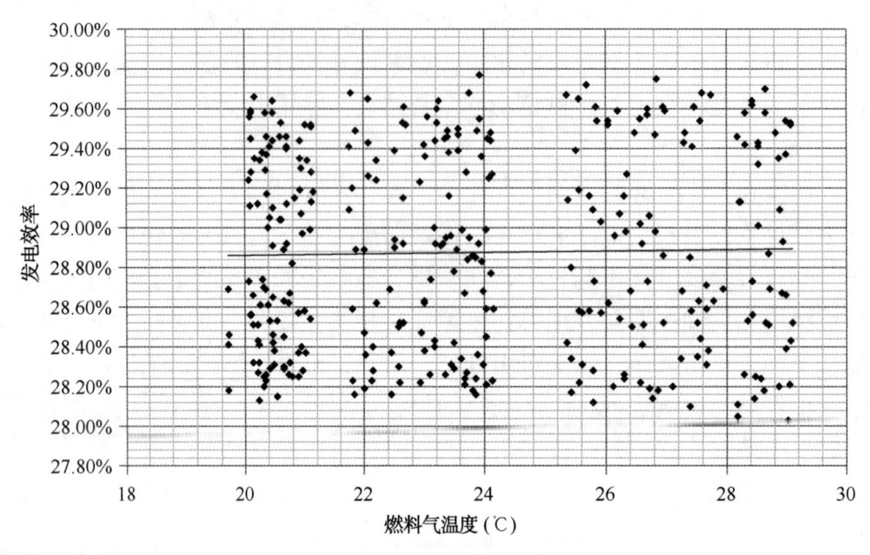

图 4 燃料气温度和发电效率的关系

(2) 燃气发电机组发电效率和机组负荷率成正相关，机组发电效率随负荷率的增加而增加。因此，在燃气发电机组运行时，应尽量保证单机运行，避免双机运行造成每台机组负荷率较低。设计选型时，应注意机组功率和站场用电负荷的匹配。

(3) 燃气发电机组发电效率和环境温度成负相关，机组发电效率随环境温度的升高而降低。因此，在燃气发电机组运行时，应加强发电机厂房通风散热，夏季采取适当降温措施，避免厂房温度过高。

(4) 燃气发电机组发电效率和燃料气温度无显著相关性。在正常运行温度区间内，燃料气温度不是影响发电效率的主要因素。

参 考 文 献

[1] 邸冲. 燃气发电机组节能先进技术及管理综述[J]. 中国石油和化工标准与质量，2018，38(10)：52-53.

[2] 李植鑫，陈启卷，武丽雄. 水轮发电机组运行效率实时监测仪[J]. 湖北水力发电，1989(01)：19-21+36.

[3] 刘国豪，王华青，张鹏，张鑫，安迪，殷存志，曾克然，刘岩. 输气站场燃气发电机组的能耗测试与分析[J]. 石油石化节能，2015，5(04)：8-10.

[4] 章恺，刘振峰，翁一武. 生物质气对内燃机发电机组特性影响的实验研究[J]. 可再生能源，2019，37(04)：475-481.

[5] 陈彦宏. 卡特比勒瓦斯发电机组发电效率分析[J]. 技术与市场，2014，21(07)：112-113.

[6] 令光华，任凤堃. 小型燃气发电机组在输气管道工程中的应用[J]. 内江科技，2011，32(03)：119-120.

[7] 李立博. 燃气发电机组高温原因分析及预防[J]. 中国石油和化工标准与质量，2016，36(21)：88-89.

长输天然气管道系统低温运行与评价

向奕帆

（中油国际管道公司　生产运行部）

摘　要　天然气管道的敷设方式一般为埋地敷设，故地表温度、土壤温度对管道的生产运行存在较大影响，但因为管道的地理位置较为偏僻、测量地面温度难度较大等原因，导致地表温度、土壤温度对天然气管道优化运行的研究较少。

随着国家逐步对天然气品质标准的严格化，目前管输天然气气质较好，为优化管道的运行方式，可考虑通过降低工艺气温度从而起到节约自耗气的作用。但由于管道及站场设计、操作与运行原则未经深入思考、作业指导书的盲目复制等原因，国内针对天然气管道低温运行的研究或应用相对较少。鉴于此，本论文将对低温运行的节能原理进行分析，并通过试验进行论证与评估。

1　研究方法及技术路线

通过理论研究管道低温运行对能耗的节约作用，得出定量或半定量的结论；其后采用测试和试验的方法，首先通过模拟仿真测试的方法，验证低温运行的效果；再通过试验验证的方法，通过工艺操作，切实降低某条长输天然气管道工艺气运行温度，采集 SCADA 数据，并进行分析处理，对低温运行的效果予以验证，进行节能效果的分析。

2　低温运行对管道能耗影响的理论分析

2.1　低温运行对管道沿程摩阻消耗的影响

《天然气管道输送》[3]教材中关于平坦地区天然气管道输量公式：

$$Q=C\sqrt{\frac{(P_q^2-P_z^2)D^5}{\lambda Z\Delta TL}} \tag{2-10}$$

式中　Q ——天然气标况下的体积流量，Nm^3/s；

C ——常数；

Δ——天然气的相对密度，无因次；

P_q——天然气管道起点压力，MPa；

P_z——天然气管道终点压力，MPa；

D——管径，m；

λ——水力学摩阻系数，无因次；

Z——平均压缩因子，无因次；

T——天然气管道平均温度，K；

L ——起点管道与终点管道间距，m。

经推导，得：

$$P_Q^2-P_Z^2=\frac{Q^2\lambda Z\Delta TL}{C^2D^5} \tag{2-11}$$

即若管输量不变，管道的物理条件不变，则表征能量损失的压降项，即（$P_{q2}-P_{z2}$）与工艺气温度项 T、平均压缩因子项 Z 呈正比例关系。由于工艺气在压力相同、组分相同的情况下，工艺气温度越低 T 压缩因子 Z 就越小。因此若工艺气温度降低，沿程摩阻损耗正比例降低。

另外，水力摩阻系数 λ 除了与管道的粗糙度相关外，还与干线管道中工艺气的雷诺数 *Re* 相关：若将干线管道管壁看作“光滑管”，则有潘汉德尔(Panhandle)B 公式(适用于管径大于 610 mm 的管道)：

$$\lambda=\frac{1}{68.03\,\Delta Re^{0.0392}} \tag{2-12}$$

式中　*Re*——雷诺数，无因次

雷诺数 *Re* 与气体的动力黏度负相关，而气体的动力粘度与气体温度正相关。即若工艺气温度降低，则工艺气动力粘度降低，雷诺数增大，导致水力学摩阻降低，管输沿程摩阻损耗降低。

因此若工艺气温度项 T 降低，会使得平均压缩因子项 Δ、水力学摩阻系数 λ 进一步降低。即低温运行模式将从上述 T、Z 和 λ 三个方面带来沿程摩阻能量损失的降低，降低站与站之间的压力损失，有利于管道的优化运行和节能降耗。

2.2　低温运行对压气站能耗的理论分析

压缩机站的主要设备为向气体提供压缩功的压缩机，其驱动机多为燃气轮机或电机。下面以燃气轮机驱动压缩机为例，分析中低温运行对压气站能耗的影响。

燃驱压气站将燃料气的化学能转化为燃气轮机的轴功，传动给同轴的压缩机，压缩机向工艺气做压缩功，从而使工艺气获得压力势能提高。

该过程中，燃料气消耗量为：

$$q=\frac{H}{Q_q\varepsilon_e\varepsilon_c} \tag{2-13}$$

式中　q——燃料气消耗量，Nm^3；

H——气体压缩功，kW；

Q_q——燃料气热值，kJ/m^3；

ε_e——燃机效率，无因次；

ε_c——压缩机效率，无因次。

若工作点较为固定，燃机与压缩机的效率变化不大；若气质不变，燃料气的热值也不发生变化。因次 q 与 H 呈正比例关系，即压缩机对气体所做压缩功越小，燃料气消耗越少。

对于绝热压缩过程，气体压缩功为：

$$H=h_{ad}Q_p \tag{2-14}$$

式中　h_{ad}——绝热能量头，kJ/kg；

Q_p——工艺气质量流量，kg/s。

对于绝热压缩过程，绝热能量头为：

$$h_{ad}=\frac{k}{k-1}ZR\,T_1\left[\left(\frac{p_2}{p_1}\right)^{\frac{k-1}{k}}-1\right] \tag{2-15}$$

式中 h_{ad}——绝热能量头，kJ/kg；

k——多变指数，无因次；

p_1——压缩机进口绝对压力，MPa；

p_2——压缩机出口绝对压力，MPa；

T_1——压缩机进口工艺气温度，K；

R——天然气实际气体常数，J/(kg·K)；

Z——压缩因子，无因次。

由该公式可得：压缩机进口工艺气温度 T1 直接影响绝热能量头 had 的大小，进而 T_1 与和压缩功 H 呈正比例关系；另外，由于工艺气在压力相同、组分相同的情况下，工艺气温度 T_1 越低压缩因子 Z 就越小，由该公式可知，压缩因子的降低也会使绝热能量头及压缩功降低。

即低温运行模式将从上述 T_1 和 Z 两方面带来压气站压缩功的降低，从而降低燃料气消耗，有利于管道的优化运行和节能降耗。

3 低温运行仿真试验与相关思考

3.1 模拟仿真测试

3.1.1 管道模型搭建

为便于快速达到稳态进行数据比对分析，对 A 管输公司其中两条并行敷设的管道进行建模，管道单线长度 1837 Km，管径为 1067 mm，设有 8 座压气站，27 台压缩机组，总装机功率 840 MW，输气能力 300 亿标方/年。

根据管道运行工况条件编制 A 管输公司该两条管道的模拟仿真模型，即 INPREP 模型基础物理文件。

在 SPS 中搭建的管道物理模型部分如图 3-1：

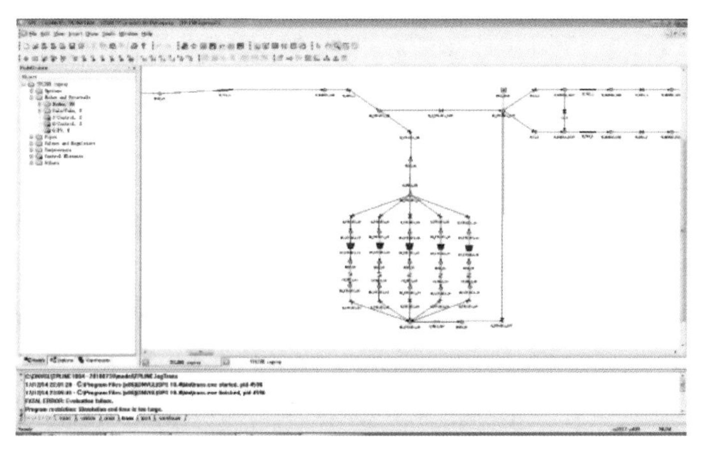

图 3-1 SPS 软件中的管道物理模型

在 Module Builder 中，该模型共包含 460 个节点、145 个管道元件、18 个汇管元件、312

个阀门元件、13个气源/出口元件。Module Build编译生成的INPREP模型基础物理文件共计15441行，文件尺寸为351KB。

另外还需编写INTRAN模型基础逻辑文件才能正常启动运行模型。

```
/*——本段为SPS模拟仿真运行的基础INTRAN语句——
BEGIN 0
TRENDLIST *
SHARE *
PROFILE 20
REVIEW SIZE 1000000000
DO. INTERACTIVE "PAUSE"
/*——本段定义全线所有机组自耗气求和——
DEFINE COMBUSTION_ V = SUM(PEEKLIST("KP*, K. L=KC, P. M=*: QF"))
/*——本段定义过程，可为全线所有管道地温统一赋值——
DEF. SEQ SET_ GND_ TMP(T1)
{
POKEALL *,
+ KEY. LETTER = T,
+ PEEK. MATCH = *: TG?,
+ TO = T1
}
/*——本段定义过程，可为所有站场出站温度统一赋值——
DEF. SEQ SET_ AFC_ TMP(T2)
{
POKEALL H*OUT,
+ KEY. LETTER = H,
+ PEEK. MATCH = *: TMP,
+ TO = T2
}
```

至此模型本身已具备低温运行测试的相关功能。

3.1.2 低温运行工况的调整

将管道模型调整至稳态后进行低温运行工况调整。依据A管输公司该管道系统实际生产中，全年各个季节的地温、出站温度情况，归纳为若干组，进行分组测试。每组工况调整至稳态后，记录该组工况下管道进出口气量、全线自耗气量、各站进出站温度等参数，并截图。

为降低计算复杂度，更好地分析和对比测试数据，拟取地温5℃、10℃、20℃、30℃与各站出站温度20℃、30℃、40℃、50℃进行组合，并排除不可能工况，最终13种工况分组情况如表3-1：

表 3-1　工况分组情况表

工况	地温 5℃	地温 10℃	地温 20℃	地温 30℃
出站 20℃	工况 1	工况 2	—	—
出站 30℃	工况 3	工况 4	工况 5	—
出站 40℃	工况 6	工况 7	工况 8	工况 9
出站 50℃	工况 10	工况 11	工况 12	工况 13

调整过程中，需调用在 INTRAN 文件中定义的 SET_ GND_ TMP 及 SET_ AFC_ TM 两个函数对全线地温及各站出站温度进行统一调整，并通过调整软件计算步长的方式快速达到稳态，读取和记录稳态报表信息。

工况调整原则为：

① 模型采用出口流量控制模式，控制出口流量为 8550 万标方/日。

② 所有压气站按照压缩机出口压力控制，除首站压缩机出口压力控制在 9. 60 MPa 外，其他站场压缩机出口压力均控制为 9. 81 MPa，若机组功率不足，则采用最大功率控制。

③ 除首站启动 3 台压缩机组运行外，其他站场均尽可能启动 2 台机组运行，若 2 台机组功率不足，则再启动第 3 台机组运行，从而避免能耗增加。

④ 采用控制变量法，即仅调整全线低温和个站出站两个温度，其余包括环境温度在内的所有变量均不调整。

各工况调整的稳态结果如下，仅举出工况 1 稳态情况水力坡降线图及温度变化曲线图，其余工况稳态流量数据见表 3-3：

工况 1(全线地温 5℃，各站出站温度 20℃)：

水力坡降线见图 3-2；温度变化曲线见图 3-3；流量数据见表 3-2：

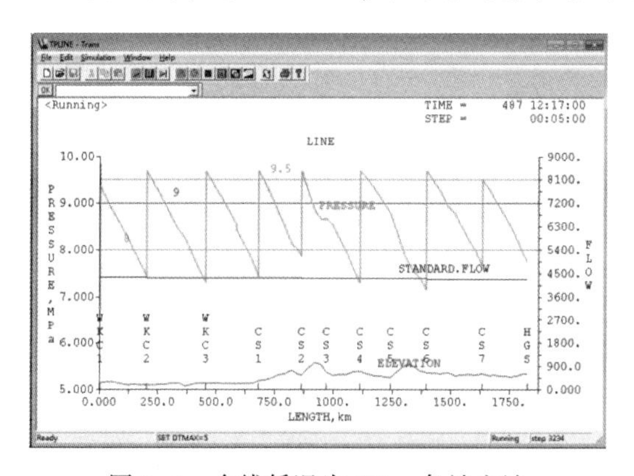

图 3-2　全线低温为 5℃，各站出站温度为 20℃水力坡降线

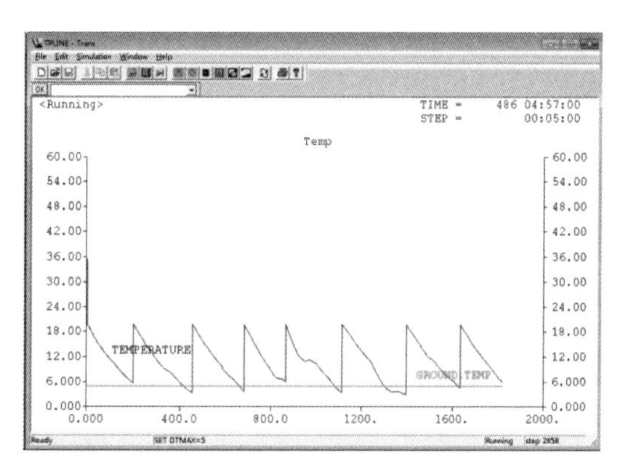

图 3-3　全线温度变化曲线

表 3-2　工况 1 流量数据表

气源(万标方/日)	出口(万标方/日)	自耗(万方/每日)
8736	8550	186

表 3-3　工况 2-工况 13 流量数据表

工况	气源(万标方/日)	出口(万标方/日)	自耗(万方/每日)
工况 2	8742	8550	192
工况 3	8746	8550	196
工况 4	8752	8550	203
工况 5	8765	8550	215
工况 6	8757	8550	207
工况 7	8763	8550	213
工况 8	8776	8550	226
工况 9	8790	8550	240
工况 10	8767	8550	217
工况 11	8773	8550	223
工况 12	8786	8550	236
工况 13	8797	8550	247

3.1.3　测试数据分析

分析各组工况下自耗气消耗情况：

(1) 同等地温情况下，不同出站温度下各组工况下自耗气量分析：

① 在地温为 5℃时(冬季工况)，不同出站温度下气源、自耗、自耗占比表格见表 3-4：

表 3-4　不同出站温度下气源、自耗、自耗占比表

序号	工况号	出站温度(℃)	气源(万标方/日)	自耗(万标方/日)	自耗占比(%)
1	1	20	8736	186	2.13%
2	3	30	8746	196	2.24%
3	6	40	8757	207	2.36%
4	10	50	8767	217	2.48%

该工况下，出站温度每降低 10℃，全线自耗气量平均降低 10.3 万标方/日，自耗气量降低 4.6%至 3.1%，自耗占比降低 0.12 个百分点。

②在地温为 10℃时(冬季工况)，不同出站温度下气源、自耗、自耗占比表格见表 3-5：

表 3-5　不同出站温度下气源、自耗、自耗占比表

序号	工况号	出站温度(℃)	气源(万方/日)	自耗(万方/日)	自耗占比(%)
1	2	20	8742	192	2.20%
2	4	30	8752	203	2.31%
3	7	40	8763	213	2.43%
4	11	50	8773	223	2.54%

该工况下，出站温度每降低 10℃，全线自耗气量平均降低 10.3 万标方/日，自耗气量降低 4.5%~3.4%，自耗占比降低 0.11 个百分点。

③ 在地温为 20℃时(春秋工况)，不同出站温度下气源、自耗、自耗占比表格

见表 3-6：

表 3-6　不同出站温度下气源、自耗、自耗占比表

序号	工况号	出站温度(℃)	气源(万方/日)	自耗(万方/日)	自耗占比(%)
1	5	30	8765	215	2.46%
2	8	40	8776	226	2.57%
3	12	50	8786	236	2.69%

该工况下，出站温度每降低 10℃，全线自耗气量平均降低 10.5 万标方/日，自耗气量降低 4.2%~4.8%，自耗占比降低 0.12 个百分点。

④ 在地温为 30℃ 时(夏季工况)，不同出站温度下气源、自耗、自耗占比表格见表 3-7：

表 3-7　不同出站温度下气源、自耗、自耗占比表

序号	工况号	出站温度(℃)	气源(万方/日)	自耗(万方/日)	自耗占比(%)
1	9	40	8790	240	2.73%
2	13	50	8797	247	2.80%

该工况下，出站温度每降低 10℃，全线自耗气量平均降低 7 万标方/日，自耗气量降低 2.8%，自耗占比降低 0.12 个百分点。

根据上述工况，绘制不同地温情况下，出站温度与全线自耗的关系图表，见图 3-4。

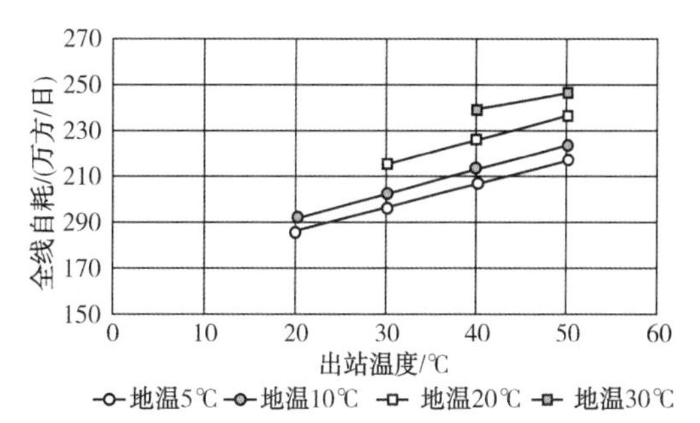

图 3-4　不同地温下，出站温度与全线自耗的关系

综上，可分析出：对该管线而言，出站温度每降低 10℃，自耗气量降低约 7~10 万标方/日。其中在地温为 5~20℃ 时，自耗气降低量均约 10 万标方/日，具备 4%~5%的节能效果。节能效果随地温升高而降低，即地温越低则低温运行的节能效果越好，这一点也与在秋冬春季低地温+低气温时间区间内，利用较低地温和较低环境温度实施低温运行的方案一致。另外，该测试结论的节能效果数据与第四章的定量分析结果基本一致。

通过第 4.2 节的分析，对于 A 管输公司，全年全线工艺气温度平均降低 5℃具备较强可行性。

据此考虑，A 管输公司所辖 3 线并行、全长 5511km、年设计输量 550 亿标方的天然气管道(设计自耗气量约 15 亿标方/年)每年可节约自耗气 2%~2.5%，即 3000~3750 万方自耗气，折合自耗成本约 6000~7500 万元人民币，节能效果非常显著。

(2) 同等出站温度情况下，不同地温下各组工况下自耗气量分析：

① 出站温度 50℃ 时(设计一般出站温度)，不同地温下气源、自耗、自耗占比表格见表 3-8：

表 3-8　不同地温下气源、自耗、自耗占比表

序号	工况号	全线地温(℃)	气源(万方/日)	自耗(万方/日)	自耗占比(%)
1	6	5	8757	207	2.36%
2	7	10	8763	213	2.43%
3	8	20	8776	226	2.57%
4	9	30	8790	240	2.73%

该工况下，地温每降低 10℃，全线自耗气量平均降低 13 万标方/日，自耗气量降低 3.5%至 6.2%。

② 出站温度 40℃时(设计最低出站温度)，不同地温下气源、自耗、自耗占比表格见表 3-9：

表 3-9　不同地温下气源、自耗、自耗占比表

序号	工况号	全线地温(℃)	气源(万方/日)	自耗(万方/日)	自耗占比(%)
1	10	5	8767	217	2.48%
2	11	10	8773	223	2.54%
3	12	20	8786	236	2.69%
4	13	30	8797	247	2.80%

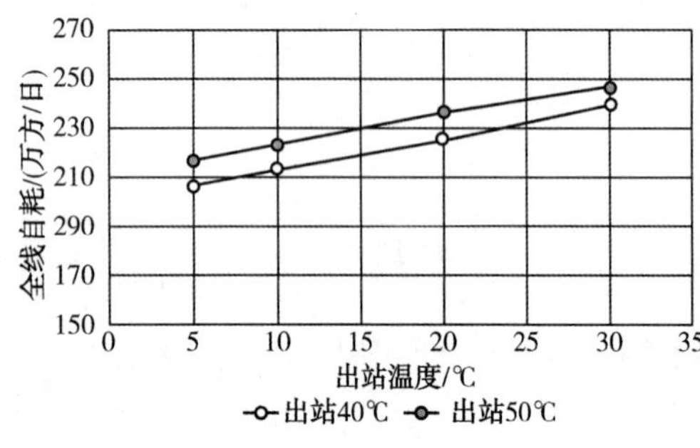

图 3-5　不同出站温度下，地温与权限自耗的关系

该工况下，地温每降低 10℃，全线自耗气量平均降低 12 万标方/日，自耗气量降低 4.8%~3.4%。

根据上述工况，绘制不同出站温度情况下，地温与全线自耗的关系图表，见图 3-5。

综上，可分析出：同出站温度的情况下，地温越低则节能效果越好。高出站温度工况在各地温台阶下，能耗均高于低地温工况，说明在实际生产运行中的各工况下，均需尽可能降低工艺气运行温度。

3.2　实际降温试验

3.2.1　降温可行性试验

试验选取 A 管输公司 X 压气站与下游相邻 Y 压气站之间管段进行，在 2014 年 12 月 10 日开展了工艺气降温试验，通过在冬季增开 X 站有效空冷器的方式对工艺气进行降温，尽可能降低 Y 压气站进口温度。Y 站于 2014 年 12 月 12 日开始观察到其进站工艺气温度开始出现连续的下降，从降温前的 28℃左右最低降至 2015 年 1 月 6 日的 19℃左右，且工艺气温度仍有下降趋势，但随后因其他原因停止试验。与上年同期的输量对比图表见图 3-6。

由图 3-6 可得出，2014 年冬季管道输气量略高于 2013 年冬季，但标况流量(单位：万标方/日)变化不大，正常工况下在 7000~8000 万标方/日之间，仅 2013 年发生了一次异常工况，导致输量降低约 3 天。即这两年冬季的生产工况较为接近。

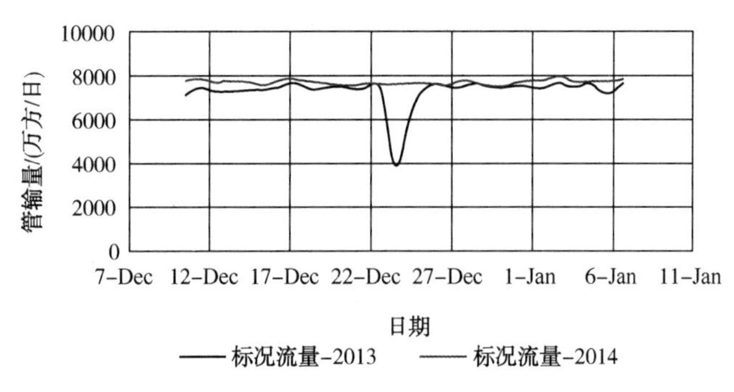

图 3-6　2013 年和 2014 年冬季同期 Y 站的通过流量

降温试验期间与上年同期 Y 站进站温度对比图见图 3-7。

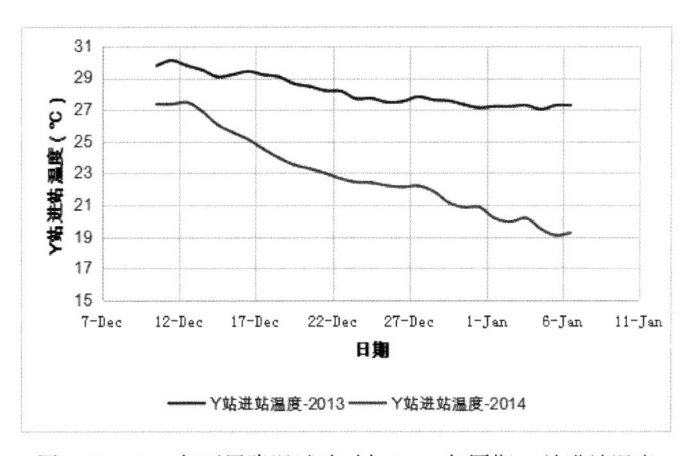

图 3-7　2014 年开展降温试验时与 2013 年同期 Y 站进站温度

由图 3-7 可得出，开展降温试验的 2014 年冬季，Y 站进站温度远低于 2013 年，且随着降温试验的不断开展，温差逐步增加。通过 26 天的试验，Y 站工艺气温度降低 9℃，虽未达到稳态，但已证明降温的可行性。

3.2.2　试验效果评估

(1) 摩阻系数 λ 的降低

① 分析 Y 站实际进站压力与“定摩阻进站压力”差值 DeltaP：

“定摩阻进站压力”为采用真实的工况数据(X 站出站压力温度、Y 站进站温度、干线长度、干线管径等)，并取恒定的摩阻 λ=0.008，通过公式 (2-5)计算此时 Y 站的进站压力即为“定摩阻进站压力”。将 Y 站实际进站压力与“定摩阻进站压力”作差即为 DeltaP，该值越高则说明实际干线摩阻 λ 越小。

降温试验前的 2013 年 12 月 14 日至 2014 年 12 月 8 日，DeltaP 均值为 10.19 kPa；降温试验开始后的 2014 年 12 月 14 日至 2015 年 1 月 6 日，DeltaP 均值为 50.38 kPa。相当于降温试验后，Y 站的进站工艺气压力平均上涨了 40.19 kPa。存在直观且明显的节能效果。

② 计算实际干线摩阻 λ 的数值：

为采用真实的工况数据(X 站出站压力温度、Y 站进站压力温度、干线长度、干线管径等)，通过公式 (2-5)计算干线摩阻 λ 的数值。计算发现，降温试验前的 2013 年 12 月 14 日至 2014 年 12 月 8 日，摩阻 λ 均值为 7.92×10^{-3}；降温试验开始后的 2014 年 12 月 14 日至

2015 年 1 月 6 日，摩阻 λ 均值为 7.76×10^{-3}。相当于降温试验后，干线管道水力摩阻系数 λ 降低了 1.6×10^{-4}，约合降低 2%。

(2) 压缩功降低

进出口压力始终变化，工况不可复制性，难以进行分组试验和比对分析。但若已观察到压缩机进口温度的降低，则可通过原理的角度证明压缩功及自耗气量的降低。

3.3 低温运行模式的相关思考

3.3.1 低温运行的推广

由于 A 管输公司的实体管道位于境外中纬度偏北地区，在北纬 36°~44°之间，与我国的西部管道(西气东输管道西段)、陕京管道、东北管网等多条大型干线长输天然气管道干线纬度基本一致。因此低温运行模式对负责运行上述管道的管输公司，具备较强的推广价值。以管线部分沿线城市环境温度为对比指标，可以得到结论：A 管输公司沿线的 L 城市平均温度冬季较 T 城市低 8℃左右，夏季较 T 城市低 3~5℃。所列中国的玛纳斯、中卫、榆林、北京四个城市中，除位于陕京天然气管道末端的北京平均气温接近并略低于 T 城市的平均气温外，其余三个城市均与 L 城市较为接近，且位于西部的玛纳斯平均温度冬季较 L 城市低 3~6℃。

因此，中国北部的长输天然气管道系统具备实施低温运行的极好条件。

3.3.2 低温运行模式与管道设计

根据上文论证：长输天然气管道在工艺设计阶段需考虑低温运行模式，尽可能降低工艺气运行温度，以降低自耗成本。本节将提出低温运行模式在管道及站场工艺设计上的几点思考。其原则为：管道及站场工艺设计应符合低温运行的理念，即“在秋冬春季的低地温+低气温时间区间内，利用工艺气温度与地温的温差，并采取加开有效空冷器的方式降低，尽可能降低工艺气运行温度，使下一压气站的进站温度曲线尽可能贴合地温曲线”。

(1) 出站温度设计

设计阶段，应为站场设计足够的出站冷却设施，以使站场在冬季具备足量的冷却能力，使下一压气站的进站温度尽可能贴合地温。

(2) 冷却设施设计

目前中国长输天然气管道行业设计院所设计的压气站出站冷却设施绝大部分为空冷器。为增加降温能力、降低能耗，设计阶段可考虑在有条件的地区采用水冷、地温热泵循环制冷、余热回收+溴化锂辅助制冷等高效、节能的制冷方式，还可避免夏季空冷器换热效率低的问题。

另外，对于接气温度较高的站场，例如临近气源外输站的长输天然气管道首站，可考虑将冷却设施设置在进站端，以直接降低压缩机的压缩功和机组自耗气，且根据多变压缩过程原理，冷却后再行压缩的工艺气温升小于直接压缩的工艺气温升。

(3) 总体设计原则

目前中国长输天然气管道的总体设计原则正向着大口径、高压力、富气输送的方向发展。除此之外，设计原则还应加入低温运行，可进一步提升管道运行的经济性。例如，对穿越冻土层、地温极低的中俄管道、位于中国西北地区的西气东输四线，在管道的设计时可考虑低温运行，以避免对冻土层造成影响，危害管道安全生产，并降低输气能耗。

3.3.3 低温运行与《操作与运行原则》

管输公司应确定自身《操作与运营原则》，作为公司的顶层设计文件，指导标准和技术规格书的编制，并明确管道的设计原则、运行原则。管道行业普遍存在管道的设计、施工、运营分别由不同公司负责的情况。管输公司应对这三方面从公司的角度提出统一要求，即《操作与运营原则》。它可达成更明确的设计目标，更统一的建设标准，更安全、高效的生产运营管理要求[31]。

A 管输公司《操作与运营原则》中确定的核心战略是“安全、可靠、高效”，所有生产经营活动需遵循“安全>可靠>高效”的顺序进行评估。在任何情况下，效益最大化的要求不能逾越安全和可靠的红线。

在对低温运行进行深入研究后，并通过“安全、可靠、高效”的评估后，《操作与运营原则》中需明确低温运行的设计目标和运行方式，从而避免在管道设计阶段中，由于无标准规定，设计目标参数的随意性和无效性。

结论

本论文研究了长输天然气管道低温运行模式。通过定量分析，确定低温运行的效果与可行性；通过分析低温运行的潜在问题，确定低温运行在现有长输天然气管道开展的可实施性和实施方式。通过开展模拟仿真测试及在实际生产中开展相应测试和试验，验证低温运行的效果。全文得到以下的结论：

（1）国内外长输天然气管道行业已开展了大量基于模拟仿真程序的优化运行相关工作，但对低温运行模式的研究较少；

（2）较低的工艺气温度可从 T、λ 和 Z 三方面带来管道沿程摩阻损耗的降低，进而降低压气站为工艺气补充的功；从 T_1 和 Z 两面带来压气站压缩功的降低，进而降低燃气轮机消耗的自耗气（或电能）；此外，在地温较低的理想的情况下，可利用低温运行的传导性来实现全线的工艺气温度降低。

（3）通过模拟仿真测试，得出出站温度每降低 10℃，自耗气量降低约 7~10 万标方/日。其中在地温为 5~20℃时，自耗气降低量均约 10 万标方/日，具备 4%至 5%的节能效果。地温越低则低温运行的节能效果越好，该测试结论的节能效果数据与定量分析结果基本一致。即对设计输量 16300 万标方/日的某管道，若全线在全年 1/2 的天数可降温 10℃，每年可节约自耗气 2%~2.5%，即 3000~3750 万方自耗气，折合自耗成本约 6000 至 7500 万元人民币，节能效果非常显著。

（4）通过实际降温试验，得出下一站工艺气温度开始下降直至降低 9℃时，干线管道水力摩阻系数 λ 均值为由 7.92×10^{-3}降至 7.76×10^{-3}。即降低了 1.6×10^{-4}，约合降低 2%。使 Y 站的进站工艺气压力平均上涨了 40.19kPa。存在直观且明显的节能效果。该试验同时证明了通过工艺操作，降低工艺气温度的可能性。

（5）经对比 A 管输公司管道与中国北方若干城市的平均气温，中国的西气东输西段、陕京天然气管道、东北管网及将来的中俄天然气管道国内段都具备拓展和实施低温运行的极好条件。

（6）在未来的管道设计中可充分考虑低温运行模式：设计阶段，应为站场设计足够的出站冷却设施，以使站场在冬季具备足量的冷却能力，使下一压气站的进站温度尽可能贴合地温。考虑水冷、地温热泵循环制冷、余热回收+溴化锂辅助制冷等高效、节能的制冷方式进行工艺气制冷。管道的设计原则应为：高压力、大口径、低温运行、富气输送。

（7）管输公司应确定自身《操作与运营原则》，作为公司的顶层设计文件，指导标准和技术规格书的编制，并明确管道的设计原则、运行原则。并在其中明确低温运行的设计目标和运行方式，从而避免在管道设计阶段中，由于无标准规定，设计目标参数的随意性和无效性。

参 考 文 献

[1] 贾承造，张永峰，赵霞．中国天然气工业发展前景与挑战[J]．天然气工业，2014. 34(02)：8-18.

[2] 张铄，牛冉，张志勇．天然气输气管道优化运行的现状分析[J]．内江科技，2014. 35(09)：81+104.

[3] 李长俊．天然气管道输送[M]．北京：石油工业出版社．2010.

[4] 严铭卿，廉乐明．天然气输配工程[M]．北京：中国建筑工业出版社．2005.

[5] 吴长春，张孔明．天然气的运输方式及其特点[J]．油气储运，2003. 22(9)；39~43.

[6] Singh R. R. . P K S Nain. Optimization of Natural Gas Pipeline Design and Its Total Cost Using GA. International Journal of Scientific and Research Publications[J], Volume 2, Issue 8, August 2012.

[7] Carter R. G. , Gablonsky J. M. . Algorithms for Noisy Problems in Gas Transmission Pipeline Optimization. Optimization and Engineering[J], June, 2001.

[8] Wu S. Steady-State Simulation and Fuel Cost Minimization of Gas Pipeline Networks. Ph. D. Dissertation Abstract and 24 pages[D]. Dept. of Mathematics, U. of Houston, Houston, August, 1998.

[9] Kim Seong. Bae: Minimum - Cost Fuel Consumption on Natural Gas Transmission Network Problem. Ph. D. Dissertation Abstract and 24pages[D]. Dept. of Industrial Engineering, Texas A&M U. , College Station, December 1999.

[10] 郭揆常．天然气输送管道的节能降耗．能源技术[J]. 2001. 22(6)

[11] United States Department of Energy Office of Fossil Energy Project, Fact Sheet[Z]. 1998.

[12] Shaun W. , Mahesh S. . Chris Dii: Compressor Station Optimization. 30th Annual Meeting, PSIG[C]. 1998.

[13] Rachford H. H. etc. Optimizing Pipeline Control in Transient Gas Flow. 32nd Annual Meeting, PSIG [C], 2000.

[14] Christian Kelling etc. A Pratical Approach to Transient Optimization for Gas Network. 32nd Annual Meeting, PSIG[C], 2000.

[15] Rachford H. H. etc. Invistigating Real-world Applications of Transient Optimization. 32nd Annual Meeting, PSIG[C], 2000.

[16] 李长俊等．复杂输气管道中不稳定流动的迦辽金解．天然气工业[J]，1998. 18(3)

[17] 李长俊等．输气管道中的不稳定流动分析．石油学报[J]，1998. 16(4)

[18] Chi K. S. etc. An integrated expert system/operations research approach for the optimization of natural gas pipeline operations. Engineering Applications of Artificial Intelligence[J], 2000. 13

[19] Seamands P. A. . Development of A Fuel Minimization Program For Natural Gas Transmission Pipelines. Ph. D. Dissertation Citation and Abstract[D]. Louisiana Tech University, 1993.

[20] 吴长春，杨廷胜．"西气东输"管道工艺运行方案优化．天然气工业[J]，2004. 24（11）：127-130.

[21] 杨义，郑宏伟．中石油主干输气管网稳态优化运行研究．上海煤气[J]，2008. 02 ：10-14.

[22] 左丽丽等．输气管道非稳态优化运行技术研究进展．科技导报[J]，2014. 06

[23] 朱建鲁等．LNG 接收终端工艺流程动态仿真．化工学报[J]，2013. 3

[24] 李青平等．LNG 加压气化站运行管理的研究．中国城市燃气学会[J]，2009

[25] 吴创明 . LNG 气化站工艺设计与运行管理 . 煤气与热力[J]，2006.4
[26] 钱成文 . 国外 LNG 接收终端简介及发展趋势 . 石油工业技术监督[J]，2003.5
[27] 张殿星 . 液化天然气 LNG 化站设计优化 . 工程技术[J]，2010.16
[28] 陈雪等 . 我国 LNG 接收终端的现状及发展新动向 . 煤气与热力[J]，2007.08
[29] 陈佳佳等 . 输气管道的节能技术 . 山西能源与节能[J]，2006.04
[30] 潘晓丽等 . X70 管线钢低温韧性研究 . 中国特种设备安全[J]，2012.04 ：51-53
[31] 张鹏 . 创新驱动引领跨国能源战略通道安全优质发展——从能源新丝路建设领会习近平创新思想 . 北京石油管理干部学院学报[J]，2018.08